21 世纪高等学校计算机公共课程“十二五”规划教材

计算机网络技术及应用

李 环 编著

中国铁道出版社
CHINA RAILWAY PUBLISHING HOUSE

内容简介

本书较为系统地讲述了计算机网络的基本原理、技术与网络应用。全书共分7章，分别介绍了计算机网络概论、网络设备与传输介质、网络通信协议、局域网技术、Internet 技术与应用、搭建网络服务器及网络安全与管理。

本书内容丰富、结构严谨。在由浅入深、循序渐进地讲述网络的基本概念和原理的同时，注重计算机网络的实际应用，每个章节重要的知识点都配有精心设计的案例和实验指导。

本书适合作为高校本科计算机网络课程的教材，尤其适合用于应用型人才培养，也可以作为计算机网络及其应用方面的工程技术人员的参考书。

图书在版编目(CIP)数据

计算机网络技术及应用/李环编著.—北京:中国铁道出版社,2012.9

21世纪高等学校计算机公共课程"十二五"规划教材

ISBN 978-7-113-14024-3

Ⅰ.①计… Ⅱ.①李… Ⅲ.①计算机网络—高等学校—教材 Ⅳ.①TP393

中国版本图书馆 CIP 数据核字(2012)第007554号

书　　名：计算机网络技术及应用
作　　者：李　环　编著

策　　划：杨　勇　　**读者热线：**400-668-0820
责任编辑：吴宏伟
编辑助理：胡京平　姚文娟
封面设计：付　巍
封面制作：刘　颖
责任印制：李　佳

出版发行：中国铁道出版社（100054，北京市西城区右安门西街8号）
网　　址：http://www.51eds.com
印　　刷：河北新华第二印刷有限责任公司
版　　次：2012年9月第1版　　2012年9月第1次印刷
开　　本：787mm×1092mm　1/16　**印张：**20.5　**字数：**501千
印　　数：1～3 000册
书　　号：ISBN 978-7-113-14024-3
定　　价：39.00元

前言

FOREWORD

随着计算机网络技术的飞速发展，结合我国网络发展的需要，考虑高等学校网络课程教学的实际情况，我们将计算机网络按不同的层次进行教学，第一类为注重理论为主的研究型人才培养教学模式，第二类为以理论为基础的培养网络工程师为主教学模式，第三类是以了解网络基本理论为前提，以实际应用为主的非计算机专业的培养模式。本书就是以第二类为主和第三类为辅的模式编写的。

全书共分为7章，各章内容如下：

第1章 计算机网络概论，介绍计算机网络的发展、定义、分类、组成和计算机网络的体系结构等网络的基本知识。第2章 网络设备与传输介质，介绍了有线、无线传输介质、网卡、调制解调器、集线器、网桥、交换机、路由器等通信设备，以及设备的配置、接入和使用方法。第3章 网络通信协议，介绍了用于网络通信的协议，包括IP协议、ARP协议、ICMP协议、RIP协议、OSPF协议、TCP和UDP协议，还讲述了如何使用Wireshark软件捕获这些协议包进行分析。第4章 局域网技术，介绍了局域网的体系结构、常用的以太网、高速以太网、虚拟局域网、无线网络，通过实验方式讲解了VLAN的设置，网络打印机的设置，如何搭建小型无线局域网。第5章 Internet技术与应用，讲述了Internet的相关技术，介绍了Internet的接入技术、Web资源浏览、文件的上传和下载、电子邮件的接收与发送。通过实验讲解了FTP的工作过程和FTP使用方法，电子邮件的原理和邮件的仿真交互过程，最后通过QQ和飞信的安装与使用讲解了即时通信的过程和原理。第6章 搭建网络服务器，描述了Internet应用中各服务器的工作原理，介绍了DNS、WWW、FTP、E-mail、DHCP服务器的搭建。第7章 网络安全与管理，主要讨论了网络管理的功能、网络管理模型、SNMP体系结构、Internet标准的管理框架、管理系统结构SMI、管理信息库MIB、简单网络管理协议，讲述了网络安全的基本概念、密码技术、认证技术、网络访问控制技术、防火墙技术，通过实例介绍了基于CISCO路由器的网络安全配置方法，最后结合实验介绍Windows防火墙的配置和使用，虚拟专用网络的实现，IPSec服务器的安全配置，使用PGP加密邮件，使用Nessus进行网络漏洞扫描，安装和配置SNMP，使用MRTG进行网络流量监控。

本书的特色及创新点表现在：

① 案例丰富，易于学生理解和接受。本书的编写从简单的概念或者学生的兴趣点入手，逐步引深，力求将网络的知识点讲清、讲透，每个重要的知识点后增加一些实例辅助教学，达到理论联系实际的目的。

② 贴近实际，符合应用型人才培养目标。本书作者从事网络实践工作20多年，执教计算机网络课程已达15年，本书的编写融入了作者多年的工作和教学经验，不仅注重网络理论知

识教授，还注重培养学生应用水平的提高，并力图反映网络发展的新技术。

③ 最新的网络技术和网络工具的整合。各章节配备有实验指导，为培养学生的动手能力提供了方便。

④ 注重综合能力的培养。本书从网络原理、网络工程、网络管理、网络安全等诸多方面讲解网络技术与应用，意在培养卓越的网络工程师。

⑤ 每章均附有习题，包括选择题、填空题、简答题和实验题，这些题目和书中内容紧密相关。

本教材建议授课时数为 54 学时，教师可以根据具体情况调整，如果只有 36 学时的教学时数，可以考虑减少协议分析部分的教学用时。

编写本书正值建党 90 周年，有幸得到首都师范大学党委教师党支部书记培养资助项目资助，在编写过程中得到了杨勇、赵宇明、苏群、徐晓新、苏琳等教授的关心和帮助；本书的出版得到了中国铁道出版社的大力支持，在此一并表示感谢。

由于作者水平有限，书中难免有错误和疏漏之处，恳请广大读者不吝指正，在此表示衷心感谢。

编　者

2012 年 5 月

目录

CONTENTS

第1章 计算机网络概论

随着计算机的普及和计算机技术的高速发展，计算机网络已经渗透到社会生产的各个领域，为了让读者对计算机网络有一个全面的认识，本章在讨论网络的形成与发展历史的基础上，对网络的定义、分类与拓扑结构等问题进行了探讨，介绍了计算机网络的性能指标，最后重点讨论计算机网络体系结构。

学习目标：

- 了解计算机网络的发展；
- 重点掌握计算机网络的定义和分类；
- 了解计算机网络的拓扑结构；
- 掌握计算机网络的组成；
- 了解网络的功能与网络的应用；
- 掌握 OSI/RM、TCP/IP 体系结构；
- 重点掌握五层原理体系结构。

1.1 计算机网络的形成与发展

计算机网络是计算机技术和通信技术结合的产物，随着网络技术的发展，计算机网络在人们日常生活中起着越来越重要的作用。

1.1.1 计算机网络的产生

随着计算机应用的发展，提出了多台计算机互连的问题，人们希望通过互连实现不同地域的软、硬件和数据资源的共享，20 世纪 60 年代美国国防部高级研究计划署研制的 ARPAnet 对计算机网络的发展起了里程碑的作用，ARPAnet 从 1969 年的 4 个结点发展到 1983 年的 100 多个结点，这之后计算机网络如雨后春笋般地迅速发展起来，至今已经无法准确统计其结点数，计算机网络通过有线、无线和卫星可以覆盖世界的大部分地域。

ARPAnet 对计算机网络的发展主要贡献表现在：

① 完成了对计算机网络的定义分类与研究内容的描述；
② 提出了资源子网和通信子网的两级网络结构的概念；
③ 研究了报文分组交换的数据交换方法；
④ 采用了层次结构的网络体系结构模型与协议体系；
⑤ 促进了 TCP/IP 协议的发展；
⑥ 为 Internet 的形成与发展奠定了基础。

ARPAnet 的研究成果对世界计算机网络的发展具有深远的影响，在此基础上出现了大量的计算机网络，例如，美国加利福尼亚大学劳伦斯原子能研究所的 Octopus、法国信息与自动化研究所的 Cyclades、国际气象监测网 WWWN、欧洲情报网 EIN 等。

20 世纪 80 年代随着个人计算机的推广，基于 PC 的局域网纷纷出现，其特点是在共享介质（如同轴电缆、光纤）通信网平台上的共享文件服务器，形成了客户机/服务器模式。

为了实现计算机网络通信，采用了分层解决网络技术问题的方法，由于存在着不同的分层网络体系结构，20 世纪 80 年代国际标准化组织 ISO 颁布了"开放系统互连基本参考模型（OSI）"国际标准。

20 世纪 90 年代，自美国宣布建立国家信息基础设施（National Information Infrastructure，NII）后，各国相继制定和建立本国的 NII，从而极大地推动了计算机网络的发展。

20 世纪 90 年代末，IP 技术得到迅速发展，由于 IP 网络具有天然的开放性，IP 网络的新业务层出不穷。

21 世纪初基于计算机网络的云计算，将深刻地改变人们工作和企业运作方式，也将推动计算机网络技术的深入应用。

包含下一代传送网、下一代接入网、下一代交换网、下一代互联网以及下一代移动网的下一代网络（Next Generation Network，NGN）将提供语音、数据及多媒体业务，实现各网络端用户之间的业务互通及共享的融合网络。

1.1.2 计算机网络的发展

计算机网络发展大致分为 4 个阶段：

第一阶段是 20 世纪 50 年代，实现了计算机技术和通信技术结合，为计算机网络的产生奠定了理论基础。

第二阶段是 20 世纪 60 年代，以 ARPAnet 和分组交换技术为代表，是计算机网络发展的里程碑，为今天的 Internet 奠定了基础。

第三阶段是 20 世纪 70 年代，各种广域网、局域网和公用分组交换网的迅速发展，国际标准化组织提出了开放系统参考模型与网络协议，从理论上阐述了计算机网络发展的标准。

第四阶段是 20 世纪 90 年代，Internet、高速通信网络、无线网络的广泛应用，网络安全技术、宽带城域网、移动网络计算、多媒体网络、网络并行计算、信息高速公路、数据挖掘等将继续成为网络研究的热点。

1.2 计算机网络的定义与分类

1.2.1 计算机网络的定义

对于计算机网络的定义各种资料不尽相同，大体可以分为广义的观点、资源共享的观点和用户透明的观点，目前较为被大家认可的是资源共享的观点。

计算机网络定义为：将不同地域的具有独立功能的计算机系统和设备，通过通信设备和通信线路按照一定的形式连接起来，以功能完善的网络软件实现资源共享和信息传递的系统。

概括起来，计算机网络应该具备 3 个基本要素：

① 网络中的计算机是具有独立功能的计算机，即"自治计算机"，该要素点明了计算机网络不同于主机系统。

② 计算机之间进行通信必须遵循共同的标准和协议。

③ 计算机网络的目的是资源共享，资源包括计算机的软件资源、硬件资源以及用户数据资源，网络中的用户不仅可以使用本地资源，还可以通过网络部分或完全使用远程网络的计算机资源，或者通过网络共同完成某项任务。

1.2.2 计算机网络的组成

计算机网络从逻辑功能上可以分为资源子网和通信子网，如图 1-1 所示。

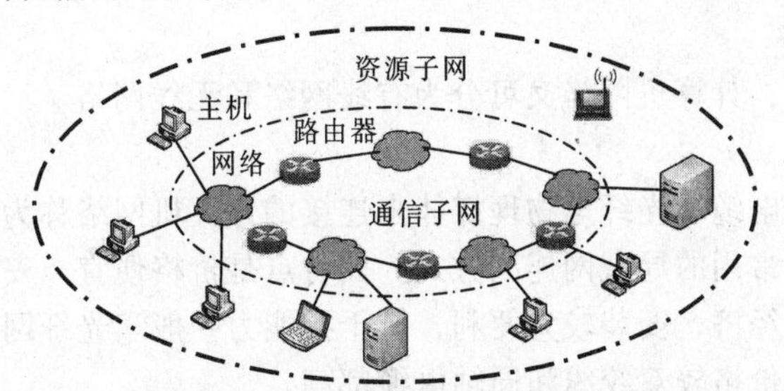

图 1-1　计算机网络的组成

资源子网由计算机系统、网络终端、外围设备、各种软件资源与数据资源组成，负责全网的数据处理，为全网用户提供网络资源和网络服务。通信子网由通信控制处理机、通信线路和其他通信设备组成，负责数据传输和转发等通信工作。

1.2.3 计算机网络的分类

计算机网络可以从不同的角度进行不同的分类。

1．按作用范围分类

按作用范围的不同，计算机网络可分为局域网、城域网和广域网。

（1）局域网

局域网（Local Area Network，LAN）是指地理覆盖范围在几十千米以内的计算机网络，一般由一个单位或者一个部门组建、维护和管理。

局域网特点如下：

① 覆盖范围小。

② 信道带宽大，数据传输率高，一般在 10～1 000 Mbit/s，数据传输延时小，误码率低。

③ 易于安装，便于维护。

④ 局域网的拓扑结构简单，常用总线形、星形、环形结构。常用的传输媒体是双绞线、同轴电缆、光缆或无线传输媒体。

（2）城域网

城域网（Metropolitan Area Network，MAN）的地理覆盖范围为一个城市或地区，一般为 5～50 km，数据传输速率一般为 30 Mbit/s～1 Gbit/s，城域网由政府或者大型企业集团、公司组建，传输媒体主要是光纤。

城域网的实现标准是分布式队列双总线（DQDB），DQDB 现在已经成为国际标准，标准号为 IEEE 802.6。

（3）广域网

广域网（Wide Area Network，WAN）的地理覆盖范围在50 km以上，遍布一个国家或地区、甚至全世界。广域网的拓扑结构比较复杂，常规情况下是借助传统的公共传输网来实现广域网的连接，例如公共电话网（PSTN）、中国分组交换网（ChinaPAC）、中国数字数据网（ChinaDDN）、中国帧中继（ChinaFRN）和综合业务数字网（ISDN），ChinaNet 就是借助了ChinaDDN 提供的高速中继线路，使用高速路由器组成的覆盖中国各省市并连接 Internet 的计算机广域网。

2. 按传输媒体分类

按传输媒体的不同，计算机网络又可分为有线网络和无线网络。

（1）有线网络

采用双绞线、同轴电缆、光纤等物理媒体来连接的计算机网络称为有线网络。

双绞线网络是目前常用的局域网连网方式。其特点是价格便宜，安装方便，但抗干扰能力差。同轴电缆网络比较经济，安装较为便利，抗干扰能力一般。光纤网络传输距离长，传输速率高，抗干扰能力强，价格较双绞线和同轴电缆都高。

（2）无线网络

采用微波、红外线和无线电短波作为传输媒体的计算机网络称为无线网络。无线网络易于安装和使用，但传输速率低，误码率高，站点之间容易存在干扰。

3. 按数据传输交换方式分类

计算机网络按数据传输交换方式可以分为电路交换网、存储–转发交换网，如图1–2所示。

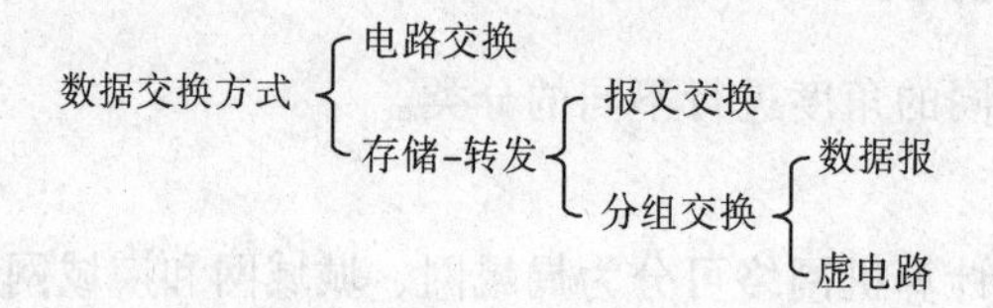

图1–2 数据交换方式

4. 按网络组建、经营和管理方式分类

按网络组建、经营和管理方式划分，计算机网络可以分为公用网和专用网，公用网为全社会所有人提供服务，专用网为一个或几个部门所拥有，只为拥有者提供服务。

5. 按网络协议分类

根据采用网络协议的不同，可以把计算机网络分为以太网、权标（令牌）环网、FDDI网、ATM网、X.25网、TCP/IP网等。

1.2.4 计算机网络的拓扑机构

对计算机网络定义“通信设备和通信线路按照一定的形式连接起来”中所提到的“一定的形式”指的就是网络的拓扑结构，即代表计算机、通信设备的结点和通信链路所组成的几何形状。

常见的网络拓扑结构有：星形、总线形、环形、树形，对应的网络类型有星形网、总线形网络、环形网络、树形网络，图1–3给出了常用的计算机网络拓扑结构。

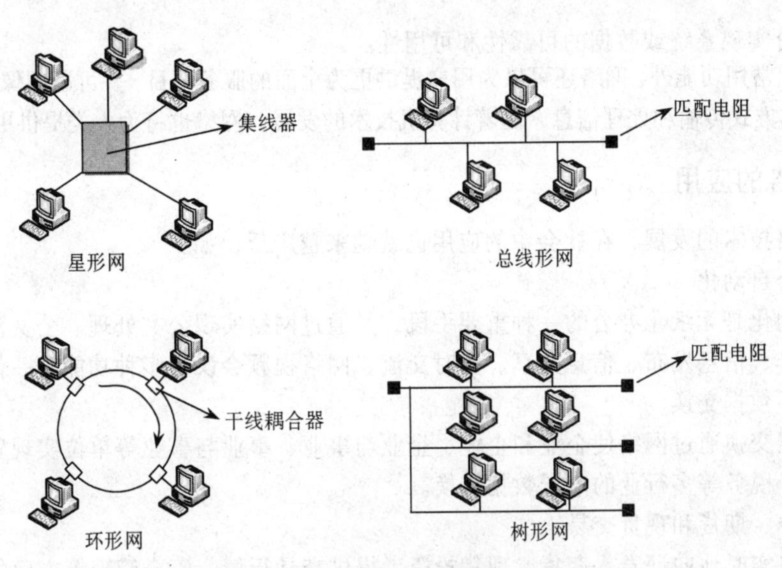

图 1-3 常用的计算机网络拓扑结构

1.3 计算机网络的功能与应用

以上从网络的形成、定义、组成、分类和网络的拓扑结构了解了什么是计算机网络，下面从网络的功能和常见的网络应用来继续了解计算机网络。

1.3.1 网络的基本功能

网络的基本功能包括：

（1）资源共享

这里讲的资源包括各种软件资源、硬件资源和数据库资源。硬件资源不仅包括大容量存储器、绘图仪、激光打印机等设备，还包括计算机的处理能力以及网络信道带宽（速率、容量）；软件资源是指网络内用户可以共享网络内部的软件共享，避免在软件建设中的重复劳动和重复投资，共享的软件包括系统软件、应用软件和控制软件；数据库资源包含将分散的信息集中处理、分析，甚至调用共享网络内的共享数据库资源，为用户充分利用网络数据资源提供方便。

（2）数据信息的快速传递

通过通信线路实现不同地域的主机与主机之间、主机与终端之间数据和程序的快速传递。

（3）实现数据的集中和综合处理

通过网络将许多计算机系统有机地连接起来，实现实时的集中或者分级管理，使各部分协同工作，从而提高系统的处理能力。

（4）负载均衡与分布式处理

在网络内有很多子处理系统，当某个子处理系统内的负载过重时，通过网络平台将任务分散到其他相对空闲的子系统完成分布式处理，从而达到充分发挥网内各处理系统的负载能力。

（5）提高系统的可靠性和可用性

在计算机网络中，当某一部分发生故障时，可以使用其他的链路或者代理系统来完成传输或处理的工作，保证用户对网络的使用；网络还可以提供服务器（包括应用服务器、数据库服务器等）备份实现系统或数据的可靠性和可用性。

除了以上常用功能外，网络还可以为用户提供更为全面的服务项目，并可以图像、声音、动画、视频等多媒体方式传输和处理信息，随着计算机技术的发展，网络也将为人类提供更多的功能。

1.3.2 网络的应用

随着网络技术的发展，在社会中的应用也就越来越广泛，如：

（1）办公自动化

办公自动化是无纸化办公的一种重要手段，是通过网络实现公文处理、公文流转、会议管理、日程安排、信息发布、信息共享、实时交流、网络视频会议等多种功能于一体的系统。

（2）电子数据交换

电子数据交换通过网络使企业和企业、企业与事业、事业与事业等单位实现贸易、保险、银行、海关、税务等多行业的电子数据交换。

（3）证券、期货和现货交易

通过网络实时地向证券、期货、现货投资者提供交易行情、资金管理等方面的服务，投资者可以利用计算机或者手机等通信工具实现实时交易。

（4）电子银行

通过网络实现银行账户信息查询、转账、付款的一种新型的金融服务系统。

（5）现代化的交流平台

通过网络传递电子邮件、QQ 聊天、传输文件、MSN 网络视频等多媒体方式，构成了现代化的交流平台。

（6）远程通信

远程教育和远程医疗构成了远程在线服务的一种新型服务方式被广泛应用。未来计算机网络和通信技术结合将更加紧密，人们可以在任何时候、任何地方通过网络联系起来。

Internet2 已经成为下一代互联网建设的代名词，2004 年我国第一个下一代互联网主干网——CERNET2（第二代中国教育和科研计算机网）试验网正式开通，相信通过下一代网络开辟新的应用服务指日可待，在远程教育、远程医疗、虚拟的实验室、分布式计算、分布式视频的传送、大气环境的检测、先进制造、军事、防灾减灾等领域发挥重要的作用。

1.4 计算机网络的性能指标

计算机网络的性能指标可以从不同角度衡量网络的性能，常用的性能指标有速率、带宽、吞吐量、时延、时延带宽积等。

（1）速率

速率是指在计算机网络上的主机在数字信道上传送数据的效率，又称数据率（data rate）或比特率（bit rate），是计算机网络中的一个重要指标，速率的单位是比特每秒（bit/s）或者 kbit/s、Mbit/s、Gbit/s、Tbit/s 等，1 Tbit/s=10^{12} bit/s, 1 Gbit/s=10^9 bit/s, 1 Mbit/s=10^6 bit/s, 1 kbit/s=10^3 bit/s，很多情况下也写为 bps（bit per second），现在很多人用不太严格的说法来描述网络速率，如 2 G bit/s 的主干线路，称之为 2 G，只留词头省略了后面的单位符号 bit/s。

（2）带宽

带宽（bandwidth）有两种不同的含义：

在过去很长的一段时间内，电信线路传送的信号是模拟信号（连续变化的信号），表示通信线路允许通过的信号频带范围称为带宽，所以带宽原意就是指信号具有的频带宽度，是指信号所包含的各种不同频率成分所占用的频率范围。例如，电话信号的标准带宽为 3.1 kHz（300 Hz～3.4kHz，即话音的频率范围），这种意义上的带宽单位是 Hz（或者是 kHz、MHz、GHz）。

在计算机网络中，用带宽来表示网络通信线路所能传送数据的能力，是指单位时间内从网络的某一结点到另一个结点所能通过的最高数据率，单位是比特每秒（bit/s）或者千比特每秒（kbit/s）、兆比特每秒（Mbit/s）、吉比特每秒（Gbit/s）和太比特每秒（Tbit/s）。

（3）吞吐量

吞吐量（throughput）是指在单位时间内通过某个网络的数据量。网络的吞吐量和网络的带宽及速率相关，吞吐量一般用于对实际网络性能评价指标的一种度量，从而知道网络实际通过的数据量，例如 100 Mbit/s 的快速以太网，其额定速率为 100 Mbit/s，但其实际吞吐量可能只有 70 Mbit/s，吞吐量可以用每秒传送的字节数表示，也可以用每秒传送的帧数（帧为网络中数据传送的一个数据单位）表示。

（4）时延

时延（delay）是指一个数据单位从网络的一端传送到另一端所需要的时间，是一个非常重要的网络性能指标。计算机网络的时延包括发送时延、传播时延、处理时延、排队时延，总的时延是这些时延之和。

① 发送时延：产生在发送数据端（主机或者路由器），数据帧从一个结点发送到传输媒体所需要的时间，也就是发送一个数据帧的第一个比特开始到该帧的最后一个比特结束所需要的时间。

发送时延的大小和数据块长度成正比，和带宽成反比。

$$\text{发送时延}=\frac{\text{数据块长度（bit）}}{\text{信道带宽（bit/s）}}$$

② 传播时延：电磁波在信道中传播需要一定的时间，传播时延和信道长度及信号在信道上传播的传播速率相关。

$$\text{传播时延}=\frac{\text{信道长度（m）}}{\text{信号在信道上的传播速率（m/s）}}$$

电磁波在大气空间传播的速率为 3.0×10^5 km/s，在铜线电缆中的传播速率为 2.3×10^5 km/s，在光纤中的传播速率为 2.0×10^5 km/s。例如在 1 km 的大气空间中，产生的传播时延大约为 3 ms。

③ 处理时延：数据在传输过程中经过了若干个中间路由器，路由器和主机在收到分组或数据报时要花费一定的时间进行处理，如分析数据报的首部信息，从中提取目的 IP 地址，查找适当的路由，决定如何转发，提取数据部分，进行差错检验，数据在传输过程中进行处理所花费的时间为处理时延。

④ 排队时延：分组在网络传输过程中，要经过多个路由器，分组在进入路由器后，先在输入队列中排队等待处理，路由器确定转发端口后，分组还要在输出队列中等待发送，从而产生的时延为排队时延。排队时延的大小和路由器的处理能力以及网络当时的通信量有关，当网络通信量很大时，缓存中的空间有限，会产生溢出现象，造成分组丢失。

数据在网络中所经历的总时延是以上 4 种时延之和：

总时延=发送时延+传播时延+处理时延+排队时延

图 1-4 给出了 4 种时延产生的位置。

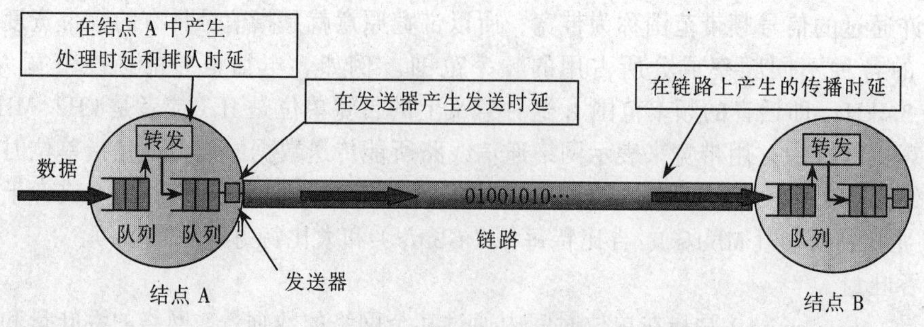

图 1-4 4 种时延产生的位置

传播速率和发送速率是两个不同的概念，刚开始学习网络知识的人容易产生一个错误的概念，“在高速链路上，比特流应该传输得更快”，就像在高速公路上汽车可以行驶得更快一样，其实不然，在高速链路上，提高的是数据的发送速率，跟传播速率无关，通常意义上讲“光纤的传输速率高”是指向光纤信道上发送数据的速率高，而光在光纤信道中的传播速率为 20.5×10^4 km/s，比电磁波在铜导线（5 类双绞线）中的传播速率（23.1×10^4 km/s）还低。

（5）时延带宽积

时延带宽积是指任意给定的时间内链路上传输的数据量。

$$\text{时延带宽积}=\text{传播时延}\times\text{带宽}$$

用图 1-5 来说明时延带宽积，在图中的圆柱形管道代表传输链路，管道的长度表示为链路的传播时延，截面积表示带宽，因此时延带宽积就是管道的体积，表明链路中可以容纳的比特数。例如某段链路的时延为 10 ms，带宽为 100 Mbit/s，则其时延带宽积为 $10\times10^{-3}\times100\times10^6=10^6$ bit。表明若发送端连续发送数据，在第一个比特即将到达终点时，发送端已经发送了 10^6bit，这 10^6bit 正在链路上传送，所以时延带宽积又称以比特为单位的链路长度。

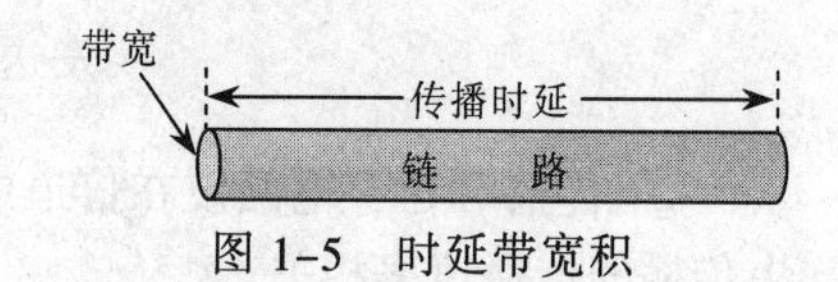

图 1-5 时延带宽积

（6）往返时间

在计算机网络中还有一个重要的性能指标就是往返时间 RTT（Round-Trip Time），往返时间是从发送方发送数据开始，到收到来自接收方的确认为止，总共经历的时间。往返时间不仅包含了链路中所有结点的发送时延、链路上的传播时延，还包括了中间结点的处理时延和等待时延。

往返时间不仅与发送数据单位的大小有关，而且和链路的繁忙状态等信息相关。

（7）利用率

利用率可以分为信道利用率和网络利用率两种，信道利用率是指某信道有百分之几的时间被用来传输数据，完全空闲的信道的利用率为零；网络的利用率是全网中信道利用率的加权平均值。网络中不是信道的利用率越高越好，当利用率增高的时候，其时延也会加大，当网络的通信量继续增加时，中间结点的排队等待时间加大，容易造成分组丢失，发送端重发分组，使得时延急剧增大。如果用 D_0 表示空闲时的时延，D 表示当前的时延，那么网络的利用率 U 和时延 D 的关系用一个简单的公式表示如下：

$$D=\frac{D_0}{1-U}$$

当网络的利用率接近 1 的时候，网络的时延接近无穷大，所以信道或网络的利用率过高会产生非常大的时延，图 1–6 表示了利用率和时延的示意关系。

一般情况下，网络的利用率控制在 50%左右，如一些大的 ISP（Internet 服务提供商）控制其主干信道的利用率为 50%，超过这个数值就要考虑扩容问题，增加信道的带宽等策略。

（8）其他非性能特征

除了以上常用的性能指标外，还有费用、质量、标准化、可靠性、可扩展性和可升级性、易于管理和维护性等其他非性能特征。

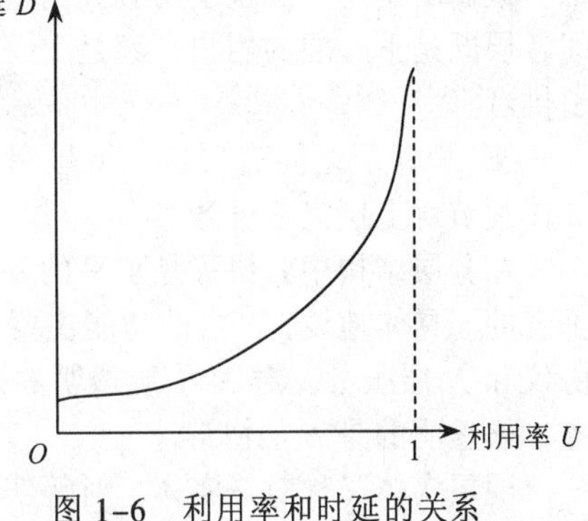

图 1–6　利用率和时延的关系

1.5　计算机网络的体系结构

计算机网络是非常复杂的系统，为了将庞大而复杂的问题转化为较小的局部问题，早在 ARPAnet 设计时就提出了分层的概念，不同的体系结构相继出现。

1.5.1　网络体系结构的基本概念

计算机网络体系结构是计算机网络层次、网络拓扑结构、各层次的功能划分以及每层协议与接口的总称。

网络中的通信是指不同系统中的实体之间的通信。实体是指发送和接收信息的对象，可以是终端、通信进程或者是应用软件。

1. 协议

协议是指在计算机网络中，为了保证两个实体之间能正常进行通信而制定的一整套约定和规则。网络协议有以下 3 个要素：

（1）语义

语义是控制信息的内容。它规定了需要发出何种控制信息，以及完成的动作与做出的响应。

（2）语法

语法是数据与控制信息的结构与格式，确定通信时采用的数据格式、编码及信号电平。

（3）时序

时序是对事件实现顺序的详细说明。

2. 层次

计算机网络是一个非常复杂的系统，为了减少网络协议设计的复杂性，便于维护和管理，所以网络设计采用了层次结构，如图 1–7 所示。

层次结构的具体含义是：

① *N* 层的实体在实现自身定义的功能时，只使用 *N*–1 层提供的服务。

② *N* 层在向 *N*+1 层提供服务时，不仅包含 *N* 层本身的功能，还包含由 *N*–1 层服务提供的功能总和。

③ 最低层只提供服务，是提供服务的基础。最高层是用户，是使用服务的最高层。中间各层既是下一层的用户，又是上一层服务的提供者。

④ 相邻层之间有接口，下层提供服务的具体细节对上层完全屏蔽。

在分层结构中，协议是水平的，而服务是垂直的。具体地说，*N* 层的功能主要包括 *N* 层协议和 *N* 层服务，对 *N*+1 层透明的是 *N* 层服务，非透明的是 *N* 层协议。

同层实体又称对等实体，对等实体间通信必须遵守同层协议。

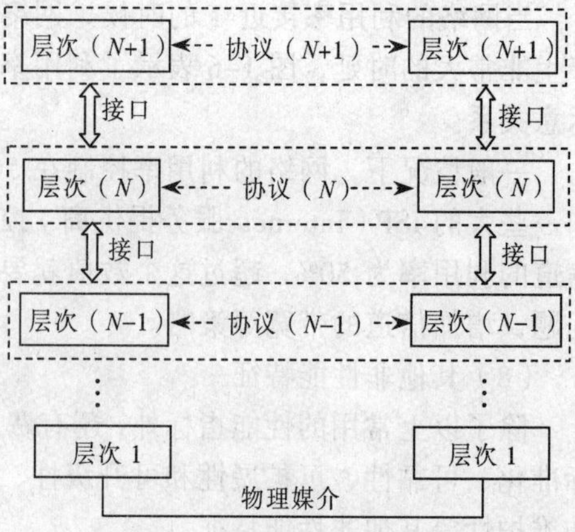

图 1-7 网络分层结构

3. 接口

接口是同一结点内相邻层之间交换信息的界面，接口定义了原语操作以及下层向上层提供的服务。同一系统中相邻两层实体之间通过接口调用服务或提供服务的联系点通常称为服务访问点（Service Access Point，SAP），任何层间的服务都在接口的 SAP 上进行的，每个 SAP 都有一个标识它的地址，每个层间接口可以有多个 SAP。接口上下层之间的关系如图 1-8 所示。

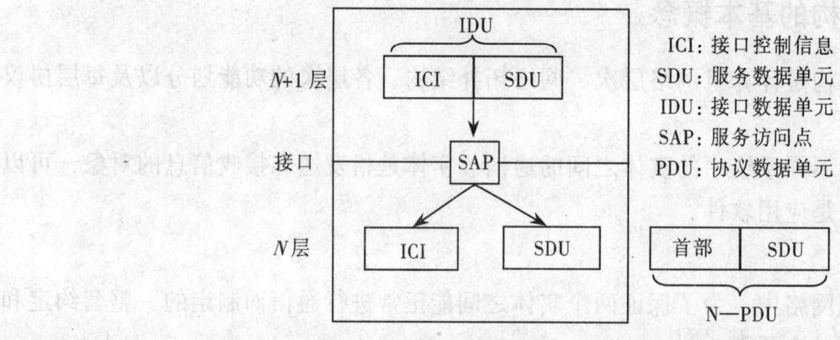

图 1-8 接口上下层之间的关系

4. 数据单元

PDU 是指在不同结点的对等层之间为实现该层协议所交换的数据单元；SDU 是指相邻层实体间传送的数据单元；IDU 由上层的服务数据单元 SDU 和接口控制信息 ICI 组成；*N*+1 层实体通过 SAP 把 IDU 传给 *N* 层实体，接口控制信息 ICI 被 *N* 层实体用来指导其功能任务的执行，不发送给远端的对等实体。*N* 层实体将 SDU 分成一段或者几段，每段加上协议的首部构成 PDU 作为传送给远端对等实体的数据单元。

5. 服务原语

服务的提供和请求是通过在服务点 SAP 上服务原语的发送和接收来实现的。服务原语是指相邻层在建立 *N* 层对 *N*+1 层提供服务时二者交互所用的广义指令。一个完整的服务原语包括原语名、原语类型、原语参数 3 个部分。例如，一个网络连接建立的请求服务原语的写法如图 1-9 所示。

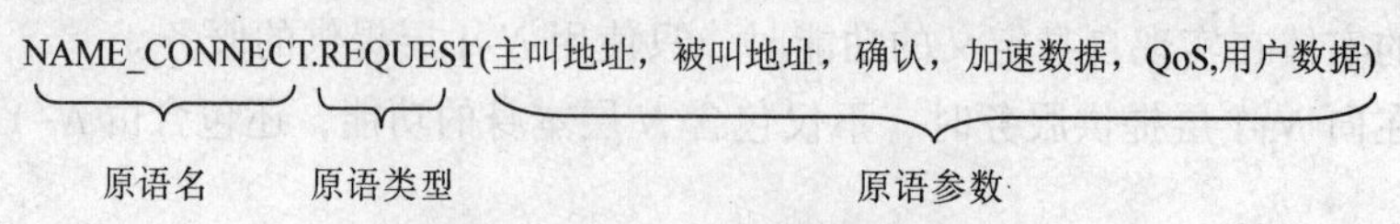

图 1-9 请求服务原语格式

原语名：表示服务类型。

```
CONNECT            网络连接
DISCOUNECT         释放连接
DATA               数据传输
EXPEDITED -DATA    优先数据传输
REST               复位
```

原语类型：供用户和其他实体访问该服务时调用，它有请求原语 REQUEST、指示原语 INDICATION、响应原语 RESPONSE 和确认原语 CONFIRM 这 4 种类型。

原语参数：目的服务访问点地址、源服务访问点地址、数据、数据单元、优先级、断开连接的理由等。

图 1-10 示例说明通过服务原语完成对等层之间连接建立的过程。

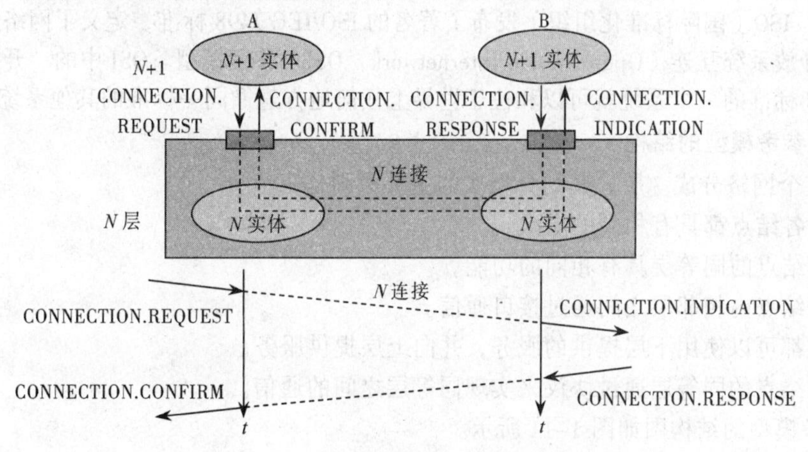

图 1-10　服务原语完成连接建立的过程

N 层连接是通过一组原语实现的。

CONNECTION.REQUEST 连接请求：发送方请求建立连接或发送数据。

CONNECTION.INDICATION 连接指示：通知接收方的用户实体。

CONNECTION.RESPONSE 连接响应：接收方实体通过响应原语表示是否愿意接收连接建立。

CONNECTION.CONFIRM 连接证实：发起连接建立的一方通过连接证实原语来证实连接建立。

连接建立后就可以传送数据了，常规数据传输是 *N*+1 层实体调用 DATA.REQUEST 原语向 *N* 层实体请求发送数据，*N* 层实体接收发过来的数据 DATA PDU，产生响应的 *N* 层服务原语 DATA.INDICATION，送给 *N*+1 层实体，完成数据传输。

完成所有数据的传输之后就可以释放连接，正常释放连接的原语有：

```
DISCONNECT.REQUEST
DISCONNECT.INDICATION
```

分层体系结构数据的传输是由发送方实体将数据逐层传递给它的下层，直到最下层通过物理媒体实现通信，到达接收方，接收方再逐层向上传递给对等实体，完成对等实体之间的通信。

6．计算机网络体系结构

计算机网络体系结构（network architecture）是指网络层次结构模型与各层次协议的集合。具体地说体系结构定义了计算机网络应设置哪几层，每一层应提供哪些功能，不涉及每一层的硬件和软件的具体实现。由此可见网络体系结构是抽象的，对于同样的体系结构，可以采用不同的硬件和软件实现相应层次的相同功能和接口。

7. 面向连接服务与无连接服务

通信服务可以分为两大类：面向连接服务和无连接服务。

面向连接服务是在两个对等实体之间进行数据传输之前，必须先建立连接，然后才能传输数据的通信服务。面向连接服务方式的数据传输过程分为建立连接、数据传输和释放连接 3 个阶段，面向连接服务适合大量报文传输。

无连接服务是在两个对等实体进行通信之前无需预先建立一个连接，因此网络资源不需要预先保留，只有在数据传输时才动态地进行分配的通信服务。和面向连接不同的是它不要求两个实体同时处于活跃状态。无连接服务灵活迅速，但不能保证报文不丢失，适合少量零星报文的传输。

1.5.2 OSI 参考模型

1974 年，ISO（国际标准化组织）发布了著名的 ISO/IEC 7498 标准，定义了网络互连的七层框架，就是开放系统互连（Open System Internetwork，OSI）参考模型。OSI 中的“开放”指的是只要遵循 OSI 标准的一个系统就可以和位于世界上任何地方遵循同一标准的其他系统进行通信。

1. OSI 参考模型的结构

ISO 将整个网络分成 7 层，其划分层次的主要原则是：

① 网中各结点都具有相同的层次。

② 不同结点的同等层具有相同的功能。

③ 同一结点内相邻层之间通过接口通信。

④ 每层都可以使用下层提供的服务，并向上层提供服务。

⑤ 不同结点的同等层通过协议来实现同等层之间的通信。

OSI 参考模型的结构图如图 1–11 所示。

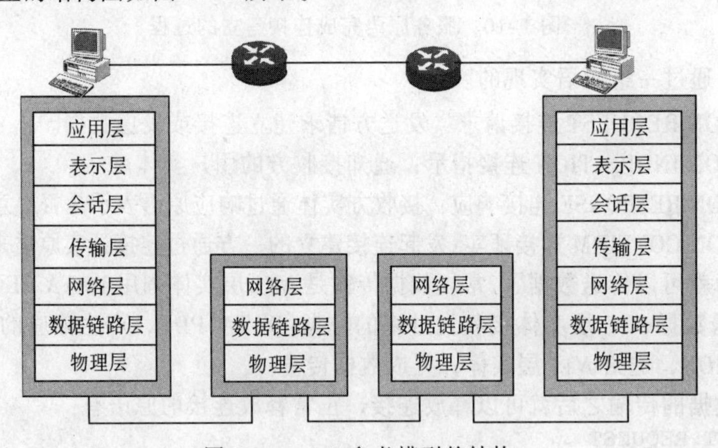

图 1–11 OSI 参考模型的结构

2. OSI 参考模型各层的功能

OSI 参考模型本身没有描述各层的具体服务和协议，它描述了各层应该做什么，但 ISO 为各层制定了一些标准，作为独立于参考模型之外的国际标准。下面从物理层开始逐层讨论 OSI 参考模型的各层。

（1）物理层

物理层的主要功能是利用传输介质为通信的网络结点之间建立、管理和释放物理连接，实现比特流的透明传输，为数据链路层提供数据传输服务。物理层的数据传输单位是比特（bit）。

物理层对传输介质没有提出任何规范，传输介质处于物理层之外，所以又把传输介质称为 OSI 参考模型的第 0 层。

（2）数据链路层

数据链路层的功能是在物理层提供的服务基础上，在通信实体间建立数据链路连接，传输以帧为单位的数据包，并采用差错控制与流量控制方法，使有差错的物理链路变成没有差错的数据链路。

（3）网络层

网络层的主要功能是通过路由选择算法为分组通过通信子网选择最适当的路径，实现网络互连功能。网络层通过接口为传输层提供服务，该接口是通信子网的边界。网络层传输的数据单位是分组。

（4）传输层

传输层是七层模型中介于面向网络通信的低三层和面向信息处理高三层之间的层面，是七层模型中最重要的一层，传输层之上的会话层、表示层及应用层均不包含任何数据传输的功能，而网络层又保证发送站的数据能可靠地送到目的地，所以传输层要实现端口到端口的服务，就要向会话层提供独立于网络的传输服务。

传输层的主要功能是对一个会话、网络或者连接提供可靠的端对端传输服务；在通向网络的单一物理连接上实现该连接的复用；在单一连接上进行端到端的流量控制，进行端到端的差错控制及恢复等。

（5）会话层

会话层的主要功能是负责维护两个结点之间会话连接的建立、管理和终止，以及数据的交换，例如服务器验证用户登录就是由会话层来完成。

（6）表示层

表示层的主要功能是处理两个通信系统中交换信息的表示方式，主要包括数据格式变换、数据加密、数据压缩与恢复等功能。

（7）应用层

应用层直接面向用户，为用户提供各种网络资源访问。OSI 应用层标准已经规定的一些应用协议包括：虚拟终端协议 VTP，文件传送、存取和管理 FTAM，作业传送与操纵 JTM，远程数据库访问 RDA，报文处理系统 MHS 等。

3. 数据传输过程

符合 OSI 模型的网络中数据的封装与传输过程如图 1-12 所示。

① 主机 A 的应用进程有数据传送到应用层时，应用层为数据加上本层的数据控制报头后，组织成应用层的数据服务单元，交给表示层。

② 表示层接收这个数据单元，并加上本层的控制报头，组成表示层的数据服务单元，再传给会话层，会话层加上会话层的报头，传给传输层。

③ 传输层收到会话层的数据单元后加上传输层的报头构成报文（message）传给网络层。

④ 由于网络层数据单位的长度有限，传输层的长报文将可能被分成多个较小的短的数据字段，加上网络层的控制报头，构成网络层的数据单元，称为分组（packet），传给数据链路层。

⑤ 数据链路层将分组加上链路层的控制信息，构成链路层的数据单元，称为帧（frame），传给物理层。

⑥ 物理层将该帧数据以比特流的方式，通过传输介质传输到目的主机 B，再从物理层逐层向高层上传，每层对各层的控制报头进行处理后剥离，最终将用户信息上交到高层，最后实现了主机 A 的进程 A 和主机 B 的进程 B 的数据传送。

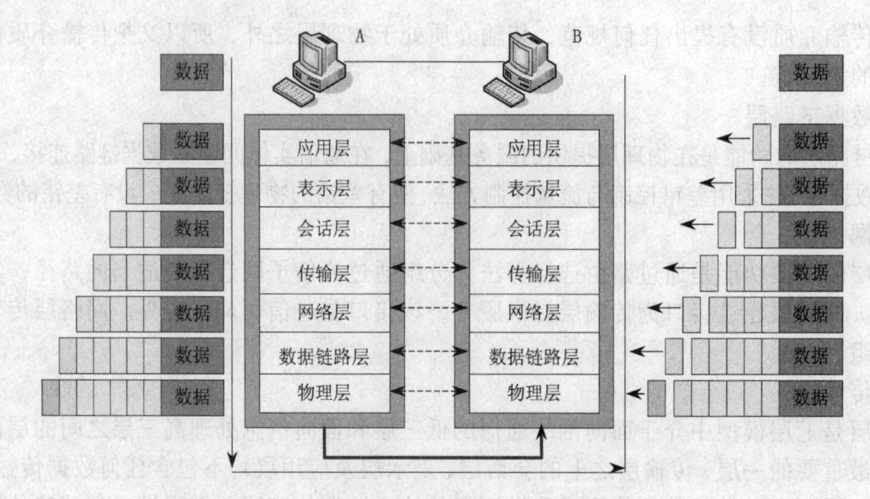

图 1-12 OSI 网络中数据的封装与传输过程

1.5.3 TCP/IP 参考模型

因特网是基于 TCP/IP 技术的，使用的是 TCP/IP 参考模型，该模型将计算机网络分为 4 个层次，分别是网络层、互联层、传输层和应用层，如图 1-13 所示。

OSI/RM	TCP/IP
应用层	应用层
表示层	
会话层	
传输层	传输层
网络层	互联层
数据链路	网络层
物理层	

图 1-13 TCP/IP 与 OSI 参考模型的对应关系

（1）网络层

看上去网络层与 OSI 参考模型的物理层、数据链路层相对应，但实际上 TCP/IP 对网络接口层并没有真正描述，只是指出主机使用某种协议与网络连接，完成 IP 分组的传送。下面具体的网络可以是局域网、城域网或广域网，如以太网、令牌环网、令牌总线网、X.25、帧中继、电话网、DDN 等。网络接口层负责从主机或结点接收 IP 分组，并发送到指定的物理网络上。

（2）互联层

互联层，为上层提供一种无连接的，不可靠的数据报传输服务。将数据报尽可能地从源主机传送到目的主机，这期间可能要通过不同的路由，分组有可能被丢失、到达目的主机后还可能会乱序，所以网际层必须支持其他路由管理功能、高层排序功能，提供二层地址和三层地址解析和反向地址解析等功能。

互联层传输的数据单位是 IP 数据报或称 IP 分组。

互联层使用的协议是网际协议 IP，与之配套的协议还有地址解析协议 ARP、逆向地址解析协议 RARP、因特网控制报文协议 ICMP、Internet 组管理协议 IGMP。

（3）传输层

传输层又称运输层，为应用进程提供端到端的传输服务，在应用进程之间建立一条端到端的逻辑通道，该逻辑通道不涉及网络中的路由器等中间结点。

TCP/IP 在传输层提供了两个重要协议，传输控制协议 TCP 和用户数据报协议 UDP。

传输控制协议 TCP 是一个面向连接的协议，允许一台计算机上的报文段无差错地发往互联网上的其他计算机，TCP 还可以进行流量控制。

用户数据报协议 UDP 提供的是一种不可靠的无连接的端到端传输服务，发送方在发送数据之前不需要建立连接，接收方也不需要给出应答信息，这样就减少了为保障可靠传输而增加的额外开销，所以它的传输效率高。

（4）应用层

应用层为用户提供远程访问和资源共享的功能。应用层主要讨论用什么样的协议来使用网络提供的资源，如远程登录、电子邮件、文件传输、聊天、WWW、视频会议、网络点播等。应用层常用的协议有远程登录 Telnet 协议、文件传输协议 FTP、简单邮件传输协议 SMTP、简单网络管理协议 SNMP、超文本传输协议 HTTP、域名解析协议 DNS 等。

图 1-14 所示为 TCP/IP 参考模型与 TCP/IP 协议簇的关系图。

应用层	HTTP	FTP	Telnet	DNS	TFTP	SNMP
传输层	TCP			UDP		
网际层	ICMP IGMP IP ARP RARP					
网络接口层	以太网	FDDI	ATM	PDN	其他类型网络	

图 1-14　TCP/IP 参考模型与 TCP/IP 协议簇

1.5.4 原理体系结构参考模型

OSI 参考模型的设计者试图建立一个完整的计算机网络统一标准，从技术角度来看，OSI 太过追求完美，使得 20 世纪 80 年代许多专家都认为 OSI 的模型和协议将会统领未来的网络领域，然而事与愿违，由于系统过于庞大、复杂，招致了许多批评，又由于模型与协议自身存在缺陷，会话层在大多数应用中很少使用，表示层几乎是空的。数据链路层和网络层又增加了很多子层来实现不同的功能，寻址、流量控制和差错控制出现在多层，降低了系统的效率；数据安全性、网络管理等方面的问题在参考模型的设计初期没有考虑。

而早于ISO产生的TCP/IP协议经历了20多年的实践检验，赢得了大量的用户和商家，TCP/IP 的成功促进了 Internet 的发展，当然 TCP/IP 也有它的缺陷，表现在：

① TCP/IP 参考模型在服务、接口与协议的概念上不是很清楚。

② TCP/IP 参考模型不通用，不适合描述其他协议栈。

③ TCP/IP 参考模型中的网络接口层并不是实际的一层。

无论是 OSI 还是 TCP/IP 参考模型与协议，都有其成功的一面，也有其不足的一面。ISO 原本希望推出 OSI 参考模型和协议实现对计算机网络标准化，却没有达到预期目的。TCP/IP 虽然不是国际标准，但伴随着 Internet 的发展，TCP/IP 成为了目前公认的工业标准。五层网络参考模型来描述网络体系结构，就是原理体系结构，如图 1-15 所示。

OSI/RM、TCP/IP 和五层网络参考模型比较如图 1-16 所示。

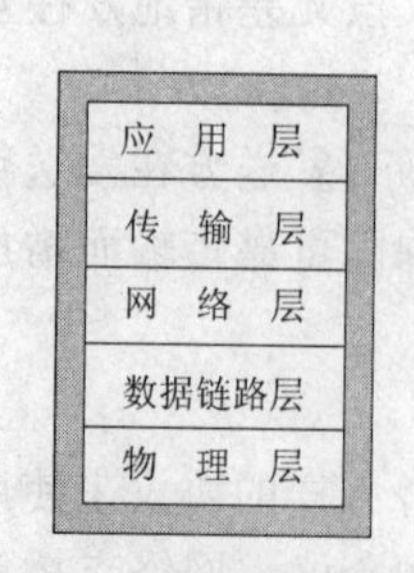

图 1-15 五层网络参考模型

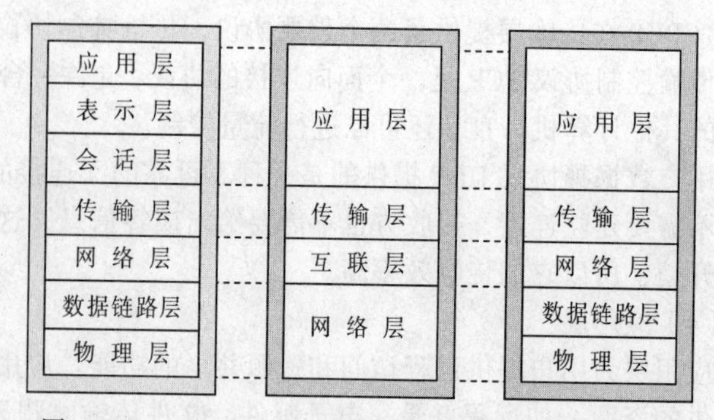

图 1-16 OSI/RM、TCP/IP 和五层网络参考模型比较

值得一提的是，五层参考模型中没有会话层和表示层，并不意味着 OSI 参考模型中会话层和表示层的功能被取消，而是将其功能放置到应用层中。

习 题

一、单选题

1. 计算机网络发展过程中，对计算机网络的发展影响最大的是（ ）。
   A. ARPAnet　B. Octopus　C. Cyclades　D. WWW
2. 将计算机网络划分为有线网络和无线网络，主要依据的（ ）。
   A. 作用范围　B. 传输媒体　C. 拓扑结构　D. 交换方式
3. 属于通信子网的设备有（ ）。
   A. 主机　B. 打印设备　C. 数据资源　D. 路由设备
4. 计算机网络中的计算机之间是（ ）。
   A. 独立工作　B. 并行工作　C. 互相制约　D. 串行工作
5. OSI 模型中数据加密是属于（ ）。
   A. 物理层　B. 数据链路层　C. 表示层　D. 应用层

二、填空题

1. 建立计算机网络的目的是______、______。
2. 常用的计算机网络的拓扑结构有______、______、______、______。
3. 发送时延的大小和数据块长度成______比，和带宽成______比。
4. 网络协议的三要素是______、______、______。
5. 网络体系结构是指网络层次结构模型与各层次______的集合。
6. TCP/IP 模型中网际层的协议数据单元是______。

三、简答题

1. 计算机网络具备的三个基本要素是什么？
2. 计算机网络的组成是什么？
3. 计算机网络常用的性能指标有哪些？
4. 描述层次、接口、服务和协议之间的关系。
5. 什么是面向连接服务？什么是无连接服务？
6. OSI 参考模型将网络划分成几层？各层的功能是什么？

第2章 网络设备与传输介质

网络设备与传输介质是网络建设必不可少的，本章重点讨论双绞线、光缆、无线电波、微波等传输介质，分别介绍网络各层的网络设备，最后通过网线制作，对等网络的组建，无线网络的接入等实验说明使用网络设备与传输介质组建网络的方法。

学习目标：

- 了解双绞线、光纤、无线传输介质的性能及其应用；
- 掌握集线器、调制解调器的使用；
- 了解网卡的性能；
- 掌握网桥的功能，了解常用交换机的类型；
- 掌握路由器的功能和基本配置；
- 了解无线 AP 和无线路由器的功能；
- 学会制作网线；
- 学会自组对等网和无线网络。

2.1 传输介质

本节重点讨论双绞线、光缆、无线电波、微波、卫星等传输介质的结构、原理、分类及其通信技术。

2.1.1 双绞线

1. 双绞线的结构和分类

在计算机网络中，双绞线是比较常用的传输介质。双绞线由按螺旋状结构排列的 2 根绝缘导线组成（见图 2–1）。一对线可以为一条通信线路，螺旋双纽排列的目的是在一定程度上减弱来自外部的电磁干扰及相邻双绞线引起的串音干扰。在局域网中使用的双绞线分为两类：屏蔽双绞线和非屏蔽双绞线，其区别在于屏蔽双绞线外部保护层和绝缘层之间多了一个外屏蔽层。

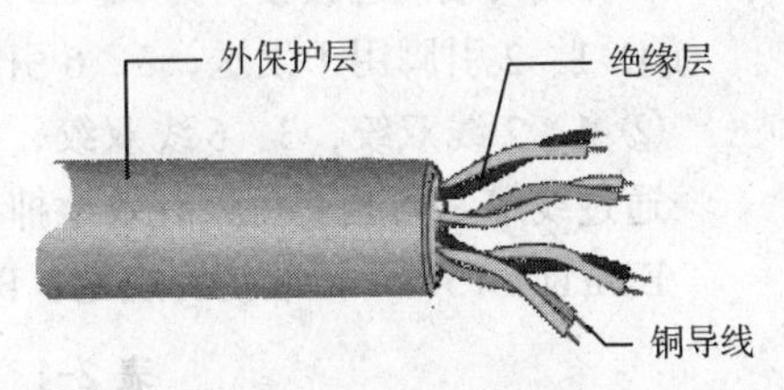

图 2–1　双绞线的基本结构

双绞线特别适合短距离的数据传输，可以用于传输模拟信号，也可以传输数字信号，双绞线经常用于建筑物内的局域网传输数字信号，但在双绞线上传输时信号衰减比较大，所以每传输一段距离就需要对信号进行放大。

在实际使用中，双绞线通常将多对捆扎在一起，目前较多使用的是 4 对，相邻双绞线一般采用不同的绞合长度。美国电子工业协会（EIA）规定了不同质量级别的双绞线电缆，各类电缆具有不同性能。

1类：在电话系统中使用的基本双绞线，适合传输语音。

2类：适合语音传输和最大速率为4 Mbit/s的数据传输。

3类：目前在大多数电话系统中使用的标准电缆，其传输频率可达到16 MHz，数据传输速率可达到10 Mbit/s，主要用于10base-T的网络。

4类：这种电缆的传输频率为20 MHz，数据传输速率可达到16 Mbit/s，主要用于10base-T、100base-T和基于令牌的局域网。

5类：这种电缆增加了绞合密度，其传输频率为100 MHz，数据传输速率可达100 Mbit/s，主要用于100base-T和10base-T网络。

超5类：适合于100 Mbit/s以太网、吉比特以太网和ATM。虽然标准中要求的信号传输频率为100 MHz，但是很多设备制造商出售的超5类线具备了350 MHz的信号传输频率，主要用于千兆位以太网。

6类：这种电缆仍为4对线，但在电缆中有一个十字形分隔线把4对线分隔在不同的信号区，绞合密度在5类的基础上有所增加，其传输频率早先被定义为200 MHz，但目前已被提高到350～600 MHz，适用传输速率高于1 Gbit/s的应用。

随着高速网络的发展，双绞线的新标准还在不断推出，如7类屏蔽双绞线，带宽可以达到600～1 200 MHz。

2. 双绞线的特点

① 价格低、易弯曲、安装维护简单。

② 传输距离一般不超过100 m。

③ 适合结构化布线。

④ 非屏蔽双绞线抗干扰能力比其他传输介质差。

3. 双绞线的连接方式

网络用非屏蔽双绞线是4对8芯、两两双绞、颜色不一（绿、绿白、棕、棕白、橙、橙白、蓝、蓝白）的线缆，在网络中，根据用途的不同，接线方法有两种：直连线和交叉线。

（1）直连线接法

在EIA/TIA（电子工业协会EIA后来与其他组织合并成电信工业协会TIA）的布线标准中规定了T568A与T568B两种直连双绞线的线序。

双绞线两端的连接接口为RJ-45水晶头，如图2-2所示，对RJ-45水晶头的接线方式规定为：

① 1、2引脚用于发送，3、6引脚用于接收，4、5引脚和7、8引脚是双向线。

② 1、2线双绞，3、6线双绞，4、5线双绞，7、8线双绞。

通过线缆两两相交可以有效地抑制干扰信号，提高传输质量。

EIA/TIA T568A标准接线规定：RJ-45水晶头的第1～8引脚分别对应颜色如表2-1所示。

表2-1 EIA/TIA T568A标准接线规定

1	2	3	4	5	6	7	8
绿白	绿	橙白	蓝	蓝白	橙	棕白	棕

EIA/TIA T568B标准接线规定：RJ-45水晶头的第1～8引脚对应的颜色如表2-2所示。

表 2-2　EIA/TIA T568B 标准接线规定

1	2	3	4	5	6	7	8
橙白	橙	绿白	蓝	蓝白	绿	棕白	棕

将水晶头塑料弹片朝下，金属引脚在上，开口朝向自己，从左到右依次为 1～8 引脚，如图 2-2 所示。

在制作网线时，要求线缆两头都必须以同一标准连接 RJ-45 水晶头。

还有一种简单的一一对应接法，即双绞线的两端芯线要一一对应，即如果一端的第 1 引脚为绿色，另一端的第 1 引脚也必须为绿色的芯线，4 个芯线对通常不分开，即芯线对的两条芯线通常相邻排列。但这样的网线信号干扰大，一般达不到 100 M 带宽的通信速率。

直连线通常用于集线器或交换机与计算机之间的连接。

在实际应用中，一般都采用 EIA/TIA T568B 标准接线，如图 2-3（a）所示。

图 2-2　水晶头

（2）交叉线（级联线）接法

虽然双绞线有 4 对 8 芯线，但实际上在网络中只用到了其中的 4 条，即水晶头的第 1、2 和第 3、6 引脚，它们分别起着收、发信号的作用。交叉网线的芯线排列规则是：网线一端的第 1 引脚连另一端的第 3 引脚，网线一端的第 2 引脚连另一端的第 6 引脚，其他引脚一一对应即可，如图 2-3（b）所示。这种排列做出来的通常称之为“交叉线”，例如，当线的一端采用 EIA/TIA T568B 标准接线时，即 1～8 的芯线顺序依次为：橙白、橙、绿白、蓝、蓝白、绿、棕白、棕，另一端 1～8 的芯线顺序则应当依次为：绿白、绿、橙白、蓝、蓝白、橙、棕白、棕，这种网线一般用在集线器（交换机）的级联、对等网计算机的直接连接等情况。

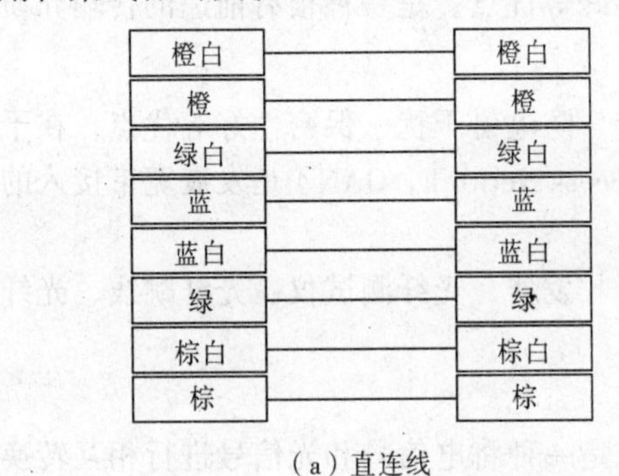

（a）直连线

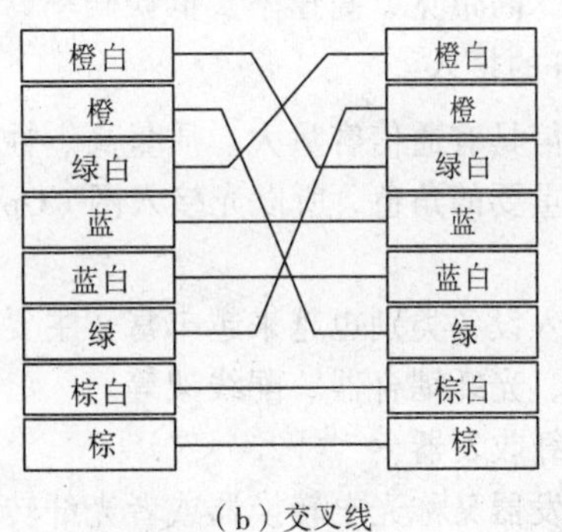

（b）交叉线

图 2-3　EIA/TIA T568B 标准接线

2.1.2　光纤

1. 光纤的结构

光纤是网络传输介质中性能最好、应用前景最广的一种。光纤的基本结构如图 2-4 所示。光纤是一种直径为 50～100 μm 的柔软、能传导光波的介质，光纤可由多种玻璃和塑料来制造，其中使用超高纯度的石英玻璃纤维可以得到最低的传输损耗。将折射率较高的光纤用折射率较低的包层包裹起来可以构成一根光纤通道，多条光纤组成一束就是光缆。

2．光纤的工作原理

光纤的工作原理是利用光纤的折射率高于外部包层的折射率，形成光波在光纤与包层之间产生全反射，这样光线就能通过纤芯进行传导，如图 2–5 所示。

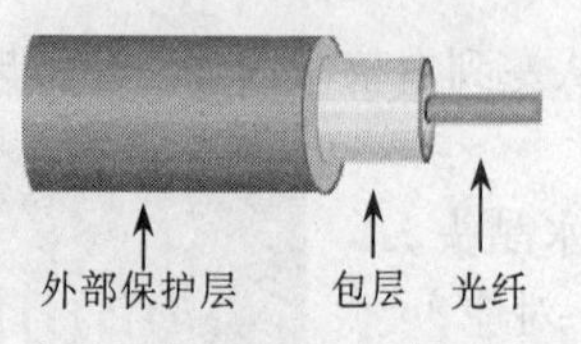

图 2–4 光纤的基本结构

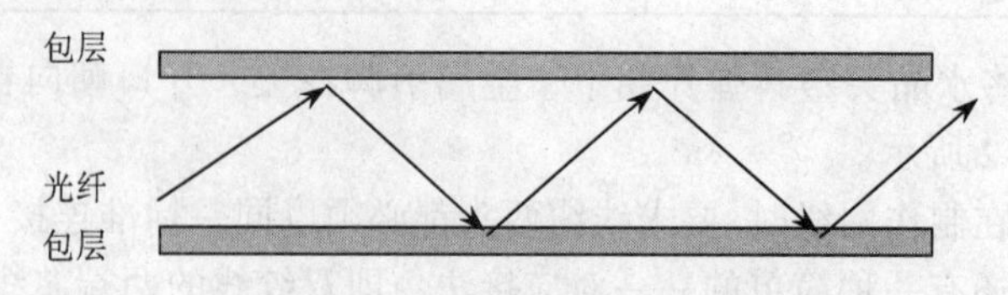

图 2–5 光纤传输的工作原理

常规光纤传输系统结构如图 2–6 所示，光纤发送端主要采用发光二极管 LED 或激光二极管 ILD，在接收端使用光电二极管 PIN 检波器或 APD 检波器接收光信号，并将光信号转换成电信号，光纤的传输速率可以达到几千兆字节。

光纤的传输模式可以分为两类：单模光纤和多模光纤。单模光纤的纤芯半径很小，基本上小到波长的数量级，其中只存在一条轴向光线才能通过的传播。多模光纤是在发送端有多束光线，可以在纤芯中以不同的光路进行传播。单模光纤适用于大容量远距离通信，但制造工艺难度大、价格高。

图 2–6 光纤传输系统结构

3．光纤的特点

和其他导向型传输媒体比较，光纤几乎不受外界电磁干扰与噪声的影响，能在长距离、高速率的传输中保持低误码率。因此光纤传输的安全性与保密性都很好；光纤线径细，重量轻且柔软；光信号的衰减也极小，可以在 2.5 Gbit/s 的传输速率下，不用中继器传输数十千米。光纤具有低损耗、高带宽、高速率、低误码率、安全性好等优点，是一种很有前途的传输介质。

4．光纤的接入

光纤通信具有通信容量大、质量高、性能稳定、防电磁干扰、保密性好等优点，在干线通信中扮演着重要的角色，所以光接入网（Optical Access Network，OAN）是发展宽带接入的长远解决方案。

光纤接入设备类别也越来越丰富，主要有光纤收发器，光纤测试仪、光纤跳线、光纤盒、光纤模块卡、光纤耦合器、配线架等。

（1）光纤收发器

光纤收发器又称光电转换器或者光纤转换器，是一种将电信号和光信号进行相互转换的网络设备。

（2）光纤连接器

在光纤传输系统中，光纤连接器用来连接光纤，实现光链路的连续。

（3）光纤耦合器

光纤耦合器是将光信号从一条光纤中分至多条光纤中的原件。

（4）光纤模块卡

配置在交换机中，如千兆位光纤模块卡，用五类双绞线或光纤传输，可以扩展局域网范围，扩大带宽。

（5）光纤盒

安装在桌面系统，实现一端光信号的输入/输出，另一端 RJ–45 电信号的输出/输入。

（6）光端机

光端机是实现多个 E1（是中国和欧洲采用的一种传输标准，速率为 2.048 Mbit/s）信号转成光信号的传输设备。

2.1.3 无线传输介质

无线传输是利用大气层和外层空间作为物理通道来传输电磁波信号的传输方式。无线传输介质一般包括无线电波、微波、红外线等。

1. 无线电波

将频率低于 3×10^{11} Hz 的电磁波称为无线电波。无线通信有两种方式：单频通信和扩频通信。单频通信是指信号的载波频率单一，其可用的频率范围遍及整个无线电频率；单频通信传输速率低、有效传输距离近，若想提高传输速率和距离就要加大发射功率，但它会使得运营成本增加；另外单频通信抗干扰能力差，也容易被窃听。所谓扩频通信，可简单表述为：它是一种信息传输方式，其信号所占有的频带宽度远大于所传信息必需的最小带宽；频带的展宽是通过编码及调制的方法实现的，与所传信息数据无关；在接收端则用相同的扩频码进行解调来解扩及恢复所传信息数据。扩频技术包括以下几种方式：直接序列扩展频谱，简称直扩（DS），跳频（FH），跳时（TH），线性调频（Chirp）。此外，还有这些扩频方式的组合方式，如 FH/DS、TH/DS、FH/TH 等。在通信中应用较多的主要是 DS、FH 和 FH/DS。

频段划分及其典型应用如表 2-3 所示。

表 2-3　无线电波频段划分及典型应用

频率范围	符号	用　途
3 Hz～3 kHz	极低频（ELF）	音频电话、数据终端、远程导航、水下通信、对潜通信
3～30 kHz	甚低频（VLF）	远程导航、水下通信、声呐
30～300 kHz	低频（LF）	导航、信标、电力线、通信
300～3 MHz	中频（MF）	调幅广播、移动陆地通信、业余无线电
3～30 MHz	高频（HF）	移动无线电话、短波广播定点军用通信、业余无线电
30～300 MHz	甚高频（VHF）	电视、调频广播、空中管制、车辆、通信、导航、寻呼
300～3 GHz	特高频（UHF）	微波接力、卫星和空间通信、雷达、移动通信、卫星导航，无线局域网
3～30 GHz	超高频（SHF）	微波接力、卫星和空间通信、雷达，无线局域网
30～300 GHz	极高频（EHF）	雷达、微波接力，射电天文
≥300 GHz	至高频（丝米波）	光纤通信 无线光通信

扩频通信技术特点是：

（1）抗干扰能力强

由于扩频通信是将信号扩展到很宽的频带上进行传输，接收端会对扩频信号进行相关处理（即带宽压缩），恢复成窄带信号。这种方式对干扰信号而言，由于与扩频伪随机码不相关，进入信号通频带内的干扰功率大大降低，从而增加了相关的输出信号/干扰信号比，因此具有很强的抗干扰能力。抗干扰能力与其频带的扩展倍数成正比，频谱扩展得越宽，抗干扰的能力越强。

（2）可进行多址通信

扩频通信本身就是一种多址通信方式，称为扩频多址（Spread Spectrum Multipe Access，SSMA），实际上是码分多址（CDMA）的一种，用不同的扩频码组成不同的网。

（3）安全保密好

由于扩频系统将传送的信息扩展到很宽的频带上去，其功率密度随频谱的展宽而降低，甚至可以将信号淹没在噪声中。因此，其保密性很强，要截获或窃听、侦察这样的信号是非常困难的。

2. 微波通信

微波是频率范围在 $3\times10^8\sim3\times10^{11}$ Hz 的无线电波。微波通信主要采用扩频通信的原理，微波通信不需要固体介质，当两点间直线距离内无障碍时就可以使用微波传送。

微波数据通信系统有两种形式：地面（基于地球表面）系统和卫星系统，它们使用的频率比较相似，一般微波通信指的是地面微波。

由于微波的频率极高，波长又很短，其在空中的传播特性与光波相近（即直线传播），遇到阻挡就会被反射或阻断，因此微波通信的主要方式是视距通信（可视范围内的通信），超过视距就需要中继转发。

一般说来，由于地球球面的影响以及空间传输的损耗，每隔 50 km 左右，就需要设置一个中继站，将电波放大后转发而延伸。这种通信方式又称微波中继通信或称微波接力通信。长距离微波通信干线甚至要经过几十次中继，但仍能保持很高的通信质量将信号传到数千公里之外。

中继（微波）站的设备包括天线、收发信机、调制器、多路复用设备以及电源设备、自动控制设备等。为了把电波聚集起来成为波束送至远方，一般都采用抛物面天线，其聚焦作用可大大增加传送距离。多个收发信机可以共用一个天线而互不干扰，微波天线一般安装在地势较高的位置，天线的位置越高发送出去的信号就越不易被高大建筑或山丘挡住，传播的距离就越远，所以，微波天线之间的距离与天线所在高度之间的关系可用公式表示为

$$d = 7.14\sqrt{Kh}$$

其中：d 为天线之间的最大距离，单位为 km，h 为天线的高度，K 为调节因子，一般取值为 4/3。

【例 2.1】若两个天线所在的高度为 80 m，试求两个之间的最大距离。

解：
$$d = 7.14\sqrt{Kh} = 73.7\text{ km}$$

微波通信由于其频带宽、容量大、可以用于各种电信业务的传送，如电话、电报、数据、传真以及彩色电视等均可通过微波电路传输。微波通信具有良好的抗灾性能，对水灾、风灾以及地震等自然灾害，微波通信一般都不受影响。但微波经空中传送，易受干扰，在同一微波电路上不能使用相同频率于同一方向，因此微波电路必须在无线电管理部门的严格管理之下进行建设。

3. 卫星通信

卫星通信是在地面微波通信技术基础上发展起来的，由于卫星通信具有通信距离远，费用与通信距离无关、覆盖面积大、不受地理条件限制，通信信道带宽宽，可进行多址通信与移动通信等优点，已成为现代主要的通信手段

图 2-7 卫星通信的工作原理

之一。卫星通信的工作原理如图 2-7 所示。通信卫星实际上相当于一个中继站，两个或多个地球站通过它实现相互间的通信。一个通信卫星可以在多个频段上工作，这些频段称为转发器信道。卫星从一个频段接收信号，信号经放大和再生后从另一个频段发送出去。其中，用于地面站向卫星传输信号的转发器信道称为上行通道，用于卫星向地面站传输信号的转发器信道称为下行通道。

卫星传输的最佳频段是 1～10 GHz 之间，和其他通信方式比较，卫星通信覆盖区域大，传输距离远，如果在同步轨道上有 3 颗等距离卫星，就可以实现全球通信；卫星通信有很宽的频段可供使用，并且通信容量大；卫星通信机动灵活，不受地面条件影响，通信质量好，可靠性高。而传输延时长，传输损耗大，传输质量与传输距离、频率和天气都有关系。

4．红外线

红外线是一种光线，也是一种电磁波，其波长为 750 nm～1 mm，频率高于微波而低于可见光，是肉眼看不到的光，家庭遥控器大多采用红外传输技术。

红外线的传输方式有两种：一种是点对点方式，在点到点之间利用红外线介质实现数据传输，其优点是可以减少衰减，不易被人发现和截获，保密性强，几乎不会受电气、天电、人为干扰，抗干扰性强，但在实现的时候要保持发射器和接收器在同一直线上。另一种是广播方式，即允许有多个接收器同时接收信号。

2.2　物理层上的网络设备

2.2.1　集线器

1．集线器的定义和作用

集线器（Hub）是数据通信系统中的基础设备，是将网络中的各计算机站点连接在一起的中心设备，集线器工作在局域网（LAN）环境，应用于 OSI 参考模型第一层，因此又被称为物理层设备。集线器内部采用了电缆连通，其内部结构可以是逻辑总线或环形结构，可以通过集线器建立一个物理上的星形或树形网络结构。

利用集线器可以将多台计算机连接起来，构成一个小型的局域网，如图 2-8 所示。

普通集线器外部面板结构非常简单。例如 D-Link，最简单的 10BASE-T Ethernet Hub 集线器是个长方体，背面有交流电源插座和开关、一个 AUI 接口和一个 BNC 接口，AUI 接口用于连接粗同轴电缆，BNC 接口用于连接细同轴电缆，正面分布有多个 RJ-45 接口。高档集线器从外表上看，与路由器或交换式路由器没有多大区别，尤其是双速自适应以太网集线器，由于内置有可以实现内部 10 Mbit/s 和 100 Mbit/s 网段间相互通信的交换模块，也将此类交换式集线器简单地称之为交换机。

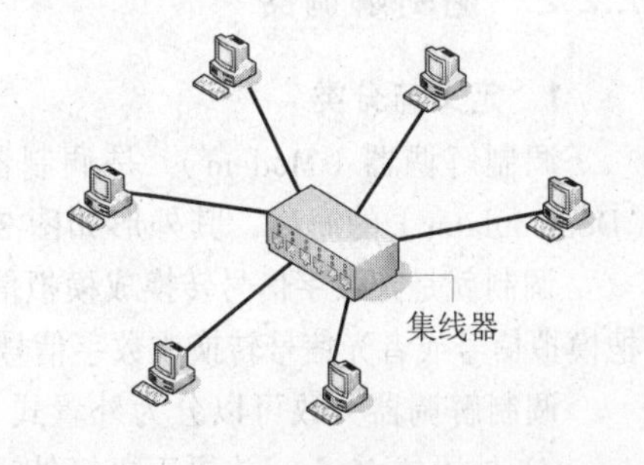

图 2-8　用集线器实现多台计算机互连

2．集线器的工作特点

根据 IEEE 802.3 协议，集线器的功能是随机选出某一端口的设备，并让它独占全部带宽，与集线器的上联设备（交换机、路由器或服务器等）进行通信。

Hub是一个多端口的信号放大设备，由于信号在传输过程中有衰减，Hub的一个端口接收到数据信号，并将该信号进行整形放大，使被衰减的信号恢复到发送时的状态，然后转发到集线器其他端口上。从Hub的工作方式可以看出，它在网络中只起到信号放大和重发作用，其目的是扩大网络的传输范围；而且是一个标准的共享式设备，其工作方式是半双工，这一点有别于交换机。

Hub只与它的上联设备（如上层Hub、交换机）进行通信。同层的各端口之间不会直接进行通信，而是通过上联设备再将信息广播到所有端口上。

3. 集线器分类

集线器有以下多种类型：

（1）按结构和功能分类

按结构和功能分类，集线器可分为未管理的集线器、堆叠式集线器和底盘集线器3类。

未管理的集线器：通过以太网总线提供中央网络连接，以星形的形式连接起来。这称之为未管理的集线器，没有管理软件或协议来提供网络管理功能，这种集线器可以是无源的，也可以是有源的。

堆叠式集线器：可以将多个集线器“堆叠”起来使用，其目的是将多个集线器当成一个单元设备来管理，其中一个作为可管理集线器，如图2-9所示。

底盘集线器：是一种模块化的设备，在其底板电路板上可以插入多种类型的模块。有些集线器带有冗余的底板和电源。

图2-9 堆叠式集线器

（2）按局域网的类型分类

从局域网角度来区分，集线器可分为5种不同类型：单中继网段集线器、多网段集线器、端口交换式集线器、网络互联集线器、交换式集线器。

4. 局域网集线器选择

随着技术的发展，集线器已逐渐退出应用，被交换机代替。目前，集线器主要应用于一些小型网络。主要规格有8、16、24端口的集线器。在选购的时候主要考虑上联设备带宽、端口数、是否需要网管功能等因素。目前市面上常见有3COM、Intel、D-Link、联想、实达、TPLink等品牌的集线器产品。

2.2.2 调制解调器

1. 定义与分类

调制解调器（Modem），是调制器（Modulator）与解调器（Demodulator）的简称，其外形如图2-10所示。

调制就是把数字信号转换成模拟信号或者光信号；解调就是把模拟信号或者光信号转换成数字信号。

图2-10 USB接口的调制解调器

调制解调器大致可以分为外置式、内置式、插卡式、机架式4类。

① 外置式Modem放置于机箱外，通过串行通信口与主机连接。这种Modem方便灵巧、易于安装，闪烁的指示灯便于监视Modem的工作状况。但外置式Modem需要使用额外的电源与电缆。

② 内置式Modem在安装时需要拆开机箱，并且要对中断和COM口进行设置，安装较为烦琐。这种Modem要占用主板上的扩展槽，但无需额外的电源与电缆，且价格比外置式Modem要便宜一些。

③ PCMCIA 插卡式 Modem 主要用于笔记本式计算机，体积纤巧。配合移动通信，可方便地实现移动办公。

④ 机架式 Modem 主要用于电信局、校园网、Intranet 等网络的中心机房，相当于把一组 Modem 集中于一个机架里，统一的电源进行供电。

除以上分类方法外，还有 ISDN 调制解调器、ADSL 调制解调器、电缆调制解调器和电力调制解调器等；根据接口的不同还有串口调制解调器、USB 接口调制解调器和光纤调制解调器。调制解调器的工作过程如图 2-11 所示。

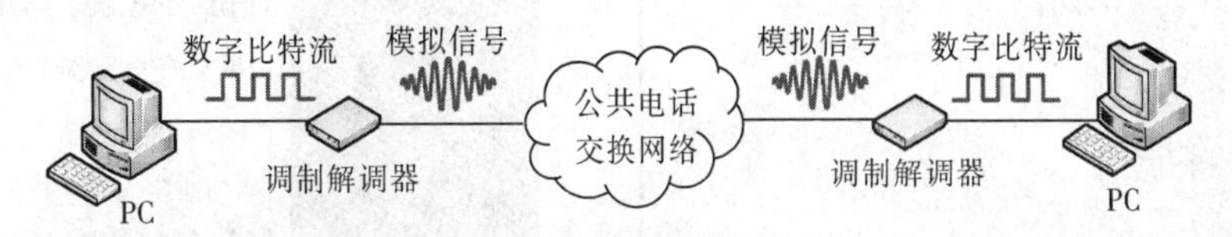

图 2-11　调制解调器的工作过程

计算机内的信息是由 0 和 1 组成的数字信号，而在电话线上传递的却只能是模拟电信号。所以当通过电话线把计算机连入 Internet 时，就必须将数字信号调制为模拟信号，通过公共电话网络传输，接收端使用解调器再将模拟信号转换为数字信号。正是通过这样一个“调制”与“解调”的数模转换过程，实现了两台计算机之间的远程通信。

2. Modem 的安装

Modem 的安装过程可以分为硬件和软件安装两个部分，下面以串口 Modem 的安装和 ADSL 网络接入为例介绍其安装过程：

① Modem 的硬件安装如下：

第一步：连接电话线。把电话线的 RJ-11 插头插入 Modem 的 Line 接口，再用电话线把 Modem 的 Phone 接口与电话机连接。

第二步：将 Modem 配置的电缆线一端与 Modem 连接，另一端与主机上的 COM 口连接，记住连接的是第几个 COM 口。

第三步：将电源变压器与 Modem 的 Power 或 AC 接口连接。接通电源后，Modem 的 MR（Modem 准备就绪）指示灯亮。

② Modem 的软件安装：硬件安装完成后，打开计算机电源，Windows 系统会报告“找到新的硬件设备”，此时只需选择“硬件厂商提供驱动程序”，并插入 Modem 的安装盘即可。如果 Windows 系统启动后未能侦测到 Modem，按以下步骤完成安装：

第一步：进入 Windows 的“控制面板”，双击“电话调制解调器选项”图标，单击“添加”按钮。

第二步：选中“不要检测我的调制解调器，我将从列表中选定（D）”，然后单击“下一步”按钮。

第三步：在 Modem 列表中选择相应的厂商与型号，然后单击“下一步”按钮。或者插入 Modem 的安装盘后，选择“从磁盘安装”即可。

③ ADSL 拨号上网设置如下：

第一步：硬件连接，将 ADSL 调制解调器和计算机连接上，记住上网账号和密码。

第二步：进入“网上邻居”，打开“网络连接”窗口，选择左边的“创建一个新的连接”，如图 2-12 所示，这就是要创建一个 ADSL 的拨号连接界面。

第三步：设置拨号连接的相关内容。在创建连接向导中单击“下一步”按钮实现连接到 Internet，如图 2-13 所示。

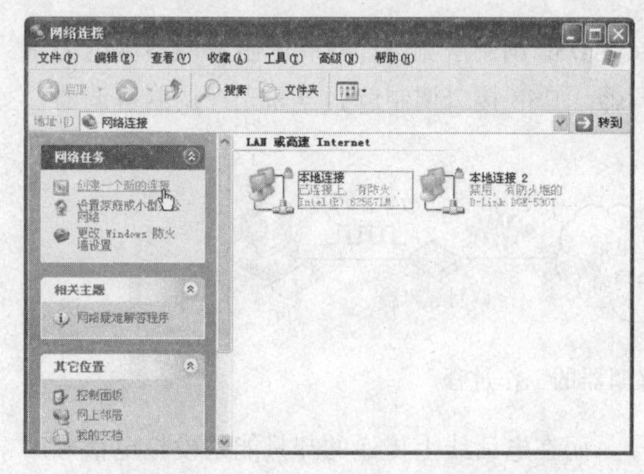

图 2-12 创建一个新的网络连接

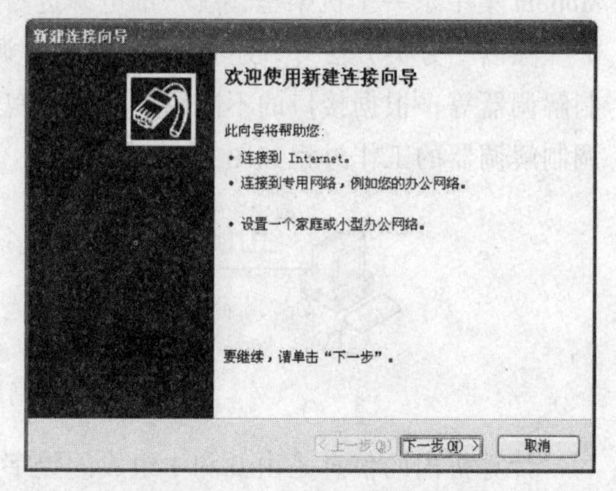

图 2-13 创建连接的向导

第四步：选中向导中的“连接到 Internet”单选按钮，如图 2-14 所示。

第五步：选中“手动设置我的连接”单选按钮，通过手动设置建立和 Internet 网络服务提供商 ISP 的连接，如图 2-15 所示。

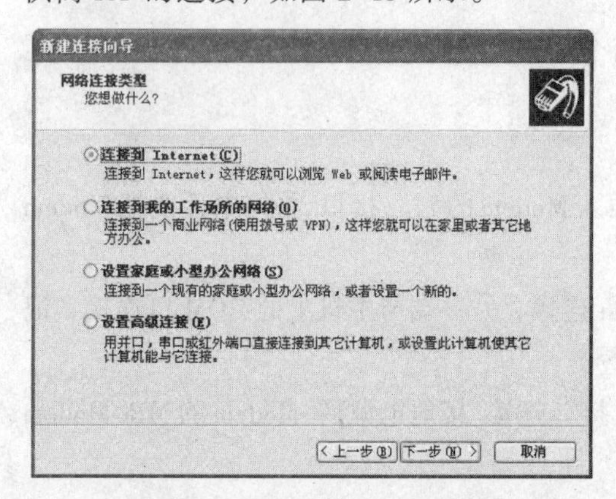

图 2-14 连接到 Internet

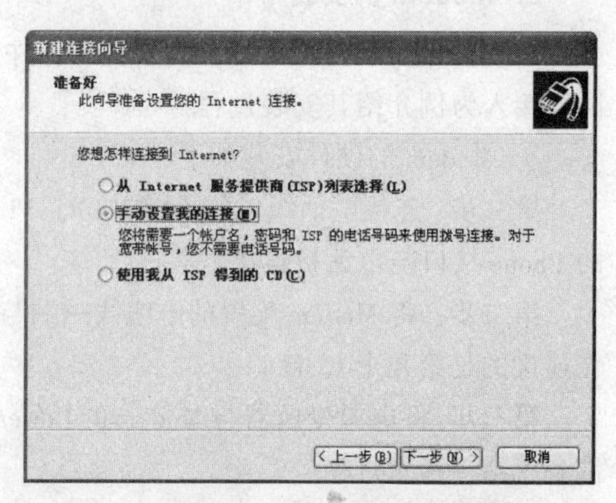

图 2-15 手动设置连接

第六步：在向导中选中“用要求用户名和密码的宽带连接来连接”单选按钮，如图 2-16 所示。

第七步：设置连接的名称。在“ISP 名称”文本域中输入此连接的名称，可以自己随意填写，如图 2-17 所示。

第八步：输入 ISP 给定的用户名和密码，可以同时选中两个复选框，方便拨号上网，如图 2-18 所示。

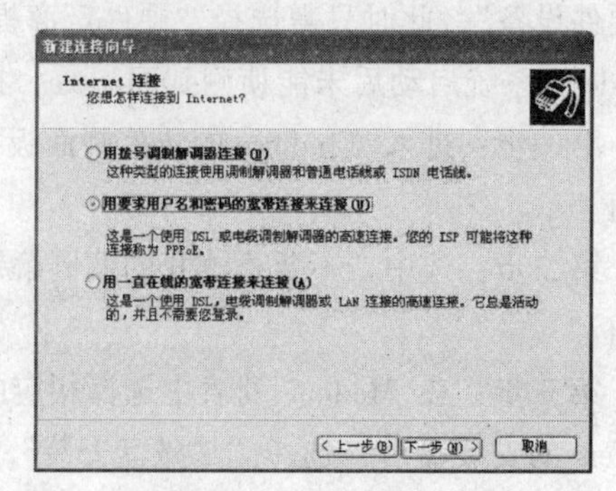

图 2-16 用要求用户名和密码的宽带连接来连接

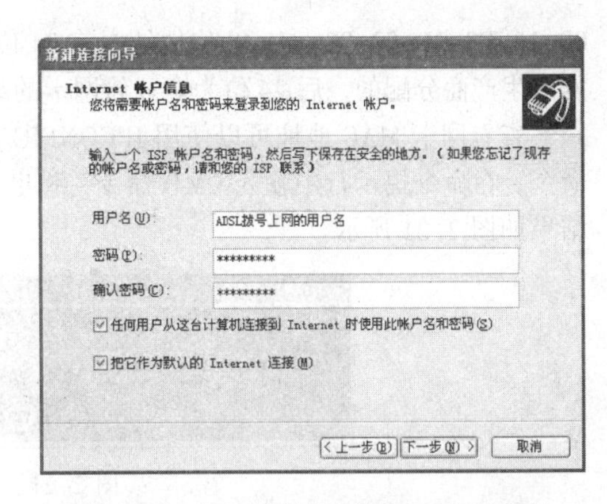

图 2-17　输入拨号上网的图标名称　　　图 2-18　输入拨号上网的用户名和密码

第九步：单击“完成”按钮，就实现了一个 ADSL 拨号上网的连接建立，如图 2-19 所示。

第十步：在桌面会出现一个“ADSL 拨号上网”的图标，双击这个图标就可以上网了，如图 2-20 所示。

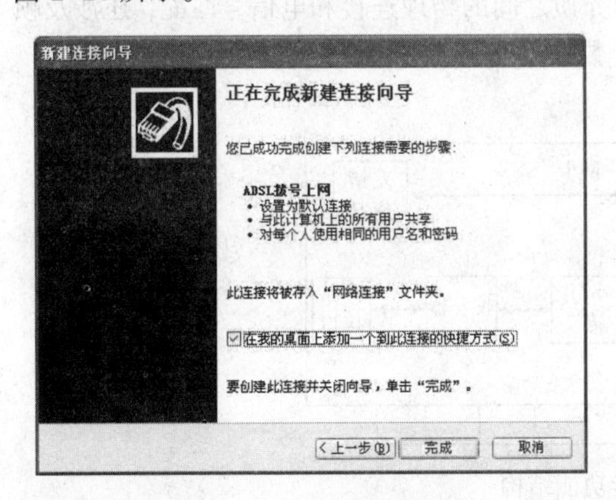

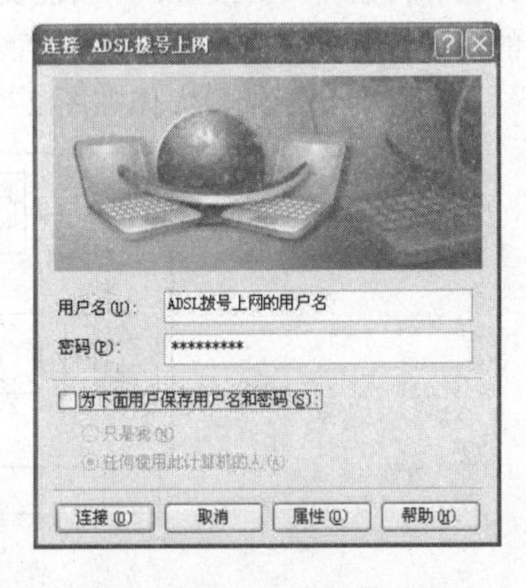

图 2-19　ADSL 连接建立　　　图 2-20　ADSL 拨号上网

2.3　数据链路层上的网络设备

2.3.1　网卡

1. 网卡及其分类

网卡又称网络接口卡或者网络适配器，是计算机与网络连接的接口设备，每台连入网络的计算机至少有一块网卡。未连入网络的计算机与连入网络中的计算机在硬件上的差别，就是网络中的计算机有网络接口卡。网卡的一端通过插槽与计算机主板的总线连接，另一端通过 RJ-45 接口连入网络。

每块网卡都有唯一的物理地址，如以太网的物理地址称为 MAC 地址，该地址在生产过程中就被写入到网卡的只读存储器中，它由一组 48 位的二进制数组成。在局域网通信过程中，每台主机都是通过 MAC 地址来识别的，也就是说数据包（单位为帧）的源地址和目的地址为 MAC 地址。

例如，网卡地址为 00000000 00010110 00101011 00000010 10110011，用十六进制表示为

00-16-D3-2B-02-B3。在 48 位地址中前 24 位为生产企业标识，是通过 IEEE 注册管理委员会为网卡生产商分配的，后 24 位为企业给网卡的编号，保障每块网卡在全球范围内是唯一的。

查看网卡 MAC 地址可以使用 IPCONFIG/ALL 命令，具体方法是：选择“开始”→“运行”命令，在命令提示行中输入 CMD 命令，弹出 DOS 窗口，在 DOS 命令行中输入 IPCONFIG/ALL，结果如图 2-21 所示。

```
C:\WINDOWS\system32\cmd.exe
Ethernet adapter 本地连接:

        Media State . . . . . . . . . . . : Media disconnected
        Description . . . . . . . . . . . : Intel(R) PRO/1000 PL Network Connect
ion
        Physical Address. . . . . . . . . : 00-16-D3-2B-02-B3
```

图 2-21　查看 MAC 地址

00-16-D3 位 Intel 公司的标识，2B-02-B3 为 Intel 公司生产时给网卡的编号。

2. 网卡功能简述

网卡是工作在数据链路层的网络组件，提供物理层和数据链路层的服务，是局域网中连接计算机和传输介质的接口，不仅能实现与局域网传输介质之间的物理连接和电信号匹配，还涉及帧的发送与接收、帧的封装与拆封、介质访问控制、数据的编码与解码以及数据缓存的功能等。

网卡的功能结构大体如图 2-22 所示。

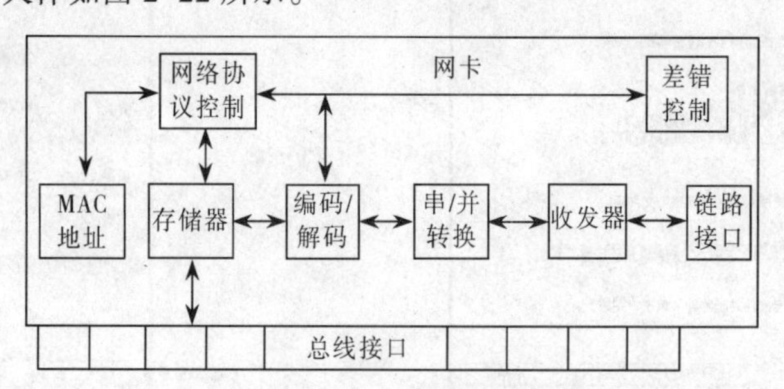

图 2-22　网卡功能结构

总线接口：实现计算机与网络的连接，总线接口分为 PCI 接口、ISA 接口、USB 接口、PCMCIA 接口，目前大多数为 PCI 接口，USB 接口在外置无线网卡用得较多，PCMCIA 用于笔记本电脑。

数据缓存：在接收端，存储器作为缓存存放已经到达的数据帧，通过网络协议判断该数据帧是否为本机该接收的数据帧，然后进行相关的其他处理，上交给主机，每处理完一帧数据，就将数据帧从缓存清除，准备接收下一个数据帧；在发送端，主机将要发送的数据传给主机，网卡将待发送的数据暂存在存储器中，发送给接收端，待收到接收端的确认信息后，就可以清除缓存中的数据帧。

网络协议控制：数据帧的识别、实现介质访问控制（如以太网使用的 CSMA/CD 载波监听多路访问）、实现数据帧的封装与解封装。

差错检测：在发送端，网卡负责计算检测码的计算，并将其封装在数据帧中；在接收端，网卡通过计算负责检查数据帧的错误，如果接收到的数据帧发生错误，就丢弃该数据帧，并向发送端发送重发命令，如果收到正确的数据帧就送给主机。

编码/解码：为了改善二进制数字信号的质量，在传送数字信号的时候，发送端需要将传送的数据进行编码，如以太网使用曼彻斯特编码，其编码方法是将数字 1 用高电平到低电平的跳变来表示，低电平到高电平的跳变表示数字 0；在接收端，网卡从传输介质接收载波信号后，通过解码还原成数据。

串/并转换：网卡插在总线上，与计算机主机的通信是并行的，而网卡的链路接口和传输介质之间的通信是串行的，所以网卡还有一个功能是实现串/并转换。

发送和接收：网卡的收发器实现了发送和接收数字信号的功能。

3．网卡的工作过程

网卡必须与计算机的 I/O 总线接口连接，并受该计算机的控制。当网卡收到一个有差错的帧时，就将这个帧丢弃，而不必通知它所连接的计算机。当网卡收到一个正确的帧时，它就使用中断来通知该计算机并交付给协议栈中的网络层。当计算机要发送一个 IP 数据包时，它就由协议栈向下交给网卡，组装成帧后发送到网络。

4．在选购网卡时要考虑的因素

主要考虑网络类型（现在比较流行的有以太网）、传输速率（可选择的速率就有 100 Mbit/s、10/100 Mbit/s、1 000 Mbit/s，甚至 10 Gbit/s 等多种）、总线类型、网卡支持的电缆接口（目前常用的接口主要是以太网的 RJ-45 接口）、价格与品牌。

5．网卡的安装

目前有些计算机本身配有网卡，尤其是便携式计算机，在上网之前只需要配置协议（如接入 Internet 配置 TCP/IP 协议）即可，如果没有网卡的需要自己安装，网卡的安装分为硬件安装和软件安装。

（1）网卡的硬件安装

以 PCI 网卡为例，先将计算机主机箱打开，网卡插入 PCI 插槽，打开主机电源，一般情况下，操作系统会自动搜索识别该网卡。如果系统没能自动识别网卡，就需用手动方法来处理，方法是右击“我的电脑”图标，选择“属性”命令进入系统属性窗口，选择“硬件”选项卡，单击“设备管理”按钮；在“设备管理器”窗口中可以看到网络适配器，如果该图标为感叹号，说明有中断冲突、驱动程序安装问题等情况，右击“网络适配器”，选择“属性”命令，通过相应的选项卡进行调整和安装驱动程序，图 2-23 所示为属于正常安装。

图 2-23　硬件设备管理

（2）软件安装

软件安装主要是安装和配置 TCP/IP 协议，方法是：右击“网上邻居”，选择“属性”，在弹出的网络连接窗口中选择“本地连接”，右击“本地连接”，进入属性对话框，在“常规”选项卡中双击“Internet 协议（TCP/IP）”项目，打开“Internet 协议（TCP/IP）”窗口，这时如有一个 IP 地址，就输入到相应的位置，同时还要配置子网掩码、网关、DNS 服务器地址等相关信息。如果你的网络有 DHCP 服务器功能，则只需选择“自动获得 IP 地址”和“自动获得 DNS 服务器地址”就可以了。通过拨号上网的用户是不用设置此项的。

（3）Ping 命令测试

网卡安装后，用网线连接到局域网上，可以通过 ping 命令测试安装是否成功。

Ping命令是网络测试最常用的命令，是测试网络连接状况以及信息包发送和接收状况的工具。实现过程是Ping向目标主机发送一个回送请求数据包，要求目标主机收到请求后给予答复，从而判断网络的响应时间和本机是否与目标主机连通。

如果执行Ping命令不成功，则可以预测故障出现在以下几个方面：网线故障，网络适配器配置不正确，IP地址不正确。

命令格式：Ping IP地址或主机名 [-t] [-a] [-n count] [-l size]

参数含义：

```
-t 不停地向目标主机发送数据；
-a 以 IP 地址格式来显示目标主机的网络地址；
-n count 指定要 ping 多少次，具体次数由 count 来指定；
-l size 指定发送到目标主机的数据包的大小。
```

测试时可先执行Ping命令，命令为

```
ping 127.0.0.1
```

如果显示如图2-24所示，发送了4个数据包，回收了4个数据包，没有丢失，表明网卡的安装与配置就是正常的。然后可以Ping本机IP、网关或者其他主机，证明本机可以连入网络。

```
C:\WINDOWS\system32\cmd.exe

Pinging 127.0.0.1 with 32 bytes of data:

Reply from 127.0.0.1: bytes=32 time<1ms TTL=128
Reply from 127.0.0.1: bytes=32 time<1ms TTL=128
Reply from 127.0.0.1: bytes=32 time<1ms TTL=128
Reply from 127.0.0.1: bytes=32 time<1ms TTL=128

Ping statistics for 127.0.0.1:
    Packets: Sent = 4, Received = 4, Lost = 0 (0% loss)
Approximate round trip times in milli-seconds:
    Minimum = 0ms, Maximum = 0ms, Average = 0ms
```

图2-24 执行Ping命令后本机显示

2.3.2 网桥

1. 网桥及其作用

网桥（Bridge）又称桥接器，是工作在数据链路层中MAC子层的一种存储转发设备，其功能是连接两个或多个局域网网段，以实现局域网之间帧的存储和转发。网桥的每一个端口连接一个局域网网段，这样就隔离了不同网段之间的数据通信量，使得本地的通信流保留在本网段中，非本地的通信流就继续发送给其他网段。网桥连接起来的局域网逻辑上是一个网络，可以看做网桥将两个或多个独立的物理网络连接在一起，构成一个大的逻辑局域网。

2. 网桥的工作原理

在网桥中存在一张转发表，其中记录了连接在网桥上所有网络设备的MAC地址，网桥就是通过查看MAC地址来决定是否转发数据帧，从而达到过滤网络通信流的目的。

当网桥接收到数据帧时，网桥将读取数据帧携带的目的MAC地址并与其转发表中的MAC地址进行比较，决定是否转发该帧。如果数据帧目的MAC地址与源MAC地址处于同一网段，网桥就将该帧删除，不进行转发；反之，如果数据帧目的MAC地址与源MAC地址处于不同网段，网桥则进行路径选择，并按照指定路径将帧转发给目的端口；若数据帧携带的目的MAC地址在网桥中的转发表中没有记录，网桥则以广播的方式发送该数据帧。如图2-25所示，当LAN A中MAC地址为A02结点要与A03结点通信时，结点发送的数据帧被网桥接收后，网桥进行地址过滤后认为源地址和目的地址在同一网段上，不需要转发并将其删除；当LAN B中MAC地址为B01的结点要与LAN D中MAC地址为D02的结点通信时，网桥接收到B01结点发送的数据帧后对其进行过滤，发现源地址和所携带的目的地址不在同一网段中，网桥转发该数据帧。在整个过程中，网桥并不修改数据帧的结构和内容，只进行地址过滤，删除或转发帧，因此网桥应用在使用相同协议的子层之间。

对于用户来说，网桥是“透明”的，局域网 A、B、C、D 就像是逻辑上的同一个网络一样，网桥不修改帧的结构和内容，所以用户并不能感觉到网桥的存在。

3. 网桥的类型

IEEE 的 802.1 与 802.5 两个委员会制定了两种网桥类型，透明网桥（Transparent bridge）和源路由选择网桥（Source routing bridge），它们的区别在于所采用的路由算法不同。

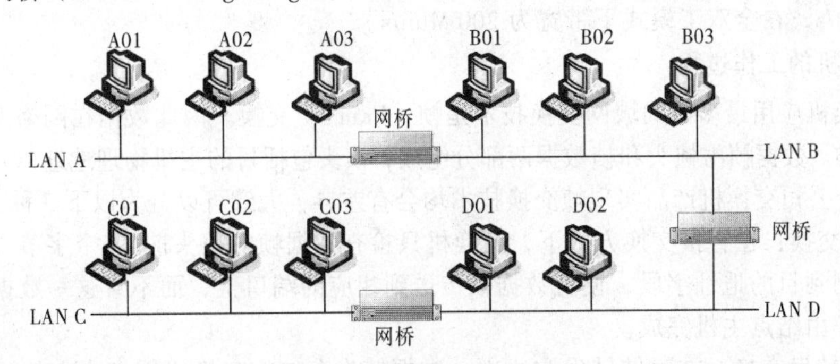

图 2-25　网桥的工作原理

（1）透明网桥

透明网桥又称自适应性网桥，其算法为：透明网桥通过输入的数据帧，读取帧中的源 MAC 地址并把这个地址复制到网桥的转发表中，记录 MAC 地址所对应的局域网端口，通过向后学习算法，建立目的主机 MAC 地址与转发网络一一对应的路由选择表以学习转发路由，透明网桥由各网桥自己决定路由选择。

（2）源路由选择网桥

源路由选择网桥由发送帧的源结点负责路由选择，即源结点在发送帧时就已经明确知道该帧是送往本局域网还是其他局域网，在数据帧的首部详细记录了路由信息。网桥只须关注帧首部目的地址的高位，置为 1 则表示该数据帧送往其他局域网段，进行转发处理。

源路由选择网桥是网桥假定网络中的各结点在发送帧时都清楚地知道发往各个目的结点的路由的算法，那么各网络中的结点是如何寻找确切的路由的呢？源结点如果不知道目的结点所在的局域网，则通过发送广播帧询问该目的地址，网桥将广播帧转发到每一个局域网，当所询问的目的结点收到该广播帧后，发送给源结点一个响应帧，这样源结点就获得了确切的路由信息。

综上所述，网桥能够连接多个局域网，构成具有多个网段的系统，实现网络系统地理范围的扩展，也能够将系统分割成若干个局域网段，实现系统的扩展；在数据帧的处理上，网桥比集线器更智能，能够对收到的数据帧分析并根据地址信息进行转发或丢弃处理，维护地址表和控制对网络的广播。

2.3.3　二层交换机

1. 交换机概述

交换机的发展从二层交换机（传统的交换机）、三层交换机到高层交换机。交换机可以看做是改进的、具有流量控制能力的多端口网桥。交换机的多个端口可以并行地工作，既能同时接收从不同端口发送来的信息帧，又能将信息帧转发到其他多个端口上，极大地提高了网络的性能。

根据传输的方向和时间关系可以将数据通信方式分为单工通信、半双工通信和全双工通信。所谓单工方式是指在一条链路上数据始终在一个固定的方向上传输；半双工方式是指在一条链路上允许数据在两个方向上传输，但在某一个时刻数据只能在一个方向上传输。全双工方式指的是在两条链路上允许数据同时在两个方向上传输，从而实现双向传输。

交换机的端口可以在半双工模式和全双工模式下工作。如 10 Mbit/s 的端口，在半双工模式下带宽为 10 Mbit/s，在全双工模式下带宽为 20 Mbit/s；100 Mbit/s 的端口，在半双工模式下带宽为 100 Mbit/s，在全双工模式下带宽为 200 Mbit/s。

2．交换机的工作过程

目前交换机应用最多的局域网交换技术是帧（Frame）交换。因此数据在网络上是以帧为单位进行传输的。数据帧由帧头和帧数据两部分组成，帧头包括目的主机物理地址以及其他网络信息。通常每个公司交换机产品实现帧交换技术均会有差异，大致可以分为以下 3 种：

① 直接交换：在直接交换方式下，交换机只检查数据帧的帧头前 14 个字节，边接收边检测。一旦检测到目的地址字段，便将数据帧传送到相应的端口上，而不管这一数据是否出错，出错检测任务由结点主机完成。

② 存储转发交换：在存储转发方式中，数据帧先存储在交换机缓存中，然后对数据进行差错检测，若检测到该帧出现差错，则丢弃该帧，对于没有差错的数据帧取出该帧的目的地址，通过查找 MAC 地址表获得输出端口，再转发数据帧。

③ 改进的直接交换：改进的直接交换方式是将直接交换与存储转发交换结合起来，在接收到数据的前 64 字节之后，判断数据的头部字段是否正确，如果正确则转发出去。

交换机主要工作在数据链路层，可以识别数据包中的 MAC 地址信息，根据 MAC 地址进行转发，并将这些 MAC 地址与对应的端口记录在自己内部的一个地址表中。具体的工作流程如下：

① 当交换机从某个端口收到一个数据包，它先读取包头中的源 MAC 地址，这样它就知道源 MAC 地址的机器是连在哪个端口上的。

② 再读取包头中的目的 MAC 地址，并在 MAC 地址表中查找相应的端口。

③ 如果 MAC 地址表中有与这目的 MAC 地址对应的端口，把数据包直接发送到这个端口。如果 MAC 地址表中找不到相应的端口则把数据包广播到所有端口上，当目的机器对源机器回应时，交换机又可以学习到目的 MAC 地址与哪个端口对应，在下次传送数据时就不再需要对所有端口进行广播了。

MAC 地址信息就是在这样循环过程中不断更新，交换机就是这样建立和维护它自己的 MAC 地址表。

3．交换机的结构

交换机有 4 种不同的交换结构：软件执行交换结构、矩阵交换结构、总线交换结构和共享型存储器交换结构。是否能够在输入端口和输出端口之间快速地建立数据通道是交换机的核心，而其结构又是实现这一核心的关键。

（1）软件执行交换结构

软件执行交换结构是以特定软件来实现交换机端口之间的帧交换，如图 2-26（a）所示。CPU 将来自端口 A 的数据帧的串行代码转换成并行代码，暂存在快速 RAM 中，CPU 查看帧中的目的地址并搜寻 RAM 中的端口地址表，找到输出端口 B，建立连接，再将暂存在 RAM 中的并行代码转换为串行代码经数据端口输出。这种交换结构灵活，但是当交换机端口数多时，CPU 的负载太重，交换机堆叠实现较为困难。

（2）矩阵交换结构

矩阵交换结构采用硬件的方法实现交换机端口之间的帧交换，其内部结构如图 2-26（b）所示，输入、输出、交换矩阵和控制处理。其主要特点是根据在端口地址表中寻找的输出端口号，能够在交换矩阵中找到一条输出端口的路径。同时，为了避免拥塞导致帧丢失，在输入和输出部分增加帧缓冲区。由于这种结构是利用硬件交换，故交换速度快，延迟时间短，但端口数据多时，难于实现交换机性能监控和运行管理。

（3）总线交换结构

总线交换结构是一种在交换机的主板上配置一条总线的交换结构，如图 2-26（c）所示。输入端口都可以往总线上发送数据帧，所发送的数据帧按时隙在总线上传输，找到输出端口后输出数据帧。这种交换结构实现了多对一的输入输出，容易实现帧的广播，易于叠堆扩展和监控管理，但是其要求的带宽很高，经济性较差。

（4）共享型存储器交换结构

共享型存储器交换结构不需要复杂的主板，数据可以从存储器直接传输到输出端口，使用大量高速 RAM 存储输入数据，结构中增加了冗余交换引擎，较为复杂成本也高，易于实现叠堆扩展，因此适用于小型交换机或者箱体式交换机中的交换模块，如图 2-26（d）所示。

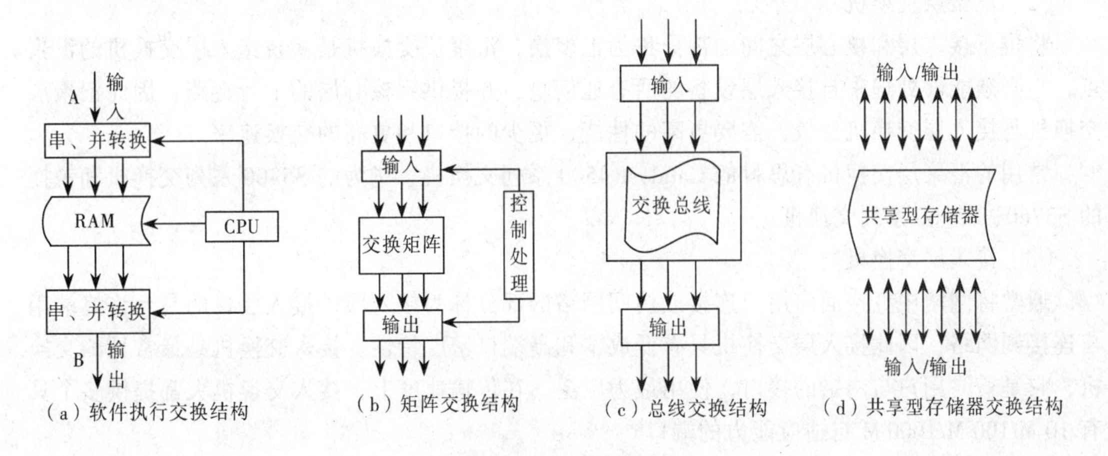

（a）软件执行交换结构　（b）矩阵交换结构　（c）总线交换结构　（d）共享型存储器交换结构

图 2-26　交换机结构

4. 交换机的作用

① 提高了系统的带宽。在交换机中每个端口都提供专用带宽，由于其端口与主板连通，流经背板的流量为交换机的总流量。例如，交换机的每个端口提供的带宽为 x，则 n 个端口可提供 $n \cdot x$ 的流量。

② 流量控制。当多个网站突发访问时，信息量瞬时增大，交换机采用弹性缓冲技术，可按需要自动调整缓冲器的容量，通过流量控制进而消除拥塞。

③ 采用专用集成电路处理器，这也是交换机实现快速转发的原因之一。

④ 拓展网络的范围。交换机的端口将所连接的网络分割为一个个独立的局域网，每个局域网是一个独立的网段，扩大了网络直径。

5. 交换机分类

根据网络覆盖范围可分为广域网交换机和局域网交换机；根据传输介质和传输速度可分为以太网交换机、快速以太网交换机、千兆位以太网交换机、FDDI 交换机、ATM 交换机和令牌环交换机等；根据工作协议层可分为二层交换机和三层交换机；根据规模应用可分为企业级交换机、部门级交换机和工作组交换机等。根据是否支持网管功能又可分为网管型交换机和非网管型交换机。

目前，主流的交换机厂商有：Cisco（思科）、3COM、安奈特、华为、D-Link 等。

6．常用交换机简介

通常一个大型网络会采用三层设计：核心层、汇聚层和接入层。核心层是整个网络的中心，汇聚层主要连接核心层和接入层，接入层是用户接口，因此我们也把交换机分为核心层交换机、汇聚层交换机和接入层交换机。

（1）核心层交换机

将网络主干部分称为核心层，核心层的功能主要是实现骨干网络之间的优化传输，信息的高速转发，核心层是所有流量的最终承受者和汇聚者，因此核心层交换机应拥有更高的可靠性，性能和吞吐量。

常用的核心层交换机有思科的 Catalyst 6500 系列交换机、华为的 S9300 系列交换机和锐捷的 S8600、S9600 系列交换机。

（2）汇聚层交换机

将位于接入层和核心层之间的部分称为汇聚层，汇聚层交换机是多台接入层交换机的汇聚点，它必须能够处理来自接入层设备的所有通信量，并提供到核心层的上行链路，因此汇聚层交换机与接入层交换机比较，需要更高的性能，更少的接口和更高的交换速率。

常用的汇聚层交换机有思科的 Catalyst 4500 系列交换机、华为的 S5300 系列交换机和锐捷的 S3760、S5760 系列交换机。

（3）接入层交换机

通常将网络中直接面向用户连接或访问网络的部分称为接入层，接入层目的是允许终端用户连接到网络，因此接入层交换机具有低成本和高端口密度特性。接入交换机是最常见的交换机，它是最终用户与网络的接口，使用最为广泛。在传输速度上，接入交换机大都提供多个具有 10 M/100 M/1000 M 自适应能力的端口。

常用的接入层交换机有思科的 Catalyst 2960 系列交换机、华为的 S2300 系列交换机和锐捷的 S2100、S2600 系列交换机。

2.4 网络层的网络设备

2.4.1 路由器

1．路由器的定义

路由器是工作在参考模型第三层（网络层）的数据包转发设备，它通过转发数据包来实现网络互连，虽然路由器可以支持多种协议，但现在大多数路由器运行的是 TCP/IP 协议。

路由器通常被用来连接两个或者多个子网，或者是点对点协议标识的逻辑端口，它至少有一个物理端口。路由器根据收到的数据包中的网络地址和路由表信息决定数据包的重新封装和转发。路由器的路由表是根据网络拓扑结构静态和动态维护的。

路由器是连接网络的核心设备。

2. 路由器的组成

路由器由硬件和软件两个部分组成，硬件部分包括处理器、内存、接口、控制端口等，软件部分由路由器的操作系统和运行配置文件组成。通过对路由器操作系统的设置，才可以让路由器连接不同的网络，如IP配置、路由协议等。

（1）处理器（CPU）

路由器通过CPU执行路由器操作系统的指令来实现一系列功能，包括系统初始化、路由功能以及网络接口控制等功能。

（2）内存

路由器主要采用4种类型的内存：ROM、RAM、Flash RAM、NVRAM。

① ROM（只读内存）：用于保存路由器操作系统（IOS）的启动程序，负责引导路由器进入到正常的工作状态和对启动问题的诊断。ROM通常会固化在主板上某一个或者多个芯片内，或是通过插槽插接在路由器主板上。

② RAM（随机存储器）：主要用于存放IOS软件以及路由器运行所需的其他文件，包括路由表、运行的配置数据和排队缓冲的数据包。在断电或重启时，RAM中的信息会丢失。

③ Flash RAM（闪存）：用来存储全部的IOS映像，多数路由器在启动的时候，会把闪存中IOS软件拷贝到RAM中去，闪存安装在SIMM槽上，闪存的内容不会因为断电而丢失。

④ NVRAM（非易失 RAM）：用来保存路由器的启动配置文件。路由器启动时，首先会寻找并执行启动配置文件，待启动后，该配置文件就成为"运行配置"修改并保存到NVRAM中，当再次启动时，路由器会先寻找并执行保存在NVRAM中的配置文件。NVRAM中的信息不会因断电而丢弃。

（3）端口

路由器和各种物理网络连接是通过端口完成的，路由器的端口主要分为局域网端口、广域网端口、配置端口，图2-27所示为Cisco 2600路由器的端口。

图2-27　路由器的端口

网管员通过命令行界面来生成路由器的逻辑配置文件，通过控制台端口对路由器进行IOS配置，包括运行配置、启动配置，运行配置保存在RAM中，启动配置保存在NVRAM中，运行后启动配置又变成为运行配置。路由器常用端口及功能如下：

① 局域网端口如下：

AUI端口：与粗同轴电缆连接，如10base-2。

RJ-45端口：双绞线以太网端口，10base-T的RJ-45端口标识为ETH，100base-TX的RJ-45标识为10/100bTX。

SC端口：光纤端口，用来连接快速以太网和千兆位以太网交换机，以100bFX或1000bFX。

② 广域网端口如下：

高速同步串口：可连接DDN、帧中继和X.25。

同步/异步串口：用于Modem或Modem池的连接，实现远程计算机通过公共电话网接入。

ISDN BRI端口：用于ISDN线路接入。

③ 配置端口如下：

AUX 端口：异步端口，主要用于远程配置、拨号备份、Modem 连接。

Console 端口：异步端口，主要连接终端或支持终端仿真程序计算机，在本地配置路由器，在网络管理中，网络管理员第一次配置路由器时，都要使用此端口。

3. 路由器的主要特点

① 路由器可以互连不同 MAC 协议、不同拓扑结构和不同传输速率的各种网络，具有很强的网络互连能力。

② 路由器也可以用于广域网互连的存储转发设备，有很强的广域网的互连能力，被广泛地应用于局域网-广域网-局域网的互连。

③ 路由器虽然互连不同的逻辑子网，却能隔离子网间的广播风暴。

④ 路由器具有网络流量控制、拥塞控制能力。

⑤ 多协议路由器可以支持多种网路层协议（如 TCP/IP、IPX），可以转发多种网络协议的数据包。

⑥ 路由器具有检查网络层地址，转发数据包的功能，通过该特点，路由器可进行包过滤，协助网管员完成过滤策略，对符合转发条件的包正常转发，对于不符合条件的包丢弃，网管员为了网络安全，防止黑客攻击，可以利用该功能实现对某些站点和对某些子网的访问权限控制，甚至可以对应用层的某些信息进行访问控制。

4. 路由器的功能

作为网络层实现网络互连的设备——路由器必须具备两个最基本的功能，就是路由选择和数据转发。

（1）路由选择

路由选择就是路由器通过路由选择算法确定从源主机到达目的主机的最佳路径。具体运行步骤有：

① 路由器通过路由选择算法，建立并维护一个路由表。

② 在路由表中填写目的网络，下一跳路由器地址等多种信息。

③ 路由表的信息是实时更新的，能反映当前网络连接状态的信息，它能告诉每一台路由器应该如何正确地将数据包转发给下一跳路由器地址。

④ 路由器根据路由表提供的下一跳地址将数据包封装转发。

⑤ 通过路由器的逐级转发，最终将数据包传送到目的主机。

路由器的路由表的生成可以通过静态配置或者路由协议（路由选择算法）动态生成。目前在自治域系统中使用比较多的是链路状态路由选择算法和距离矢量路由选择算法。自治域系统是指基于相同的路由协议并采用共同的度量来选择一组路由器所构建的区域网络系统。

（2）数据转发

图 2-28 所示为数据包的转发过程，R_1 路由器收到主机 A 的数据报，查看数据报的目的地址，根据路由表确定是否可以转发，如果路由表中没有它的下一跳地址就丢弃，如果查到有它的下一跳地址就从相应端口转发给路由器 R_2，路由器 R_2 同理将数据报转发给路由器 R_3，将这种交付方式称为间接交付，路由器 R_3 收到该数据报后，发现该数据报的目的网络和自己在同一个网络中，R_3 就将数据报直接通过连接该网络的端口交付给目的主机，这种交付方式称为直接交付。

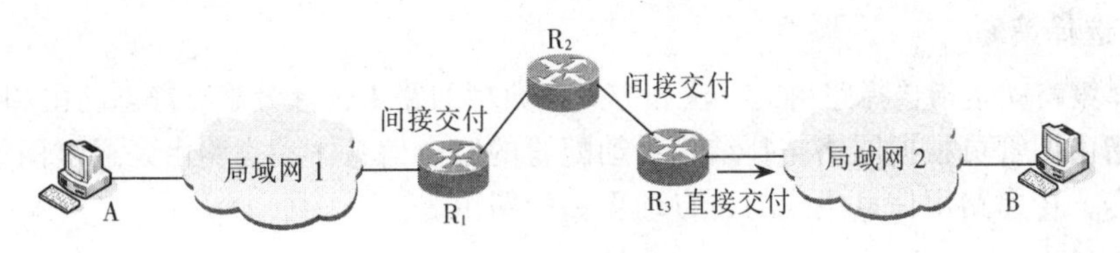

图 2-28　数据包的转发过程

5. 路由器的分类

当前路由器的分类方法各异，一般来说可以按照交换能力、系统结构、在网络中的位置、设备功能以及接口性能等划分。

（1）按交换能力划分

路由器可以分为高、中、低端路由器，通常由路由器的吞吐量的大小判断，吞吐量大于 40 Gbit/s 的路由器称为高端路由器，如 Cisco 12000 系列；吞吐量在 25～40 Gbit/s 之间为中端路由器如 Cisco 7500；吞吐量低于 25 Gbit/s 称为低端路由器。这个标准各厂家也不完全一致，而且随着技术的发展，这个标准也会发生变化。除此之外，在实际的路由器档次划分中还要考虑分组延时、路由表规模、收敛速度、组播容量、服务质量等其他指标。

（2）按系统结构划分

根据系统结构，路由器可分为模块化路由器和非模块化路由器。非模块化路由器只能提供固定的端口，主要用来连接家庭或互联网服务内的小型企业用户，通常都是低端路由器。模块化路由器是可根据用户的实际需求来配置其接口功能和部分扩展功能的路由器，通常高、中端路由器都是模块化路由器。目前多数路由器都是模块化路由器。

（3）按在网络中的位置划分

根据路由器在网络中所处的位置可分为核心路由器和接入路由器。核心路由器位于网络中心，要求有快速交换数据包的能力和高速的网络接口，通常会使用高端路由器作核心路由器。接入路由器位于网络的边缘（终端），因此仅需要低速的端口和较强的接入能力，通常使用中低端路由器即可。但随着网络用户的增多，网络带宽需求的增大，加上需对用户流量识别和控制，现在也采用高端路由器作为接入路由器。

（4）按功能划分

按功能划分，路由器分为通用路由器和专用路由器。一般的路由器是通用路由器；实现特定功能的或对路由器的接口、硬件做专门优化的为专用路由器，如 VPN 路由器增加了隧道处理能力及硬件加密，宽带接入路由器增加了接口数量等。

（5）按接口性能划分

按接口性能划分，路由器分为线速路由器和非线速路由器。线速路由器完全可以按传输线路的速率进行传输，没有间断和延时。通常高端路由器为线速路由器，中、低端路由器为非线速路由器，但是一些宽带接入路由器也有线速传输能力。

6. 路由器的工作原理

路由器根据接收到的数据报所含的目的地址，在转发表中查找对应的目的网络地址，若找到了目的网络地址，就将数据报的 TTL 值减 1，重新计算检验和，在数据链路层帧的首部修改 MAC 地址、校验等相关信息后，将数据报进行封装，当数据报被送到输出端口时，需要按照顺序等待、发送。

7. 路由选择策略

路由选择策略就是指选择路由的方法和方式，典型的路由选择策略有静态路由和动态路由。静态路由是指由网管员根据网络拓扑结构手动配置的路由信息。动态路由是通过网络中路由器之间相互通告，传递路由信息生成的、自动更新的路由表。

（1）静态路由

静态路由是最简单的路由形式，由网管员负责完成，适合静态路由配置的情况：

① 小型网络，网络变化小，或者没有冗余链路。

② 当专线故障时，路由器需要拨号线路做备份动态地呼叫另一台路由器。

③ 网络中有很多小的分支结构，并且只有一条链路到达外网。

为了对静态路由有一个感性认识，下面以 Cisco 路由器为例说明静态路由的配置过程。

使用 ip route 全局配置命令配置静态路由有两种形式。

第一种形式为点到点拓扑网络（如专线），可以简单地指明接口，命令格式为

```
ip route 目的网络 掩码 外出端口
```

另外一种形式适合所有拓扑结构，格式为

```
ip route 目的网络 掩码 下一跳路由器的 IP 地址
```

【例 2.2】有 3 台 Cisco 2500 路由器，分别为 R_1、R_2、R_3，按照图 2-29 所示拓扑图连接，完成 3 个路由器的静态路由配置。

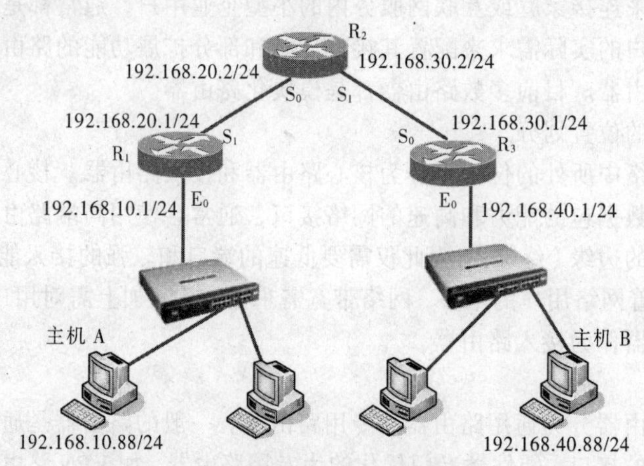

图 2-29　静态路由配置实例

第一步：接口配置。

路由器 R_1：

```
Interface FastEthernet 0/0
Ip address 192.168.10.1 255.255.255.0
Interface serial 1/1
Ip address 192.168.20.1 255.255.255.0
```

路由器 R_2：

```
Interface serial 0/0
Ip address 192.168.20.2 255.255.255.0
Interface serial 0/1
Ip address 192.168.30.2 255.255.255.0
```

路由器 R_3:

```
Interface FastEthernet 0/0
Ip address 192.168.40.1 255.255.255.0
Interface serial 1/1
Ip address 192.168.30.1 255.255.255.0
```

第二步：使用 ip route 命令配置静态路由。

路由器 R_1:

```
Ip route 192.168.40.0 255.255.255.0 192.168.20.2
```

路由器 R_2:

```
Ip route 192.168.10.0 255.255.255.0 192.168.20.1
Ip route 192.168.40.0 255.255.255.0 192.168.30.1
```

路由器 R_3:

```
Ip route 192.168.10.0 255.255.255.0 192.168.30.2
```

（2）动态路由选择策略

动态路由是按照一定的算法，发现、选择和更新路由的过程。一个好的动态路由选择算法应该是：

① 算法必须完整正确，也就是说分组沿着该算法设计出的路径可以到达目的主机。

② 算法要简单，不能加大系统开销。

③ 算法能适应网络结构的变化，在网络结构发生变化时，能及时改变路由表信息，要有自适应能力。

④ 能适应信息量的变化，当通信量增大时，能均衡各链路的负载。

⑤ 算法具有相对的稳定性，当网络没有变化时，算法要相对稳定。

⑥ 算法是公平的，对网络中的所有用户应该是平等的。

⑦ 通过算法得到的结果应该是最佳路径。

动态路由协议可以动态地随着网络拓扑结构的变化而变化，并且在较短的时间内自动更新路由表，使网络达到收敛状态。动态路由协议按照区域划分，可以分为内部网关协议（Interior Gateway Protocol，IGP）和外部网关协议（Exterior Gateway Protocol，EGP）。目前，用得比较多的内部网关协议是路由信息协议（Routing Information Protocol，RIP）和开放式最短路径优先协议（Open Shortest Path First，OSPF），用得较多的外部网关协议是边界网关协议（Border Gateway Protocol，BGP），目前常用的版本是 BGP4。

8．常用路由器简介

各种级别的互联网络中随处都可见到路由器。接入网络使得家庭和小型企业可以连接到某个互联网服务提供商；企业网中的路由器连接一个校园或企业内成千上万的计算机；骨干网上的路由器终端系统通常是不能直接访问的，它们连接长距离骨干网上的 ISP 和企业网络。互联网的快速发展无论是对骨干网、企业网还是接入网都带来了不同的挑战。骨干网要求路由器能对少数链路进行高速路由转发。企业级路由器不但要求端口数目多、价格低廉，而且要求配置起来简单方便，并提供服务质量（Quality of Service，QoS）。

（1）接入家庭或小型办公室路由器

接入路由器连接家庭或 ISP 内的小型企业客户。接入路由器已经开始不只是提供 SLIP 或 PPP 连接，还支持诸如 PPTP 和 IPSec 等虚拟私有网络协议。这些协议能在每个端口上运行。

现在市场上常见的适合家庭宽带上网的路由器品牌类型包括：D-Link 路由器、TP-Link 路由器、华为 Quidway R1600 系列、思科 Cisco RV042、RV082 等。

（2）企业级路由器

企业级路由器一般提供多种方式与广域网互连，除了提供基本的路由和 LAN 端口交换外，还提供诸如防火墙、VLAN、DHCP、VPN、包过滤以及大量的管理和安全策略等功能。此外，路由器还支持一定的服务等级 QoS，允许分成多个优先级别，并且有效地支持广播和组播。企业网络还要处理历史遗留的各种 LAN 技术，支持多种协议，包括 IP、IPX 等。

常用企业级路由器有思科 Cisco 4000、3600、2600 系列，华为 Quidway R3600、R2600、R1700 系列，锐捷 RG RSR-50、RSR-20 系列等。

（3）骨干级路由器

骨干级路由器实现企业级网络的互连。对它的要求是速度和可靠性，而代价则处于次要地位。硬件可靠性可以采用电话交换网中使用的技术，如热备份、双电源、双数据通路等来获得。这些技术对所有骨干路由器而言差不多是标准的。

常用骨干级路由器有思科 Cisco 12000、7000 系列，华为 Quidway NetEngine 16E/08E/05E 系列、NetEngine 80、NetEngine 40，锐捷 RG RSR-16E、RSR-08E 等。

现在路由器和交换机之间的区别越来越模糊，路由交换机（第三层交换机）集成了交换和路由处理功能，从而将第二层交换和路由功能结合起来，解决了传统路由器在性能方面的某些不足。交换式路由器允许对应用层流量设定服务质量策略，从而使网络管理人员能够对主干网的带宽使用进行完全控制。

2.4.2 三层交换机

1. 三层交换机的基本概念

在大型局域网的构建过程中，经常将网络按功能或地域划分成一个个小的局域网，目的是为了减小广播风暴的危害，这就使 VLAN 技术在网络中得以广泛应用，不同 VLAN 间的通信要依赖路由器完成转发，随着网间互访的不断增加，单纯使用路由器来实现网间互访，不但由于端口数量有限，而且路由速度较慢，从而限制了网络的规模和访问速度。基于这种情况，三层交换机应运而生，三层交换机是基于 IP 设计的，接口类型简单，拥有很强的帧处理能力，非常适用于大型局域网内的数据路由与交换，它既可以工作在协议第三层替代或部分完成传统路由器的功能，同时又具有几乎第二层交换的速度，且价格相对便宜。

三层交换机就是在二层交换机的基础上增加了部分路由功能的交换机设备，其主要目的是加快大型局域网内部的数据交换能力，所具有的路由功能也是为此目的服务的，传统的二层交换机工作在数据链路层，根据数据帧的 MAC 地址实现转发，而三层交换机工作在网络层，根据 IP 地址实现数据包的转发，三层交换机既有交换机线速转发 IP 数据报的能力，又有路由器的主要功能，因而得到广泛的应用。

在实际应用过程中，处于同一个局域网中的各个子网的互连以及局域网中 VLAN 间的路由，用三层交换机来代替路由器，也就是三层交换机用于单位网络的核心层，用三层交换机上的千兆端口或百兆端口连接不同的子网或 VLAN。三层交换机的路由功能没有同一档次的专业路由器强，在安全、协议支持等方面还有许多不足之处，不能取代路由器工作。

2. 三层交换机的功能

三层交换机除了具有一些传统的二层交换机没有的功能之外，还具备如下能力：

（1）分组转发

三层交换机在连接多个子网时，会根据设定的路由协议完成IP数据报的转发工作。

（2）路由处理

三层交换机具有连接大型网络的能力，功能基本上可以取代某些传统路由器，通过内部路由选择协议（RIP或OSPF）创建并维护其路由表。

（3）内置安全机制

三层交换机可以与普通路由器一样，具有访问列表的功能，可以实现不同VLAN间的单向或双向通信。通过在访问控制列表中进行设置，可以限制用户访问特定的IP地址，访问控制列表不仅可以用于禁止内部用户访问某些站点，也可以用于防止外部的非法用户访问内部的网络资源，从而提高网络的安全。

（4）具备QoS的控制功能

三层交换机具有QoS的控制功能，可以给不同的应用程序分配不同的带宽。

（5）其他功能

三层交换机提供数据报的封装和拆分，以及流量优化等功能，因为三层交换机可以识别数据包中的IP地址信息，因此可以统计网络中计算机的数据流量，可以按流量计费，也可以统计计算机连接在网络上的时间，按时间进行计费，而普通的二层交换机就难以同时做到这两点。

2.5　无线网络设备

无线网络和有线网络没有什么特大的差别，只是在无线网络中网络的连接设备是无线接入点和无线路由器，网络中的计算机通过无线网卡接入无线网络。

2.5.1　无线网卡

无线网卡是让计算机通过无线网络上网的一个装置。在一个有无线AP或者无线路由器覆盖的区域，即可通过无线网卡以无线方式连接到网络。

1. 无线网卡的类型

按接口类型分类：

① 台式机专用的PCI接口无线网卡。

② 笔记本式计算机专用的PCMCIA接口无线网卡。

③ USB接口无线网卡。

④ 笔记本式计算机内置的MINI-PCI无线网卡。

2. 无线网卡支持的标准

① IEEE 802.11a：使用5 GHz频段，传输速度54 Mbit/s，与802.11b不兼容。

② IEEE 802.11b：使用2.4 GHz频段，传输速度11 Mbit/s，室外传输距离300 m，室内传输距离100 m。

③ IEEE 802.11g：使用2.4 GHz频段，传输速度54 Mbit/s，可向下兼容802.11b。

④ IEEE 802.11n（Draft 2.0）：用于Intel新的迅驰2笔记本式计算机和高端路由上，可向下兼容，传输速度300 Mbit/s。

3．无线网卡的选购

首先根据接口来选择：和其他很多外围设备（简称外设）一样，选购无线网卡也需要在接口选择方面多加考虑。目前，无线网卡主要采用 PCMCIA、CF/SD 以及 USB 接口，作为笔记本式计算机应该首先考虑使用 PCMCIA，CF 也可以是无线网卡的最佳接口，但是 CF 接口主要是给掌上电脑（PDA）等设备配置的。现在很多 PDA 都带有 CF 接口，而且支持数据传输功能，此时结合无线网卡就能实现户外移动上网的要求。USB 接口可以用于笔记本式计算机和台式计算机，外置无线网卡很容易被磕碰。

其次考虑天线的选择，有可伸缩式、可分离拆卸式以及固定式 3 种，可伸缩式最理想。

最后关注传输稳定性与散热表现，一定要选择大厂家的产品。如果连续长时间使用无线网卡，那么其发热量必须足够小，否则就容易导致产品加速老化，甚至频繁掉线。

2.5.2 无线网络连接设备

1．无线接入点

无线接入点（Access Point，AP）是一个包含很广的名称，它不仅包含单纯性无线接入点（无线 AP），也同样是无线路由器（含无线网关、无线网桥）等类设备的统称。在本书中无线 AP 理解为单纯性无线 AP，区别于无线路由器。它主要是提供无线工作站对有线局域网和从有线局域网对无线工作站的访问，在访问接入点覆盖范围内的无线工作站可以通过它进行相互通信。单纯性无线 AP（见图 2-30）就是一个无线的交换机，提供无线信号发射的功能，一个有线以太网接口，用于连接有线网络，无线 AP 提供无线工作站与有线局域网之间的相互访问，以及接入点覆盖范围内的无线工作站之间的相互通信。

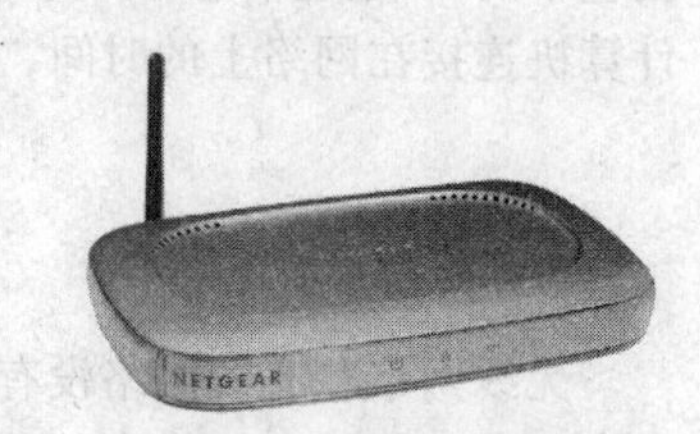

图 2-30　无线 AP

无线 AP 的工作原理是将网络信号通过双绞线传送过来，经过 AP 产品的编译，将电信号转换成为无线电信号发送出来，形成无线网的覆盖。根据不同的功率，其可以实现不同程度、不同范围的网络覆盖，一般无线 AP 的最大覆盖距离可达 300 m。

大多数的无线 AP 都支持多用户（30～100 台计算机）接入，数据加密，多速率发送等功能。在家庭、办公室内，一个无线 AP 便可实现所有计算机的无线接入。无线 AP 即可以通过 10Base-T 端口与内置路由功能的 ADSL Modem 或 Cable Modem 直接相连，也可以接入有线网络。

按照 IEEE 802.11b 和 IEEE 802.11g 标准，无线 AP 覆盖范围理论上是：室外 300 m、室内 100 m。在实际应用中，会碰到各种障碍物，所以实际使用范围是：室外 100 m（没有障碍物）、室内 30 m。因此，无线 AP 的作用类似于有线网络中的集线器，需要大量 AP 进行大面积覆盖。

2．无线路由器

无线路由器（见图 2-31）是带有无线覆盖功能的路由器，它主要应用于用户上网和无线覆盖。它既有无线接入点的功能，又具备路由器的功能，具有其他一些网络管理的功能，如 DHCP 服务、NAT 网络地址转换、MAC 地址过滤等功能。

图 2-31　无线路由器

无线路由器安全设置包括 SSID（Service Set Identifier，业务组标志符）是无线网络的标志符，用来识别无线网络上发现到的无线设备身份，所有的工作站及访问点必须使用相同的 SSID

才能在彼此间进行通信。设置信道（Channel）作为无线信号体的数据信号传送通道，默认值为 6。为了防止窃听需要考虑使用加密和认证机制，IEEE 802.11 标准中采用了 WEP（Wired Equivalent Privacy，有线对等保密）协议来设置专门的安全机制。

目前，无线路由器产品支持的主流协议标准为 IEEE 802.11g，并且向下兼容 802.11b。还有一个 IEEE 802.11a 标准，只是由于其兼容性不太好而未被普及。它们最大的区别就是支持的传输速率不同，802.11g+标准可以支持 108 Mbit/s 的无线传输速率。

2.6　防　火　墙

防火墙（firewall）指的是一个由软件和硬件设备组合而成、介于内网和外网之间、专用网与公共网之间的保护屏障，通常在 Internet 和 Intranet 之间安装防火墙，用来对进出网络的所有数据进行分析，对用户进行认证，从而防止有害信息进入受保护的网络，保护 Intranet 的安全。

防火墙主要由服务访问规则、验证工具、包过滤和应用网关 4 部分组成。

1. 防火墙的类型

（1）网络级防火墙

网络级防火墙可视为一种 IP 封装的数据包（简称封包）过滤器，它只允许符合特定规则的封包通过，其余的一概禁止穿越防火墙。这些规则通常可以由管理员定义或修改，只要封包不符合任何一项“否定规则”就予以放行。现在的操作系统及网络设备大多已内置防火墙功能，利用封包的多样属性进行过滤，例如：源 IP 地址、源端口号、目的 IP 地址或端口号、服务类型（如 WWW 或是 FTP），也能经由通信协议、TTL 值、来源的网域名称或网段等属性进行过滤。其原理是依据 IP 的包头信息，包括 IP 源地址、IP 目标地址、内装协议（TCP、UDP、ICMP 等），TCP/UDP 的端口、ICMP 的类型，数据包的进出接口，实现按规则转发，如果有匹配并且符合转发规则的数据包，就将该数据包按照路由表的信息转发，否则就丢弃。到达路由器的数据包可以是邮件、网页、FTP 文件、Telnet 请求信息，网络级路由器能够识别每一种请求和执行的相关操作，所以可以控制允许访问什么样的服务，不允许执行什么样的服务，这类的产品主要是防火墙路由器。

（2）应用级防火墙

应用级防火墙是通过运行代理的服务程序，实现应用级通信量的中继的主机系统。一般情况下，在 Internet 和 Intranet 之间使用代理服务器连接。在 TCP/IP 堆栈的“应用层”上运作，使用浏览器时所产生的数据流或者是使用 FTP 时的数据流都属于这一层。应用级防火墙可以拦截进出某应用程序的所有封包，并且封锁其他的封包（通常是直接将封包丢弃）。理论上，这类防火墙可以完全阻断外部的数据流进到受保护的机器里。

这种方式的防火墙把 Internet 和 Intranet 物理地分开，能够满足高安全性的要求，由于要分析数据包后再做出访问控制决定，所以会影响网络的性能，此类防火墙最好选用响应速度较快的计算机做代理服务器。

（3）电路级防火墙

电路级防火墙可以由应用层网关来完成，电路级网关只依赖于 TCP 连接，不进行任何附加的包处理或者过滤。例如，通过防火墙进行 Telnet 连接操作，电路级防火墙只是简单地做中继 Telnet 连接，不做任何审查、过滤及 Telnet 协议管理。

电路级网关通常用于向外连接，内部用户基本上感觉不到它的存在，这种防火墙系统对于要访问 Internet 服务的内部用户很方便，同时又能提供保护内部网络免受外部攻击的功能。和应用级防火墙一样，电路级防火墙也是代理服务器，只是它不需要用户配备专门的代理客户应用程序。

2．防火墙的功能

防火墙最基本的功能就是在计算机网络中，针对不同信任程度区域，根据最少特权原则，提供在不同信任区域信息流的传送。

（1）网络安全的屏障

通过过滤不安全的服务而降低风险，由于只有经过精心选择的应用协议才能通过防火墙，所以网络环境变得更安全。

（2）强化网络安全策略

通过以防火墙为中心的安全方案配置，能将所有安全软件（如口令、加密、身份认证、审计等）配置在防火墙上。

（3）监控审计网络活动

如果所有的访问都经过防火墙，那么防火墙就能记录这些访问并写入日志记录，同时也能提供网络使用情况的统计数据。

（4）防止内部信息的外泄

通过利用防火墙对内部网络的划分，可实现内网重点网段的隔离，从而限制了局部重点或敏感网络安全问题对全局网络造成的影响。

2.7 实验指导

2.7.1 制作网线

1．实验目的

① 学会非屏蔽双绞线网线的制作方法。这类网线是目前应用最广的，但要注意不同用途的双绞线网线的线序不同（直连网线和交叉网线）。

② 掌握直连网线的制作，能自己独立制作网线。

2．实验环境

非屏蔽双绞线、RJ-45 水晶头、压线钳、测线仪。

3．实验过程

EIA/TIA T568B 标准直连网线的制作。

（1）剥线

用双绞线压线钳（也可以用其他剪线工具）的剪线口把双绞线的两端剪齐（网线长度符合实际使用长度，学生实验可做 1 m 线），然后把剪齐的一端插入到压线钳用于剥线的缺口中，注意网线不能弯，直插进去，直到顶住压线钳后面的挡位，稍微握紧压线钳，剥线刀口非常锋利，握压线钳力度不要太大，否则易剪断芯线，只要看到电缆外皮略有变形就应停止加力，慢慢旋转一圈，让刀口划开双绞线的保护胶皮，拔下胶皮，如图 2-32 所示。当然也可使用专门的剥线工具来剥皮线。

注意：压线钳挡位离剥线刀口长度通常恰好为水晶头长度，这样可以有效避免剥线过长或过短。剥线过长一则不美观，另一方面因网线外皮不能被水晶头卡住，容易松动；剥线过短，因有包皮存在，太厚，芯线不能完全插到水晶头底部，造成水晶头插针不能与网线芯线完好接触。如果不是专用压线钳，剥线长度掌握在 13～15 mm，不宜太长或太短。

（2）理线

剥除外包皮后即可见到双绞线网线的 4 对 8 芯线，并且可以看到每对的颜色都不同。每对缠绕的两根芯线是由一种染有相应颜色的芯线加上一条只染有少许相应颜色的白色相间芯线组成。四条全色芯线的颜色为：绿色、棕色、橙色、蓝色。

按照 EIA/TIA T568B 标准线序将芯线排好，参见 2.1.1 节，不能重叠。然后用压线钳垂直于芯线排列方向剪齐（不要剪太长，只需剪齐即可），如图 2-33 所示。

（3）插线

一手水平握住水晶头（塑料弹片的一面朝下），另一只手将剪齐、并列排序好的 8 条芯线对准水晶头开口并排插入水晶头中（注意线序与引脚的对应关系），注意一定要使各条芯线都插到水晶头的底部，不能弯曲（因为水晶头是透明的，所以可以从水晶头有卡位的一面清楚地看到每条芯线所插入的位置），如图 2-34 所示。

图 2-32　剥线

图 2-33　理线

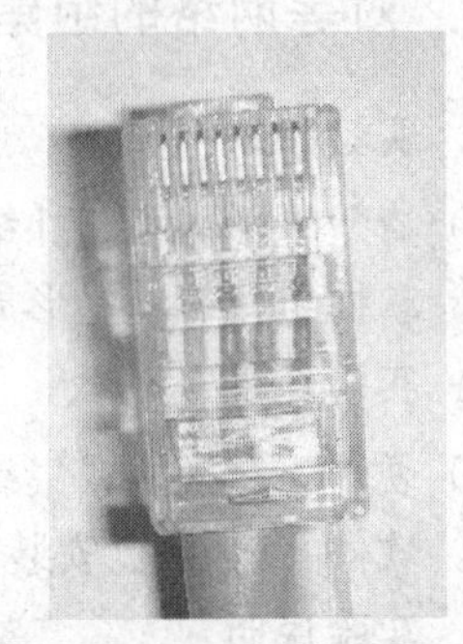

图 2-34　插线

（4）压线

确认所有芯线都插到水晶头底部后，即可将插入网线的水晶头直接放入压线钳压线槽中，如图 2-35 所示。因槽位结构与水晶头结构一样，一定要正确放入。水晶头放好后即可用力压下压线钳手柄，使水晶头的插针都能插入到网线芯线之中，与之接触良好。然后再用手轻轻拉一下网线与水晶头，看是否压紧，最好多压一次。

至此，这个 RJ-45 头就压接好了。按照相同的方法制作双绞线的另一端水晶头，要注意的是芯线排列顺序一定要与另一端采用统一标准线序，这样整条网线的制作就算完成了。

（5）检测

两端都做好水晶头后即可用网线测线仪进行测试。测线仪分为信号发射器和信号接收器两部分，各有 8 盏信号灯。测试时将双绞线两端分别插入信号发射器和信号接收器，打开电源，如果信号发射器和信号接收器上的 8 对指示灯都依次对应绿色闪过，证明网线制作成功，如图 2-36 所示。如果出现任何一对灯为红灯、黄灯、不亮或不对应，都证明存在断路、接触不良或者接错线序现象，如果没有发生信号灯不对应现象（信号灯不对应亮：如信号发射器 1 灯对应成信号接收器 5 灯亮，这为线序错），则最好先对两端水晶头再用压线钳压一次，再测，如果故障依旧，只好重做网线。

4．注意事项

注意水晶头内的芯线不要留得太长，让水晶头的尾端包住双绞线的外包皮，否则插拔网线时很容易损坏水晶头内连线，造成网线接触不良或彻底损坏，如图 2-37 所示。

图 2-35　压线

图 2-36　检测

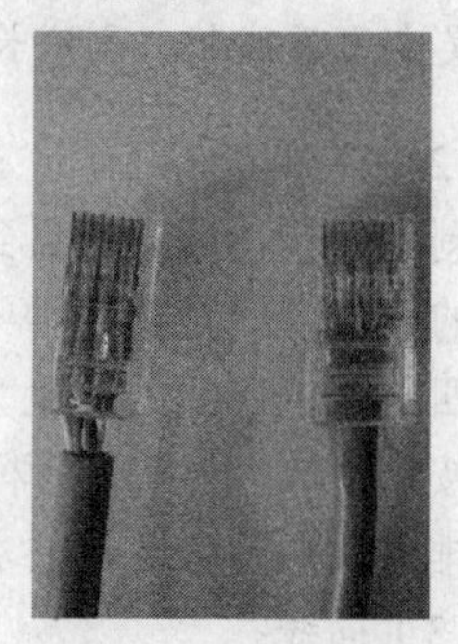

图 2-37　线头比较

5．实验思考

直连线分标准接法和一一对应接法，为什么标准接法制成的网线效果好、速度快？

2.7.2　对等网络的组建

1．实验目的

① 清楚星形网络拓扑结构。

② 掌握组建简单星形局域网的技术和方法。

2．实验环境

① 硬件：交换机或集线器 1 台，标准直连网线若干条，带网卡的 PC 若干台。

② 软件：PC 中已安装好 Windows XP 操作系统。

3．实验说明

星形局域网简述：星形拓扑结构由一个中央结点和若干个从结点组成，中央结点可以和从结点直接通信，而从结点之间的通信必须通过中央结点转发，其拓扑结构图如图 2-38 所示。

由于中央结点要与多台主机连接，线路较多，为便于集中连线，多采用集线器（Hub）或交换机作为中央结点，传输介质大多使用非屏蔽双绞线。星形网是目前广泛而又首选使用的网络拓扑结构。

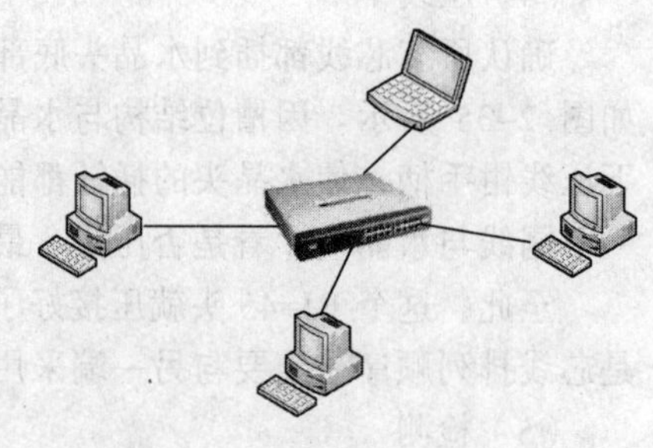

图 2-38　星形拓扑结构图

星形结构的主要优点：

① 网络结构简单，便于管理、维护和调试。

② 控制简单，建网容易。

③ 单个连接的故障只影响一个设备，不会影响全网。

④ 每个站点直接连到中央结点，故障容易检测和隔离，可很方便地将有故障的站点从系统中删除。

⑤ 任何一个连接只涉及中央结点和一个站点。

星形结构的主要缺点：中央结点负荷太重，而且当中央结点产生故障时，全网不能工作，所以对中央结点的可靠性和冗余度要求很高。

4. 实验过程

（1）组建星形局域网

用网线将若干台 PC 分别连入一台交换机上的不同端口，交换机加电运行。

（2）给 PC 安装配置 TCP/IP 协议

打开计算机，通过控制面板打开“网络连接”窗口，如图 2-39 所示。

右击“本地连接”图标，在弹出的快捷菜单中选择“属性”命令，弹出“本地连接 属性”对话框，如图 2-40 所示。

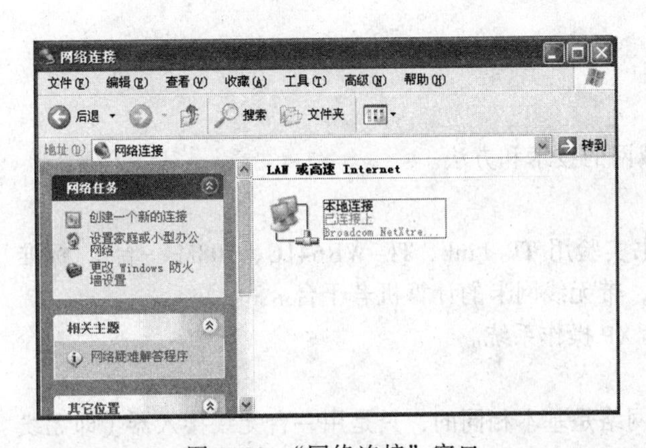

图 2-39 “网络连接”窗口

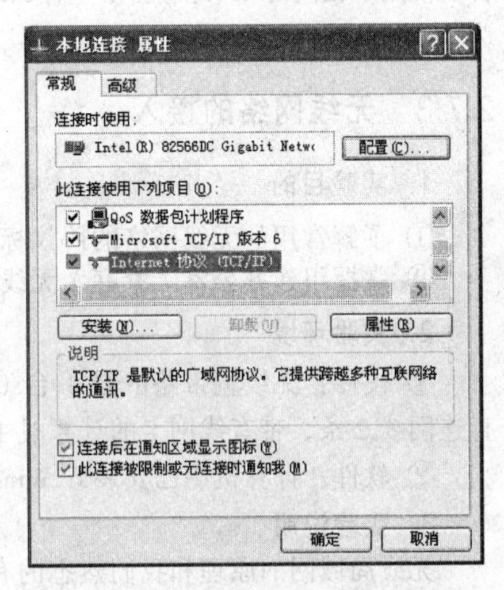

图 2-40 “本地连接属性”对话框

双击对话框中部的“Internet 协议（TCP/IP）”选项，弹出“Internet 协议（TCP/IP）属性”对话框，配置 IP 地址和子网掩码，如图 2-41 所示。

设置完成后，单击“确定”按钮，保存设置退出配置窗口，一台 PC 配置完成；同理，将其他 PC 配置好，注意每台 PC 的 IP 地址分别为：192.168.1.1、192.168.1.2、192.168.1.3……依此类推，最后完成局域网中所有 PC 的配置。

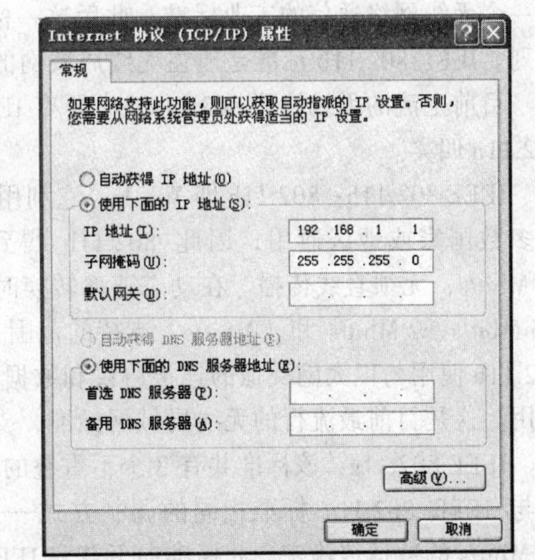

图 2-41 “Internet 协议（TCP/IP）属性”对话框

（3）测试网络连通性

① 观察交换机和 PC 网卡状态指示灯的变化。

② 打开命令提示符（DOS 命令）窗口

方法 1：“开始”→“所有程序”→“附件”→“命令提示符”。

方法 2：“开始”→“运行”→cmd。

③ 使用 Ping 命令测试网络是否连通（如利用 IP 地址为 192.168.1.2 的 PC 去 Ping IP 地址为 192.168.1.1 的 PC），观察该命令的输出结果，判断网络是否连通，如图 2-42 所示。

5．注意事项

PC 连入交换机时，注意插入端口，不要插入标有 uplink 的端口，因为此端口为级联交换机的专用端口。

6．实验思考

如果在配置的局域网计算机中，有两台计算机使用了相同的 IP 地址会发生什么现象，为什么？

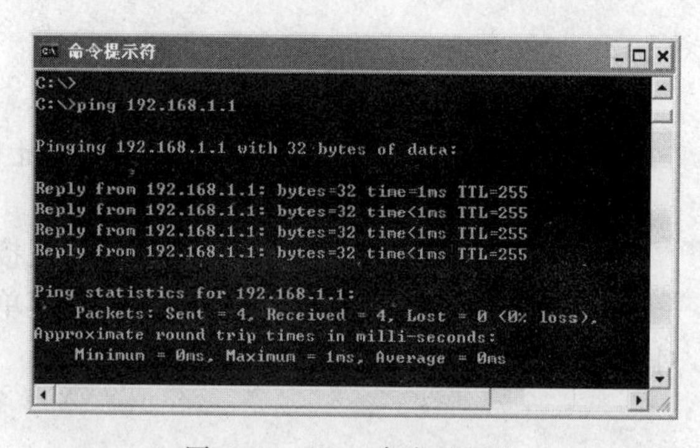

图 2-42　Ping 命令的结果

2.7.3　无线网络的接入

1．实验目的

① 了解常用的无线网络的协议标准。

② 掌握组建办公室（家庭）无线局域网的技术和方法。

2．实验环境

① 硬件：无线宽带路由器 1 台（本书实验用 TP-Link、TL-WR641G、108M 一台），标准直连网线 2 条，带有线网卡的计算机 1 台，带无线网卡的计算机若干台。

② 软件：计算机中已安装好 Windows XP 操作系统。

3．实验说明

无线局域网的原理和我们熟悉的有线网络是基本相同的，只是用一台无线接入器（即无线 AP）代替冗长的网线，无线信号传输使用无线局域网协议。

802.11 是 IEEE（美国电子电气工程师协会）在 1997 年为无线局域网（Wireless LAN）定义的一个无线网络通信的工业标准。此后这一标准又不断得到补充和完善，形成 802.11x 的标准系列。IEEE 802.11b 标准是现在无线局域网的主流标准，也是 Wi-Fi 的技术基础。

目前主流的无线协议 802.11x，主要有 IEEE 802.11b、IEEE 802.11g、IEEE 802.11a、IEEE 802.11n 四类。

IEEE 802.11b：802.11b 即 Wi-Fi，它利用 2.4 GHz 的频段，2.4 GHz 的 ISM 频段为世界上绝大多数国家或地区通用，因此 802.11b 得到了最为广泛的应用。它的最大数据传输速率为 11 Mbit/s，无须直线传播。在动态速率转换时，如果射频情况变差，可将数据传输速率降低为 5.5 Mbit/s、2 Mbit/s 和 1 Mbit/s。支持的范围是在室外为 300 m，在办公环境中最长为 100 m。802.11b 使用与以太网类似的连接协议和数据包确认，来提供可靠的数据传送和网络带宽的有效使用。这是目前最流行的无线局域网标准，支持这类协议的 AP 最多也是最便宜的。

IEEE 802.11g：该标准共有 3 个不重叠的传输信道。虽然同样运行于 2.4 GHz，但由于使用了与 IEEE 802.11a 标准相同的调制方式——OFDM（正交频分），因而能使无线局域网达到 54 Mbit/s 的数据传输率。此标准向下兼容 IEEE 802.11b。

IEEE 802.11a：扩充了标准的物理层，规定该层使用 5 GHz 的频带。该标准采用 OFDM 调制技术，传输速率范围为 6～54 Mbit/s，共有 12 个非重叠的传输信道。不过此标准与以上两标准都不兼容。支持该协议的无线 AP 及无线网卡，在国内均比较罕见。

IEEE 802.11n：提升了传输速度，突破了 100 Mbit/s。IEEE 802.11n 工作小组由高吞吐量研究小组发展而来，并将 WLAN 的传输速率从 802.11a 和 802.11g 的 54 Mbit/s 增加至 108 Mbit/s

以上，最高速率可达 320 Mbit/s，成为 802.11b、802.11a、802.11g 之后的另一个重要标准。和以往的 802.11 标准不同，802.11n 协议为双频工作模式（包含 2.4 GHz 和 5.8 GHz 两个工作频段），保障了与以往的 802.11a/b/g 标准兼容。

在办公或家庭组建无线局域网时，选择使用何种无线路由器，需根据实际使用环境来选择，如出口带宽比较大，同一办公室上网人数比较多，就应选择支持 IEEE 802.11n 协议标准的无线宽带路由器，否则可选择经济通用的支持 IEEE 802.11b 协议的无线宽带路由器。

4．实验过程

（1）硬件连接

一般家用无线宽带路由器都有一个 WAN 口和 4 个 LAN 口，用网线将无线宽带路由器的 WAN 口与接入网相连（如果是 ADSL 方式上网，此端口应与 ADSL Modem 上的 LAN 口相连），再用另一根网线将无线宽带路由器的 LAN 口与带有线网卡的计算机（用于配置无线宽带路由器）相连。

（2）设置用于配置无线宽带路由器的计算机

在用于配置无线宽带路由器的计算机上，对“本地连接”设置 IP 地址：192.168.1.2，子网掩码：255.255.255.0，默认网关：192.168.1.1。

（3）登录无线路由器的管理界面

打开 IE 浏览器，在地址栏输入 http://192.168.1.1，然后按【Enter】键，随后将弹出一个对话框，如图 2-43 所示。

输入默认的用户名和密码 admin，再单击“确定”按钮，进入无线路由器的配置界面，如图 2-44 所示。

图 2-43 “连接到 192.168.1.1”对话框

图 2-44 “108M 无线宽带路由器”窗口

窗口界面左侧为相关配置命令选项。

（4）设置无线路由器

① 设置 WAN 口的连网方式。单击左侧“网络参数”选项，右侧打开配置 WAN 口的界面，根据实际情况，适当设置相关参数。如图 2-45（动态获取 IP 地址）、图 2-46（静态获取 IP 地址）、图 2-47（ADSL 拨号上网）所示。

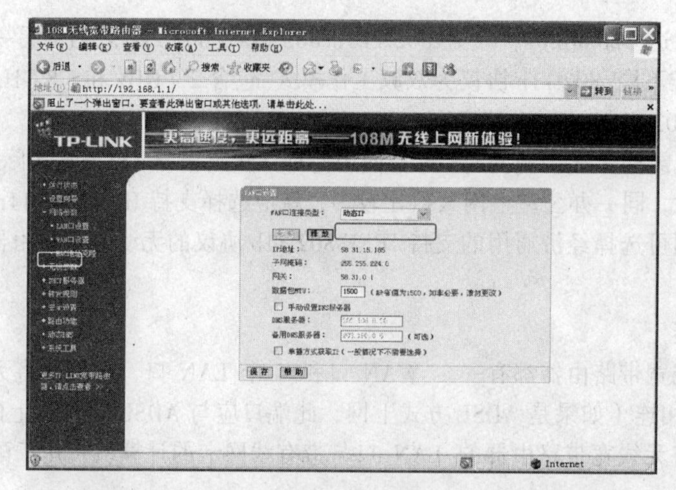

图 2-45 “WAN 口设置动态获取 IP 地址”窗口

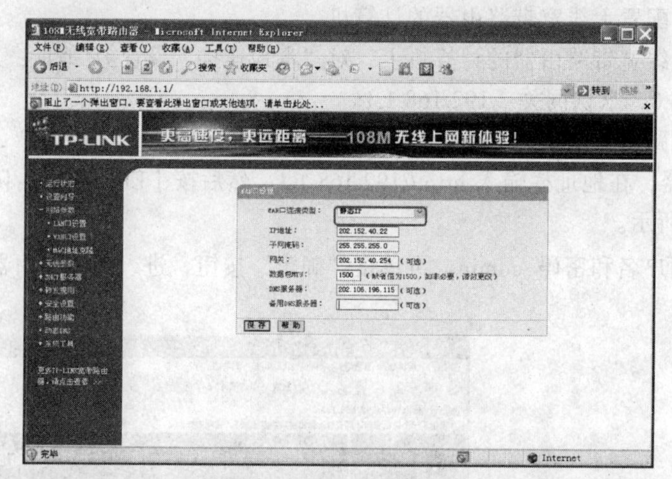

图 2-46 “WAN 口设置静态获取 IP 地址”窗口

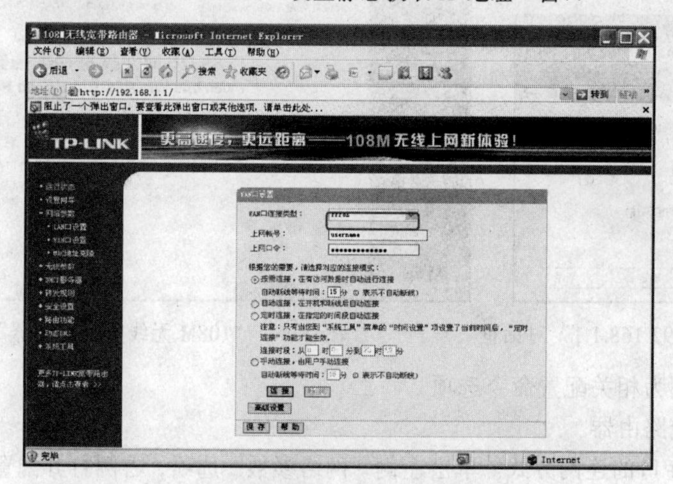

图 2-47 “WAN 口设置－ADSL 拨号上网”窗口

设置好后，单击“保存”按钮即可。

② 设置 DHCP 服务。单击左侧“DHCP 服务器”选项，右侧打开配置 DHCP 服务器的界面，根据实际情况，给出供用户使用的 IP 地址范围，如图 2-48 所示。

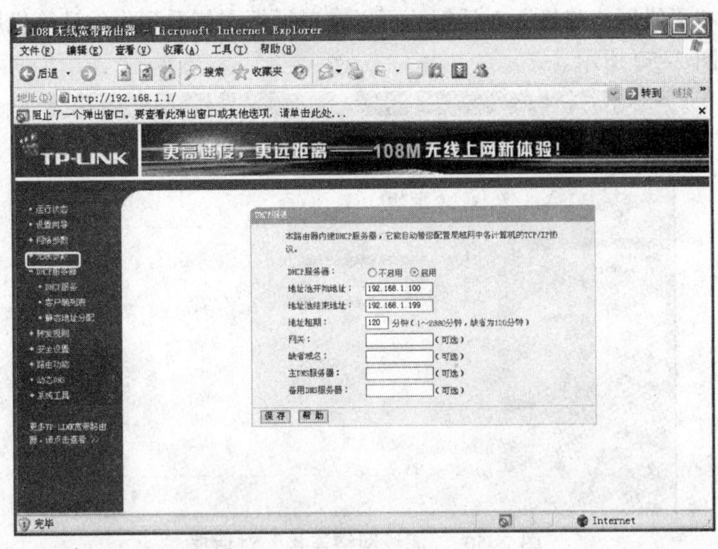

图 2-48 “DHCP 设置”窗口

设置好后，单击“保存”按钮。

③ 设置无线网络参数。

单击左侧的“无线参数”选项，右侧打开配置无线参数的界面，开启无线功能，设置无线网标识号 SSID，如图 2-49 所示。

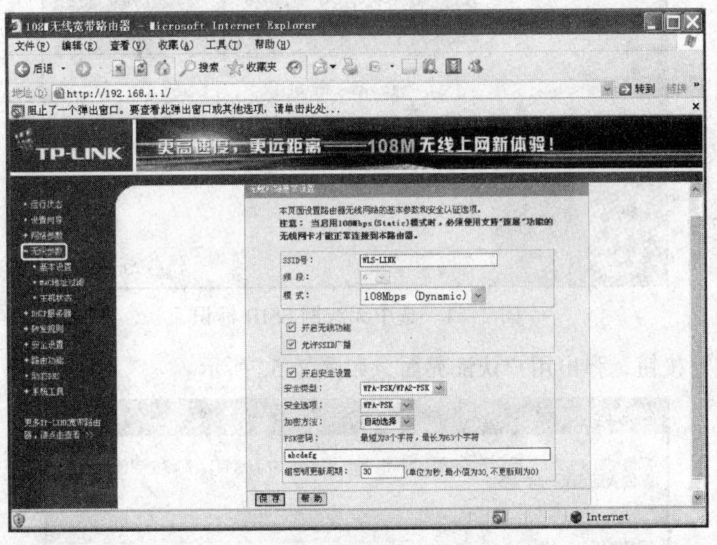

图 2-49 “无线网络基本设置”窗口

为了保证无线网络的安全，还有必要对网络进行加密。启用安全设置，选择安全类型，填入加密密码，保存设置后，重新启动无线宽带路由器，至此无线宽带路由器配置完成。

（5）设置带无线网卡的计算机

在带有无线网卡的计算机上，对“无线本地连接”设置自动获取 IP 地址和 DNS。

（6）连接无线网络

在带有无线网卡的计算机上，从“控制面板”打开“网络连接”窗口，双击“无线网络连接”图标，弹出“无线网络连接”对话框，可以在对话框右侧看到你的计算机所能探测到的无线网络列表，如图 2-50 所示。

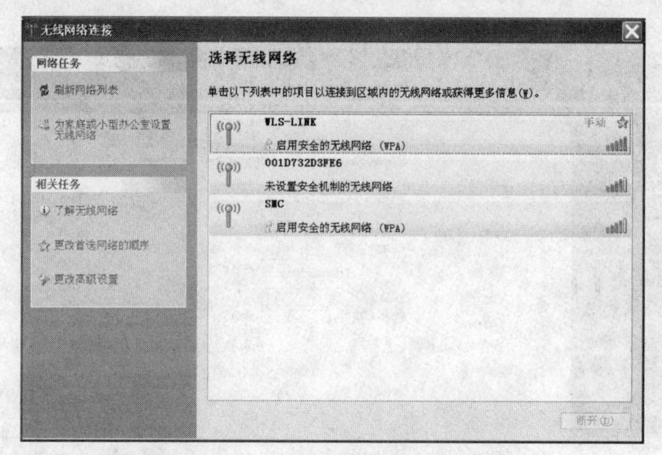

图 2-50 “无线网络连接”对话框

选中设置的无线网 SSID 标识，如图 2-51 所示。

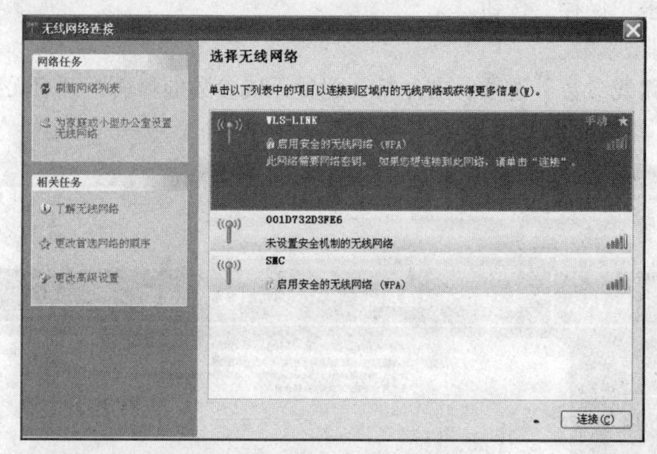

图 2-51 选中无线网 SSID 标识

单击“连接”按钮，弹出用户认证界面，如图 2-52 所示。

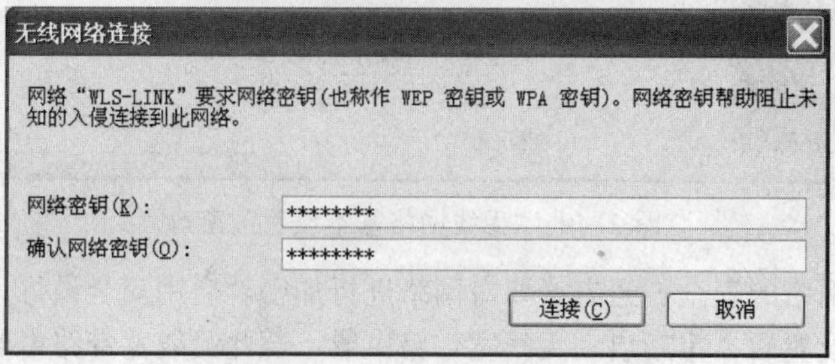

无线网络连接

网络“WLS-LINK”要求网络密钥(也称作 WEP 密钥或 WPA 密钥)。网络密钥帮助阻止未知的入侵连接到此网络。

网络密钥(K)： ********

确认网络密钥(O)： ********

连接(C) 取消

图 2-52 用户认证界面

输入网络密钥后单击“连接”按钮，即可成功连上无线网，如图 2-53 所示。

（7）测试互联网的连接

在无线上网的计算机上，打开 IE 浏览器，在地址栏中输入 http://www.edu.cn，然后按【Enter】键，如果正确打开了“中国教育和科研计算机网”主页，说明无线网组建完成。

5．注意事项

注意不同品牌的无线路由器的配置方法会有所区别，如用的是其他的无线路由器，请按该无线路由器的使用说明书来安装配置。

6．实验思考

如果设置“无线参数”时，不设安全密钥，会发生什么情况，对上网有何影响？

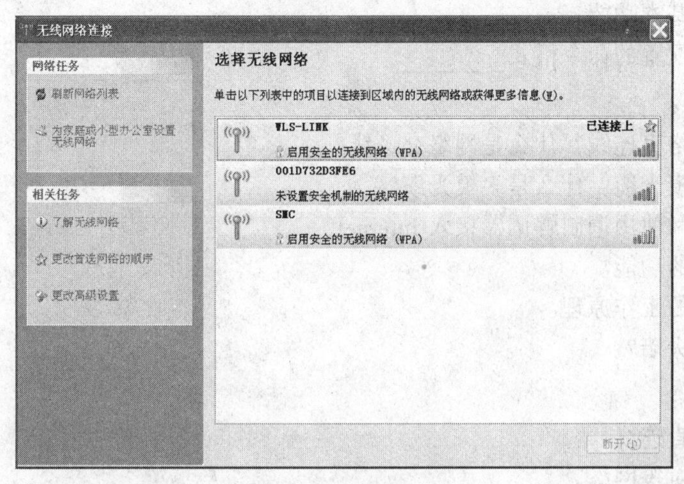

图 2-53　无线网连接成功

习　　题

一、选择题

1．价格最便宜，使用方便灵活，易于安装的常用传输介质是（　　）。

A．双绞线　　B．同轴电缆　　C．光缆　　D．微波

2．利用 ADSL 接入 Internet，用户端必须有（　　）设备。

A．交换机　　B．网卡　　C．调制解调器　　D．路由器

3．在 DOS 环境下测试网络是否连接成功的命令是（　　）。

A．ipconfig　　B．ping　　C．tracert　　D．nslookup

4．交换机 100 Mbit/s 的端口在半双工模式下的带宽为（　　），在全双工模式下的带宽为（　　）。

A．100 Mbit/s，100 Mbit/s　　B．200 Mbit/s，100 bit/s

C．200 Mbit/s，200 Mbit/s　　D．100 Mbit/s，200 bit/s

5．常用的交换机有核心交换机、汇聚层交换机和接入交换机，下面（　　）和其他三个不属于同一类交换机设备。

A．Catalyst 6500　　B．锐捷 8600

C．Catalyst 2960　　D．锐捷 9600

6. 常用的路由器有骨干级路由器、企业级路由器、家庭或小型办公室路由器，下面（　　）是企业级路由器。

A. Cisco RV042　B. Cisco 3600　C. Cisco 12000　D. Cisco 7000

二、填空题

1. EIA/TIA T568B 规定网络线序________、________、________、________、________、________、________、________。

2. 微波通信的两个天线的高度为 100 m，它们之间的最大距离是________。

3. 调制解调器是________、________的简称。

4. 路由器的基本功能________、________。

5. 静态路由配置的命令格式________。

三、简答题

1. 什么是网络直连线？什么是网络交叉线？

2. 什么是单模光缆？什么是多模光缆？

3. 如何安装和使用调制解调器接入 Internet？

4. 简述网卡的功能。

5. 简述网桥的工作原理。

6. 什么是防火墙？

四、实验题

1. 制作多根直连线。

2. 组建一个对等网络。

3. 配置一个无线网络。

第3章 网络通信协议

协议是指在计算机网络中，为了保证两个实体之间能正常进行通信而制定的一整套约定和规则，不同的网络系统都有自己的协议。例如，Internet 使用 TCP/IP 协议。本章介绍用于 TCP/IP 网络通信方面的主要协议，包括 IP 协议、ARP 协议、ICMP 协议、路由协议、TCP 协议、UDP 协议。

学习目标：

- 了解 TCP/IP 模型的各层协议；
- 了解分类 IP 地址；
- 掌握子网的划分和 CIDR 技术；
- 了解 NAT 技术；
- 理解 IP 数据报的格式及 IP 的分片、重组；
- 理解 ARP 的工作过程；
- 学会 ICMP 协议的工作过程；
- 掌握路由协议的工作原理及其配置方法；
- 理解 TCP 协议的工作原理；
- 学会用 Wireshark 分析网络数据包。

3.1 TCP/IP 模型的各层协议

因特网使用的是 TCP/IP 参考模型，该模型将计算机网络分为 4 个层次，如图 3-1 所示。

应用层
传输层
网际层
网络接口层

图 3-1 TCP/IP 参考模型

各层对应的协议如图 3-2 所示。

应用层为用户各种网络服务，如远程登录、电子邮件、文件传输、聊天、WWW、视频会议、网络点播等。应用层常用的协议有远程登录 Telnet 协议、文件传输协议 FTP、简单邮件传输协议 SMTP、简单网络管理协议 SNMP、超文本传输协议 HTTP、域名解析协议 DNS 等，各层涉及的协议将在后续章节中详细介绍。

层次	协议				
应用层	HTTP	FTP	Telnet	DNS	TFTP	SNMP
传输层	TCP			UDP		
网际层	ICMP	IGMP	IP	ARP	RARP	
网络接口层	以太网	FDDI	ATM	PDN	其他类型网络	

图 3-2 TCP/IP 参考模型与 TCP/IP 协议簇

3.2 IP 协议

3.2.1 物理地址

在网络中每个主机都有一个可识别的地址，这个地址就是物理地址。物理地址是数据链路层地址，当一块网卡插入主板后，该主机的物理地址就确定了，一般不能更改，物理地址的表示方法随网络技术的不同而不同，不同类型的网络物理地址的编址方案是不同的；如以太网的物理地址，又称 MAC 地址，IEEE 802 为每个工作站规定了一个 48 位的全局地址，地址中的高 24 位由 IEEE 进行分配，所以世界上所有生产局域网网卡的厂家都必须事先向 IEEE 购买高 24 位地址，这个地址称为地址块或厂家代码。全局地址中的低 24 位则由厂家进行自由分配。

3.2.2 IP 地址

基于 TCP/IP 技术构建的互联网可以看成是一个虚拟网络，它把处于不同物理网络的所有主机都互连起来，并通过这个虚拟网络进行通信，这样就隐藏了不同物理网络的底层结构，简化了不同网络间的互连。为了能够进行有效的通信，在虚拟互连网络中的每一个设备（主机或路由器）都需要一个全局的地址标识，这个地址就是 IP 地址。

目前广泛使用的 IPv4 地址是一个 32 位的二进制地址，每个接入 Internet 的主机或路由器都必须至少有一个 IP 地址，本书如果不特别说明，IP 地址指的是 32 位的 IPv4 地址。

1. IP 地址的处理技术的发展过程

IP 地址的发展大致经历了 4 个阶段：

① 标准分类的 IP 地址。IP 地址由网络号和主机号两层地址结构组成，长度是 32 位的二进制地址，用点分十进制表示，构成标准的分类 IP 地址。共分成标准 IP 地址、特殊 IP 地址与保留 IP 地址。

② 划分子网的三级地址结构。在标准 IP 地址的基础上，增加子网号的三级结构，原因是 Internet 发展太快，人们对 IP 地址的匮乏表示担忧，1991 年提出了子网掩码的概念（RFC950），构造子网就可以将一个大的网络划分成几个较小的子网络，传统的 IP 地址变为网络号＋子网号＋主机号。

③ 构成超网的无类域间路由 CIDR 技术。1993 年提出了无类域间路由 CIDR 技术（RFC1519），该技术的出现基于以下两个原因，一个是 32 位的地址可能在第 40 亿台主机接入 Internet 前已经被消耗完，另一个是越来越多的网络地址的出现，使得主干网的路由表增大，路由器的负荷加重服务质量降低。

CIDR 技术又称超网技术，构成超网的目的是将现有的地址合并成较大的，具有更多主机地址的路由域，减轻路由表的负担。

④ 网络地址转换 NAT 技术。1996 年网络地址转换 NAT 技术的出现是该阶段的标志，IP 地址已经十分短缺了，而整个 Internet 迁移到 IPv6 的进程又很缓慢。人们迫切需要有一个办法来解决网络地址的方法。这个方法就是 NAT，它主要应用在内部网络和虚拟专用网络中，或者 ISP 为拨号进入 Internet 的用户网络中。

NAT 的基本思想是：为每个公司分配一个或者少量的 IP 地址，用于接入 Internet。在公司内部的每一台主机分配一个不能在 Internet 上使用的内部的专用地址。专用地址用于内部网络的通信，如果需要访问外部 Internet 主机，必须由运行网络地址转换 NAT 的主机或路由器，将内部的专用 IP 地址转换为能够在 Internet 上使用的 IP 地址。

2．IP 地址的结构

IP 地址采用分层结构，标准的 IP 地址结构如图 3–3 所示，由标识网络的网络地址号和标识网络中的主机的主机号组成。

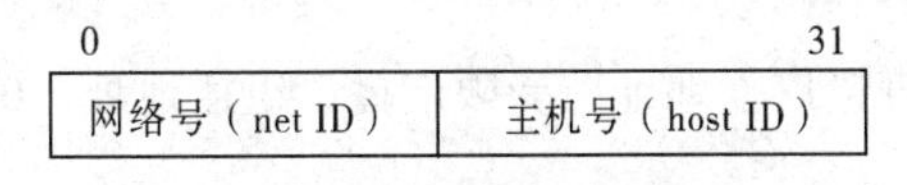

图 3–3　IP 地址的结构

IP 地址是一个逻辑地址，由 32 位二进制数表示，为了便于交流，一般用点分十进制数字表示，每个字节加一个小圆点分隔，其间的数字都用十进制表示。如 202.204.208.2，其中 202.204.208 表示网络号，2 表示主机号。

3．IP 地址的类型

（1）分类 IP 地址

IP 地址可以分成 5 类，即 A 类、B 类、C 类、D 类、E 类，如图 3–4 所示。

A 类地址的网络号长度占 8 位，第一位为 0，其余的 7 位可以分配，网络号为全 0 和网络号为全 1 的网络地址号留做特殊用途，因此 A 类地址有 126 个网络号可以分配，使用 A 类 IP 地址的网络称为 A 类网络。每个 A 类网络可以分配的主机号为 $2^{24}-2=16\ 777\ 214$ 个，主机号全 0 和全 1 两个地址用于特殊用途。A 类地址的覆盖范围为 1.0.0.0～127.255.255.255。

B 类地址网络号的前两位为 10，其余的 14 位可以分配，由于 B 类地址的前两位为 10，所以不会出现网络号全 0 全 1 的问题，因此 B 类地址有 $2^{14}=16\ 384$ 个网络号可以分配，使用 B 类 IP 地址的网络称为 B 类网络。每个 B 类网络可以分配的主机号为 $2^{16}-2=65\ 534$ 个，主机号全 0 和全 1 两个地址用于特殊途用途。B 类地址的覆盖范围为 128.0.0.0～191.255.255.255。

C 类 IP 地址的网络号长度占 24 位，主机号长度是 8 位，C 类地址的网络号前三位为 110，其余的 21 位可以分配，由于 C 类地址的前三位为 110，不会出现网络号全 0 全 1 的问题，因此有 $2^{21}=2\ 097\ 152$ 个 C 类网络，每个 C 类网络可以分配的主机号为 $2^{8}-2=254$ 个，主机号全 0 和全 1 两个地址用于特殊用途。C 类地址的覆盖范围为 192.0.0.0～223.255.255.255。

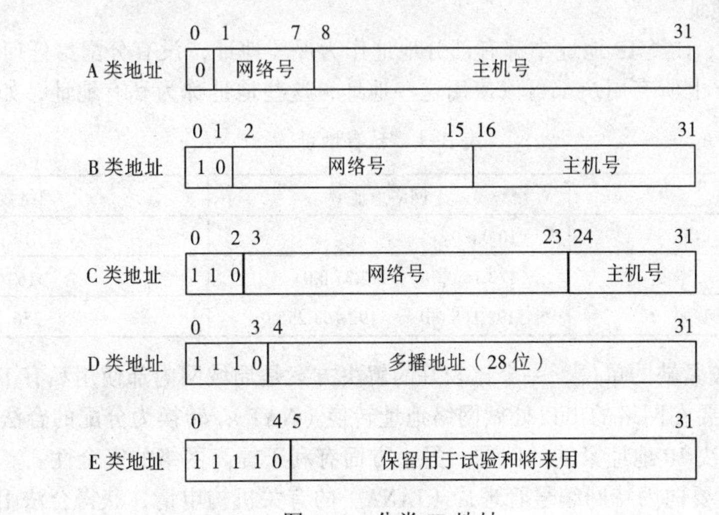

图 3–4　分类 IP 地址

D 类 IP 地址不标识网络，地址的覆盖范围为 224.0.0.0～239.255.255.255，D 类地址用于组播。

E 类地址暂时保留用于实验和将来使用，地址覆盖范围为 240.0.0.0～247.255.255.255。

（2）特殊 IP 地址

特殊的 IP 地址包括：直接广播地址、受限广播、组播地址、0 地址、“这个网络的特定主机”地址、环回地址。

直接广播地址：在 A 类、B 类和 C 类的 IP 地址中，如果主机号为全 1，就是该网络的直接广播地址。如 202.204.208.255 就是 202.204.208 网络的直接广播地址，路由器将目的地址为直接广播地址的分组，以广播的方式发送给网络地址为 202.204.208.0 的所有主机。

受限广播地址：网络号与主机号的 32 位为全 1 的 IP 地址为受限广播地址，它是将一个分组以广播方式发送给该网络中的所有主机，路由器会阻挡该分组通过，其广播功能只限制在该网络内部。

组播地址：和广播地址相似之处是都只能作为 IP 数据报的目的地址，和广播地址的区别是广播地址按主机的物理位置来划分各组（属于同一子网），而组播地址是指定一个逻辑组，逻辑组的主机可能遍布整个 Internet，它的主要应用是视频会议、视频点播等。

0 地址：主机号为 0 的 IP 地址，表示该网络本身。

“这个网络上的特定主机”地址：IP 地址的网络号为全 0，主机号为确定的值，如 0.0.33.16 为“这个网络上的特定主机”地址，目的地址为“这个网络上的特定主机”地址的分组，表示该分组限定在该网络内部，如目的地址为 0.0.33.16 的分组表示由该网络的主机 33.16 接收该分组，路由器不转发该分组到外网。

环回地址：A 类 IP 地址 127.0.0.0 是环回地址，用于网络测试或本地进程间通信。TCP/IP 协议规定含网络号为 127 的分组不能出现在任何网络上，主机和路由器不能为该地址广播任何寻址信息。Ping 应用进程可以发送一个环回地址作为目的地址的分组，来测试 IP 软件能否接收或发送一个分组。一个客户进程可以用环回地址发送一个分组给本机的另一个进程，用来测试进程之间的通信状况。

（3）私有 IP 地址

在 A 类、B 类、C 类 IP 地址中都有部分地址作为保留地址，没有分配给任何因特网用户，也就是说，Internet 上所有用户都可以使用这些地址，这些地址称为私有地址，如表 3-1 所示。

表 3-1 私有地址

类	网络地址	网络数
A	10.0.0.0	1
B	172.16.0.0 ～ 172.31.0.0	16
C	192.168.0.0 ～ 192.168.255.0	256

当 IP 地址比较紧缺的单位，一个比较好的解决方案是局域网内部使用私有 IP 地址，若要与因特网连接，只要在网络的出口处做网络地址转换（NAT），转换为分配的合法 IP 地址。这样做一方面可以解决 IP 地址紧缺的问题，另一方面有利于提高网络的安全性。

IP 地址的获得要向因特网编号管理局（IANA）的有关机构申请，获得合法 IP 地址后，网管员原则上可以自行分配和管理，如为了便于网管员记忆，为路由器的接口分配较特殊的 IP 地址，如该网段的最大或最小的 IP 地址。

4. 主机和路由器的网络接口与 IP 地址

一台主机通过网卡接入到网络中，通常将主机和接入网络的网卡和链路之间的边界称为“接口”，每个接口要分配唯一的 IP 地址。一台计算机只需一条链路接入网络，分配一个 IP 地址即可，路由器通过不同的链路接入与之互连的多个网络，路由器的每一条链路都对应一个接口，就需要给每个接口分配不同的 IP 地址，如图 3–5 所示。

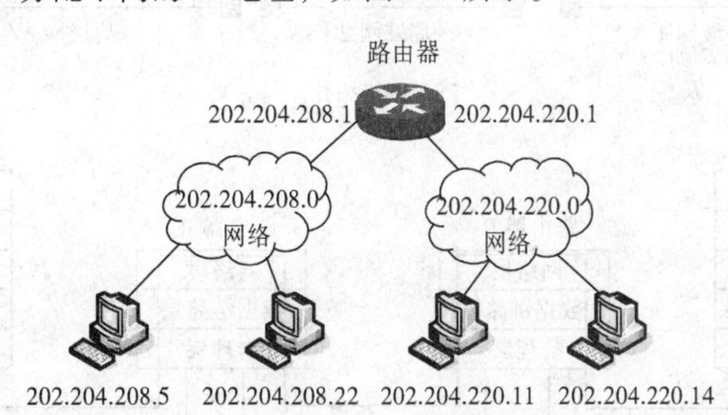

图 3–5 网络接口与 IP 地址

5. 网络传输过程中地址的变化

从网络体系结构的层次结构可知，物理地址是数据链路层和物理层使用的地址，而 IP 地址是网络层和以上各层使用的逻辑地址，如图 3–6 所示。

发送数据的时候，应用层产生的数据交给传输层，传输层将数据封装成 TCP 或者 UDP 报文，再交给网络层，网络层将报文作为数据部分，在前面加上一个 IP 首部构成 IP 数据报，IP 地址被包含在 IP 首部中，网络层再将 IP 数据报交给数据链路层，IP 数据报被数据链路层当做数据被封装成 MAC 帧，MAC 帧在传送时使用的源地址和目的地址都是物理地址，这两个物理地址都写在 MAC 帧的首部。

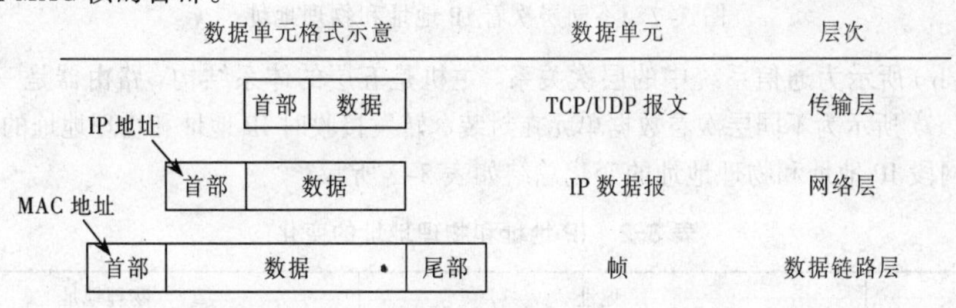

图 3–6 IP 地址和物理地址的位置

连接在网络中的主机或路由器根据 MAC 帧首部的物理地址接收 MAC 帧，数据链路层是看不见封装在数据部分的 IP 地址。只有剥去了数据帧的首部和尾部，上交到网络层后，网络层才能在 IP 数据报的首部中找到 IP 地址。

IP 地址放在 IP 数据报的首部，硬件地址放在 MAC 帧首部，网络层和网络层以上使用的是 IP 地址，数据链路层和物理层使用的是物理地址。图 3–7 列出了不同层次地址的变化情况。

图 3–7（a）所示为三个局域网通过两个路由器连接起来的网络拓扑关系，主机 H_1 和主机 H_2 进行通信，主机 H_1 的 IP 地址是 IP_1，物理地址是 HA_1，主机 H_2 的 IP 地址是 IP_2，物理地址是 HA_2。路由器 R_1 接入局域网 1 接口的 IP 地址为 IP_3，物理地址为 HR_{11}，接入局域网 2 的 IP 地址

为 IP_4，物理地址为 HR_{12}。同样路由器 R_2 接入局域网 2、3 的 IP 地址为 IP_5 和 IP_6，物理地址为 HR_{21} 和 HR_{22}。

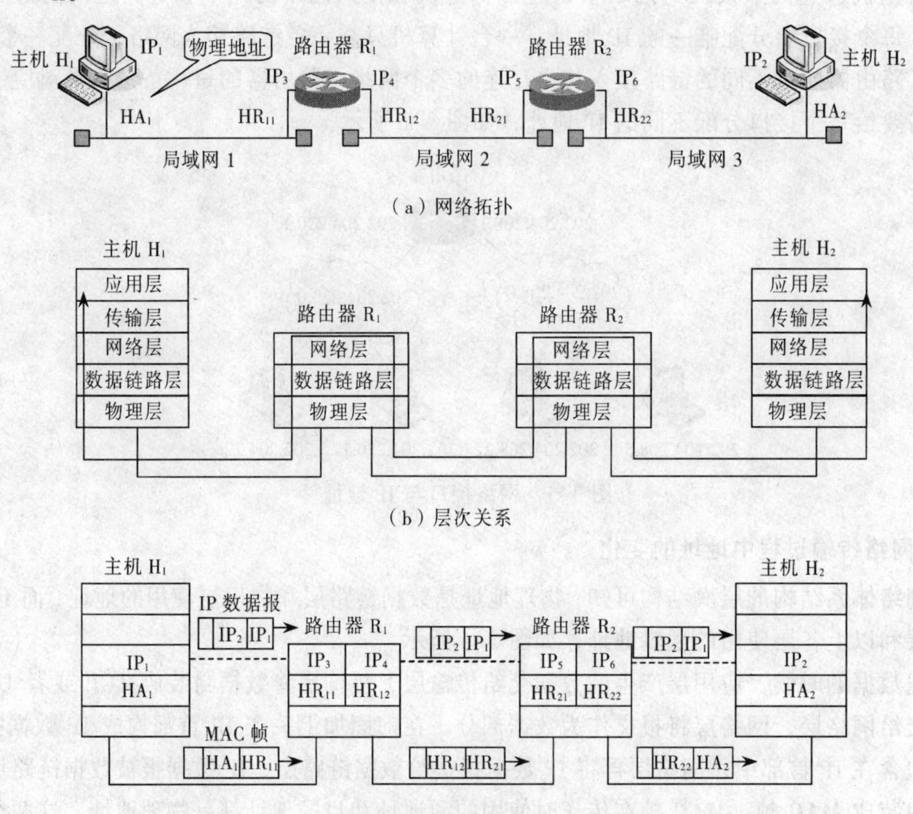

图 3-7　不同层次看 IP 地址和物理地址

图 3-7（b）所示为通信系统中的层次关系。主机是五层的体系结构，路由器是三层的结构。

图 3-7（c）所示为不同层次看数据单元在封装、转发接收时 IP 地址和物理地址的变化。不同层次、不同网段 IP 地址和物理地址的变化总结如表 3-2 所示。

表 3-2　IP 地址和物理地址的变化

网段	IP 地址		物理地址	
	源地址	目的地址	源地址	目的地址
$H_1 \sim R_1$	IP_1	IP_1	HA_1	HR_{11}
$R_1 \sim R_2$	IP_1	IP_2	HR_{12}	HR_{21}
$R_2 \sim H_2$	IP_1	IP_2	HR_{22}	HA_2

可以看出，在网络层（网际层）看到的是 IP 数据报，虽然 IP 数据报经过了两个路由器，但 IP 数据报没有改变，它的源地址和目的地址始终是 IP_1 和 IP_2，路由器只根据数据报的目的 IP 地址进行路由选择，而在数据链路层看到的是数据帧，IP 数据报封装在帧的数据部分，网络传送时，MAC 帧的首部信息是要重新封装的，由开始的 HA_1 到 HR_{11}，路由器根据路由选择将数据报重新封装为新的 MAC 帧，源地址变为 HR_{12}，目的地址为 HR_{21}，从 R_1 的 HR_{12} 发送到 HR_{21}，同理路由器 R_2 重新封装后传给主机 H_2。

对于网络层来说根本看不到MAC帧首部的这些变化，就是说屏蔽了下层这些复杂的细节，对上层提供了透明的传输。

3.2.3 划分子网

1. 研究子网的目的

随着个人计算机的普及和局域网技术的发展，大量的计算机通过局域网连接到Internet，Internet的编址方案很难适应如此多的局域网，A类地址主机号长度为24位，即使是一个大的机构也很难有1 600万台主机连入网络。同样一个拥有B类网络号的单位也很难有6.5万台主机接入。而一个C类地址只有不超过256台主机，这个数目又显得少了一点，如果只有2台主机的网络要接入Internet，那么它要申请一个C类地址，就会造成IP地址资源的浪费。A类、B类IP地址的浪费是最突出的。另外，设想一下在一个A类网络中的路由器的路由表得有多大，分配的IP地址越多，路由器的工作效率越低，因为路由器在执行路由选择算法的时候，通过查询路由转发表来确定分组转发的输出路径。为了有效利用IP地址资源，提高路由器的工作效率，子网和超网的概念应运而生。构造子网就是将一个大的网络划分成几个较小的逻辑网络，每一个网络都有子网地址。

2. 子网掩码与IP地址结构的重新定义

子网划分使IPv4地址从两级结构变成了三级结构，如图3-8所示。

划分子网的技术要点是：三级结构的IP地址由网络号、子网号和主机号组成；同一个子网中所有的主机必须使用相同的网络号和子网号；子网的概念可以应用在A、B、C类网络中任何一类IP地址；子网之间的距离必须比较近；分配子网是一个单位内部的事情，无须向Internet组织声明，在Internet文献中一个子网又称为一个网络。

如果给定一个IP地址如何判断它属于哪个网络，哪个子网呢？这一点非常重要，路由器在转发IP分组时，要看IP分组的目的地址是属于哪个网络，然后再根据路由表实现转发，为了解决这个问题，子网掩码（subnet mask）的概念被提出。

子网掩码又称子网屏蔽码。子网掩码是一个32 bit的二进制数，在网络中，IP地址的位数为32位，子网掩码的位数也为32位，将IP地址和子网掩码中各位一一对应，在IP地址中对应掩码为1 的部分就是该IP地址的网络号和子网号。掩码的概念同样适用于两级结构的A类、B类、C类地址，如图3-9所示。

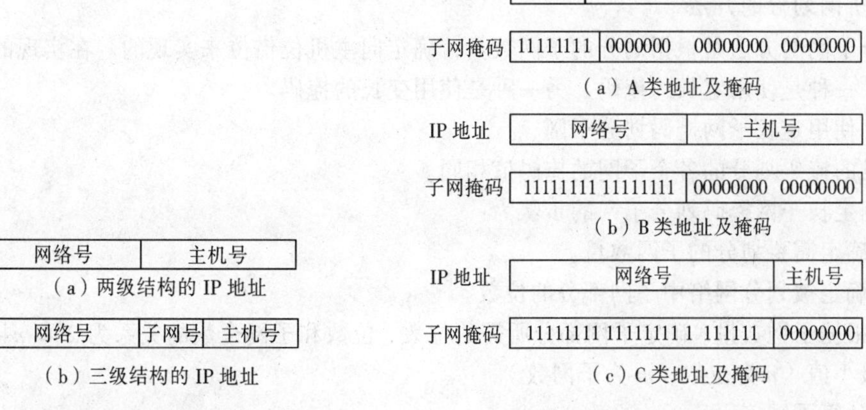

图3-8 具有子网划分的IP地址结构

图3-9 A、B、C类地址和掩码

用点分十进制表示A类网络的子网掩码为255.0.0.0，B类网络的子网掩码为255.255.0.0，C类网络的子网掩码为255.255.255.0。

对于三级结构的IP地址，IP地址和子网掩码的关系如图3-10所示。

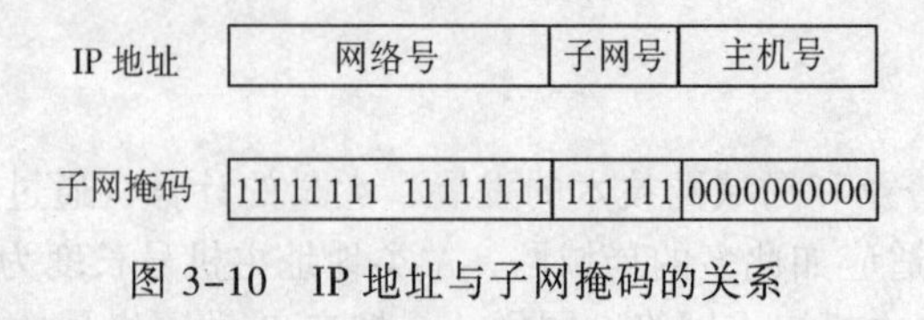

图3-10　IP地址与子网掩码的关系

通过图3-10所示的IP地址和子网掩码的对应关系，让它们对应的二进制数逐位相“与”操作，得到了网络号和子网号。

图3-11是一个IP地址为165.69.37.5，掩码为255.255.240.0，判断它的网络号和子网号的例子。首先把点分十进制的IP地址和掩码地址转换为二进制地址表示，将二进制的IP地址和掩码地址逐位相“与”操作，然后将结果再转换为十进制方式表示。

IP 地址	二进制	10100101	01000101	00100101	00000101
	十进制	165	69	37	5

子网掩码	二进制	11111111	11111111	11110000	0000000
	十进制	255	255	240	0

网络号	二进制	10100101	01000101	00100000	0000000
	十进制	165	69	32	0

图3-11　采用子网掩码计算网络地址

路由器在处理一个IP分组时，通过IP地址的前三位即可知道该地址属于A、B、C类地址，上例中165.69.32.5的IP地址中二进制的前三位以10开头，说明它是B类地址，所以它的网络号为165.69.0.0，B类地址的掩码为255.255.0.0，而实际给的掩码地址为255.255.240.0，说明该网络划分了子网，通过掩码的计算得出它的子网号为32。所以该网络为165.69.32.0。

IP协议关于子网掩码的定义中没有要求0和1是连续的。但是，不连续的子网掩码不便于分配主机地址和路由表的理解，而且现在的路由器也很少支持这种子网掩码，所以在实际中通常采用连续方式的子网掩码。

3．子网划分的方法

划分子网的方法是根据划分的子网数量，确定向主机位借位来实现的。在实现的时候有两种策略，一种是使用定长的掩码，另一种是使用变长的掩码。

（1）使用定长子网掩码划分子网

定长的掩码划分的各个子网的掩码值相同。

利用定长子网掩码划分子网的步骤为：

① 确定需要划分的子网数量。

② 确定被划分网络中子网部分的位数。

③ 根据子网数量，确定子网部分所需的位数，位数和子网个数的关系为$2^n \geqslant m+2$，求满足公式的最小值（n为位数，m为子网数）。

④ 计算子网掩码。

⑤ 确定每个子网的地址范围。下面以一个 B 类地址为例说明利用定长子网掩码划分子网的方法，如表 3-3 所示。

表 3-3　B 类地址的子网划分选择

子网号的位数	子网掩码	子网数	每个子网的主机数
2	255.255.192.0	2	16 382
3	255.255.224.0	6	8 190
4	255.255.240.0	14	4 094
5	255.255.248.0	30	2 046
6	255.255.252.0	62	1 022
7	255.255.254.0	126	510
8	255.255.255.0	254	254
9	255.255.255.128	510	126
10	255.255.255.192	1 022	62
11	255.255.255.224	2 046	30
12	255.255.255.240	4 094	14
13	255.255.255.248	8 190	6
14	255.255.255.252	16 382	2

在上面的 B 类分配方案中，子网数是根据子网位数 n，除去子网号为全 0 和全 1 的情况，计算出可能得到的子网数为 2^n-2，子网号不能为全 0 全 1。随着无分类域间路由选择 CIDR 的广泛使用（在 3.2.4 节中介绍），现在全 0 全 1 的子网号也可以使用了，但是一定要注意你选择的路由器是否支持子网号为全 0 全 1 的技术。

通过上面的分析，可以看出，划分子网增加了灵活性，便于网络管理，但却减少了连接在网络上的主机数，也就是说是以牺牲主机数为代价。

同理 A 类地址和 C 类地址的子网划分都可以用类似的方法列出。

【例 3.1】某单位分到一个 C 类地址 202.204.220.0，需要将网络划分为 2 个子网。试划分子网，计算子网地址、子网掩码及每个子网中的主机范围。

解：需要划分的子网数量是 2，C 类地址的网络部分占 24 位，主机部分占 8 位；子网所占的位数为 n，满足 $2^n \geqslant m+2$ 的最小值为 2，即子网部分为 2 位。

子网掩码为 24 位+2 位=26 位连续的 1，后面为 6 个连续的 0，即 11111111 11111111 11111111 11000000，用点分十进制表示为 255.255.255.192。

总的子网地址如表 3-4 所示。

表 3-4　例 3.1 中的总的子网地址

子网地址	第一字节	第二字节	第三字节	第四字节
202.204.220.0	11001010	11001100	11011100	00 000000
202.204.220.64				01 000000
202.204.220.128				10 000000
202.204.220.192				11 000000

除特殊地址外，一般来说子网号和主机号不允许是全 0 或全 1，去掉子网号为全 0 和全 1 的地址，得到可分配的地址空间如表 3-5 所示。

表 3-5　例 3.1 中的子网地址、子网掩码和主机地址范围

子网地址	子网掩码	主机地址范围
202.204.220.64	255.255.255.192	202.204.220.65～202.204.220.126
202.204.220.128	255.255.255.192	202.204.220.129～202.204.220.190

（2）使用变长的子网掩码划分子网

变长子网掩码允许以每个物理网络（网段）为单位选择子网部分，一旦选定了某种子网划分方法，则该网络中的所有设备都必须遵守。

利用变长子网掩码划分的步骤是：

① 按每个子网所含的主机地址从小到大排列。

② 计算每个子网所需主机部分的位数。

③ 对主机部分位数按从小到大的顺序进行编码，要忽略子网号为 0 的编码。

④ 确定划分得到的子网地址和子网掩码。

【例 3.2】 获得一个 C 类地址 202.204.220.0，需要划分 3 个子网，每个子网包含的主机数分别是 60，10 和 20，网络连接方法如图 3-12 所示。要求为路由器 R_1、R_2、R_3 留出两个点对点连接的子网。

解：根据题目划分步骤如下：

在该系统中，共有 5 个网络，每个网络的主机数分别为 2、2、10、20、60。

计算每个子网所需的主机部分的位数为 2、2、4、5 和 6。

对主机部分位数从小到大进行编码，首先对所含主机部分位数为 2 的子网号进行编码，忽略子网号为 0 的编码，为主机号占 2 位的子网编号如表 3-6 所示，其中*为已占位置，也就是要分配的地址。

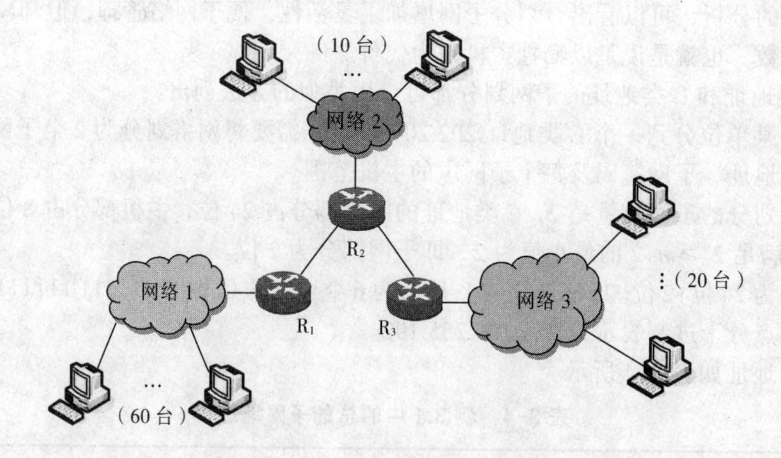

图 3-12　例 3.2 网络拓扑结构

表 3-6　主机号占 2 位的子网号编码

网　络　号	子　网　号	主　机　号
202.204.220	000001	**
	000010	**
已用地址	0000**	**

主机号占 4 位的子网编号如表 3–7 所示。

表 3-7　主机号占 4 位的子网号编码

网　络　号	子　网　号	主　机　号
202.204.220	0000	****
	0001	****
已用地址	000*	****

主机号占 5 位的子网编号如表 3–8 所示。

表 3-8　主机号占 5 位的子网号编码

网　络　号	子　网　号	主　机　号
202.204.220	000	*****
	001	*****
已用地址	00*	*****

主机号占 6 位的子网编号如表 3–9 所示。

表 3-9　主机号占 6 位的子网号编码

网　络　号	子　网　号	主　机　号
202.204.220	00	******
	01	******
已用地址	0*	******

划分的子网地址和掩码地址如表 3–10 所示。

表 3-10　划分的子网地址和子网掩码

主机数	子网地址	子网掩码	子网号
2	202.204.220.4	255.255.255.252	000001
2	202.204.220.8	255.255.255.252	000010
10	202.204.220.16	255.255.255.240	0001
20	202.204.220.32	255.255.255.224	001
60	202.204.220.64	255.255.255.192	01

用可变长掩码划分子网连接方法如图 3–13 所示，“/”后面的数字表示网络部分的位数，如 202.204.220.16/28 表示 202.204.220.16 二进制的前 28 位表示网络。

【例 3.3】某机构得到一个 C 类地址 202.204.208.0，需要分配给 5 个子网和 6 个点对点链路连接子网，每个子网的主机数分别为 10、20、30、50、60，点对点链路子网的地址数为 2，试采用变长子网掩码划分子网。

解：共有 11 个子网，按每个子网所含主机地址数从小到大排列为 2、2、2、2、2、2、10、20、30、50、60。

对每个子网所需主机部分的位数分别是 2、2、2、2、2、2、4、5、5、6、6。

对主机位数从小到大进行顺序编码，首先对所有含主机部分位数为 2 的子网号进行编码，如表 3–11 所示。

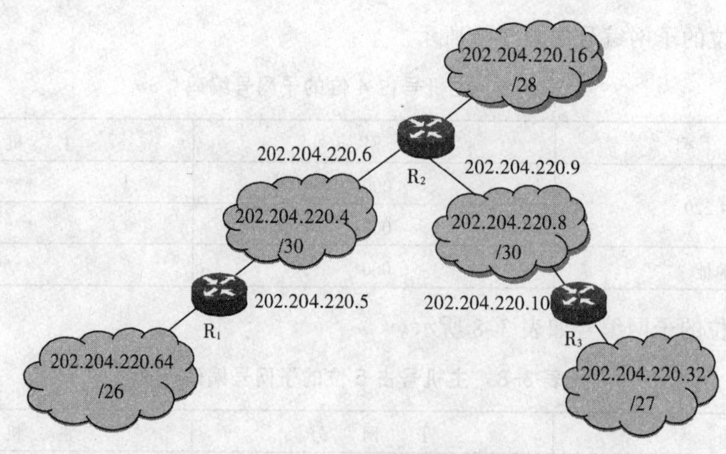

图 3-13　例 3.2 用可变长掩码划分子网

表 3-11　主机号占 2 位的子网号编码

网 络 号	子 网 号	主 机 号
202.204.208	000001	**
	000010	**
	000011	**
	000100	**
	000101	**
	000110	**
已用地址	0001**	**

主机部分位数为 4 的子网号进行编码，如表 3-12 所示。

表 3-12　主机号占 4 位的子网号编码

网 络 号	子 网 号	主 机 号
202.204.208	0001	****
	0010	****
已用地址	001*	****

主机部分位数为 5 的子网号进行编码，如表 3-13 所示。

表 3-13　主机号占 5 位的子网号编码

网 络 号	子 网 号	主 机 号
202.204.208	001	*****
	010	*****
	011	*****
已用地址	01*	*****

主机部分位数为 6 的子网号进行编码，如表 3-14 所示。

表 3-14　主机号占 6 位的子网号编码

网　络　号	子　网　号	主　机　号
202.204.208	01	******
	10	******
已用地址	11	******

划分的子网如表 3-15 所示。

表 3-15　例 3.3 采用可变长子网掩码划分子网表

子　网　数	子网地址	子网掩码
2	202.204.208.4	255.255.255.252
2	202.204.208.8	255.255.255.252
2	202.204.208.12	255.255.255.252
2	202.204.208.16	255.255.255.252
2	202.204.208.20	255.255.255.252
2	202.204.208.24	255.255.255.252
10	202.204.208.32	255.255.255.240
20	202.204.208.64	255.255.255.224
30	202.204.208.96	255.255.255.224
50	202.204.208.128	255.255.255.192
60	202.204.208.192	255.255.255.192

4．使用子网的分组转发

使用子网后，路由器的路由表要进行相应的变化，增加了子网掩码，所以路由表要包含以下三项内容：目的网络地址、子网掩码和下一跳地址。路由器转发分组的算法为：

① 从收到的数据报的首部提取目的 IP 地址。

② 从路由表的第一条记录的子网掩码和目的 IP 地址的各位逐位相“与”，看结果是否和对应的这条记录的目的网络地址相符，如果相符就把该分组在数据链路层封装成帧，转发给本条记录的下一跳，否则执行③。

③ 再将目的 IP 地址和下一条记录的子网掩码逐位相“与”，看结果是否与这条记录的目的网络地址相符，若相符，就将分组从该条记录的下一跳转发出去，否则执行③。

④ 一般来说路由器的路由表最后一条记录是一个默认路由，也就是说如果和前面的所有记录进行了匹配，没有找到相匹配的网络，最后从默认的路由端口进行转发，如果没有默认的路由，就报告出错信息或丢弃该分组。

【例 3.4】如图 3-14 所示网络，以及路由器 R_1 的路由表信息，现在主机 A 要和主机 B 进行通信，分析路由器 R_1 转发分组的过程。

主机 A 向主机 B 发送分组 X，分组 X 的目的地址为 202.204.220.40，首先是主机 A 将分组 X 的目的主机 IP 地址和本子网的子网掩码 255.255.255.192 逐位相“与”，得到网路地址为 202.204.220.0，不等于主机 A 所在的网络地址（202.204.220.64），说明主机 B 和主机 A 不在同一个子网，主机 A 不能将分组直接交付给主机 B，而是要将分组交给连接本子网的路由器 R_1 转发。

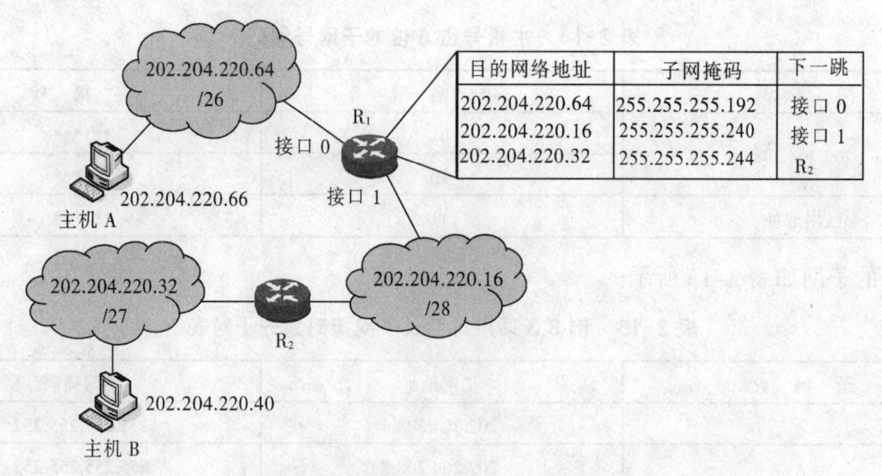

图 3-14 路由器在子网中转发分组

路由器 R_1 收到分组 X 后，先找路由表的第一条记录的子网掩码（255.255.255.192），将子网掩码和分组 X（202.204.220.40）的目的地址逐位相“与”，得到网络地址 202.204.220.0，和第一条记录的网络地址不匹配；取第二条记录的子网掩码（255.255.255.240）和分组 X 的 IP 地址（202.204.220.40）逐位相“与”得到的网络地址为 202.204.220.32，和第二条记录的目的网络地址也不匹配，再取第三条记录的子网掩码（255.255.255.224）和分组 X 的目的地址（202.204.220.40）逐位相“与”得到网络地址为 202.204.220.32，和第三条记录的目的网络地址相匹配，则将分组 X 从第三条记录的下一跳路由器 R_2 转发出去。

3.2.4 无分类域间路由选择技术

1. 无分类域间路由选择概念和特点

无分类域间路由选择（Classless Inter-Domain Routing，CIDR）又称超网，是在可变长子网掩码的基础上研究出来的无分类编址方法。“无分类”的含义是可以不考虑 IP 地址所属的 A 类、B 类、C 类的区别，路由决策完全基于整个 IP 地址的掩码来操作。

CIDR 的主要特点如下：

① CIDR 消除了传统的 A、B、C 类地址和子网的概念，因而有效地利用了 IPv4 的地址空间。CIDR 将 32 位的 IP 地址划分成两个部分，网络前缀和主机部分，网络前缀用来指明网络部分的位数。可以看出 CIDR 将 IP 地址从三级编址又回到了二级编址，但和以前的二级编址意义不同，CIDR 使用“斜线记法”或称 CIDR 记法表示 IP 地址，斜线后面的数字表示网络前缀占的位数。例如 202.204.208.5/20，表示该网络的前 20 位为网络号，后面的 12 位表示该网络的主机号。

② CIDR 把网络前缀都相同的连续的 IP 地址组成“CIDR 地址块”，只要知道地址块中的任何一个地址，就可以知道该地址块的最小和最大 IP 地址，如 200.200.200.5/20，（相当于 16 个 C 类地址）。

200.200.200.5/20=11001000 11001000 11001000 00000101

前 20 位为网络前缀，该网络的最小地址和最大地址为：

最小地址 200.200.192.0 110010001100100011000000 00000000

最大地址 200.200.207.254 110010001100100011001111 11111111

当然，主机号为全 0 和全 1 不能用，鉴于 CIDR 地址块已经表明了网络部分的位数，掩码就可以不使用了，但是由于目前还有一些网络使用子网划分和子网掩码，所以 CIDR 中还可以沿用子网掩码的概念。

2. CIDR 实现路由聚合的方法

CIDR 的研究是在子网划分技术之后的事情，由于 B 类地址的缺乏，一些单位会申请多个 C 类地址，采用适当的方式，使得这些 C 类地址聚合成一个地址，如 16 个 C 类地址聚合成一个地址。或者一个 ISP（因特网服务提供商）的同一个连接点分配了一定数量的不同网络，希望这些网络能够聚合成一个网络地址，相应的在路由器上也不反映多个路由记录，而是只有一条路由记录就可以表示多个网络。

CIDR 的思想最初是基于标准的 C 类地址提出的，但并不局限在 C 类地址，可以把地址聚合的思想扩展到对子网地址的聚合中。

实现聚合的步骤是：

① 首先把点分十进制转换成二进制。

② 提取地址中相同部分（网络部分）。

③ 对每块地址聚合成一个地址，掩码值的计算方法是地址值相同的部分掩码为 1，不同的部分掩码为 0。

【例 3.5】某个校园网申请到 16 个 C 类地址，202.204.208.0～202.204.223.0，计算网络前缀和掩码。

解：

202.204.208.0　11001010 11001100 11010000 00000000
202.204.209.0　11001010 11001100 11010001 00000000
202.204.210.0　11001010 11001100 11010010 00000000
202.204.211.0　11001010 11001100 11010011 00000000
202.204.212.0　11001010 11001100 11010100 00000000
202.204.213.0　11001010 11001100 11010101 00000000
202.204.214.0　11001010 11001100 11010110 00000000
…
202.204.223.0　11001010 11001100 11011111 00000000

该 IP 地址块的前 20 位相同，网络前缀为 20 位，所以该地址块记为 202.204.208.0/20，子网掩码为 255.255.240.0。对于接入该校园网络的上层路由器的路由表，由原来的 16 条记录反映该校园网的转发工作，可以通过一条记录 202.204.208.0/20，掩码为 255.255.240.0 就可表示。大大减少了路由表中的路由记录条数。

表 3-16 给出了最常用的 CIDR 地址块，其中 k 表示 1 024。

表 3-16 最常用的 CIDR 地址块

CIDR 前缀	子网掩码	包含的地址数	相当于分类地址的网络数
/13	255.248.0.0	512 k–2	8 个 B 或者 2 048 个 C
/14	255.252.0.0	256 k–2	4 个 B 或者 1 024 个 C
/15	255.254.0.0	128 k–2	2 个 B 或者 512 个 C
/16	255.255.0.0	64 k–2	1 个 B 或者 256 个 C
/17	255.255.128.0	32 k–2	128 个 C

续表

CIDR 前缀	子网掩码	包含的地址数	相当于分类地址的网络数
/18	255.255.192.0	16 k–2	64 个 C
/19	255.255.224.0	8 k–2	32 个 C
/20	255.255.240.0	4 k–2	16 个 C
/21	255.255.248.0	2 k–2	8 个 C
/22	255.255.252.0	1 k–2	4 个 C
/23	255.255.254.0	512–2	2 个 C
/24	255.255.255.0	256–2	1 个 C
/25	255.255.255.128	128–2	1/2 个 C
/26	255.255.255.192	64–2	1/4 个 C
/27	255.255.255.224	32–2	1/8 个 C

从表中可以看出一个 CIDR 中包含了多个 B 类或者 C 类地址，所以称其为超网。

3. 路由器的转发

在 CIDR 中，IP 地址由网络前缀和主机号组成，因此在路由表中的项目也要有所变化，可以由网络前缀和下一跳组成。但是在查找路由表时可能会得到不止一个匹配结果。因为网络前缀越长表示的网络越具体，所以应该选择匹配结果中具有网络前缀最长的路由进行转发。

【例 3.6】学校的地址段为 202.204.208.0/20，计算机系的地址段为 202.204.220.0/24，路由器的接口 0 属于 202.204.208.0 网段，接口 1 属于 202.204.220.0 网段，如果有一个 IP 数据报的目的地址为 202.204.220.14，问路由器由哪个端口转发。

解：202.204.220.14 和 202.204.208.0/20 的掩码逐位相“与”得到 202.204.208.0/20 网络，和学校的网络前缀相匹配。

202.204.220.14 和 202.204.220.0/24 的掩码逐位相“与”得到 202.204.220.0/24 网络，和计算机系的网络前缀相匹配。

根据最长网络前缀匹配的原则，所以该 IP 数据报由接口 1 转发。

3.2.5 网络地址转换（NAT）技术

1. NAT 的基本概念

Internet 中的每一台主机都必须分配一个全球唯一的 IP 地址，才能实现主机之间的相互通信，路由器只能为目的地址是全球统一的 IP 地址的分组进行路由选择，但是现在 IP 地址资源非常紧缺，有的单位希望接入因特网的用户远远大于实际得到的 IP 地址数，如何解决这个难题，网络地址转换 NAT 就是一个较好的方法。

在实际应用中经常见到图 3-15 所示的网络结构，像这种结构在很多小型机构或者家庭局域网中使用非常普遍，在 IP 地址中曾经讨论过私有地址，它们是：

10.0.0.0/8

172.16.0.0/12

192.168.0.0/16

在本地局域网使用这些私有地址，局域网用户通过 ADSL 路由器接入到 Internet，ADSL 路由器被 ISP 动态分配了一个全球 IP 地址，本地局域网的所有主机分配一个私有 IP 地址，当本地网络的用户要将分组发送到 Internet 上的主机时，那么 IP 分组的源地址为本地 IP 地址，ADSL 路由器收到这样的分组之后，将该分组的源 IP 地址转换成它的全球 IP 地址，实现 Internet 通信能力，这种将本地 IP 地址和全球 IP 地址进行转换的技术就是网络地址转换 NAT（Network Address Translation）。

NAT 可以分为“一对一”和“多对多”。“一对一”是配置一个内部网络的专用 IP 地址，对应一个公用的全球 IP 地址，属于静态 NAT；“多对多”是内部网络的多个用户共享多个全球 IP 地址，属于动态 NAT。

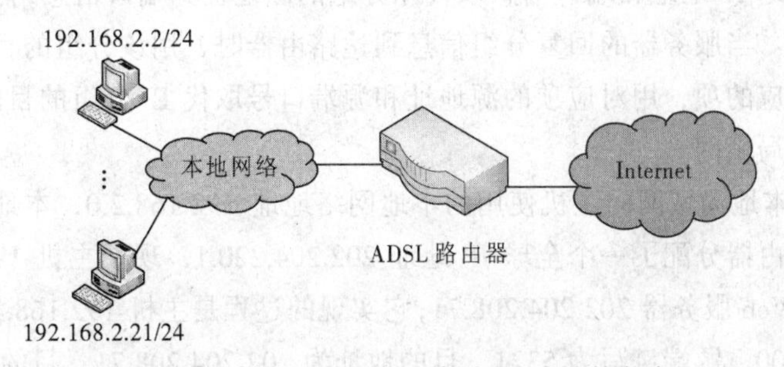

图 3-15　本地私有地址和全球 IP 地址的共存

2. NAT 的工作原理

NAT 的工作原理如图 3-16 所示。

当局域网中的主机或多台主机要访问 Internet 的服务器时，路由器就将它们访问 Internet 的 IP 分组的源地址换成自己的全球 IP 地址，然后转发出去，这时这些分组就有了相同的源地址，而服务器回复给这些局域网的主机的 IP 分组的目的地址都相同，路由器如何能够从这些目的 IP 相同的 IP 分组中鉴别出属于哪个主机呢？这里用到一个端口的概念，端口在介绍传输层内容时将会详细说明，在这里暂且认为是一个主机和逻辑链路连接的接口标识。这样标识 IP 分组的源地址信息和目的地址信息就包含两个部分，一个是 IP 地址，另一个是端口号。所以路由器中有一个地址转化表，存放着所有逻辑连接的关系，如表 3-17 所示。

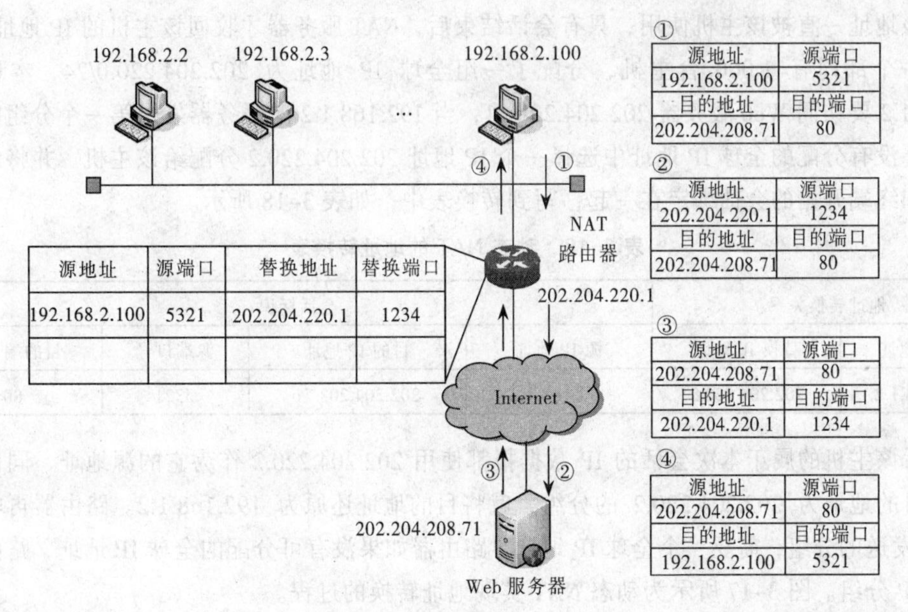

图 3-16　NAT 的基本工作原理

表 3-17　基于端口的地址转换表

源地址	源端口号	替换 IP 地址	替换端口号
192.168.2.100	5321	202.204.220.1	1234
…	…	…	…

路由器使用全球 IP 地址和端口信息取代原分组的源地址和端口信息，然后在地址转换表中记录这个连接关系。当服务器的回复分组信息到达路由器时，用该分组的目的端口号去检索地址转换表，找到相应的项，用对应项的源地址和源端口号取代 IP 分组的目的 IP 地址和目的端口号，然后转发给局域网。

图 3-16 中，本地局域网的主机使用的本地网络地址 192.168.2.0，本地网络地址只在本地局域网中有效，路由器分配了一个全球 IP 地址 202.204.220.1，现在主机 192.168.2.100 要访问 Internet 上的一个 Web 服务器 202.204.208.71，它实现的过程是主机 192.168.2.100 将分组的源地址写为 192.168.2.100，源端口写为 5321，目的地址为 202.204.208.71，目的端口为 80，分组到达路由器后，源地址被替换为 202.204.220.1，源端口为 1234，目的 IP 和目的端口不变，转发出去后路由器就将该连接关系写到地址转换表中，如表 3-17 所示，当 202.204.208.71 服务器回应分组时，它的目的地址为 202.204.220.1，目的端口为 1234，源地址为 202.204.208.71，端口为 80；路由器（202.204.220.1）收到这个分组后查看目的端口为 1234，在地址转换表中查找替换端口号为 1234 的那条记录，提取它的源 IP 地址和原来的端口号，替换分组中的目的地址和目的端口号，转发分组给主机 192.168.2.100。这种方式又称端口地址转换。

3．动态 NAT

动态 NAT 和基于端口的地址转换不同，它会分配给内部网络一组全球 IP 地址，当使用私有地址的本地主机要访问 Internet 时，NAT 服务器就分配一个给主机，在整个会话（连接）过程中，该地址一直被该主机使用，只有会话结束后，NAT 服务器才收回该主机的 IP 地址。

设一个部门有 1 000 台主机，分配了一组全球 IP 地址为 202.204.220.0/24，本地主机 192.168.1.2 要访问 Web 服务器 202.204.208.71，当 192.168.1.2 向服务器发送第一个分组时，路由器从还没有分配的全球 IP 地址中选择一个 IP 地址 202.204.220.2 分配给该主机，并将地址转换关系和终端开始的会话绑定在一起，写到转换表中，如表 3-18 所示。

表 3-18　动态 NAT 的地址转换表

地址转换关系		会话标识符			
源 IP 地址	替换 IP 地址	源 IP 地址	目的 IP 地址	源端口号	目的端口号
192.168.1.2	202.204.220.2	192.168.1.2	202.204.208.71	5321	80

以后该主机的属于本次会话的 IP 数据报都使用 202.204.220.2 作为它的源地址，同样路由器收到目的地址为 202.204.220.2 的分组，就将目的地址还原为 192.168.1.2。路由器再收到向 Internet 发送的分组，需要一个全球 IP 地址，路由器如果没有可分配的全球 IP 地址，路由器将丢弃该 IP 分组。图 3-17 所示为动态 NAT 实现地址转换的过程。

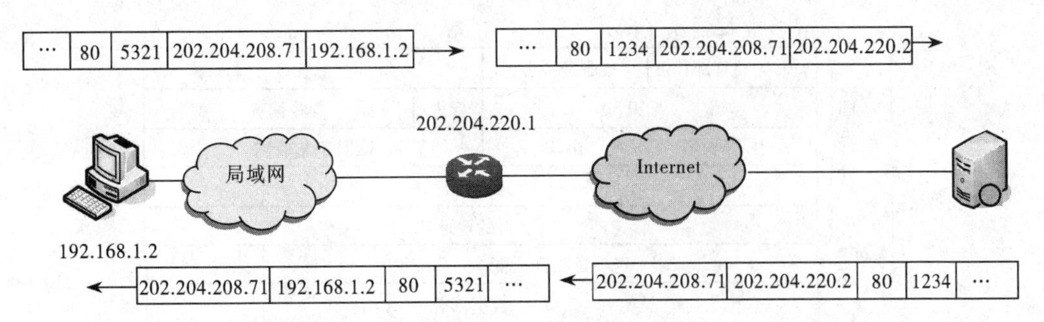

图 3-17　动态 NAT 地址转换

4. 静态 NAT

无论是基于端口的地址转换还是动态的 NAT，都只能实现从内部网络发起到外部网络单方向的会话，如果想实现双向会话，就要在边界路由器建立本地主机 IP 地址和某个全球 IP 地址之间的映射关系，这种地址转换方法就是静态 NAT。这样外部网络就可以发起和内部网络主机的会话。图 3-18 所示为静态 NAT 实现地址转换的过程。

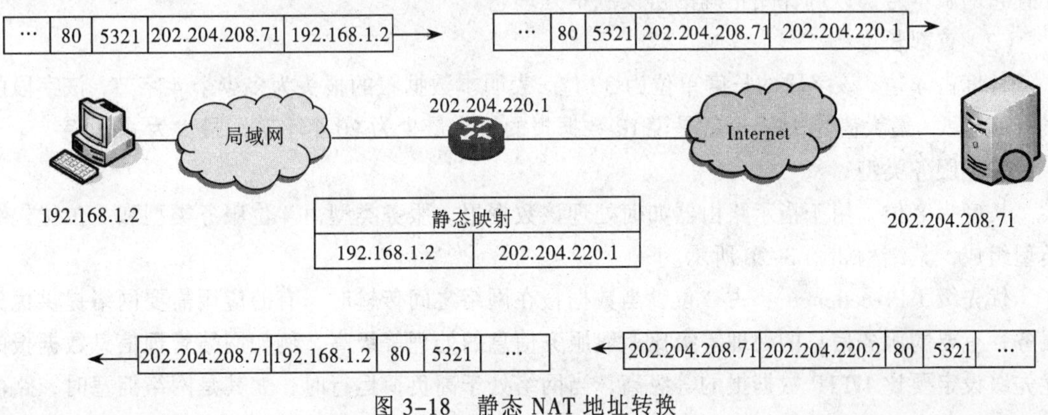

图 3-18　静态 NAT 地址转换

网络地址转换 NAT 技术可以通过一个或多个全球 IP 地址映射多个内部 IP 地址的方法支持地址的重用。NAT 方法弥补了 IP 地址的短缺，但对网络性能、安全和应用都产生一定的影响，在实际应用中 NAT 路由器要考虑传输层的端口问题。

对于 IPv4 地址资源的枯竭，人们实现了从划分子网、构造超网、可变长子网到网络地址转换等方法来解决这个问题，实践证明，这些方法只能是暂缓了 IP 地址短缺的矛盾，根本解决方法是新的地址方案 IPv6。

3.2.6　IP 数据报分析

1. IP 数据报的结构

IP 数据报的结构如图 3-19 所示，IP 数据报包含报头和数据两个部分，报头长度是可变的，为 32 的整数倍。

IP 数据报报头由 20 个字节的固定长度和 40 个字节可选项的可变长度组成，IP 数据报的基本报头为 20 个字节。

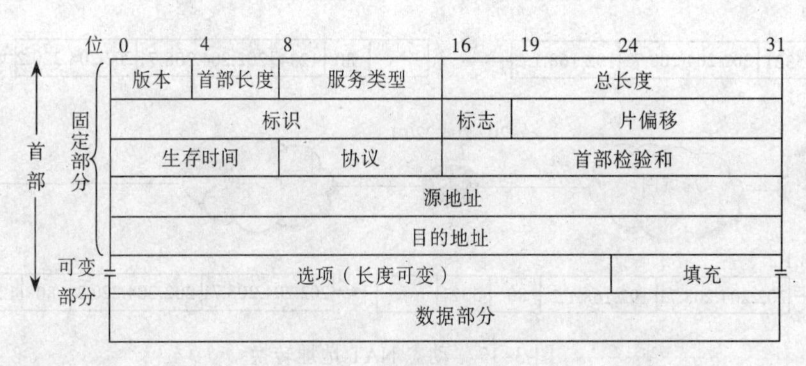

图 3-19 IP 数据报格式

2. IP 数据报的格式

（1）版本

长度为 4 位，它表示使用的 IP 协议的版本号，目前常用的是 IPv4，下一代为 IPv6，如果版本为 IPv4 则该位置的值就是 4。无论是主机还是路由器在处理接收到的 IP 数据报之后，首先检查它的版本号，以确保用正确的协议版本处理它。

（2）首部长度

长度占 4 位，该字段的长度单位为 32 位，表明本数据报的报头为多少个 4 字节，该字段的最小值为 5，最大值为 15，也就是说 IP 数据报的报头最少为 20 个字节，最大为 60 个字节。

（3）服务类型

长度为 8 位，用于指示路由器如何处理该数据报。服务类型由 4 位服务类型和 3 位优先级类型组成，其结构如图 3-20 所示。

优先级（Precedence）：占 3 位，当数据报在网络之间传输时，有的应用需要网络提供优先服务，重要的服务信息的处理等级比一般服务信息的处理等级高，例如网络管理信息数据报的优先级设定要比 HTTP 数据报的等级高，当网络处于高负荷运行时，尤其是网络拥塞时，路由器将只接收高等级的数据报，丢弃一些等级较低的数据报。

IP 数据报的优先级从 000～111 共分为 8 级，数值越大优先级越高，如 111 表示具有最高优先级的网络控制数据报，图 3-21 给出了各优先等级的值。

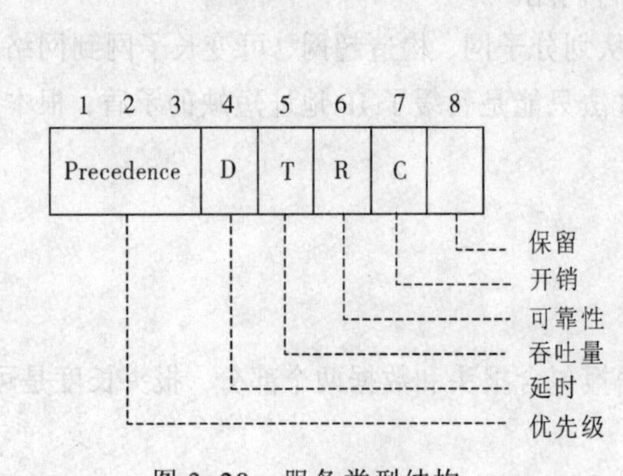

图 3-20 服务类型结构

优先等级	描述
000	路由信息
001	优先权信息
010	立即传送
011	迅速传送
100	最优先传送
101	关键信息
110	网间控制
111	网络控制

图 3-21 服务优先等级

目前，只有少数特殊的网络使用优先级服务，大多数 IPv4 的网络很少使用。

D——延时，D=1，表示该 IP 分组特别要求短的时延，D=0 为正常。

T——吞吐量，T=1，表示该分组特别要求高的吞吐量，T=0 为正常。

R——可靠性，R=1，表示要求有更高的可靠性，就是说在数据传输过程中，被结点交换机丢弃的概率更小。

C——要求选择更低廉的路由。

以上这些标识可以帮助路由器选择对应的传输路径，另外不同的应用程序对这 4 个参数的要求是不相同的，如表 3-19 所示。

表 3-19　典型应用程序的服务类型参数位组合列表

协　议	DTRC 位	描　述
ICMP	0000	正常
BOOTP	0000	正常
NNTP	0001	最小代价
SNMP	0010	最高可靠性
FTP（数据）	0100	最大吞吐量
FTP（控制）	1000	最小时延
TFTP	1000	最小时延
SMTP（数据）	0100	最大吞吐量
SMTP（命令）	1000	最小时延
DNS（区域）	0100	最大吞吐量
DNS（TCP 查询）	0000	正常
DNS（UDP 查询）	1000	最小时延

① 总长度：占 16 位，定义了以字节（B）为单位的数据报的总长度（报头长度+数据部分长度），最大长度为 $2^{16}-1=65\,535$ B。

② 标识：标识符为一个无符号的整数值，它是 IP 协议赋予数据报的标识，属于同一个数据报的分组具有相同的标识符。标识符的发放决不能重复，IP 协议每发送一个数据报，标识符的值就加 1，作为下一个数据报的标识符。标识符占 16 位，2^{16} 足够保障在重复使用一个标识符时，上一个相同的标识符早就在网络中消失了，可以避免不同的数据报具有相同的标识符的可能性。

③ 标志：占 3 位，只有低两位有效，为 DF 和 MF。

0	DF	MF

图 3-22　标志部分的格式

图 3-22 给出了标志部分的格式，其中：

DF——禁止分组标志；

MF——最终分组标志。

当 DF=1 时，该数据报不能被分组，假如此时 IP 数据报的长度大于网络的 MTU（最大传输单元）值，则根据 IP 协议把该数据报丢弃，同时向源站返回出错信息。

当 MF=1 时，说明该分组后面还有分组；当 MF=0 时，表示这是原报文的最后一个分组。

④ 片偏移：片偏移是以 8 B 为单位给出该分组在原数据报中的位置。数据报的第一个分组的片偏移为 0；除最后一个分组的其他分组的数据部分长度一定是 8 B 的整数倍。由于该字段占 13 位，推算出 IP 分组的最大长度为 $2^{13}\times 8=65\,536$ B。

⑤ 生存时间：此字段用于限制 IP 分组存在时间的一个计数器，假定该计数器以秒为计算单位，IP 分组允许存在的最长时间为 255 s，目前，该字段只是作为最大跳数使用，IP 分组每经过一个路由器为一跳，那么分组经过 255 个路由器后生存时间就为 0，表示该 IP 分组被丢弃了，并发送一个警告信息给源主机。设置该字段的目的是为了避免 IP 分组因为网络的某种原因而在网络上无休止地转发的事情发生。

⑥ 协议：该字段指明使用此 IP 数据报的高层协议类型，协议字段长 8 位。协议字段值与所表示的高层协议类型如表 3-20 所示。

表 3-20　协议字段值与所表示的高层协议

协议字段值	高层协议	协议字段值	高层协议
1	ICMP	14	TELNET
2	IGMP	17	UDP
6	TCP	41	IPv6
8	EGP	89	OSPF

⑦ 首部检验和：该字段只验证报头（IP 首部），首部检验和的算法是将首部检验和的初值置为 0，然后将首部以 16 位为单位，累加后结果的反码为检验和。当接收到 IP 分组时，同样以 16 位为单位累加取反，结果为 0 表示接收到的 IP 分组首部正确，不为 0 表示错误。

⑧ 源地址：占 32 位，存放发送主机的 IP 地址。

⑨ 目的地址：存放该分组到达的目的主机 IP 地址，在 Internet 上，数据报的传输过程中无论经过什么样的传输路径和如何分片，源地址和目的地址都始终保持不变。

⑩ 选项：实现的功能包括允许以后的协议版本提供原始设计中遗漏的信息，允许经验丰富的人实验一些新的想法，避免在报文首部中固定分配一些并非常用的信息字段。

表 3-21 列出了 5 种 IP 可选项。

表 3-21　IP 可选项

可　选　项	描　　述
保密	制定 IP 分组如何保密
严格的源站选路	给出用于传输 IP 分组的完整路由
不严格的源站选路	给出不允许遗漏的一些路由列表
记录路由	每一个经过的路由器将它的 IP 地址添加到 IP 分组中
时间戳	每一个经过的路由器将它的 IP 地址和时间戳添加到 IP 分组中

保密：该选项给出如何保密 IP 分组，和军事相关的路由器可以用该选项来避开某些不安全的地方。

严格的源站选路：给出从源站到目的站完整的传输路径 IP 列表，IP 分组必须严格遵循该路径。系统管理员可以用这种功能在路由表损坏的情况下发送紧急 IP 分组，或者发送测量时间参数的 IP 分组。

不严格的源站选路：该选项要求 IP 分组一定要按顺序经过给定的路由器。例如从剑桥大学到悉尼大学的 IP 分组必须经过美国西部，而不是美国东部，选项可指定经过洛杉矶的路由器。主要应用在该 IP 分组必须经过或者避免经过的国家和地区。

记录路由：通过记录路由，可以帮助网管员查出路由算法中存在的一些问题。

时间戳：和记录路由不同的是不仅记录路由还记录 32 位的时间戳，该选项主要是用来记录路由算法发生错误的时间。为了网络的安全，大多数情况下路由器选择关闭这些可选项功能。

3.2.7　IP 分片与重组

1. 为什么要进行分片和重组

网络层的数据单元 IP 数据报必须通过数据链路层来传输，在数据链路层 IP 数据报是数据帧的数据部分，一个数据报可能要通过多个不同的网络。所以连接每个网络的路由器要将收到的帧进行拆分、处理和重新封装成适合另一个网络传输的数据帧。帧的长度和格式取决于各网络采用的协议。例如每个网络都规定了帧的数据域的最大字节长度，称为最大传输单元（Maximum Transfer Unit，MTU）。不同网络的 MTU 的长度不同，下面列出几种典型网络中数据帧的 MTU 值：

① Token Ring 网的 MTU 长度为 17 914 B。

② FDDI 环网的 MTU 长度为 4 352 B。

③ Ethernet 网的 MTU 长度为 1 500 B。

④ X.25 网的 MTU 长度为 576 B。

⑤ PPP 协议的 MTU 长度为 296 B。

IP 数据报总长度最大为 65 535 B。可以看出这些典型的通信网的数据帧的 MTU 的长度远远小于 IP 数据报的长度，所以要对 IP 数据报进行分片处理，每个分片的值要不大于数据链路层的 MTU 的长度。在传输过程中，由于不同网络的数据链路层的 MTU 值不同，连接这些网络的路由器在收到数据报时，先检查该数据报要去的目的网络，然后再决定由哪一个接口进行转发，转发出去的网络的最大传输单元是否能装载得下该数据报，并根据需要对数据报进行分片处理。

2. 分片的基本方法

当 IP 数据报分片需要时，先检查要通过的网络的数据链路层的 MTU 的值，将原始的 IP 数据报的数据部分进行分割，方法是用 MTU 减去每个分片的头部（也就是 IP 数据报的首部）的位数，得到帧的数据部分真正能承载数据的位数，用这个数去分割原始 IP 数据报的数据部分，得到所分片的数据部分；这就是分片的方法，如图 3-23 所示。每个分片要加上 IP 数据报的头部信息，这些数据报的头部信息要进行相应的改变，这就是分片后的再次封装。

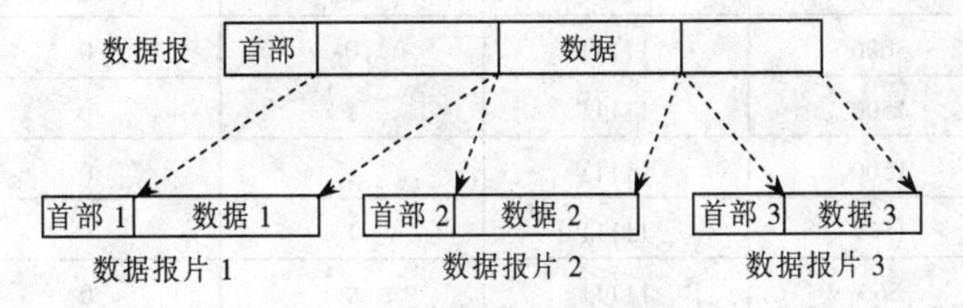

图 3-23　IP 数据报的分片方法

3. 报文分片

和分片相关的数据报报头信息有标识域、标志域和片偏移。

（1）标识域

每个数据报都有一个标识信息，共 16 位可以产生 65 535 个标识，是识别不同数据报的标志，当一个数据报进行分片后，所有的分片都是同一个标识，说明它们是属于同一个数据报的不同分片，在目的主机中进行组装的时候依据的就是标识域的值。

（2）标志域

标志域的 DF 表示是否可以分片，当 DF=1 时，表示不能对该数据报进行分片，DF=0 时表示可以对数据报进行分片，有一种情况是当数据报的长度超过 MTU，而该数据报的 DF=1，那么路由器只能丢弃该数据报，并将 ICMP 差错报文返回给源主机。

标志域的 MF 表示是否为最后一个分片，MF=0 表示该分片为数据报的最后一个分片。

（3）片偏移

片偏移的值表示该分片的数据部分在原数据报数据部分的位置，片偏移值的单位是 8 B（字节），例如如果某分片的值为 175，那么它在原数据报数据部分的位置为 $175 \times 8=1\ 400$ B。

【例 3.7】一个标识为 11111 数据报的总长度为 5 000 B，使用的是固定的 IP 首部，现在该数据报通过以太网，以太网的 MTU（最大传输单元）为 1 500 B，问如何进行分片，每个数据报片的总长度、MF、DF 和片偏移为多少？

解：数据报总长度为 5 000 B，使用的是固定的 IP 首部 20 B，所以数据部分的长度为 4 980 B。

由于以太网的 MTU 为 1 500 B，所以该数据报一定要进行分片处理，每个数据报片的值减去 IP 固定长度的首部 20 B，那么每个数据报片数据部分的数据长度为 1 480 B，所以共分 4 个数据报片，分别为 1 480 B、1 480 B、1 480 B、540 B，分片的情况如图 3-24 所示。

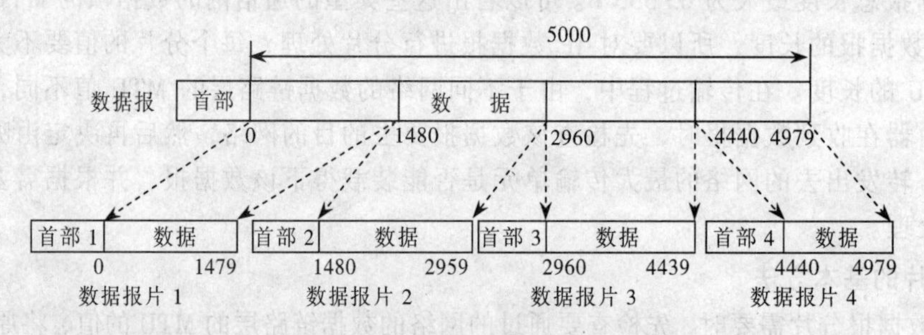

图 3-24　数据报分片情况

表 3-22 给出了 IP 数据报首部及各分片首部和分片相关的几个参数值。

表 3-22　例 3.7 中和分片相关的参数值

数据报/分片	总长度	标识	MF	DF	片偏移
原数据报	5000	11111	0	0	0
数据报片 1	1500	11111	1	0	0
数据报片 2	1500	11111	1	0	185
数据报片 3	1500	11111	1	0	370
数据报片 4	560	11111	0	0	555

图 3-25 给出了原始数据报和分片后的数据报的对照关系。

4	5	服务类型	5000			
11111			0	0	0	0
255		89	首部检验和			
源 IP 地址						
目的 IP 地址						
数据部分（0～4979）						

（a）原数据报

4	5	服务类型	1500			
11111			0	0	1	0
255		89	首部检验和			
源 IP 地址						
目的 IP 地址						
数据部分（0～1479）						

（b）数据报片 1

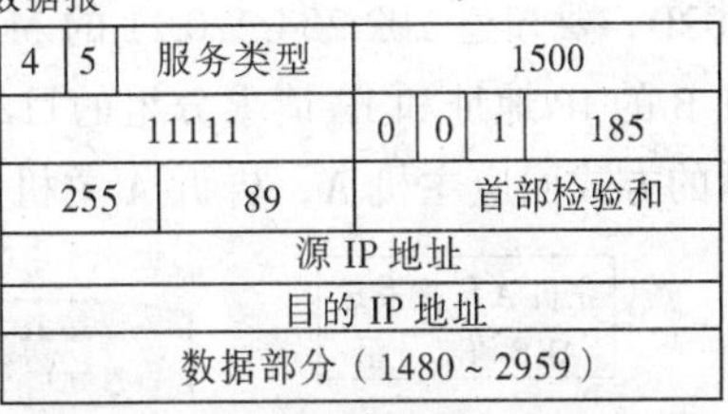

4	5	服务类型	1500			
11111			0	0	1	185
255		89	首部检验和			
源 IP 地址						
目的 IP 地址						
数据部分（1480～2959）						

（c）数据报片 2

4	5	服务类型	1500			
11111			0	0	1	370
255		89	首部检验和			
源 IP 地址						
目的 IP 地址						
数据部分（2960～4439）						

（d）数据报片 3

4	5	服务类型	560			
11111			0	0	0	555
255		89	首部检验和			
源 IP 地址						
目的 IP 地址						
数据部分（4440～4979）						

（e）数据报片 4

图 3-25 原始数据报和分片后各数据报的对照关系

3.3 地址解析协议

基于 TCP/IP 技术的互联网络可以看成是一个虚拟网络，所以在这个网络中的主机使用 IP 地址来标识，主机之间也使用分配的 IP 地址来发送接收 IP 分组。而实际在本地物理网络中，两台主机之间是通过物理地址来进行通信的。完成 IP 地址到物理地址的映射技术就是地址解析协议（Address Resolution Protocol，ARP）。

1. 地址解析协议 ARP

在分组传输中使用了两类地址，一个是逻辑地址，另一个是物理地址。

逻辑地址就是 IP 地址，逻辑地址通过软件实现的，与物理设备无关，网络层以上都使用逻辑地址。

物理地址指的是硬件地址、MAC 地址、数据链路层地址。物理地址是本地地址，其适用范围是本地网络。物理地址通常是通过硬件实现的，如以太网的物理地址，就是写在以太网网卡中，而且还是唯一的。

考虑不同网络的物理地址长度不同和 32 位的 IPv4 地址的关系，有以下不同的解决方案。

① 当物理地址小于 IP 地址时，如 ProNet 令牌环网的物理地址为 8 位，只要它的 IP 地址或物理地址两者之一可以自由选择，我们总可以让它们某些部分相同，或通过数学运算给出转换关系，即实现映射。如网管员可以为 202.204.208.36 的主机对应物理地址为 36 的主机。

② 当物理地址大于 32 位的 IP 地址，可以通过静态映射或动态映射来解决，静态映射就是手工创建 IP 地址与物理地址的映射关系，建立映射表。当已知 IP 地址查物理地址时，通过查

找映射表得到对应的物理地址。动态映射是通过一种协议实现映射，有两个协议来完成动态地址的映射：地址解析协议 ARP 和逆地址解析协议 RARP。

（1）ARP 的工作原理

在图 3-26 所示的网络中，主机 A 和主机 B 通信，需要知道主机 B 的 MAC 地址，就向网络中广播 ARP 请求分组，ARP 分组的内容是“我的 IP 地址是 202.204.220.14，MAC 地址是 0B32110C102D，要知道 202.204.220.11 的 MAC 地址”，网络中的所有主机都能收到该请求，因为只有主机 B 的 IP 地址和 IP 请求分组的目的地址相同，202.204.220.11 收到该分组之后给出应答，用单播的方式回应主机 A，告诉 A 主机 B 的 IP 地址和 MAC 地址，实现和主机 B 的通信。

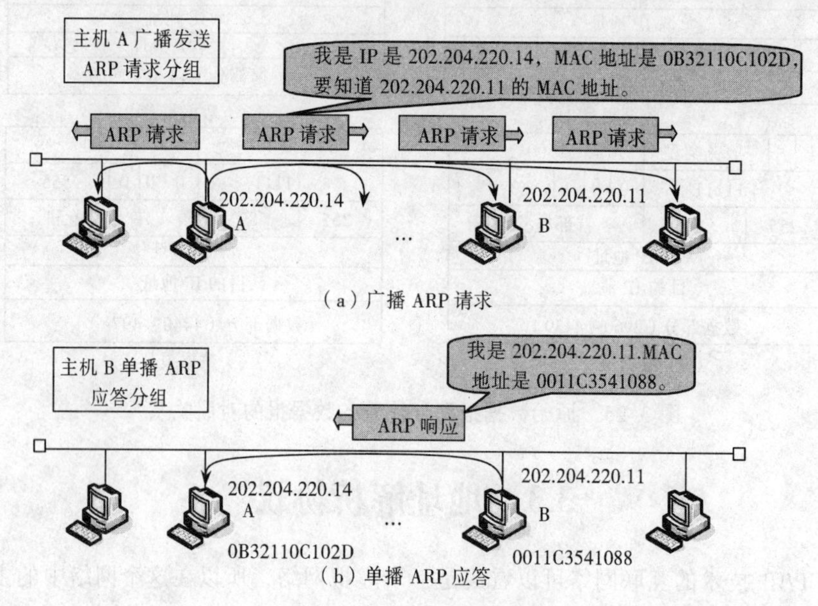

图 3-26　ARP 的工作原理

一般来说在主机和路由器中都考虑使用高速缓存，在 ARP 的高速缓存中存放 IP 地址和物理地址的绑定，目的是为了提高 ARP 的效率，图 3-27 给出了 ARP 请求的实现流程，图 3-28 给出了 ARP 应答的实现流程。

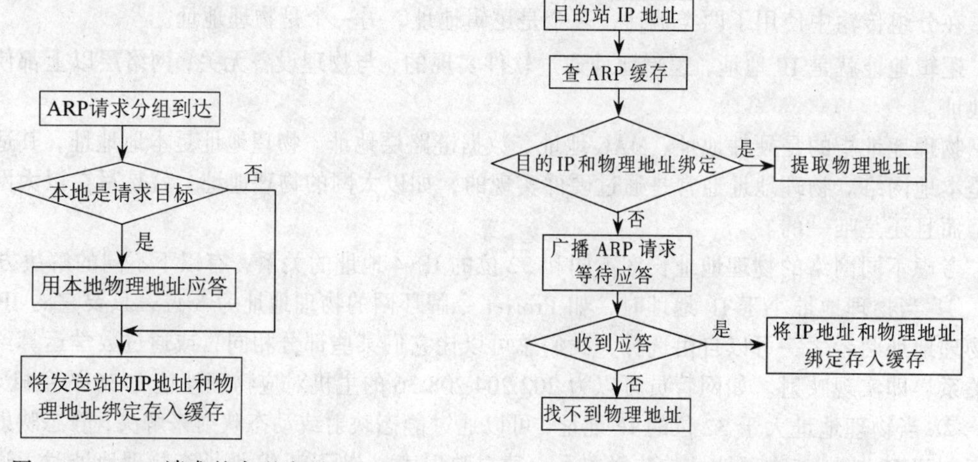

图 3-27　ARP 请求的实现流程　　　　图 3-28　ARP 应答的实现流程

在 ARP 的管理中，使用了超时计时器，每条地址绑定信息有一个计时器，当计时器超时后该绑定信息就会被删除。

（2）ARP 分组格式

ARP 分组的格式如图 3-29 所示。

硬件类型		协议类型
硬件长度	协议长度	操作
发送站硬件地址		
发送站协议地址		
接收站硬件地址		
接收站协议地址		

图 3-29　ARP 的分组格式

硬件类型：占 16 bit，定义运行 ARP 的物理网络类型，如表 3-23 所示。

表 3-23　ARP 协议中定义的硬件类型

类型	描　述
1	以太网
2	实验以太网
3	业余无线电 AX.25
4	令牌环
5	混沌网
6	IEEE 802.X
7	ARC 网络

协议类型：占 16 bit，定义发送方提供的高层协议类型，ARP 可以用于任何高层协议，如 IPv4，值为$(0800)_{16}$。

协议长度：占 8 bit，定义以字节为单位的逻辑长度，如 IPv4 的协议长度为 4。

操作：占 16bit，定义分组的类型。若为 ARP 请求，该值为 1，若为 ARP 应答，该值为 2，RARP 请求为 3，RARP 应答为 4。

发送站硬件地址：可变长字段，定义发送站的物理地址，对于以太网该字段为 6 B。

发送站协议地址：可变长字段，定义发送站逻辑地址，对于 IPv4，该字段为 4 B。

目的站硬件地址：可变长字段，定义目的站的物理地址。

目的站协议地址：可变长字段，定义目的站逻辑地址。

ARP 分组在数据链路层封装成帧进行传输，如图 3-30 所示。

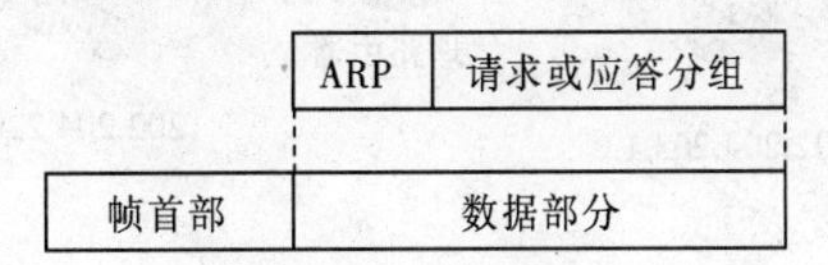

图 3-30　ARP 传输

ARP 的命令格式可以通过 DOS 命令查询到，ARP 命令格式如图 3-31 所示。

```
C:\WINDOWS\system32\cmd.exe

C:\>arp

Displays and modifies the IP-to-Physical address translation tables used by
address resolution protocol (ARP).

ARP -s inet_addr eth_addr [if_addr]
ARP -d inet_addr [if_addr]
ARP -a [inet_addr] [-N if_addr]
```

图 3-31　ARP 命令格式

参数说明：

-a——显示当前的 ARP 地址表。

-d——删除指定的 IP 地址-物理地址的绑定。

-s——在 ARP 的地址表中添加 IP 地址-物理地址的绑定。

其他参数可以通过 ARP 命令查看帮助信息。

（3）代理 ARP

使用代理 ARP 技术可以实现两个物理网络的互连，如图 3-32 所示，连接两个网络的路由器充当了代理 ARP，代理物理网络 2 的一组主机应答 ARP 的请求，也就是说，在代理 ARP 中保留了网络 2 的所有主机的 IP 地址表。当主机 A 广播请求得到主机 X（202.204.220.5）的物理地址时，由于该分组被路由器隔离无法到达主机 X，但充当 ARP 代理的路由器收到这个请求分组时，就查询其代理的 IP 地址表，发现 IP 地址 202.204.220.5 在其代理的地址表中，这时路由器就把自己的物理地址放到 ARP 应答中发送回主机 A。主机 A 收到 ARP 应答后，将主机 X 的 IP 地址和充当代理的路由器的物理地址绑定存到自己的 ARP 缓存中，然后把 IP 分组在逻辑链路层封装成帧通过物理网络传给路由器，路由器收到 IP 分组后，再通过物理网络 2 把分组发送给目的主机 X。同理代理 ARP 路由器也可以代理网络 1，将网络 2 的 IP 分组传送给网络 1，实现两个网络的互连。

2．逆向地址解析协议（RARP）

RARP 实现物理地址到逻辑地址的映射，即知道主机的物理地址，要找到相应的 IP 地址。

在基于 TCP/IP 的互联网中，每台主机或路由器都要有自己的 IP 地址进行通信，IP 地址通常是存储在硬盘的配置文件中，而无盘工作站，只能从 ROM 进行引导，ROM 中不包含 IP 地址，要使无盘工作站也能在 Internet 上工作，可以通过 RARP 获得 IP 地址。

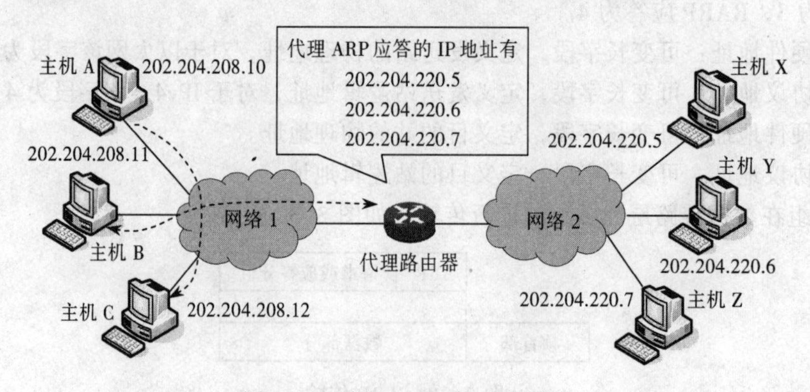

图 3-32　代理 ARP 的工作原理

RARP 的工作原理如图 3-33 所示，在物理网络上有一个 RARP 服务器用于 IP 地址的分发，需要获得 IP 地址的主机称为客户机，所以 RARP 的实现是一种客户/服务器的工作模式。当客户机 A 向网络上广播 RARP 请求时，RARP 服务器接收 RARP 请求后，用单播的形式发送 RARP 应答，为客户机返回一个 IP 地址。

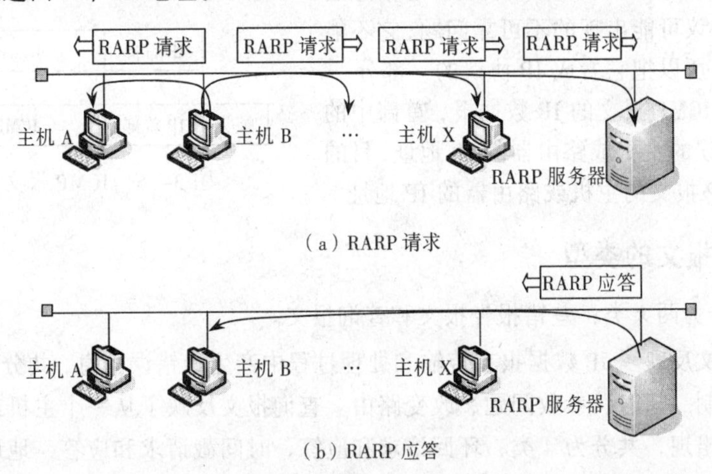

图 3-33 RARP 的工作原理

RARP 分组的格式和 ARP 分组的格式很像，只是操作字段是 3（RARP 请求）或者是 4（RARP 应答），其他字段一样。

3.4 ICMP 协议

IP 协议虽提供最大限度的把数据报从源主机传送到目的主机的服务，但不能保证所有数据报都可以成功地到达目的主机。IP 协议不具备差错控制和差错纠正机制，它必须依赖网际控制报文协议 ICMP（Internet Control Message Protocol）来报告处理一个 IP 数据报在传输过程中的错误并提供管理和状态信息。RFC792 对 ICMP 的格式、工作过程与功能做了详细的定义。

3.4.1 ICMP 的功能

ICMP 运行在 IP 协议之上，但通常被认为是 IP 协议的一部分。图 3-34 给出了 ICMP 协议在网络层的位置。

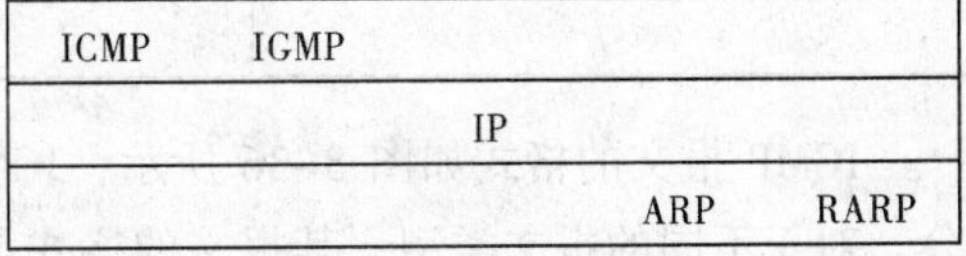

图 3-34 ICMP 在网络层的位置

ICMP 协议提供了一种机制，用于反映 IP 数据报处理时产生的错误信息并提供管理和状态信息。在数据报的传输过程中，可能会因为某些原因产生目的主机不可达，路由器没有足够的缓存空间接收和发送数据报，或者通知主机必须用较短的路径传送数据报，产生这样的错误时，主机或路由器将产生一个 ICMP 报文。ICMP 报文只报告 IP 数据报产生的错误，不报告 ICMP 数据单元本身的错误。

3.4.2 ICMP 报文的封装

ICMP 报文以 IP 数据报的形式传输，ICMP 报文被封装在 IP 数据报的数据部分，在 IP 数据报的首部的协议字段中设置为 1 表示该 IP 数据报的数据部分为 ICMP 报文，图 3-35 为 ICMP

报文封装的过程。

从封装的过程可以看出，ICMP 高于 IP 协议，但从协议体系来看 ICMP 的差错控制或状态信息通告只是解决 IP 协议可能出现的不可靠问题，它不能独立于 IP 协议，所以把它看成 IP 协议的一部分。

对于封装有 ICMP 报文的 IP 数据报，首部中的源地址是发现错误的主机或路由器的 IP 地址，目的地址是接收 ICMP 报文的主机或路由器的 IP 地址。

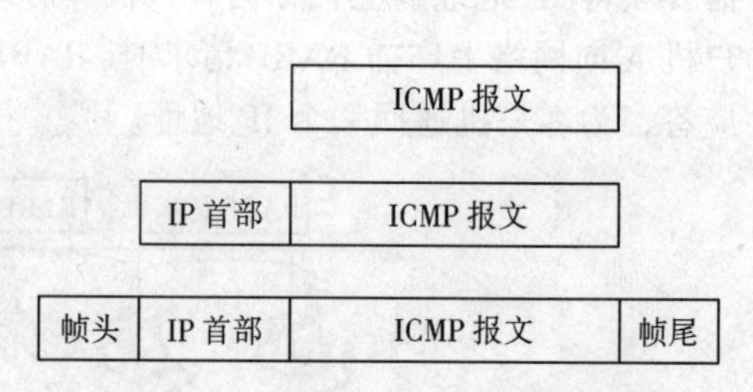

图 3-35 ICMP 报文封装的过程

3.4.3 ICMP 报文的类型

ICMP 报文分为两大类：差错报告报文和查询报文。

差错报告报文反映了 IP 数据报在传输和处理过程中产生的错误信息，共分为 5 类：目的站不可达、源站抑制、超时、参数问题、改变路由。查询报文反映了从一个主机或路由器得到的特定信息，成对出现，共分为 4 类：环回请求和应答、时间戳请求和应答、地址掩码请求和应答、路由器询问和通告，表 3-24 为 ICMP 报文的类型。

表 3-24 ICMP 报文的类型

类　型	类型代码	报　文
差错报告报文	3	目的站不可达
	4	源站抑制
	11	超时
	12	参数问题
	5	改变路由（重定向）
查询报文	8 或 0	环回请求/应答
	15 或 16	信息请求/应答（已经不用）
	13 或 14	时间戳请求/应答
	17 或 18	地址掩码请求/应答
	9 或 10	路由请求/通告

ICMP 报文的格式如图 3-36 所示，ICMP 报文包括 8 字节的报文首部和长度可变的数据部分。对于不同的报文类型，其报文的格式是不一样的。

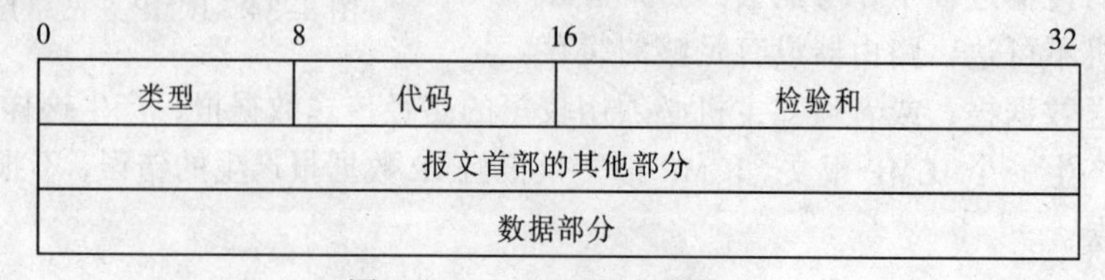

图 3-36 ICMP 报文的格式

类型：列出可以在网络上发送的 ICMP 消息的类型，表 3-25 列出 ICMP 类型说明。

表 3-25　ICMP 类型列表

类型	代码	描　　述	报文类型
0	0	回送响应（ping 应答）	查询
3	–	目标不可达	–
–	0	网络不可达	差错
–	1	主机不可达	差错
–	2	协议不可达	差错
–	3	端口不可达	差错
–	4	需要分片，但设置了不分片标志位	差错
–	5	源路由失败	差错
–	6	目的网络不认识	差错
–	7	目的主机不认识	差错
–	8	源主机被隔离	差错
–	8	目的网络被强制禁止	差错
–	10	目的主机被强制禁止	差错
–	11	由于服务器 TOS，网络不可达	差错
–	12	由于服务器 TOS，主机不可达	差错
–	13	由于过滤，通信被强制禁止	差错
–	14	主机越权	差错
–	15	优先权中止生效	差错
4	0	源端被关闭	差错
5	–	重定向	–
–	0	对网络重定向	差错
–	1	对主机重定向	差错
–	2	对服务器类型和网络重定向	差错
–	3	对服务器类型和主机重定向	差错
8	0	回送请求（Ping 请求）	查询
9	0	路由器通告	查询
10	0	路由器请求	查询
11	–	超时	–
–	0	传输期间生存时间为 0	差错
–	1	在数据报组装期间生存时间为 0	差错
12	–	参数问题	–
–	0	坏的 IP 首部	差错
–	1	缺少必须的选项	差错
13	0	时间戳请求	查询
14	0	时间戳应答	查询
15	0	信息请求	查询
16	0	信息应答	查询
17	0	地址掩码请求	查询
18	0	地址掩码应答	查询

代码：每种类型都有代码字段，而且不同类型的代码字段表示不同的含义，见表 3-25。

检验和：用于字段传输过程中的差错控制，ICMP 的检验和与 IP 首部的校验和计算方法一样，都是采用反码算术运算。

报文首部的其他部分：其余部分因报文的不同而不同，如标识为 Unused，则该字段为 0，保留为以后使用。

数据部分：其内容因报文的不同而不同，提供了 ICMP 差错和状态报告信息。

3.4.4 ICMP 报文格式

1. 目的站不可达报文格式

数据传输过程中，路由器可能因为某种原因无法确定目的网络的路径，或者目的主机中不存在数据报首部中指定的上层协议，或者某个端口不是活动端口，此时路由器或目的主机都会丢弃该数据报，并向源主机发送一个 Destination Unreachable 报文，这是一个差错报告报文，类型为 3，供路由器和目的主机使用。

该报文的格式如图 3-37 所示。

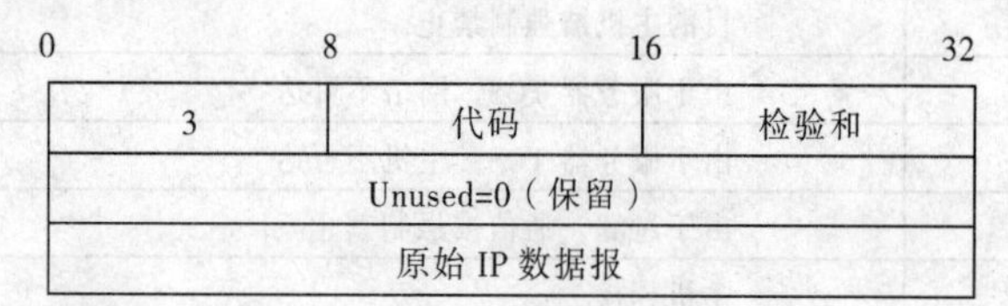

图 3-37　目的站不可达报文格式

代码部分的值表示出错的原因，共 16 种，如表 3-26 所示。

表 3-26　代码字段描述

代码	定　义	描　述
0	网络不可达	路由器找不到目的网络
1	主机不可达	路由器找不到目的主机
2	协议不可达	数据报指定的高层协议不可用
3	端口不可达	数据报要交付的应用程序为运行
4	需要分段，但 DF 为 1	数据报要分片但 DF 设置为 1
5	源路由失败	源路由选项中定义了路由但无法通过
6	目的网络未知	路由器无法识别目的网络
7	目的主机未知	路由器无法识别目的主机
8	源主机被隔离	现在已经弃用
9	目的网络管理上禁止	禁止访问目的网络
10	目的主机管理上禁止	禁止访问目的主机
11	对指定的服务类型，网络不可达	因得不到指定的服务类型而不能访问目的网络
12	对指定的服务类型，主机不可达	因得不到指定的服务类型而不能访问目的主机
13	对过滤的通信管理禁止	对该主机的访问被禁止
14	违反主机优先级	请求的优先级对该主机是不允许的
15	优先级中止生效	报文的优先级低于网络中的最小优先级

2. 源站抑制报文格式

IP 协议是一种无连接的协议，而且缺乏流量控制机制，容易导致路由器或者目的主机被过多的数据报堵塞。目的主机可能因为缓冲存储器空间不足，不能及时接收发来的数据报，只能将其丢弃；路由器可能因为数据报进入的速度太快来不及处理和转发，而丢弃数据报；主机或路由器丢弃数据报之后，向源主机发送一个 Source Quench 源站抑制的报文。

源站抑制报文是一个差错报告报文，类型为 4，代码为 0，用于要求源站减慢发送速度，图 3-38 所示为源站抑制报文格式，源站在收到源站抑制的报文后，将信息传给高层协议如 TCP，来实现减速工作。

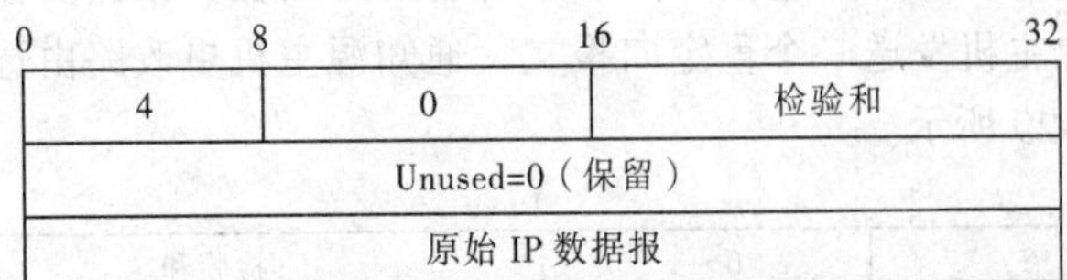

图 3-38　源站抑制报文格式

3. 超时报文格式

每个 IP 数据报都有一个 TTL 值来限制在网络中的最长时间，当路由器收到 TTL 为 0 的数据报时，就丢弃该数据报，向源主机发送一个 Time Exceeded 超时报文。超时报文的类型为 11，代码为 0 或者 1，图 3-39 所示为超时报文的格式，表 3-27 给出了代码类型的说明。

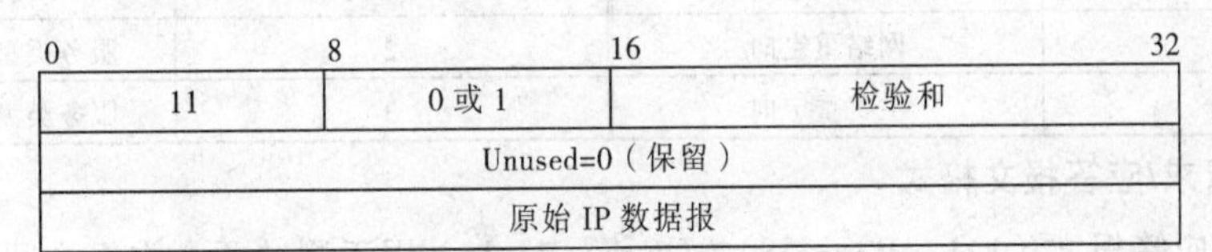

图 3-39　超时报文格式

表 3-27　超时类型列表

代码	定义	描述
0	传输超时	路由器收到 TTL 为 0 的数据报丢弃后发送超时报文
1	重组超时	目的主机没有在规定的时间收到数据报的所有的分片，则丢弃已收到的分片后，发送超时报文

4. 参数问题报文格式

在传输过程中，路由器或目的主机发现数据报的首部参数有问题，则必须丢弃该数据报，发送参数问题的 ICMP 报文。类型为 12，代码为 0、1 或 2，指针字段指明 IP 数据报出现错误的位置，图 3-40 所示为参数错误报文的格式，表 3-28 给出了代码类型的说明。

0	8	16	32
12	0、1 或 2	检验和	
指针	Unused=0（保留）		
原始 IP 数据报			

图 3-40　参数错误报文格式

表 3-28　参数错误类型列表

代码	定义	描述
0	原始数据报首部错误	由指针来指明出错的位置，0 为第一个字节，1 为第二个字节

续表

代码	定义	描述
1	缺失特定选项	原始数据报未提供路由器或目的主机需要的特定选项
2	长度不对	首部长度不正确

5. 重定向（改变路由）报文格式

源主机的路由选择表在最初建立的时候信息相对较少，通常情况下只包含默认路由的 IP 地址，因此源主机有可能将一个数据报发给一个不合理的路由器，该路由器会将数据报转发给正确的路由器，然后给源主机发送一个重定向报文，通知源主机更改路由选择表，重定向报文格式，如图 3–41 和表 3–29 所示。

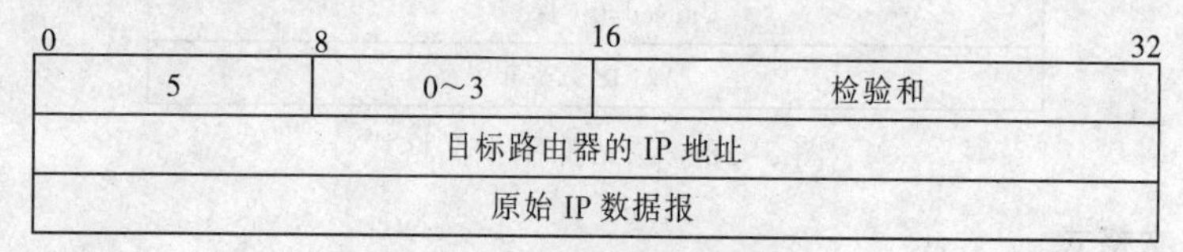

图 3–41　重定向报文格式

表 3–29　重定向类型列表

代　码	定　义	代　码	定　义
0	网络重定向	2	服务类型和网络重定向
1	主机重定向	3	服务类型和主机重定向

6. 环回请求/应答报文格式

环回请求/应答报文（Echo Request）/（Echo Reply）用于测试两个主机之间的连通性。在经常使用的 Ping 命令时，就可以捕捉到 ICMP 报文，环回请求/应答报文格式如图 3–42 所示，报文的类型是 8 位回送请求报文，类型 0 为环回应答报文，请求标识符、序列号和对应的应答标识符、序列号一致。

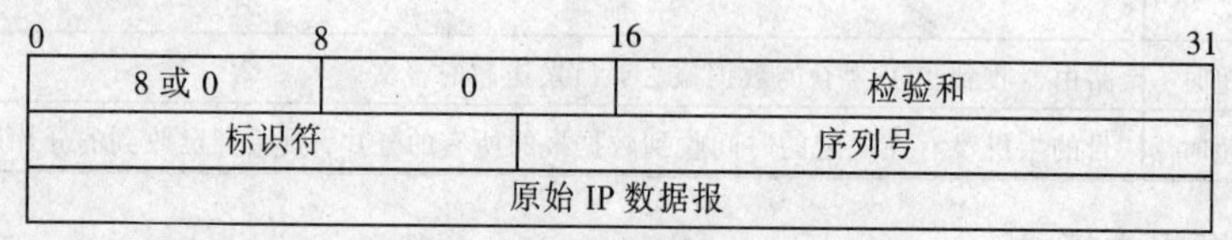

图 3–42　环回请求/应答报文格式

7. 时间戳和时间戳应答报文格式

时间戳和时间戳应答报文格式用于确定 IP 数据报在源主机和目的主机之间往返所需要的时间，也可作为源端到目的端主机的时钟同步，报文格式如图 3–43 所示。

类型 13 为时间戳请求，14 为时间戳应答，两种类型的标识符和序号是对应的，原始时间戳、接收时间戳和发送时间戳的时间是以午夜开始的毫秒数（格林威治时间）。

0　8　16　31

13 或 14	0	检验和
标识符		序号
原始时间戳		
接收时间戳		
发送时间戳		

图 3–43　时间戳和时间戳应答报文格式

8．掩码地址请求和应答报文格式

掩码地址请求和应答报文格式用于获得一个主机所在网络的子网掩码，格式如图 3-44 所示。

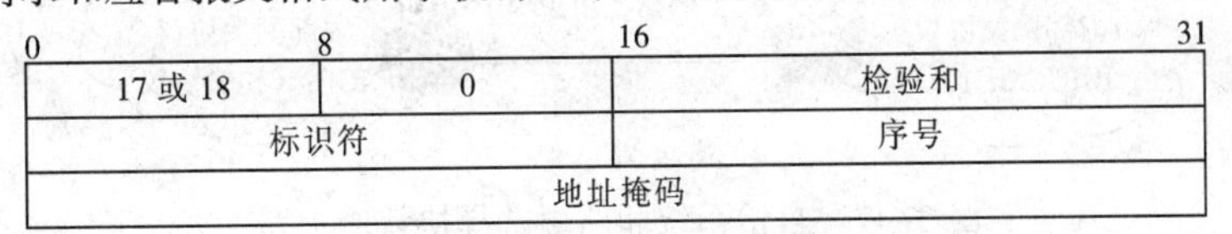

图 3-44　子网掩码/子网掩码应答报文格式

类型 17 为请求报文，18 为应答报文，地址掩码在请求报文中为 0，在应答报文中为目的主机子网掩码。

9．路由器请求和通告报文格式

路由器请求和通告报文格式用于主机和路由器之间交换信息。路由器请求报文格式如图 3-45 所示，路由器通告报文如图 3-46 所示。

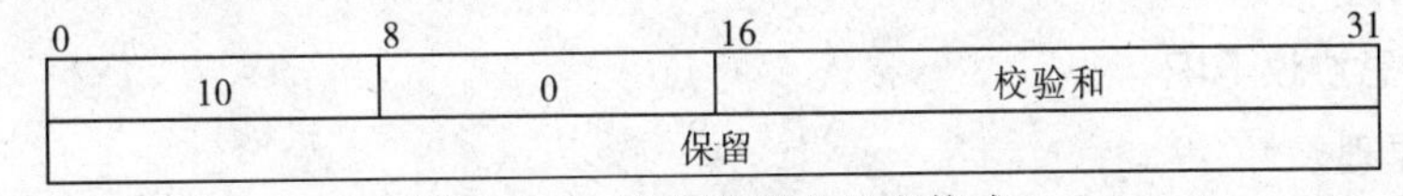

图 3-45　路由器请求报文格式

类型为 10 是请求报文，收到请求报文的路由器会创建一个通告报文在网络上广播，即使没有请求报文路由器也会定时发送通告报文，告之自已的存在。

0　　9	8　　0	16　　检验和　　31
地址数	地址项目长度	寿命
路由器地址 1		
地址参考 1		
路由器地址 2		
地址参考 2		
…		

图 3-46　路由器通告报文格式

路由器通告报文的寿命指路由器地址在多长时间内有效（单位为 s），路由器地址为路由器的 IP 地址，参考地址为路由器的等级，如果参考地址为 0 表示为默认路由器。

3.5　路 由 协 议

3.5.1　自治系统和层次路由选择协议

因特网的规模非常庞大，如果让路由器知道所有网络如何到达，这样的路由表处理起来是非常困难的，而且很难预料这些路由器之间交换信息占用的带宽该是多少，所以因特网的路由器不是这样设计的。因特网将整个互联网划分成一些较小的自治系统 AS（Autonomous System）。自治系统的定义是在单一的技术管理下的一组路由器，这些路由器使用同一种 AS 内部的路由选择协议和共同的度量以确定分组在该 AS 内的路由，同时还使用一种 AS 之间的路由协议确定分组在 AS 之间的路由，一个大的 ISP 就是一个自治系统。

图 3-47 所示为自治系统和路由选择协议的关系。

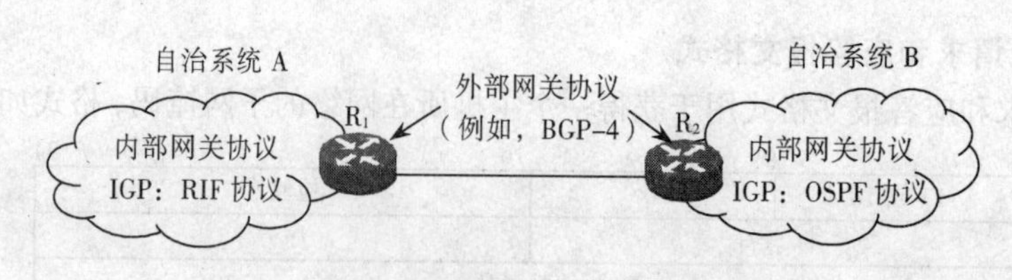

图 3-47　自治系统和路由选择协议的关系

对于比较大的自治系统，还可以将网络进行划分为若干区域网，在区域网之上，再建速率较高的主干网络，每个区域网通过本地的路由器连接主干网络，主干网络的路由器之间用高速链路连接。当在一个区域网中找不到目的站时，就通过主干路由器在别的区域网中找，甚至通过自治系统的边界路由器在别的自治系统中查找。

3.5.2　内部网关协议

1．路由信息协议 RIP

（1）工作原理

路由信息协议（Routing Information Protocol，RIP）是一种基于距离向量的路由选择协议，可参见 RFC1058，RIP 协议的特点是简单，适合小型网络。

RIP 要求网络中的每个路由器都要记录本路由器到其他网络的距离，通常从源站到目的站，要经过一串路由器，称为距离向量。距离是将从某路由器到直接连接的网络的距离定义为 1，通过一个路由器，距离加 1。RIP 的距离又称跳数，每经过一个路由器跳数加 1，RIP 认为最佳路径就是跳数小的路径。在 RIP 中规定最大跳数为 15，也就是说源站数据最多通过 15 个路由器，如果跳数等于 16，则目的主机不可达。

路由信息协议是一种分布式路由协议，运行此协议的路由器定时发送路由信息告之网络的变化，其特点如下：

① 每台运行 RIP 协议的路由器只和相邻的路由器交换信息。

② 路由器之间交换的信息是本路由器的路由表中的所有信息。

③ 按固定时间周期性地交换信息，默认周期时间为 30 s，根据收到的信息更新自己的路由表，当网络发生变化的时候，通过相邻路由器的通告，很快就会传到全网，所有路由器的路由表都会反映网络的这种变化。

路由表中的主要信息有：目的网络地址、到达目的网络的最小距离（跳数）、下一跳路由地址。RIP 计算最短路径的算法是距离向量算法。

下面通过图 3-48 所示的 2 个路由器连接 3 个子网来看 RIP 协议的工作过程。

从上面的 RIP 的工作过程，可以反映出下面几个知识点：

① 度量：RIP 使用跳数来计算，初始度量值为 1，也就是说直接连接的网络的度量值为 1。

② 周期：重复固定周期路由器就发布一次路由通告，默认值为 30 s。

③ 完全更新：路由器发布的路由通告的信息是该路由器的路由表的全部信息。

（2）距离向量算法

对相邻路由器发来的 RIP 报文，具体操作步骤为：

① 对地址为 X 的相邻路由器发来的 RIP 报文，先修改此报文中的所有项目，把下一跳字段中的地址改为 X，并把所有的距离字段的值加 1，每个项目都有三个字段，到目的网络 N，距离是 d，下一跳路由是 X。

② 对修改后的 RIP 报文中的每一项，进行以下步骤：

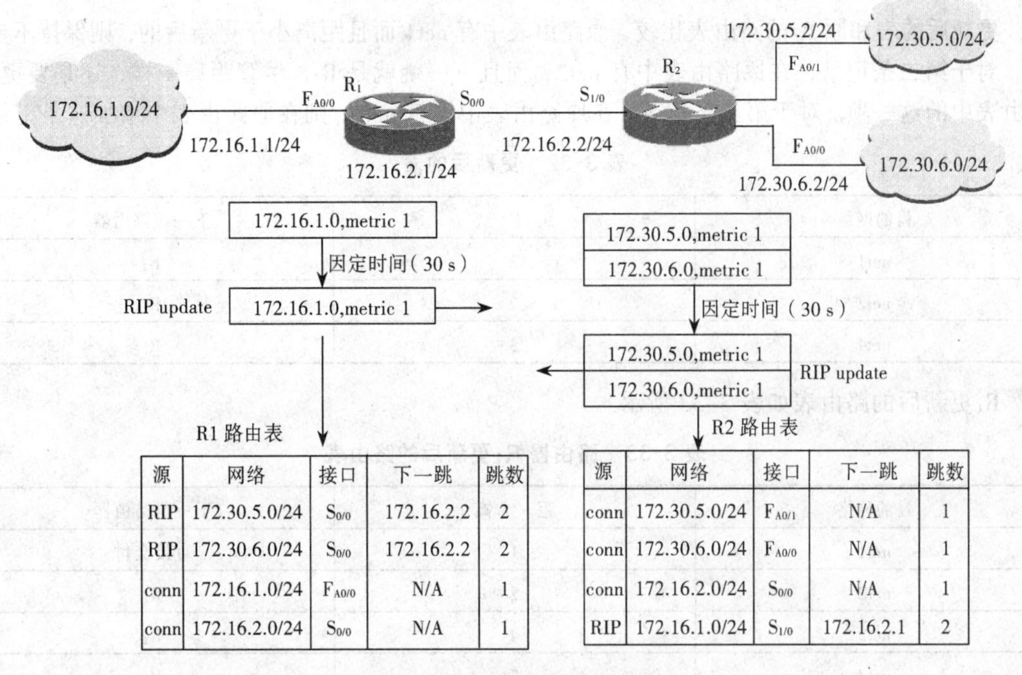

源	网络	接口	下一跳	跳数
RIP	172.30.5.0/24	$S_{0/0}$	172.16.2.2	2
RIP	172.30.6.0/24	$S_{0/0}$	172.16.2.2	2
conn	172.16.1.0/24	$F_{A0/0}$	N/A	1
conn	172.16.2.0/24	$S_{0/0}$	N/A	1

源	网络	接口	下一跳	跳数
conn	172.30.5.0/24	$F_{A0/1}$	N/A	1
conn	172.30.6.0/24	$F_{A0/0}$	N/A	1
conn	172.16.2.0/24	$S_{0/0}$	N/A	1
RIP	172.16.1.0/24	$S_{1/0}$	172.16.2.1	2

图 3-48　RIP 协议的工作过程

- 若原来的路由表中没有网络 N，则把该项目添加到路由表中；
- 若原来的路由表中有网络 N，查看它的下一跳是否为 X，若下一跳是 X 则把收到的项目替换原项目，若下一跳不是 X 则比较原项目和收到的项目的跳数，选择跳数小的项目。

③ 若 3 min 没有收到相邻路由器的 RIP 报文，则把此相邻路由器记为不可达路由器，即把距离置为 16。

④ 返回。

【例 3.8】已知路由器 R_1 的路由表如表 3-30 所示，现在收到相邻路由器 R_2 发来的路由更新信息如表 3-31 所示，试更新路由器 R_1 的路由表。

表 3-30　R_1 的路由表

目的网络	距　离	下一跳路由器
net1	1	直接交付
net2	2	R_2
net3	4	R_3

表 3-31　R_2 的路由表

目的网络	距　离	下一跳路由器
net1	2	R_1
net2	1	直接交付
net4	2	R_4

解：按照距离向量算法先将新发来的更新路由信息（见表 3-32）的距离加 1，更新下一跳路由器为 R_2，更新后的表如表 3-32 所示。

更新后的表和原 R_1 的路由表比较，原路由表中有 net1 而且距离小于更新后的，则保持不变；

对于第二条记录，在原路由表中有 net2，而且下一跳就是 R_2，尽管距离一样，还是要更新路由表中的这一项。对于第三条记录，在原路由表中没有 net4，则在原路由表中增加这条记录。

表 3-32　更新后的表

目的网络	距　离	下一跳路由器
net1	3	R_2
net2	2	R_2
net4	3	R_2

R_1 更新后的路由表如表 3-33 所示。

表 3-33　路由器 R_1 更新后的路由表

目的网络	距　离	下一跳路由器
net1	1	直接交付
net2	2	R_2
net3	4	R_3
net4	3	R_2

（3）使用 RIP 时避免环路的问题

当路由失效时，RIP 协议有导致路由环路的风险，也叫路由毒化，也就是说，RIP 使用路由毒化的方法传播路由失效的坏消息，RIP 协议规定其跳数 16。

下面通过图 3-49 说明由于路由失效产生网络环路，导致路由毒化的问题。

当两个路由器通过多次交换 RIP 信息，到达 172.30.5.0/24 网络的跳数都为 16，双方才知道 172.30.5.0/24 网络不可达。在这个过程中，数据包在网络上循环转发，消耗带宽容易使网络瘫痪，计数到无穷大的过程可能需要几分钟时间，这意味着环路可能让用户认为网络失效，幸运的是，RIP 包含了解决计数到无穷大问题的方法，有水平分割、毒性反转、触发更新和抑制计时器方法。

水平分割的方法是：从接口 X 发出的路由更新信息不能包括出口也为 X 的路由信息。换句话说，就是 R_1 从 R_2 处学到的路由，不会再返回给 R_2。

利用水平分割法，上面的示例的发送过程为：

① R_1 在正常的周期内发送更新路由信息为 172.16.1.0 metric 1。

② R_2 在正常的周期内发送更新路由信息为 172.30.5.0 metric 1 和 172.30.6.0 metric 1。

③ R_2 的接口 $F_{A0/1}$ 出现故障。

④ R_2 删除路由表中对应的 172.30.5.0/24 直接连接的记录。然后将无穷大的 RIP 度量值 16，通告给 R_1。

⑤ R_1 暂时将去网络 172.30.5.0/24 的记录更新跳数值为 16，之后删除。

⑥ 在下一个更新时间到的时候 R_1 和 R_2 都遵循水平分割方法，R_1 只发送 172.16.1.0 metric 1 的信息，R_2 只发送 172.30.6.0 metric 1。

这样就解决了计数到无穷大的问题，现在大多数路由器的接口都支持水平分割方法。其他几种环路避免的方法可以参考相关书籍，这里就不再详细讨论了。

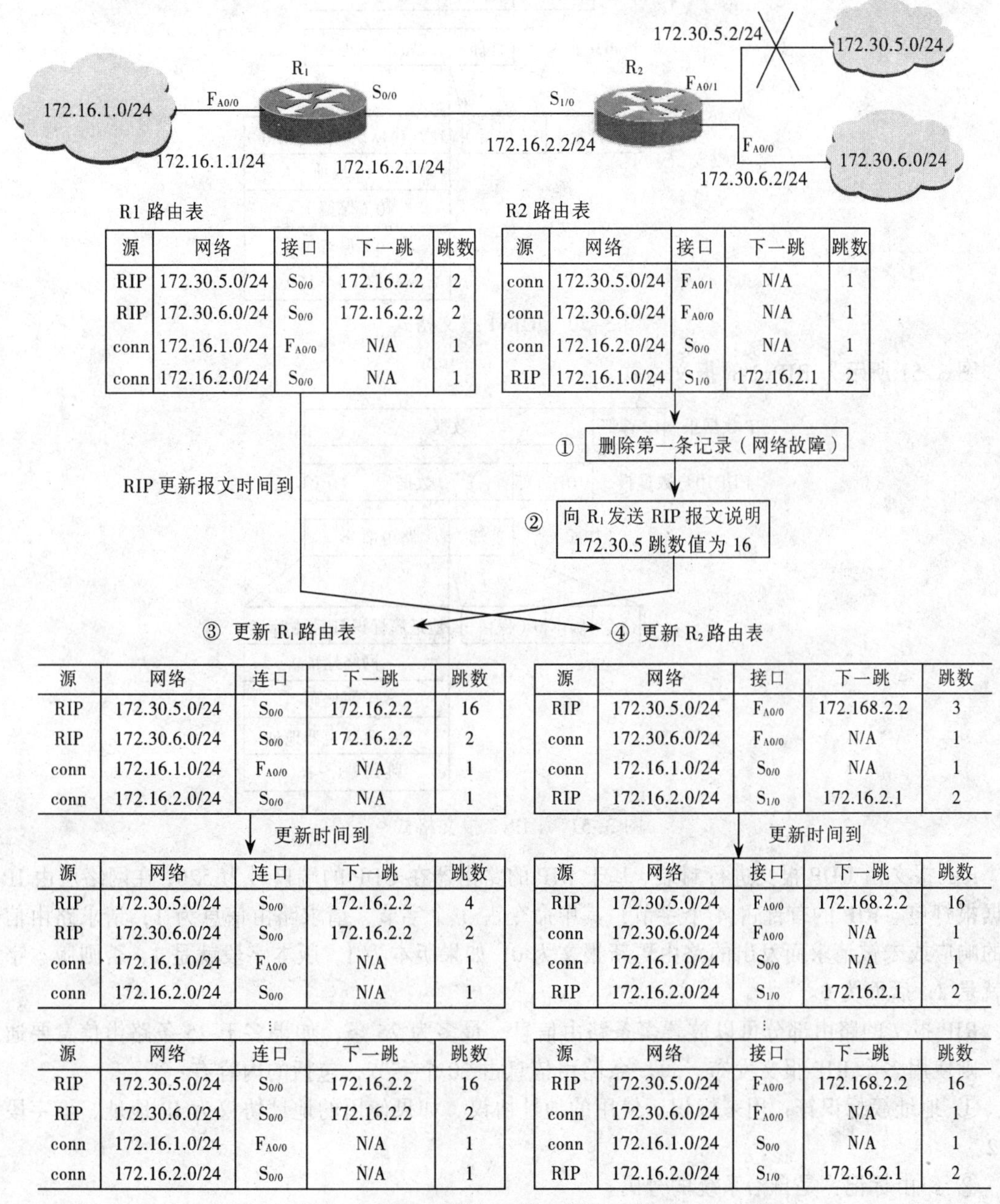

R1 路由表

源	网络	接口	下一跳	跳数
RIP	172.30.5.0/24	$S_{0/0}$	172.16.2.2	2
RIP	172.30.6.0/24	$S_{0/0}$	172.16.2.2	2
conn	172.16.1.0/24	$F_{A0/0}$	N/A	1
conn	172.16.2.0/24	$S_{0/0}$	N/A	1

R2 路由表

源	网络	接口	下一跳	跳数
conn	172.30.5.0/24	$F_{A0/1}$	N/A	1
conn	172.30.6.0/24	$F_{A0/0}$	N/A	1
conn	172.16.2.0/24	$S_{0/0}$	N/A	1
RIP	172.16.1.0/24	$S_{1/0}$	172.16.2.1	2

③ 更新 R_1 路由表

源	网络	连口	下一跳	跳数
RIP	172.30.5.0/24	$S_{0/0}$	172.16.2.2	16
RIP	172.30.6.0/24	$S_{0/0}$	172.16.2.2	2
conn	172.16.1.0/24	$F_{A0/0}$	N/A	1
conn	172.16.2.0/24	$S_{0/0}$	N/A	1

④ 更新 R_2 路由表

源	网络	接口	下一跳	跳数
RIP	172.30.5.0/24	$F_{A0/0}$	172.168.2.2	3
conn	172.30.6.0/24	$F_{A0/0}$	N/A	1
conn	172.16.1.0/24	$S_{0/0}$	N/A	1
RIP	172.16.2.0/24	$S_{1/0}$	172.16.2.1	2

更新时间到

源	网络	连口	下一跳	跳数
RIP	172.30.5.0/24	$S_{0/0}$	172.16.2.2	4
RIP	172.30.6.0/24	$S_{0/0}$	172.16.2.2	2
conn	172.16.1.0/24	$F_{A0/0}$	N/A	1
conn	172.16.2.0/24	$S_{0/0}$	N/A	1

更新时间到

源	网络	接口	下一跳	跳数
RIP	172.30.5.0/24	$F_{A0/0}$	172.168.2.2	16
conn	172.30.6.0/24	$F_{A0/0}$	N/A	1
conn	172.16.1.0/24	$S_{0/0}$	N/A	1
RIP	172.16.2.0/24	$S_{1/0}$	172.16.2.1	2

⋮

源	网络	连口	下一跳	跳数
RIP	172.30.5.0/24	$S_{0/0}$	172.16.2.2	16
RIP	172.30.6.0/24	$S_{0/0}$	172.16.2.2	2
conn	172.16.1.0/24	$F_{A0/0}$	N/A	1
conn	172.16.2.0/24	$S_{0/0}$	N/A	1

⋮

源	网络	接口	下一跳	跳数
RIP	172.30.5.0/24	$F_{A0/0}$	172.168.2.2	16
conn	172.30.6.0/24	$F_{A0/0}$	N/A	1
conn	172.16.1.0/24	$S_{0/0}$	N/A	1
RIP	172.16.2.0/24	$S_{1/0}$	172.16.2.1	2

图 3-49　RIP 路由毒化过程

（4）RIP 报文格式

现在新的 RIP 版本是 RIPv2，RIPv2 和 RIPv1 在格式上没有太大的变化，在性能上有一些改进，RIPv2 支持可变长子网掩码和 CIDR，还提供简单的鉴别过程支持多播。

图 3-50 所示为 RIPv1 的报文格式。

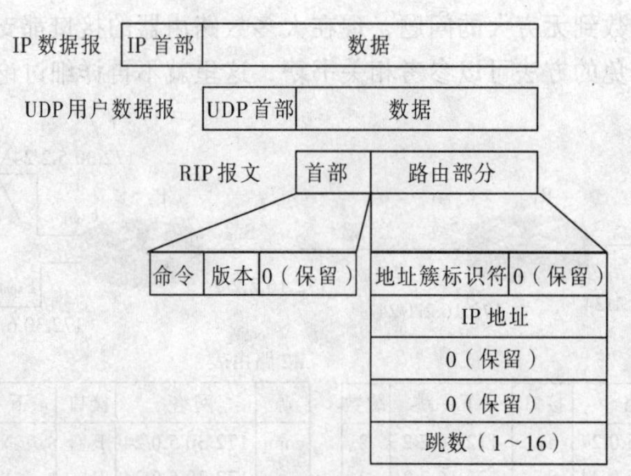

图 3-50 RIPv1 报文格式

图 3-51 所示为 RIPv2 的报文格式。

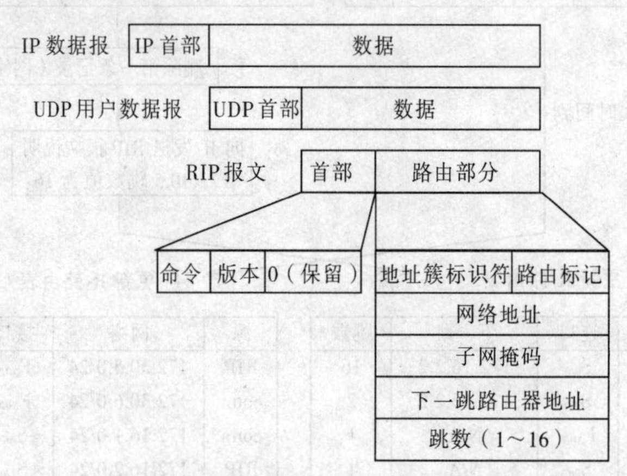

图 3-51 RIPv2 报文格式

RIP 报文由 UDP 报文进行封装，基于 RIP 的路由器在 UDP 的端口号为 520，在网络层由 IP 数据报打包。RIP 的首部占 4 个字节，其中命令占 1 个字节，请求路由信息为 1，请求路由信息的响应或未被请求而发出的路由更新报文为 0；如果版本为 1，版本字段就是 1，否则版本字段就是 2；后面为 0。

RIP 报文的路由部分可以放置多条路由信息，最多为 25 条，如果多于 25 条路由信息要通告，则使用多个 RIP 报文发布。每一条路由信息占 20 个字节，包括的内容有：

① 地址簇标识符：用来标识所使用的地址协议，如果使用的地址协议为 IP 地址，该字段为 2。

② 路由标记：是自治系统的号码。

③ 网络地址：使用 RIP 协议路由器连接的网络，就是路由表中的网络。

④ 子网掩码：表示网络的掩码。

⑤ 下一跳路由器地址：完成到目的网络转发的下一跳路由器地址。

⑥ 跳数：到达目的网络之间要经过的路由器个数。

（5）Cisco RIP 协议的配置

下面以 Cisco 为例介绍 RIP 协议的配置方法。

在 RIPv1 中配置 RIP 路由需要以下两个配置命令：

```
Router rip
Network class-network-number(分类 IP 网络号)
```

Router rip 命令使用户从全局配置模式进入 RIP 配置模式，network 命令告诉路由器哪个接口开始使用 RIP。

【例 3.9】在路由器 R_1 的所有端口上配置 RIP。

方法如图 3-52 所示。

```
R1# conf t
Enter configuration commands, on per line . End with CNTL/Z
R1(config)# router rip
R1(config-router)# network 172.16.0.0
R1(config-router)# ^z
R1#
```

图 3-52　在 R_1 上配置 RIP

在 RIPv2 中配置 RIP 命令需要指明版本号：

```
Router rip version 2
```

【例 3.10】一个网络拓扑关系图如图 3-53 所示，试为路由器 R_1 配置 RIP 路由协议。

配置方法如图 3-54 所示。

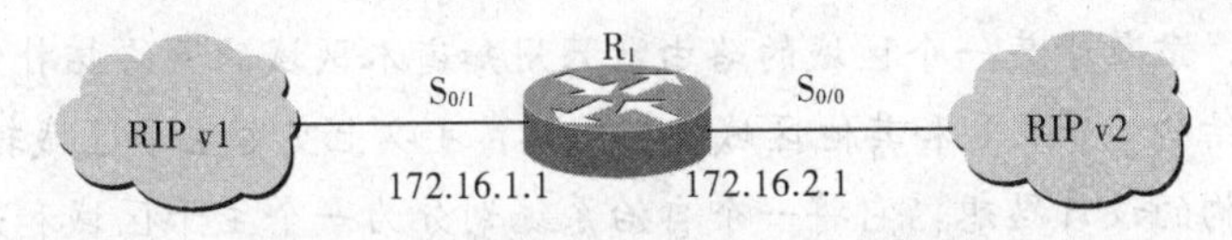

图 3-53　两个版本同时存在的网络

因为 RIP 协议的安装、设置和管理相对简单，至今仍广泛使用在小型的网络系统中，可以预知它将来还会非常流行，但对于复杂的企业网络，使用 OSPF 协议更加适合，下面将讨论 OSPF。

```
R1# configure terminal
Enter configuration commands, on per line . End with CNTL/Z
R1(config)# router rip
R1(config-router)# network 172.16.0.0
R1(config-router)# interface Serial 0/0
R1(config-router)# ip rip send version 2
R1(config-router)# ip rip receive version 2
R1(config-router)# ^z
R1#
```

图 3-54　例 3.10 的配置方法

2. 开放最短路径优先协议

开放最短路径优先（Open Shortest Path First，OSPF）的概念是在 20 世纪 80 年代中期提出的，当时 RIP 协议越来越不适应大规模的异构网络，OSPF 是因特网工程部 IETF 为 IP 网络开发的一种路由协议。其中“开放”指的是 OSPF 协议是一种公开的标准，不受厂商的限制；最短路径优先指的是使用了 Dijkstra 提出的最短路径优先算法（Shortest Path First，SPF）。

和 RIP 不同的是在选择最佳路径的时候，不仅考虑以经过的路由器的个数作为度量单位，还考虑带宽、距离、延时或费用等参数共同作用的度量单位，我们将 OSPF 中的带宽、延时、费用等因素统称为代价，在选择最佳路径时选择代价最小的。

（1）OSPF 协议的特点

OSPF 具有如下特点：

① OSPF 采用分布式链路状态协议，RIP 采用的是距离向量协议。

② 运行 OSPF 协议的路由器之间交换的路由信息是与本路由器相邻的所有路由器的链路状态信息，包括本路由器和哪些路由器相邻，以及链路的费用、距离、时延、带宽等。

③ 当链路状态发生变化的时候，用洪泛法向所有的路由器发送信息。

④ 通过多次路由信息交换，在自治系统中，所有运行 OSPF 的路由器都能建立一个链路状态数据库，这个数据库能反映全网的拓扑结构关系。

⑤ 为了适应规模更大的网络，OSPF 允许将一个自治系统再划分为若干范围更小的区域（area），每个区域有一个 32 位的区域标识，一个区域的路由器数不超过 200 个。

两点解释：

解释 1：用洪泛法发布链路更新信息。

OSPF 使用洪泛法向全网发布链路状态更新分组，如图 3-55 所示，路由器 R 向相邻路由器发送链路状态更新分组，沿着箭头方向发送，收到更新分组的路由器会回送确认分组信息。

解释 2：自治系统内部的区域划分。

划分区域的好处是交换链路状态信息的范围可以限制在一个区域内，避免了在整个自治系统中占用带宽资源，隶属于某一个区域的路由器只用知道本区域的网络拓扑结构，没有必要知道其他区域的网络结构，如果要和其他区域交换信息，可以上交给主干区域转发。就是说 OSPF 协议采用了层次结构的设计思想，它将一个自治系统划分为一个主干区域和若干个区域的二级结构，由主干区域连接多个区域，如图 3-56 所示。

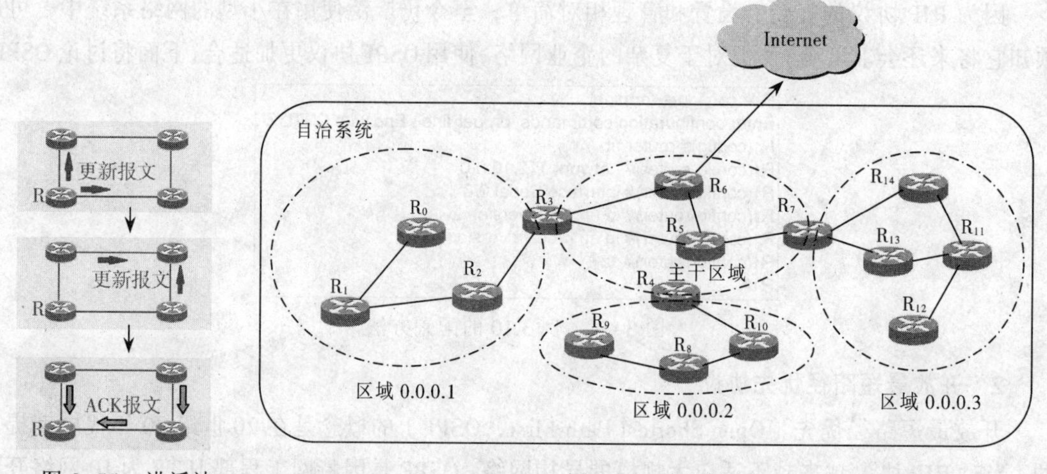

图 3-55　洪泛法　　　　图 3-56　区域划分

（2）路由器运行 OSPF 的过程

当路由器开始工作的时候，它通过定期发送“问候分组”（Hello 包）完成邻居发现功能，默认时间周期为 10 s，用来得知哪些工作着的路由器和它相连，以及将数据发往相邻路由器所需的代价。

OSPF 协议的执行过程如图 3-57 所示。图 3-58 所示为 OSPF 的结构关系。

路由器用数据库描述分组和相邻路由器交换本数据库中已有的链路状态摘要信息。

当网络运行过程中，只要有一个路由器的链路状态发生变化，该路由器就使用链路状态更新分组，用洪泛法向全网发布，每隔 30 min 要刷新一次数据库中的链路状态。通过各路由器之间交换链路状态信息，保证全网路由器的数据库信息是一致的，每个路由器可以从反映链路状态的数据库中计算出最佳路径，得出路由表。

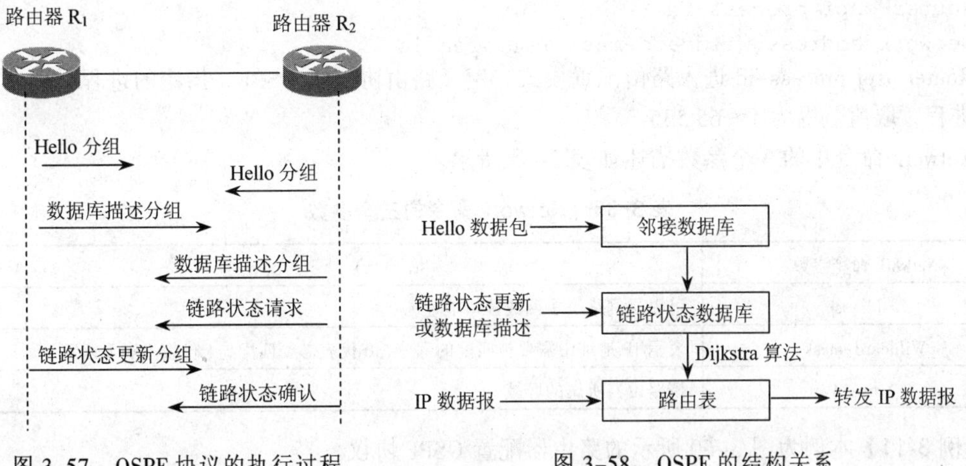

图 3-57　OSPF 协议的执行过程　　　　图 3-58　OSPF 的结构关系

（3）OSPF 报文格式

图 3-59 所示为 OSPF 报文的格式。

<table>
<tr><td>版本号</td><td>类型</td><td>数据报长度</td></tr>
<tr><td colspan="3">路由器地址</td></tr>
<tr><td colspan="3">区域标识</td></tr>
<tr><td colspan="2">检验和</td><td>鉴别类型</td></tr>
<tr><td colspan="3">鉴别</td></tr>
</table>

图 3-59　OSPF 报文格式

版本号：占 1 个字节，定义该报文使用的 OSPF 版本号，目前最广泛使用的是第 2 版。

类型：占 1 个字节，共有 5 种类型，如表 3-34 所示。

表 3-34　OSPF 类型

类型编号	类　　型	描　　述
1	Hello 分组	用于定位相邻的路由器
2	数据库描述分组	转发数据库所有信息
3	链路状态请求分组	请求链路状态数据库信息
4	链路状态更新分组	将链路状态更新信息发送到全网
5	链路状态确认分组	表示已收到链路状态更新信息

数据报长度：OSPF 包首部和数据部分长度之和，单位为字节。

路由器地址：标识发送该数据报的路由器接口的 IP 地址。

区域标识：数据报所属区域的标识符，可以用点分十进制表示，在同一个区域中所有 OSPF 报文的区域标识一致。

检验和：用来检测数据报的差错。

鉴别类型：有两种设置，0 表示不用，1 表示有鉴别口令。

鉴别：鉴别类型为 0，该字段就为 0，如果鉴别类型为 1，该字段为 8 个字符的口令。

（4）单区域的 OSPF 配置

配置 OSPF 路由的基本命令为

```
Router ospf process-id
Network address wildcard-mask area area-id
```

Router ospf process-id 进入路由配置模式，定义路由协议为 OSPF，指定的进程号用于区分路由进程，取值范围为 1～65 535。

Network 命令中的 3 个参数描述如表 3-35 所示。

表 3-35　Network 命令的三个参数

Network 命令参数	描　　述
address	可以是网络、子网或接口地址
Wildcard-mask	表示 IP 地址中需要被匹配的部分，0 代表需要匹配，1 代表不需要匹配
Area-id	该路由器所属的区域

【例 3-11】本例为图 3-60 所示的路由器配置 OSPF 协议。

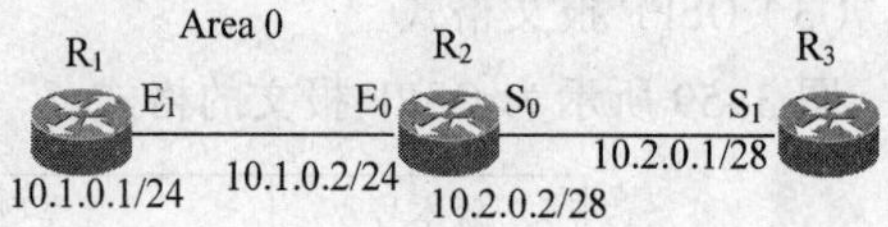

```
Router 1:
interface ethernet1
ip address 10.1.0.1 255.255.255.0
router ospf 1
network 10.1.0.0 0.0.0.255 area 0

Router 2:
interface ethernet0
Ip address 10.1.0.2 255.255.255.0

Interface serial0
Ip address 10.2.0.2 255.255.255.240

Router ospf 1
Network 10.2.0.0 0.0.0.15 area 0
Network 10.1.0.0 0.0.0.255 area 0

Router 3:
Interface serial1
Ip address 10.2.0.1 255.255.255.240

Router ospf 1
Network 10.2.0.0 0.0.0.15 area 0
```

图 3-60　例 3-11 的网络拓扑结构图

在 OSPF 协议中使用代价来度量，代价与路由器的接口和外部路由信息相关，某路径的代价可以通过“100000000/带宽”来计算，另外网管员也可以用 ip ospf cost number 命令重新配置代价。

3.6　TCP 协议

3.6.1　TCP 概述

TCP（传输控制协议）是一种面向连接的、可靠的传输层协议。TCP 中包含大量的机制确保数据从源地址传送到目的地址，TCP 的关键操作有滑动窗口确认机制，该机制能使主机记录已经发送出去的数据，并对接收方主机收到的数据做出接收确认，未被确认的数据最终会自动重传。滑动窗口的参数可以根据主机和连接的状态的需要自行调节，为主机之间提供缓冲和流控制能力。

3.6.2　TCP 的连接

TCP 实现的是两个端点的连接，在计算机网络中表示端点的是套接字（socket），又称插口，套接字的表示方法是在点分十进制的 IP 地址后面写上端口号，中间用冒号或逗号分开。例如主机 202.204.208.71，端口号为 80 的套接字表示为 202.204.208.71：80，所以套接字的定义为：

Socket:: =（IP 地址：端口号）

每一条 TCP 的连接链路由两个端点组成的，因此 TCP 连接定义为：

TCP 连接:: ={$socket_1$，$socket_2$}:: ={(IP_1:端口 1)，(IP_2：端口 2)}

IP_1 和端口 1 是主机 1 的 IP 地址和端口号，IP_2 和端口 2 是主机 2 的 IP 地址和端口号，TCP 的连接是由这两个套接字构成的，也就是说是在两个应用进程之间建立了一条 TCP 连接。同一个主机可以同时有多个不同的 TCP 连接，在不同的主机上也可以出现相同的端口号。

3.6.3　TCP 的功能和特点

1. TCP 的功能

TCP 的主要功能是完成对数据报的确认、流量控制和网络拥塞控制；自动进行数据报的差错检测，提供错误重发的功能；对重复数据进行择取；控制超时重发，自动调整超时值；提供自动恢复丢失数据的功能。

TCP 是面向连接的通信协议，通过三次握手建立连接，通信完成时要拆除连接，由于 TCP 是面向连接的，所以只能用于点对点的通信。

TCP 提供的是一种可靠的数据流服务，采用“带重传的确认机制”技术来实现传输的可靠性；TCP 还采用一种称为“滑动窗口”的方式进行流量控制，所谓窗口实际表示接收能力，用以限制发送方的发送速度。

其主要功能包括：

（1）复用与分用

发送方不同的应用进程都可以使用同一传输层协议传送数据，这就是传输层的复用。传输层的分用是指接收方的传输层根据报文的首部信息再将这些数据交付到目的应用进程。也就是说利用 TCP 端口标识这些高层应用进程，使用 TCP 对这些不同的应用进程产生的数据在传输层进行复用，到达目的主机后再将它们分用到相应的应用进程，如图 3-61 所示。

（2）创建、管理和释放连接

主机之间通过 TCP 建立一条逻辑链路后，数据可以通过该逻辑链路进行传输，TCP 管理和处理连接中可能出现的问题，当主机用完这条 TCP 连接后释放该链路。

（3）打包并处理数据

在 TCP 中定义了一种机制，发送方应用程序可以从高层发送数据给 TCP，TCP 将数据封装成报文传给目的方，目的方 TCP 收到数据报后将报文解包，并上交给目的主机的应用程序。

（4）传输数据

发送方主机负责将封装好的数据包转交给另一台主机的 TCP 进程，遵循分层的原则，实际上是将数据包交给下面的网络层协议，完成传输任务的。

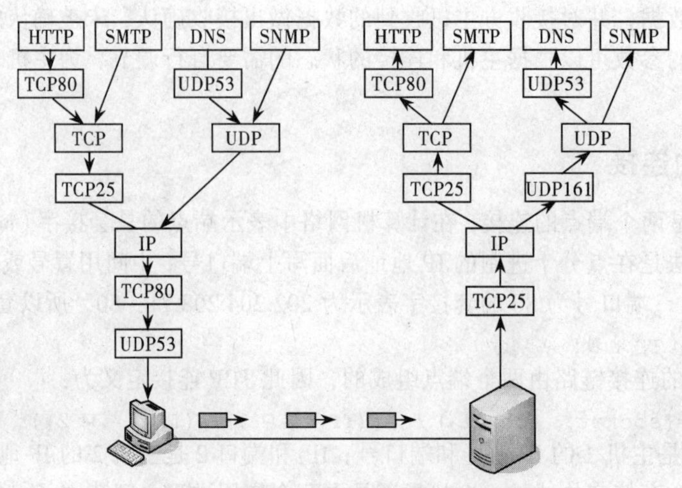

图 3-61 TCP/UDP 端口的复用和分用

（5）提供可靠性和传输服务质量

通过滑动窗口确认等机制保证提供可靠的、保证传输服务质量的传输服务，上层的应用程序不必担心数据在传输过程中会产生错误。

（6）提供流控制和避免拥塞

TCP 允许对两台主机之间的数据流加以控制和管理，提供拥塞避免的方法。

2. TCP 协议的特点

（1）面向连接

在数据流传输之前，源进程和目的进程通过三次握手建立一条逻辑链路，一旦连接建立，两个进程之间就可以发送和接收数据，面向连接是保证数据可靠传输的重要手段。

（2）全双工通信

不管是哪方先发起的连接，连接一经建立，在 TCP 的链路上就可以双向传输数据。

（3）高可靠性

基于 TCP 的通信被认为是可靠的，因为 TCP 对已发送和接收的数据进行跟踪记录，以确保所有数据均能到达自己的目的地。

TCP 保证高可靠性的主要方法是确认和超时重传。TCP 的协议数据单元是报文段，TCP 的首部设定检验和，目的是检测数据在传输过程中是否出现错误，发送方发出一个报文段后，启动一个计时器；当接收端收到报文段后，先进行检测，如果报文段正确就发送确认报文；如果在规定的时间发送方未收到确认报文，就重传该报文。

（4）支持多点连接和端口标识

在两台主机中使用套接字来标识 TCP 的连接端点，这样每台主机能够同时连接一台或多台主机的 TCP 连接链路，每条链路是相互独立的，不会产生冲突。

（5）支持流传输

TCP 运行应用程序向自己发送连续的数据流，不必费心把这个数据流划分成一个个小的传输单元，通过 TCP 的连接链路，可以保证数据流从一端“流”到另一端，并且不区分数据流是二进制还是 ASCII 或 EBCDIC 字符，对流的解释由双方的应用程序负责。

（6）提供流量控制和拥塞控制

TCP 采用大小可变的滑动窗口进行流量控制。TCP 还给出了慢开始、拥塞避免、快重传和快恢复四种算法进行拥塞控制。

3.6.4　TCP 报文

TCP 协议的数据传输单元是报文段（segment），每一个 TCP 报文段由 TCP 首部和数据部分组成。

TCP 报文段的首部有以下几种用途：

① 进程寻址：利用端口号来标识源主机和目的主机上的进程。

② 实现滑动窗口：利用序列号、确认编号和窗口长度字段实现滑动窗口技术。

③ 设置控制比特和字段：通过特殊比特实现各种控制功能。

④ 其他功能：通过检验和字段实现数据保护，通过其他选项完成连接设置等。

TCP 报文段的首部长度为 20～60 个字节，前 20 个字节是固定的，后 40 个字节是选项部分，图 3-62 所示为 TCP 报文段的格式。

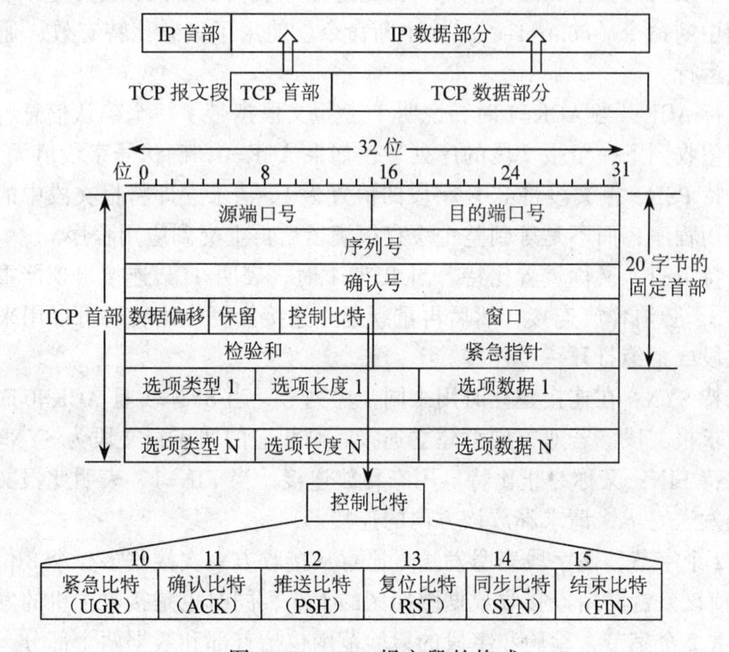

图 3-62　TCP 报文段的格式

TCP 报文首部各字段描述如下：

- 源端口号：占 2 个字节，这是在源主机上发出本 TCP 报文段的进程的 16 位端口号，在通常情况下，对于客户机向服务器发送的请求来说，这是一个临时的端口号，对以服务器向客户机发送回应的报文段来说是熟知或注册的端口号。
- 目的端口号：占 2 个字节，是 TCP 报文段要到达的目的端口号。对于客户机向服务器发送的请求来说，这是一个熟知或注册的端口号，对于服务器向客户机发送回应的报文段来说是临时的端口号。

- 序列号：长度为 32 位。由于 TCP 协议是面向数据流的，它所传送的报文段可以看成连续的数据流，因此需要给发送的每个字节一个编号，该字段放的是 TCP 报文的第一个字节的序列号，当客户机发送连接请求的时候，为自己选定一个初始序列号，放在连接请求报文段（又称 SYN 报文）中。
- 确认号：长度为 32 位，表示接收端希望接收的下一个 TCP 报文段的第 1 个字节的序列号，ACK 字段置为 1 时，本字段才表示确认。
- 数据偏移：长度为 4 位，该字段详细说明了报文段的数据部分离 TCP 首部的位置，相当于指明了 TCP 首部含有多少个 32 位的数据，字段的值乘以 4 就是首部的字节数，之所以被称为数据偏移就是因为它指明了数据的起点距 TCP 报文段开头偏移了多少个 32 位。
- 保留：占 6 位，留给将来使用，发送时置为 0。
- 控制比特：占 6 位，TCP 不为控制报文使用单独的格式，通过控制比特来设定控制信息的传递。控制比特又可细分为以下 6 种：
  - 紧急比特 UGR：当 UGR=1 时，表明紧急指针字段有效。它告诉系统此报文中有紧急数据（相当于有高优先级的数据），应尽快传送，不要按原来的顺序来传送。例如要发送一个很长的程序在远端执行，在此过程中发现了错误，要停止该程序的执行，于是采用中断命令（control+c），该中断命令就使用了紧急比特有效，通知远端应用程序终止运行。
  - 确认比特 ACK：当 ACK=1 时，说明 TCP 报文段携带了一个确认信息，确认号字段值就是期望收到下一个报文段的序列号，如果 ACK=0，确认号字段值无效。
  - 推送比特 PSH：报文段将 PSH 字段的值置为 1，请求立即将报文段中的数据推送到主机的应用程序，而不是等到整个缓存填满了后再上交到应用程序。
  - 复位比特 RST：又称重置比特。当 RST=1 时，表明 TCP 连接出现严重的差错（如主机崩溃），必须释放连接，然后再重新建立连接。复位比特还可以用来拒绝一个非法的报文段或拒绝打开一个连接。
  - 同步比特 SYN：在连接建立时用来同步序列号，当 SYN=1 且 ACK=0 时，表示是一个连接请求报文段。若对方同意建立连接，则相应的回应报文段为 SYN=1 且 ACK=1。
  - 结束比特 FIN：又称终止比特。用来释放连接，当 FIN=1，表明此报文段的发送方数据已经发送完毕，请求释放该方向的连接。
- 窗口：占 2 个字节，该字段表明发送方愿意从接收方一次接收多少个 8 位数据，其大小通常为当前该条链路用以接收数据缓冲区的大小，同时也是接收主机的发送窗口大小。
- 检验和：占 2 个字节，检验和字段的检验范围包括首部和数据两个部分，在计算检验和的时候要加上 12 个字节的伪首部。

TCP 的伪首部信息取自 IP 首部和 TCP 报文段，用于计算检验和的伪首部内容如图 3-63 所示。

源地址：占 4 个字节，取自 IP 首部，是 IP 数据报的发送方的 IP 地址。

目的地址：占 4 个字节，取自 IP 首部，是 IP 数据报的接收方的 IP 地址。

保留：占 1 个字节，由 8 位的 0 组成。

协议：占 1 个字节，指明 IP 数据报所携带数据的高层协议，该高层协议为 TCP，所以该字段的值为 6。

TCP 报文段长度：包括首部和数据部分的长度。

在计算检验和的时候，检验和的初始值为 0，以 16 字节为单位将伪首部和 TCP 首部、TCP 数据部分进行逐位叠加，按二进制反码运算求和，得到的 16 位的二进制数求反就是检验和的值，伪首部在计算完检验和之后就被丢弃了，在接收端也用加入伪首部的方法进行校验。图 3-64 所示为检验和的计算范围。

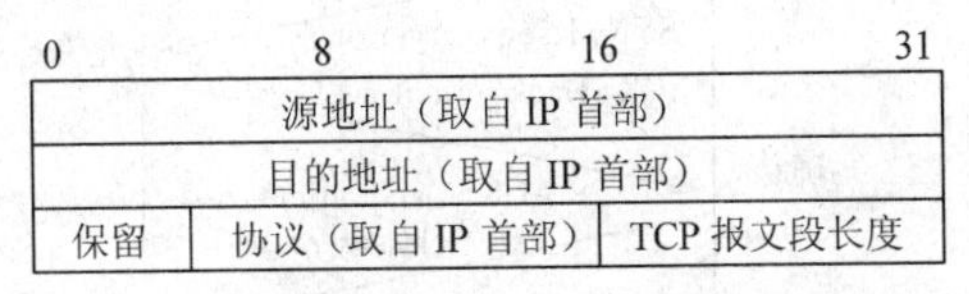

图 3-63　用于计算检验和的伪首部信息

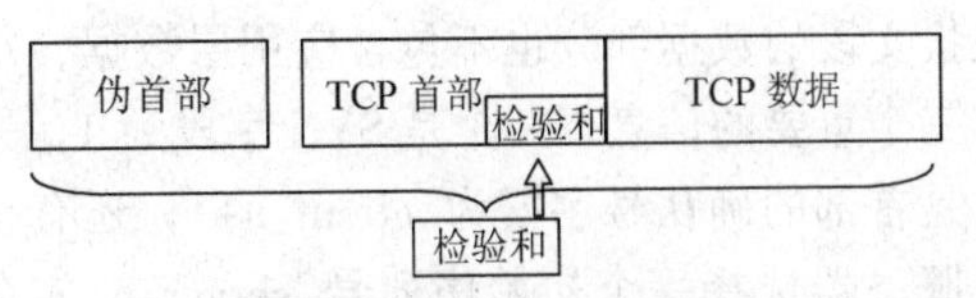

图 3-64　检验和的计算范围

- 紧急指针：占 2 个字节长度，当 URG=1 时，该字段才有效，该字段的值为紧急数据最后一个字节的偏移量。例如一个报文段中包含 400 个字节的紧急数据，且后面还有 200 字节的常规数据，则 URG=1，紧急指针字段的值为 400。
- 选项：长度可变，选项包括两大类，单字节选项和多字节选项。单字节选项有选项结束（类型 0）和无操作（类型 1）；多字节选项有最大报文段长度（类型 2）、窗口扩展（类型 3）、选择性确认的数据块（类型 5）、替换检验和（类型 15）等。

最早出现的选项就是最大报文段长度 MSS，然后又陆续增加了窗口扩大选项、时间戳选项以及选择确认选项，下面介绍最大报文段长度选项。

最大报文段长度 MSS 是指一个 TCP 报文能够持有的最大数据量，不包括首部，如 MSS=100，如果是固定长度的首部，那么 TCP 报文段的长度就是 120。如果设置 MSS 过大，在网络层的 IP 数据报可能要遭遇分片的问题，如果 MSS 设置得太小，使每个数据报携带的数据量减少，会增大了网络的开销，为了解决这个问题，TCP 建立了一个尽可能大的默认 MSS，这个值的设定参考了 IP 网络的最小 MTU，为 576 字节，减去 TCP 首部的 20 个字节和 IP 首部的 20 个字节，还剩 536 字节，这就是 TCP 的标准 MSS。

- 填充：当选项字段不是 32 位的整数倍时，在首部的填充字段填充足够多的 0，使其成为 32 的整数倍。
- 数据：可变长，是本 TCP 报文段要发送的数据。

3.6.5　TCP 的连接与释放

TCP 是面向连接的协议，在传送 TCP 报文段之前，必须先建立 TCP 的连接，数据传输完毕后要进行链路的释放。

下面就讨论如何建立和释放 TCP 的连接。

1. TCP 连接的建立

假设一台客户机的一个进程要和一台服务器的进程建立连接，客户机的应用进程首先通知客户机的 TCP，它要和服务器的某个进程建立连接。客户机的 TCP 会通过以下 3 步完成 TCP 的连接建立过程。

首先，客户机的 TCP 向服务器的 TCP 发送一个 TCP 报文，这个报文数据部分不包含应用层数据，在报文的首部 SYN 标识位为 1，所以这个报文也叫 SYN 报文段，另外客户机会产生一个随机选择的起始序列号 client_n，该 client_n 放置在 SYN 报文的序列号字段中，该 SYN 报文段说明了：“我的序列号为 client_n，希望建立和你的 TCP 连接”，SYN 报文被封装在 IP 数据报中传送给服务器。

其次，TCP 的 SYN 报文到达服务器后，服务器会从 IP 数据报的数据部分取出 TCP 的 SYN 报文段，为该 TCP 连接分配一个 TCP 连接的缓存和变量，并向客户机的 TCP 发送允许连接的报文段，该报文段的数据部分也不包含应用层数据，却包含三个重要的信息，一个是 SYN 字段为 1，另一个是首部的确认号字段为 client_n+1，还有一个是服务器选择一个初始序列号 server_n 放在该 TCP 报文段的序列号字段。这个允许连接的报文段说明了："我收到你的连接请求，我同意和你建立连接，希望下次收到你的 client_n+1 报文段，我的序列号为 server_n，希望建立和你的另一方向的 TCP 连接"。这个 TCP 报文段又称 SYNACK 报文段。

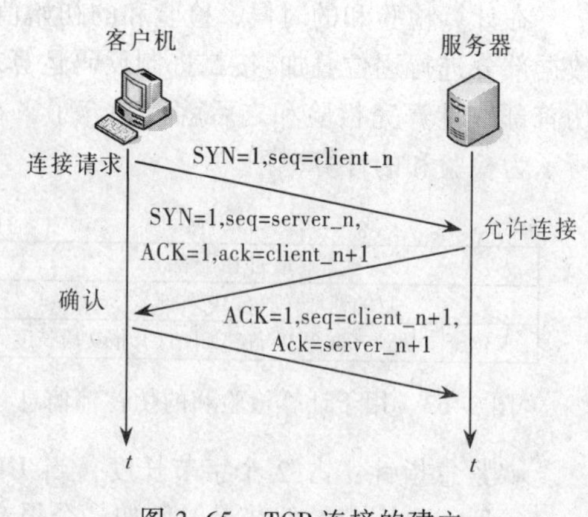

图 3-65　TCP 连接的建立

再次，客户机一旦收到 SYNACK 报文段，客户机也要为该连接分配缓存和变量；客户机还要向服务器发送一个报文段，对服务器发来的另一个方向的连接表示确认，在这个确认的报文段中设置确认号字段为 server_n+1，SYN 字段置为 0。

通过以上 3 步，就建立起客户机和服务器之间的 TCP 连接，这个连接是全双工的。为了建立这个连接，在客户机和服务器之间发送了 3 个分组，所以该连接的建立过程又称三次握手，三次握手的过程如图 3-65 所示。

为什么要采用三次握手而不是两次握手呢？主要是为了防止已经失效的报文段又传到服务器。正常情况下，客户端发送 TCP 连接请求，服务器接收该连接请求并确认，TCP 连接建立，如果发送的请求连接报文段丢失后，客户机在超时后，重新发送一次连接的请求 SYN 报文段，假设在异常情况下，连接请求报文段没有丢失，而是在网络上有一个较长时间的滞留，当客户机在超时后又重新发送了一个请求连接的报文段，那么之前延误的请求报文段就是一个已经失效的报文段，服务器再收到请求连接的 TCP 报文段，以为是一个新的连接请求，予以确认后，如果两次握手后 TCP 连接就建立，这时又建立了一个 TCP 的连接，等待客户机的数据传输，显然造成了资源的浪费。采用三次握手就解决了上述问题，当失效的请求报文到达服务器，服务器确认该连接报文段到达客户机后，客户机不会对服务器的确认报文予以确认，服务器由于收不到确认报文，等待一定的时间后，服务器就知道该连接不能建立。

以上探讨了正常情况下 TCP 连接建立的过程，如果服务器不想建立 TCP 连接的情况又如何？下面举例来说明：

假设客户机希望和某个特定的服务器的 80 端口建立 TCP 连接，我们知道 80 的端口对应的是 WWW 服务，而该服务器没有在 80 端口提供 WWW 服务，所以请求连接报文段中的 IP 地址、端口和服务器的套接字对不上，这样端口 80 不接受这个连接，服务器向源发送主机发送一个重置报文段，该报文段的 RST 字段为 1，这时服务器要发回的报文就是目的端口不可达差错报告报文了。

2. TCP 连接的释放

当数据传输完毕，TCP 连接的两个应用进程中的任何一个都能提出终止连接的请求，连接释放后，客户机和服务器的资源（包括缓存和变量）得到释放。整个释放的过程有 4 步：

① 客户机向服务器发送一个释放请求报文段，又称 FIN 报文段，其中 FIN 字段为 1，序列号 client_x 是最后一个数据报文段序列号+1 的值，放置在该报文段的序列号字段，该报文段的数据部分不包含应用程序的数据。该报文段的含义是客户机请求和服务器断开 TCP 的连接。

② 服务器收到 FIN 报文段后通知上面的应用进程，并发送确认报文段允许该方向 TCP 连接的释放，该确认报文段的 ACK 字段为 1，确认号字段的值为 client_x+1，序列号为 client_y。

至此，从客户机到服务器方向的 TCP 连接就释放了，等待某一时刻完成第 3 步和第 4 步就可以释放从服务器到客户机的 TCP 连接。

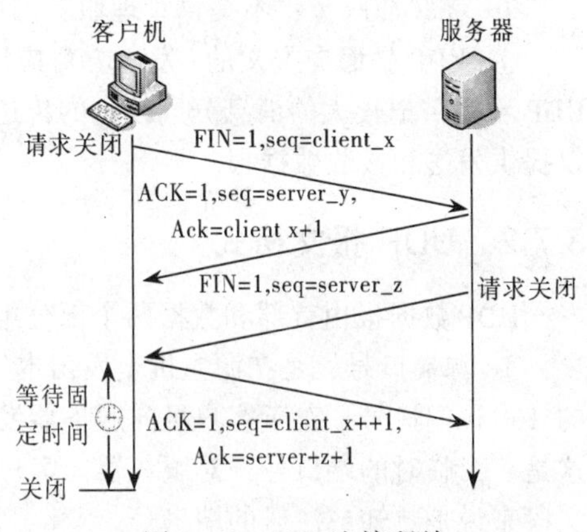

图 3-66　TCP 连接释放

③ 服务器向客户机发送请求释放的 TCP 报文段，其中 FIN 字段为 1，序列号字段为 server_z，数据部分不携带数据。说明服务器请求释放和客户机的 TCP 连接。

④ 客户机给服务器一个确认该方向连接释放的报文段，其中 ACK 字段置为 1，确认号为 server_z+1。等待一个固定的时间，真正关闭 TCP 的连接。

经过以上 4 个步骤，TCP 连接的双向的链路就被释放了，释放过程如图 3-66 所示。

3.7　用户数据报 UDP

3.7.1　UDP 协议概述

用户数据报协议 UDP 只是做了传输层协议应该做的最少的工作，除了多路复用、多路分用功能以及简单的差错检测外，它几乎没有对 IP 增加别的特殊的功能。UDP 从应用进程得到数据，附加上多路复用和分用服务所需的源端口号和目的端口号字段，另外附加长度和检验和字段，形成 UDP 报文段交给网络层。网络层将报文段封装成 IP 数据报，尽力交付给接收主机，如果该报文段到达接收主机，UDP 使用目的端口号将报文段中的数据部分交给相应的应用程序。

UDP 协议的特征如下：

① 无可靠性机制：数据报没有按序排列，也没有被确认，应用层能更好地控制要发送的数据和发送时间。和 TCP 比较，TCP 有一个拥塞控制机制保证源主机到目的主机的发生拥塞时遏制发送方的发送速率，无论发生什么情况（超时、丢失等）TCP 保证数据报可靠到达目的主机，但是它对延时就不能过于苛求；对于不需要实时服务的应用进程当然是无所谓的，但是对于有实时要求的应用，UDP 显然是较好的选择。

② 无发送保证：数据报不一定发送成功，成功发送的保障由应用层来提供。

③ 无连接处理：数据报在发送前不进行链路的建立等工作，因此主机不需要维持复杂的连接状态表。

④ 标识应用层协议：UDP 的首部包含接收的应用服务和方法的端口地址。

⑤ UDP 首部的检验和：在数据打包的时候，要计算首部检验和的值，这个检验和包括对首部和数据部分的检验，接收端接收后可以进行检测。

⑥ 无缓冲服务：不提供管理服务的内存。

⑦ UDP 是面向报文的：发送方对应用程序交下来的报文，添加首部信息后就向 IP 层交付，UDP 不提供把较大的消息分成较小的传送块的服务；也没有把这些块按序排列的服务；UDP 仅仅提供发送和接收数据报。

3.7.2 UDP 报文格式

UDP 数据报由首部和数据两个部分组成，每个字段都是占 2 个字节，如图 3–67 所示。

① 源端口号：是在源主机上发出本 TCP 报文段进程的 16 bit 端口号，对于客户机向服务器发送的请求来说，这是一个临时的端口号，对服务器向客户机发送回应的报文段来说是熟知或注册的端口号。

0　　　　　　15	16　　　　　　31
源端口号	目的端口号
长度	检验和
应用数据（报文）	

图 3–67　UDP 报文格式

② 目的端口号：是 TCP 报文段要到达的目的主机的端口号。对于客户机向服务器发送的请求来说，这是一个熟知或注册的端口号，对以服务器向客户机发送回应的报文段来说是临时的端口号。

③ 长度：UDP 用户数据报的长度，最小值为 8（只有首部）。

④ 检验和：用于检测用户数据报在传输过程中是否有错，如果有错，要么丢弃，要么上传到应用层报告有错。在计算和验证检验和的时候，要在报文段的首部加一个 12 个字节的伪首部，UDP 用户数据报的伪首部如图 3–68 所示。伪首部本身并不是 UDP 用户数据报的真正首部，只是在计算检验和的时候，临时添加在 UDP 首部的前面，伪首部既不向上传递也不向下传递，仅仅是为计算检验和的。伪首部的构成是 4 个字节的源 IP 地址，4 个字节的目的 IP 的地址，1 个字节的全 0，1 个字节协议字段（该协议字段的值为 17，表示其数据部分交付 UDP 协议处理）和 2 个字节的 UDP 用户数据报的长度。

伪首部不是 UDP 用户数据报的一部分，交付网络层封装 IP 数据报的时候，不带伪首部，UDP 用户数据报的封装如图 3–69 所示。

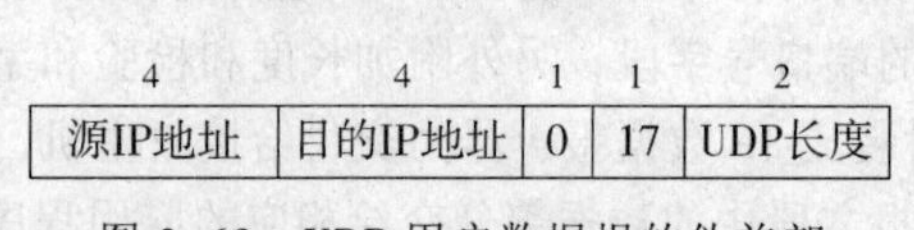

图 3–68　UDP 用户数据报的伪首部

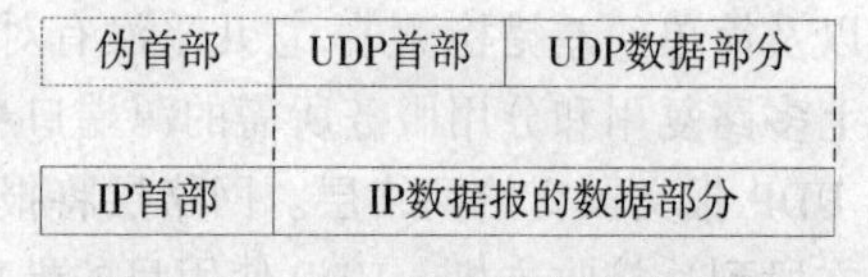

图 3–69　UDP 用户数据报的封装

UDP 计算检验和的方法和计算 IP 数据报的首部检验和的方法基本一致，两者的区别是 UDP 的检验和是把首部信息和数据部分数据加在一起进行检验，而 IP 数据报的检验和只检验了 IP 数据报的首部信息。UDP 用户数据报的检验和的计算方法是：发送方先将检验和字段全部设为 0，把伪首部和 UDP 首部信息全部看成是由 16 位数字串接起来的，以 16 位为一组，数据部分也是 16 位为一组，如果数据部分不足 16 位的整数倍，后面用全 0 填充，注意填充的这些 0 是不发送的，只是用在计算检验和。将以上的这些 16 位一组的数按二进制反码求和，二进制反码求和的方法是：将 16 位二进制数逐位相加，如果高位有溢出，则回加到低位，再将结果求反就是检验和。

图 3–70 所示为 UDP 用户数据报的相关信息，通过这个例子来看检验和的计算方法：

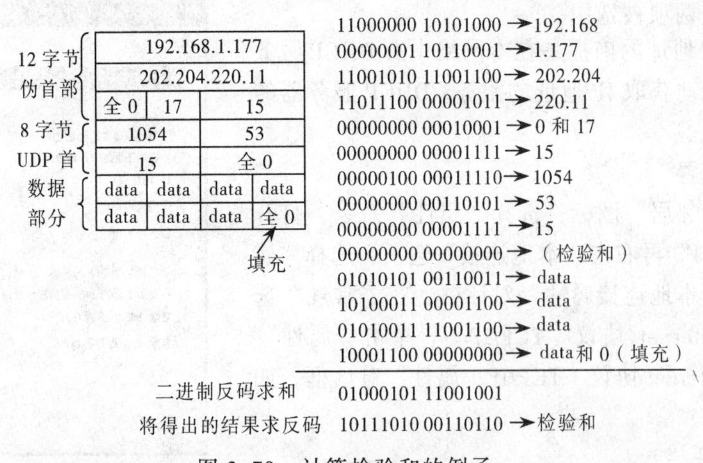

图 3-70　计算检验和的例子

14 个 16 位数相加的结果是 0100010110111101，加到高位有溢出，溢出的值为 100，将溢出的 100 再回加到低位，对结果 0100010111000001 求反，检验和是 1011101000111110。

接收方收到 UDP 用户数据报，和伪首部一起按二进制反码求和，如果没有差错，其结果为全 1；否则，表明出现差错，结果是丢弃这个 UDP 报文或者上交到应用层并附上出现差错的报告。

检验和既检查了 UDP 用户数据报的源端口和目的端口号以及 UDP 用户数据报的数据部分，又检查了 IP 数据报的源 IP 地址和目的 IP 地址。

3.8　实验指导

3.8.1　TCP/IP 协议配置

1．实验目的

掌握 TCP/IP 协议的配置方法。

2．实验环境

① 硬件：主机一台。

② 软件：Windows XP 系统。

3．实验说明

TCP/IP 协议已经嵌入到 Windows 的操作系统中，也就是说一台连入网络中的计算机，只要有操作系统，TCP/IP 协议就默认安装了。但是该计算机要接入互联网，还需要配置 TCP/IP 协议，包括 IP 地址、子网掩码、默认网关以及 DNS 服务器。

4．实验过程

配置的方法有自动获取和手动配置两种。

（1）自动获取

在 Windows 系统中，默认情况就是自动获取 TCP/IP 协议，用户可以右击“网上邻居”图标，选择“属性”命令，打开“网络连接”窗口，再右击“本地连接”选项，选择“属性”命令进入“本地连接属性”对话框，在“常规”选项卡中选择“Internet 协议（TCP/IP）”，然后单击“属性”按钮，或者双击“Internet 协议（TCP/IP）”选项，可以看到自动获取 IP 地址和自动获取

DNS 服务器地址两项被选中。

自动获取 IP 地址的前提是在本网络中有 DHCP 服务器为用户提供自动获取 IP 地址的服务，DHCP 服务器的配置详见第 6 章。

（2）手动配置

右击“网上邻居”图标，选择“属性”命令，打开“网络连接”窗口，再右击“本地连接”选项，选择“属性”命令进入“本地连接属性”对话框，在“常规”选项卡中选择“Internet 协议（TCP/IP）”，单击“属性”按钮，弹出“Internet 协议（TCP/IP）属性”对话框，如图 3-71 所示。

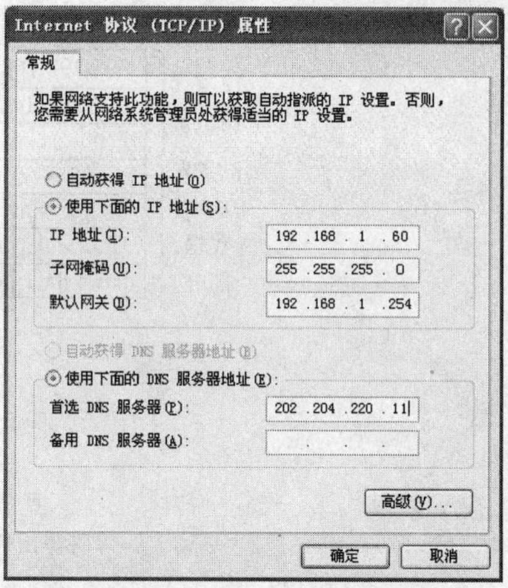

图 3-71 TCP/IP 协议配置

5．实验思考

① 如果没有配置 DNS，能否通过域名访问 Internet?

② 如果一台计算机的 IP 地址是 192.168.1.60，子网掩码是 255.255.255.0，另一台计算机的 IP 地址是 192.168.2.60，子网掩码是 255.255.255.0，两台计算机互通吗?

3.8.2 Wireshark 协议分析软件的使用

1．实验目的

① 了解协议分析软件的安装与使用。

② 熟悉 Wireshark 的使用。

2．实验环境

① 硬件：一台安装 Windows 系统的计算机。

② 软件：Wireshark-win32-1.2.9.exe。

3．实验说明

Wireshark 是流行的网络协议分析软件，同时也是一款非常优秀的开源软件，它的前身是 Ethereal，Wireshark 具有非常丰富和强大的功能，支持 Windows/UNIX/Linux 等多平台，是业内著名的协议分析软件之一。

4．实验过程

（1）安装 Wireshark

步骤 1：通过访问 http://www.wireshark.org/download.html#releases 下载 Wireshark 的最新版本，本书使用的是 Wireshark 1.2.9（32-bit）版本。

步骤 2：双击下载的安装文件（文件名类似 wireshark-win32-1.2.9.exe），弹出 Wireshark 1.2.9（32-bit）Setup 安装欢迎界面，单击 Next 按钮继续，如图 3-72 所示。

步骤 3：在弹出的 License Agreement 对话框中，阅读相关的版权声明，单击“I Agree”按钮继续，如图 3-73 所示。

步骤 4：在弹出的 Choose Components 对话框中选择想要安装的组件，默认所有组件均被选中，单击 Next 按钮继续，如图 3-74 所示。

步骤 5：在弹出的 Select Additional Tasks 对话框中选中相应选项，单击 Next 按钮继续，如图 3-75 所示。

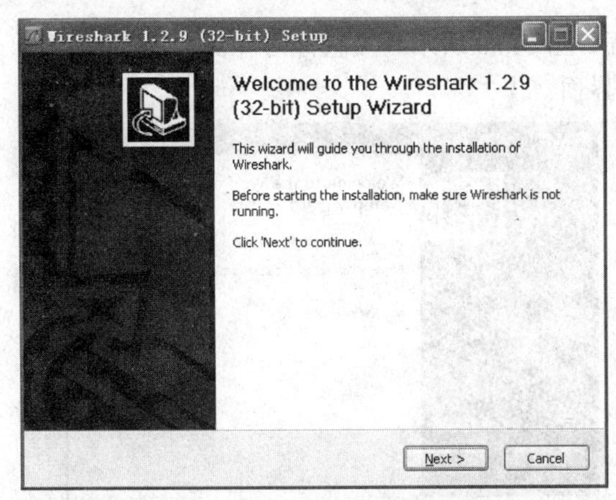

图 3-72　Wireshark 安装欢迎界面

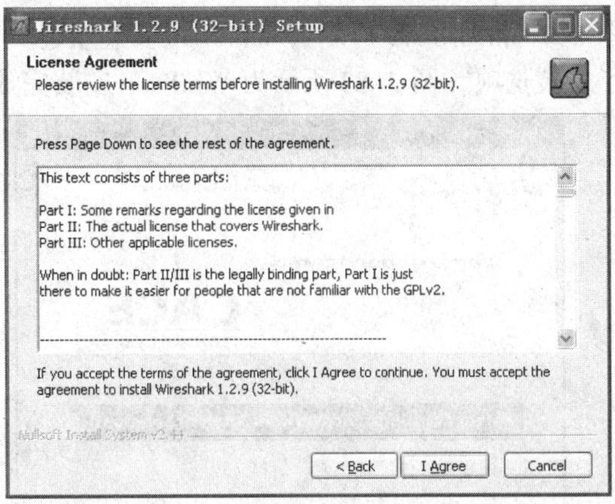

图 3-73　License Agreement 对话框

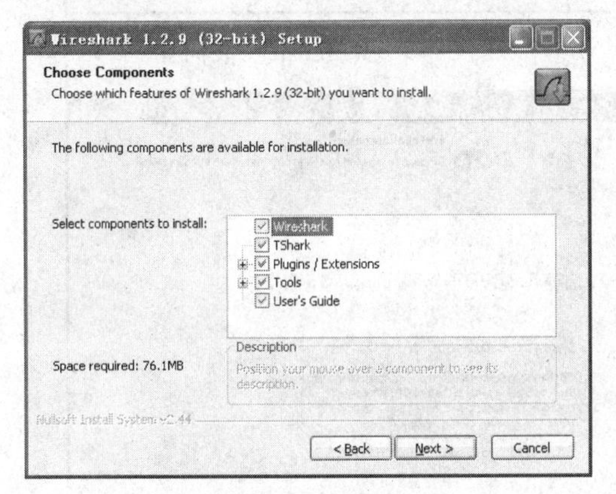

图 3-74　Choose Components 对话框

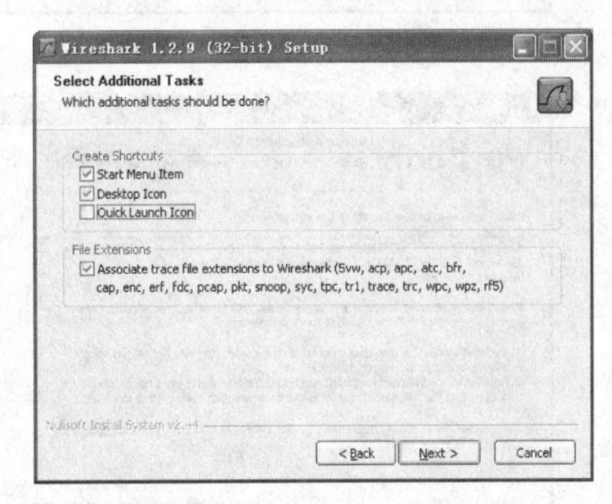

图 3-75　Select Additional Tasks 对话框

步骤 6：在弹出的 Choose Install Location 对话框中使用默认的安装位置，单击 Next 按钮继续，如图 3-76 所示。

步骤 7：在弹出的 Install WinPcap 对话框中，确保选中 Install WinPcap 4.1.1 复选框，单击 Next 按钮继续，如图 3-77 所示。

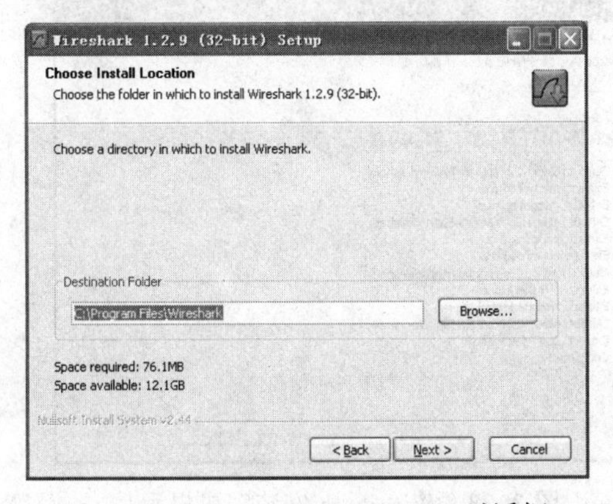

图 3-76　Choose Install Location 对话框

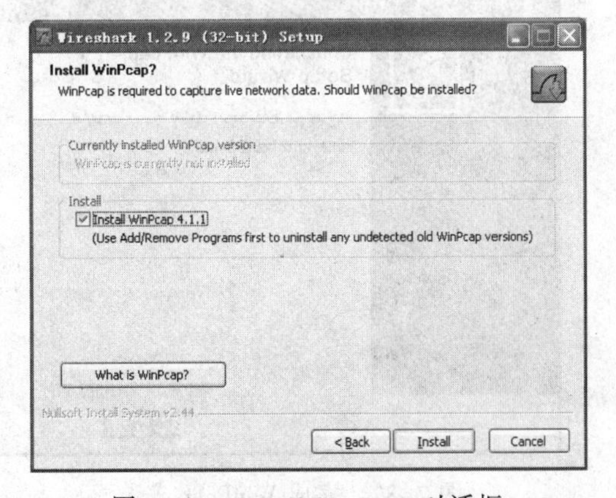

图 3-77　Install WinPcap 对话框

步骤 8：在接下的 WinPcap 安装过程中，单击下面图示的相应按钮来完成 WinPcap 的安装。

图 3-78 和图 3-79 所示为 WinPcap 安装欢迎界面，图 3-80 所示为授权许可界面，图 3-81 显示了安装选项，图 3-82 所示为 WinPcap 安装完成界面。

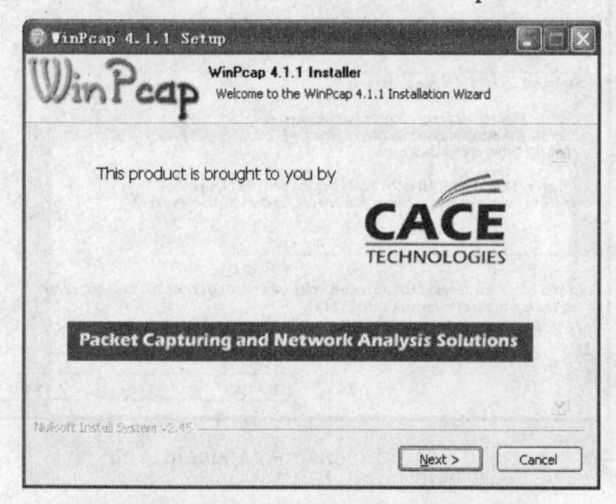

图 3-78　WinPcap 安装欢迎界面

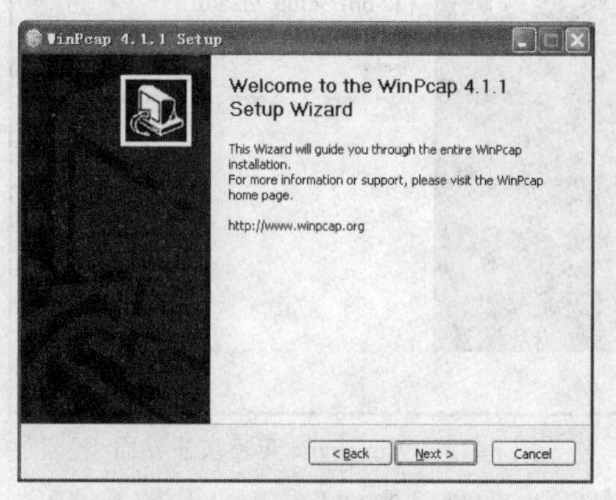

图 3-79　WinPcap 安装向导

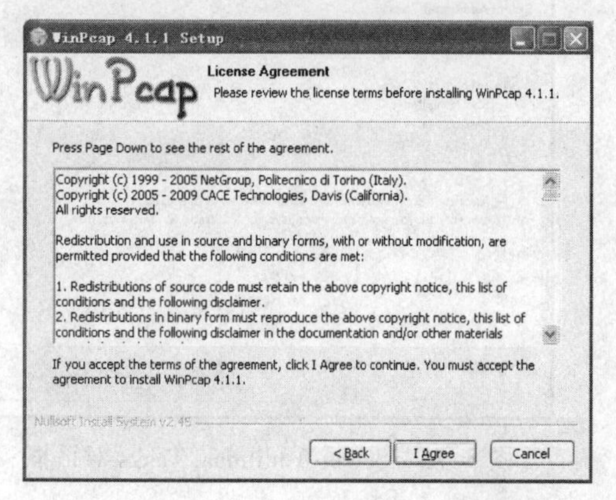

图 3-80　License Agreement 对话框

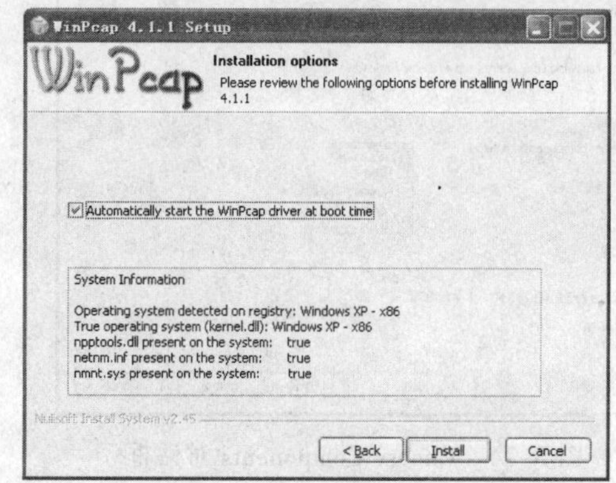

图 3-81　Installation Option 对话框

步骤 9：WinPcap 安装完成后，系统会回到 Wireshark 安装界面，提示 Wireshark 已经安装完毕，单击 Next 按钮继续，如图 3-83 所示。

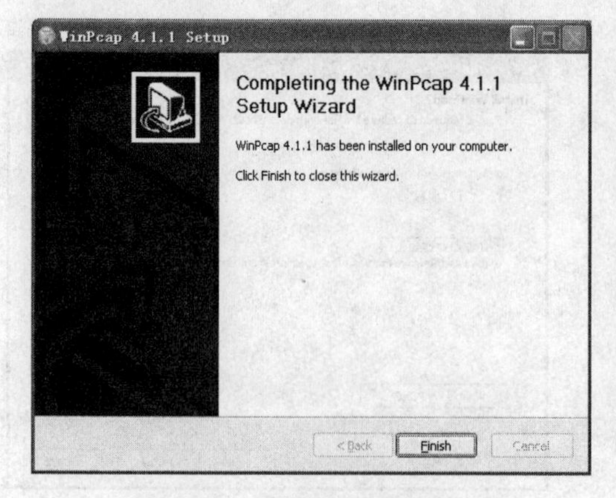

图 3-82　完成 WinPcap 安装

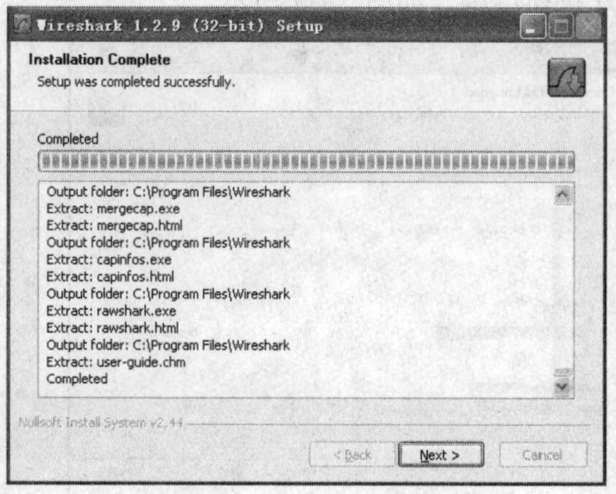

图 3-83　Wireshark 安装完成提示

步骤 10：最后，在弹出的完成安装窗口单击 Finish 按钮，结束 Wireshark 软件的完整安装过程，如图 3-84 所示。

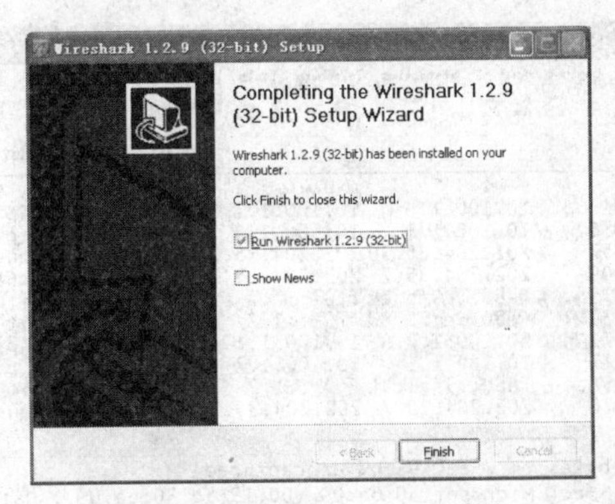

图 3-84 结束 Wireshark 安装

（2）熟悉 Wireshark 的使用界面

① Wireshark 软件的启动界面：如图 3-85 所示，Wireshark 启动界面从上至下依次包含以下几部分内容：

菜单栏——用于操作命令选择。

主工具栏——提供快速访问菜单栏中经常用项目的功能。

过滤工具栏——提供处理当前显示过滤的方法。

主窗口——显示有关“网卡”、“捕捉选项”设置及相关帮助链接。

状态栏——显示当前程序状态以及捕捉数据的更多详情。

② Wireshark 软件的数据分析界面：在进行了数据捕获后，Wireshark 会切换到数据分析界面，如图 3-86 所示。除了与启动界面相同的“菜单栏”、“主工具栏”、“过滤工具栏”、“状态栏”外，Wireshark 数据分析界面还包括以下三个重要的面板，从上至下分别为：

Packet List 面板——显示打开文件的每个包的摘要。单击面板中的条目，选中包的其他情况将会显示在另外两个面板中。

Packet Detail 面板——显示在 Packetlist 面板中选择的包的更多详情。

Packet Bytes 面板——显示在 Packetlist 面板选择的包的数据，以及在 Packet Details 面板高亮显示的字段。

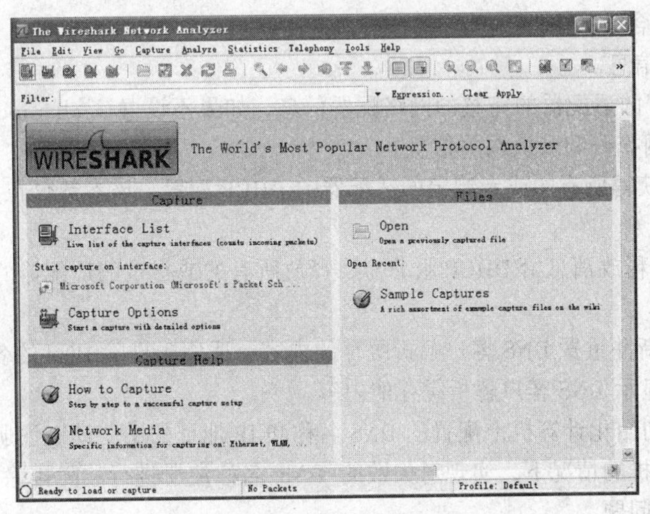

图 3-85 Wireshark 启动界面

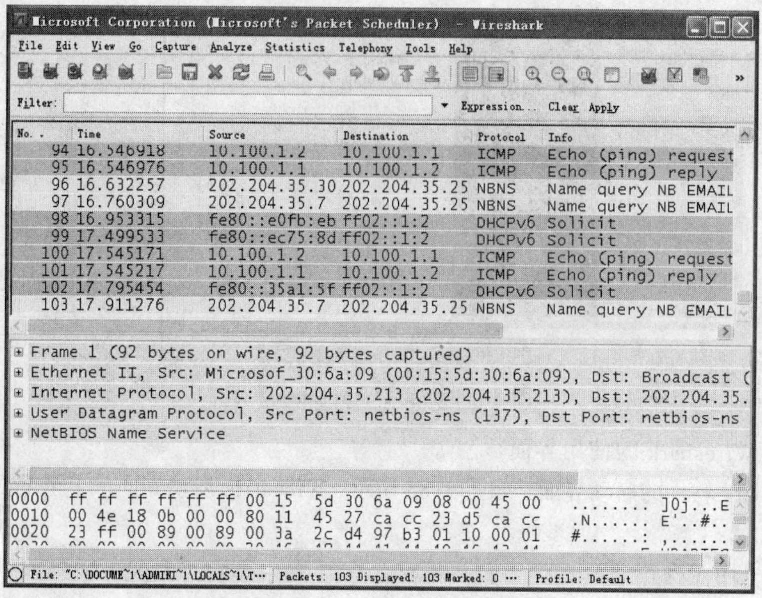

图 3-86　Wireshark 数据分析界面

3.8.3　网络常用命令的使用

为了便于网络实验，下面介绍的几个和传输层相关的网络命令，运行在安装有 TCP/IP 的系统中。

（1）ipconfig 命令

ipconfig 命令可以显示所有的当前网络配置信息，包括 IP 地址、网关、子网掩码，还可以刷新动态主机配置协议和进行域名系统设置。

ipconfig 命令的语法格式为：

```
Ipconfig [/? ¦ /all ¦ /renew [adapter] ¦ /release [adapter] ¦ flushdns ¦
/displaydns ¦ /registerdns ¦ /showclassid adapter ¦ /setclassid adapter
[classid] ]
```

各选项的具体含义如下：

/?：显示帮助信息。

/all：显示所有的适配器的完整的网络配置信息，如果不设置该/all，ipconfig 命令只显示适配器的 IP 地址子网掩码和默认网关信息。

/renew：重新获得所有的或者制定的适配器的 DHCP 配置，该参数仅在为自动获取 IP 地址的主机上可用。

/release：发送释放消息给 DHCP 服务器，释放所有的或指定的适配器的当前 DHCP 配置，并且丢弃 IP 地址。

/flushdns：刷新并重置 DNS 客户解析缓存的内容，适用于排除 DNS 的名称解析故障。

/displaydns：显示 DNS 客户解析缓存的内容。

/registerdns：初始化计算机上配置的 DNS 名称和 IP 地址的手工动态注册。使用该参数可以在不重新启动客户机的情况下，实现对失败的 DNS 名称注册进行故障排除或解决客户和 DNS 服务器的动态更新问题。

/showclassid adapter：显示指定的适配器的 DHCP 类别 ID。如果要显示所有的 DHCP 类别 ID，使用选项/showclassid *，其中*为通配符，该参数只适用在自动获取 IP 地址的适配器上。

/setclassid adapter：配置指定的适配器的 DHCP 类别 ID。该参数只适用在自动获取 IP 地址的适配器上。

显示所有适配器的完整信息的命令为：

```
ipconfig/all
```

（2）netstat 命令

netstat 命令可以显示当前活动的 TCP 连接、计算机的侦听端口、以太网的统计信息、IP 路由表、IP 统计信息。

netstat 命令格式：

```
Netstat [-a] [-b] [-e] [-n] [-o] [-p proto] [-r] [-s] [-v] [interval]
```

各选项的含义如下：

-a：显示所有连接和监听端口。

-b：显示每个连接或监听端口的可执行组件。

-e：显示以太网统计信息，此选项可以与-s 选项组合使用。

-n：以数字形式显示地址和端口号。

-o：显示与每个连接相关的所属进程 ID。

-p proto：显示 proto 指定的协议的连接。proto 可以是下列协议之一：TCP、UDP、TCPv6、UDPv6。如果与-s 选项一起使用可以显示按协议的统计信息，proto 可以是下列协议之一：IP、IPv6、ICMP、ICMPv6、TCP、TCPv6、UDP 或 UDPv6。

-r：显示路由表。

-s：显示按协议的统计信息，默认显示 IP、IPv6、ICMP、ICMPv6、TCP、TCPv6、UDP 或 UDPv6 的统计信息。

-v：与-b 选项一起使用时显示包含为所有可执行组件创建连接或监听端口的组件。

Interval：重新显示选定的统计信息，每次显示之间暂停时间间隔（以秒为单位），按【Ctrl+C】组合键停止重新显示统计信息，如果省略，netstat 显示当前配置信息（只显示一次）。

显示以太网统计信息命令为：

```
netstat -e -s
```

显示所有活动的 TCP 连接和计算机侦听的 TCP 和 UDP 的端口，命令为：

```
netstat -a
```

（3）nbtstat 命令

nbtstat 命令可以基于 TCP/IP 的 netBIOS 协议统计资料、本地计算机和远程计算机的 netBIOS 名称表和 netBIOS 名称缓存，nbtstat 可以刷新 netBIOS 名称缓存和使用 Windows Internet 名称服务（WINS）注册的名称，nbtstat 命令的格式如下：

```
nbtstat [ [-a remotename] [-A ip address] [-c] [-n] [-r] [-R] [-RR] [-s] [-SS]
[interval] ]
```

-a remotename：显示远程计算机的 netBIOS 名称表，其中 remotename 是远程计算机名称。netBIOS 名称表是与运行在该计算机上的应用程序对应的 netBIOS 名称列表。

-A ip address：显示远程计算机的 netBIOS 名称表，由 IP 地址指定远程计算机。

-c：显示远程计算机的 NBT 的缓存内容。

-n：显示本地计算机的 netBIOS 名称表，其中 registered 的状态表说明表中的名称是通过广播或 WINS 服务器注册的。

-r：显示 netBIOS 名称解析统计资料。

-R：清除和重载 netBIOS 名称缓存的内容。

-RR：释放并刷新通过 WINS 服务器注册的本地计算机的 netBIOS 名称。

-s：显示 netBIOS 客户机和服务器会话，将目的 IP 地址转化为名称。

-S：显示 netBIOS 客户机和服务器会话，通过 IP 地址列出远程计算机。

interval：重新显示选择的统计资料，interval 的值为中断显示内容的秒数，按【Ctrl+C】组合键停止。如果省略，只显示一次当前的配置信息。

显示名为***的远程计算机的 netBIOS 名称列表，命令为：

```
nbtstat -a  ***
```

显示 IP 地址为******的远程计算机的 netBIOS 名称列表，命令为：

```
nbtstat -A  ******
```

显示本地的计算机的 netBIOS 名称列表，命令为：

```
nbtstat -n  *
```

3.8.4 IP 协议分析、IP 分片处理

1. 实验目的

① 了解 IP 数据报的格式。

② 理解本地网络如何实现 IP 数据报的分片处理。

2. 实验环境

① 网络环境下一台安装 Windows XP Professional SP3 操作系统的 PC。

② 软件：Wireshark。

3. 实验说明

（1）IP 协议概述

IP（Internet Protocol）网际协议，网络层协议，是 TCP/IP 协议栈中最为核心的协议，所有的 TCP、UDP、ICMP、IGMP 数据都以 IP 数据报格式传输。

由于链路层最大传输单元 MTU（Maximum Transmission Unit）的限制，如以太网的 MTU=1500，导致大于 MTU 的 IP 数据报需要进行分片、重组处理。

（2）IP 报文格式

IP 首部是 20 字节固定的字段和不定长度的选项，如图 3-87 所示。

<table>
<tr><td>版本</td><td>首部长度</td><td>服务类型</td><td colspan="2">总长度</td></tr>
<tr><td colspan="3">标识</td><td>标志</td><td>片偏移</td></tr>
<tr><td colspan="2">生存时间</td><td>协议</td><td colspan="2">首部检验和</td></tr>
<tr><td colspan="5">源 IP 地址</td></tr>
<tr><td colspan="5">目标 IP 地址</td></tr>
<tr><td colspan="4">选项</td><td>填充域</td></tr>
<tr><td colspan="5">数据</td></tr>
</table>

图 3-87　IP 数据报格式

部分字段的简要说明如下：

版本：4 位，IP 协议的版本号，4 为 IPv4。

首部长度：4 位，表示报文的首部长度，且以 32 位字节为单位，报头长度应当是 32 位的整数倍，如果不是，需在填充域加 0 凑齐。

服务类型：8 位，规定路由器如何处理该报文。

总长度：16 位，表示整个 IP 数据报的长度（其中包括首部和数据），以字节为单位。

标识：16 位，唯一地标识每个 IP 数据报。

标志：3 位，表示该数据报是否已经分片，是否是最后一片，如图 3-88 所示。

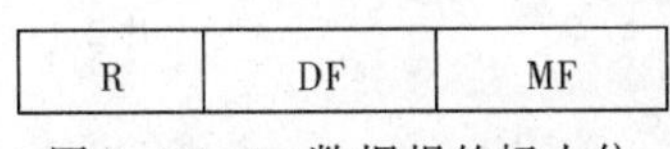

图 3-88　IP 数据报的标志位

- R：保留未用；
- DF：Don't Fragment，“不分片”位，如果将这一位置 1，IP 层将不对数据报进行分片；
- MF：More Fragment，“更多的片”，除了最后一片外，其他每个组成数据报的片都要把这一位置 1。

片偏移：13 位，表示本片数据在整个 IP 数据报中的相对位置，以 8 字节为单位，偏移的字节数是该值乘以 8。

生存时间：8 位，表示该数据报在网络中的生存时间，也就是用来设置数据报最多可以经过的路由数。由发送数据的源主机设置，通常为 32、64、128 等。每经过一个路由器，其值减 1，直到 0 时该数据报被丢弃。

协议：8 位，表示该数据报的上层协议类型。1 为 ICMP，2 为 IGMP，6 为 TCP，17 为 UDP。

首部检验和：16 位，首部校验和，不包括数据部分。

源 IP 地址：32 位，表示数据发送者的 IP 地址。

目标 IP 地址：32 位，表示数据接收者的 IP 地址。

选项：不定长度，主要用于控制和测试数据报。如记录路径、时间戳等。这些选项很少被使用，同时并不是所有主机和路由器都支持这些选项。选项字段的长度必须是 32 位的整数倍，如果不足，在填充字段必须填充 0 以达到此长度要求，IP 数据报选项由选项代码、选项长度和选项内容 3 部分组成。

（3）IP 分片、组装

在 IP 数据报首部中，与一个数据报的分片、组装相关的字段有标识字段、标志字段与片偏移字段。

标识（identification）字段：一个数据报的所有分片为同一个标识 ID 值。

标志（flags）字段：表示接收结点是不是能对数据报分片以及是否是最后一片。

片偏移（fragment offset）字段：表示该分片在整个数据报中的相对位置。

分片方法的例子，如图 3-89 所示。

4. 实验过程：

通过 Ping 命令捕获 IP 数据包并进行分析。

注意：系统 MTU=1 500 B。

（1）Ping 192.168.15.254 捕获 IP 数据包

不带参数的 Ping 命令，默认为向目标主机发送数据为 32 字节长度的 ICMP 回送请求报文，数据报如果顺利到达目标主机，则目标主机会返回一个回送响应报文，该报文会携带原始的数据。如果传输过程中出现错误，数据不能继续转发传输，则会向发送主机返回一个差错报文，告知发送主机数据传输过程中出现的问题。

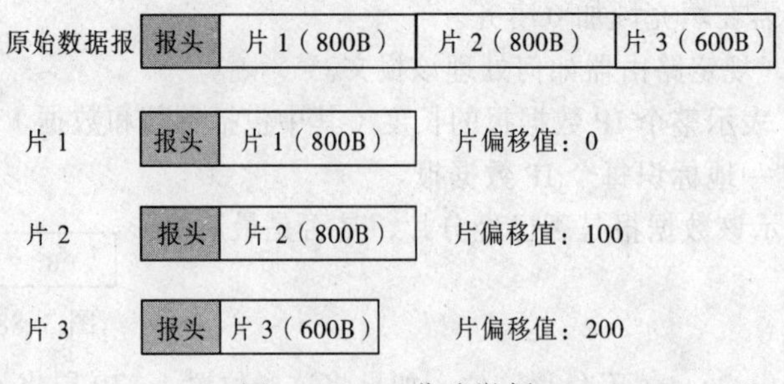

图 3-89　IP 分片举例

如图 3-90 所示，可以看出 Ping 命令，发送 4 个 ICMP 的 Request 报文，同时得到了 4 个成功的 Reply 报文。

图 3-90 所示为序号为 22 的报文的 IP 首部截图，详细说明如下：

版本号：值为 4，该字节中的高 4 位为 4，表示 IPv4。

首部长度：值为 5，该字节中的低 4 位为 5，表示报文的首部长度 5 个 32 位，即 20 字节。

服务类型：值为 00。

总长度：值为 00-3C（60），表示整个 IP 数据报的长度 60 字节。

标识：值为 1B-1A（6938），表示该 IP 数据报的编号。

标志、片偏移：值为 00-00，表示该数据报未分片，片偏移为 0。

生存时间：值为 80（128）。

协议：值为 01，表示该数据报的上层协议为 ICMP。

首部检验和：值为 9A-A9。

源 IP 地址：值为 C0-A8-01-AF（192.168.1.175）。

目的 IP 地址：值为 C0-A8-01-FE（192.168.1.254）。

```
No. -  Time       Source          Destination     Protocol Info
   23  9.905081   192.168.1.254   192.168.1.175   ICMP     Echo (ping) reply
   25 10.905513   192.168.1.175   192.168.1.254   ICMP     Echo (ping) request
   26 10.906142   192.168.1.254   192.168.1.175   ICMP     Echo (ping) reply
   28 11.905593   192.168.1.175   192.168.1.254   ICMP     Echo (ping) request
   29 11.906220   192.168.1.254   192.168.1.175   ICMP     Echo (ping) reply
   31 12.905564   192.168.1.175   192.168.1.254   ICMP     Echo (ping) request
   32 12.906192   192.168.1.254   192.168.1.175   ICMP     Echo (ping) reply

⊞ Frame 22 (74 bytes on wire, 74 bytes captured)
⊞ Ethernet II, Src: 00:19:db:c5:eb:3f (00:19:db:c5:eb:3f), Dst: Hangzhou_15:dd:be (00:0f:e2:15:dd:be)
⊟ Internet Protocol, Src: 192.168.1.175 (192.168.1.175), Dst: 192.168.1.254 (192.168.1.254)
    Version: 4
    Header length: 20 bytes
  ⊟ Differentiated Services Field: 0x00 (DSCP 0x00: Default; ECN: 0x00)
      0000 00.. = Differentiated Services Codepoint: Default (0x00)
      .... ..0. = ECN-Capable Transport (ECT): 0
      .... ...0 = ECN-CE: 0
    Total Length: 60
    Identification: 0x1b1a (6938)
  ⊟ Flags: 0x00
      0... = Reserved bit: Not set
      .0.. = Don't fragment: Not set
      ..0. = More fragments: Not set
    Fragment offset: 0
    Time to live: 128
    Protocol: ICMP (0x01)
  ⊟ Header checksum: 0x9aa9 [correct]
      [Good: True]
      [Bad : False]
    Source: 192.168.1.175 (192.168.1.175)
    Destination: 192.168.1.254 (192.168.1.254)
⊟ Internet Control Message Protocol
    Type: 8 (Echo (ping) request)
    Code: 0
    Checksum: 0x325c [correct]
    Identifier: 0x0200
    Sequence number: 0x1900
    Data (32 bytes)

0000  00 0f e2 15 dd be 00 19  db c5 eb 3f 08 00 45 00   ........ ...?..E.
0010  00 3c 1b 1a 00 00 80 01  9a a9 c0 a8 01 af c0 a8   .<...... ........
0020  01 fe 08 00 32 5c 02 00  19 00 61 62 63 64 65 66   ....2\.. ..abcdef
0030  67 68 69 6a 6b 6c 6d 6e  6f 70 71 72 73 74 75 76   ghijklmn opqrstuv
0040  77 61 62 63 64 65 66 67  68 69                     wabcdefg hi
```

图 3-90　ICMP 的请求报文

图 3-91 所示为 22 报文的响应报文 23，其 IP 首部数据详细说明如下：

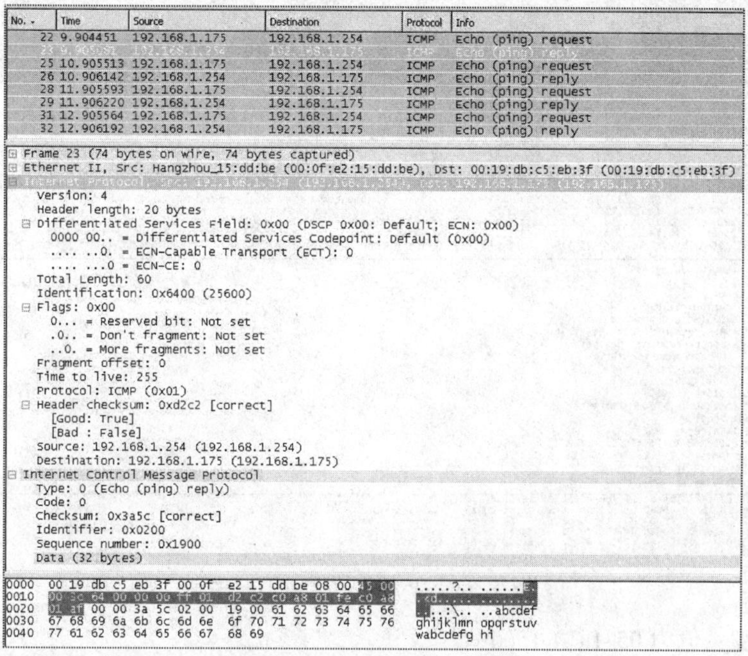

```
No. -  Time       Source          Destination     Protocol  Info
    22 9.904451   192.168.1.175   192.168.1.254   ICMP      Echo (ping) request
    25 10.905513  192.168.1.175   192.168.1.254   ICMP      Echo (ping) request
    26 10.906142  192.168.1.254   192.168.1.175   ICMP      Echo (ping) reply
    28 11.905593  192.168.1.175   192.168.1.254   ICMP      Echo (ping) request
    29 11.906220  192.168.1.254   192.168.1.175   ICMP      Echo (ping) reply
    31 12.905564  192.168.1.175   192.168.1.254   ICMP      Echo (ping) request
    32 12.906192  192.168.1.254   192.168.1.175   ICMP      Echo (ping) reply

⊞ Frame 23 (74 bytes on wire, 74 bytes captured)
⊞ Ethernet II, Src: Hangzhou_15:dd:be (00:0f:e2:15:dd:be), Dst: 00:19:db:c5:eb:3f (00:19:db:c5:eb:3f)
    Version: 4
    Header length: 20 bytes
  ⊟ Differentiated Services Field: 0x00 (DSCP 0x00: Default; ECN: 0x00)
      0000 00.. = Differentiated Services Codepoint: Default (0x00)
      .... ..0. = ECN-Capable Transport (ECT): 0
      .... ...0 = ECN-CE: 0
    Total Length: 60
    Identification: 0x6400 (25600)
  ⊟ Flags: 0x00
      0... = Reserved bit: Not set
      .0.. = Don't fragment: Not set
      ..0. = More fragments: Not set
    Fragment offset: 0
    Time to live: 255
    Protocol: ICMP (0x01)
  ⊟ Header checksum: 0xd2c2 [correct]
      [Good: True]
      [Bad : False]
    Source: 192.168.1.254 (192.168.1.254)
    Destination: 192.168.1.175 (192.168.1.175)
⊟ Internet Control Message Protocol
    Type: 0 (Echo (ping) reply)
    Code: 0
    Checksum: 0x3a5c [correct]
    Identifier: 0x0200
    Sequence number: 0x1900
    Data (32 bytes)

0000  00 19 db c5 eb 3f 00 0f  e2 15 dd be 08 00 45 00   .....?.. ......E.
0010  00 3c 64 00 00 00 ff 01  d2 c2 c0 a8 01 fe c0 a8   .<d..... ........
0020  01 af 00 00 3a 5c 02 00  19 00 61 62 63 64 65 66   ....:\.. ..abcdef
0030  67 68 69 6a 6b 6c 6d 6e  6f 70 71 72 73 74 75 76   ghijklmn opqrstuv
0040  77 61 62 63 64 65 66 67  68 69                     wabcdefg hi
```

图 3-91　ICMP 的响应报文

版本号：值为 4，该字节中的高 4 位为 4，表示 IPv4。

首部长度：值为 5，该字节中的低 4 位为 5，表示报文的首部长度 5 个 32 位，即 20 字节。

服务类型：值为 00。

总长度：值为 00-3C（60），表示整个 IP 数据报的长度 60 字节。

标识：值为 1B-1A（6938），表示该 IP 数据报的编号。

标志、片偏移：值为 00-00，表示该数据报未分片，片偏移 0。

生存时间：值为 FF（255）。

协议：值为 01，表示该数据报的上层协议为 ICMP。

首部检验和：值为 D2-C2。

源 IP 地址：值为 C0-A8-01-FE（192.168.1.254）。

目的 IP 地址：值为 C0-A8-01-AF（192.168.1.175）。

（2）Ping　Ping-e 4000 192.168.1.254 l 4000 192.168.1.254 捕获 IP 数据包（4 000>MTU=1 500，需要分片）

由于 Ping 发送的数据包为 4 000 字节，而以太网的最大传输单元 MTU 是 1 500 字节，所以需要将该数据报，分为 3 片。序号 9-11，12-14，18-20，21-23，24-26，27-29，31-33，34-36 24 帧数据分别为每数据包的三个分片。下面主要分析 9-10 帧数据中与分片有关的字段。

图 3-92 所示为序号 9 帧数据的解包。

```
No.  Time       Source          Destination     Protocol  Info
  10 4.344988   192.168.1.175   192.168.1.254   IP        Fragmented IP protocol (proto=ICMP 0x01, off=1480) [Reassembled in #11]
  11 4.344993   192.168.1.175   192.168.1.254   ICMP      Echo (ping) request
  12 4.351884   192.168.1.254   192.168.1.175   IP        Fragmented IP protocol (proto=ICMP 0x01, off=0) [Reassembled in #14]
  13 4.352005   192.168.1.254   192.168.1.175   IP        Fragmented IP protocol (proto=ICMP 0x01, off=1480) [Reassembled in #14]
  14 4.352093   192.168.1.254   192.168.1.175   ICMP      Echo (ping) reply
  18 5.345450   192.168.1.175   192.168.1.254   IP        Fragmented IP protocol (proto=ICMP 0x01, off=0) [Reassembled in #20]
  19 5.345465   192.168.1.175   192.168.1.254   IP        Fragmented IP protocol (proto=ICMP 0x01, off=1480) [Reassembled in #20]
  20 5.345470   192.168.1.175   192.168.1.254   ICMP      Echo (ping) request
  21 5.352363   192.168.1.254   192.168.1.175   IP        Fragmented IP protocol (proto=ICMP 0x01, off=0) [Reassembled in #23]
  22 5.352486   192.168.1.254   192.168.1.175   IP        Fragmented IP protocol (proto=ICMP 0x01, off=1480) [Reassembled in #23]
  23 5.352574   192.168.1.254   192.168.1.175   ICMP      Echo (ping) reply
  24 6.345466   192.168.1.175   192.168.1.254   IP        Fragmented IP protocol (proto=ICMP 0x01, off=0) [Reassembled in #26]
  25 6.345480   192.168.1.175   192.168.1.254   IP        Fragmented IP protocol (proto=ICMP 0x01, off=1480) [Reassembled in #26]
  26 6.345484   192.168.1.175   192.168.1.254   ICMP      Echo (ping) request
  27 6.352393   192.168.1.254   192.168.1.175   IP        Fragmented IP protocol (proto=ICMP 0x01, off=0) [Reassembled in #29]
  28 6.352514   192.168.1.254   192.168.1.175   IP        Fragmented IP protocol (proto=ICMP 0x01, off=1480) [Reassembled in #29]
  29 6.352602   192.168.1.254   192.168.1.175   ICMP      Echo (ping) reply
  31 7.345489   192.168.1.175   192.168.1.254   IP        Fragmented IP protocol (proto=ICMP 0x01, off=0) [Reassembled in #33]
  32 7.345502   192.168.1.175   192.168.1.254   IP        Fragmented IP protocol (proto=ICMP 0x01, off=1480) [Reassembled in #33]
  33 7.345507   192.168.1.175   192.168.1.254   ICMP      Echo (ping) request
  34 7.352387   192.168.1.254   192.168.1.175   IP        Fragmented IP protocol (proto=ICMP 0x01, off=0) [Reassembled in #36]
  35 7.352508   192.168.1.254   192.168.1.175   IP        Fragmented IP protocol (proto=ICMP 0x01, off=1480) [Reassembled in #36]
  36 7.352596   192.168.1.254   192.168.1.175   ICMP      Echo (ping) reply

    Header length: 20 bytes
    Total Length: 1500
    Identification: 0x1b16 (6934)
  ⊟ Flags: 0x02 (More Fragments)
      0... = Reserved bit: Not set
      .0.. = Don't fragment: Not set
      ..1. = More fragments: Set
    Fragment offset: 0
    Time to live: 128
    Protocol: ICMP (0x01)
  ⊟ Header checksum: 0x750d [correct]
      [Good: True]
      [Bad : False]
    Source: 192.168.1.175 (192.168.1.175)
    Destination: 192.168.1.254 (192.168.1.254)
    Reassembled IP in frame: 11
  Data (1480 bytes)

0000  00 0f e2 15 dd be 00 19  db c5 eb 3f 08 00 45 00   ........ ...?..E.
0010  05 dc 1b 16 20 00 80 01  75 0d c0 a8 01 af c0 a8   .... ... u.......
0020  01 fe 08 00 db fb 02 00  15 00 61 62 63 64 65 66   ........ ..abcdef
0030  67 68 69 6a 6b 6c 6d 6e  6f 70 71 72 73 74 75 76   ghijklmn opqrstuv
0040  77 61 62 63 64 65 66 67  68 69 6a 6b 6c 6d 6e 6f   wabcdefg hijklmno
```

图 3-92　IP 分片数据包第一片

数据报长度：值为 05-DC（1500）。

标识号：值为 1B-16（6934）。

标识、片偏移：值为 20-00（DF=0，MF=1，偏移 00）。

图 3-93 所示为序号 10 帧数据的解包。

数据报长度：值为 05-DC（1500）。

标识号：值为 1B-16（6934）。

标识、片偏移：值为 20-B9（DF=0，MF=1，片偏移=B9(185)×8=1 480 字节）。

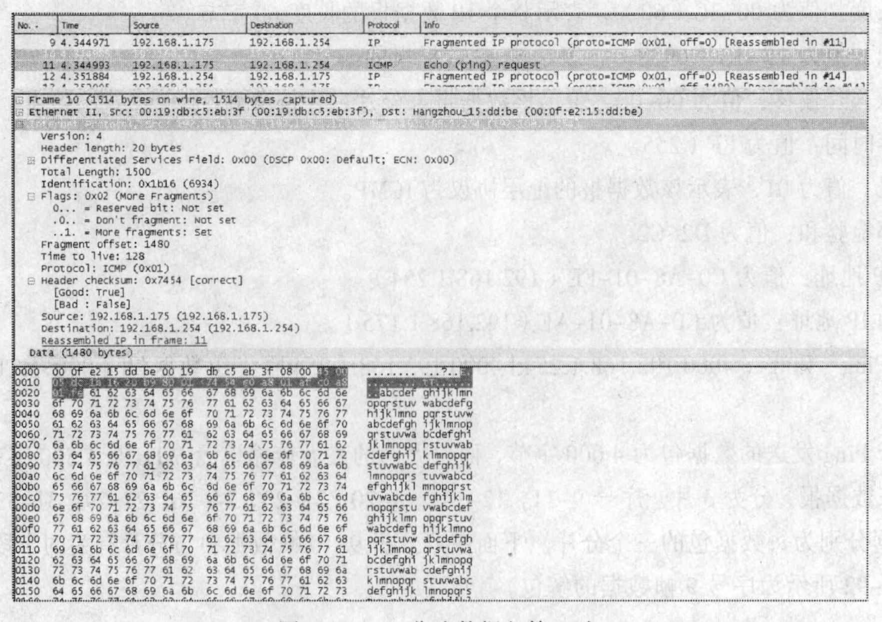

图 3-93　IP 分片数据包第二片

图 3-94 所示为序号 11 帧数据的解包。

数据报长度：值为 04-2C（1068）。

标识号：值为 1B-16（6934）。

标识：值为 01-72（DF=0，MF=0，片偏移=0x172（370）×8=2 960 字节）表示最后一个分片。

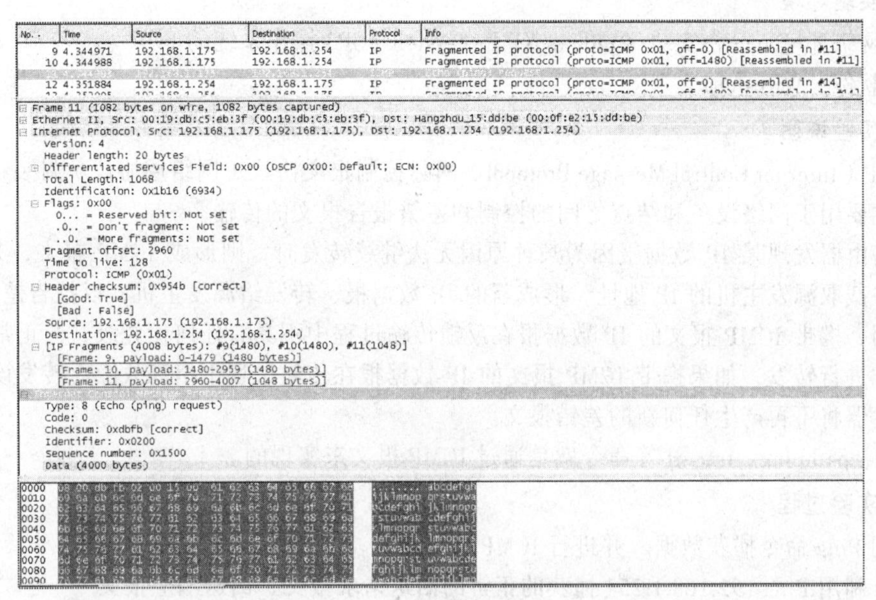

图 3-94　IP 分片数据包第三片

以上分析可得出数据报的分片与标识、标志与片偏移的关系（见图 3-95）。

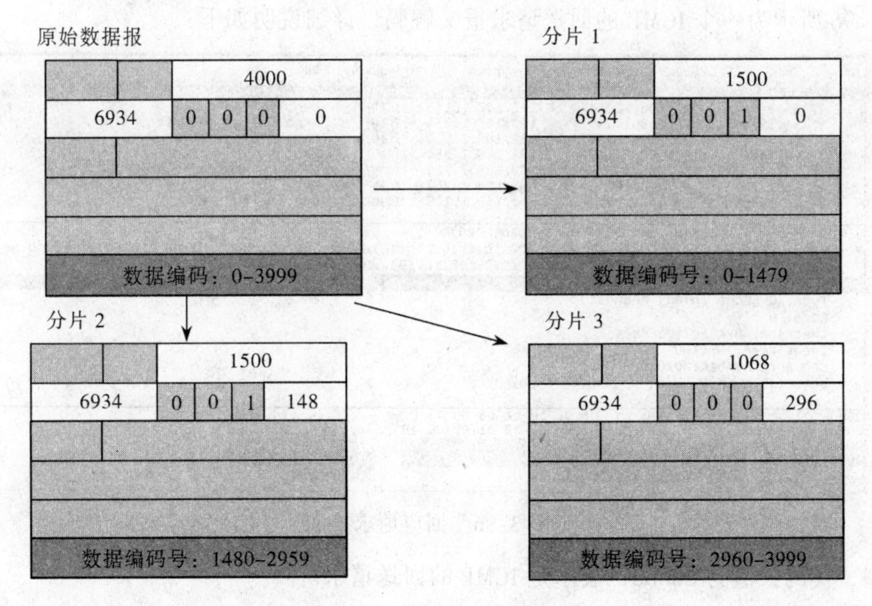

图 3-95　IP 分片的逻辑图

3.8.5 ICMP 协议分析

1．实验目的

掌握 ICMP 协议的原理。

2．实验环境

① 网络环境下一台安装 Windows XP Professional SP3 操作系统的 PC。

② 软件：Wireshark。

3．实验说明

ICMP（Internet Control Message Protocol）网际控制报文协议（网络层协议）封装在 IP 数据报中，主要用于网络设备和结点之间的控制和差错报告报文的传输。

当路由器发现某 IP 数据报因为某种原因无法继续转发时，则形成 ICMP 报文，并从该 IP 数据报中截取源发主机的 IP 地址，形成新的 IP 数据报，转发给源发主机，以报告差错的发生及其原因，携带 ICMP 报文的 IP 数据报在反馈传输过程中不具有任何优先级，与正常的 IP 数据报一样进行转发，如果携带 ICMP 报文的 IP 数据报在传输过程中出现故障，转发该 IP 数据报的路由器将不再产生任何新的差错报文。

ping、pathping、tracert 等命令就是通过 ICMP 报文来实现的。

4．实验过程

利用 Ping 命令捕获数据，并进行 ICMP 报文分析。

（1）利用 Ping 192.168.1.254 捕获的正常的回送请求报文、回送响应报文

图 3-96 所示为 Ping 192.168.1.254 的截图，可以看出源主机（IP 地址 192.168.1.159）发送 4 个请求报文，目标主机（IP 地址 192.168.1.254）返回 4 个响应报文。

图 3-96 所示为一个 ICMP 的回送请求报文解码，详细说明如下：

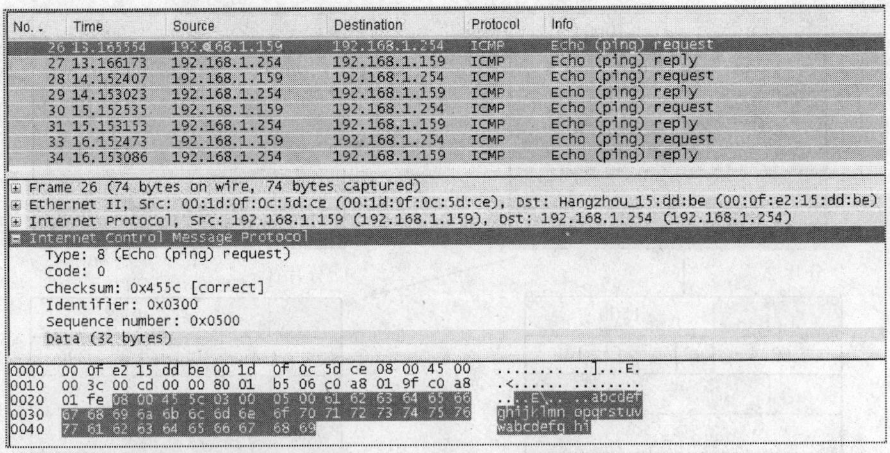

```
No. Time        Source         Destination    Protocol Info
 26 13.165554   192.168.1.159  192.168.1.254  ICMP     Echo (ping) request
 27 13.166173   192.168.1.254  192.168.1.159  ICMP     Echo (ping) reply
 28 14.152407   192.168.1.159  192.168.1.254  ICMP     Echo (ping) request
 29 14.153023   192.168.1.254  192.168.1.159  ICMP     Echo (ping) reply
 30 15.152535   192.168.1.159  192.168.1.254  ICMP     Echo (ping) request
 31 15.153153   192.168.1.254  192.168.1.159  ICMP     Echo (ping) reply
 33 16.152473   192.168.1.159  192.168.1.254  ICMP     Echo (ping) request
 34 16.153086   192.168.1.254  192.168.1.159  ICMP     Echo (ping) reply

+ Frame 26 (74 bytes on wire, 74 bytes captured)
+ Ethernet II, Src: 00:1d:0f:0c:5d:ce (00:1d:0f:0c:5d:ce), Dst: Hangzhou_15:dd:be (00:0f:e2:15:dd:be)
+ Internet Protocol, Src: 192.168.1.159 (192.168.1.159), Dst: 192.168.1.254 (192.168.1.254)
- Internet Control Message Protocol
    Type: 8 (Echo (ping) request)
    Code: 0
    Checksum: 0x455c [correct]
    Identifier: 0x0300
    Sequence number: 0x0500
    Data (32 bytes)

0000  00 0f e2 15 dd be 00 1d  0f 0c 5d ce 08 00 45 00   ........ ..]...E.
0010  00 3c 00 cd 00 00 80 01  b5 06 c0 a8 01 9f c0 a8   .<...... ........
0020  01 fe 08 00 45 5c 03 00  05 00 61 62 63 64 65 66   ....E\.. ..abcdef
0030  67 68 69 6a 6b 6c 6d 6e  6f 70 71 72 73 74 75 76   ghijklmn opqrstuv
0040  77 61 62 63 64 65 66 67  68 69                     wabcdefg hi
```

图 3-96　回应请求报文

类型、代码：值为 08-00，表示是 ICMP 的回送请求。

检验和：值为 45-5C。

标识号：值为 03-00。

序列号：值为 05-00。

ICMP 数据：值为 61-62-63..67-68-69，32 个字节，内容为 abcdefghijklmnopqrstuvwabcdefghi。

图 3-97 所示为一个 ICMP 的回送响应报文的解码，详细说明如下：

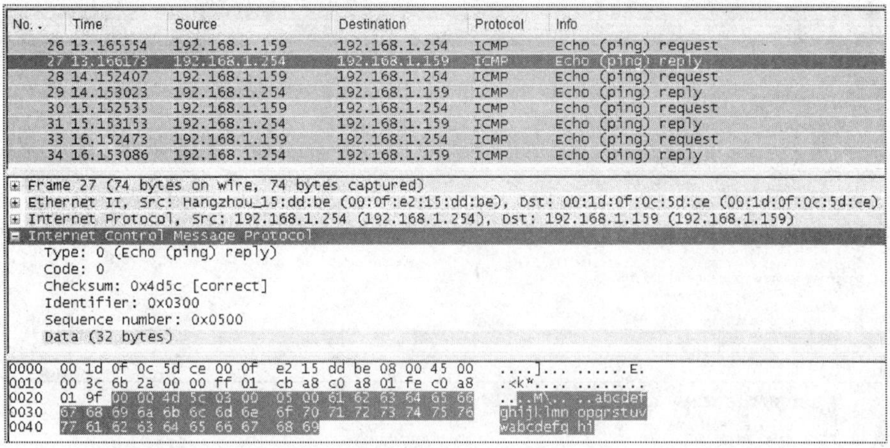

```
No. .  Time       Source         Destination    Protocol  Info
    26 13.165554  192.168.1.159  192.168.1.254  ICMP      Echo (ping) request
    27 13.166173  192.168.1.254  192.168.1.159  ICMP      Echo (ping) reply
    28 14.152407  192.168.1.159  192.168.1.254  ICMP      Echo (ping) request
    29 14.153023  192.168.1.254  192.168.1.159  ICMP      Echo (ping) reply
    30 15.152535  192.168.1.159  192.168.1.254  ICMP      Echo (ping) request
    31 15.153153  192.168.1.254  192.168.1.159  ICMP      Echo (ping) reply
    33 16.152473  192.168.1.159  192.168.1.254  ICMP      Echo (ping) request
    34 16.153086  192.168.1.254  192.168.1.159  ICMP      Echo (ping) reply

+ Frame 27 (74 bytes on wire, 74 bytes captured)
+ Ethernet II, Src: Hangzhou_15:dd:be (00:0f:e2:15:dd:be), Dst: 00:1d:0f:0c:5d:ce (00:1d:0f:0c:5d:ce)
+ Internet Protocol, Src: 192.168.1.254 (192.168.1.254), Dst: 192.168.1.159 (192.168.1.159)
- Internet Control Message Protocol
    Type: 0 (Echo (ping) reply)
    Code: 0
    Checksum: 0x4d5c [correct]
    Identifier: 0x0300
    Sequence number: 0x0500
    Data (32 bytes)

0000  00 1d 0f 0c 5d ce 00 0f  e2 15 dd be 08 00 45 00   ....]... ......E.
0010  00 3c 6b 2a 00 00 ff 01  cb a8 c0 a8 01 fe c0 a8   .<k*.... ........
0020  01 9f 00 00 4d 5c 03 00  05 00 61 62 63 64 65 66   ....M\.. ..abcdef
0030  67 68 69 6a 6b 6c 6d 6e  6f 70 71 72 73 74 75 76   ghijklmn opqrstuv
0040  77 61 62 63 64 65 66 67  68 69                     wabcdefg hi
```

图 3-97　回送回应报文

类型、代码：值为 00-00，表示 ICMP 回送响应。

检验和：值为 4D-5C。

标识号：值为 03-00，与上述 ICMP 回送请求报文标识号相同，说明是上述请求报文的响应报文。

序列号：值为 05-00。

ICMP 数据：32 个字节，内容同发送报文的内容 abcdefghijklmnopqrstuvwabcdefghi。

另外通过分析捕获到的其余 ICMP 报文，可以看到同一个 Ping 命令的 8 个报文的标识号一致（0x0300），每 2 个相应的报文序列号一致。序号 26、27 报文序列号为 0x0500，序号 28、29 报文序列号为 0x0600，序号 30、31 报文序列号为 0x0700，序号 33、34 报文序列号为 0x0800。

（2）利用 Ping –i 2 192.168.124.253 命令抓取超时报文（见图 9–98）

注意：本机到 192.168.124.253 之间有 3 个路由器。

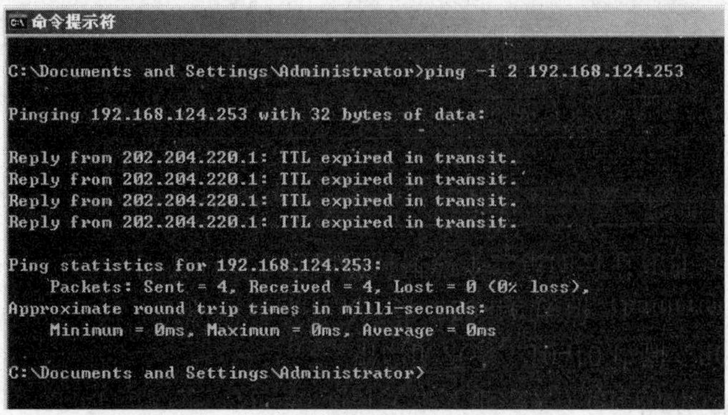

```
命令提示符

C:\Documents and Settings\Administrator>ping -i 2 192.168.124.253

Pinging 192.168.124.253 with 32 bytes of data:

Reply from 202.204.220.1: TTL expired in transit.
Reply from 202.204.220.1: TTL expired in transit.
Reply from 202.204.220.1: TTL expired in transit.
Reply from 202.204.220.1: TTL expired in transit.

Ping statistics for 192.168.124.253:
    Packets: Sent = 4, Received = 4, Lost = 0 (0% loss),
Approximate round trip times in milli-seconds:
    Minimum = 0ms, Maximum = 0ms, Average = 0ms

C:\Documents and Settings\Administrator>
```

图 3–98　Ping –i 2 192.168.124.253 结果

从图 3–99 中，可以看到，源主机发送 4 个请求报文，而得到了 4 个 TTL 超时报文。对于发送报文与上述发送报文类似，下面我们主要分析超时报文。

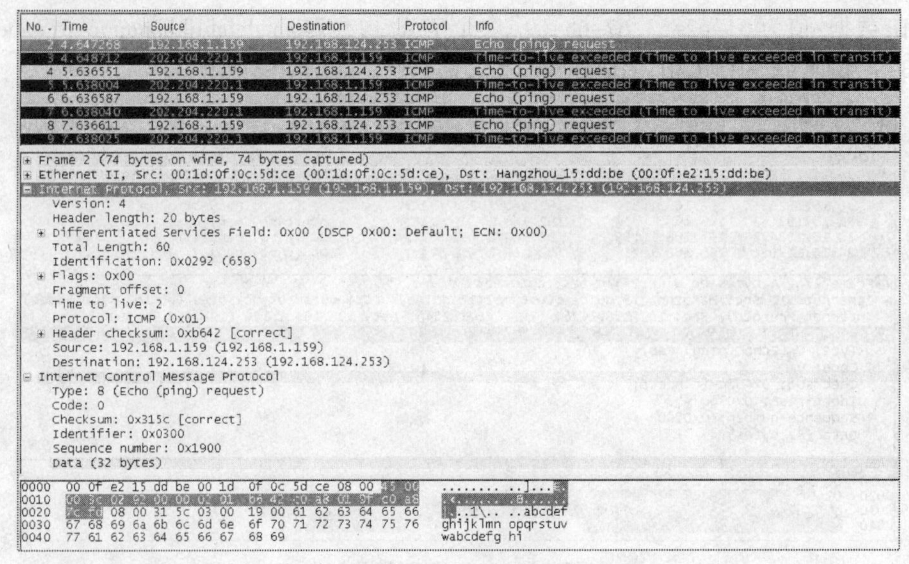

图 3-99 请求报文

图 3-100 所示为一个 ICMP 的超时响应报文（time exceeded）的解码，详细说明如下：

类型、代码：值为 0B-00，表示是 ICMP 的超时响应报文。

检验和：值为 CE-61。

保留：4 个字节，填充 00。

ICMP 数据：28 个字节（45-00-00-3C-…08-00-02-9E-03-00-19-00）。与前述的截图对比，这 28 个字节，正好是对应的请求报文 IP 首部 20 个字节+IP 数据前 8 字节（也就是请求报文的 ICMP 首部 8 字节）。

```
No. Time        Source          Destination      Protocol Info
  2 4.647268    192.168.1.159   192.168.124.253  ICMP     Echo (ping) request
  3 4.648712    202.204.220.1   192.168.1.159    ICMP     Time-to-live exceeded (Time to live exceeded in transit)
  4 5.636551    192.168.1.159   192.168.124.253  ICMP     Echo (ping) request
  5 5.638004    202.204.220.1   192.168.1.159    ICMP     Time-to-live exceeded (Time to live exceeded in transit)
  6 6.636587    192.168.1.159   192.168.124.253  ICMP     Echo (ping) request
  7 6.638040    202.204.220.1   192.168.1.159    ICMP     Time-to-live exceeded (Time to live exceeded in transit)
  8 7.636611    192.168.1.159   192.168.124.253  ICMP     Echo (ping) request
  9 7.638025    202.204.220.1   192.168.1.159    ICMP     Time-to-live exceeded (Time to live exceeded in transit)

+ Frame 3 (70 bytes on wire, 70 bytes captured)
+ Ethernet II, Src: Hangzhou_15:dd:be (00:0f:e2:15:dd:be), Dst: 00:1d:0f:0c:5d:ce (00:1d:0f:0c:5d:ce)
+ Internet Protocol, Src: 202.204.220.1 (202.204.220.1), Dst: 192.168.1.159 (192.168.1.159)
- Internet Control Message Protocol
    Type: 11 (Time-to-live exceeded)
    Code: 0 (Time to live exceeded in transit)
    Checksum: 0xce61 [correct]
  + Internet Protocol, Src: 192.168.1.159 (192.168.1.159), Dst: 192.168.124.253 (192.168.124.253)
  - Internet Control Message Protocol
      Type: 8 (Echo (ping) request)
      Code: 0
      Checksum: 0x029e [incorrect, should be 0xdbff]
      Identifier: 0x0300
      Sequence number: 0x1900

0000  00 1d 0f 0c 5d ce 00 0f  e2 15 dd be 08 00 45 00   ....]... ......E.
0010  00 38 e6 7e 00 00 3f 01  2c 31 ca cc dc 01 c0 a8   .8.~..?. ,1......
0020  01 9f 0b 00 ce 61 00 00  00 00 45 00 00 3c 02 92   .....a.. ..E..<..
0030  00 00 01 01 b7 42 c0 a8  01 9f c0 a8 7c fd 08 00   .....B.. ....|...
0040  02 9e 03 00 19 00                                  ......
```

图 3-100 超时响应报文

3.8.6 TCP 协议分析

1. 实验目的

① 掌握 TCP 协议的原理。

② 掌握 TCP 报文的格式。

③ 了解 TCP 连接的建立和释放过程。

2. 实验环境

① 网络环境下一台安装 Windows XP Professional SP3 操作系统的 PC。

② 软件：Wireshark。

3. 实验说明

只要应用层使用到传输层 TCP 协议的应用，都可以捕获 TCP 数据包，如 http、ftp、telnet，本实验采用访问 FTP 服务器来获得 TCP 报文。

4. 实验过程

以下是通过浏览器访问 ftp://192.168.1.130 文件服务器，利用网络监视器捕获的数据。

（1）TCP 连接（三次握手）和第一次数据传输

三次握手的目的是建立通信双方传输链路的逻辑连接，使数据段的发送和接收同步。同时也向其他主机表明其一次可接收的数据量（窗口大小）。

图 3-101 所示为 TCP 连接的第一个数据包的内容，详细说明如下：

源端口：值为 05-29（1321）。

目标端口：值为 00-15（21）。

序列号：值为 74-F6-A4-41。

确认号：值为 00-00-00-00（0）。

首部长度：值为 70（28 个字节）。

标识符：值为 02（00000010，其中 SYN 置 1，表示为握手报文，请求和对方建立连接请求）。

窗口大小：值为 FF-FF（65535）。

检验和：值为 E0-25。

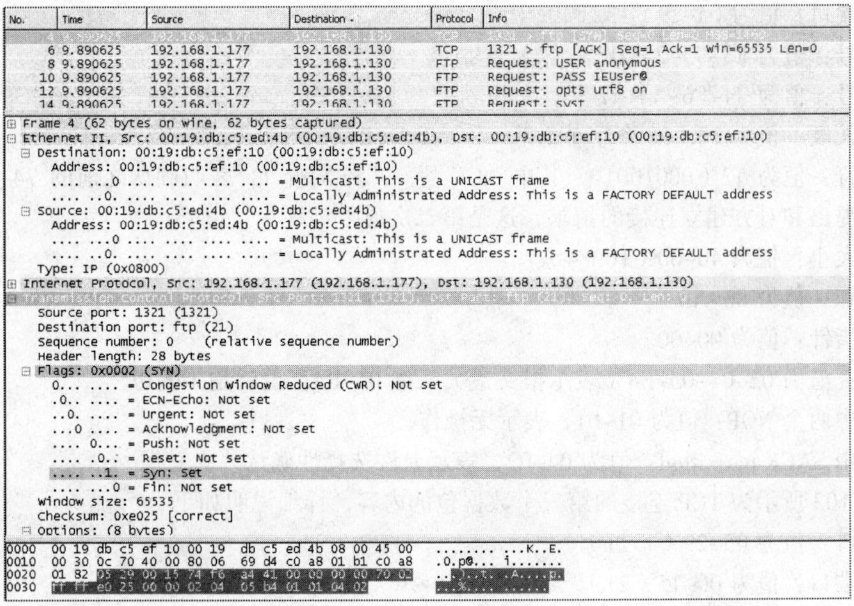

```
No.  Time      Source         Destination    Protocol Info
[illegible]
  6 9.890625   192.168.1.177  192.168.1.130  TCP      1321 > ftp [ACK] Seq=1 Ack=1 Win=65535 Len=0
  8 9.890625   192.168.1.177  192.168.1.130  FTP      Request: USER anonymous
 10 9.890625   192.168.1.177  192.168.1.130  FTP      Request: PASS IEUser@
 12 9.890625   192.168.1.177  192.168.1.130  FTP      Request: opts utf8 on
 14 9.890625   192.168.1.177  192.168.1.130  FTP      Request: SYST
⊞ Frame 4 (62 bytes on wire, 62 bytes captured)
⊟ Ethernet II, Src: 00:19:db:c5:ed:4b (00:19:db:c5:ed:4b), Dst: 00:19:db:c5:ef:10 (00:19:db:c5:ef:10)
  ⊟ Destination: 00:19:db:c5:ef:10 (00:19:db:c5:ef:10)
      Address: 00:19:db:c5:ef:10 (00:19:db:c5:ef:10)
      .... ...0 .... .... .... .... = Multicast: This is a UNICAST frame
      .... ..0. .... .... .... .... = Locally Administrated Address: This is a FACTORY DEFAULT address
  ⊟ Source: 00:19:db:c5:ed:4b (00:19:db:c5:ed:4b)
      Address: 00:19:db:c5:ed:4b (00:19:db:c5:ed:4b)
      .... ...0 .... .... .... .... = Multicast: This is a UNICAST frame
      .... ..0. .... .... .... .... = Locally Administrated Address: This is a FACTORY DEFAULT address
    Type: IP (0x0800)
⊞ Internet Protocol, Src: 192.168.1.177 (192.168.1.177), Dst: 192.168.1.130 (192.168.1.130)
⊟ [illegible]
    Source port: 1321 (1321)
    Destination port: ftp (21)
    Sequence number: 0    (relative sequence number)
    Header length: 28 bytes
  ⊟ Flags: 0x0002 (SYN)
      0... .... = Congestion Window Reduced (CWR): Not set
      .0.. .... = ECN-Echo: Not set
      ..0. .... = Urgent: Not set
      ...0 .... = Acknowledgment: Not set
      .... 0... = Push: Not set
      .... .0.. = Reset: Not set
      .... ..1. = Syn: Set
      .... ...0 = Fin: Not set
    Window size: 65535
    Checksum: 0xe025 [correct]
  ⊟ Options: (8 bytes)
0000  00 19 db c5 ef 10 00 19  db c5 ed 4b 08 00 45 00   ........ ...K..E.
0010  00 30 0c 70 40 00 80 06  69 d4 c0 a8 01 b1 c0 a8   .0.p@... i.......
0020  01 82 05 29 00 15 74 f6  a4 41 00 00 00 00 70 02   ...)..t. .A....p.
0030  ff ff e0 25 00 00 02 04  05 b4 01 01 04 02         ...%.... ......
```

图 3-101 “第一次握手”过程

紧急指针：值为 00-00。

选项：值为 02-04-05-B4（表示报文最大长度 05-B4，也就是 1460）。

选项中两个 NOP：值为 01-01，表示无操作。

选项中 SACK permitted：值为 04-02，表示允许选择性确认。

图 3-102 所示为 TCP 连接的第二个数据包的内容，详细说明如下：

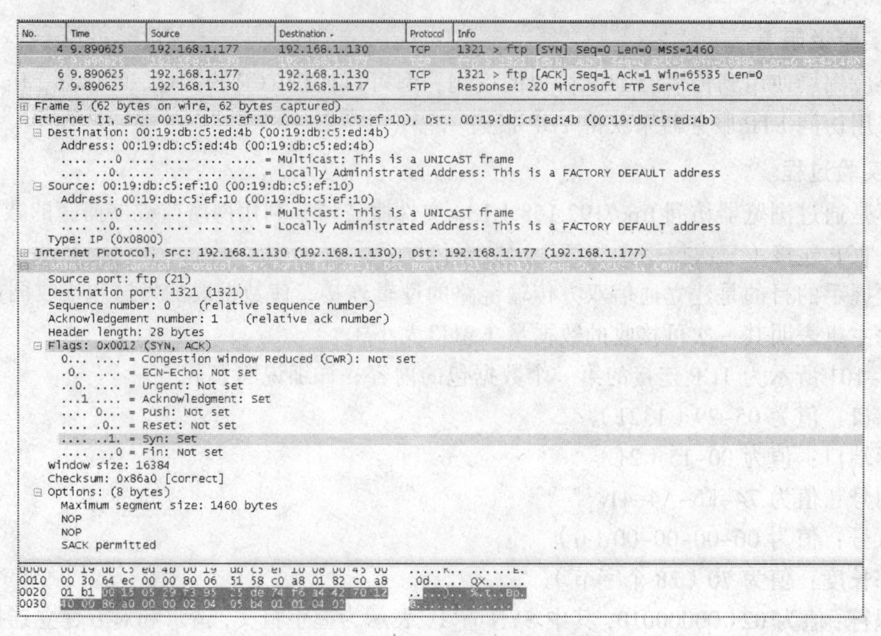

图 3-102 “第二次握手”过程

源端口：值为 00-15（21）。

目标端口：值为 05-29（1321）。

序列号：值为 F3-95-25-DE。

确认号：值为 74-F6-A4-42。

头部长度：值为 70（28 个字节）。

标识符：值为 12（00010010，其中 ACK 置 1，SYN 置 1，表明确认之前的 74-F6-A4-41 报文，并提出和对方建立连接的请求，这是第二次握手过程）。

窗口大小：值为 40-00（16384）。

检验和：值为 86-A0。

紧急指针：值为 00-00。

选项：值为 02-04-05-B4（表示报文最大长度 05-B4，也就是 1460）。

选项中两个 NOP：值为 01-01，表示无操作。

选项中 SACK permitted：值为 04-02，表示允许选择性确认。

图 3-103 所示为 TCP 连接的第三个数据包的内容，详细说明如下：

源端口：值为 05-29（1321）。

目标端口：值为 00-15（21）。

序列号：值为 74-F6-A4-42。

确认号：值为 F3-95-25-DF。

头部长度：值为 50（20 个字节）。

标识符：值为 10（00010000，其中 ACK 置 1，同意和对方的连接建立，第三次握手过程）。
窗口大小：值为 FF-FF（65535）。
检验和：值为 F3-64。
紧急指针：值为 00-00。

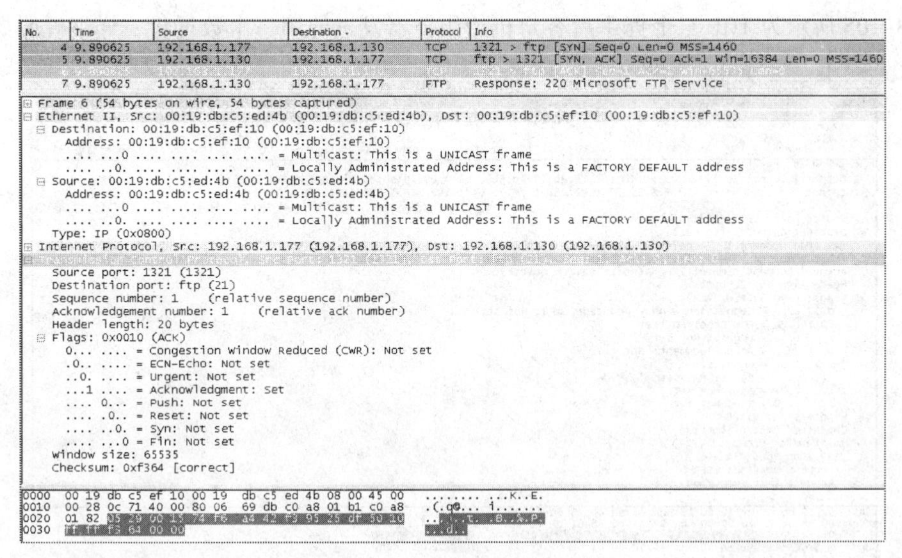

图 3-103　“第三次握手”过程

图 3-104 所示为 TCP 三个握手后服务器给客户机发送的第一个数据包，详细说明如下：
源端口：值为 00-15（21）。
目标端口：值为 05-29（1321）。
序列号：值为 F3-95-25-DF。
确认号：值为 74-F6-A4-42。

```
No. Time Source Destination Protocol Info
4 9.890625 192.168.1.177 192.168.1.130 TCP 1321 > ftp [SYN] Seq=0 Len=0 MSS=1460
5 9.890625 192.168.1.130 192.168.1.177 TCP ftp > 1321 [SYN, ACK] Seq=0 Ack=1 Win=16384 Len=0 MSS=1460
6 9.890625 192.168.1.177 192.168.1.130 TCP 1321 > ftp [ACK] Seq=1 Ack=1 Win=65535 Len=0
Frame 7 (81 bytes on wire, 81 bytes captured)
Ethernet II, Src: 00:19:db:c5:ef:10 (00:19:db:c5:ef:10), Dst: 00:19:db:c5:ed:4b (00:19:db:c5:ed:4b)
Internet Protocol, Src: 192.168.1.130 (192.168.1.130), Dst: 192.168.1.177 (192.168.1.177)
  Source port: ftp (21)
  Destination port: 1321 (1321)
  Sequence number: 1    (relative sequence number)
  [Next sequence number: 28    (relative sequence number)]
  Acknowledgement number: 1    (relative ack number)
  Header length: 20 bytes
  Flags: 0x0018 (PSH, ACK)
    0... .... = Congestion Window Reduced (CWR): Not set
    .0.. .... = ECN-Echo: Not set
    ..0. .... = Urgent: Not set
    ...1 .... = Acknowledgment: Set
    .... 1... = Push: Set
    .... .0.. = Reset: Not set
    .... ..0. = Syn: Not set
    .... ...0 = Fin: Not set
  Window size: 65535
  Checksum: 0x5858 [correct]
File Transfer Protocol (FTP)
  220 Microsoft FTP Service\r\n
    Response code: Service ready for new user (220)
    Response arg: Microsoft FTP Service
0000  00 19 db c5 ed 4b 00 19  db c5 ef 10 08 00 45 00   .....K.. ......E.
0010  00 43 64 ed 40 00 80 06  11 44 c0 a8 01 82 c0 a8   .Cd.@... .D......
0020  01 b1 00 15 05 29 f3 95  25 df 74 f6 a4 42 50 18
0030  ff ff 58 58 00 00 32 32  30 20 4d 69 63 72 6f 73   ......22 0 Micros
0040  6f 66 74 20 46 54 50 20  53 65 72 76 69 63 65 0d   oft FTP  Service.
0050  0a                                                 .
```

图 3-104　服务器给客户机发送的第一个数据包内容

头部长度：值为 50（20 个字节）。
标识符：值为 18（00011000，其中 ACK 置 1，PSH 置 1，向主机推送此数据报的数据）。

窗口大小：值为 FF-FF（65535）。

检验和：值为 58-58。

紧急指针：值为 00-00。

应用层 FTP 的数据：28 个数据。32-32-30-2063-65-0D-0A。

图 3-105 所示为 TCP 三个握手后客户机给服务器发送的第一个数据包，详细说明如下：

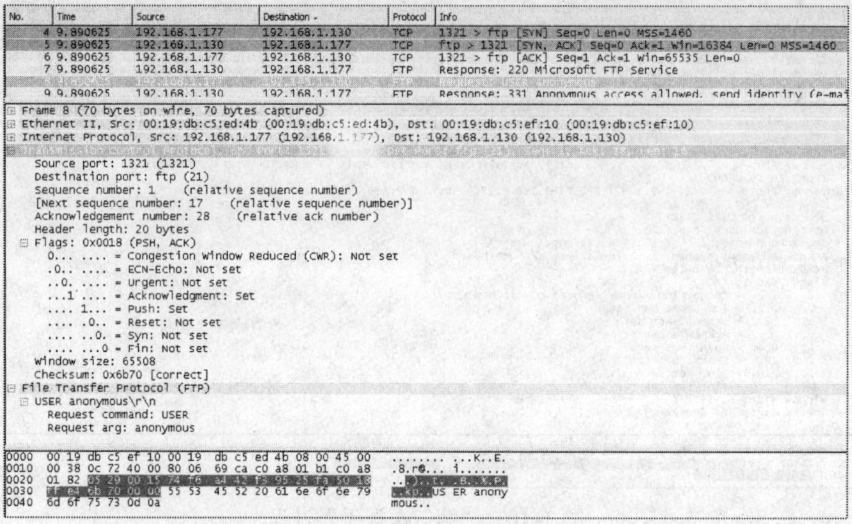

```
No.  Time        Source          Destination     Protocol  Info
  4  9.890625    192.168.1.177   192.168.1.130   TCP       1321 > ftp [SYN] Seq=0 Len=0 MSS=1460
  5  9.890625    192.168.1.130   192.168.1.177   TCP       ftp > 1321 [SYN, ACK] Seq=0 Ack=1 Win=16384 Len=0 MSS=1460
  6  9.890625    192.168.1.177   192.168.1.130   TCP       1321 > ftp [ACK] Seq=1 Ack=1 Win=65535 Len=0
  7  9.890625    192.168.1.130   192.168.1.177   FTP       Response: 220 Microsoft FTP Service
  9  9.890625    192.168.1.130   192.168.1.177   FTP       Response: 331 Anonymous access allowed, send identity (e-ma
⊞ Frame 8 (70 bytes on wire, 70 bytes captured)
⊞ Ethernet II, Src: 00:19:db:c5:ed:4b (00:19:db:c5:ed:4b), Dst: 00:19:db:c5:ef:10 (00:19:db:c5:ef:10)
⊞ Internet Protocol, Src: 192.168.1.177 (192.168.1.177), Dst: 192.168.1.130 (192.168.1.130)
    Source port: 1321 (1321)
    Destination port: ftp (21)
    Sequence number: 1    (relative sequence number)
    [Next sequence number: 17    (relative sequence number)]
    Acknowledgement number: 28    (relative ack number)
    Header length: 20 bytes
  ⊟ Flags: 0x0018 (PSH, ACK)
      0... .... = Congestion Window Reduced (CWR): Not set
      .0.. .... = ECN-Echo: Not set
      ..0. .... = Urgent: Not set
      ...1 .... = Acknowledgment: Set
      .... 1... = Push: Set
      .... .0.. = Reset: Not set
      .... ..0. = Syn: Not set
      .... ...0 = Fin: Not set
    Window size: 65508
    Checksum: 0x6b70 [correct]
⊟ File Transfer Protocol (FTP)
  ⊟ USER anonymous\r\n
      Request command: USER
      Request arg: anonymous

0000  00 19 db c5 ef 10 00 19  db c5 ed 4b 08 00 45 00   ........ ...K..E.
0010  00 38 0c 72 40 00 80 06  69 ca c0 a8 01 b1 c0 a8   .8.r@... i.......
0020  01 82 05 29 00 15 74 f6  a4 42 f3 95 25 fa 50 18   ...)..t. .B..%.P.
0030  ff e4 6b 70 00 00 55 53  45 52 20 61 6e 6f 6e 79   ..kp..US ER anony
0040  6d 6f 75 73 0d 0a                                  mous..
```

图 3-105　客户端给服务器发送的第一个数据包

源端口：值为 05-29（1321）。

目标端口：值为 00-15（21）。

序列号：值为 74-F6-A4-42。

确认号：值为 F3-95-25-FA

头部长度：值为 50（20 个字节）。

标识符：值为 18（00011000，其中 ACK 置 1，PSH 置 1）。

窗口大小：值为 FF-E4（65508）。

检验和：值为 6B-70。

紧急指针：值为 00-00。

从以上分析，TCP 的三次握手过程为：

① 客户机发送一个带 SYN 标志的 TCP 报文到服务器，客户机起始序列号 74-F6-A4-41，确认号 0。

② 服务器回应客户机的同时带 ACK 标志和 SYN 标志，服务器起始序列号 F3-95-25-DE，确认号为 74-F6-A4-42，表示确认 74-F6-A4-41 报文，即同意连接，希望下次收到 74-F6-A4-42 报文。

③ 客户机必须再次回应服务器一个 ACK 报文，序列号为服务器确认号 74-F6-A4-42，确认号为服务器序列号加 1，即 F3-95-25-DF。

（2）TCP 链路释放（“四次分手”过程）

图 3-106 所示为 TCP 断开前，客户机发给服务器的请求断开报文，序列号 74-F6-A4-F5，确认号 F3-95-29-B7。

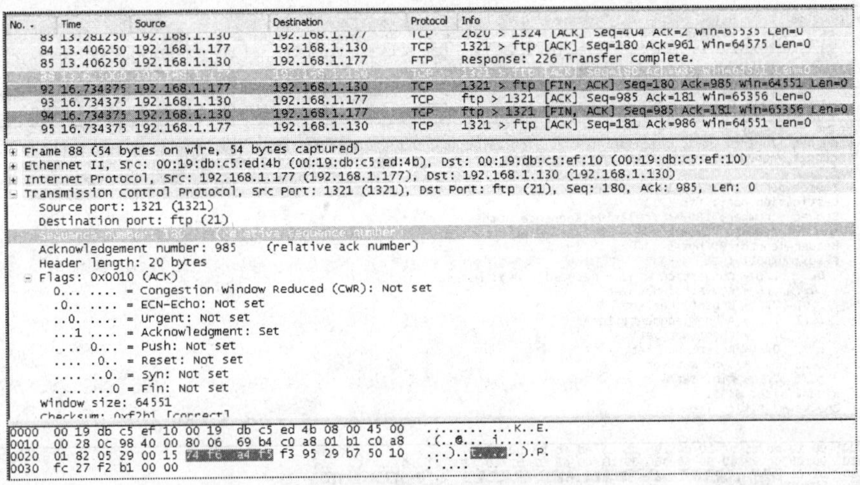

```
No. .  Time       Source          Destination     Protocol Info
    83 13.281250  192.168.1.130   192.168.1.177   TCP      2620 > 1324 [ACK] Seq=404 Ack=2 Win=65535 Len=0
    84 13.406250  192.168.1.177   192.168.1.130   TCP      1321 > ftp [ACK] Seq=180 Ack=961 Win=64575 Len=0
    85 13.406250  192.168.1.130   192.168.1.177   FTP      Response: 226 Transfer complete.
    88 13.625000  192.168.1.177   192.168.1.130   TCP      1321 > ftp [ACK] Seq=180 Ack=985 Win=64551 Len=0
    92 16.734375  192.168.1.177   192.168.1.130   TCP      1321 > ftp [FIN, ACK] Seq=180 Ack=985 Win=64551 Len=0
    93 16.734375  192.168.1.130   192.168.1.177   TCP      ftp > 1321 [ACK] Seq=985 Ack=181 Win=65356 Len=0
    94 16.734375  192.168.1.130   192.168.1.177   TCP      ftp > 1321 [FIN, ACK] Seq=985 Ack=181 Win=65356 Len=0
    95 16.734375  192.168.1.177   192.168.1.130   TCP      1321 > ftp [ACK] Seq=181 Ack=986 Win=64551 Len=0

+ Frame 88 (54 bytes on wire, 54 bytes captured)
+ Ethernet II, Src: 00:19:db:c5:ed:4b (00:19:db:c5:ed:4b), Dst: 00:19:db:c5:ef:10 (00:19:db:c5:ef:10)
+ Internet Protocol, Src: 192.168.1.177 (192.168.1.177), Dst: 192.168.1.130 (192.168.1.130)
- Transmission Control Protocol, Src Port: 1321 (1321), Dst Port: ftp (21), Seq: 180, Ack: 985, Len: 0
    Source port: 1321 (1321)
    Destination port: ftp (21)
    Sequence number: 180    (relative sequence number)
    Acknowledgement number: 985    (relative ack number)
    Header length: 20 bytes
  - Flags: 0x0010 (ACK)
      0... .... = Congestion Window Reduced (CWR): Not set
      .0.. .... = ECN-Echo: Not set
      ..0. .... = Urgent: Not set
      ...1 .... = Acknowledgment: Set
      .... 0... = Push: Not set
      .... .0.. = Reset: Not set
      .... ..0. = Syn: Not set
      .... ...0 = Fin: Not set
    Window size: 64551
    Checksum: 0xf2b1 [correct]

0000  00 19 db c5 ef 10 00 19  db c5 ed 4b 08 00 45 00   ........ ...K..E.
0010  00 28 0c 98 40 00 80 06  69 b4 c0 a8 01 b1 c0 a8   .(..@... i.......
0020  01 82 05 29 00 15 74 f6  a4 f5 f3 95 29 b7 50 10   ...).... ....).P.
0030  fc 27 f2 b1 00 00                                  .'....
```

图 3-106　客户机给服务器的请求断开报文

图 3-107 所示为 TCP 断开前，服务器发给客户机的最后一个报文，序列号 F3-95-29-9F，确认号 74-F6-A4-F5。

图 3-108 所示为客户机发出的 TCP 断开的数据包的内容，详细说明如下：

源端口：值为 05-29（1321）。

目标端口：值为 00-15（21）。

序列号：值为 74-F6-A4-F5。

确认号：值为 F3-95-29-67。

头部长度：值为 50（20 个字节）。

标识符：值为 11（00010001，其中 ACK 置 1，FIN 置 1，表明客户机请求断开和服务器的连接）。

窗口大小：值为 FC-27（64551）。

检验和：值为 F2-B0。

紧急指针：值为 00-00。

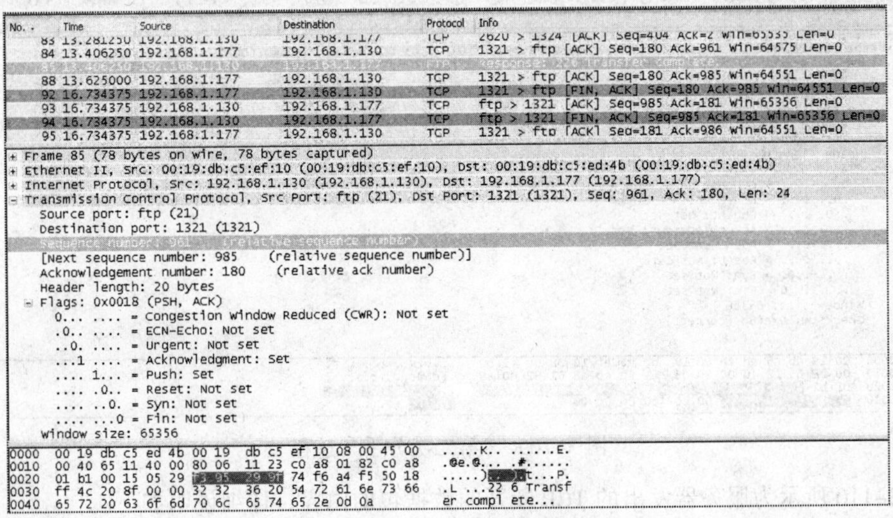

```
No. .  Time       Source          Destination     Protocol Info
    83 13.281250  192.168.1.130   192.168.1.177   TCP      2620 > 1324 [ACK] Seq=404 Ack=2 Win=65535 Len=0
    84 13.406250  192.168.1.177   192.168.1.130   TCP      1321 > ftp [ACK] Seq=180 Ack=961 Win=64575 Len=0
    85 13.406250  192.168.1.130   192.168.1.177   FTP      Response: 226 Transfer complete.
    88 13.625000  192.168.1.177   192.168.1.130   TCP      1321 > ftp [ACK] Seq=180 Ack=985 Win=64551 Len=0
    92 16.734375  192.168.1.177   192.168.1.130   TCP      1321 > ftp [FIN, ACK] Seq=180 Ack=985 Win=64551 Len=0
    93 16.734375  192.168.1.130   192.168.1.177   TCP      ftp > 1321 [ACK] Seq=985 Ack=181 Win=65356 Len=0
    94 16.734375  192.168.1.130   192.168.1.177   TCP      ftp > 1321 [FIN, ACK] Seq=985 Ack=181 Win=65356 Len=0
    95 16.734375  192.168.1.177   192.168.1.130   TCP      1321 > ftp [ACK] Seq=181 Ack=986 Win=64551 Len=0

+ Frame 85 (78 bytes on wire, 78 bytes captured)
+ Ethernet II, Src: 00:19:db:c5:ef:10 (00:19:db:c5:ef:10), Dst: 00:19:db:c5:ed:4b (00:19:db:c5:ed:4b)
+ Internet Protocol, Src: 192.168.1.130 (192.168.1.130), Dst: 192.168.1.177 (192.168.1.177)
- Transmission Control Protocol, Src Port: ftp (21), Dst Port: 1321 (1321), Seq: 961, Ack: 180, Len: 24
    Source port: ftp (21)
    Destination port: 1321 (1321)
    Sequence number: 961    (relative sequence number)
    [Next sequence number: 985    (relative sequence number)]
    Acknowledgement number: 180    (relative ack number)
    Header length: 20 bytes
  - Flags: 0x0018 (PSH, ACK)
      0... .... = Congestion Window Reduced (CWR): Not set
      .0.. .... = ECN-Echo: Not set
      ..0. .... = Urgent: Not set
      ...1 .... = Acknowledgment: Set
      .... 1... = Push: Set
      .... .0.. = Reset: Not set
      .... ..0. = Syn: Not set
      .... ...0 = Fin: Not set
    Window size: 65356

0000  00 19 db c5 ed 4b 00 19  db c5 ef 10 08 00 45 00   .....K.. ......E.
0010  00 40 65 11 40 00 80 06  11 23 c0 a8 01 82 c0 a8   .@e.@... .#......
0020  01 b1 00 15 05 29 f3 95  29 9f 74 f6 a4 f5 50 18   .....).. ).t...P.
0030  ff 4c 20 8f 00 00 32 32  36 20 54 72 61 6e 73 66   .L ....22 6 Transf
0040  65 72 20 63 6f 6d 70 6c  65 74 65 2e 0d 0a         er compl ete...
```

图 3-107　服务器给客户机的确认断开报文

```
No. -  Time        Source         Destination    Protocol  Info
    85 13.406250 192.168.1.130 192.168.1.177  FTP   Response: 226 Transfer complete.
    88 13.625000 192.168.1.177 192.168.1.130  TCP   1321 > ftp [ACK] Seq=180 Ack=985 Win=64551 Len=0
    92 16.734375 192.168.1.177 192.168.1.130  TCP   1321 > ftp [FIN, ACK] Seq=180 Ack=985 Win=64551 Len=0
    93 16.734375 192.168.1.130 192.168.1.177  TCP   ftp > 1321 [ACK] Seq=985 Ack=181 Win=65356 Len=0
    94 16.734375 192.168.1.130 192.168.1.177  TCP   ftp > 1321 [FIN, ACK] Seq=985 Ack=181 Win=65356 Len=0
    95 16.734375 192.168.1.177 192.168.1.130  TCP   1321 > ftp [ACK] Seq=181 Ack=986 Win=64551 Len=0
+ Frame 92 (54 bytes on wire, 54 bytes captured)
+ Ethernet II, Src: 00:19:db:c5:ed:4b (00:19:db:c5:ed:4b), Dst: 00:19:db:c5:ef:10 (00:19:db:c5:ef:10)
+ Internet Protocol, Src: 192.168.1.177 (192.168.1.177), Dst: 192.168.1.130 (192.168.1.130)
- Transmission Control Protocol, Src Port: 1321 (1321), Dst Port: ftp (21), Seq: 180, Ack: 985, Len: 0
    Source port: 1321 (1321)
    Destination port: ftp (21)
    Sequence number: 180    (relative sequence number)
    Acknowledgement number: 985    (relative ack number)
    Header length: 20 bytes
  - Flags: 0x0011 (FIN, ACK)
      0... .... = Congestion Window Reduced (CWR): Not set
      .0.. .... = ECN-Echo: Not set
      ..0. .... = Urgent: Not set
      ...1 .... = Acknowledgment: Set
      .... 0... = Push: Not set
      .... .0.. = Reset: Not set
      .... ..0. = Syn: Not set
      .... ...1 = Fin: Set
    Window size: 64551
    Checksum: 0xf2b0 [correct]

0000  00 19 db c5 ef 10 00 19  db c5 ed 4b 08 00 45 00   ........ ...K..E.
0010  00 28 0c 99 40 00 80 06  69 b3 c0 a8 01 b1 c0 a8   .(..@... i.......
0020  01 82 05 29 00 15 74 f6  a4 f5 f3 95 29 b7 50 11   ...)..t. ....).P.
0030  fc 27 f2 b0 00 00                                  .'....
```

图 3-108 “第一次分手”过程

图 3-109 所示为服务器对发出的 TCP 断开数据包的响应数据包，详细说明如下：

源端口：值为 00-15（21）。

目标端口：值为 05-29（1321）。

序列号：值为 F3-95-29-B7。

确认号：值为 74-F6-A4-F6。

头部长度：值为 50（20 个字节）。

标识符：值为 10（00010000，其中 ACK 置 1，表明服务器同意断开该 TCP 链路的连接）。

窗口大小：值为 FF-4C（65356）。

检验和：值为 EF-8B。

紧急指针：值为 00-00。

```
No. -  Time        Source         Destination    Protocol  Info
    85 13.406250 192.168.1.130 192.168.1.177  FTP   Response: 226 Transfer complete.
    88 13.625000 192.168.1.177 192.168.1.130  TCP   1321 > ftp [ACK] Seq=180 Ack=985 Win=64551 Len=0
    92 16.734375 192.168.1.177 192.168.1.130  TCP   1321 > ftp [FIN, ACK] Seq=180 Ack=985 Win=64551 Len=0
    93 16.734375 192.168.1.130 192.168.1.177  TCP   ftp > 1321 [ACK] Seq=985 Ack=181 Win=65356 Len=0
    94 16.734375 192.168.1.130 192.168.1.177  TCP   ftp > 1321 [FIN, ACK] Seq=985 Ack=181 Win=65356 Len=0
    95 16.734375 192.168.1.177 192.168.1.130  TCP   1321 > ftp [ACK] Seq=181 Ack=986 Win=64551 Len=0
+ Frame 93 (60 bytes on wire, 60 bytes captured)
+ Ethernet II, Src: 00:19:db:c5:ef:10 (00:19:db:c5:ef:10), Dst: 00:19:db:c5:ed:4b (00:19:db:c5:ed:4b)
+ Internet Protocol, Src: 192.168.1.130 (192.168.1.130), Dst: 192.168.1.177 (192.168.1.177)
- Transmission Control Protocol, Src Port: ftp (21), Dst Port: 1321 (1321), Seq: 985, Ack: 181, Len: 0
    Source port: ftp (21)
    Destination port: 1321 (1321)
    Sequence number: 985    (relative sequence number)
    Acknowledgement number: 181    (relative ack number)
    Header length: 20 bytes
  - Flags: 0x0010 (ACK)
      0... .... = Congestion Window Reduced (CWR): Not set
      .0.. .... = ECN-Echo: Not set
      ..0. .... = Urgent: Not set
      ...1 .... = Acknowledgment: Set
      .... 0... = Push: Not set
      .... .0.. = Reset: Not set
      .... ..0. = Syn: Not set
      .... ...0 = Fin: Not set
    Window size: 65356
    Checksum: 0xef8b [correct]

0000  00 19 db c5 ed 4b 00 19  db c5 ef 10 08 00 45 00   .....K.. ......E.
0010  00 28 65 12 40 00 80 06  11 3a c0 a8 01 82 c0 a8   .(e.@... .:......
0020  01 b1 00 15 05 29 f3 95  29 b7 74 f6 a4 f6 50 10   .....).. ).t...P.
0030  ff 4c ef 8b 00 00 00 00  00 00 00 00               .L...... ....
```

图 3-109 “第二次分手”过程

图 3-110 所示为服务器发出的 TCP 断开的数据包的内容，详细说明如下：

```
No.  Time       Source               Destination      Protocol Info
 90 14.559375 192.168.1.170        192.168.1.255    NBNS     Name query NB WORKGROUP<1b>
 91 16.531250 192.168.1.30         192.168.1.255    NBNS     Name query NB WPAD<00>
 92 16.734375 192.168.1.177        192.168.1.130    TCP      1321 > ftp [FIN, ACK] Seq=180 Ack=985 Win=64551 Len=0
 93 16.734375 192.168.1.130        192.168.1.177    TCP      ftp > 1321 [ACK] Seq=985 Ack=181 Win=65356 Len=0
 94 16.734375 192.168.1.130        192.168.1.177    TCP      ftp > 1321 [FIN, ACK] Seq=985 Ack=181 Win=65356 Len=0
 95 16.734375 192.168.1.177        192.168.1.130    TCP      1321 > ftp [ACK] Seq=181 Ack=986 Win=64551 Len=0
 96 16.968750 Hangzhou_15:dd:be    Broadcast        ARP      Who has 192.168.1.181?  Tell 192.168.1.254

+ Frame 94 (60 bytes on wire, 60 bytes captured)
- Ethernet II, Src: 00:19:db:c5:ef:10 (00:19:db:c5:ef:10), Dst: 00:19:db:c5:ed:4b (00:19:db:c5:ed:4b)
  + Destination: 00:19:db:c5:ed:4b (00:19:db:c5:ed:4b)
  + Source: 00:19:db:c5:ef:10 (00:19:db:c5:ef:10)
    Type: IP (0x0800)
    Trailer: 000000000000
+ Internet Protocol, Src: 192.168.1.130 (192.168.1.130), Dst: 192.168.1.177 (192.168.1.177)
- Transmission Control Protocol, Src Port: ftp (21), Dst Port: 1321 (1321), Seq: 985, Ack: 181, Len: 0
    Source port: ftp (21)
    Destination port: 1321 (1321)
    Sequence number: 985    (relative sequence number)
    Acknowledgement number: 181    (relative ack number)
    Header length: 20 bytes
  - Flags: 0x0011 (FIN, ACK)
      0... .... = Congestion Window Reduced (CWR): Not set
      .0.. .... = ECN-Echo: Not set
      ..0. .... = Urgent: Not set
      ...1 .... = Acknowledgment: Set
      .... 0... = Push: Not set
      .... .0.. = Reset: Not set
      .... ..0. = Syn: Not set
      .... ...1 = Fin: Set
    Window size: 65356
    Checksum: 0xef8a [correct]

0000  00 19 db c5 ed 4b 00 19  db c5 ef 10 08 00 45 00   .....K.. ......E.
0010  00 28 65 13 40 00 80 06  11 39 c0 a8 01 82 c0 a8   .(e.@... .9......
0020  01 b1 00 15 05 29 f3 95  29 b7 74 f6 a4 f6 50 11   .....).. ).t...P.
0030  ff 4c ef 8a 00 00 00 00  00 00 00 00               .L...... ....
```

图 3-110　“第三次分手”过程

源端口：值为 00-15（21）。

目标端口：值为 05-29（1321）。

序列号：值为 F3-95-29-B7。

确认号：值为 74-F6-A4-F6。

头部长度：值为 50（20 个字节）。

标识符：值为 11（00010001，其中 ACK 置 1，FIN 置 1，表明服务器请求断开和客户机的连接）。

窗口大小：值为 FF-4C（65356）。

检验和：值为 EF-8A。

紧急指针：值为 00-00。

图 3-111 为客户机对发出的 TCP 断开数据包的相应数据包的内容，详细说明如下：

源端口：值为 05-29（1321）。

目标端口：值为 00-15（21）。

序列号：值为 74-F6-A4-F6。

确认号：值为 F3-95-29-B8。

头部长度：值为 50（20 个字节）。

标识符：值为 10（00010000，其中 ACK 置 1，表明客户机同意服务器的断开 TCP 连接的请求）。

窗口大小：值为 FC-27（64551）。

检验和：值为 F2-AF。

紧急指针：值为 00-00。

从以上 4 个数据包的分析，TCP 的链路的释放过程为：

① TCP 客户机发送一个带 FIN 标志的报文给服务器，序列号 74-F6-A4-F5，确认号 F3-95-29-67，用来关闭客户机到服务器的数据传送。

② 服务器收到这个 FIN 报文，发回一个 ACK 报文，序列号 F3-95-29-B7，确认序号 74-F6-A4-F6（为收到的序号加 1），和 SYN 报文一样，一个 FIN 报文将占用一个序号。

③ 服务器关闭客户机的连接，发送一个 FIN 报文给客户机，序列号 F3-95-29-B7，确认序号 74-F6-A4-F6。

④ 客户机发回 ACK 报文确认，并将确认序号设置为收到序号加 1，序列号 74-F6-A4-F6，确认序号 F3-95-29-B8。

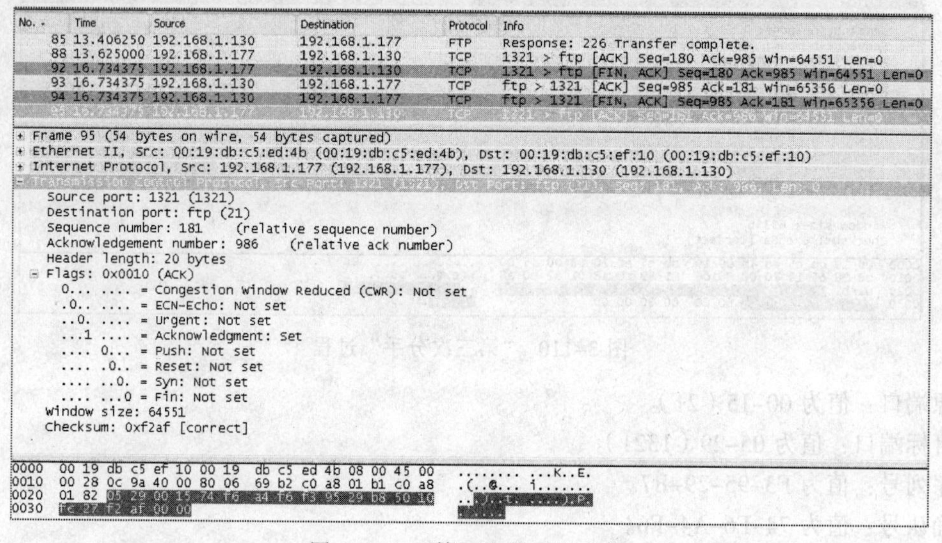

图 3-111 “第四次分手”过程

习　题

一、选择题

1. ARP 协议是（　　）。
   A. 地址解析协议　　B. 逆向地址解析协议
   C. 因特网控制报文协议　　D. 因特网组管理协议
2. 下面（　　）和其他协议不属于同一个类型。
   A. WWW　　B. DNS　　C. IP　　D. SMTP
3. 在计算机网络中，网络层的中继设备是（　　）。
   A. 中继器　　B. 网桥　　C. 应用网关　　D. 路由器
4. 主机 IP 地址为 202.204.151.100，子网掩码为 255.255.252.0，对应的网络号是（　　）。
   A. 202.204.151.0　　B. 202.204.148.0　　C. 202.204.150.0　　D. 202.204.151.1
5. 以下关于 IP 协议的陈述正确的是（　　）。
   A. IP 协议保证数据传输的可靠性
   B. 各个 IP 数据报之间是互相关联的
   C. IP 协议在传输过程中可能会丢弃某些数据报
   D. 到达目标主机的 IP 数据报顺序与发送的顺序必定一致
6. 在互联网中路由器报告差错或意外情况信息的报文机制是（　　）。
   A. ARP　　B. RARP　　C. ICMP　　D. IGMP

7．RIP 规定，有限路径长度不得超过(　　)。

A．10　　B．15　　C．20　　D．30

8．运行 RIP 的路由器广播一次路由交换信息的默认时间间隔是(　　)秒。

A．5　　B．10　　C．20　　D．30

9．开放最短路径优先协议（OSPF）是基于(　　)。

A．向量距离算法　　B．链路状态路由选择算法

C．拥塞避免算法　　D．以上都不是

10．套接字的定义为(　　)。

A．(端口号：IP 地址)　　B．(IP 地址：端口号)

C．(网络地址：端口号)　　D．(端口号：网络地址)

11．端到端通信作用于(　　)。

A．主机　　B．网络　　C．进程　　D．设备

12．UDP 是一个不可靠的传输层协议，但 TCP/IP 仍然采用它的原因是(　　)。

A．UDP 建立在 IP 协议之上　　B．高效率

C．流量控制　　D．差错控制

二、填空题

1．在网络层和 IP 协议配套的协议还有________、________、________、________。

2．主机号为 0 的 IP 地址表示________。

3．网络层看不到________首部的地址变化，为上层提供透明的传输。

4．数据包经过不同网络，变化的是________地址，不变的是________地址。

5．以太网的 MTU 长度为________。

6．若 CRC 码生成多项式为 $G(x)=x^3+1$，信息位多项式为 x^6+x^4+1，则 CRC 码的冗余多项式是________。

三、简答题

1．简述 ARP 的工作过程。

2．某部门分配到一个 C 类地址 198.6.1.0，该部门下设三个分部，每个分部有主机 20、30、50 台接入网络，为该部门设计一个网络解决方案，采用变长子网掩码划分子网。

3．一个固定首部的数据报长度为 4 000 个字节，经过以太网传输，试问应划分几个数据报片，写出各数据报片的总长度、片偏移、MF 和 DF 参数。

4．有如下 4 个地址块：

202.204.132.0/24

202.204.133.0/24

202.204.134.0/24

202.204.135.0/24

试进行最大可能的路由聚合。

5．简述 tracert 命令是如何利用 ICMP 协议实现路由跟踪的。

6．TCP 的连接为什么是三次握手，而不是两次握手？

7．为什么 TCP 在四次握手后要等待 2MSL 时间后才真正释放 TCP 连接？

8．某学院有一个本部和三个远端的教学分部，分配到的网络前缀是 202.204.220.0/24，该学院的网络分布如图 3-112 所示，本部有五个系，其中 LAN1～LAN4 连接在路由器 R_1 上，R_1

通过 LAN5 和 R_2 相连，R_2 通过广域网和路由器 R_3、R_4、R_5 相连，每个局域网旁边的数字表示该局域网的主机数，给每个局域网分配一个网络前缀，试配置路由器实现该网络设计。

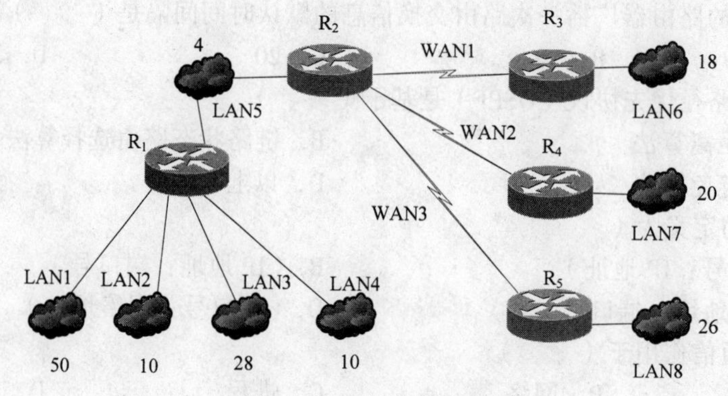

图 3-112　网络分布图

四、实验题

1. 安装 Wireshark。
2. 捕获一组 IP 分片的数据包并分析其分片的参数。
3. 捕获一组 ICMP 的正常的请求、回送响应报文并分析数据包的内容。
4. 捕获一组 ICMP 的超时报文并分析其内容。
5. 捕获一组三次握手过程，说明 TCP 连接建立过程。
6. 捕获一组四次分手过程，说明 TCP 连接的释放过程。
7. 完成路由器的 RIP 协议的配置。
8. 完成路由器的 OSPF 协议的配置。

第4章 局域网技术

本章介绍了局域网的体系结构和基本技术，重点介绍了目前普遍使用的以太网，探讨了高速以太网络，讲述了虚拟局域网的基本理论和配置方法，介绍了无线网络技术，通过实验介绍了虚拟局域网的建设、网络打印机的设置和无线局域网的搭建，通过本章学习读者可以独立完成本地局域网建设。

学习目标

- 了解局域网的工作模式和体系结构；
- 掌握以太网的工作原理；
- 学会组建对等局域网；
- 会配置网络打印机；
- 能够设置虚拟局域网；
- 搭建自己的无线局域网。

4.1 局域网

4.1.1 局域网概述

局域网（Local Area Network，LAN）是指在有限的地理范围内，利用各种网络连接设备和通信线路将计算机互连，实现数据传输和资源共享的计算机网络。简单地说，它是一个限定在一定地域范围的、高速的通信网络，如企业局域网或校园网。在局域网中，任何计算机发出的数据包都能被其他计算机接收到，网内的各个主机允许资源共享和数据传输，包括数据文件、多媒体文件、电子邮件、语音邮件或各类软件，也可以是一些外围设备的共享，例如打印机、扫描仪或存储设备等。

局域网是目前最常见的一种网络，被广泛地建立在各种规模的组织内。由于其投资规模较小，网络实现容易，新技术易于推广应用，许多企业、机关和学校都先后建立了自己的计算机局域网。

1. 局域网的拓扑结构

在建设局域网之前，首要任务是要对局域网进行设计，而对网络拓扑结构的选择是局域网建设的基础和前提，它能够决定局域网的特点、速度和所实现的功能等，对网络的性能具有一定的影响。常见的局域网拓扑结构有总线形、星形、环形，以及它们所派生出的树形、网形拓扑结构。

（1）总线形拓扑结构

总线形拓扑结构如图4-1所示，是指所有微型计算机都通过相应的硬件接口直接连在一条总线上，各工作站地位平等。信息传递由发送信息的结点开始向两端扩散，任何一个结点的信息都可以沿着总线向两个方向传输扩散，当某台设备的地址与所发送信息的目的地址一致时，接收总线上传输的信息，就如同广播电台发射信息一样，故又称广播式网络。

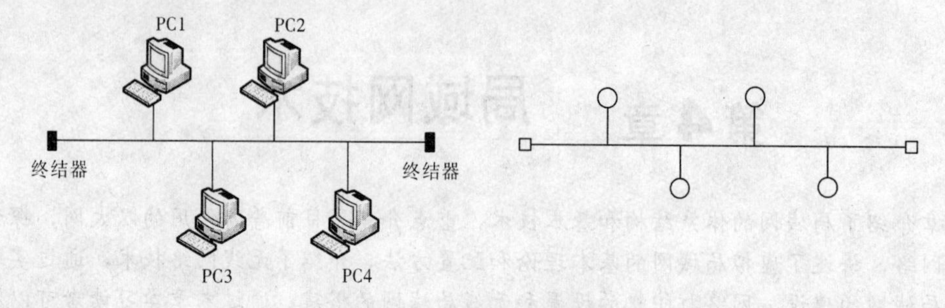

图 4–1　总线形拓扑结构

总线形网络的总线通常选用同轴电缆，数据多以基带信号形式传递。在总线的两端必须接有终端电阻（称为终结器）与总线阻抗匹配，用来防止反射回来的信号干扰总线上正在传输数据的基带信号。一般情况，每一段网络长度不超过 180 m，且最多能同时连接 30 台设备，设备与设备之间不应小与 0.46 m，两端必须接有一对 50 Ω 的终结器。

总线形结构是一种简单且便于建设和扩充的拓扑结构，所需要的设备量少、价格低、可靠性高、网络响应速度快、共享资源能力强。

（2）星形拓扑结构

在星形拓扑结构中，将中心设备作为网络的中心结点，其他各个结点（工作站）都分别与这个中心结点相连，以星形方式连接成网，中心设备采用集线器（hub）或交换机，如图 4–2 所示。

在星形结构中，各计算机结点以集线器或交换机为中心，各工作站以点到点的形式与中心结点连接，中心结点执行集中通信控制策略，因此，网络的可靠性完全依赖于中心结点的可靠性，网络的管理、控制和故障诊断也较为容易，但是，网络中任何两个站点要进行通信都必须经过中心结点控制，故中心结点的负担相当繁重，结构也相当复杂，其承担的工作主要有：为需要通信的工作站建立物理连接，为正在通信的工作站维持这条信息通道，通信完成后将通道拆除。

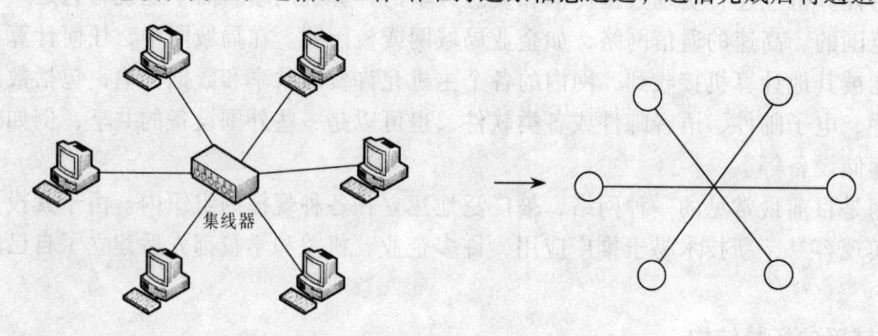

图 4–2　星形拓扑结构

星形拓扑结构中的中心结点与各计算机工作站之间的连接线不应超过 100 m，集线器与集线器之间采用对垒式或串联式进行连接。总体来说，星形拓扑结构简单、控制简单，便于建网、便于管理，各段线路都是分离的，发生故障时定位、检测比较容易。

（3）环形拓扑结构

环形拓扑结构中各结点通过环路接口连在一起，形成一条闭合的环形通信线路。环路中的任何结点都可以请求发送信息，并且能够向下游结点转发所接收到的信息。信息流在环形网中单方向传输，最后由发送结点进行回收。即当一个结点发出信息，则该条信息将依次穿过所有环路接口并转发，当信息中的目的地址与环上某结点地址相符时则被该接口接收，复制到自己的接收缓冲区中，而后信息继续传向下一个环路接口，直到传回发送该信息的环路接口为止，如图 4-3 所示。

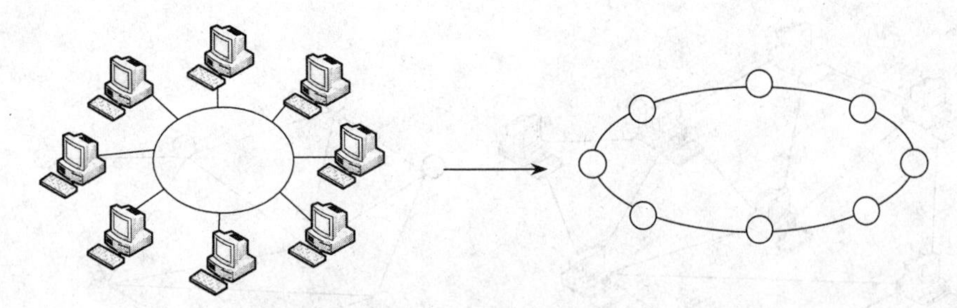

图 4-3　环形拓扑结构

为了决定连接到环上的哪个工作站可以发送信息，环上流通着一个特殊的信息包，这个特殊的信息包称为权标，又称令牌，只有得到空令牌的工作站才可以发送信息。当一个工作站发送完信息后就把令牌依次向下传，以便下游的站点得到发送信息的机会。

环形拓扑结构的优点是能够高速运行，两个结点之间仅有一条道路，路径选择控制简单，避免了冲突的发生；不足之处是当环中结点过多时，势必会影响信息传输速率，延长网络的响应时间；信息流在环中单方向流动，一个结点发生故障将会造成全网的瘫痪。

（4）树形拓扑结构

树形拓扑结构由星形拓扑演变而来，当星形网络被级联时，就形成了一颗“树”的形状，如图 4-4 所示。树形拓扑结构是一种分层结构，顶端是树根，树根以下由多个中间分支结点和叶子结点组成，并且每个分支还可以再附有子分支结点。

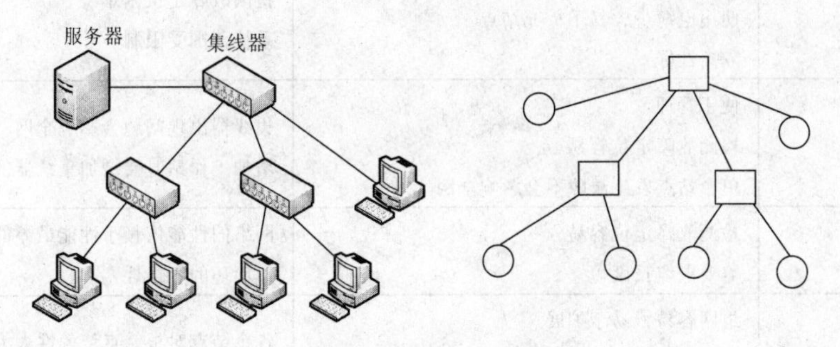

图 4-4　树形拓扑结构

树形结构是一种分层结构，适用于分级管理控制系统。拓扑结构中的工作站可以请求发送消息，先由根结点接收该消息，再以广播形式发送到全网。树形拓扑结构较星形结构有很多优点，如组网灵活、成本较低、管理及维护方便，可以延伸出很多分支和子分支，新的结点和分支能较容易地加入网内，并且线路的总长度比星形结构短；故障隔离较为容易，若某一分支的结点或线路发生故障，能够将故障分支和整个系统隔离开，不影响全网。但这种结构也有不足之处，其各个结点对根的依赖性很大，一旦根发生故障，则全网不能正常工作，其可靠性不高。

（5）网形拓扑结构

网形拓扑结构是将所有计算机工作站实现点对点的连接形成一张巨大的网，可以看做是由多个子网或多个局域网连接而成，通常是几种结构的混合体。在子网中，由集线器、中继器将多个工作站连接起来，而桥接器、路由器及网关则将子网连接起来。由图 4-5 可以看出，网状结构是由星形、总线形、环形演变而来。

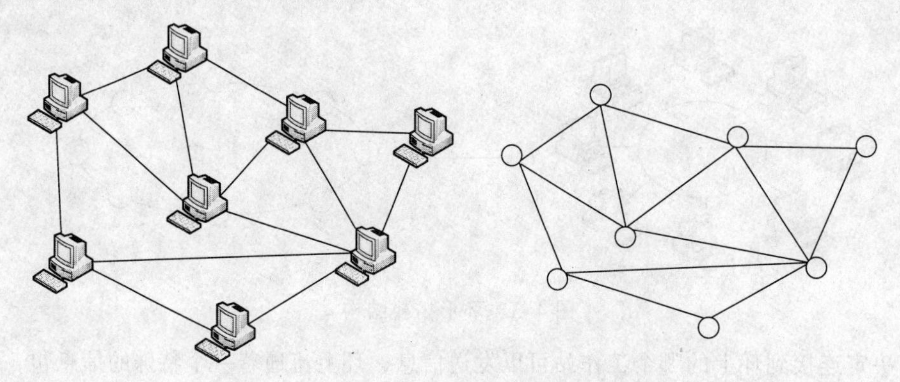

图 4-5 网形拓扑结构

在网形拓扑结构中，任何两个结点之间都有点到点的链路连接，称之为全互连型网状结构，这种网络的可靠性高、容错能力强，但此种网络安装起来也很复杂、消耗电缆多，工作量大，网络建设的工作极为困难，重新配置的可能性小。

表 4-1 列出了几种网络拓扑结构之间的比较。

表 4-1 网络拓扑结构之间的比较

拓扑结构	优 点	缺 点
总线形	安装容易 使用电缆少，易于扩充结点 隔离性好	检测故障定位困难 系统范围受限制
星形	便于管理 检测故障定位容易 单个站点发生故障不会影响全网	集线器出现问题会影响全网 增加工作站时要增加集线器的连线
环形	检测故障定位容易 需要电缆长度短	网络的性能依赖于性能最差的结点 单项环的容错性差
树形	组网容易，易于扩展 检测故障定位容易	各个结点对根结点依赖性太大
网形	检测故障定位容易 容错能力强、可靠性高	消耗电缆多、成本高 结构复杂，不易于安装、建设

2. 局域网的工作模式

根据网络工作方式和所使用的操作系统的不同，局域网可分为对等模式、专用服务器模式和客户/服务器模式三种类型。

（1）对等模式

对等模式（Peer-to-Peer）是指网络的工作方式，与网络的拓扑之间没有直接关系。在对等模式网络中，所有接入该网络的计算机都是对等的，每一台计算机既是服务器也是工作站，相互之间可以进行互访问、文件传输交换和资源共享等活动，整个网络中不需要再接入专用的服务器。

由于对等网中没有专用的服务器，故每一台计算机何时充当服务器何时为工作站，取决于某一时间段所充当的角色。如当计算机要访问网络中的其他计算机上的共享资源时就是工作站角色，若计算机为网络中的其他计算机提供可共享的资源时就是服务器角色。

对等网的组建极为简单，只需要在计算机上安装支持对等网络功能的操作系统，然后将各台计算机在物理上连接起来即可。人们常用的操作系统如 Windows 98/NT Professional/2000 Professional/Me/XP 等都内置了基本的网络通信功能，可以很方便地组建对等网。

（2）专用服务器模式

专用服务器模式（Server-Based）的特点是网络中必须接有一台服务器，所有的工作站必须以这台服务器为中心，各个工作站之间无法直接进行通信。当工作站与工作站之间需要进行通信时，必须通过服务器中转，也就是说工作站间进行文件的访问、传输时都需要服务器的参与才能成功完成。NetWare 网络操作系统就是专用服务器模式的代表。

最典型的服务器类型包括：

① 文件服务器（File Server），允许所有用户共享一个或多个大容量磁盘驱动器。

② 打印服务器（Print Server），提供访问一台或多台打印机的能力。

③ 通信服务器（Communications Server），提供访问其他局域网、主机或拨号网路的能力。

④ 应用服务器（Applications Server），为多个用户共享的应用提供处理能力。

⑤ Web 服务器（Web Server），允许建立 Web 站点，供内部工作人员访问或提供访问 WWW 服务的能力。

（3）客户/服务器模式

客户/服务器模式（Client/Server）是在专用服务器模式的基础上发展起来的，是最常见的一种局域网工作模式，它继承了专用服务器模式的优点，支持比对等网络更大的网络，并解决了专用服务器的不足之处。在客户/服务器模式中，工作站既可以与服务器进行通信，也可以与其他工作站进行直接通信，而不再需要通过服务器中转和参与。用于客户/服务器模式的网络操作系统的典型代表有 Windows NT Server、Windows 2000 Server、Windows 2003 Server。

表 4-2 比较了对等模式网络、专用服务器模式网络和客户/服务器模式网络的优缺点。

表 4-2　局域网工作模式比较

工作模式	优　点	缺　点
对等模式	组建和维护容易，使用简单； 不需要专用的服务器； 可利用系统内置的网络通信功能，实现低价建网	由于每一台计算机都可能承担双重角色，数据的保密性差
专用服务器模式	专用的服务器保障了数据的保密性、可靠性； 能够对每一个工作站进行严格的用户设置访问权限	各工作站之间的互通性差，网络工作效率低； 各工作站上软硬件资源无法实现共享
客户/服务器模式	减少了服务器的工作量； 有效地利用了各工作站的共享资源； 网络的工作效率较高	网络较复杂，对各工作站的管理比较困难； 数据的保密性低于专用服务器模式

4.1.2 局域网体系结构

1. 局域网参考模型

以上讨论的局域网都是以实现通信为目的的通信网而非计算机网，要实现网络通信就需要配置网络的高层协议软件和相关的应用系统。由五层参考模型可知网络层以上的高层协议与网络结构无关，因此局域网的参考模型只需考虑 OSI 参考模型的底层协议即可，下面将通过比较分析来确定局域网的参考模型。

OSI 参考模型的最低层是物理层，首先从这一层开始分析。在局域网中会涉及一些物理连接和传输介质接口，就需要对这些传输介质接口的特性进行描述，如机械特性、电气特性、功能特性和规程特性等。这与 OSI 参考模型的物理层相同，所以物理层对于局域网是必要的，它负责物理连接和在介质上传送的比特流。

其次讨论数据链路层是否必要。由前面内容可知数据链路层的主要任务是通过数据链路层协议在不可靠的信道上实现可靠的数据传输，并负责帧的传送和控制，为网络层提供高质量的数据传输服务，显然，在局域网中数据链路层的这种功能是必要的。在局域网中由于各工作站之间共享传输介质，在开始通信之前首先要分配信道，避免出现信道占用冲突，所以数据链路层在这里提供的介质访问控制功能，保证了数据传输的可靠性。由于局域网中采用多种传输介质，而每一种介质访问协议又与传输介质和拓扑结构相关，为了使数据帧传输独立于所采用的物理介质和访问控制方法，将局域网划分为介质访问控制 MAC（Medium Access Control）和逻辑链路控制 LLC（Logical Link Control）两个子层。其中，MAC 子层屏蔽了物理介质和介质访问方法对网络层的影响，使 LLC 子层完全不受所使用的介质和介质访问方法的干扰，达到了数据帧传输独立于物理介质和访问控制方法的目的。MAC 子层、LLC 子层以及物理层之间通过服务访问点 SAP（Service Access Point）接口相连。

那么 OSI 的网络层是否需要保留呢？通过局域网的拓扑结构我们知道其网络结构往往比较简单，网络层的很多功能如流量控制、差错控制、寻址、排序等都可以在数据链路层完成，故不考虑网络层。可是按照 OSI 的要求，局域网中的网络设备应该与网络层的服务访问点 SAP（Service Access Point）相连。为了解决这个问题，局域网直接将网络层的服务访问点 SAP 设在 LLC 子层的上面，而不再设置网络层。图 4-6 给出了局域网参考模型和 OSI 模型的对应关系。

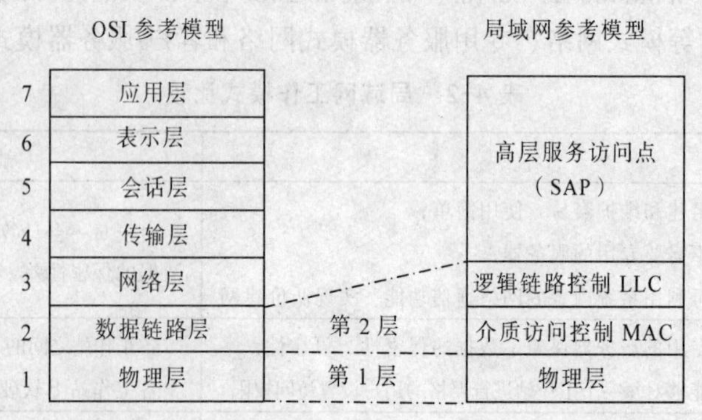

图 4-6 局域网参考模型和 OSI 模型的对应关系

在图 4-6 中，MAC 子层提供标准的 OSI 数据链路层服务，保证高层协议如 TCP/IP、SNA 等都可以在局域网模型标准上运行。物理层由物理信号层（PLS）、介质连接单元（MAU）和介质组成。

MAC子层可提供的功能有：

① 帧封装与解封装和介质访问控制。当发送数据时，MAC子层把从上一层LLC子层接收到的数据单元封装成带有地址和校验信息的标准数据链路层“帧”，经过介质访问控制功能层的控制传给物理层，物理层的PLS对帧进行曼彻斯特编码，通过MAU发送到介质上；接收数据时，先由介质传来的数据帧被MAU层接收，由PLS对帧进行译码，然后经过介质访问控制进行帧的解封装，完成对数据“帧”拆分，再上交到LLC子层，图4-7所示为MAC与LLC子层帧关系。

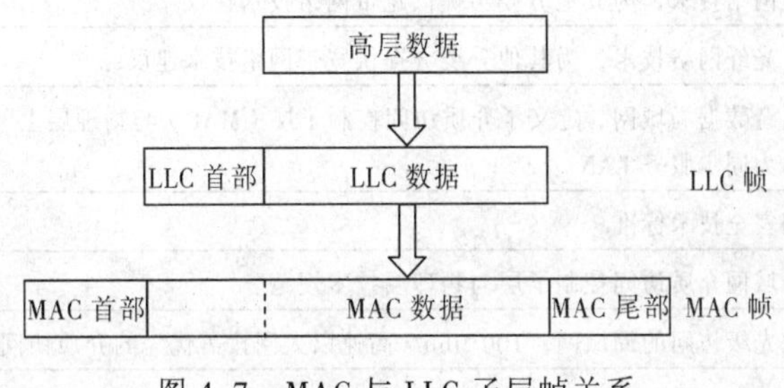

图4-7 MAC与LLC子层帧关系

② 比特的差错检测。

③ 物理寻址。

④ 实现和维护MAC协议。

由于数据链路层中与接入各种传输媒体相关的问题都在MAC子层，故MAC子层还需要负责在物理层的基础上进行无差错的通信。

LLC子层的主要功能有：

① 建立和释放数据链路层的逻辑连接。

② 提供与高层的接口。

③ 差错控制。

④ 为帧添加序号。

由于LLC子层完全不受所使用的介质和介质访问方法的干扰，所以把与介质访问无关的协议放在这一层。

2. 局域网协议标准IEEE 802

对于局域网的定义及其运行机制的标准，早在1980年2月美国电子电气工程师协会（Institute of Electrical and Electronic Engineers，IEEE）的802委员会成立以来就制定了一系列标准。IEEE 802委员会认为不同的局域网应用对技术要求也不同，因此构建了若干个具有不同特征的局域网标准，并被国际标准化组织（International Organization for Standardization，ISO）采用。IEEE 802系列的主要标准如表4-3所示。

表4-3 IEEE 802系列协议

协议名称	协议相关内容
IEEE 802.1	局域网概述及网间互连定义，包括局域网体系结构、网络互连、网络管理、性能测试等
IEEE 802.2	逻辑链路控制协议，该协议对LLC子层，高层协议以及MAC子层等接口进行了规范，保证了网络信息传递的准确和有效性
IEEE 802.3	总线型网络的介质访问控制协议CSMA/CD及物理层技术规范，该协议产生了许多扩展标准，如快速以太网的IEEE 802.3u，千兆以太网的IEEE 802.3z和IEEE 802.3ab，10G以太网的IEEE 802.3ae

续表

协议名称	协 议 相 关 内 容
IEEE 802.4	令牌传递总线网访问控制协议方法和物理层技术规范
IEEE 802.5	令牌环网介质访问控制协议及物理层技术规范，标准的令牌环以 4 Mbit/s 或者 16 Mbit/s 的速率运行
IEEE 802.6	城域网（WAN）介质访问方法和物理层规范
IEEE 802.7	定义了网络技术，为其他分委会提供宽带网络技术建议
IEEE 802.8	定义了光纤网络技术，为其他分委会提供宽带网络技术建议
IEEE 802.9	综合话音数据局域网，定义了介质访问控制子层（MAC）与物理层上的继承服务（IS）接口，该标准又被称为同步服务 LAN
IEEE 802.10	局域网安全技术标准
IEEE 802.11	无线局域网介质访问控制子层与物理层技术规范
IEEE 802.12	请求优先级访问的局域网，100 Mbit/s 高速以太网按需优先的介质访问控制协议 100VG-ANY
IEEE 802.14	交互式电视网（包括 Cable Modem）的访问方法及物理层技术规范
IEEE 802.15	短距离无线网络（WPAN），包括蓝牙技术的所有技术参数
IEEE 802.16	固定带宽无线接入系统的空中接口规范

从表 4-3 可以看出 IEEE 802 系列标准主要讨论局域网技术。局域网中使用多种传输介质，而每一种介质访问协议又与传输介质和拓扑结构有关，所以 IEEE 802 系列标准主要基于网络的物理层和数据链路层。为了简化局域网中数据链路层的功能划分，IEEE 802 标准将数据链路层划分为介质访问控制（MAC）子层和逻辑链路控制（LLC）子层，同时 SAP 位于 LLC 子层与高层的交界面上，如图 4-8 所示 IEEE 802 协议结构，划分的具体依据我们在局域网参考模型中做了详细的分析，这里不再赘述。

3. LLC 子层协议

LLC 子层和 MAC 子层之间通过数据单元进行通信，IEEE 802 标准对帧格式进行了相应的定义。IEEE 802 标准定义的帧格式与其他网络的帧格式相似，由数据域和控制域组成。

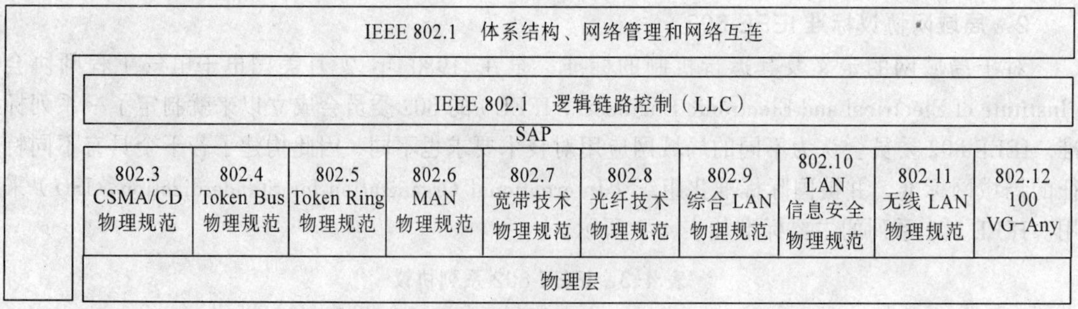

图 4-8 IEEE 802 协议结构

如图 4-9 所示，LLC 层将高层协议的数据单元 PDU 封装成 LLC 帧，PDU 作为 LLC 帧的数据字段，在数据字段前加上源服务访问点 SSAP、目的服务访问点 DSAP 和控制信息即构成 LLC 帧。MAC 子层把 LLC 子层封装成 MAC 帧，即把 LLC 帧作为 MAC 帧的数据字段，加上源地址 SA、目的地址 DA、帧校验序列及控制信息构成 MAC 帧。

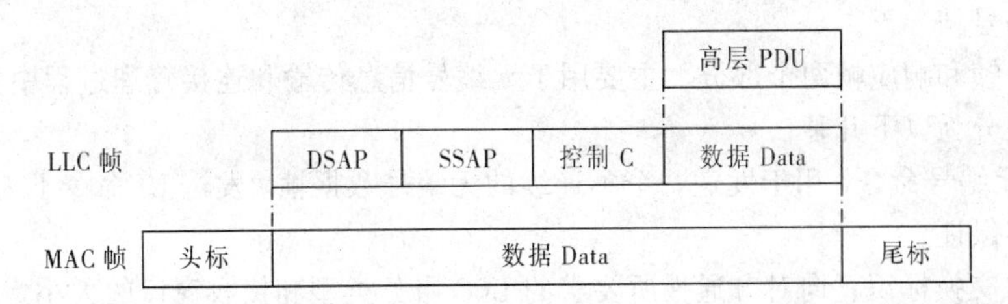

LLC 帧格式：

DSAP		SSAP		控制字节 C	数据 Data
1 位 0：单地址 1：组地址	7 位	1 位 0：命令 1：响应	7 位	信息帧 监督帧 无编号帧	*N* 字节数据

MAC 帧格式：

头标					数据 Data	尾标	
7 B	1 B	6 B	6 B	2 B	46～1 500 B	4 B	
PA 前导码	SFD 帧定首界符	DA 目的地址	SA 源地址	L 帧长度	I 数据域	PAD 字节填充	FCS 帧检验序列

图 4-9　LLC 与 MAC 帧格式

IEEE 规定 LLC 帧共有 4 个字段，分别为 DSAP（目的服务访问点）字段、SSAP（源服务访问点）字段、控制字段和数据字段。其中，地址字段中 DSAP 和 SSAP 各占一个字节。DSAP 字段的最低位为 I/G 位，当 I/G=0 时，后面的 7 个比特位表示单个站的地址；当 I/G=1 时，表示组地址。SSAP 字段的最低位为 C/R 位，当 C/R=0 时，表示命令帧；当 C/G=1 时，表示响应帧。

LLC 帧的控制字段，共占 8 位，前两位表示帧的类型，按照所实现协议的需要将帧分为三类：信息帧、监督帧和无编号帧。

（1）信息帧

在面向连接的服务方式中传送数据帧，并有捎带应答功能。信息帧的控制字段的第一位为 0，2～4 位为 N(S)，第 5 位为 P/F，第 6～8 位为 N(R)，N(S)是发送帧序号；N(R)是捎带应答的帧序号，N(S)和 N(R)的主要作用是为流量控制和差错控制提供帮助，P/F=1 时，表示本次传送停止，告知对方可以继续发送信息。

（2）监督帧

进行响应和流量控制功能，监督帧的控制字段的第 1、2 位为 10，第 3、4 位为 SS，第 5 位为 P/F，第 6～8 位为 N(R)，SS 字节域提供 4 种状态功能：

SS=00：RR 帧，接收准备就绪，N(R)表示希望接收编号为 N(R)的帧，即编号 N(R)-1 帧及以前的帧都已被正确接收，能够对与 RR 帧不同方向的数据帧进行捎带应答。

SS=01：RNR 帧，接收未准备就绪，其确认功能表示要求对方立即停止发送数据帧，当收到 RR 帧时才能继续发送。

SS=10：REJ 拒绝帧，全部重发，表示编号为 N(R)的帧及其以后各帧均被拒收，要求全部重发。

SS=11：SREJ 拒绝帧，选择重发，表示编号为 N(R)的帧被拒收，要求重发此帧。

（3）无编号帧

分为命令帧和响应帧两个部分，主要用于无编号信息传输和连接管理过程中控制信息的传输，其命令帧分为以下几种：

① UI：无编号命令，用于发送一个不连续的无编号数据帧。发送 UI 命令不需要建立连接，可靠性不能够保证。

② XIP：交换标识，向对方通报所要求的 LLC 服务类型和接收窗口的大小。

③ TEST：测试，作用是请求一个测试帧，测试 LLC-LLC 环路。

④ SABME：置扩充的异步平衡方式，此命令用来设置与目的端的数据链路连接，而这种连接具有异步平衡方式。

⑤ DISC：释放连接，作用是终止一个逻辑连接，确切地说是用来终止 SABME 命令设置的异步平衡方式，使对方 LLC 断开逻辑连接以便使用 UA 响应帧。

当 P/F=1 时，指示有命令帧需要响应，对于无编号响应帧分为几下几种：

① UA：无编号确认，用于对 SABME 和 DISC 命令做出响应。

② DM：断开方式，断开所连接的应答。

③ XID：交换标识，建立≤7 的窗口，对 XID 命令进行响应。

④ TEST：测试，对 TEST 命令的响应帧。

4．MAC 子层协议

在 MAC 子层中把 LLC 帧作为数据字段部分，加上源地址 SA、目的地址 DA、帧校验序列及控制信息封装成 MAC 帧。IEEE 规定地址字段的最高位 I/G=0 时，地址字段表示单个站地址；当 I/G=1 时，表示组地址，即允许多个站点使用同一地址，并且组内所有站点都会收到帧信息。

MAC 信息帧格式，简要分析如下：

① PA：前导码。每帧的前导码有 7 B，每个字节都是 10101010 共 56 位组成，0 和 1 交替并告知接收端准备接收数据帧，以实现收发双方的时针同步。

② SFD：帧首定界符。SFD 紧跟在前导码后，一个字节编码为 10101011，用于指示一帧的开始位置。当检测到帧定界符 SFD 末尾连续两位 1 时，则表示从下一位开始是有用的数据信息，并且交给 MAC 子层。

③ SA&DA：源地址和目的地址。均为 6 B，其中源地址是帧发送站点的地址，目的地址是标记了数据帧的目标物理地址，DA 可以是单个站点唯一地址，也可以是一组站的多个目的地址，或是局域网上的所有站的广播地址。DA 的最高位编码是用来判断地址的，若最高位为 0，表示单地址，若最高位为 1，表示多播或广播地址（广播地址的编码全为 1）。

④ L：帧长度，占 2 B，表示数据字段有多少个字节数。

⑤ I：数据域。以以太网为例，数据域是一组 n（$46 \leq n \leq 1\,500$）B 的序列，为了 CSMA/CD 协议能正常进行，需要维持一个最短帧长度，IEEE 规定从目的地址到 FCS 在内的所有字段总长度必须不小于 64 B，由于除了数据域和填充字段外，其余字段的总长度为 18 B，所以数据域最短要 46 B，如果数据长度小于 46 B 则采用字节填充（PAD）的方法将其填充到 46 B，然后再进行数据传输。

⑥ FCS：帧校验序列。该序列段为 4 B，是 32 位的循环冗余校验（CRC）值，校验的范围有 DA、SA、L 和数据字段，检查在这些字段中是否产生了传输错误。

4.2 以　太　网

以太网（Ethernet）是最早的局域网技术，是一种基于总线形的广播式网络，以高速、低成本的巨大优势受到欢迎，在现有的局域网标准中是最成功的局域网技术，也是当前应用最广泛的一种局域网。

以太网是基于 IEEE 802.3 标准建立的，其基本形式是以 10 Mbit/s 的速度运行在总线拓扑结构上。以太网的传输速率从 10 Mbit/s 发展到今天的 100 Mbit/s、1 000 Mbit/s、10 Gbit/s，足见其发展速度相当惊人。

1. 以太网的几种标准

IEEE 802.3 中针对网络拓扑、数据速率、信号编码、最大网段长度以及所使用的传输介质进行了详细的划分，规定了 6 种标准。

（1）10Base5（粗缆以太网）

最初，以太网使用标准的同轴电缆，直径为 0.4 in，故又称粗以太网。10 表示网络的数据传输速率最大为 10 Mbit/s，5 表示网络的最大网段长度为 500 m，base 代表采用基带传输技术。故 10Base5 意思是最大距离为 500 m 以 10 Mbit/s 的速率进行基带传输。

由于 10Base5 以太网的网络线采用的粗缆对信号有衰减作用，所以要限制每段粗缆的长度，当连接距离超出 500 m 时采用中继器连接，总长度不超过 2 500 m。

（2）10Base2（细缆以太网）

10Base2 以太网的网络线采用软的细同轴电缆，其直径只有 0.25 in，价格便宜，这也是细缆以太网名称的由来。10Base2 是指以太网的最大数据传输率为 10 Mbit/s，采用基带传输技术，网络线中每段网线最大长为 200 m（实际是 185 m），传输过程中信号同样会随着传输距离的增加而减弱，所以网络中每段细同轴电缆不能超过 185 m，如果网络中设备间的距离超过了 185 m，同样需要接有中继器，起到增强信号的目的。

（3）10Base-T

最广泛使用的以太网是 10Base-T，与 10Base5 和 10Base2 以太网不同，10Base-T 标准是采用非屏蔽（UTP）双绞线连接的星形网络结构，因为 UTP 双绞线的传输质量相对较差，网络上任意两台计算之间的电缆长度为 2.5～100 m，以免相互干扰。

（4）1Base5

1Base5 与 10Base-T 一样采用 UTP 和星形网络拓扑结构，1Base5 中的 5 表示各个结点之间的连线距离为 500 m，而集线器与各结点之间的最大连接距离为 250 m。

（5）10Broad36

10Broad36 是采用双缆或单缆系统的一种宽带 LAN 标准，其传输介质使用 75 Ω 同轴电缆，网络中每个网段的连接距离不超过 1 800 m，整个网络不超过 3 600 m，10Broad36 可以通过改变基带曼彻斯特编码达到与基带以太网相互兼容。

（6）10Base-F

10Base-F 以太网的传输介质为光缆（Fiber），光缆作为非屏蔽双绞线的替代，将网段最大距离增加至 500 m，并且加强了传输特性，10Base-F 标准使用曼彻斯特编码，能够将电信号转换成光信号，10Base-F 标准包含以下三个规范：

① 10Base-FP：用于无源星形拓扑，连接结点之间的每一段链路长度不超过 1 km，P 表示无源（Passive）。

② 10Base-FL：连接结点之间的每一段链路长度不超过 2 km，L 表示无源（Link）。

③ 10Base-FB：连接转发器之间的每一段链路长度不超过 2 km，B 表示主干（Backbone）。

2. 以太网的帧结构

根据 IEEE 802.3 的帧格式所制定的以太网帧结构，如图 4-10 所示。

前导码（PA）	帧首定界符（SFD）	目的地址（DA）	源地址（SA）	类型（TYPE）	数据区（DATA）	帧校验序列（FCS）
7 B	1 B	6 B	6 B	2 B	46～1 500 B	4 B

图 4-10　以太网帧结构

（1）前导码

该前导码字段包含 7 B 的二进制序列，共 56 位，设置该字段所用的是指示帧的开始位置，与帧首定界符一起作为前同步信号，以便网络中的所有接收器均能与到达帧同步，并且保证了各帧之间用于错误检测和恢复操作的时间间隔不小于 9.6 ms。

（2）帧首定界符（SFD）

该字段可以被看做是前导码的延续，由一个字节的二进制码组成，字段的前 6 个比特位由 1 和 0 交替构成，最后的两个比特位是 11，这两位起到中断同步模式并指示一帧的有效信息的开始。

（3）目的地址（DA）

目的地址字段确定帧的接收站，共 6 B，可以是单址、多址或一个全地址，字段的最高位用来判断地址类型，当最高位为 0 时表示单址，为 1 时则表示多播或全地址。

（4）源地址（SA）

源地址字段标识发送帧的工作站，与目的地址类似共 6 B。

（5）类型（TYPE）

类型字段标识数据字段中所使用的高层协议，也就是说该字段告诉接收站根据哪种协议解释数据字段。在以太网中的类型字段设置了相应的十六进制值，提供了支持多协议的传输机制，因此多种协议可以在局域网中同时共存。

（6）数据（DATA）

数据字段范围在 46～1 500 B，最小长度必须为 46 B 以保证帧长至少为 64 B，如果填入该数据段的字节少于 46 B，则必须进行填充处理。

（7）帧校验序列（FCS）

帧校验序列提供了一种错误检测机制，共 4 B，即 32 位冗余检验码（CRC），检验除前导码、SFD 和 FCS 以外的所有帧内容，发送站边发送数据帧边进行逐位 CRC 检验，把最后得到的 32 位 CRC 校验码填在 FCS 中一起传送。

3. 以太网媒体接入控制方式 CSMA/CD

早期的以太网是一种基于总线型的广播式网络，也就是将许多台计算机连接到一根总线上，这样每当结点计算机开始发送数据帧时总线上的所有计算机就都能够检测到该帧，类似于广播通信方式。网卡从网络上每收到一个 MAC 帧，首先检查帧中的 MAC 地址，如果是发送本站的帧则收下，否则就将此帧丢弃，对于“发送本站的帧”有以下三种类型：

① 单播帧（一对一）：所收到的帧 MAC 地址与本站地址相同。

② 广播帧（一对全体）：发送给所有站点的帧。

③ 多播帧（一对多）：发送给部分站点的帧。

所以，局域网中的通信并非总是一对多的广播通信，但网络中的结点所需要发送的数据帧则都是以广播的方式通过公共的传输介质发送到总线上，而连接在总线上的所有结点都有可能接收到该帧，同时也可以利用该总线发送数据，这样网络中就会因争用传输介质而发生冲突。为此，需要一种访问机制以便让结点知道网络当前的情况，带有冲突检测的载波监听多路访问协议（CSMA/CD）就是这样一种访问机制。

以太网 CSMA/CD 协议的发送过程：一个站点如果想使用传输介质发送数据，必须首先监听线路是否有其他站点正在发送。如果没有被占用，则可以立即发送数据，传输过程中，发送站点还必须继续监听是否有其他站点开始了发送，如果有其他站点也在发送数据，该发送站则中断发送，等待一定的随机时间后再进行监听、发送，直到所有的数据全部被成功的发送出去，并且没有被其他站点发送的数据破坏。其发送流程可以简单地概括为四点：先听后发，边听边发，冲突停止，延迟重发，工作流程如图 4-11 所示。

以太网 CSMA/CD 协议的接收过程：网络上的站点若不处于发送状态则处于接收状态，在准备接收发送站送来的数据帧时，先要检测是否有信息到来，然后将载波监听的信号置为 ON，以免与待接收的帧发送冲突。当一个站点完成一个数据帧的接收后，需要首先判断所接收的帧长度。IEEE 802.3 协议对最小帧长度作了规定，小于 64 B 的帧被认为是发送了“冲突”，该帧是一个“冲突碎片”，将其丢弃，接收处理结束。若未发生冲突，则进行地址匹配，确认是否与本站地址相符，并将该帧的目的地址字段、源地址、数据字段的内容存入本站点的缓冲区，然后进行传输差错校验和处理，即 CRC 校验。如果 CRC 校验结果与接收到的 FCS 一致，则进一步检测数据长度，并将正确的帧中数据传送给高层，并成功进入结束状态，否则丢弃这些数据。接收过程的流程如图 4-11（b）所示。

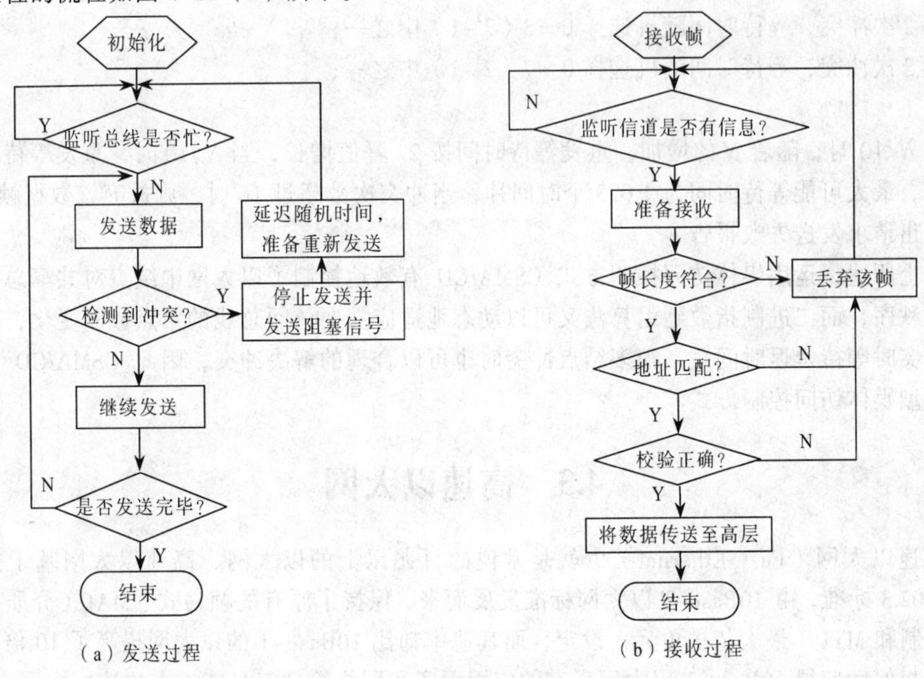

图 4-11 CSMA/CD 工作流程图

4．CSMA/CD 协议的实现

（1）载波监听

总线上只要有一台计算机发送数据，总线的传输资源就会被占用，因此各结点发送数据前先要检测总线是否被占用，即“监听”；而“载波”就是结点利用电子技术检测的方法，我们知道以太网发送的数据都使用曼彻斯特（Manchester）编码信号，曼彻斯特编码方法保证了在每一个码元的正中间实现一次电压转换，结点通过判断总线电平是否有跳变来确定总线的当前状态。

（2）冲突检测

当总线上两个结点几乎同时发送了数据帧时，载波监听方法就不灵了，这是因为电磁波以一定的速率在总线上的传播所产生的时延造成的，例如电磁波在 1 km 电缆传播过程中，时延约为 5 μs，也就是说结点所监听的信道是 5 μs 之前的状态。所以当结点发送数据后，适配器需要边发送数据边进行检测信道上的信号电压变化,即比较发送信号与回复信号的脉冲宽度变化。总线上多个信号电压相互叠加会导致所传输的信号严重失真并且无法恢复，一旦检测到总线上的信号电压变化幅度增大,并超过一定的门限值时就认为至少有两个站同时在总线上发送数据，即产生了冲突，因此，当正在发送数据的结点发现总线上的冲突，适配器就会立即停止发送，等待随机一段时间后再次监听，然后再发送，以免继续浪费网络资源。

（3）随机延迟重发

检测到冲突，为了解决信道争用冲突，发送数据双方站点都各自延迟一段随机时间等待，再继续载波监听。那么其各自延迟的随机时间为多少合适呢？通常根据估计网络中的信息量、冲突的情况来决定本次冲突的等待时间,二进制指数延迟算法是一种典型的计算延迟时间算法。如果用 t 表示本次冲突后的等待时间，则公式为 $t=R\times A\times(2^N-1)$，其中，N 为冲突次数，R 为随机数，A 为计时单位。具体算法过程如下：

第 1 次冲突，等待时间随机选择 0～1（2^1-1）中之一；

第 2 次冲突，等待时间随机选择 0～3（2^2-1）中之一；

第 3 次冲突，等待时间随机选择 0～7（2^3-1）中之一；

……

当 $N<10$ 时，随着 N 的增加，重发等待时间按 2^N 幂值增长；当 $N>10$ 时，重发等待时间不再增长，最大可能等待时间为 1 023 个时间片，当冲突次数超过 16 时，则放弃该数据帧发送，系统发出请求发送失败报告。

综上所述，运用媒体访问控制方式 CSMA/CD 有效地控制了以太网中结点对共享总线的访问权的秩序，而二进制指数延迟算法又可以动态地适应需要访问总线的结点数的变化，在少数结点冲突时等待延迟时间短，很多结点冲突时也可以合理的解决冲突，因此 CSMA/CD 又称随机竞争型媒体访问控制方式。

4.3 高速以太网

高速以太网（Fast Ethernet）也就是常说的百兆以上的以太网，高速以太网基于扩充的 IEEE 802.3 标准，由 10Base-T 以太网标准发展而来，保持了原有的帧格式、MAC（介质存取控制）机制和 MTU（最大传送单元）设定，而其速率却比 10Base-T 的以太网提高了 10 倍，二者之间的相似性使得 10Base-T 以太网现有的应用程序和网络管理工具能够在快速以太网上使用，

是当前最流行并广泛使用的局域网。高速以太网包括快速以太网、吉比特以太网和 10 吉比特以太网三种技术。

1. 快速以太网

随着计算机网络的发展，对于日益增长的网络数据流量速度需求，传统的标准以太网技术越来越感到力不从心。在 1993 年 10 月以前，只有光纤分布式数据接口（FDDI）能够满足 LAN 10 Mbit/s 以上的数据流量，然而它是一种价格非常昂贵的、基于 100 Mbit/s 光缆的 LAN。1993 年 10 月，随着 Grand Junction 公司推出世界上第一台快速以太网集线器 Fastch10/100 和网络接口卡 FastNIC100，快速以太网技术才正式得到应用。随后 Intel、Syn Optics、3COM、Bay Networks 等公司亦相继推出自己的快速以太网装置。与此同时，IEEE 802 工程组也对 100 Mbit/s 以太网的各种标准、工作模式等进行了研究。于 1995 年 3 月 IEEE 宣布了 IEEE 802.3u 100Base-T 快速以太网标准（Fast Ethernet），开始了快速以太网的时代。

快速以太网的一个显著特性是它尽可能地采用了 IEEE 802.3 以太网的成熟技术，在双绞线上传送 100 Mbit/s 基带信号，目标是加快 100Base-T 速度。

快速以太网和传统的以太网的不同之处在于物理层，原 10 Mbit/s 以太网的附属单元接口由新的媒体无关接口代替，接口下所采用的物理媒体也相应地改变。用户网络想从 10 Mbit/s 以太网升级到 100 Mbit/s，只需要更换一块适配器和配一个 100 Mbit/s 的集线器即可，而不必更改网络的拓扑结构和在 10Base-T 上所使用的应用软件和网络软件，100Base-T 标准还包括有自动速度侦听功能，其适配器有很强的自适应性，能以 10 Mbit/s 和 100 Mbit/s 两种速度发送，并以另一端的设备所能达到的最快的速度进行工作。

优点：快速以太网具有高可靠性、易于扩展性、成本低等优点，它支持 3、4、5 类双绞线以及光缆的连接，能有效的利用现有的设施。

缺点：快速以太网的不足其实也是以太网技术的不足，即快速以太网仍是基于载波侦听多路访问和冲突检测（CSMA/CD）技术，当网络负载较重时，会造成效率的降低，当然这可以使用交换技术来弥补。

100 Mbit/s 以太网标准又分为：100Base-TX、100Base-FX、100Base-T4 三个子类。

① 100Base-TX：是一种使用 5 类非屏蔽双绞线或屏蔽双绞线的快速以太网技术。它采用两对双绞线，一对用于发送，一对用于接收数据。在传输中使用 4B-5B 编码方式，信号频率为 125 MHz。符合 EI A586 的 5 类布线标准和 IBM 的 STP 1 类布线标准，使用同 10Base-T 相同的 RJ-45 连接器，最大网段长度为 100 m，支持全双工的数据传输。

② 100Base-FX：是一种使用光缆的快速以太网技术，可使用单模和多模光纤（62.5 μm 和 125 μm）。多模光纤连接的最大距离为 550 m，单模光纤连接的最大距离为 3 000 m，在传输中使用 4B-5B 编码方式，信号频率为 125 MHz，最大网段长度为 150 m、412 m、2 000 m 或更长至 10 km，这与所使用的光纤类型和工作模式有关。100Base-FX 特别适合于有电气干扰的环境、较大距离连接、或高保密环境等情况下。

③ 100Base-T4：是一种可使用 3、4、5 类非屏蔽双绞线或屏蔽双绞线的快速以太网技术。它使用 4 对双绞线，3 对用于传送数据，1 对用于检测冲突信号。在传输中使用 8B-6T 编码方式，信号频率为 25 MHz，符合 EIA586 结构化布线标准。它使用与 10Base-T 相同的 RJ-45 连接器，最大网段长度为 100 m。

快速以太网的工作模式：传统以太网只是通过一个连接点接入同轴电缆，用这条通道来发送和接收数据，但是在同一时刻通道只能为一种工作方式，即结点在发送数据时就不能同时接收，在接收数据时也不能发送，即为半双工工作模式。

快速以太网支持全双工与半双工两种工作模式，即主机通过网卡有两个通道，其中一个用于发送数据，另一个用于接收数据，这样就避免了传统以太网将很多主机连接在共享同轴电缆上，主机之间争用共享的传输介质的问题，因此采用全双工模式的快速以太网不需要 CSMA/CD 介质访问控制方法，它不受冲突窗口的大小限制，而只受传输信号强弱的限制。

2．吉比特以太网

尽管快速以太网具有高可靠性、易扩展性、成本低等优点，但随着网络通信流量的不断增加，如三维图形、电视会议、数据仓库等信息的传输与处理的应用，传统 100 M 以太网在客户/服务器计算环境中已难以适应。

1995 年 11 月，IEEE 802.3 工作组成立了高速研究组（Higher Speed Study Group，HSSG），以将快速以太网的速度增至 1 000Mbit/s (1Gbit/s)为目的。1996 年 8 月，IEEE 标准委员会批准了吉比特以太网（Gigabit Ethernet）方案授权申请，并成立了 802.3z 工作组，主要研究使用多模光纤与屏蔽双绞线的吉比特以太网物理层标准。1997 年，成立了 802.3ab 工作组，主要研究使用单模光纤和非屏蔽双绞线的吉比特以太网物理层标准。1998 年 2 月，IEEE 802 委员会正式批准吉比特以太网标准 IEEE 802.3z。

吉比特以太网的标准 IEEE 802.3z 有以下几个特点：

① 使用 IEEE 802.3 协议规定的帧格式。

② 允许在 1 Gbit/s 下使用全双工和半双工两种模式工作。

③ 在半双工模式下使用 CSMA/CD 协议，全双工模式不需要使用 CSMA/CD 协议。

④ 与 10Base-T 和 100Base-T 技术向后兼容。

（1）吉比特以太网的物理层协议

吉比特以太网标准继承了 IEEE 802.3 标准的体系结构，分为 MAC 子层和物理层两部分。MAC 子层通过吉比特媒体专用接口（Gigabit Media Independent Interface，GMII）发送接收数据帧，与快速以太网相比，吉比特以太网通过媒体专用接口的数据由 4 位扩展为 8 位。

根据其物理层的不同，可以将吉比特以太网划分为 1000 Base-LX、1000 Base-SX、1000 Base-CX 与 1000 Base-T，其中，1000 Base-SX、1000 Base-LX、1000 Base-CX 统称为 1000 Base-X。下面分别加以介绍。

① 1000 Base-LX：LX 表示长波长。采用 1 300 nm 波长激光作为信号源的网络介质技术，光纤作为传输介质。光纤纤芯直径规格有 62.5 μm 多模光纤、50 μm 多模光纤、10 μm 单模光纤。使用多模光纤，在半双工模式下最长传输距离为 316 m，全双工模式下最长传输距离为 550 m；使用 10 μm 单模光纤，半双工模式最长传输距离为 316 m，全双工模式最长传输距离为 5 km。

② 1000 Base-SX：SX 表示短波长。采用 850 nm 短波长激光器和多模光纤。使用 62.5 μm 多模光纤在全双工模式下的最长传输距离为 275 m；使用 50 μm 多模光纤，在全双工模式下最长传输距离为 550 m。

③ 1000 Base-CX：CX 表示铜线。使用两对短距离的屏蔽双绞线电缆，半双工模式下的传输距离为 25 m，全双工模式下传输距离为 50 m。

④ 1000 Base-T：使用 4 对 5 类 UTP 作为网络传输介质，传输距离为 100 m。

（2）CSMA/CD 和帧突发机制

吉比特以太网是在传统以太网和快速以太网的基础上发展的，仍保留着以太网的基本特征，CSMA/CD 冲突避免的方法是先听后发、边听边发、随机延迟后重发，一旦发生冲突，必须让每台主机都能检测到以便有效地避免冲突。然而在半双工模式下，吉比特以太网为了适应数据速率的提高所带来的变化，必然需要对 CSMA/CD 介质存取控制方法进行必要的调整。

冲突窗口时间的长短会直接影响到网段的最大长度，传统以太网和快速以太网将冲突窗口规定为 51.2 μs，即 CSMA/CD 机制要求发送结点在每发送 512 B 的时间（51.2 μs）内检测出是否有冲突，吉比特以太网的发送速率提高了 100 倍，发送同样长度帧的时间就减少到原来的 1%，而电磁波在传输介质中传输的速度不变，因而需要缩小网段的最大长度 100 倍，以保证能够在一帧的发送过程中检测到冲突，然而网段的最大长度缩小了，网络的实际价值也就大大缩小了。因此，需要对 CSMA/CD 机制进行修改，即在 MAC 子层定义“载波扩展”（carrier extension）机制。

在学习“载波扩展”机制之前，需要先了解什么是冲突槽。按照标准，10 Mbit/s 以太网连接的最大长度为 2 500 m，最多经过 4 个中继器，因此规定对 10 Mbit/s 以太网一帧的最小发送时间为 51.2 μs，这段时间所能传输的数据为 512 bit，因此称该段时间定义为以太网时隙，或冲突时槽，简单地换算，512 bit＝64 B，这也是以太网帧最小为 64 B 的原因，图 4-12 为吉比特以太网载波扩展的帧结构图。

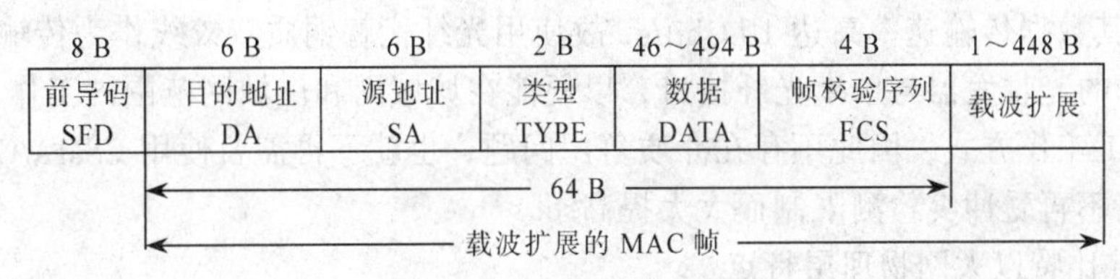

图 4-12　载波扩展帧结构图

载波扩展技术用于半双工的 CSMA/CD 方式，实现方法是对 MAC 帧长小于 512 字节的帧进行载波扩展，就是用比特序列填充在帧后面，使其长度增大到 512 字节，这样所占用的时间等同于长度为 512 字节的帧所占用的时间。接收端结点在收到以太网的 MAC 帧后首先对其进行处理，对于大于 512 字节的帧，接收端认为该帧是正确的帧，并将所填充的比特序列删除后递交给上一层。若帧长度小于 512 字节，则认为该帧是冲突碎片并将其丢弃。

当发送多个长度小于 512 字节的连续数据帧时，需要对其进行载波扩展，而所填充的 448 字节比特序列造成了很大开销，这就需要考虑为吉比特以太网增加一种“分组突发”的功能，即帧突发机制，如图 4-13 所示。

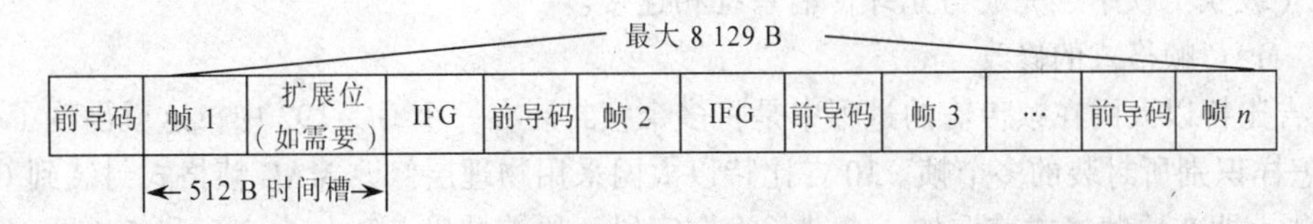

图 4-13　帧突发机制

当发送方发送多个帧时，第一帧按 CSMA/CD 规则发送，但如果第一帧是短帧，则采用载波扩展的方法进行填充。一旦第一帧发送成功，则说明发送信道已打通，发送方为了连续占用信道，用 96 bit 载波扩展填充 IFG，其他主机结点在 IFG 期间会监听到载波，这样发送方就不会再遇到冲突，其后续帧不必再进行载波扩展而连续发送，这样就形成了一串分组突发。显然在采用帧分组突发后，半双工模式吉比特以太网的信道利用率大幅度提高了，而在全双工方式不存在冲突问题，所以不适用载波扩展和分组突发。

3. 10 吉比特以太网

随着 Internet 的广泛应用以及各项技术的成熟，人们对带宽的需求越来越高，迫切地需要出现一种仍能保持以太网特性并且速率再提高 10 倍的能用于主干网的技术，即 10 吉比特以太网。

早在吉比特以太网标准 IEEE 802.3z 通过后不久，IEEE 就在 1993 年 3 月成立了专门致力于 10 吉比特以太网研究的高速研究组（High Speed Study Group，HSSG）。2002 年 6 月 IEEE 802.3ae 委员会完成了对 10 吉比特以太网标准的制定，并通过 10 吉比特以太网的正式标准。

（1）10 吉比特以太网特点

10 吉比特以太网是最新的高速以太网技术，适应于新型的网络结构，遵循技术可行性、经济可行性与标准兼容性的原则，目标是经以太网从局域网范围扩展到城域网和广域网的范围，具有以下主要特点：

① 帧格式与 10 Mbit/s、100 Mbit/s 和 1 Gbit/s 以太网帧格式完全相同，并且保留了 802.3 标准对以太网最小和最大帧长度的规定。这就使得用户可以将已有的以太网升级，并且仍能和较低速率的以太网进行通信。

② 由于其数据传输速率高达 10 Gbit/s，故使用光纤代替铜质双绞线作为传输媒体，同时使用超过 40 km 的光收发器与单模光纤接口，以便能在城域网和广域网范围内工作。

③ 全双工工作方式，因此不存在介质争用问题，也就不再需要使用 CSMA/CD 工作机制，这样传输距离不再受冲突检测限制而大大提高了。

（2）10 吉比特以太网物理层特点

10 吉比特以太网的物理层使用光纤通道技术，根据应用领域的不同，使用两种不同的物理层，局域网物理层 LAN PHY 和广域网 WAH PHY 物理层。

① 局域网物理层（LAN PHY）与 1 Gbit/s 的吉比特以太网兼容，允许其工作速率为 1 Gbit/s 或 10 Gbit/s，因此一个 10GE 交换机可以支持 10 个吉比特以太网接口。

② 广域网物理层（WAN PHY）开发的目的是允许 10 吉比特以太网数据直接在本地 SONET/SDH 传输设备上传送，以便将以太网集成到现有电信网络中。因此 WAN PHY 需要符合光纤通道技术速率体系 SONET/SDH 的 OC-192/STM-64 标准，而 OC-192/STM-64 标准的数据率并非是 10 Gbit/s，而是 9.953 28 Gbit/s，去掉帧首部开销后，其有效载荷数据率是 9.584 6 Gbit/s。并且 WAN PHY 标准中添加了广域网接口子层（WIS），能够将数据有效负载封装到简化的 SONET OC-192（级联）帧中，完成与光纤传输系统相连接。

（3）MAC 帧格式的修改

10 吉比特以太网在帧传输的过程中是将多个帧封装在一个 OC-192 中，这就出现了一个问题，即怎样识别所封装的多个帧。10 吉比特以太网采用物理层修改 MAC 帧格式封装到 OC-192 帧的方法。即在原帧格式前增加一个“长度”字段，原前导码 7 B 分为 2 B 和 5 B 两部分，分别为“长度”字段和“前导码”字段。同时在原“帧首定界符”和“目的地址”之间增加了一个 2 B 的“帧头校验”字段，其作用是对它前面的“长度”、“前导码”、“帧前定界符” 8 个字节进行 CRC-16 校验，如图 4-14 所示。

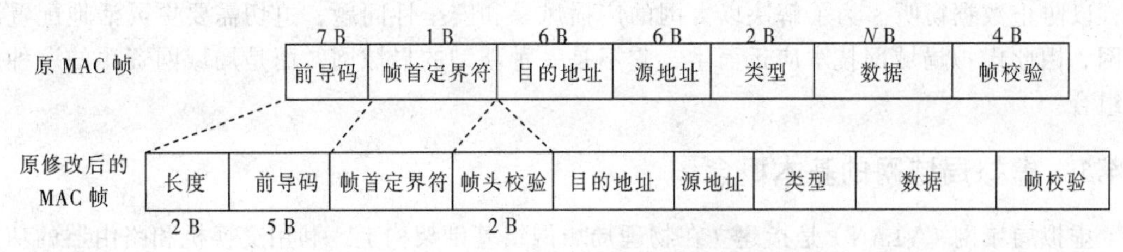

图 4-14 MAC 帧格式的修改

其过程是当发送端开始发送帧时，帧从 MAC 层传送到物理层，物理层再封装到 OC-192 帧，如果各帧之间需要标识则修改原 MAC 帧的结构再进行传送。当接收端物理层接收到 OC-192 帧后，对其进行拆分并还原出原 MAC 帧，然后提交给 MAC 层处理。在整个封装和拆分 OC-192 帧的过程中，只对物理层的传输过程有效，对 MAC 层是透明的，所以并不是真的修改了 MAC 帧结构。

（4）10 吉比特以太网应用

在过去的十几年里，以太网技术已经成为局域网领域中的主流技术，随着网络带宽需求的日益增加，以太网技术也经历了一个不断发展进步的过程：1982 年制定了 10 M 比特以太网标准 IEEE 802.3；1993—1995 年制定了 100 M 比特以太网标准 IEEE 802.3u；1995—1999 年制定了吉比特以太网标准 IEEE 802.3z 和 IEEE 802.3ab；2000 年制定了吉比特以太网标准 IEEE 802.3ad；2000—2002 年制定了 10G 比特以太网标准 IEEE 802.3ae。经过 20 多年的不断发展，不但以太网的速度从 10 Mbit/s、100 Mbit/s、1 Gbit/s 到 10 Gbit/s 不断提高，而且其应用范围也不断扩大。

10 吉比特以太网技术不仅可以应用于局域网，也能很好地应用于城域网和广域网，它能使局域网与城域网和广域网实现无缝连接，10 吉比特以太网作为主干网主要应用在企业网、园区网和城域网中，可以省略主干网中的 ATM 或 SDH/SONET 链路，简化网络设备。

我们看到，以太网从最初的 10 Mbit/s 到 100 Mbit/s 快速以太网，再到 10 吉比特以太网，从这一发展演进可以看到以太网具有一些不可替代的优势：

① 可扩展的（从 10 Mbit/s 到 10 Gbit/s）。

② 灵活的（多种媒体、全/半双工、共享/交换）。

③ 易于安装。

④ 稳健性较好。

4.4 虚拟局域网

在局域网交换技术中，虚拟局域网（Virtual Local Area Network，VLAN）是一种迅速发展的技术，由于网络拓扑的设计和连接，当一个结点发送广播帧后，每一个收到该帧的结点都会进行复制转发到所有与其相连的网络，此时大量的广播帧存在网络中将导致网络性能下降，甚至网络瘫痪，这就是广播风暴。还有基于安全性的考虑，例如很多企业在发展初期人员较少，对网络的要求也不高，大部分都采用了通过路由器实现分段的简单结构。在这样的网络中，每一个局域网上的广播数据包都可以被该网段上的所有设备收到，无论这些设备是否需要，随着企业规模的不断扩大，特别是多媒体在企业局域网中的应用，使每个部门内部的数据传输量非常大。更重要的是，公司的财务部门需要越来越高的安全性，不能和其他的部门混用一个以太网段，以防止数据窃听。为了解决以太网的广播风暴和安全性问题，迫切需要更灵活地配置局域网，因此虚拟局域网技术应运而生，它不是一种新型的局域网，而是局域网资源的一种逻辑组合。

4.4.1 虚拟局域网的基本概念

虚拟局域网（VLAN）是指建立在物理局域网络基础架构上，利用交换机和路由器的功能来配置网络的逻辑拓扑结构，使网络中的站点不拘泥于所处的物理位置，并且能够根据需要灵活地加入不同的逻辑子网的一种网络技术，如图 4-15 所示。虚拟局域网（VLAN）迅速崛起，并成为最具生命力的组网技术之一。

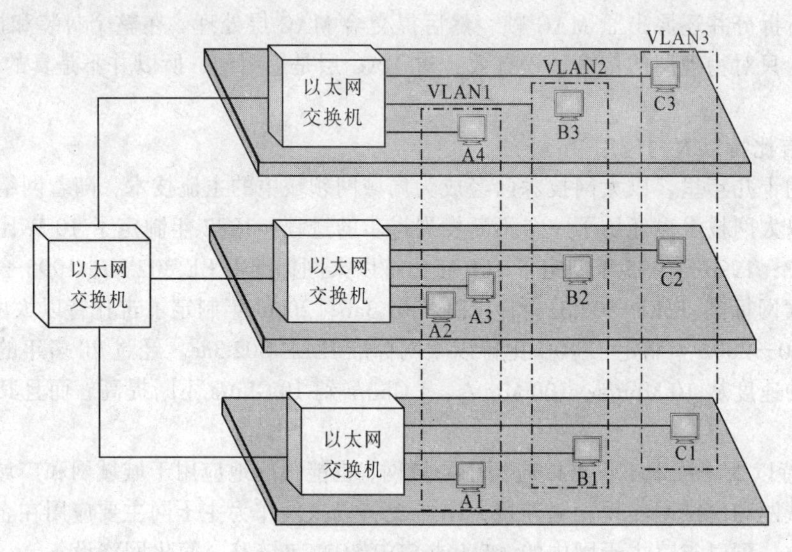

图 4-15 虚拟局域网结构

其实，早在 20 世纪 90 年代中期虚拟局域网技术就已经出现并发展起来，其核心思想是建立在交换技术的基础上，利用交换机对数据帧的传输和控制能力建立多个逻辑网络，由于这些结点位于不同的物理网段，所以它们不受结点所在物理位置的束缚，但同样具有物理局域网的功能和特点，即同一网络内的结点可以互相访问，不同网络的结点不能直接访问。虚拟局域网能够跟随结点位置进行变动，也就是说当结点的物理位置改变时，不需要人工进行重新配置，组网方法十分灵活。因此，虚拟局域网能够有效地控制广播域的范围并减少由于共享介质所形成的安全隐患问题。

划分虚拟局域网的优势主要体现在以下三个方面：

① 抑制网络上的广播风暴。对于大型网络，现在常用的 Windows NetBEUI 是广播协议，当网络规模增大，网络中的广播信息必然会相当多，进而导致网络性能恶化，甚至形成广播风暴，引起网络堵塞。通过划分诸多虚拟局域网就能够减少整个网络范围内广播包的传输，这是因为广播信息不会跨越 VLAN，把广播限制在各个虚拟网的范围内，缩小了广播域，提高了网络的传输效率，从而提高网络性能。

② 增加了网络的安全性。由于各虚拟网之间不能直接进行通信，而必须通过路由器转发，这样就为高级的安全控制提供了可能，增强了网络的安全性。采用大规模的网络的集团公司有财务部、采购部和客户部等，而它们之间的数据对彼此是保密的，相互之间只能提供接口数据，

所以可以通过划分虚拟局域网对不同部门进行隔离。

③ 集中化的管理控制。对于同一部门的人员分散在不同的物理地点的情况，例如集团公司的财务部在各子公司均有分部但都属于财务部管理，虽然数据彼此保密，但当需要统一结算时，就可以跨地域（也就是跨交换机）将其设在同一虚拟局域网之中，实现数据安全和共享。

4.4.2　虚拟局域网的组网方法

虚拟局域网在功能和操作上与传统局域网基本相同，其主要区别在于组网方法不同。虚拟局域网中的结点不受其物理位置限制，网中同一组结点可以位于不同的物理网段上，而它们之间的通信如同在一个局域网中一样。实际上，交换技术能够在网络层及其高层实现，因此虚拟局域网也可以在网络的不同层次上实现。虚拟局域网组网方法的区别，体现在对虚拟局域网成员定义方法上。

VLAN（虚拟局域网）主要有四种划分方式，分别为：基于端口划分的 VLAN、基于 MAC 地址划分 VLAN、基于网络层划分 VLAN 和根据 IP 组播划分 VLAN。

（1）基于端口划分的 VLAN

早期的虚拟局域网大多根据局域网交换机端口定义虚拟局域网成员，是一种最普通、常用的虚拟局域网成员定义方法,这种方法从逻辑上把局域网交换机的端口划分为不同的虚拟子网，各虚拟子网彼此相对独立。使用端口定义虚拟局域网时，不允许不同的虚拟局域网包含相同的物理网段或交换端口，也就是说交换机的端口 1 属于 VLAN1 后，就不能再属于 VLAN2，一旦网络中的站点改变端口号，网络管理员需要对虚拟局域网成员进行重新配置，可以看出这种划分方法的缺点是灵活性不好。

（2）基于 MAC 地址划分 VLAN

由于 MAC 地址与硬件相关，所以可以根据站点的 MAC 地址来定义虚拟局域网成员。在基于 MAC 地址划分的虚拟局域网中，交换机对站点的 MAC 地址和交换机端口进行跟踪，当有新站点入网时，首先根据需要将其划归至某一个虚拟局域网，在网络中无论该站点怎样移动，由于其 MAC 地址保持不变，因此不需要对其进行网络地址的重新配置。从这个角度来看，基于 MAC 地址划分 VLAN 的方法可以视为基于用户的虚拟局域网。这种划分虚拟局域网技术的不足之处是在新站点入网时，需要对交换机进行比较复杂的手工配置，以确定该站点属于哪一个虚拟局域网，初始配置由人工完成，在大规模网络中把成千上万个用户配置到虚拟局域网显然是非常麻烦的。

（3）基于网络层地址划分 VLAN

基于网络层地址划分 VLAN 是根据站点的网络层地址，按照协议类型来划分虚拟局域网成员的一种方法。例如，用 IP 地址来划分虚拟局域网，这种方法允许用户随意移动工作站而无需重新配置网络地址，这对于 TCP/IP 协议的用户是特别方便的，但是由于检查网络层地址比检查 MAC 地址要花费更长时间，故基于网络层地址划分 VLAN 方法较基于 MAC 地址划分 VLAN 方法性能较差。

（4）基于 IP 广播组划分 VLAN

基于 IP 组播划分 VLAN 是一种动态的虚拟局域网划分方法，交换机则根据各站点网络地址自动将其划分成不同的虚拟局域网。首先动态建立一个虚拟局域网代理，由代理使用广播信息通知各结点，表示此时网络中存在一个 IP 广播组，如果某个结点响应这个广播信息，则该结点加入这个 IP 广播组成为虚拟局域网成员，并可以与网中的其他成员通信。IP 广播组中的所有结点属于同一个虚拟局域网，需要注意的是它们只是在特定时间段内的特定 IP 广播组的成员。IP 广播组虚拟局域网的动态特性提供了很高的灵活性，可以根据服务灵活地组建虚拟局域网，并且能够跨越路由器直接与广域网互连。

以上四种虚拟局域网的实现技术，基于 IP 广播组的虚拟局域网智能化程度最高，实现起来也最复杂。具体采用哪一种方式建立 VLAN，各单位可根据自己的需要选择合适的方式进行管理配置。

4.5 无线网络

近十年来，无线通信技术发展非常迅速，便携机和个人数字助理 PDA 的普遍使用，为计算机网络中引入无线通信技术起到了推波助澜的作用，本节将讨论无线局域网 WLAN，重点是分析 IEEE 802.11(Wi-Fi)LAN 标准的链路层特性，简要描述个域网 WPAN 和无线城域网 WMAN。

4.5.1 概述

1. 无线网络的元素

图 4-16 显示了一个无线网络的环境。

无线主机：可以是便携机、PDA、电话或者桌面计算机，主机本身可以移动，也可以不移动。

基站：是无线网络的关键设备，在蜂窝网络中它可以是蜂窝塔（Cell Tower），在 802.11 无线网络中可以是接入点（Access Point，AP）。它负责向关联的无线主机发送数据和从主机那里接收数据，负责协调与之相关联的多个无线主机的传输，一台无线主机和一个基站相关联的含义是：该主机位于该基站的覆盖范围，又称 802.11 的基本构件—基本服务集，无线主机使用该基站和更大的网络进行通信，基站在无线主机和其他网络之间起着链路层中继作用。

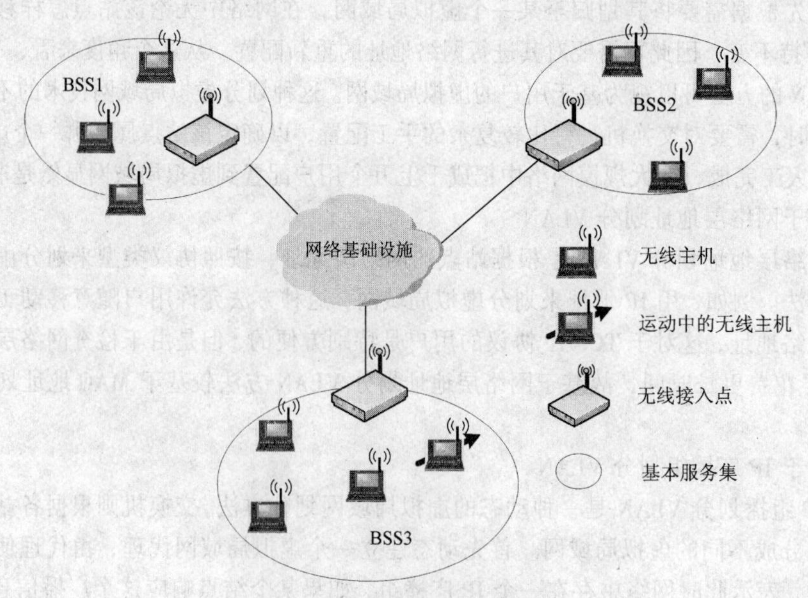

图 4-16 一个无线网络的环境

当一台移动主机移动范围超出了一个基站覆盖范围而到达另一个基站的覆盖范围后，它将改变其关联的基站（如另外一个 AP），这个过程又称切换。

网络基础设施：这是无线主机希望连接的更大网络。

无线链路：主机通过无线链路连接到一个基站，不同的无线链路有不同的传输距离，图 4-17 显示了几种流行的无线链路标准。

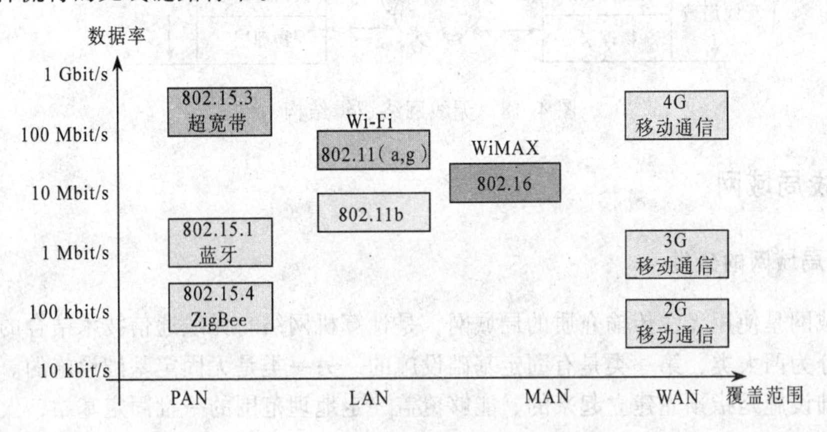

图 4-17　几种流行的无线网络标准的链路标准

前面章节介绍的 CDMA 技术、信道划分、随机接入等在无线网络和蜂窝技术中得到广泛应用，在此就不再一一叙述。

2. 无线接入网分类

无线接入网提供的业务主要有电话、传真和短消息服务等，无线接入网的分类如下：

① 移动通信网接入。

② 卫星通信接入。

③ 无线局域网接入。

④ 无线本地环路的微波一点多址。

⑤ 红外线无线接入。

Wi-Fi（无线高保真）是制造商为推广 802.11b、802.11a、802.11g 等无线局域网而创造的商标名。

3. 无线网络的协议模型

无线网络的协议模型是基于分层体系结构的，仅仅工作在 OSI/RM 的下面三层，即通信子网层，如图 4-18 所示，对于不同类型的无线网络重点关注的协议层是不一样的。无线局域网、无线个域网一般不存在路由的问题，没有指定网络层的协议，主要采用传统的 IP 协议，因为无线频谱管理比较复杂和共享访问介质的问题，所以物理层和 MAC 层协议是无线网络协议的重点；对于无线广域网、移动自组网络、无线 Mesh 网络来说，存在路由问题。

无线传输链路会丢失分组，是不可靠的，处理丢失分组的解决方法是重传，从前面掌握的知识，我们知道分组丢失有可能是网络拥塞造成的，TCP 将降低发送窗口大小，控制传输速率。但在无线网络中却不一样，发送方要尽快地重新发送分组。

无线网络的应用层没有特别的说明，只要支持传统的应用层协议就可以了。

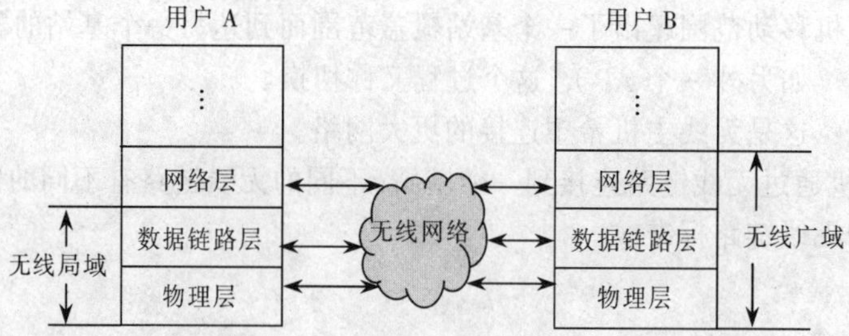

图 4-18　无线网络逻辑结构

4.5.2　无线局域网

1. 无线局域网的分类

无线局域网是使用无线传输介质的局域网，是计算机网络与无线通信技术结合的产物。无线局域网细分为两大类，第一类是有固定基础设施的，另一类是无固定基础设施的。

固定基础设施是指预先建立起来的、能够覆盖一定地理范围的一批固定基站，人们经常使用的蜂窝移动电话就是利用电信部门预先建立的、覆盖一定地区的大量固定基站来接通用户手机。目前有固定基础设施的局域网是无线局域网的主流，它在有线局域网的基础上通过无线接入点（Access Point，AP）、无线网桥、无线网卡等设备实现无线通信。其中，无线网卡负责将计算机或其他接入设备接入到无线网络中，AP 将多个无线的接入站聚合到有线网络。

另一类是无固定基础设施的无线局域网，又称自组网络（Ad Hoc Network），这种类型网络没有接入点 AP，移动站之间的状态是平等的，它们相互通信组成临时网络。由于没有预先建立好的网络基础设施，所以自组网络的服务范围通常受限，这种网络通常不和外界网络连接。自组网络在一些特殊的场合非常有用，如在军事战场，由携带移动站的战士临时建立移动自组网络进行通信，甚至应用到战斗机机群，海上舰群等场所，在民用方面可以应用在抢险救灾，没有固定通信设施的会场，等等。

2. 无线局域网的特点

和有线网络相比无线网络具有以下优点：

① 移动性：可以为用户提供实时的无处不在的网络接入功能，通信范围也不受环境条件的限制，拓宽了网络传输的地理范围，无线局域网中的两个站点间的距离目前可以达到 50 km 以上。

② 灵活性：易于安装，组网灵活。既可以通过基础设施接入骨干网络，也可以自组网络，可以组成单区网、多区网，还可以在不同网间移动。

③ 可伸缩性：通过增加 AP 可以扩展组网范围，每个 AP 可以支持 100 多个用户接入，在现有无线局域网基础上增加 AP，就可以将几个用户的小型网络扩展为几千个用户的大型网络。

④ 经济性：无线网络可用于物理布线困难或者不适合物理布线的场合，如危险地区、古建筑等，可以节省缆线和附加费用。

无线局域网也存在一些问题，包括可靠性低、带宽与系统容量小、不同厂家的无线局域网产品间的兼容性有待提高、抗干扰和安全问题要解决等。

3. IEEE 802.11 无线局域网协议体系

IEEE802.11 系列标准的协议体系结构如图 4-19 所示。

（1）物理层

IEEE 802.11MAC 子层支持的物理层有：

① IEEE 802.11 跳频（Frequency Hopping Spread Spectrum，FHSS）物理层，在 2.4 GHz 频段上提供 1～2 Mbit/s 的传输速率。

② IEEE 802.11 直接序列扩频（Direct Sequence Spread Spectrum，DSSS）物理层，在 2.4 GHz 频段上共划分 79 个信道频段供跳频使用，第一个频道的中心频率为 2.402 GHz，以后每隔 1 MHz 一个信道。提供 1～2 Mbit/s 的传输速率。

③ IEEE 802.11 红外线（Infrared Rays，IR）物理层，使用波长 850～950 nm 的红外线传送数据提供 1～2 Mbit/s 的传输速率。

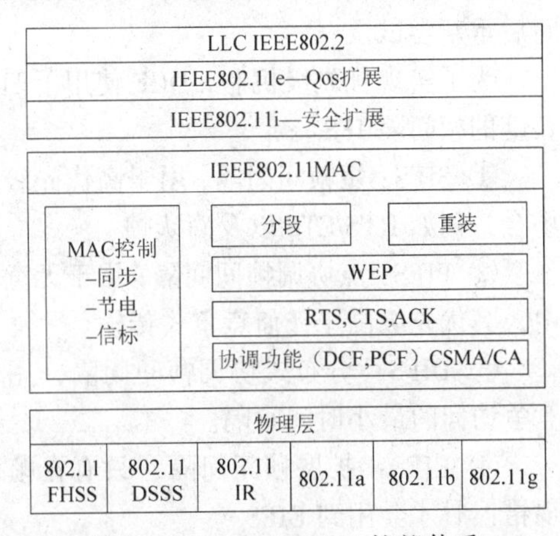

图 4-19　IEEE 802.11 协议体系

④ IEEE 802.11a 物理层，在 5 GHz 频段上提供 6～54 Mbit/s 的传输速率。

⑤ IEEE 802.11b 物理层，在 2.4 GHz 频段上提供 1～11 Mbit/s 的传输速率，调制方式是直序扩频，访问方式是 CSMA/CA（冲突避免），是无线局域网的主流标准，和 802.11a 不兼容。

⑥ IEEE 802.11g 物理层，在 2.4 GHz 频段上提供高达 54 Mbit/s 的传输速率。

⑦ IEEE 802.11n 物理层，将 WLAN 的传输速度从 802.11a 和 802.11g 的 54 Mbit/s 增加至 108 Mbit/s 以上，最高速率可以达到 320 Mbit/s。

（2）MAC 层

为了保证实现可靠的数据传输，IEEE 802.11 提供了帧交换协议，当一个站点收到另一个站点发来的数据帧时，它向源站点返回一个确认帧，具体过程是源站点首先向目的站点发送一个请求发送（Request To Send，RTS）帧，目的站点用一个清除发送（Clear To Send，CTS）帧响应，源站点收到 CTS 帧之后，向目的站点发送数据帧，目的站点以一个 ACK 帧响应。当源站点和目的站点发送 RTS 和 CTS 不仅建立起两站的关联关系，而且还警告所有位于源站点或目的站点接收范围内的所有站点，一个数据交换正在进行，其他站点抑制帧的发送，避免冲突发生。

对于无线媒介的访问是由协调功能控制，用于以太网的 CSMA/CA 访问是由分布式协调功能（DCF）控制，提供争用服务；对于无争用服务，可以通过构建与 DCF 之上的点协调功能（PCF）来控制，下面分别介绍 DCF 和 PCF 两种协调功能。

分布式协调功能 DCF 是利用简单的载波监听多点接入算法（CSMA），如图 4-20 所示，CSMA/CA 规则是：

① 任何一个站点在发送数据之前，要先监听载波，确认信道空闲后，等待一个帧间隙（IFS）时间后查看是否还为空闲，若为空闲才发送数据。

② 如果信道忙（包括监听中发现忙或者在 IFS 时间内发现忙），该站要延时传输，并继续监听。一旦当前的数据传输完毕，站点要再延时一个 IFS 时间后，查看该时间内是否还是空闲

状态，如果空闲就在一个随机时间内发送帧，如果忙就使用退避算法并继续监听信道，直到信道处于空闲状态。

③ 接收端收到数据后，等待信道空闲一个 IFS 时间后才发送回答帧，否则推迟一个随机时间后重新尝试。

为了实现优先级机制，DCF 使用了四种不同长度的帧间隔 IFS。

① SIFS：短帧间间隔，用于高优先级的传输场合，例如 RTS/CTS 以及确认帧。

② PIFS：点协调帧间间隔，用于无竞争操作中，其优先级高于任何竞争式传输。

③ DIFS：分布式协调帧间间隔，用于异步竞争访问的最小时间间隔。

④ EIFS：扩展帧间间隔，只有在帧传输出现错误时才会用到 EIFS。

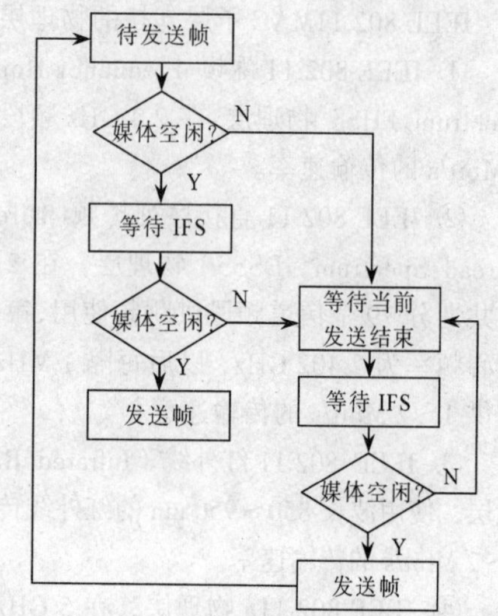

图 4-20 IEEE 802.11 媒体接入控制的逻辑图

CSMA/CA 和 CSMA/CD 不同的是无线网络采用了碰撞避免的机制，但是它不能完全避免冲突，仅可以减少碰撞几率。在 MAC 层的帧格式中的第二个字段设置了一个 2 字节的持续时间，源站点在发送一帧时，设置该字段的值表示该帧发送结束后，还要占用多少微秒的时间，这包括目的结点的确认时间，网络中其他结点收到正在信道中传输的帧头带持续时间的通知后，调整自己的网络分配向量（NAV），网络分配向量 NAV 的值等于发送一帧的时间与目的结点的确认时间之和，表明信道经过 NAV 值之后才可能进入空闲状态。具体的 CSMA/CA 的工作原理如图 4-21 所示。

点协调功能 PCF 提供的是无竞争服务，采用集中访问控制，包括集中轮询。由一个中央的决策者协调访问请求，发布轮询是使用 PIFS，由于 PIFS 小于 DIFS，所以中央决策者能够获得介质的使用权，在发布轮询及接收响应期间，锁住所有的非同步通信。

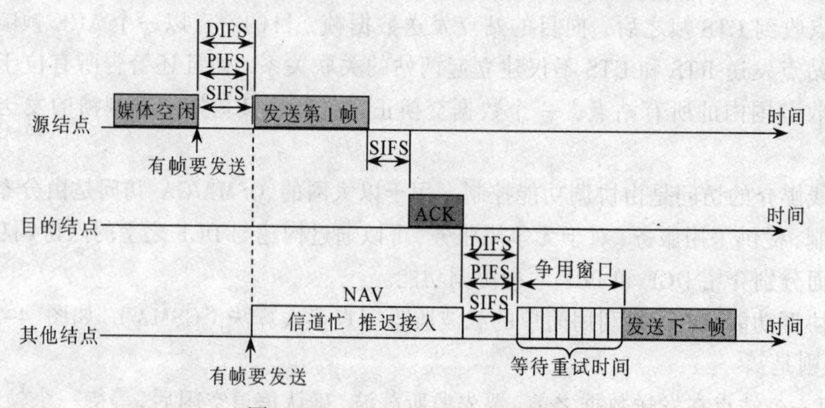

图 4-21 CSMA/CA 的工作原理图

4. MAC 帧的格式

图 4-22 显示了 802.11 帧的格式，用于所有的数据帧和控制帧。

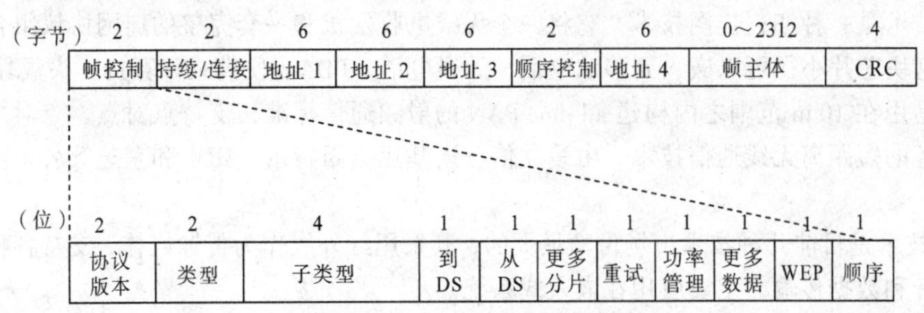

图 4-22　IEEE 802.11 帧格式

① 协议版本：当前的版本为 0。

② 类型：标识帧是控制帧、管理帧还是数据帧。

③ 子类型：进一步标识帧的功能，如管理帧有连接请求、连接响应、信标帧等子类型；控制帧有节能轮询、请求发送、清除发送、确认等子类型；数据帧有数据、数据加确认等子类型。

④ 发到 DS：在一个发往分布系统的帧中，MAC 协调机制将此位定义为 1。

⑤ 来自 DS：一个离开分布系统的帧中，MAC 协调机制将此位置为 1。

⑥ 其他更多分片：如果此片后面还有其他分片，该位为 1。

⑦ 功率管理：如果发送站处于休眠模式就置为 1。

⑧ 更多数据：指明站点有额外的数据要发送。

⑨ WEP：用于安全数据交换中的密钥交换。

⑩ 顺序：在所有使用严格顺序服务的数据帧中置为 1，告诉接收方这些帧必须按顺序处理。

⑪ 持续/连接：持续/连接字段有三种可能的含义，当第 15 位为 0 时，表示该字段用来设定 NAV 值，说明当前所进行的传输预计要占用信道的时间为多少微秒；第 14 位为 0，第 15 位为 1，表明是无竞争周期所传送的帧；第 14、15 位同时置为 1，表示为省电轮询（PS-Poll）帧，从休眠状态醒来的工作站必须送出 PS-Poll 帧，以便从接入点 AP 取得之前缓存的任何帧。对于活动的工作站会在 PS-Poll 帧加入关联标识符以显示其隶属的基本服务集 BSS。

⑫ 地址字段：包含 4 个地址字段，随着帧的类型不同，每个地址字段表示的含义不同，地址 4 用于自组网络，前三个地址内容取决于帧控制字段的“发到 DS”和“来自 DS”。表 4-4 给出了 802.11 帧的地址字段最常用的两种情况。

表 4-4　802.11 帧的常用情况下地址字段的值

发到 DS	来自 DS	地址 1	地址 2	地址 3	地址 4
0	1	目的地址	AP 地址	源地址	—
1	0	AP 地址	源地址	目的地址	—

⑬ 顺序控制：用来重组帧片段以及丢弃重复帧。

⑭ CRC：循环冗余校验。

4.5.3　无线个域网

无线个域网（WPAN）是当前发展迅速的领域之一，相应的新技术层出不穷，主要包括蓝牙、IrDA、Home RF、超宽带（UWB）和 ZigBee 等技术，IEEE 802.15 工作组是针对无线个域网（WPAN）而成立的，制定出有关短距离范围的 WPAN 标准。WPAN 工作在 2.4 GHz 的 ISM（工业、科学和医疗）频段。

蓝牙技术是一种 RF 连网技术，它将一个无线电收发机和一套完整的连网协议组合到一块芯片上，这块芯片小得可以嵌入到移动电话、无绳电话、PDA、便携式计算机、头戴耳机/话筒等。蓝牙是用在 10 m 范围之内构建 ad-hoc PAN 的射频通信标准，支持点对点、点对多点语音和数据业务的短距离无线通信技术，由爱立信、诺基亚、因特尔、IBM 和东芝等公司提出和推广的。

IrDA 技术是目前几种技术市场份额最大的，其采用红外线作为传输媒体，支持各种速率的点对点语音和数据传输，主要应用在嵌入式系统。

Home RF 是在家庭范围内，让 PC 和用户的其他电子设备实现无线数字通信的开放式工业标准。工作在 2.4 GHz 频段，支持数据和语音传输，有效范围约 100 m。

UWB 是一种较新的技术，类似于雷达，在很宽的频段内传输短脉冲。UWB 的高性能和低功耗是未来市场有利的竞争者。

ZigBee 是一种新兴的短距离、低速率的无线网络技术，有自己的无线电标准，在数千个微小的传感器之间相互协调实现通信。

无线个域网是在一个小区域内的通信网络，特点是网络中的所有设备都属于一个人或一个家庭，PAN 中的设备包括便携和移动设备，如 PC、个人数字助理（PDA）、外围设备、蜂窝电话、消费类电子设备。从 2002 年开始制定第一个个域网标准 802.15.1，即蓝牙标准，后相继制定了更低成本、低能耗、高数据率的 802.15.3、802.15.3a 标准和低数据速率的 802.15.4 标准（ZigBee）。

IEEE 802.15.1 以蓝牙基础技术规范为基础，定义了蓝牙的低层传输功能：

① 基带：基带是蓝牙的物理层，管理物理信道和链路。在蓝牙协议栈中，基带层作为链路控制器，并且工作在蓝牙无线电层之上。

② 链路管理器协议（LMP）：完成链路建立、链路认证、链路配置以及发现其他蓝牙设备的功能。

③ 逻辑链路控制和适配协议（L2CAP）：L2CAP 是第二层协议（相当于 OSI 的数据链路层），提供面向连接和无连接的数据服务，包括多路复用、分段、重组，允许上层发射和接收长达 64 KB 的分组。

④ 无线电：蓝牙无线电层定义了蓝牙收发信机的需求，并且定义了它在 2.4 GHz 的工业、科学和医疗 RF 频带中的操作。

IEEE 802.15.2 为 WPAN（802.15）和无线局域网（802.11）的共存提供了便利。该标准定义了一种共存模型和一系列共存机制，以确保工作在同一区域内的 WPAN 和 WLAN 设备共存。

IEEE 802.15.3 是开发高数据速率（20 Mbit/s 或以上）的 WPAN 标准。除了提供高数据传输速率之外，该标准还为便携式数字成像和多媒体应用提供了低功率和低成本的解决方案。

IEEE 802.15.4 工作组为低数据速率、低复杂性的 WPAN 开发了一个标准，这个 WPAN 工作在无许可证 RF 频带上，并且研究供电可维持多个月到几年电池寿命的解决方案。该标准规定了两个物理层，一个是 868 MHz/915 MHz 的直接序列扩频 PHY，另一个是 2.4 GHz 直接序列扩频 PHY。2.4 GHz PHY 支持 250 kbit/s 的空中数据率，868 MHz/915 MHz PHY 支持 20 kbit/s 和 40 kbit/s 的空中数据率。这种技术主要应用在传感器、交互式玩具、智能标志徽章等。

4.5.4　无线城域网

无线城域网（WMAN）的推出是为了满足日益增长的宽带无线接入的市场需求，1999 年，IEEE 802 委员会成立了 802.16 工作组，专门研究宽带无线接入标准，主要任务是制定本地多点分配业务（LMDS）的网络传输标准，建立全球统一的宽带无线接入标准。802.16 的各工作小组负责不同方面的工作，IEEE 802.16.1 小组主要负责制定频率范围在 10～66 GHz 的无线接口标准；IEEE 802.16.2 负责制定宽带无线接入系统共存方面的标准；IEEE 802.16.3 负责指定频率范围在 2～11 GHz 之间无线接口标准。802.16e 负责针对客户端能在 802.16 基站之间自由切换和漫游的标准；802.16f 旨在改变网络的覆盖范围的 mesh 网络，如表 4-5 所示。

2005 年，802.16 小组相继发布了以 IEEE 802.16d 和 IEEE 802.16e 为核心的一系列相关协议。

表 4-5　IEEE 802.16 系列标准

标准	标准号	说　明
空中接口标准	802.16	10～66 GHz 固定宽带无线接入系统空中接口
	802.16a	2～11 GHz 固定宽带无线接入系统空中接口
	802.16c	10～66 GHz 固定宽带无线接入系统的兼容性
	802.16d	对 802.16，802.16a，802.16c 的修订
	802.16e	2～66 GHz 固定和移动宽带无线接入系统空中接口管理信息库
	802.16f	固定宽带无线接入系统空中接口管理信息库要求
	802.16g	固定和移动宽带无线接入系统空中接口管理平面流程和服务要求
共存问题标准	802.16.2	IEEE 局域网和城域网操作规程建议固定宽带无线接入系统的共存
	802.16.2a	对 802.16.2 的修正
一致性标准	1802.16.1	10～66 GHz 无线 MAN-SC 空中接口的实现一致性说明
	1802.16.2	10～66 GHz 无线 MAN-SC 空中接口的测试集结构和测试目的

4.5.5　无线网络的连接

无线局域网的组建过程不太复杂，对于对等无线网络，只需要在无线站点上安装无线网卡，然后设置网络工作模式为对等模式，使用相同的无线通信协议。对于有网络基础设施的无线网络，除了安装无线网卡外，还要将通信模式设置为基础结构模式，各无线结点和访问点要使用相同的无线标准，每个无线结点要设置与 AP 相同的 SSID 值。

1. 组建 ad-hoc 网络

① 安装无线网卡，单击“网络”的属性窗口，打开“网络连接”窗口，如图 4-23 所示。

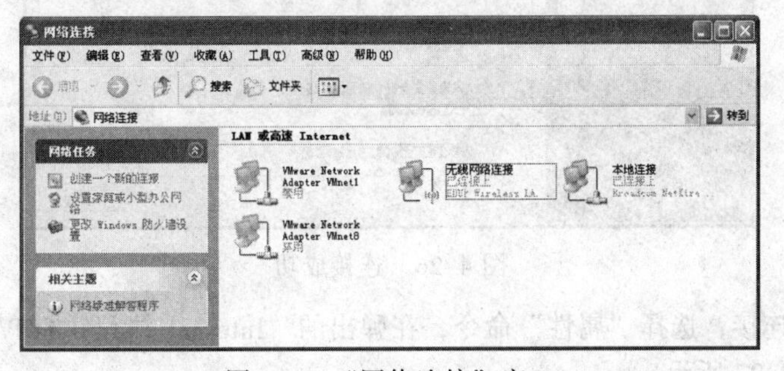

图 4-23　“网络连接”窗口

② 双击“无线网络连接”图标，弹出“无线网络连接”对话框，如图 4-24 所示。

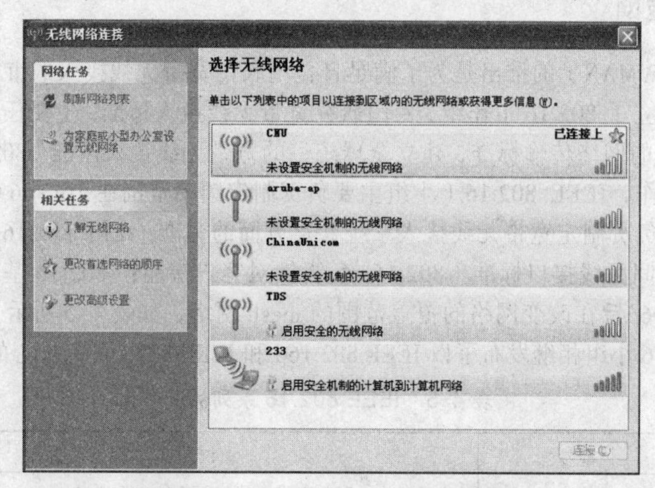

图 4-24 “无线网络连接”对话框

③ 找到要连接的网络，并双击连接，会出现添加无线网络的界面，设置网络名和网络安全类型，然后输入网络密钥，如图 4-25 所示。

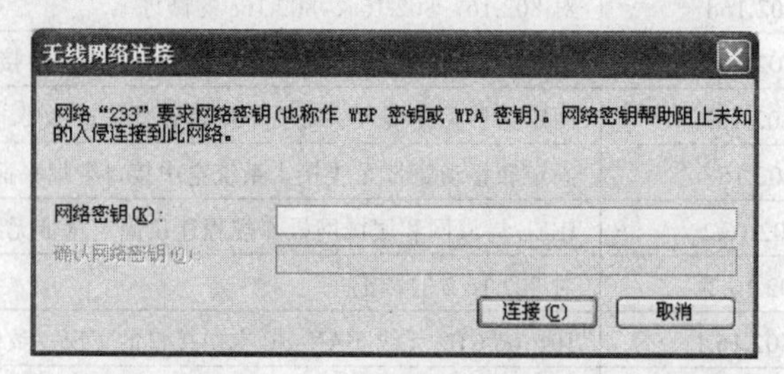

图 4-25 设置网络密钥

④ 输入网络密钥后，连接成功，如图 4-26 所示。

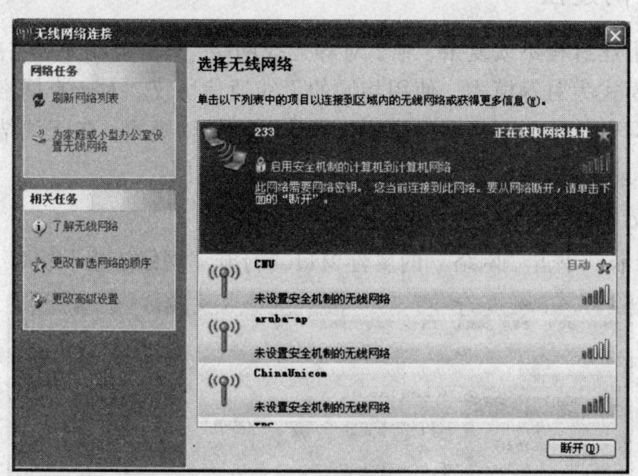

图 4-26 连接成功

⑤ 右击网络连接，选择“属性”命令，在弹出的“Internet 协议（TCP/IP）属性”对话框中配置 IP，如图 4-27 所示。

⑥ 在屏幕右下角双击“无线网络连接”按钮，弹出“无线网络连接 状态”对话框可以查看无线网络连接状态，如图 4-28 所示。

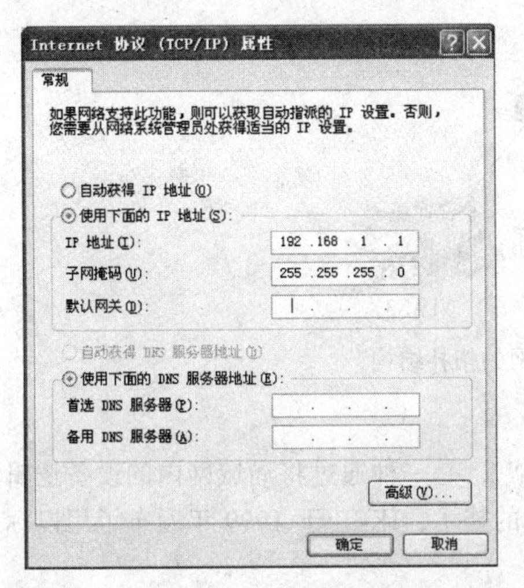

图 4-27 “Internet 协议（TCP/IP）属性”对话框

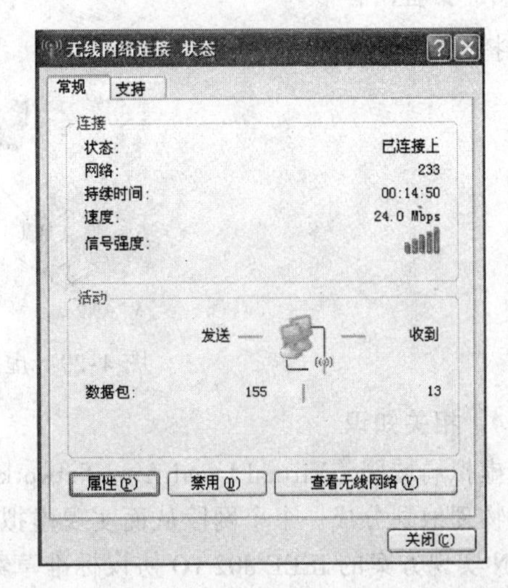

图 4-28 “无线网络连接 状态”对话框

⑦ 在另一台计算机上安装无线网卡，将网卡的 IP 地址设置为 192.168.1.2 子网掩码为 255.255.255.0，在管理无线网络或者查看无线网络按钮，就可以看到已经建立的无线网络 home，单击“连接”按钮即可接入该无线网络。

2．配置基础结构的无线网络

配置过程为：

（1）AP 设置

① 网络参数：设置本 AP 和 Internet 接入的参数。

② 无线参数：在基本设置中设置包括 SSID、频段、模式及开启安全设置在内的参数

（2）配置无线客户端：进入客户端的无线网络连接，在用户认证界面中输入无线网络密钥，接入无线网络。

详细的配置过程见 4.6.3 搭建办公室（家庭）无线局域网。

4.6 实验指导

4.6.1 构建虚拟局域网

1．实验目的

① 了解交换机的基本工作原理和 VLAN 概念。

② 学会交换机的基本配置命令。

③ 学会交换机的 VLAN 配置方法。

2．实验环境

① 硬件：计算机 2 台，可网管的 CISCO 交换机 1 台（本书实验用 CISCO3550 一台），CISCO 配置命令线缆 1 条，直连标准网线 2 条。

② 软件：计算机中已装好 Windows XP 操作系统。

3. 实验内容

搭建图 4-29 所示的虚拟局域网。

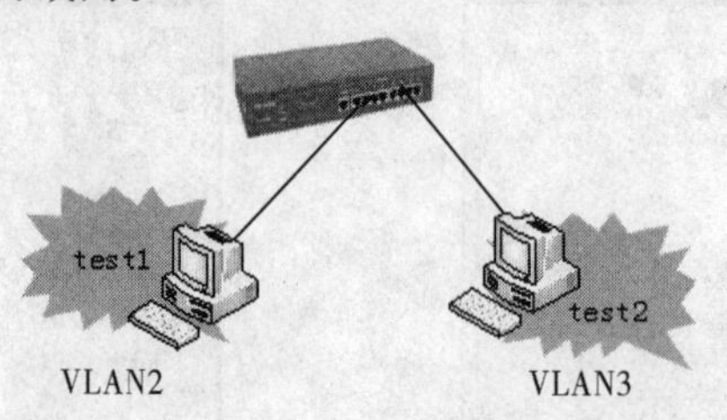

图 4-29 虚拟局域网的拓扑结构

4. 相关知识

虚拟局域网（Virtual Local Area Network，VLAN），是一种通过将局域网内的设备逻辑地而不是物理地划分成一个个网段从而实现虚拟工作组的技术，IEEE 于 1999 年颁布了用以标准化 VLAN 实现方案的 IEEE 802.1Q 协议标准草案。

通过虚拟局域网（VLAN），网络中的站点就算其物理位置分散在各处，但都可以根据需要灵活地加入不同的逻辑子网，一个虚拟局域网中的站点所发送的广播数据包将仅转发至属于同一 VLAN 的站点。

在交换式以太网中，各站点可以分别属于不同的虚拟局域网。构成虚拟局域网的站点既可以挂接在同一个交换机中，也可以挂接在不同的交换机中。虚拟局域网技术使得网络的拓扑结构变得非常灵活，例如位于不同楼层的用户、不同部门的用户或者不同级别的用户可以根据需要加入不同的虚拟局域网。

VLAN 的特色是：可以有效地缩小广播域，隔离广播，控制广播风暴；通过将不同用户群划分在不同 VLAN，设置不同的用户访问权限，从而提高交换式网络的整体性能和安全性，管理简单灵活。

5. 实验过程

（1）通过 Console 口进行交换机的配置

① 将 Cisco 配置命令线缆的串口端（9 针串口）插入电脑上的 COM（记住插入的是 COM1 还是 COM2 口，设置时要用到）串口插座，该线缆的另一端 RJ-45 插头插入交换机的 Console 口。

② 选择“开始”→“所有程序”→“附件”→“通讯”→“超级终端”进入超级终端程序，弹出“连接描述”对话框，为此次连接输入一个名字 switch，如图 4-30 所示。

③ 单击“确定”按钮后弹出“连接到”对话框，选择串口号 COM1（对应前面插入的端口），如图 4-31 所示。

④ 单击“确定”按钮后弹出“COM1 属性”对话框，单击“还原为默认值”按钮（即将终端设备配置在 9600 波特、8 数据位、无奇偶校验以及有 1 位停止位），再单击“确定”按钮即可，如图 4-32 所示。

⑤ 交换机加电自检，观看启动过程，直到出现命令行提示符，就可以管理和配置交换机了（交换机首次加电，会显示命令菜单，可根据情况选择），如图 4-33 所示。

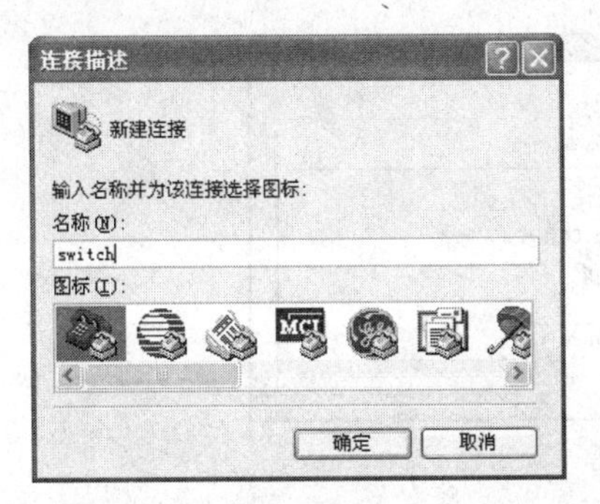

图 4-30　“连接描述”对话框

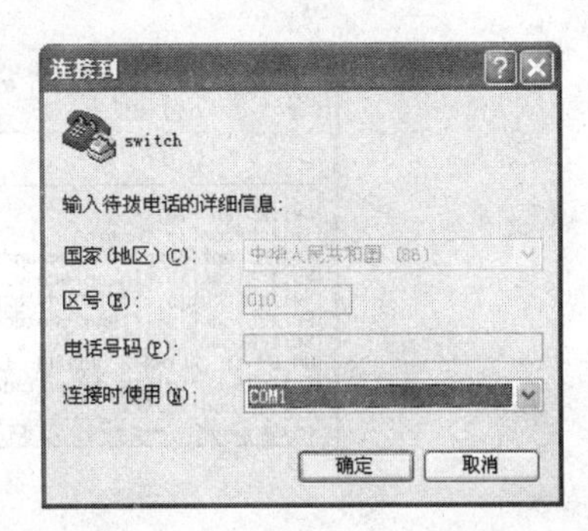

图 4-31　“连接到”对话框

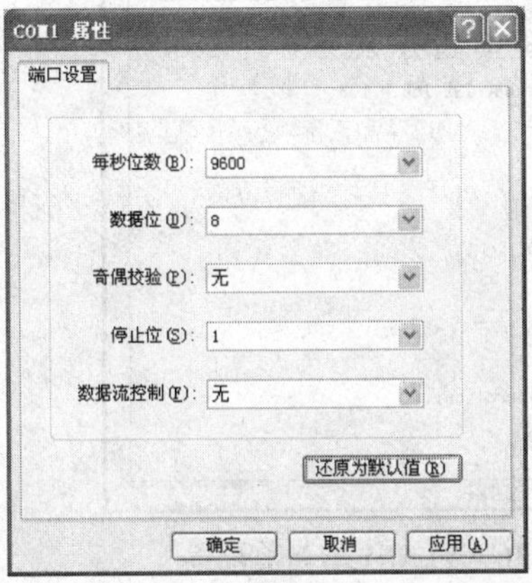

图 4-32　“COM1 属性”对话框

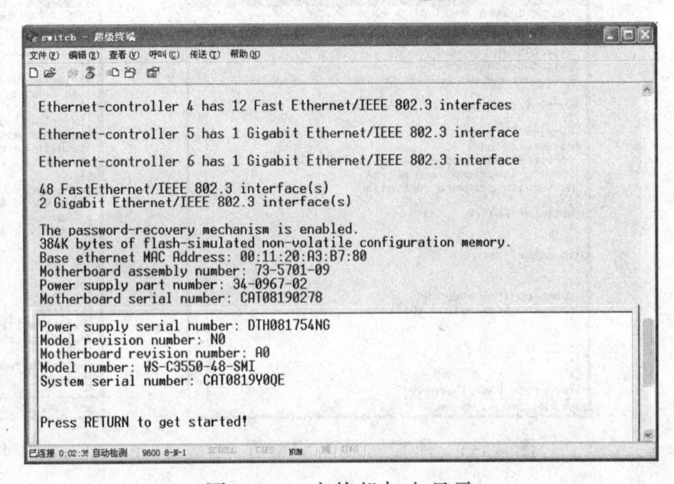

图 4-33　交换机加电显示

（2）设置交换机用于管理的 IP 地址和缺省网关

为方便管理交换机，一般给交换机设置一个 IP 地址，这样今后可以很方便地通过 Telnet 等方式进行远程管理。

可管理的交换机，缺省配置时，就只有 VLAN1 一个虚拟网，所有端口都归属于这一个 VLAN 中，而交换机的管理地址一般都设在 VLAN1 中。

在交换机命令提示符下，输入如下命令：

```
switch>enable                         //进入超级用户模式
switch#config terminal                //进入配置方式
switch(config)#interface vlan1 //进入 VLAN1 接口配置方式
switch(config-if) #ip address 192.168.0.1 255.255.255.0 //为 VLAN1 配置 IP 地址
Switch(config-if)#no shutdown
switch(config-if)#exit                //退出 VLAN1 接口配置方式
switch(config) #ip default-gateway 192.168.0.100       //设置缺省网关
switch(config) #exit                                   //退出配置方式
switch#show running-config                             //显示当前配置
switch#write                                           //保存当前配置
switch#disable                                         //退出超级用户模式
switch>
```

如图 4-34～图 4-36 所示。

```
Switch>enable
Switch#config terminal
Enter configuration commands, one per line.  End with CNTL/Z.
Switch(config)#interface vlan1
Switch(config-if)#ip address 192.168.0.1 255.255.255.0
Switch(config-if)#no shutdown
Switch(config-if)#exit
00:07:11: %LINK-3-UPDOWN: Interface Vlan1, changed state to up
Switch(config)#ip default-gateway 192.168.0.100
Switch(config)#exit
```

图 4-34　配置命令

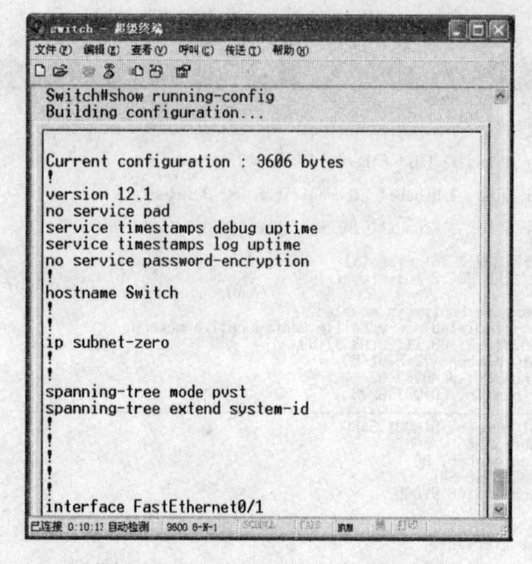

图 4-35　所显示的当前配置

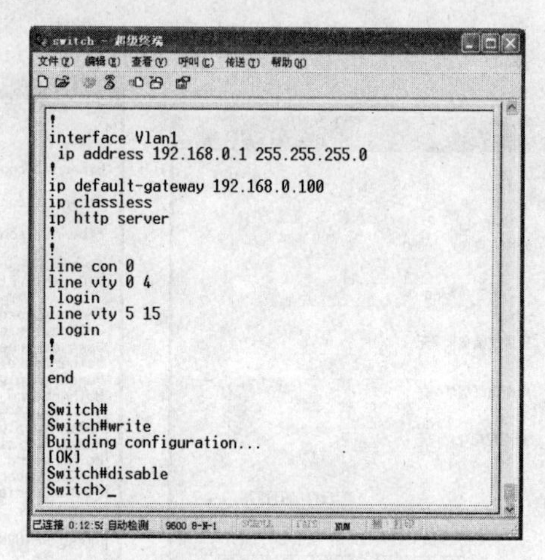

图 4-36　VLAN1 的当前配置

（3）建立 VLAN

假设我们分两个实验小组，让他们的计算机工作在同一个交换机的不同虚拟网中，分别命名为 test1、test2 虚拟网，在交换机命令提示符下，输入如下命令：

```
switch> enable                     //进入超级用户模式
switch# config terminal            //进入接口配置方式
switch(config)#vlan 2              //建立新的 VLAN2
switch(config-vlan)#name test2 //命名为 test1
switch(config-vlan)#exit           //退出 VLAN 配置方式
switch(config)# vlan 3             //建立新的 VLAN3
switch(config-vlan)#name test3 //命名为 test2
switch(config-vlan)#exit           //退出 VLAN 配置方式
```

如图 4-37 所示。

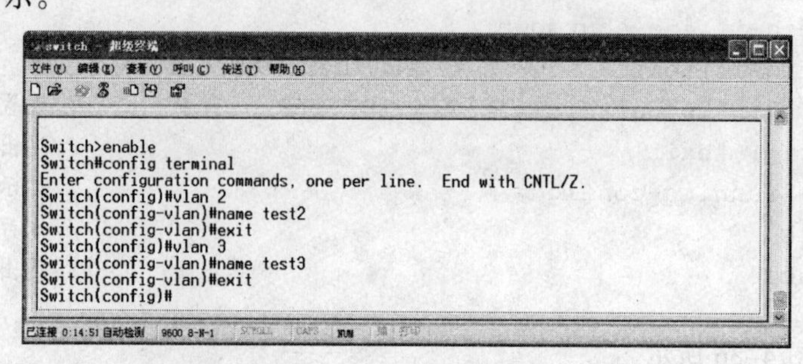

图 4-37　VLAN 建立过程

若要显示 VLAN，则输入如下命令：

```
Switch#show vlan
```

如图 4-38 所示。

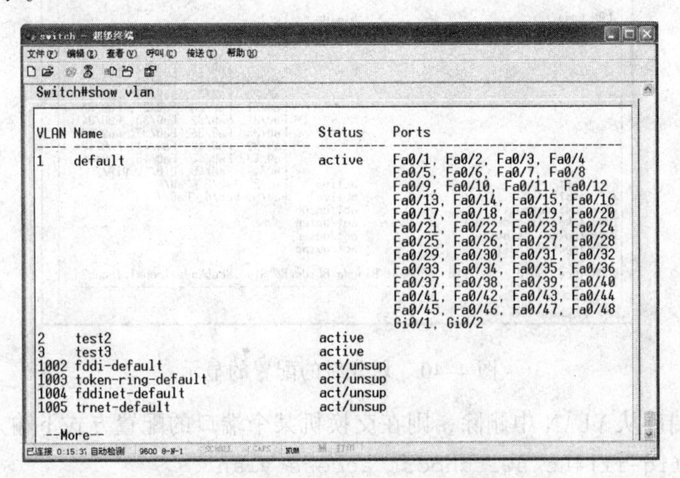

图 4-38　显示的 VLAN 当前设置

（4）交换机端口 VLAN 划分

```
switch(config)#interface range fastEthernet 0/2 - 4    //进入交换机2~4号端口的配置方式
switch(config-if)#switchport access vlan 2//设置这3端口属于VLAN2虚拟网
switch(config-if)#exit                        //退出交换机端口的配置方式
switch(config)#interface range fastEthernet 0/5 - 7    //进入交换机5~7号端口的配置方式
switch(config-if)#switchport access vlan 3//设置这3端口属于VLAN3虚拟网
switch(config-if)#exit                        //退出交换机3号端口的配置方式
switch (config)#exit                          //退出配置方式
switch#show vlan                              //显示当前配置
switch#write                                  //保存当前配置
switch#disable                                //退出超级用户模式
switch>
```

如图 4-39、图 4-40 所示。

```
switch - 超级终端
文件(F) 编辑(E) 查看(V) 呼叫(C) 传送(T) 帮助(H)
Switch(config)#

Switch(config)#
Switch(config)#interface range fastEthernet 0/2 - 4
Switch(config-if-range)#switchport access vlan 2
Switch(config-if-range)#no shutdown
Switch(config-if-range)#exit
Switch(config)#interface range fastEthernet 0/5 - 7
Switch(config-if-range)#switchport access vlan 3
Switch(config-if-range)#no shutdown
Switch(config-if-range)#exit
Switch(config)#exit
Switch#
00:21:37: %SYS-5-CONFIG_I: Configured from console by console
Switch#
已连接 0:22:5? 自动检测 9600 8-N-1
```

图 4-39　交换机端口的 VLAN 划分

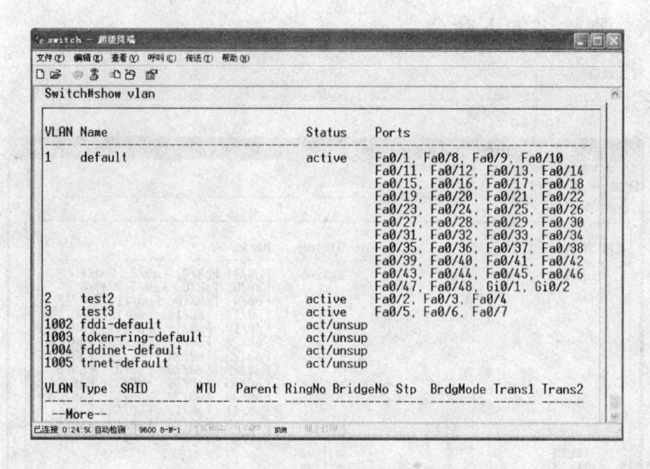

图 4-40　划分后的配置的显示

若要将某个端口从 VLAN 中删除，则在交换机某个端口的配置方式下输入如下命令：

```
switch(config-if)#no switchport access vlan
```

（5）测试 VLAN 连通情况

将两台计算机分别设置 IP 地址为 192.168.0.10、192.168.0.11，如图 4-41 所示；用网线将它们与交换机相连，当它们连在交换机同一个 VLAN 的端口时（如 3、4 口或 5、6 口），用 ping 命令互相测试，网络是通的，如图 4-42 所示，但当它们连在交换机不同的 VLAN 的端口时（如 2、5 口或 4、7 口），用 ping 命令互相测试，网络是不通的，如图 4-43 所示，这就是 VLAN 的作用。

6. 注意事项

交换机配置的改变，只要退出配置模式即时就生效，但若不保存配置，交换机一旦断电重启，你刚做的配置将全部丢失，交换机会恢复到上一次配置保存时的状态。

7. 实验思考

如果在修改配置的过程中，发现越配越乱，交换机不能正常工作，用什么方法，能使交换机最快恢复到原状态？

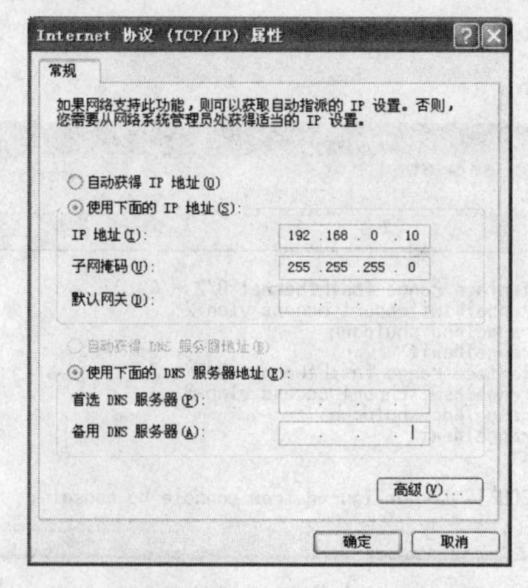

图 4-41　从 Internet 属性中查看设置 IP 地址后的结果

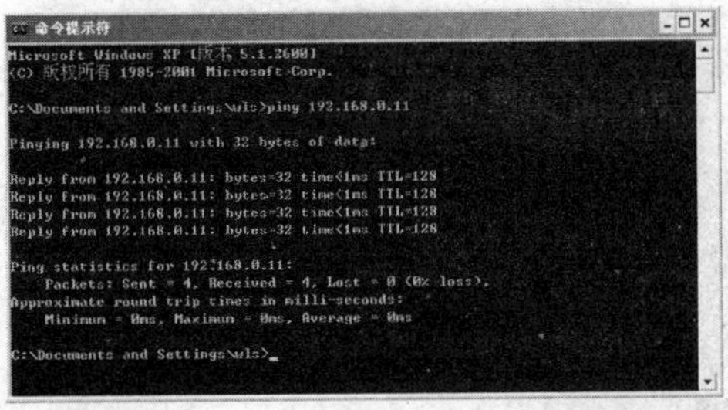

图 4-42　用 Ping 命令测试连通性（网络不通）

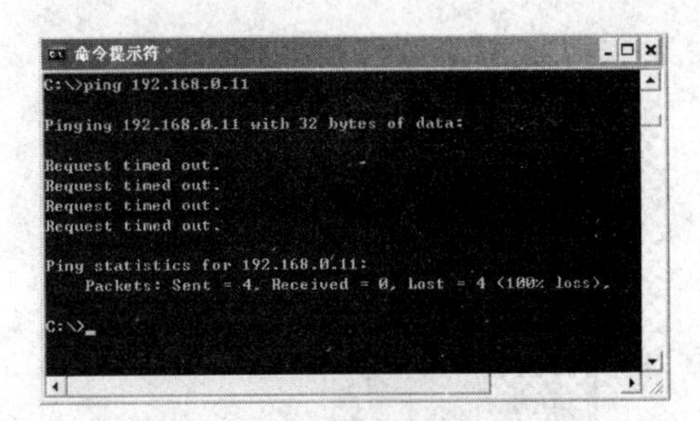

图 4-43　不同 VLAN 之间连通性测试(网络不通）

4.6.2　设置网络打印机

1．实验目的

① 理解网络打印的基本概念。

② 学会配置网络共享打印机。

2．实验环境

① 硬件：两台本地局域网中的计算机，一台打印机。

② 软件：Windows XP 系统，打印机驱动程序。

3．实验内容

① 建立本地局域网，方法见 4.6.1。

② 实现一台打印机供网络内其他多台计算机使用，拓扑结构如图 4-44 所示。

4．相关知识

要实现一台打印机设备供多台计算机使用，主要有两种解决方案：

① 这台打印机通过 USB 或者 LPT 端口和一台计算机相连，然后通过这台计算机设置打印机为共享打印机，可以实现网络打印效果。

② 打印机本身自带网络接口，通过这个接口直接接入交换机，如图 4-45 所示，这样打印机可以作为一个网络中的独立成员，用户可以通过网络直接访问该打印机。

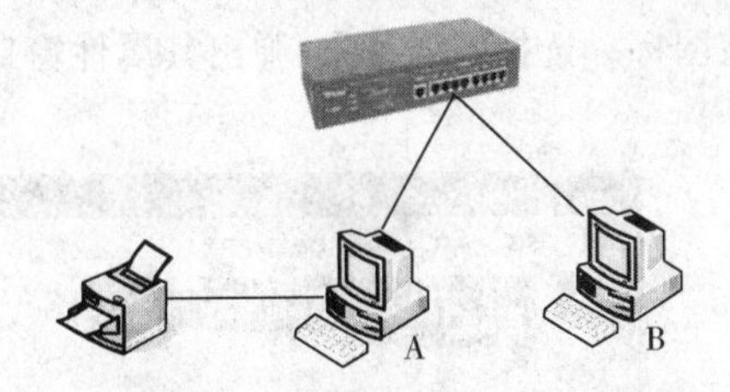

图 4-44　网络打印机的拓扑图

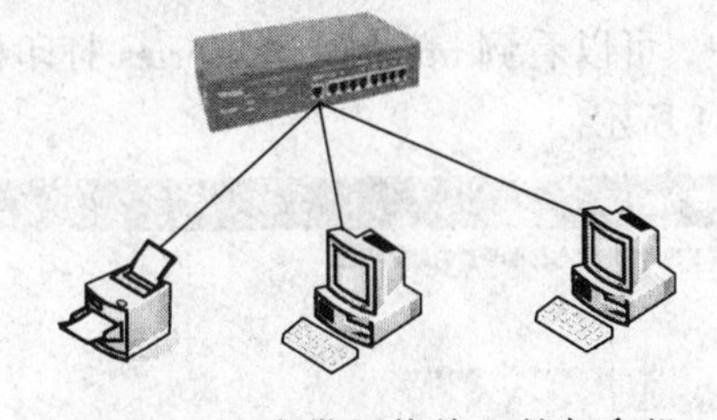

图 4-45　自带网络接口的打印机

5．实验过程

（1）计算机 A 的配置

① 选择“开始”→“打印机和传真”选项，在弹出的“打印机和传真”窗口中，选择“添加打印机”项，如图 4-46 所示。

② 根据添加打印机向导完成添加打印机任务，如图 4-47 所示。

③ 单击“下一步”按钮后，设置本地或网络打印机，选中“连接到此计算机的本地打印机”单选按钮，选中“自动检测并安装即插即用打印机”复选框，如图 4-48 所示。

图 4-46 添加打印机

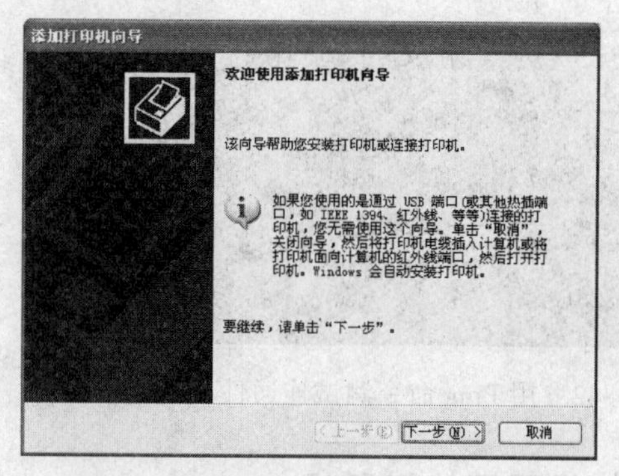

图 4-47 "添加打印机向导"对话框

④ 单击"下一步"按钮后，进入打印机的驱动程序安装过程，选中"从列表或指定位置安装（高级）"单选按钮，如图 4-49 所示。

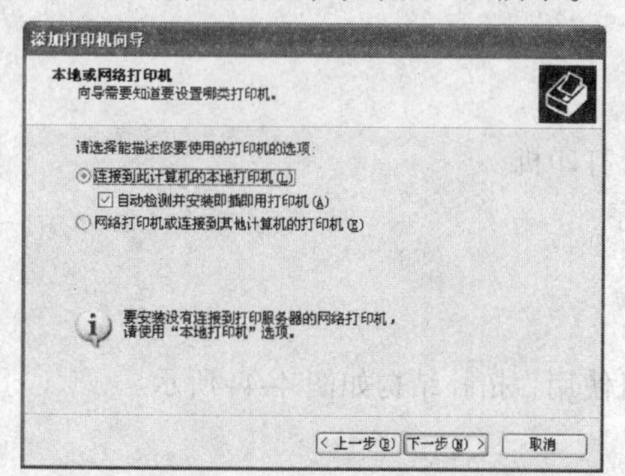

图 4-48 连接到本地计算机的本地打印机

图 4-49 安装打印机的驱动程序

⑤ 把打印机的驱动程序光盘放入光驱，单击"下一步"按钮，在列表中选择打印机的驱动，如图 4-50 所示。

⑥ 单击"下一步"按钮之后，打印机就开始安装程序。打印机就可以在 A 本机上使用了。

⑦ 在 A 计算机上，选择"开始"→"打印机和传真"选项，在弹出的"打印机和传真"窗口中，可以看到 hp psc 1100 series 打印机，右击该图标，选择"属性"，弹出其属性窗口，如图 4-51 所示。

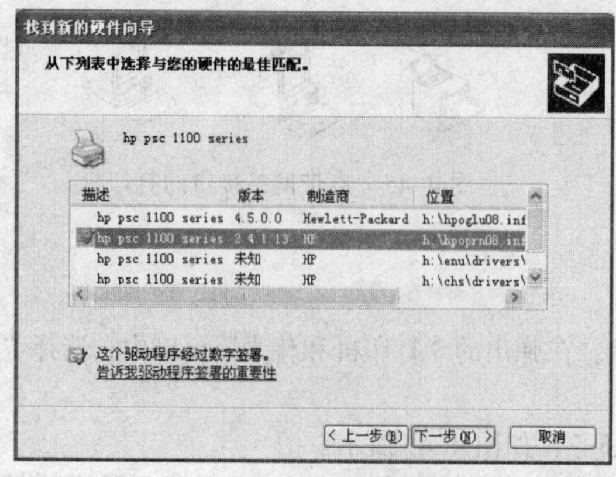

图 4-50 指定打印机驱动程序

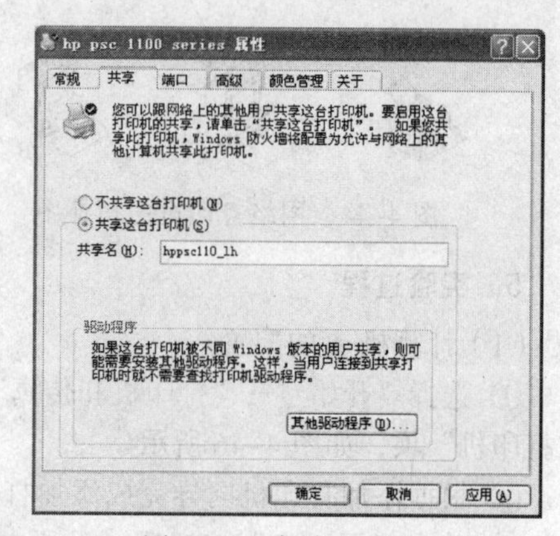

图 4-51 打印机属性

⑧ 选择“共享”选项卡，将这台打印机共享，名字自定。这时可以看到该打印机的图标为共享方式，如图 4–52 所示。

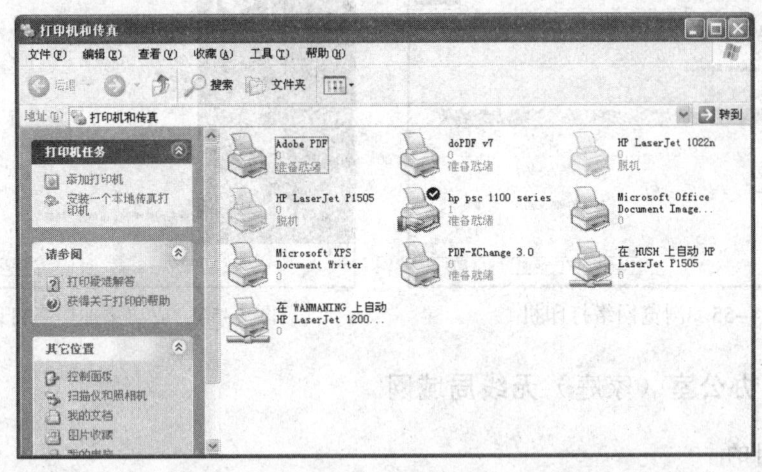

图 4–52　共享打印机

（2）计算机 B 的配置

① 选择“开始”→“打印机和传真”选项，在“打印机和传真”窗口中选择“添加打印机”，启动添加打印机向导。

② 在“本地或网络打印机”中，选中“网络打印机或连接到其他计算机的打印机”单选按钮，如图 4–53 所示，然后单击“下一步”按钮。

③ 在指定打印机向导中选择浏览打印机，单击“下一步”按钮，如图 4–54 所示。

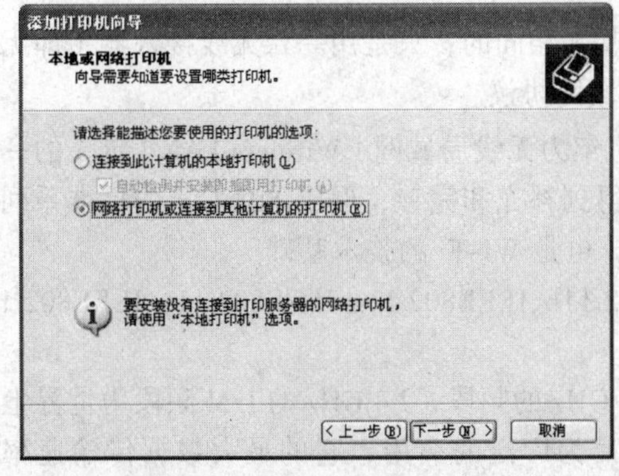

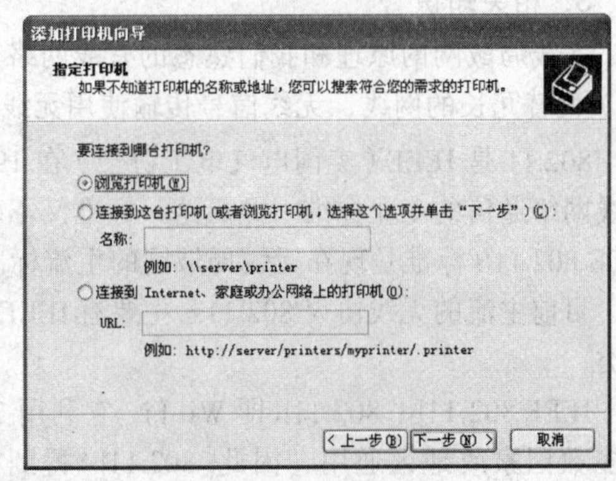

图 4–53　选择网络打印机或连接到其他计算机的打印机　　图 4–54　浏览打印机

④ 可以看到 A 计算机配置的共享打印机 hppsc110_lh，选择该项，如图 4–55 所示。

⑤ 单击“下一步”按钮后，向导就帮我们配置好了网络打印机，单击“完成”按钮，主机 B 就可以使用该打印机了，如图 4–56 所示。

6．注意事项

在配置共享式网络打印机之前，应保障本地局域网是连通的。

7．实验思考

如何设置网络接口的打印机？

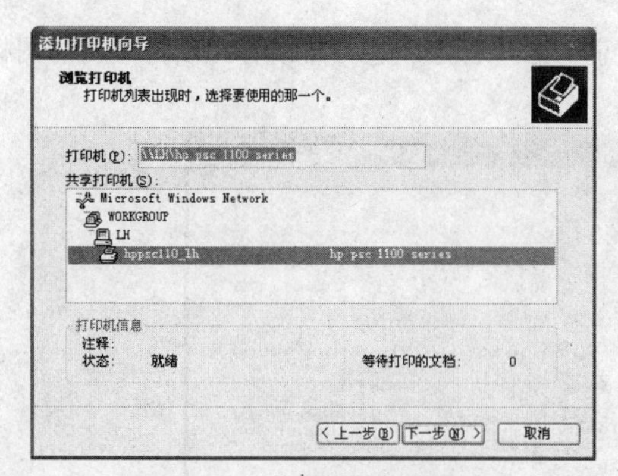

图 4-55 浏览网络打印机

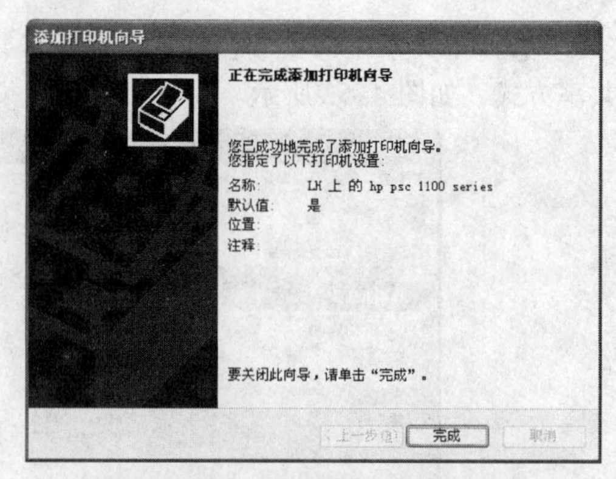

图 4-56 成功添加网络打印机

4.6.3 搭建办公室（家庭）无线局域网

1. 实验目的

① 了解常用的无线网络的协议标准。

② 掌握组建办公室（家庭）无线局域网的技术和方法。

2. 实验环境

① 硬件：无线宽带路由器 1 台（本书实验用 TP-Link TL-WR641G 108M 一台），标准直连网线 2 条，带有线网卡的计算机 1 台，带无线网卡的计算机若干台。

② 软件：计算机中已装好 Windows XP 操作系统。

3. 相关知识

无线局域网的原理和我们熟悉的有线网络是基本相同的，只是用一台无线接入器（即无线 AP）代替冗长的网线，无线信号传输使用无线局域网协议。

802.11 是 IEEE（美国电气电工协会）在 1997 年为无线局域网（Wireless LAN）定义的一个无线网络通信的工业标准。此后这一标准又不断得到补充和完善，形成 802.11x 的标准系列。IEEE 802.11b 标准是现在无线局域网的主流标准，也是 Wi-Fi 的技术基础。

目前主流的无线协议 802.11x，主要有 IEEE802.11b、IEEE802.11g、IEEE802.11a、IEEE802.11n 四类。

IEEE 802.11b：802.11b 即 Wi-Fi，它利用 2.4 GHz 的频段，2.4 GHz 的 ISM 频段为世界上绝大多数国家或地区通用，因此 802.11b 得到了最为广泛的应用，它的最大数据传输速率为 11 Mbit/s，无须直线传播，在动态速率转换时，如果射频情况变差，可将数据传输速率降低为 5.5 Mbit/s、2 Mbit/s 和 1 Mbit/s，支持的范围是在室外为 300 m，在办公环境中最长为 100 m。802.11b 使用与以太网类似的连接协议和数据包确认，来提供可靠的数据传送和网络带宽的有效使用。这是目前最流行的无线局域网标准，支持这类协议的 AP 也是最多也是最便宜的。

IEEE 802.11g：该标准共有 3 个不重叠的传输信道。虽然同样运行于 2.4 GHz，但由于使用了与 IEEE 802.11a 标准相同的调制方式——OFDM（正交频分），因而能使无线局域网达到 54 Mbit/s 的数据传输率，此标准向下兼容 IEEE 802.11b。

IEEE 802.11a：扩充了标准的物理层，规定该层使用 5 GHz 的频带，该标准采用 OFDM 调制技术，传输速率范围为 6～54Mbit/s，共有 12 个非重叠的传输信道，不过此标准与以上两标准都不兼容。支持该协议的无线 AP 及无线网卡，在国内均比较罕见。

IEEE 802.11n：提升了传输速度，突破了 100 Mbit/s，IEEE 802.11n 工作小组由高吞吐量研究小组发展而来，并将 WLAN 的传输速率从 802.11a 和 802.11g 的 54 Mbit/s 增加至 108 Mbit/s 以上，最高速率可达 320 Mbit/s，成为 802.11b、802.11a、802.11g 之后的另一个重要标准。和以往的 802.11 标准不同，802.11n 协议为双频工作模式（包含 2.4 GHz 和 5.8 GHz 两个工作频段），保障了与以往的 802.11a/b/g 标准兼容。

在办公或家庭组建无线局域网时，选择使用何种无线路由器，需根据实际使用环境来选择，如出口带宽比较大，同一办公室上网人数比较多，就应选择支持 IEEE 802.11n 协议标准的无线宽带路由器，否则，可选择经济通用的支持 IEEE 802.11b 协议的无线宽带路由器。

4．实验过程

（1）硬件连接

一般家用无线宽带路由器都有 1 个 WAN 口和 4 个 LAN 口，用网线将无线宽带路由器的 WAN 口与接入网相连（如果是 ADSL 方式上网，此端口应与 ADSL Modem 上的 LAN 口相连），再用另一根网线将无线宽带路由器的 LAN 口与带有线网卡的计算机（用于配置无线宽带路由器）相连。

（2）设置用于配置无线宽带路由器的计算机

在用于配置无线宽带路由器的计算机上，对“本地连接”设置 IP 地址：192.168.1.2，子网掩码：255.255.255.0，默认网关：192.168.1.1（方法同 4.6.1 的实验）。

（3）登录无线路由器的管理界面

① 打开 IE 浏览器，在地址栏输入 http://192.168.1.1，然后按【Enter】键，随后将弹出一个对话框，如图 4-57 所示。

图 4-57　“连接到 192.168.1.1”的窗口

② 输入默认的用户名和密码 admin，再单击“确定”按钮，进入无线路由器的配置界面。如图 4-58 所示。

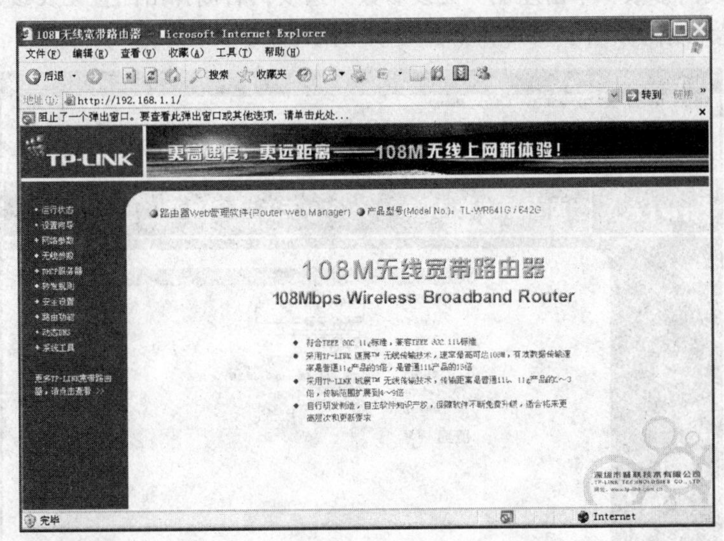

图 4-58　“108M 无线宽带路由器”窗口

窗口界面左侧为相关配置命令选项。

（4）设置无线路由器

① 设置 WAN 口的连网方式：单击左侧“网络参数”选项，右侧弹出配置 WAN 口的界面，根据实际情况，适当设置相关参数。如图 4-59（动态获取 IP 地址）、图 4-60（静态获取 IP 地址）、图 4-61（ADSL 拨号上网）所示。

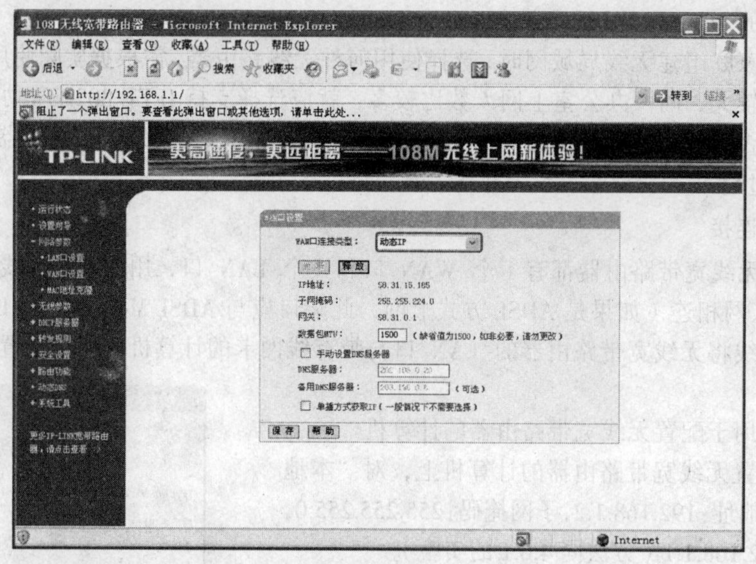

图 4-59 “WAN 口设置动态获取 IP 地址”窗口

设好后，单击“保存”按钮即可。

② 设置 DHCP 服务：单击左侧“DHCP 服务器”选项，右侧弹出配置 DHCP 服务器的界面，根据实际情况，给出供用户使用的 IP 地址范围，如图 4-62 所示。

设好后，单击“保存”按钮。

③ 设置无线网参数：单击左侧“无线参数”选项，右侧弹出配置无线参数的界面，开启无线功能，设置无线网标识号 SSID，如图 4-63 所示。

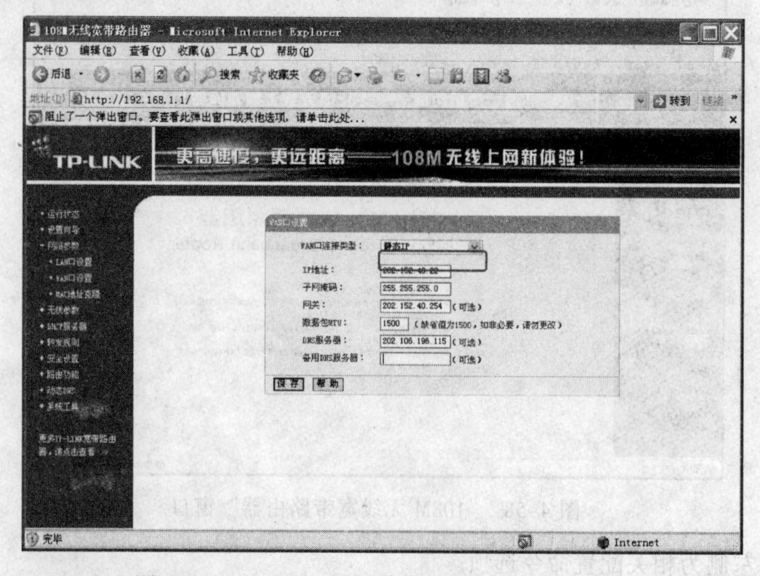

图 4-60 “WAN 口设置静态获取 IP 地址”窗口

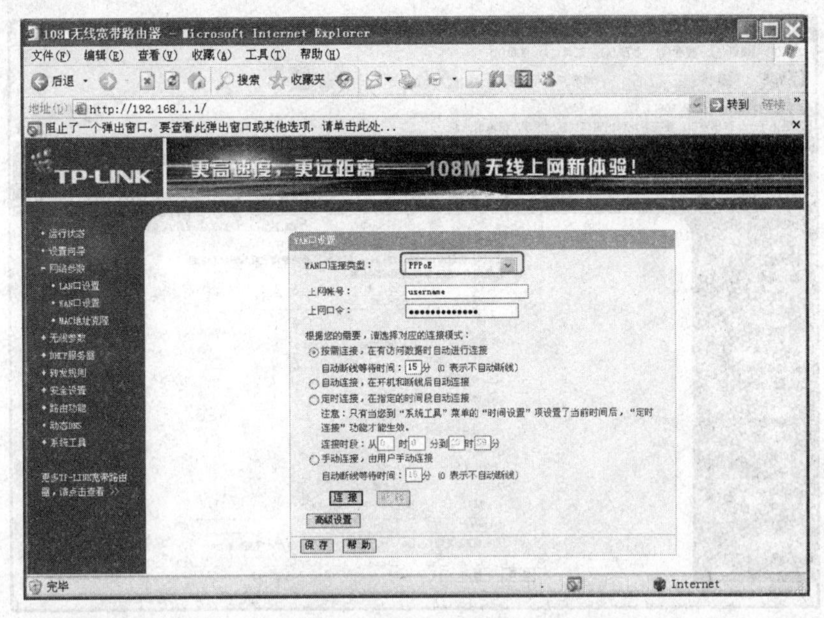

图 4-61 “WAN 口设置－ADSL 拨号上网”窗口

④ 为了保证无线网络的安全，还有必要对网络进行加密。在左侧导航条中选择安全设置，选择安全类型，填入加密密码，保存设置后，重新启动无线宽带路由器，至此，无线宽带路由器配置完成。

（5）设置带无线网卡的计算机

在带有无线网卡的计算机上，对“无线本地连接”设置自动获取 IP 地址和 DNS（方法同上面的实验）。

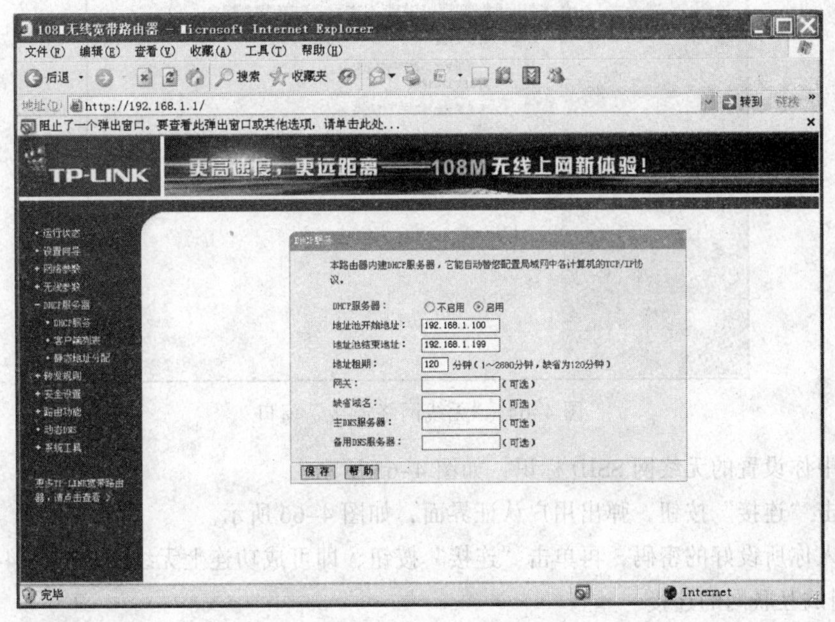

图 4-62 “DHCP 设置”窗口

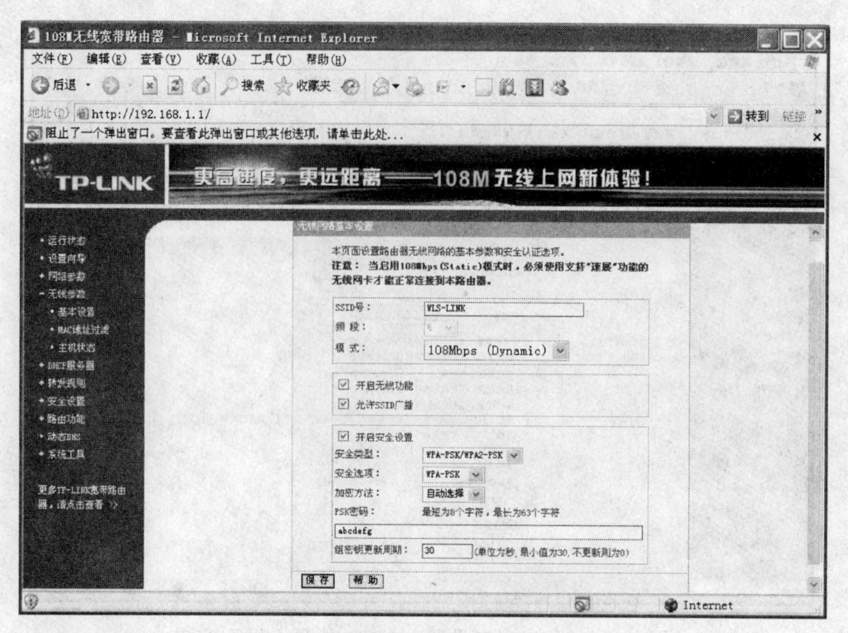

图 4-63 “无线网络基本设置”窗口

（6）连接无线网络

在带有无线网卡的计算机上，从“控制面板”打开“网络连接”窗口，双击“无线网络连接”图标，打开“无线网络连接”窗口，可以在窗口右侧看到你的计算机所能探测到的无线网络列表，如图 4-64 所示。

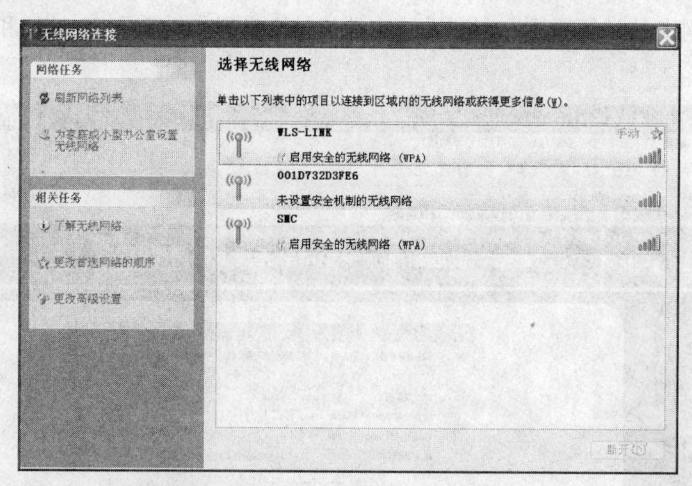

图 4-64 “无线网络连接”窗口

① 选中你设置的无线网 SSID 标识，如图 4-65 所示。

② 单击“连接”按钮，弹出用户认证界面，如图 4-66 所示。

③ 输入你所设好的密码，再单击“连接”按钮，即可成功连上无线网，如图 4-67 所示。

（7）测试互联网的连接

在无线上网的计算机上，打开 IE 浏览器，在地址栏输入 http://www.edu.cn，然后按【Enter】键，如果正确打开了“中国教育和科研计算机网”的主页，说明无线网组建完成。

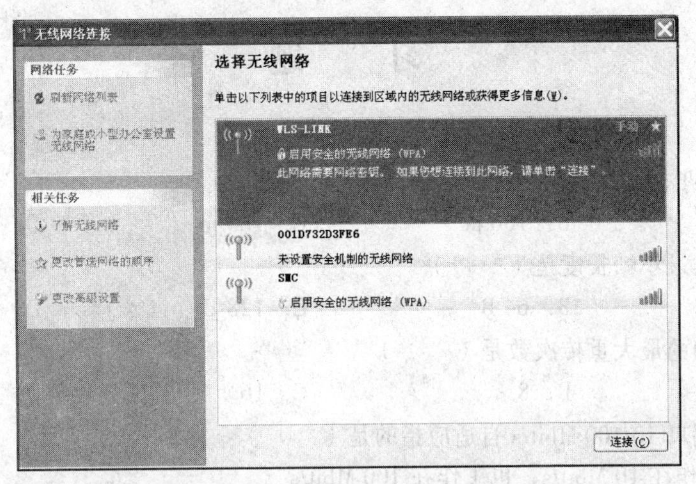

图 4-65　选中无线网 SS2D 标识

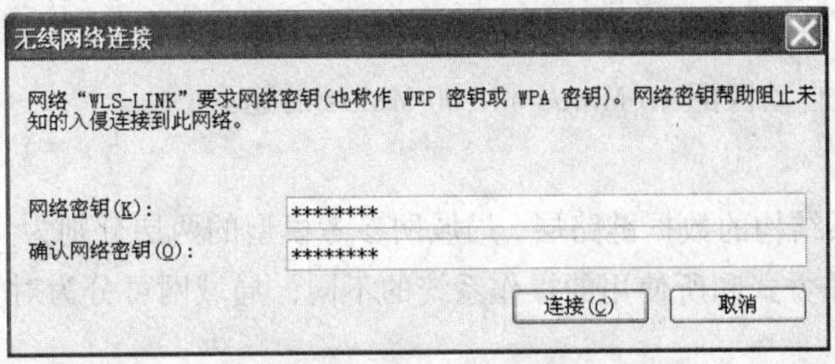

无线网络连接

网络“WLS-LINK”要求网络密钥(也称作 WEP 密钥或 WPA 密钥)。网络密钥帮助阻止未知的入侵连接到此网络。

网络密钥(K)：********

确认网络密钥(O)：********

连接(C)　取消

图 4-66　用户认证窗口

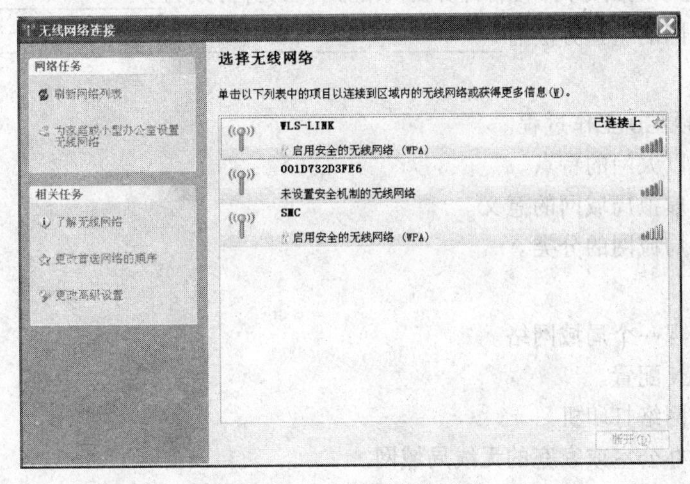

图 4-67　无线网连接成功

5．注意事项

注意不同品牌的无线路由器的配置方法会有所区别，如用的是其他的无线路由器，请按该无线路由器的使用说明书来安装配置。

6．实验思考

如果设置“无线参数”时，不设安全密钥，会发生什么情况，对上网有何影响？

习　题

一、选择题

1. 100Base-T 标准中，两台主机的连线距离不超过（　　）。

A. 50 m　　B. 100 m　　C. 185 m　　D. 500 m

2. 以太网的最小帧长度是（　　）。

A. 32 B　　B. 64 B　　C. 128 B　　D. 1 500 B

3. 以太网帧的最大重传次数是（　　）。

A. 4　　B. 8　　C. 16　　D. 32

4. 交换机端口 10/100 Mbit/s 自适应指的是（　　）。

A. 即工作在 10 Mbit/s，也工作在 100 Mbit/s

B. 同时工作在 10 Mbit/s 和 100 Mbit/s

C. 端口自动匹配 10 Mbit/s 和 100 Mbit/s 速率

D. 端口不能自动匹配 10 Mbit/s 和 100 Mbit/s 的速率

二、填空题

1. 对应 OSI 体系结构的数据链路层，局域网参考模型的两层分别为________、________。

2. 根据网络工作方式和所使用的操作系统的不同，局域网可分为对等模式、________、________三种类型。

3. 从网络的地域范围分类，可将计算机网络分为三类，分别为________、________、________。

4. 虚拟局域网的组建方法有________、________、________、________。

三、简答题

1. 简述 CSMA/CD 工作过程。

2. 说明快速以太网的特点。

3. 简述建立虚拟局域网的意义。

4. 简述无线局域网的分类。

四、实验题

1. 设计并实现一个局域网络。

2. 实现 VLAN 配置。

3. 设置一台网络打印机。

4. 搭建一个办公室或家庭的无线局域网。

第5章 Internet技术与应用

本章讲述Internet的基本知识和接入技术，探讨如何使用IE浏览器访问Web服务器，如何实现文件的上传和下载，使用Outlook Express完成电子邮件的发送和接收，并讲述了即时通信的理论。最后通过FTP协议分析和仿真、Turbo FTP介绍了FTP的技术和应用；通过电子邮件协议的分析、仿真和Outlook Express的使用讲述了E-mail的技术；通过QQ和飞信软件的使用探讨了即时通信技术的应用。

学习目标：

- 了解Internet的接入技术；
- 学会IE浏览器的使用技巧；
- 掌握FTP的上传和下载；
- 学会使用Outlook Express收发邮件；
- 掌握即时通信软件。

5.1 Internet概述

5.1.1 Internet的形成与发展

Internet的发展经历了以下四个阶段：

（1）ARPAnet的诞生

1969年，美国国防部国防高级研究计划署资助建立了一个名为ARPAnet的网络，由位于洛杉矶的加利福尼亚大学、位于圣巴巴拉的加利福尼亚圣巴巴拉分校、斯坦福大学和盐湖城的犹他州州立大学计算机主机4个结点组成，这就是Internet的雏形，也是世界上第一个分组交换网。

（2）TCP/IP协议的产生

ARPAnet的一个重要贡献是TCP/IP协议簇的开发和利用，1972年第一届国际计算机通信会议召开，会议决定成立Internet工作组，研究不同计算机网络之间进行通信的协议。1973年美国国防部也开始研究如何实现不同种类网络之间的互连问题，1979年初，基本完成了TCP/IP体系结构和协议规范研究。1980年，温顿·瑟夫（Vinton Cerf）提出了一个解决方案，每个本地网络都可以使用自己的通信协议，但在和其他网络通信时使用TCP/IP协议，从而确定了TCP/IP协议在Internet网络互连中的重要作用。

（3）NSFnet的出现

20世纪80年代，美国国家科学基金会（NSF）决定利用ARPAnet和TCP/IP协议，建立NSFnet广域网，将各大学、各研究机构的计算机和ARPAnet的4台大型机进行互连。从1986到1991年，NSF先后投资和公开招标对NSFnet升级、营运和管理，主干网络的通信线路速率从T1（1.5 Mbit/s）升到T3（44.7 Mbit/s），NSFnet的正式营运以及实现与其他已有、新建网络的连接开始真正成为 Internet 的基础，1990 年 6 月，NSFnet 正式取代了 ARPAnet 成为 Internet 的主干网络。1994 年 NSF 放弃对 NSFnet 网络的监管，同时更名为 Internet。

（4）WWW 技术的使用

WWW（World Wide Web）技术是由瑞士高级物理研究实验室（CERN）的程序员 Tim Berners-Lee 最先开发的。20 世纪 90 年代，随着 WWW 的出现，Internet 变得更为灵巧和方便，吸引了大批商业机构、非营利组织和个人加入到 Internet 中，Internet 进入高速发展阶段。1992 年，由美国 IBM、MCI、MERIT 三家公司联合组建的一个高级网络服务公司（ANS）建立了 ANSnet，和 NSFnet 连通，成为新的 Internet 主干网。1994 年，NSF 停止了对 NSFnet 的支持，交由民营出资维护，标志着 Internet 商业化时代的到来，之后 Internet 遍及全球。

5.1.2 Internet 服务

Internet 含有非常丰富的资源，并且能使不同地域的计算机方便地进行信息交流与资源共享，Internet 上所提供的服务可以说包罗万象，其中大多数服务都是免费的。这些服务包括 WWW、文件传输、远程登录、域名解析、电子邮件、文档查询、网络新闻、论坛、搜索、即时通信、电子商务、网上交易、金融证券等。

1. WWW 服务

WWW 服务是利用 WWW 技术通过网络浏览器实现的，它使用超文本技术，将 Internet 资源链接起来，通过这些链接 Internet 用户可以轻松地访问 WWW 网页、FTP 文件目录、Gopher（搜寻）服务器、WAIS（广义信息服务）的数据库，其影响力已经超出了专业技术范畴，延伸至广告、销售、电子商务等诸多领域，致使信息服务理念发生改变。

2. 文件传输服务

Internet 提供了文件传输的功能，它使用文件传输协议（File Transfer Protocol，FTP）。允许用户从一台计算机向另一台计算机（或多台计算机）传送文件。在 Internet 中，有些计算机专门用来存放各种资源，并且提供免费的 FTP 服务，用户只需匿名登录即可享用其中的免费资源，提供这类服务的主机称为匿名 FTP 服务器；还有一类 FTP 服务器为非匿名的，如果需要访问该服务器上的资源，需要事先在该服务器上获取登录权限（注册）才能访问。

3. 远程登录服务

远程登录（Telnet）是指一台计算机连接到远程的另一台计算机上，本地计算机作为远程计算机的一个终端，运行计算机上的用户系统程序，从而共享计算机网络系统的硬件和软件资源，如查询数据库、检索资料或者利用远程计算机完成只有大型机才能胜任的工作。

4. 电子邮件服务

电子邮件（Electronic mail）是一种用电子手段提供信息交换的通信方式，电子邮件可以通过文字、图像、声音等方式和世界上其他用户联系，具有费用低廉、速度快捷、准确性好、交互能力强等特点，深受网络用户喜爱。

5.2 Internet 接入技术

当用户需要访问网络资源时，首先要接入 Internet，然后才能使用 Internet 上提供的服务。用户计算机和用户网络接入 Internet 所采用的技术称为接入技术。Internet 的接入方式大致分为两类，即公共数据通信网接入和局域网接入。公共数据通信网包括数字数据网（DDN）、帧中继网（Frame

Relay Network）、非对称数字用户专线（ADSL）、电话网络、综合业务数字网（ISDN）接入。局域网接入是将计算机加入到局域网中，局域网（如以太网）通过传输介质与 Internet 相连。

5.2.1　局域网接入

目前,我国大多数单位都已经建立了一定规模的局域网，再通过网络供应商（ISP）租用一条专线连接到 ISP 的主干网络，从而实现本地局域网和 Internet 的连接，如图 5-1 所示。我国大学普遍都有自己的校园网，校园网络通过光纤连接到教育科研网，接入 Internet。计算机接入的过程如下：

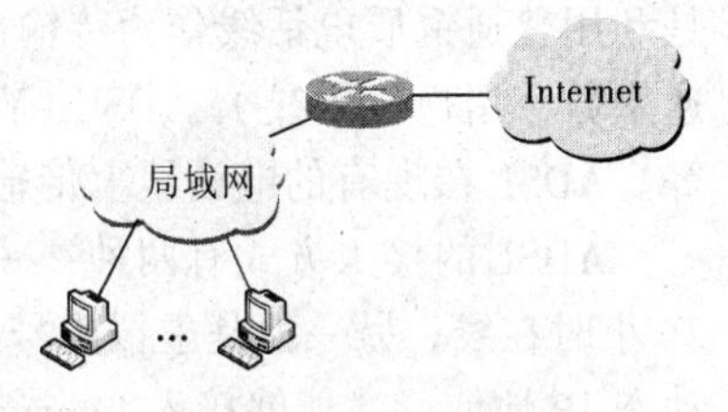

图 5-1　局域网接入

（1）安装网卡

如果计算机本身没有配置网卡（网络适配器）的话，先将网卡插入主板的插槽，插好网线（网线的制作见 2.7.1 节），安装网络适配器的驱动程序。一般来说现在的网卡都是即插即用的设备，操作系统都能自认，如果系统没有识别，就在控制面板中“添加硬件”，按照向导的提示完成安装。

（2）添加 TCP/IP 协议

打开“控制面板”窗口，双击“网络连接”图标，弹出“网络连接”对话框，右击“本机连接”选项，在弹出的快捷菜单中选择“属性”命令，弹出“Internet 协议（TCP/IP）属性”对话框，如图 5-2 所示，表明已经添加了 TCP/IP 协议，如果没有则在“本地连接属性”对话框中单击“安装”按钮，弹出“选择网络组件类型”对话框，选择“协议”后，单击“添加”按钮即可安装 TCP/IP 协议了。

（3）配置 TCP/IP

在“常规”选项卡中双击 Internet 协议（TCP/IP），进入 TCP/IP 协议的配置过程，如果在本地局域网中拥有一个固定的 IP 地址（非私有的 IP 地址），可以自己配置 IP 地址、子网掩码、网关和 DNS 服务器地址，如图 5-2 所示。单击“确定”按钮，即可接入 Internet。

如果本计算机没有 Internet 认可的固定 IP 地址，就要在本地局域网中设置 DHCP 服务器，DHCP 服务器的配置见第 6 章。这时客户端的 TCP/IP 的配置选择“自动获得 IP 地址”和“自动获得 DNS 服务器地址”单选按钮，如图 5-3 所示。

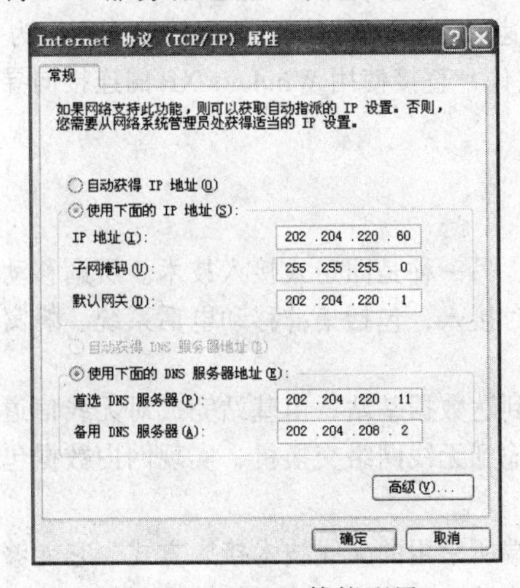

图 5-2　TCP/IP 协议配置

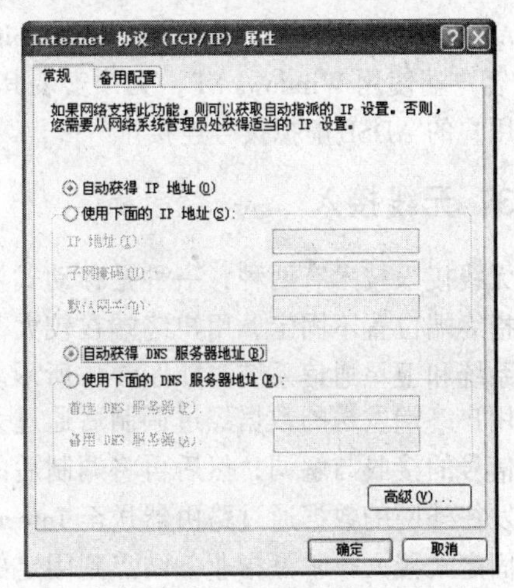

图 5-3　自动获得 IP 地址

5.2.2 ADSL 接入

非对称数字用户专线（Asymmetric Digital Subscriber Line，ADSL）是 xDSL 中的一员，xDSL 是利用普通铜质电话线作为传输介质的一系列传输介质的总称，包括 DSL、HDSL（高数据传输速率数字用户专用线）、ADSL、VDSL（超高数据速率数字用户线）、CDSL（自定义数字用户线）等。ADSL 在现有的电话线上传输数据，能够为家庭和小单位提供 Internet 服务。

ADSL 的接入方式有两种：一种是专线入网，这种方式要求用户有固定的静态 IP 地址，且 24 小时在线；另一种是虚拟拨号入网，它要求用户输入账号和密码，通过身份验证后获得一个动态 IP 地址，才能够接入 Internet。

ADSL 采用频分复用技术，实现打电话和上网两不误，如打电话在低频段，上网在高频段。其实现技术是在用户端安装一个 ADSL 设备，通过分离器将语音信号和网络数据分离，如图 5-4 所示。

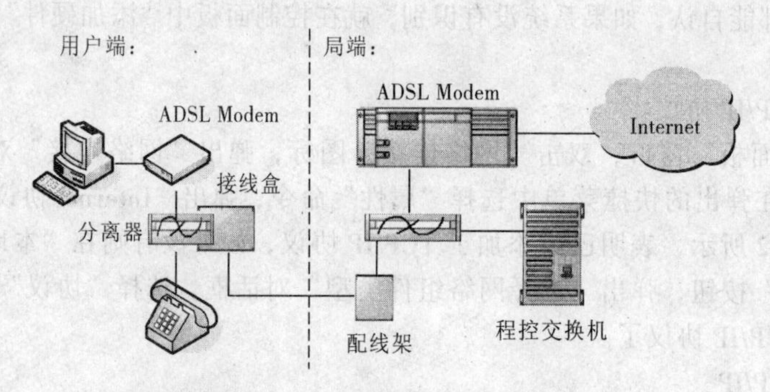

图 5-4　ADSL 接入 Internet

ADSL 的安装包括用户端设备和局端线路两部分，局端由网络提供商（ISP）在用户原有的电话线路上串接 ADSL 局端设备，在用户端电话线上接上分离器，与 ADSL Modem 之间用一根两芯电话线连接，ADSL Modem 和计算机网卡之间用双绞线连接。硬件连接后，用户还需配置 ADSL Modem 或者 ADSL 路由器，指定连接方式，一般有静态 IP、PPPoA（Point to Point over ATM）和 PPPoE（Point to Point over Ethernet），根据实际情况选择。另外，还要配置 TCP/IP 协议。

ADSL 支持上行速率 640 kbit/s～1 Mbit/s，下行速率 1～10 Mbit/s，其有效传输距离为 3～5 km，客户端使用 Windows XP，无须安装其他拨号软件，直接使用 Windows XP 的连接向导可以建立用户的 ADSL 虚拟拨号连接。

5.2.3 无线接入

无线接入技术有两种，一种是移动式接入技术，另一种是固定式接入技术。所谓移动式接入是指终端位置不固定，用户终端在较大范围移动时接入，包括集群移动电话系统、蜂窝移动电话系统和卫星通信系统，如图 5-5 所示。

用户终端发送的数据经过调制后通过无线电波到达数据基站，由基站完成对无线信道的管理、信号的接收与解调，然后再将调制后的数据传输到无线网络交换机，实现网内数据包的交换，发往外网的数据通过路由器送至 Internet。

固定式接入技术是指业务结点到固定的用户终端所采用的无线技术接入方式。它能够把从有线方式传来的信息用无线的方式发送到固定用户终端。这种类型的通信技术包括微波、扩频微波、红外线、激光。与移动接入技术相比，固定接入技术的用户终端不含或者仅含有限的移动性。

无线接入示意图如图5-6所示，接入方法详见4.5.5节。

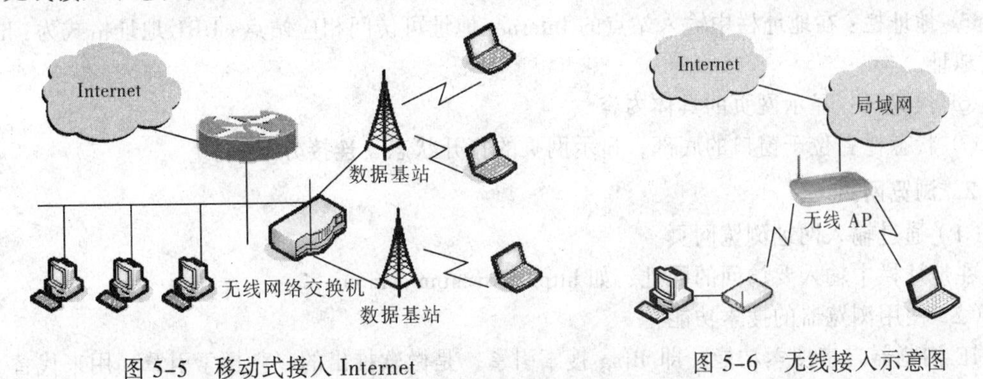

图5-5 移动式接入Internet　　图5-6 无线接入示意图

5.3 Internet应用

5.3.1 使用IE浏览Web

用户连入Internet后，可通过浏览器浏览Web页面，个人计算机上常见的网页浏览器包括微软的Internet Explorer（IE）、Mozilla的Firefox、Netscape的Navigator及遨游（Maxthon）等。

Windows操作系统捆绑了IE浏览器，IE 6.0捆绑在Windows XP操作系统上，IE 7.0捆绑在Windows Vista操作系统上。

1. 认识IE浏览器

启动IE浏览器，可以双击桌面上的IE图标，也可以选择“开始”→“所有程序”→Internet Explorer命令，或者单击快速启动栏中的IE图标，打开的IE浏览器如图5-7所示。

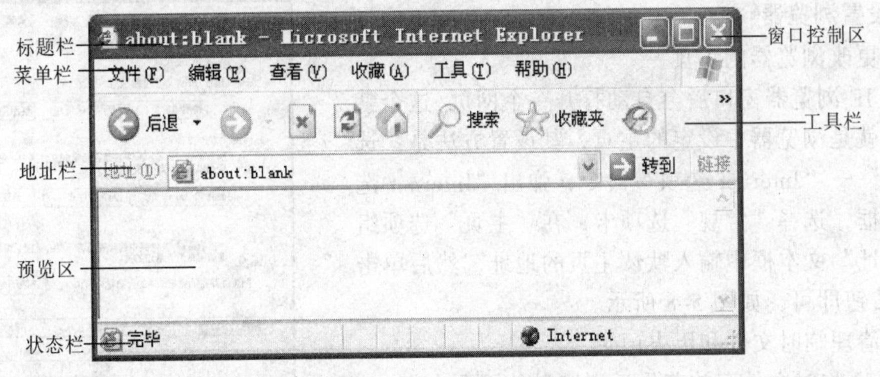

图5-7 IE浏览器界面

① 标题栏：位于浏览器窗口的顶部，显示浏览器的名称或者网页的标题，即网页中标签<title>与</title>中的内容。

② 窗口控制区：位于窗口的右上角，用于控制窗口大小，包括最小化、最大化/还原和关闭三个按钮。

③ 菜单栏：包括文件、编辑、查看、收藏、工具和帮助六个菜单，单击每一个菜单都有对应的菜单命令。

④ 工具栏：包括后退、停止、刷新、主页、搜索、收藏夹等常用工具。

⑤ 地址栏：在地址栏中输入站点的 Internet 地址可访问相应站点，URL 地址格式为：http://网页地址。

⑥ 预览区：显示网页的具体内容。

⑦ 状态栏：位于窗口的底部，显示网页的打开状态、连接方式等。

2．浏览网页

（1）通过输入网址浏览网页

在地址栏中输入要访问的网址，如 http://www.sina.com.cn。

（2）使用浏览器的搜索功能

IE 浏览器自带搜索功能，即 Bing 搜索引擎，是微软推出的一款搜索引擎，用来代替 Live Search 搜索引擎，用户可以使用浏览器的搜索功能打开含有关键字的网页进行浏览。具体使用方法是单击浏览器工具栏中的“搜索”按钮，如在左侧输入关键字，然后单击“搜索”按钮开始搜索。此时窗口左侧可以看见搜索的结果，单击要浏览的网页对应的链接查看。

3．收藏有用资源

（1）保存网页

当浏览到精彩网页需要保存时，选择“文件”→“另存为”命令，保存该网页。

（2）保存图片

右击图片，在弹出的快捷菜单中选择“图片另存为”命令，输入图片名称，即可将图片保存到本地计算机上。

（3）添加网页至收藏夹

选择“收藏夹”→“添加到收藏夹”命令可将其添加到收藏夹中。下次访问该页面时，可以直接从收藏夹中调用。

4．设置浏览器

（1）更改浏览器的主页

打开 IE 浏览器窗口后会自动打开一个网页，这个默认的网页就是浏览器中设定的主页，其设置方法是：选择“工具”→“Internet 选项”命令，弹出“Internet 选项”对话框，选择“常规”选项卡，在“主页”选项组中的“地址”文本框中输入默认主页的地址，然后单击“确定”按钮即可，如图 5-8 所示。

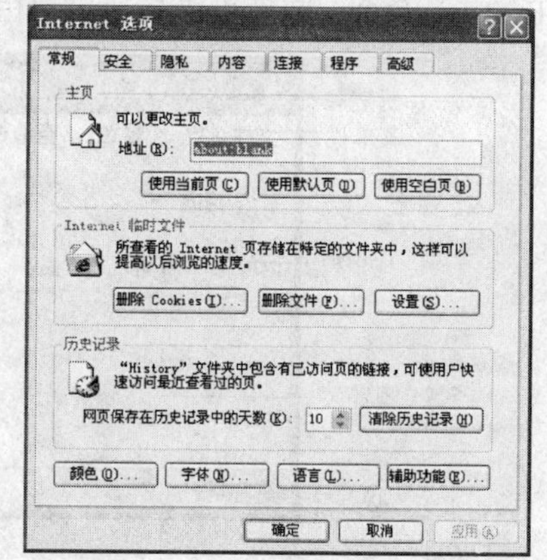

图 5-8 “Internet 选项”对话框

（2）清理临时文件和历史记录

Internet 临时文件存放着最近浏览过的网页内容，一般来说，当用户在地址栏中输入一个网址后，浏览器连接对应的网站服务器，下载网页内容，显示在浏览区中，同时在硬盘中保存该网页内容，这些被保存的网页内容就是 Internet 临时文件。按照上述方法在“Internet 选项”对话框的“常规”选项卡中“Internet 临时文件”选项组中单击“设置”按钮设置对临时文件的处理，在弹出的设置对话框中选择自动检查网页的较新版本，设置临时文件使用的磁盘空间，确定后返回。单击

“删除 Cookies” 按钮可以删除临时文件夹中所有 Cookies；单击 “删除文件” 按钮可以删除临时文件夹中所有内容，甚至可以包含所有的脱机文件内容，单击 “清除历史记录” 按钮可以删除已访问过的历史记录。

（3）设置临时窗口阻止

打开某些网页时，浏览器会弹出一些广告、游戏窗口，对于这些窗口可以通过启用弹出窗口阻止程序来限制，具体操作方法是：在 “Internet 选项” 对话框的 “隐私” 选项卡中选中 “阻止弹出窗口” 复选框，然后单击右边的 “设置” 按钮，允许一些网站地址弹出窗口，如图 5-9 所示。

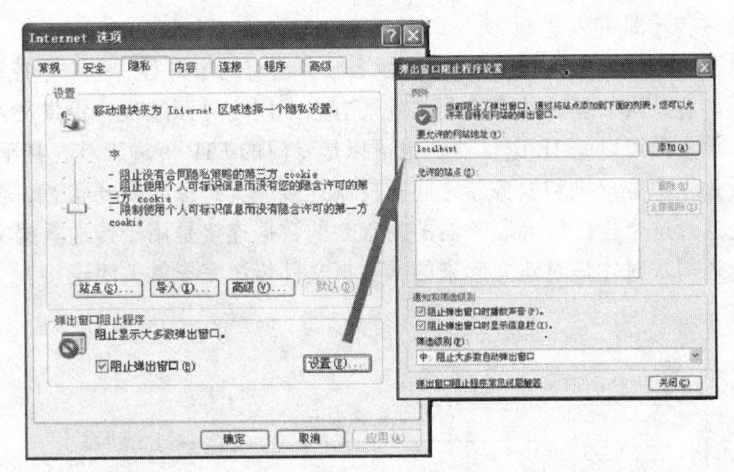

图 5-9　阻止弹出窗口配置

5.3.2　文件的上传和下载

文件的上传和下载使用的是文件传输协议（File Transfer Protocol，FTP）。

1. FTP 的工作过程

Internet 是一个非常复杂的计算机环境，有 PC、工作站、MAC，有大型机、中型机和微型机，而这些计算机可能运行不同的操作系统，有运行 UNIX 的服务器，也有运行 Windows 的 PC 和运行 Mac OS 的苹果机等，而各种操作系统之间实现文件交流，需要建立一个统一的文件传输协议，这就是所谓的 FTP。基于不同的操作系统有不同的 FTP 应用程序，而所有这些应用程序都遵守同一种协议，这样用户就可以在不同系统之间传送文件。网络环境下实现不同计算机之间的文件传输要解决的问题有：

① 不同计算机数据的存储格式不同。

② 文件的目录结构和文件命名规则不同。

③ 操作系统使用不同的命令实现对文件的存取。

④ 访问控制方法不同。

文件传输协议使用可靠的 TCP 连接，为用户提供文件传输服务，减少或消除不同操作系统之间处理文件的不兼容性。

与大多数 Internet 服务一样，FTP 也是一个客户机/服务器系统，用户通过一个支持 FTP 协议的客户机程序，连接到远程主机上的 FTP 服务器程序。用户通过客户机程序向服务器程序发出命令，服务器程序执行用户所发出的命令，并将执行的结果返回到客户机。服务器程序由两部分构成，一个是在端口 21 接收用户的请求报文，另外，启用多个从属进程负责处理用户的单个请求。

FTP 服务器的具体操作过程是：

① 打开端口 21。

② 等待客户进程的连接请求，建立端口 21 和客户机请求端口的 TCP 连接。

③ 启动从属进程处理客户发来的 FTP 请求，这种连接方式属于处理一个请求就终止连接，如果需要再次处理单个请求，还需要再次建立起 TCP 连接。

④ 回到等待状态，继续接收其他用户的请求，端口 21 处理客户端发来的控制命令和从属进程处理用户文件传输是并发进行的。

FTP 的控制连接和数据连接如图 5-10 所示，服务器有两个进程，一个是控制进程，另一个是数据传输进程，客户机处理这两个进程之外还有一个用户界面进程，提供文件传输的界面和用户进行交互，该界面可以是 IE 浏览器，也可以是专门的 FTP 传输工具，甚至是 DOS 命令环境。在整个会话过程中客户机和服务器之间的控制连接一直是保持断开状态，客户机发送的所有请求命令都是通过这个连接传到服务器的，TCP 的数据连接是用于传送数据文件的，只有在客户端有文件传送请求时才临时建立起来的，数据文件传送完毕就关闭连接。

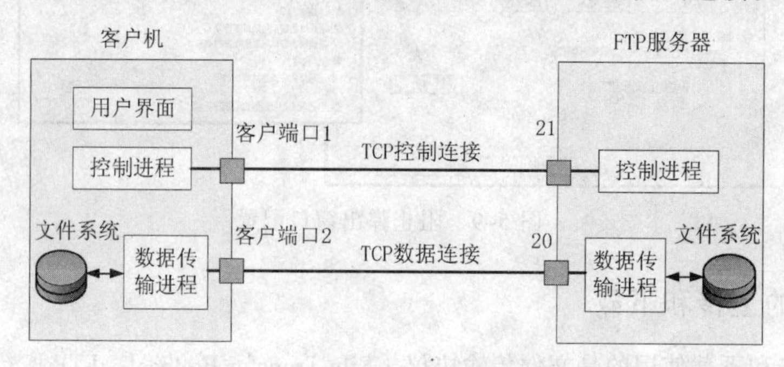

图 5-10　FTP 的控制连接和数据连接

2. FTP 的使用

使用 FTP 时必须先登录，在远程主机上拥有相应的权限以后，方可上传或下载文件。也就是说，要想同某一台计算机传送文件，就必须具有那台服务器的适当授权。Internet 上的 FTP 主机很多，不可能要求每个用户在每一台主机上都拥有账号。匿名 FTP 就是为解决这个问题而产生的。

匿名 FTP 是这样一种机制，用户可通过它连接到远程主机上，并从其下载文件，而无须成为其注册用户。系统管理员建立了一个特殊的用户 ID 为 anonymous，Internet 上的任何人在任何地方都可使用该用户 ID。匿名用户的口令可以是自己的 E-mail 地址，匿名 FTP 不适用于所有 Internet 主机，它只适用于那些提供了这项服务的主机。

当远程主机提供匿名 FTP 服务时，会指定某些目录向公众开放，允许匿名存取。系统中的其余目录则处于隐匿状态。作为一种安全措施，大多数匿名 FTP 主机都允许用户从其下载文件，而不允许用户向其上传文件，即使有些匿名 FTP 主机允许用户上传文件，用户也只能将文件上传至某一指定目录中。随后，系统管理员会检查这些文件，然后将其移动到另一个公共下载目录中，供其他用户下载，利用这种方式，远程主机的用户得到了保护，避免了有人上传有问题的文件，如带病毒的文件。

下面以使用 IE 浏览器为例说明 FTP 的操作过程，用户只需要在 IE 地址栏中输入如下格式的 URL 地址：ftp://[用户名:口令@]ftp 服务器域名[: 端口号] ，就可以看到 FTP 服务器上的所有文件和文件夹，实现文件的下载。

在 DOS 命令行下也可以用上述方法连接，通过 PUT 命令和 GET 命令达到上传和下载的目的，通过 DIR 或 LS 命令列出目录，除了上述方法外还可以在 DOS 环境下输入 FTP 后按【Enter】键，然后输入“open IP 地址”来建立一个连接，此方法还适用于 Linux 系统连接 FTP 服务器。

通过 IE 浏览器启动 FTP 的方法尽管可以使用，但速度较慢，还会因将密码暴露在 IE 浏览器中而不安全，所以一般都安装并运行专门的 FTP 客户程序。

3. FTP 的命令和工作模式

前面介绍了 FTP 的控制连接传输命令及服务器的回应信息，在整个 FTP 文件传输会话阶段，一直保持连接状态，而数据连接则在每次文件传输之前建立，文件传输完成后关闭。也就是说，在一次控制连接过程中，可能根据需要多次建立/关闭数据连接。所以在每次传输文件之前，必须指定传输的文件类型、文件中数据的结构以及使用的传输模式。

FTP 的传输有两种方式：ASCII 传输模式和二进制数据传输模式。

（1）ASCII 传输方式

假定用户正在复制的文件包含 ASCII 码文本，远程机器上运行的是和本地主机不同的操作系统，当文件传输时，FTP 通常会自动地调整文件的内容以便于把文件解释成本地或远程那台计算机存储的文本文件格式。

（2）二进制传输方式

二进制传输保存文件的位序，以便原始和复制的是逐位一一对应的。

FTP 支持两种传输模式，一种称为 Standard（即 PORT 方式，主动方式），一种是 Passive（即 PASV 方式，被动方式）。Standard 模式 FTP 的客户端发送 PORT 命令到 FTP 服务器。Passive 模式 FTP 的客户端发送 PASV 命令到 FTP 服务器。

① PORT 模式 FTP 客户端首先和 FTP 服务器的 TCP 21 端口建立连接，通过这个连接发送命令，客户端接收数据的时候需要在这个 TCP 连接上发送 PORT 命令，PORT 命令包含了客户端用什么端口接收数据。在传送数据的时候，服务器端通过自己的 TCP 20 端口连接至客户端的指定端口发送数据。FTP 服务器必须和客户端建立一个新的连接用来传送数据。

② Passive 模式在建立控制连接的时候和 Standard 模式类似，但建立连接后发送的不是 PORT 命令，而是 PASV 命令。FTP 服务器收到 PASV 命令后，随机打开一个高端端口（端口号大于 1024）并且通知客户端在这个端口上传送数据的请求，客户端连接 FTP 服务器此端口，然后 FTP 服务器将通过这个端口进行数据的传送。

FTP 常用命令及状态码如表 5-1、表 5-2 所示。

表 5-1　FTP 常用命令

命令	描　　述	命令	描　　述
ABOR	中断数据连接程序	PORT	两字节的端口 ID
CWD	改变服务器上的工作目录	PWD	显示当前工作目录
DELE	删除服务器上的指定文件	QUIT	从 FTP 服务器上退出登录
HELP	返回指定命令信息	REIN	重新初始化登录状态连接

续表

命令	描　　述	命令	描　　述
LIST	如果是文件名列出文件信息，如果是目录则列出文件列表	RETR	从服务器上找回（复制）文件
MODE	传输模式（S=流模式，B=块模式，C=压缩模式）	TYPE	数据类型（A=ASCII，E=EBCDIC，I=binary）
MKD	在服务器上建立指定目录	STOR	储存（复制）文件到服务器上
NLST	列出指定目录内容	STOU	储存文件到服务器名称上
NOOP	无动作，除了来自服务器上的授权	SYST	返回服务器使用的操作系统
PASS	登录密码	RMD	在服务器上删除指定目录
PASV	请求服务器等待数据连接	USER	登录用户名

表 5-2　FTP 状态码描述

状态码	描　述	状态码	描　述
125	打开数据连接，开始传输	257	路径名建立
150	打开连接	331	要求密码
200	成功	332	要求账号
202	命令没有执行	350	文件行为暂停
211	系统状态回复	421	服务关闭
212	目录状态回复	425	无法打开数据连接
213	文件状态回复	426	结束连接
214	帮助信息回复	500	无效命令
215	系统类型回复	501	错误参数
220	服务就绪	504	无效命令参数
221	退出网络	530	未登录网络
225	打开数据连接	532	存储文件需要账号
226	结束数据连接	550	文件不可用
227	进入被动模式（IP 地址、ID 端口）	551	不知道的页类型
230	登录因特网	552	超过存储分配
250	文件行为完成	553	文件名不允许

关于 FTP 的协议分析、仿真与 FTP 的上传和下载实验见本章 5.4.1、5.4.2。

5.3.3　电子邮件的接收与发送

1. E-mail 概述

电子邮件是因特网中使用最多和最受欢迎的网络应用之一，电子邮件采用异步通信方式，不要求收发双方同时在线，邮件被发送到接收方的邮件服务器，并放在其中收件人的邮箱中，收件人可以在方便的时候从邮件服务器读取信件。电子邮件不仅使用方便，而且具有传递迅速和费用低廉的优点。

从 1982 年的 ARPAnet 的电子邮件标准问世到 2001 年的电子邮件标准出台，电子邮件经历了简单邮件传送协议（Simple Mail Transfer Protocol，SMTP）标准和因特网文本报文格式标准，通用因特网邮件扩充（Multipurpose Internet Mail Extensions，MIME）。

一个电子邮件系统由三大部分组成，如图 5-11 所示，分别是用户代理、邮件服务器、邮件协议（包括发送邮件协议和接收邮件协议）。

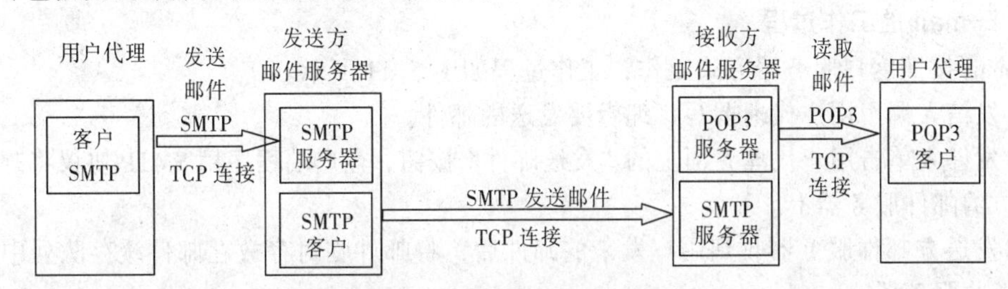

图 5-11　电子邮件系统的组成

用户代理（User Agent，UA）是用户与电子邮件系统的接口，又称电子邮件客户端软件，是运行在用户端计算机中的程序，为用户提供发送和接收邮件的界面，如微软公司的 Outlook Express。

用户代理为用户提供以下的功能：

① 写邮件：为用户提供编辑邮件的环境。如提供通讯录，回复邮件时自动提取对方的邮件地址，将对方来信的内容复制一份到回信编辑窗口。

② 显示邮件：在屏幕上显示对方的来信。

③ 处理邮件：接收和发送邮件，甚至可以根据需要实现邮件的阅读后删除、存盘、打印、转发等工作。

④ 邮件服务器通信：发信人写完邮件后利用 SMTP 将邮件发送到邮件服务器，收件人利用 POP3 或 IMAP 从接收端的邮件服务器接收邮件。

邮件服务器是邮件系统的核心，它为每个邮件用户在服务器中设置一个邮箱，管理和维护发送给用户的邮件。邮件服务器的功能是发送和接收邮件，同时还向发件人报告邮件传送的结果。邮件服务器按照客户服务器的方式工作。

常见的电子邮件协议有以下几种：SMTP、邮局协议第 3 个版本（Post Office Protocol3，POP3）、Internet 邮件访问协议（Internet Message Access Protocol，IMAP），这几种协议都是由 TCP/IP 协议族定义的。

SMTP：是用户代理向服务器发送邮件或者是邮件服务器之间发送邮件的协议。

POP：目前的版本为 POP3，POP3 是把邮件从电子邮箱中传输到本地计算机的协议。

IMAP：目前的版本为 IMAP4，是 POP3 的一种替代协议，它提供了邮件检索和邮件处理的新功能，这样用户可以完全不必下载邮件正文就可以看到邮件的标题摘要，从邮件客户端软件就可以对服务器上的邮件和文件夹目录等进行操作。IMAP 协议增强了电子邮件的灵活性，同时也减少了垃圾邮件对本地系统的直接危害，相对节省了用户查看电子邮件的时间。除此之外，IMAP 协议可以记忆用户在脱机状态下对邮件的操作（例如移动邮件，删除邮件等），在下一次打开网络连接的时候会自动执行。

从图 5-11 看出，邮件服务器同时充当了服务器和客户机，当接收发送方邮件时为服务器，当发送邮件给接收方服务器时又是客户机。另外，不论是 SMTP 还是 POP3 都是在 TCP 连接上传送邮件，从而保障了邮件传送的可靠性。

电子邮件由信封和内容两个部分组成，电子邮件的传输程序根据邮件信封上收件人地址来发送邮件，TCP/IP 体系的邮件系统规定了电子邮件电子的格式为：

收件人邮箱名@邮箱所在主机的域名

符号@表示“在”的含义，读做 at。收件人邮箱名又称用户名，是收件人自己在申请邮箱的时候定义的，在邮件服务器中该名字是唯一的。

2. E-mail 的工作过程

E-mail 按照客户服务器方式工作，工作过程如图 5-11 所示。

① 发信人调用用户代理撰写、编辑要发送的邮件。

② 发件人单击用户代理界面上的“发送邮件”按钮，客户端程序用 SMTP 协议将邮件发送到发送方的邮件服务器上。

③ 发送方邮件服务器收到用户发来的邮件后，将邮件临时存放在邮件缓存队列中，等待发送到接收服务器。

④ 发送端邮件服务器作为 SMTP 客户与接收端的邮件服务器建立 TCP 连接，然后将缓存队列中的邮件依次发送出去，值得一提的是如果 SMTP 客户还有一些邮件要发送给同一个邮件接收服务器，可以在原来已经建立好的 TCP 连接上重复发送；如果接收方邮件服务器出现故障或负荷过重，暂时无法和 SMTP 客户端建立 TCP 连接，发送端会过一段时间再尝试发送；如果 SMTP 客户在规定的时间还不能将邮件发送出去，发送邮件的服务器会通过用户代理通知用户。

⑤ 接收方的邮件服务器进程收到邮件后，把邮件放到收件人的邮箱，等待用户读取。

⑥ 收件人在方便的时候，运行用户代理程序，发起和接收邮件服务器的 TCP 连接，使用 POP3（或者 IMAP）协议读取自己的邮件。

3. 简单邮件传输协议 SMTP

简单邮件传输协议（SMTP）是一种基于文本的电子邮件传输协议，是在因特网中用于在邮件服务器之间交换邮件的协议。SMTP 是应用层的服务，可以适应于各种网络系统。

（1）SMTP 命令

SMTP 规定了 14 条命令和 21 种响应信息，每条命令的关键字基本上由 4 个字母组成，以命令行为单位，换行符为 CR/LF。响应信息一般只有一行，由一个 3 位数的代码开始，后面可附上很简短的文字说明。SMTP 工作的常用命令有 7 个，分别是 HELO（或 EHLO）、MAIL、RCPT、DATA、REST、NOOP、QUIT。

① HELO（或 EHLO）：HELO 为 HELLO 命令的命令码，是发送方问候接收方的，命令格式为“HELO 客户机的地址或标识”或者“EHLO 客户机的地址或标识”，接收方服务器以 250 回应表示服务器做好了进行通信的准备，同时状态参量被复位，缓冲区被清空，EHLO 是扩展的 HELLO，由支持 SMTP 扩展的 SMTP 发送方发送，来问候 SMTP 接收方，并要求它返回接收方支持的 SMTP 扩展列表。

② MAIL FROM：用来启动邮件传输，指明邮件的发送方地址。格式为“MAIL FROM：发送方邮件地址”。

③ RCPT：告之接收方邮件接收人的地址，命令格式为“RCPT TO：邮件接收人的地址”。如果有多个接收人，需要多次使用该命令，每次只能指明一个人。

④ DATA：启动邮件的数据传输。邮件服务器回答“354 Start mail input;and with <CRLF>.<CRLF>”表明开始接收邮件内容输入。发送方可以发送邮件的正文数据，数据被写入

到数据缓冲区，以回车换行加点再加回车换行结束正文数据的发送。接收服务器回答 250 代码行，表明数据被接收了。

⑤ REST：该命令通知接收方复位，所有存入缓冲区的收件人数据、发送人数据和等待传送的数据全部清除，接收方回答“250 代码行”，表示 OK。

⑥ NOOP：该命令不带参数，只要求接收方回答 OK，是一个空操作，可以用来测试客户与服务器的连接关系。

⑦ QUIT：客户端要求和 SMTP 服务器终端连接，发出该命令后，服务器回答 OK 信息，然后和客户断开 TCP 的连接。

（2）SMTP 回答

SMTP 的回答主要是对收到的 SMTP 消息予以确认以及错误通知。SMTP 的响应是以 3 个数据字符代码开头，后面附加文本信息的信息行。SMTP 的每一个命令都会有一个回答信息行，回答信息行的 3 位代码都有特定的含义，如 3 位代码的第一位为 2 表示命令成功，为 4 没有完成，为 5 表示失败，具体含义如表 5-3 所示。

表 5-3 SMTP 响应代码含义

代码		说明
积极初步应答	1**	目前未使用
积极完成应答	211	系统状态或帮助应答
	214	帮助信息
	220	服务准备就绪
	221	服务关闭传输信道
	250	请求命令完成
	251	非本地用户
积极中间应答	354	启动邮件输入
瞬间消极完成应答	421	服务不可用
	450	邮箱不可用
	451	命令被中止，本地错误
	452	命令被中止，存储空间不足
永久消极完成应答	500	语法错误：无法识别的命令
	501	实参或形参出现语法错误
永久消极完成应答	502	命令未实现
	503	坏命令系列
	504	命令暂时未实现
	550	命令未执行，邮箱不可用
	551	非本地用户
	552	请求的动作被中止：超过存储位置
	553	请求的动作未采用：邮箱名称不允许
	554	事物失败

（3）SMTP 的工作过程

SMTP 要经过建立连接、传送邮件和释放连接 3 个阶段，具体为：

① 建立 TCP 连接，服务器的端口号为 25。

② 客户端向服务器发送 HELLO 命令以标识发件人自己的身份，然后客户端发送 MAIL 命令。

③ 服务器端以 OK 作为响应，表示准备接收。

④ 客户端发送 RCPT 命令。

⑤ 服务器端表示是否愿意为收件人接收邮件。

⑥ 协商结束，发送邮件，用命令 DATA 发送输入内容。

⑦ 结束发送，用 QUIT 命令退出。

⑧ 断开 TCP 的连接。

（4）SMTP 实例

下面是一个典型的 SMTP 实例，其协议分析过程如图 5-12 所示。客户机的 IP 地址为 192.168.1.177，端口为 1104，发送方的邮件服务器地址为 192.168.1.130，端口为 25，首先是客户机的 1104 和服务器的 25 号端口通过三次握手建立起 TCP 的连接，通过 HELO、MAIL FROM、RCPT TO、DATA 命令协商，将邮件正文信息传到了服务器上，通过 QUIT 命令通知断开连接，最后是通过四次握手断开了客户机和服务器的 TCP 连接。

Graph Analysis

Time	192.168.1.177 (1104) — 192.168.1.130 (25)	Comment
3.313	1104 > smtp [SYN] S	TCP: 1104 > smtp [SYN] Seq=0 Len=0 MSS=1460
3.328	smtp > 1104 [SYN, A	TCP: smtp > 1104 [SYN, ACK] Seq=0 Ack=1 Win=16384 Len=0 MSS=1460
3.328	1104 > smtp [ACK] S	TCP: 1104 > smtp [ACK] Seq=1 Ack=1 Win=65535 Len=0
3.328	Response: 220 n72 M	SMTP: Response: 220 n72 Microsoft ESMTP MAIL Service, Version: 6.0.3790.1830 ready at Tue, 6 May 2
3.328	Command: EHLO n44	SMTP: Command: EHLO n44
3.328	Response: 250-n72 H	SMTP: Response: 250-n72 Hello [192.168.1.177]
3.328	Command: MAIL FROM	SMTP: Command: MAIL FROM: <user1@netlab>
3.328	Response: 250 2.1.0	SMTP: Response: 250 2.1.0 user1@netlab....Sender OK
3.328	Command: RCPT TO:	SMTP: Command: RCPT TO: <user@netlab>
3.328	Response: 250 2.1.5	SMTP: Response: 250 2.1.5 user@netlab
3.328	Command: DATA	SMTP: Command: DATA
3.328	Response: 354 Start	SMTP: Response: 354 Start mail input; end with <CRLF>.<CRLF>
3.328	Message Body	SMTP: Message Body
3.500	smtp > 1104 [ACK] S	TCP: smtp > 1104 [ACK] Seq=393 Ack=490 Win=65046 Len=0
3.500	EOM:	SMTP: EOM:
3.547	Response: 250 2.6.0	SMTP: Response: 250 2.6.0 <000301c8af57$2709d330$b101a8c0@n44> Queued mail for delivery
3.547	Command: QUIT	SMTP: Command: QUIT
3.547	Response: 221 2.0.0	SMTP: Response: 221 2.0.0 n72 Service closing transmission channel
3.547	smtp > 1104 [FIN, A	TCP: smtp > 1104 [FIN, ACK] Seq=519 Ack=501 Win=65035 Len=0
3.547	1104 > smtp [ACK] S	TCP: 1104 > smtp [ACK] Seq=501 Ack=520 Win=65017 Len=0
3.547	1104 > smtp [FIN, A	TCP: 1104 > smtp [FIN, ACK] Seq=501 Ack=520 Win=65017 Len=0
3.547	smtp > 1104 [ACK] S	TCP: smtp > 1104 [ACK] Seq=520 Ack=502 Win=65035 Len=0

图 5-12　SMTP 工作实例

4．邮件读取协议 POP3 和 IMAP

POP（Post Office Protocol）是当前最流行的 TCP/IP 电子邮件访问和取回协议，它实现了离线访问模型，允许用户从 SMTP 服务器的邮箱中取回邮件，并在本地的客户机中保存和使用。POP 是一个简单的协议，只有少量的命令，当前版本是 3，所以该协议又称 POP3 协议，正式标准为 RFC1939。

常用的邮件读取协议除了 POP3，还有 IMAP（Internet Message Access Protocol）。因为 POP

很简单并具有悠久的历史，所以很受用户欢迎，但是它的功能很少，通常只支持一些有限的离线邮件的访问方法。为了给用户在访问、取回和处理邮件报文的方式上提供更多的灵活性，IMAP允许用户从多个不同的设备来访问邮件、管理多个邮箱，部分邮件下载等诸多功能。

（1）电子邮件的访问和取回模式

邮件的取回和访问有三种不同的模型：

① 在线访问模型：这是一种直接服务器访问方式，用户通过在线的方式访问 SMTP 服务器，读取自己邮箱中的邮件。其优点是快速，在任何位置都能访问；缺点是每次访问必须在线，IMAP可以提供在线访问。

② 离线访问模型：用户创建一次和邮箱所在的服务器的连接，把收到的邮件报文下载到本地计算机中，然后从服务器邮箱中删除邮件，一旦下载，对邮件的所有操作都是离线的，POP是这种方式的代表。

③ 分离访问模型：这是在线和离线访问的混合，用户从服务器下载报文，用户无需长时间地连接服务器，就可以完成阅读或其他邮件操作，在服务器上并没有删除该报文。这种方式具有快速访问邮件并离线使用的能力，同时保持和更新服务器上的邮箱，便于客户在不同机器上访问，IMAP 是实现这种模型访问的典型代表。

（2）POP3 的工作流程

POP3 是常规的 TCP/IP 客户服务器协议，为了提供对邮箱的访问，在接收邮件服务器上安装并一直运行着 POP3 服务器软件。POP3 使用 TCP 来通信，确保了命令、响应和数据报文的可靠性，POP3 服务器在熟知端口 110 监听来自 POP3 客户端的连接请求，通过三次握手创建 TCP 连接后，激活 POP3 会话，客户机给服务器发送命令，服务器以响应命令或电子邮件报文内容来回答。

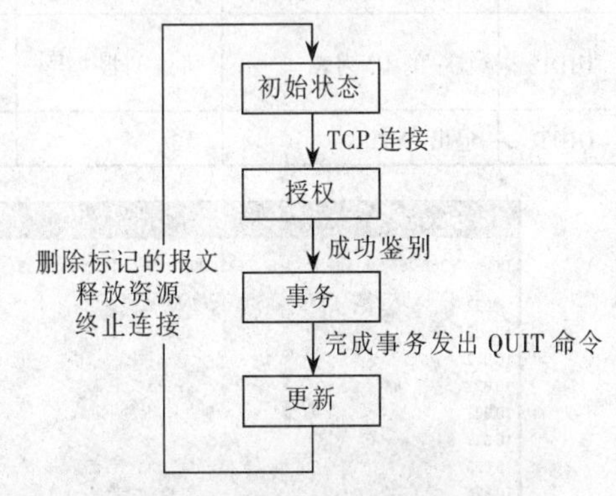

图 5-13　POP3 的有限状态机

POP3 的有限状态机如图 5-13 所示。

① 授权状态：服务器给客户机提供一个问候来表明它已经准备好，然后客户机提供鉴别信息，以允许对用户邮箱的访问。

② 事物状态：允许用户对自己的邮箱中进行各种操作，包括显示邮件、取回邮件、对已取回的邮件做出删除标记。

③ 状态：发出 QUIT 命令，真正删除做了标记的邮件，中止 TCP 的连接。

（3）POP3 命令

POP3 命令以 3～4 个字母开头，不区分大小写，如表 5-4 所示，用纯 ASCII 文本来发送，以 CR/LF（回车换行）结束。POP 的回答也是文本形式，只有两种响应：

① +OK：当命令成功时的肯定响应。

② -ERR：出现错误时的否定响应。

（4）POP3 的实例

下面是一个 POP3 的实例（见图 5-14），用户 netlab1，密码是 123，目标是从邮件服务器 netlab 中自己的邮箱中取回邮件。实现过程是首先建立起客户机 2371 端口到服务器 110 端口的 TCP 连接，通过身份验证，进入服务器的邮箱，通过 STAT、LIST、UIDL 查看了相关信息，通过 RETR 命令取回了第四封邮件，QUIT 命令关闭这次会话，经过 4 次握手断开了 TCP 的连接。

表 5-4 POP3 命令列表

命令码	命令	参数	描述
USER	用户身份鉴别	用户邮件地址	鉴别访问邮箱的用户，证实用户有权限访问服务器，标识用户，以便服务器知道被请求的是哪一个邮箱
PASS	用户密码鉴别	密码	鉴别用户身份，如果密码不正确，服务器给出一个差错响应
STAT	状态	无	请求邮箱的状态信息，正确响应为报告邮箱中的邮件数量和数据字节长度
LIST	列出报文	可选的报文号	列出邮箱中的报文信息，和 STAT 不同的是将每个报文的编号和长度都列出来
RETR	取回	报文号	从邮箱中取回一个指定的邮件报文，服务器发回一个 OK 响应报文，然后以 RFC822 的格式发送要求取回的邮件报文，以一个点结束
DELE	删除	报文号	将报文标记设为删除
NOOP	空操作	无	无操作，服务器只返回+OK
REST	复位	无	把会话复位到初始状态，包括回复已经做了删除标记的任何报文
TOP	取回报文顶部的内容	报文号和行号	允许客户机取回起始处的内容，服务器返回该报文的首部和前 N 行
UIDL	唯一的 ID 列表	可选的报文号	如果指定了报文号，返回这个报文的唯一标识码，否则为邮箱中的每个报文的标识码
QUIT	退出	无	会话状态转到更新状态，断开 TCP 的连接

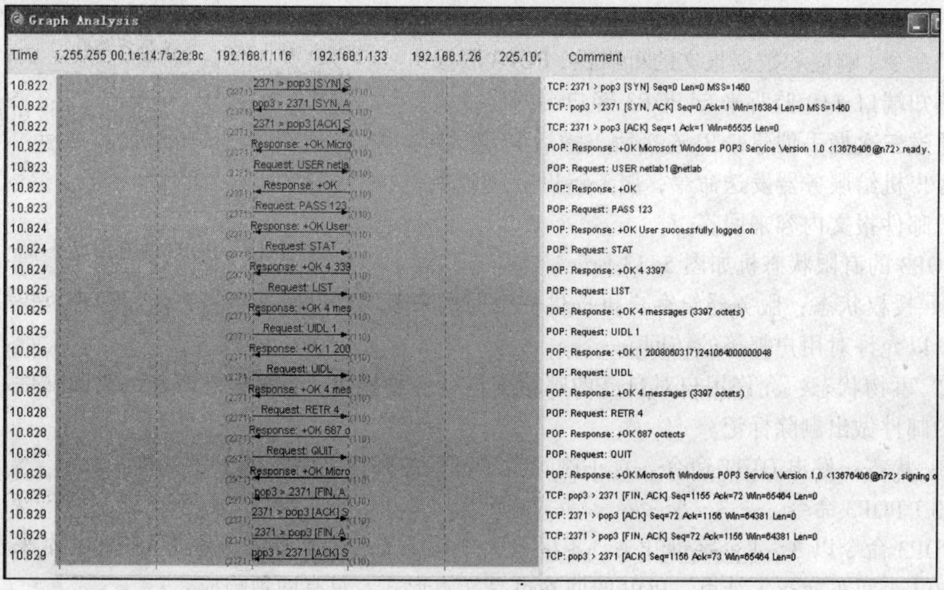

图 5-14 POP3 实例

(5) IMAP

IMAP 拥有比 POP 更多的功能，由于篇幅的关系，对 IMAP 的详细描述请参看 RFC1730、RFC1731 和 RFC2060 以及 RFC3501。

为了给用户提供访问电子邮件报文更多的灵活性，IMAP 可以在所有 3 种访问模型中操作，允许用户进行的操作如下：

① 访问一个远程服务器并且取回邮件，把它保留在服务器上的同时还可以本地使用。

② 设置报文标志，以便用户可以清楚哪些报文浏览过、已经回复了等。

③ 管理多个邮箱，并从一个邮箱传送报文给另一个邮箱。

④ 在下载之前，查看报文的有关信息，以决定该报文是否要取回。

⑤ 只下载报文的一部分。

⑥ 管理文档而不是电子邮件，例如 IMAP 可以用于访问 Usenet 报文。

IMAP 当前的使用版本是 4，是一个标准的客户机/服务器协议，因为使用 TCP 来通信，从而保障了命令和数据的可靠传输。IMAP4 服务器在熟知的 143 端口监听来自 IMAP4 客户机的连接请求，TCP 连接建立后，可以进行 IMAP4 的会话，会话结束后断开 TCP 的连接。

（6）IMAP 和 POP3 的比较

IMAP4 和 POP3 比较如表 5-5 所示。

表 5-5 IMAP4 和 POP3 比较

性 能	IMAP4	POP3	性 能	IMAP4	POP3
TCP 的端口	143	110	多个邮箱	支持	不支持
电子邮件存放的位置	服务器上	用户的计算机上	邮件的备份	ISP	用户
阅读邮件的方式	离线、在线	离线	移动用户	支持	不支持
连接时间要求	长	短	用户对下载控制	强	弱
服务器资源的使用	大量	小量	部分下载	支持	不支持

5. 邮件报文格式

（1）文本电子邮件的格式

电子邮件的报文格式由首部和主体两大部分组成，邮件的首部由若干可读的 ASCII 文本行组成，每一行由一个关键字和冒号开始，后面填写相关的文本信息，常用关键字如表 5-6 所示。

表 5-6 邮件首部常用关键字

首部字段	描 述
To	收件人的电子邮件地址
Cc	抄送人的电子邮件地址
Bcc	暗送的电子邮件地址，用于不公开收件人地址
From	发信人的地址
Subject	邮件主题
Received	接收邮件的路径、日期、时间以及邮件代理程序的版本号
Attachment	随同邮件发送的附件
Date	发送消息的日期和时间
Return-Path	用于标识返回给收件人的路径
Reply-To	回信的邮件地址
Message-Id	由代理分配给该邮件的唯一标识
In-Reply-To	回信消息的标识号

（2）通用因特网邮件扩充 MIME

报文首部只适用 ASCII 文本邮件，对于多媒体信息（包括图像、音频、视频数据的邮件）使用通用因特网邮件扩充（Multipurpose Internet Mail Extensions，MIME）来实现，图 5-15 表示 MIME 和 SMTP 的关系。

MIME 对标准邮件进行了三点扩充：

① 邮件可以包含除7位ASCII文本以外的文本信息，如非英语国家或地区的文字。

② 用户可以把不同类型的数据附加在邮件上，如电子表格、音频、视频、图像等。

③ 用户可以创建一封包含多个部分的电子邮件，每个部分的数据格式可以不同。

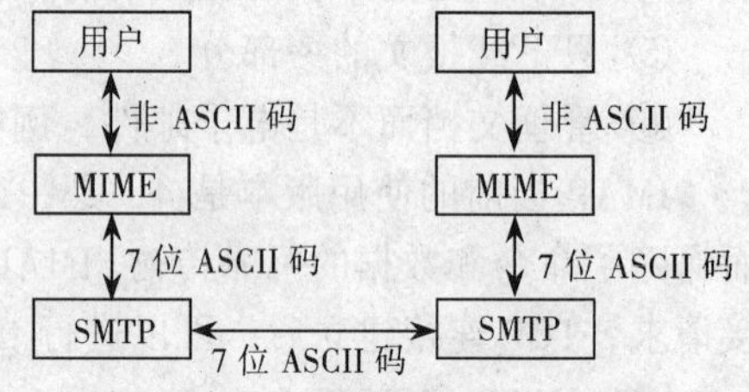

图 5-15 MIME 和 SMTP 的关系

MIME 在现行的电子邮件标准的基础上，在报文的首部增加 5 个新的邮件首部字段，用于提供邮件主体的信息，并且对多媒体电子邮件进行了标准化。

（1）新增的 5 个首部字段

① MIME-Version：可选字段，标识 MIME 的版本，目前为 1.0，如果不写为英文文本。

② Content-Description：说明此邮件的主体是否为图像、音频或视频。

③ Content-Id：邮件的唯一标识符。

④ Content-Transfer-Encoding：邮件传输时的编码规则。

⑤ Content-Type：说明邮件主体的数据类型和子类型。

（2）增加了许多邮件内容的格式

MIME 标准规定了 Content-Type 和它的子类型，类型和子类型用/分隔，表 5-7 定义了 MIME 的类型和子类型及其含义。

表 5-7 MIME 的类型定义

内容类型	子类型	含义
Text	plain	无格式文本
	richtext	有格式文本
Image	gif	GIF 格式的图像
	jpeg	JPEG 格式的图像
Audio	basic	可听见的声音
Video	mpeg	MPEG 格式的影片
Application	octet-stream	不间断的字节系列
	postscript	Postscript 可打印文档
Message	rfc822	MIME RFC822 邮件
	partial	为传输把邮件分隔开
	external-body	邮件必须从网上获取
Multipart	mixed	按规定顺序的几个独立部分
	alternative	不同格式的同一邮件
	parallel	必须同时读取的几个部分
	digest	每个部分是一个完整的 RFC822 邮件

下面通过一个例子来说明 MIME 邮件。

```
From:lihuan@mail.cnu.edu.cn
To:ssj@mail.tsinghua.edu.cn
Subject:picture
MIME-Version:1.0
Content-Type:image/gif
Content-Transfer-Encoding:base64

Base64 encoded data...
...
Base64 encoded data
```

MIME 的版本为 1.0，邮件主体的数据类型为 GIF 图像，数据的编码方式为 Base64。

（3）定义了内容传送的编码

常用的内容传送编码有：

① 简单的 7 位 ASCII 码，每行不超过 1 000 个字符，MIME 对这种有 ASCII 码构成的邮件主体不进行任何转换。

② Quoted-printable 编码，这种编码适合在所有的传送数据中只有少量的非 ASCII 码，如汉字，这种编码的要点是对于可以打印的所有 ASCII 码（除“=”外）不做改变。等号和不可打印的 ASCII 码以及非 ASCII 码数据的编码方法是将每个字节的二进制代码用两个十六进制数表示，然后在前面加上等号。

③ Base64 编码方式是先将要发送的数据用二进制表示，24 位长为一个单元，将每一个 24 位单元划分为 4 个 6 位组，每个 6 位按下面的方法转换成 ASCII 码，6 位二进制代码供有 64 中不同的组合值，从 0 到 63。A 表示 0，B 表示 1，26 个大写字母排列完，再排列 26 个小写字母，后面是 10 个数字，“+”号为 62，“/”为 63。

6．基于万维网的电子邮件

现在基本上所有的网站（包括大学、公司）都提供了基于万维网的电子邮件系统，打开浏览器就可以登录到自己的邮箱进行浏览显示、回复、删除等对邮件的操作。

假定用户 A 向 263 网站申请了一个电子邮件地址 lixxxy@263.net，当用户 A 想发送和接收邮件的时候，只要打开浏览器在 URL 中输入 http://mail.263.net，就可以登录到 263 的邮件服务器的登录页面，输入用户名 lixxxy 和密码后就进入 A 的邮箱，可以进行读取邮件，撰写邮件，发送邮件等操作。

基于万维网的电子邮件的工作过程如图 5-16 所示。

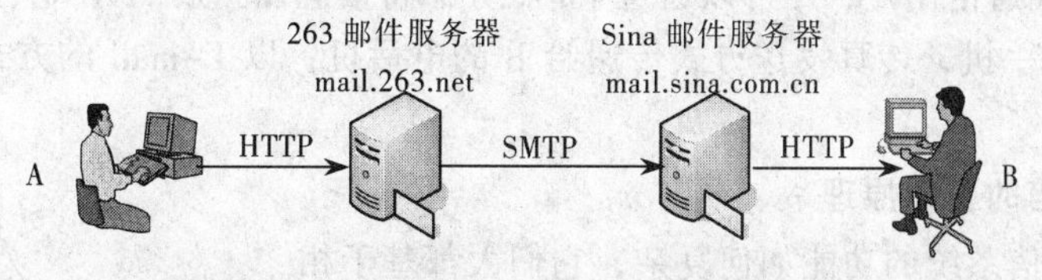

图 5-16 基于万维网的电子邮件系统

A 用户发送邮件先访问的是 Web 服务器，所以使用的是 HTTP 协议，263 的邮件服务器和接收端的邮件服务器之间传送邮件使用的是 SMTP 协议，接收端的客户机接收邮件是通过访问网站的 Web 页面，所以接收端读取邮件采用的是 HTTP 协议，而不是 POP3 或 IMAP 协议。

5.3.4 网络即时通信

1. 即时通信的基本概念

即时通信（Instant Messaging，IM）是指能够即时发送和接收互联网消息等的业务。它最基本的特征就是信息的即时传递和用户的交互性，可将音频、视频、文件传输及网络聊天等业务集成为一体，为人们开辟了一种新型的沟通途径。

即时通信产品最早的创始人是三个以色列青年，是他们于1996年开发出来的，取名为ICQ。1998年当ICQ注册用户数达到1 200万时，被美国在线AOL看中，以2.87亿美元的价格买走。

现在国内的即时通信工具按照使用对象分为两类：一类是个人IM，如QQ、百度hi、网易泡泡、盛大圈圈、淘宝旺旺等；另一类是企业用IM，简称EIM，如E话通、UC、EC企业即时通信软件、UcSTAR、商务通等。

即时通信的功能日益丰富，逐渐集成了电子邮件、博客、音乐、电视、游戏和搜索等多种功能。即时通信不再是一个单纯的聊天工具，它已经发展成集交流、资讯、娱乐、搜索、电子商务、办公协作和企业客户服务等为一体的综合信息平台。随着移动互联网的发展，互联网即时通信也在向移动化扩张。目前，微软、AOL、Yahoo 等重要即时通信提供商都提供通过手机接入互联网即时通信的业务，用户可以通过手机与其他已经安装了相应客户端软件的手机或电脑收发消息。

2. 即时通信的工作方式

即时通信的工作方式有如下几种：

① 在线直接通信：如果用户A想与他的在线好友用户B聊天，他将直接通过服务器发送过来的用户B的IP地址、TCP端口号等信息，直接向用户B的PC发出聊天信息，用户B的IM客户端软件收到后显示在屏幕上，然后用户B再直接回复到用户A的PC，这样双方的即时文字消息就不再IM服务器中转，而是直接通过网络进行点对点的通信，即对等通信方式。

② 在线代理通信用户：A与用户B的点对点通信由于防火墙、网络速度等原因难以建立或者速度很慢，IM服务器将会主动提供消息中转服务，即用户A和用户B的即时消息全部先发送到IM服务器，再由服务器转发给对方。

③ 离线代理通信用户：A与用户B由于各种原因不能同时在线的时候，如此时A向B发送消息，IM服务器可以主动寄存A用户的消息，到B用户下一次登录的时候，自动将消息转发给B。

④ 扩展方式通信用户：A可以通过IM服务器将信息以扩展的方式传递给B，如短信发送方式发送到B的手机，传真发送方式传递给B的电话机，以E-mail的方式传递给B的电子邮箱等。

3. 即时通信的工作原理

无论即时通信系统的功能如何复杂，它们大都基于相同的技术原理，当前使用的IM系统大都组合使用了C/S和P2P模式。在登录IM进行身份认证阶段是工作在C/S方式，随后如果客户端之间可以直接通信则使用P2P方式工作，否则以C/S方式通过IM服务器通信。即时通信原理示意如图5-17所示。用户A希望和用户B通信，必须先

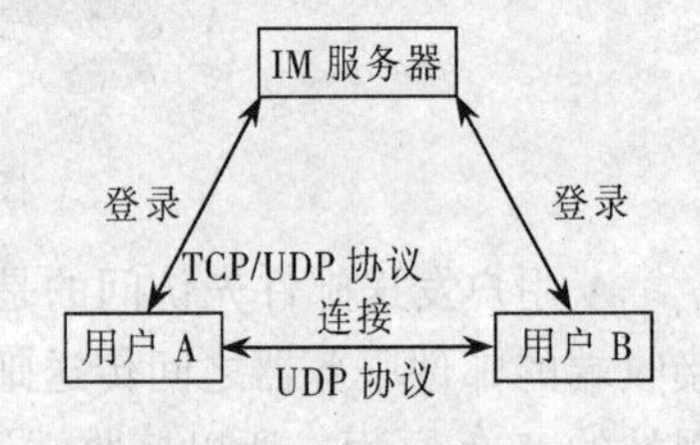

图 5-17 即时通信原理示意图

与 IM 服务器建立连接，从 IM 服务器获取到用户 B 的 IP 地址和端口号，然后 A 向 B 发送通信信息。B 收到 A 发送的信息后，可以按照 A 的 IP 和端口直接与其建立 TCP 连接，与 A 进行通信。此后的通信过程中，A 与 B 之间的通信则不再依赖 IM 服务器，而采用一种对等通信（P2P）方式。由此可见，即使通信系统结合了 C/S 模式与 P2P 模式，也就是首先客户端与服务器之间采用 C/S 模式进行通信，包括注册、登录、获取通信成员列表等，随后客户端之间可以采用 P2P 通信模式交互信息。

4．即时通信的传输协议

现阶段的即时通信系统大多数是非标准系统，其通信协议与接口由厂商定义。为了解决即时通信的标准问题，Internet 工作任务组 IETF 成立了专门的工作小组，研究和开发 IM 相关的协议。目前已提出了多个 IM 技术标准。其中比较有影响的是即时通信通用结构协议（CPIM）。

CPIM 定义了通用协议和消息的格式，即时通信和显示服务都是通过 CPIM 来达到 IM 系统中的协作。

① Jabber：Jabber 是一种开放的、基于 XML 的协议，用于即时通信消息的传输与表示。因特网上成千上万台服务器都使用基于 Jabber 协议的软件。Jabber 系统中的一个关键理念是网关，支持用户使用其他协议访问网络，如 AIM 和 ICQ、MSN Messenger 和 Windows Messenger、SMS 或 E-mail。

② 可扩展通信和表示协议（XMPP）：XMPP 基于 Jabber 协议，用于流式传输实时通信、表示和请求-响应服务等的 XML 元素，是用于即时通信的一个开放且常用的协议。XMPP 基于 XML，具有语法清晰、易于实现等特点，因其专门面向即时通信，具有即时通信特需的一些功能特性，如好友列表、群组功能等。XMPP 常用于客户机/服务器架构当中，客户机需要利用 XMPP 协议通过 TCP 连接来访问服务器，而服务器也是通过 TCP 连接进行相互连接。

③ 即时通信对话初始协议和表示扩展协议（SIMPLE）：SIMPLE 协议基于 SIP（Session Initial Protocol），为 SIP 协议指定了一整套的架构和扩展方面的规范。SIP 是一种网际电话协议，可用于支持 IM 消息表示。SIP 能够传送多种方式的信号，如 INVITE 信号和 BYE 信号分别用于启动和结束会话。SIMPLE 协议在此基础上还增加了用于发送单一分页的即时通信内容的 MESSAGE 信号和用于传输显示信息的 NOTIFY 信号。

5.4 实验指导

5.4.1 FTP 协议分析及仿真

1．实验目的

① 了解文件传输的工作原理。

② 理解 FTP 工作过程中客户机与服务器之间的关系。

2．实验环境

① 硬件：一台 FTP 服务器，一台计算机。

② 软件：Wireshark 协议分析软件。

3．实验内容

用 Wireshark 捕获 FTP 的工作过程，分析数据包，然后在 DOS 环境下仿真 FTP 的工作过程。

4．实验过程

① 建立 FTP 服务器。本实验使用了 Serv-U 建立 FTP 服务器，服务器的 IP 地址为 192.168.15.6，用户名为 user1，口令为 user1。也可以参照第 6 章 6.3 节创建 FTP 服务器。

② 本机配置 TCP/IP 协议，IP 地址为 192.168.15.233。

③ 启动 Wireshark，捕获 FTP 数据包。

④ 启动浏览器（如 IE），在地址栏中输入 ftp://192.168.15.6，在弹出的登录界面中输入用户名和口令（user1/user1），进入 FTP 登录目录，如图 5-18 所示。

⑤ 双击 hello.txt，查看文件内容，如图 5-19 所示。

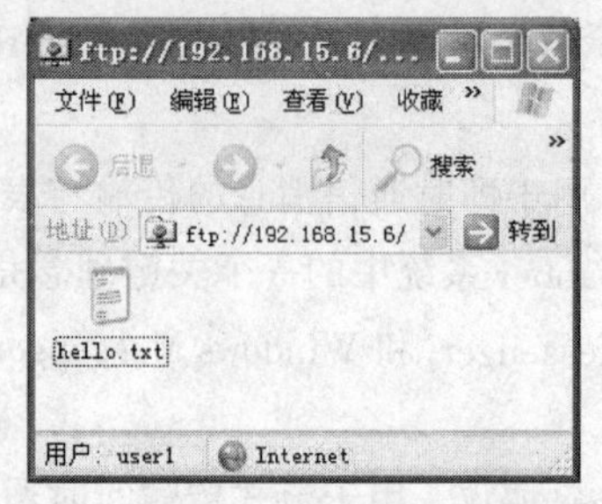

图 5-18 登录 FTP 服务器的指定目录

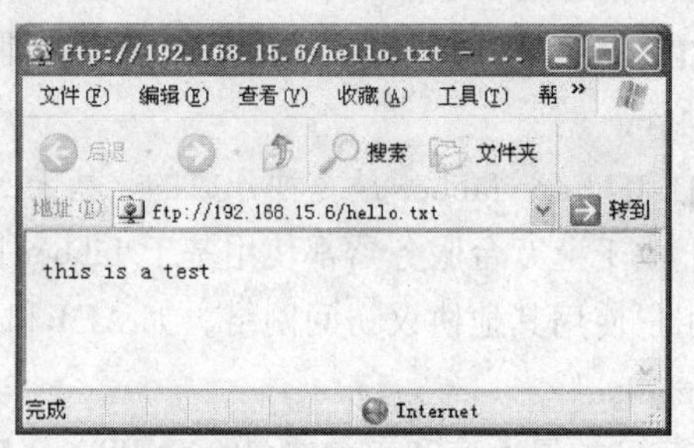

图 5-19 hello 文件的内容显示

⑥ Wireshark 停止捕获，得到如图 5-20～图 5-22 所示的结果。

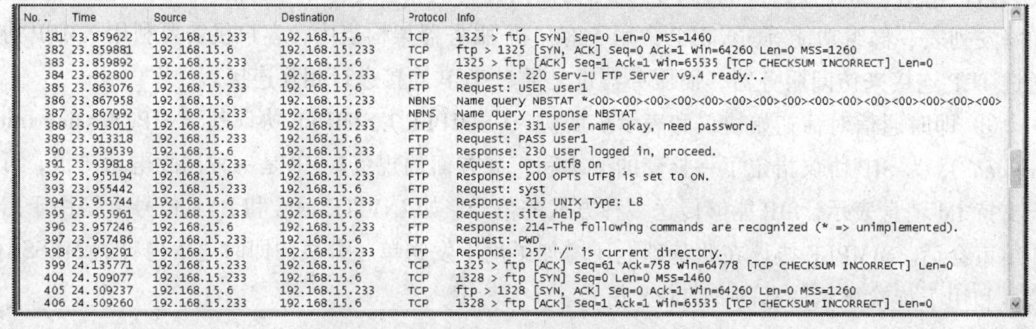

No.	Time	Source	Destination	Protocol	Info
381	23.859622	192.168.15.233	192.168.15.6	TCP	1325 > ftp [SYN] Seq=0 Len=0 MSS=1460
382	23.859881	192.168.15.6	192.168.15.233	TCP	ftp > 1325 [SYN, ACK] Seq=0 Ack=1 Win=64260 Len=0 MSS=1260
383	23.859892	192.168.15.233	192.168.15.6	TCP	1325 > ftp [ACK] Seq=1 Ack=1 Win=65535 [TCP CHECKSUM INCORRECT] Len=0
384	23.862800	192.168.15.6	192.168.15.233	FTP	Response: 220 Serv-U FTP Server v9.4 ready...
385	23.863076	192.168.15.233	192.168.15.6	FTP	Request: USER user1
386	23.867958	192.168.15.6	192.168.15.233	NBNS	Name query NBSTAT *<00><00><00><00><00><00><00><00><00><00><00><00><00><00><00>
387	23.867992	192.168.15.233	192.168.15.6	NBNS	Name query response NBSTAT
388	23.913011	192.168.15.6	192.168.15.233	FTP	Response: 331 User name okay, need password.
389	23.913318	192.168.15.233	192.168.15.6	FTP	Request: PASS user1
390	23.939539	192.168.15.6	192.168.15.233	FTP	Response: 230 User logged in, proceed.
391	23.939818	192.168.15.233	192.168.15.6	FTP	Request: opts utf8 on
392	23.955194	192.168.15.6	192.168.15.233	FTP	Response: 200 OPTS UTF8 is set to ON.
393	23.955442	192.168.15.233	192.168.15.6	FTP	Request: syst
394	23.955744	192.168.15.6	192.168.15.233	FTP	Response: 215 UNIX Type: L8
395	23.955961	192.168.15.233	192.168.15.6	FTP	Request: site help
396	23.957246	192.168.15.6	192.168.15.233	FTP	Response: 214-The following commands are recognized (* => unimplemented).
397	23.957486	192.168.15.233	192.168.15.6	FTP	Request: PWD
398	23.959291	192.168.15.6	192.168.15.233	FTP	Response: 257 "/" is current directory.
399	24.135771	192.168.15.233	192.168.15.6	TCP	1325 > ftp [ACK] Seq=61 Ack=758 Win=64778 [TCP CHECKSUM INCORRECT] Len=0
404	24.509077	192.168.15.233	192.168.15.6	TCP	1328 > ftp [SYN] Seq=0 Len=0 MSS=1460
405	24.509237	192.168.15.6	192.168.15.233	TCP	ftp > 1328 [SYN, ACK] Seq=0 Ack=1 Win=64260 Len=0 MSS=1260
406	24.509260	192.168.15.233	192.168.15.6	TCP	1328 > ftp [ACK] Seq=1 Ack=1 Win=65535 [TCP CHECKSUM INCORRECT] Len=0

图 5-20 捕获的 FTP 数据包（1）

No.	Time	Source	Destination	Protocol	Info
407	24.511573	192.168.15.6	192.168.15.233	FTP	Response: 220 Serv-U FTP Server v9.4 ready...
408	24.511893	192.168.15.233	192.168.15.6	FTP	Request: USER user1
409	24.512621	192.168.15.6	192.168.15.233	FTP	Response: 331 User name okay, need password.
410	24.512838	192.168.15.233	192.168.15.6	FTP	Request: PASS user1
411	24.516203	192.168.15.6	192.168.15.233	FTP	Response: 230 User logged in, proceed.
412	24.516525	192.168.15.233	192.168.15.6	FTP	Request: opts utf8 on
413	24.517237	192.168.15.6	192.168.15.233	FTP	Response: 200 OPTS UTF8 is set to ON.
414	24.517547	192.168.15.233	192.168.15.6	FTP	Request: syst
415	24.519285	192.168.15.6	192.168.15.233	FTP	Response: 215 UNIX Type: L8
416	24.519557	192.168.15.233	192.168.15.6	FTP	Request: site help
417	24.521271	192.168.15.6	192.168.15.233	FTP	Response: 214-The following commands are recognized (* => unimplemented).
418	24.521539	192.168.15.233	192.168.15.6	FTP	Request: PWD
419	24.522049	192.168.15.6	192.168.15.233	FTP	Response: 257 "/" is current directory.
420	24.524226	192.168.15.6	192.168.15.233	NBNS	Name query NBSTAT *<00><00><00><00><00><00><00><00><00><00><00><00><00><00><00>
421	24.524254	192.168.15.233	192.168.15.6	NBNS	Name query response NBSTAT
422	24.532661	192.168.15.233	192.168.15.6	FTP	Request: TYPE A
423	24.541023	192.168.15.6	192.168.15.233	FTP	Response: 200 Type set to A.
424	24.541404	192.168.15.233	192.168.15.6	FTP	Request: PASV
425	24.550566	192.168.15.6	192.168.15.233	FTP	Response: 227 Entering Passive Mode (192,168,15,6,4,44)
426	24.551393	192.168.15.233	192.168.15.6	TCP	1329 > 1068 [SYN] Seq=0 Len=0 MSS=1460
427	24.554286	192.168.15.6	192.168.15.233	TCP	1068 > 1329 [SYN, ACK] Seq=0 Ack=1 Win=64260 Len=0 MSS=1260
428	24.554298	192.168.15.233	192.168.15.6	TCP	1329 > 1068 [ACK] Seq=1 Ack=1 Win=65535 [TCP CHECKSUM INCORRECT] Len=0
429	24.554405	192.168.15.233	192.168.15.6	FTP	Request: LIST
430	24.581273	192.168.15.6	192.168.15.233	FTP	Response: 150 Opening ASCII mode data connection for /bin/ls.
431	24.583001	192.168.15.6	192.168.15.233	FTP-DA	FTP Data: 66 bytes
432	24.583054	192.168.15.6	192.168.15.233	TCP	1068 > 1329 [FIN, ACK] Seq=67 Ack=1 Win=64260 Len=0
433	24.583067	192.168.15.233	192.168.15.6	TCP	1329 > 1068 [ACK] Seq=1 Ack=68 Win=65469 [TCP CHECKSUM INCORRECT] Len=0
434	24.583155	192.168.15.233	192.168.15.6	TCP	1329 > 1068 [FIN, ACK] Seq=1 Ack=68 Win=65469 [TCP CHECKSUM INCORRECT] Len=0
435	24.583974	192.168.15.6	192.168.15.233	TCP	1068 > 1329 [ACK] Seq=68 Ack=2 Win=64260 Len=0
436	24.836910	192.168.15.233	192.168.15.6	TCP	1328 > ftp [ACK] Seq=81 Ack=878 Win=64658 [TCP CHECKSUM INCORRECT] Len=0

图 5-21 捕获的 FTP 数据包（2）

No.	Time	Source	Destination	Protocol	Info
437	24.837084	192.168.15.6	192.168.15.233	FTP	Response: 226 Transfer complete. 66 bytes transferred. 0.06 KB/sec.
440	25.138655	192.168.15.233	192.168.15.6	TCP	1328 > ftp [ACK] Seq=81 Ack=937 Win=64599 [TCP CHECKSUM INCORRECT] Len=0
463	26.640793	192.168.15.233	192.168.15.6	TCP	1333 > ftp [SYN] Seq=0 Len=0 MSS=1460
464	26.641015	192.168.15.6	192.168.15.233	TCP	ftp > 1333 [SYN, ACK] Seq=0 Ack=1 Win=64260 Len=0 MSS=1260
465	26.641033	192.168.15.233	192.168.15.6	TCP	1333 > ftp [ACK] Seq=1 Ack=1 Win=65535 [TCP CHECKSUM INCORRECT] Len=0
466	26.643684	192.168.15.6	192.168.15.233	FTP	Response: 220 Serv-U FTP Server v9.4 ready...
467	26.644016	192.168.15.233	192.168.15.6	FTP	Request: USER user1
468	26.644739	192.168.15.6	192.168.15.233	FTP	Response: 331 User name okay, need password.
469	26.645060	192.168.15.233	192.168.15.6	FTP	Request: PASS user1
470	26.646595	192.168.15.6	192.168.15.233	FTP	Response: 230 User logged in, proceed.
471	26.646893	192.168.15.233	192.168.15.6	FTP	Request: TYPE I
472	26.647716	192.168.15.6	192.168.15.233	FTP	Response: 200 Type set to I.
473	26.648075	192.168.15.233	192.168.15.6	FTP	Request: PASV
474	26.652034	192.168.15.6	192.168.15.233	FTP	Response: 227 Entering Passive Mode (192,168,15,6,4,45)
475	26.652723	192.168.15.233	192.168.15.6	TCP	1334 > 1069 [SYN] Seq=0 Len=0 MSS=1460
476	26.655218	192.168.15.6	192.168.15.233	TCP	1069 > 1334 [SYN, ACK] Seq=0 Ack=1 Win=64260 Len=0 MSS=1260
477	26.655234	192.168.15.233	192.168.15.6	TCP	1334 > 1069 [ACK] Seq=1 Ack=1 Win=65535 [TCP CHECKSUM INCORRECT] Len=0
478	26.655343	192.168.15.233	192.168.15.6	FTP	Request: SIZE /hello.txt
479	26.658590	192.168.15.6	192.168.15.233	NBNS	Name query NBSTAT *<00><00><00><00><00><00><00><00><00><00><00><00><00><00><00>
480	26.658624	192.168.15.233	192.168.15.6	NBNS	Name query response NBSTAT
481	26.679489	192.168.15.6	192.168.15.233	FTP	Response: 213 14
482	26.679823	192.168.15.233	192.168.15.6	FTP	Request: RETR /hello.txt
483	26.685647	192.168.15.6	192.168.15.233	FTP	Response: 150 Opening BINARY mode data connection for hello.txt (14 Bytes).
484	26.685862	192.168.15.6	192.168.15.233	FTP-DA	FTP Data: 14 bytes
485	26.686535	192.168.15.6	192.168.15.233	TCP	1069 > 1334 [FIN, ACK] Seq=15 Ack=1 Win=64260 Len=0
486	26.686545	192.168.15.233	192.168.15.6	TCP	1334 > 1069 [ACK] Seq=1 Ack=16 Win=65521 [TCP CHECKSUM INCORRECT] Len=0
493	26.848571	192.168.15.233	192.168.15.6	TCP	1333 > ftp [ACK] Seq=73 Ack=246 Win=65290 [TCP CHECKSUM INCORRECT] Len=0
494	26.848726	192.168.15.6	192.168.15.233	FTP	Response: 226 Transfer complete. 14 bytes transferred. 0.01 KB/sec.
495	26.897566	192.168.15.233	192.168.15.6	TCP	1334 > 1069 [RST, ACK] Seq=1 Ack=16 Win=0 Len=0
498	27.049728	192.168.15.233	192.168.15.6	TCP	1333 > ftp [ACK] Seq=73 Ack=305 Win=65231 [TCP CHECKSUM INCORRECT] Len=0

图 5-22　捕获的 FTP 数据包（3）

⑦ 数据包分析。

图 5-20～图 5-22 是本次所有 FTP 传输过程的记录，其对应的图形分析如图 5-23～图 5-25 所示。

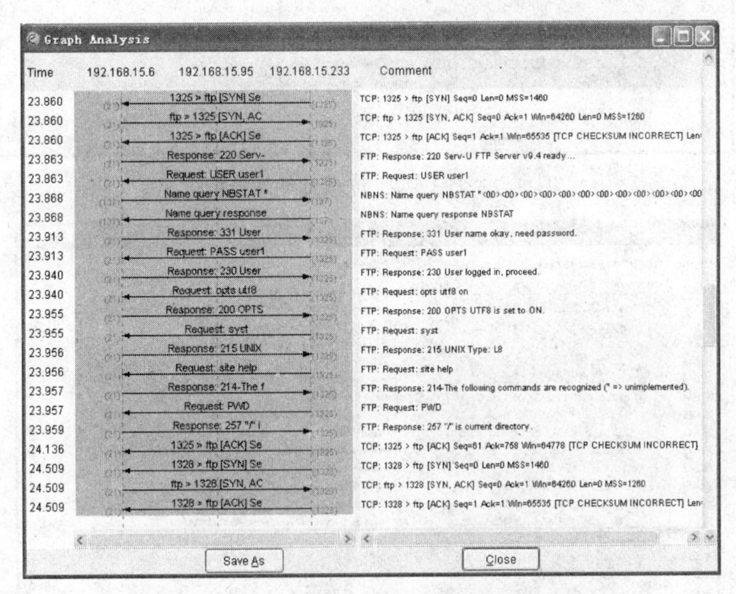

图 5-23　图 5-20 传输过程的分析图

从捕获的数据包分析，整个 FTP 文件传输操作过程为：

① 建立 FTP 控制连接。

TCP 三次握手：客户机端口号 1325，服务器端口号 21。

② 登录到 FTP 服务器。用户必须有服务器的用户 ID 和密码，否则使用匿名方法登录。使用了 USER、PASS、OPTS、SYST、SITE HELP 命令。

③ 显示或选择目录，使用了 PWD 命令。

④ FTP 有一次断开 TCP 连接的过程，再次建立 TCP 的连接过程，本地计算机再次自动和服务器建立了 TCP 的连接过程，客户端的端口号为 1328，服务器的端口号为 21。

⑤ 定义传输文件类型、操作模式，使用 TYPE、PASV 命令，指定文件传输的模式。

⑥ 根据 PASV 命令后，服务器返回的端口号建立数据连接。

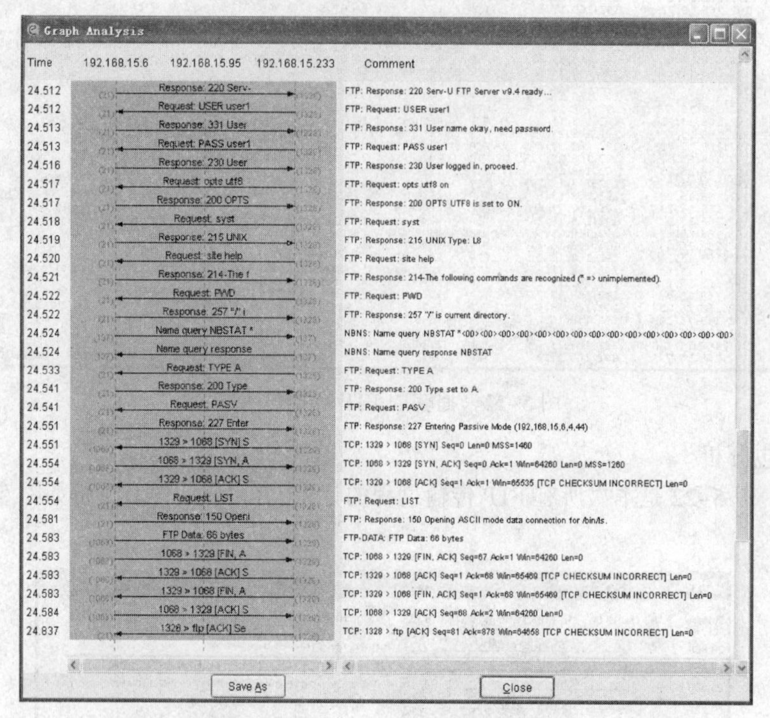

图 5-24　图 5-21 传输过程的分析图

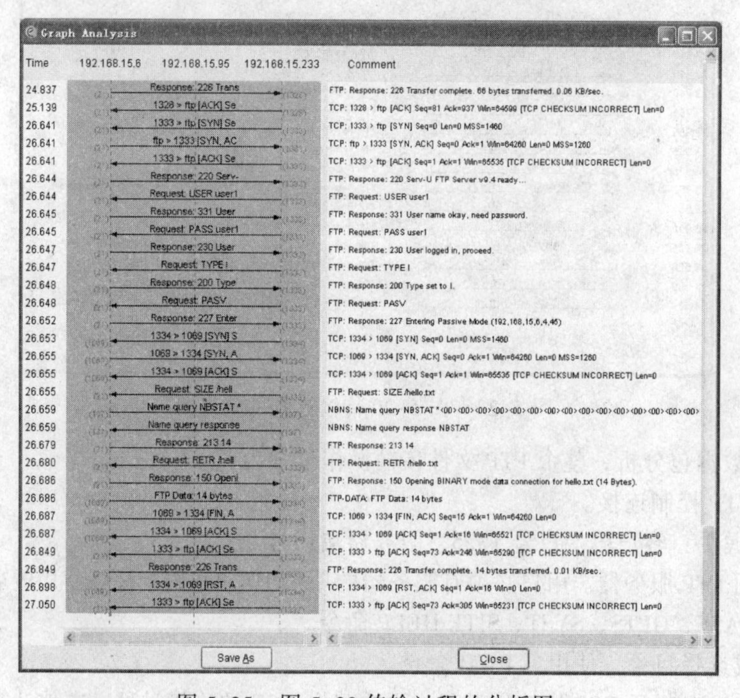

图 5-25　图 5-22 传输过程的分析图

TCP 三次握手，客户机端口号为 1329，服务器端的 socket 值为（192.168.15.6 4，44），服务器端口号为 4×256+44=1 068，建立数据传输链路，主机为 192.168.15.6，TCP 端口为 1068。

⑦ 给出需要传输的内容，使用 LIST 命令传输目前目录内的内容。

⑧ 使用⑥建立的数据连接传输⑦需要的内容。

⑨ 本次数据传输结束。

上述数据连接关闭：TCP 的四次分手同时客户机告诉服务器本次数据传输结束。

⑩ 客户端希望传输 hello.txt 文件，客户端再次使用 TYPE 命令定义传输模式，通过 PASV 命令再次获得数据传输的连接数据，客户端的端口为 1333，服务器端的 socket 值为（192.168.15.6 4，45）。

⑪ 第三次建立数据连接。

TCP 三次握手：客户机端口号 1333，服务器端口号 4×256+45=1069。

⑫ 再次建立数据传输链路，主机为 192.168.15.6，TCP 端口为 1069。

⑬ 在控制链路输入 RETR HELLO.TXT 下载 hello 文件的内容。

⑭ 第三次数据传输结束。

第三次数据连接关闭：TCP 的四次分手同时客户机告诉服务器本次数据传输结束。

⑮ 本次文件传输结束。

关闭建立的控制连接是 TCP 的四次分手过程：客户机端口号 1333，服务器端口号 21。

通过上述操作过程可以看到：客户机与 FTP 服务器的本次连接中，根据需要共进行了 3 次数据连接/关闭过程。

以上是我们实验捕获的数据分析，实际也是通用 FTP 文件传输的一般过程。

下面分三步仿真 FTP 的实现过程。

① 通过 Telnet，模拟客户端、服务器之间的交互过程，来完成文件的下载。

在命令行方式下，输入 Telnet 168.192.15.6 21，建立客户端与服务器间的控制链路的连接，然后以客户机方式与 FTP 服务器进行信息交互，演示文件的下载过程。

② 显示目录的内容：从上面截图中可以看到使用 USER、PASS、PWD、PASV、LIST 命令，通过 PASV 命令获得的数据端口，如（192.168.15.6 4，152）其端口为 4×256+152=1 176，然后使用该端口打开数据窗口（命令行方式下，输入 Telnet 168.192.15.6 1176），显示了当前目录的内容，如图 5-26 所示，可以看到与浏览器下载的画面一样。

③ 下载当前目录下的 hello.txt 文件。使用 PASV、RETR 命令，再次通过 PASV 命令获得的数据端口，如（192.168.15.6 4，163），其端口为 4×256+163=1 187，然后使用该端口打开数据窗口（命令行方式下，输入 Telnet 168.192.15.6 1187），显示了 hello.txt 文件的内容，如图 5-27 所示。

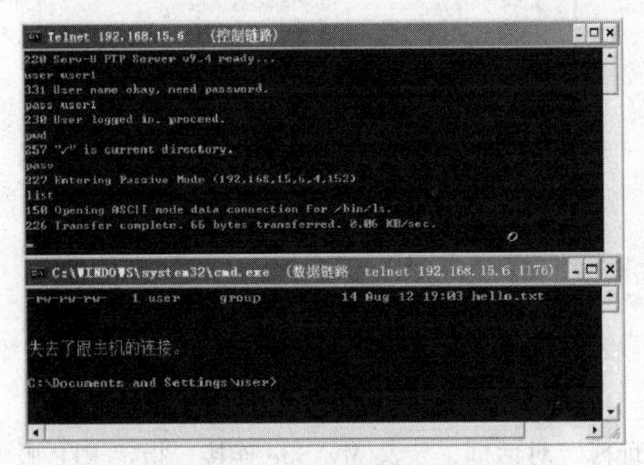

图 5-26　FTP 仿真实验（1）

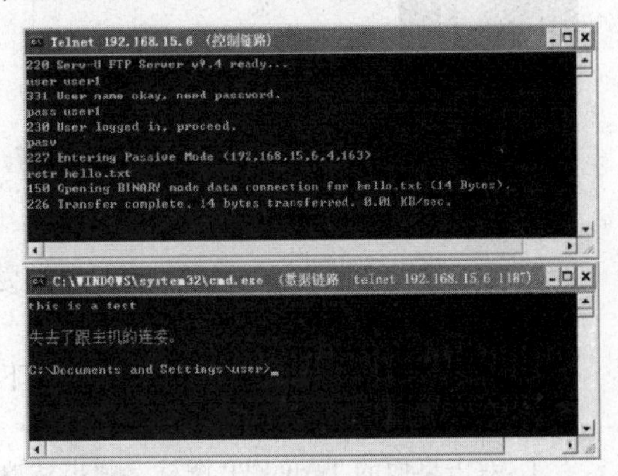

图 5-27　FTP 仿真实验（2）

5.4.2 TurboFTP 的安装与使用

1. 实验目的

① 学会 TurboFTP 的安装。

② 了解文件传输过程。

2. 实验环境

① 硬件：一台 FTP 服务器，一台客户端计算机。

② 软件：TurboFTP 6.30。

3. 实验内容

① 安装 TurboFTP。

② 完成文件的上传、下载。

4. 相关知识

TurboFTP 是一款实用的 FTP 软件，具有强大的语言支持能力，可以支持英语、中文简体、繁体、法语、德语、日语、俄语、西班牙语、葡萄牙语、阿拉伯语、瑞典语、韩语、意大利语，支持断线自动重新连接并自动恢复传输、文件列表过滤、远程编辑、远端目录删除、目录上传下载、断点续传等功能。该软件有特色的是网站的自定义同步功能、自动上传功能，支持标准的 FTP、安全文件传输协议 SFTP（SSH2）的模式，在 Windows、Linux 都可以使用。

5. 实验过程

（1）TurboFTP 的安装

① 双击 TurboFTP 的安装程序，进入安装向导，如图 5-28 所示。

② 单击“下一步”按钮，在弹出 License Agreement 界面中单击 I Agree 按钮，如图 5-29 所示。

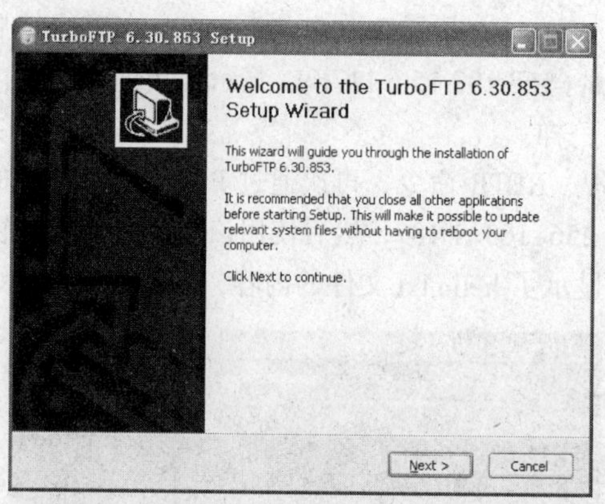

图 5-28 TurboFTP 安装向导界面

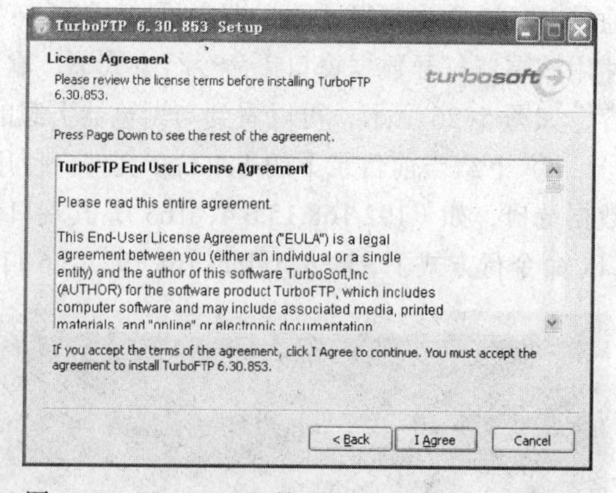

图 5-29 TurboFTP 的 License Agreement 界面

③ 在弹出的安装组建选择窗口中选择要安装的组建，单击“下一步”按钮，如图 5-30 所示。

④ 选择本地安装路径，如图 5-31 所示。

⑤ 选择使用此软件的用户，之后单击“下一步”按钮开始安装，如图 5-32 和图 5-33 所示。

（2）TurboFTP 的使用

① 双击桌面的 TurboFTP 图标，弹出“地址簿”对话框，定义 My Site 连接，指定 FTP 服

务器的地址和端口号，输入在 FTP 服务器上为用户定义的用户名和密码，设置本地和远端目录，如果远端目录不指定，就是 FTP 服务器默认指定的用户目录，如图 5-34 所示。

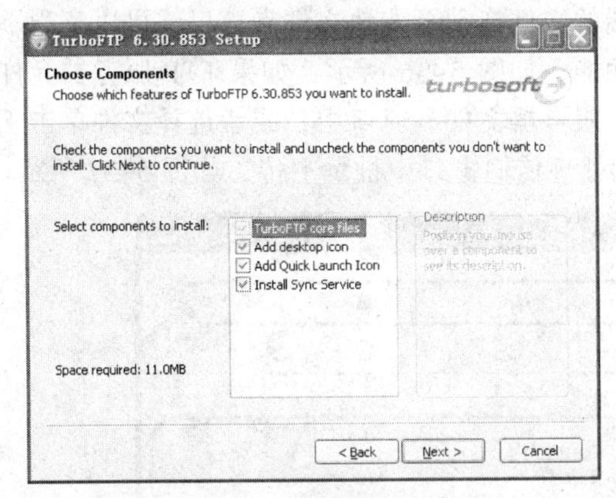

图 5-30　选择安装的组件

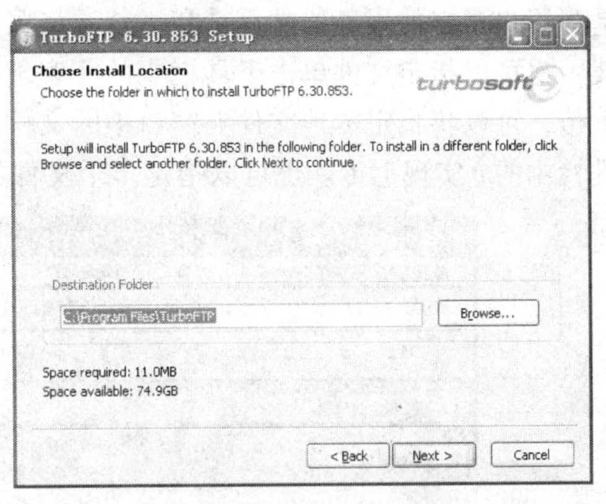

图 5-31　选择本地安装路径

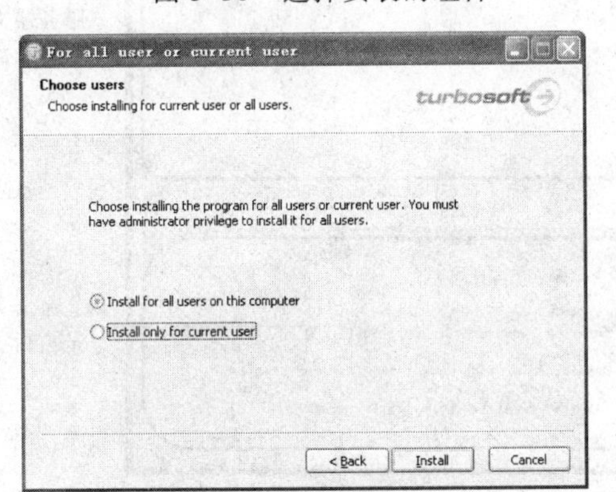

图 5-32　选择用户

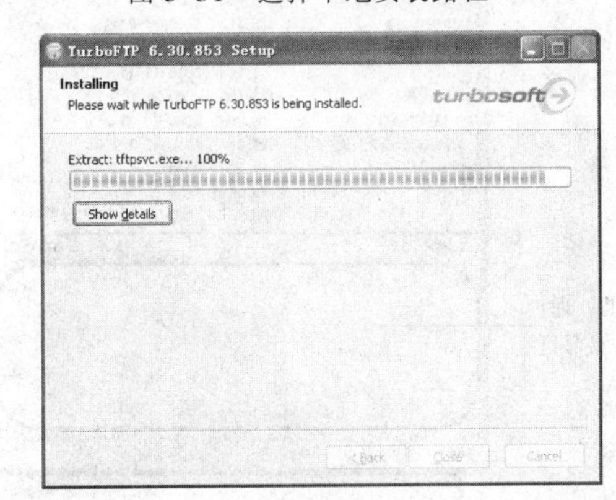

图 5-33　开始安装

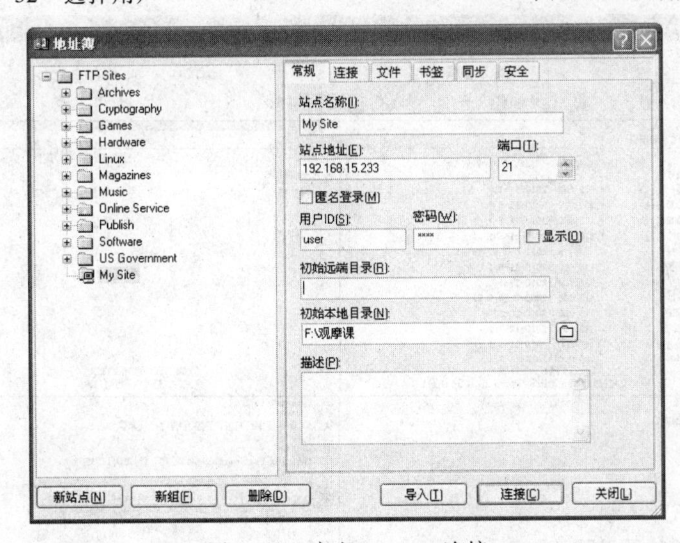

图 5-34　定义 My Site 连接

② 单击“连接”按钮，实现和 FTP 服务器的连接，连接成功后显示图 5-35 界面。

③ 如果和 FTP 服务器连接，在 FTP 服务器连接部分输入服务器的地址和用户名以及密码

单击“开始”按钮即可。

④ 本地文件夹窗口中显示了本地要上传的文件和文件夹，服务器端的文件夹窗口显示的是为用户指定的服务器端目录和文件，将服务器端的文件拖动至本地文件夹窗口，可以实现下载，也可以指定文件单击工具栏中的⬇实现下载功能。如图 5-36 所示，如果 FTP 服务器允许上传，可以将指定本地文件夹窗口中的文件拖动至服务器文件夹窗口中，或者选择文件单击工具栏中的⬆实现上传。也可以指定多个文件放置批处理传输窗口中批量上传，如图 5-37 所示。

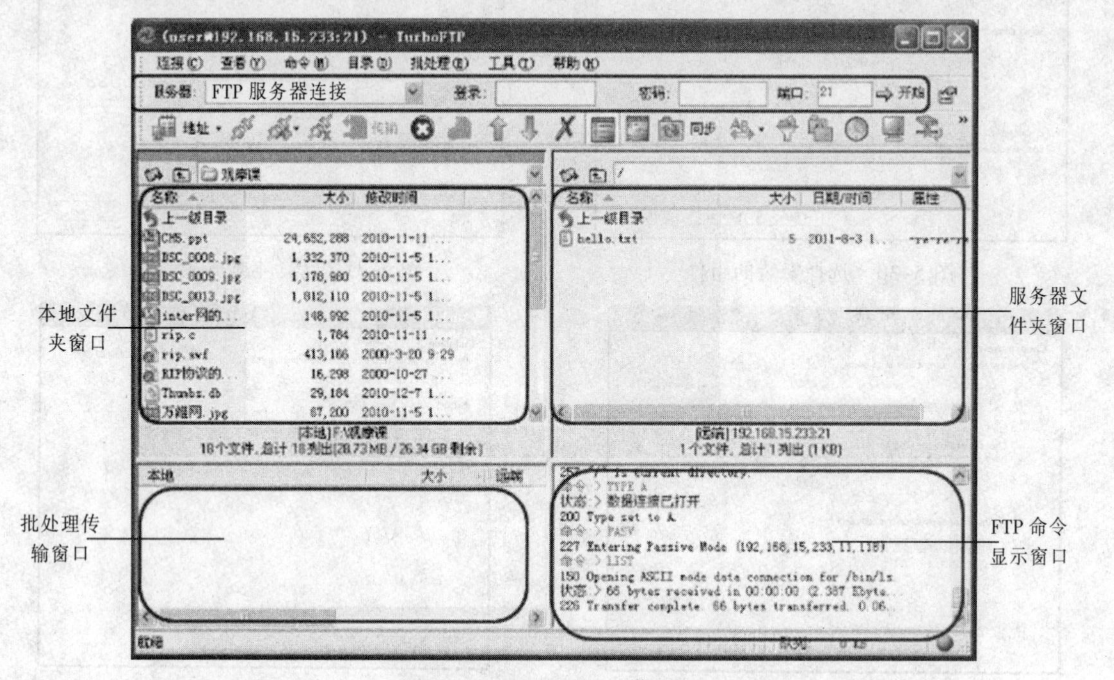

图 5-35　TurboFTP 工作界面

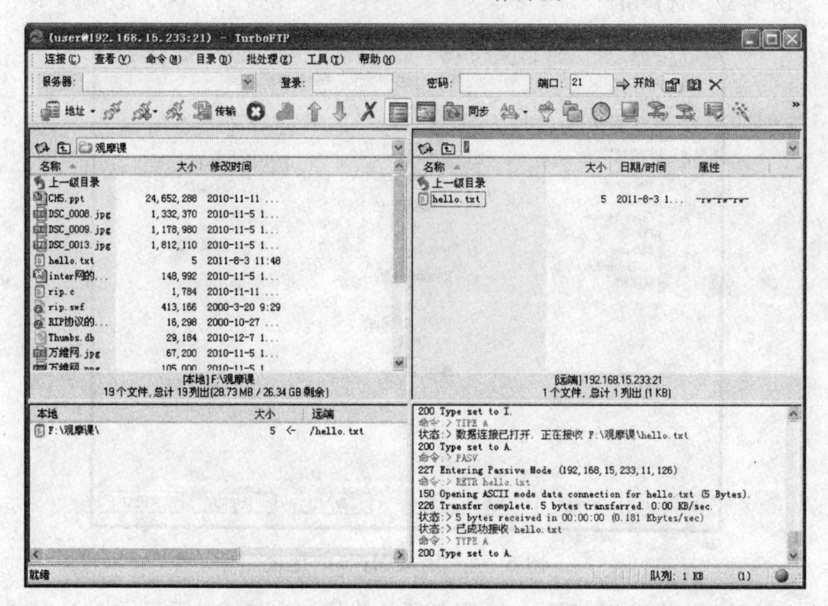

图 5-36　文件下载

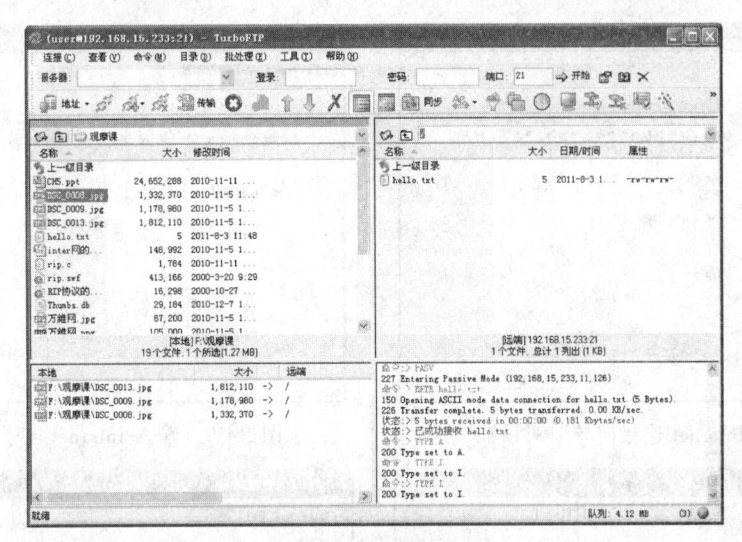

图 5-37　批处理上传

5.4.3　电子邮件的接收与发送

1. 实验目的

① 掌握邮件收发的方法。

② 了解 Outlook Express 的使用方法。

2. 实验环境

① 硬件：一台邮件服务器，一台客户端计算机。

② 软件：Outlook Express。

3. 实验内容

① 配置 Outlook Express。

② 利用 Outlook Express 发送和接收邮件。

4. 相关知识

Outlook Express 是 Microsoft 推出的一款电子邮件的收发软件，包括 Internet 邮件客户程序、新闻阅读程序和 Windows 通讯簿。它不仅界面友好，而且使用方便，具有可管理多个邮件和新闻账号功能，可以脱机撰写邮件、通讯簿存储和检索邮件地址的能力，可以使用数字标识对邮件进行数字签名和加密等功能。

5. 实验过程

（1）配置 Outlook Express

① 双击桌面的 Outlook Express 图标，或者选择"开始"→"所有程序"→Outlook Express 选项，弹出"Internet 连接向导"对话框，如图 5-38 所示。

② 输入显示的用户名字，单击"下一步"按钮，输入邮件服务器为用户配置的用户邮箱，如图 5-39 所示。

③ 单击"下一步"按钮进入邮件服务器的配置界面，根据实际情况填写接收和发送邮件服务器的地址，如图 5-40 所示。

④ 单击"下一步"按钮，填写服务器为用户指定的用户名和密码，如图 5-41 所示。

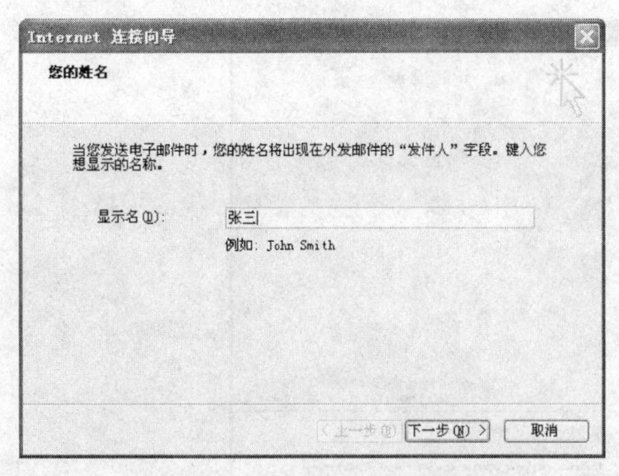

图 5-38 “Internet 连接向导”对话框

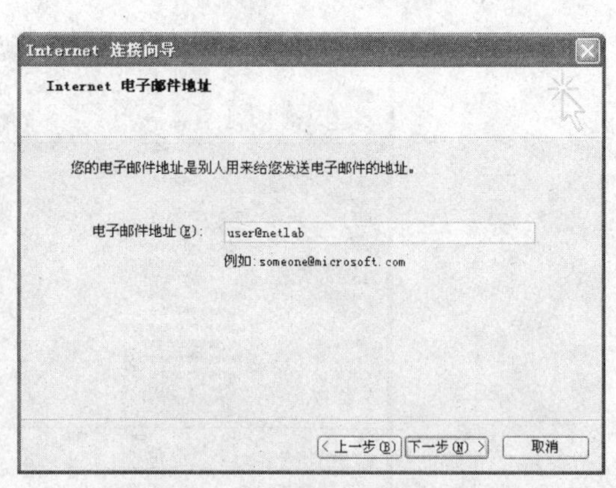

图 5-39 输入 Internet 电子邮件地址

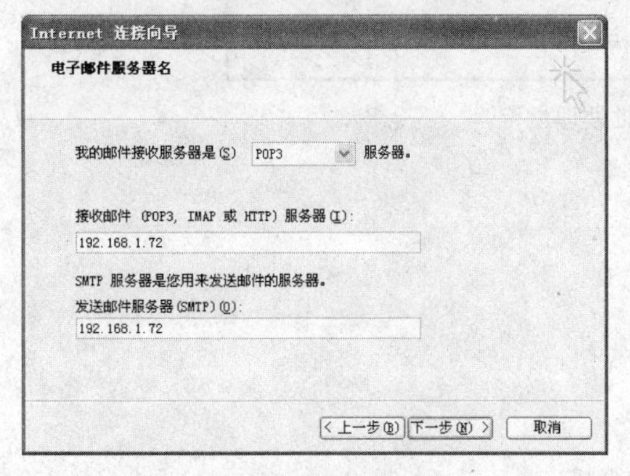

图 5-40 配置邮件服务器地址

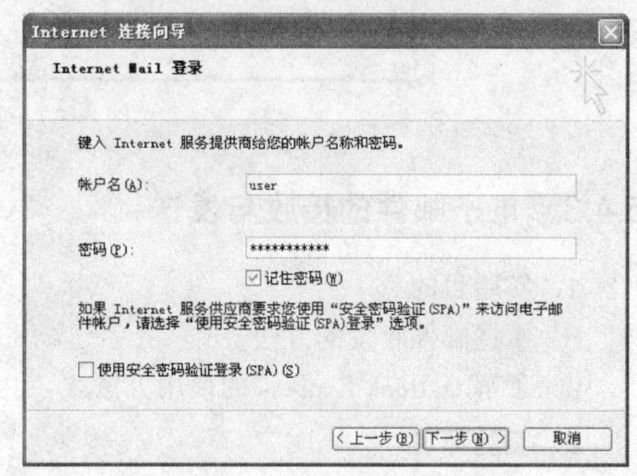

图 5-41 设置用户名和密码

⑤ 单击“下一步”按钮后显示 Outlook Express 配置成功，如图 5-42 所示。

（2）使用 Outlook Express 发送邮件

① 配置完成后，就进入了 Outlook Express 工作界面，如图 5-43 所示。

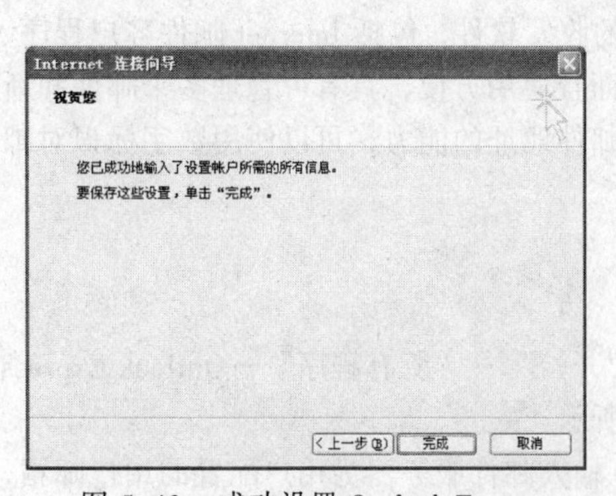

图 5-42 成功设置 Outlook Express

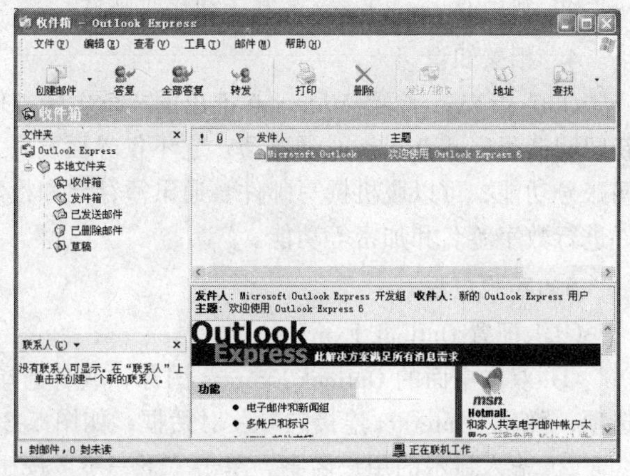

图 5-43 Outlook Express 工作界面

② 单击“创建邮件”弹出新邮件窗口，如图 5-44 所示。在“收件人”文本框中输入接收方的邮件地址，抄送文本框输入将该邮件抄送的邮件接收人，如果有多个，中间用逗号或者分号隔开。主题文本框输入该邮件的主题，便于收件人阅读和进行邮件分类。邮件的正文编辑窗

口在下方，使用方法同平常写信。如果邮件要添加附件，就单击工具栏中的“附件”按钮，加入附件，最后单击工具栏中的“发送”按钮，就可以实现发送邮件。

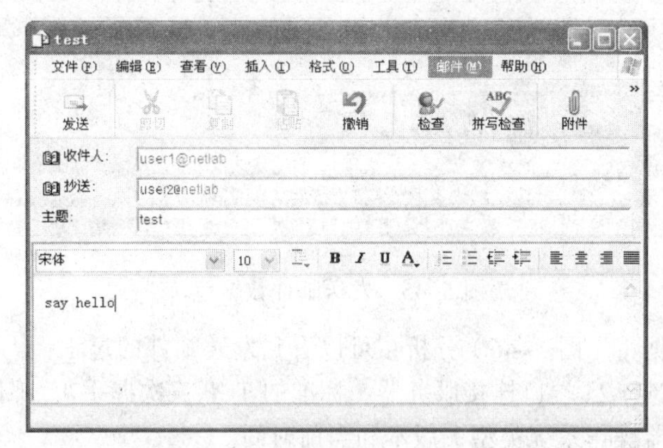

图 5-44　发送邮件

（3）使用 Outlook Express 接收邮件

单击邮件工作界面工具栏中的“发送和接收”按钮，Outlook Express 就会检查新的邮件，并将它下载下来。单击左侧的“收件箱”图标，就可以看到该用户所有邮件。单击其中一封邮件可以打开该邮件浏览，如果有附件，右击选择“另存为”保存，也可以选择“打开”附件查看。

5.4.4　电子邮件数据包分析与仿真

1. 实验目的

掌握 SMTP POP3 协议的原理。

2. 实验环境

硬件：一台邮件服务器、一台 PC。

软件：Wireshark 协议分析软件。

3. 相关知识

SMTP（Simple Mail Transfer Protocol，简单邮件传输协议），POP3（Post Office Protocol，邮局协议）基于 TCP 服务的应用层协议，在网络中应用于收发电子邮件，使用客户机/服务器操作方式。

电子邮件的收发过程，也是客户机、服务器之间通过命令的会话过程。客户机向服务器发送命令，服务器以状态码、状态短语的模式对客户机进行响应。

使用 SMTP 发送邮件的过程：建立 TCP 连接（服务端口号 25），传送邮件，释放连接。

使用 POP3 接收邮件的过程：建立 TCP 连接（服务端口号 110），接收邮件，释放连接。

通常 E-mail 地址包括两部分：邮箱地址（或用户名）和目标主机的域名。例如，zhangsan@163.com，就是一个标准的 SMTP 邮件地址。

4. 实验过程

本实验邮件服务器的 IP 地址为 192.168.1.130，本地 PC 的 IP 地址为 192.168.1.177，邮件服务器已创建了 user@netlab 和 user1@netlab 用户。

（1）使用 Outlook Express 发送邮件，并用 Wireshark 捕获数据包，并对数据包进行分析

图 5-45 所示为 Wireshark 捕获的发送邮件数据包。

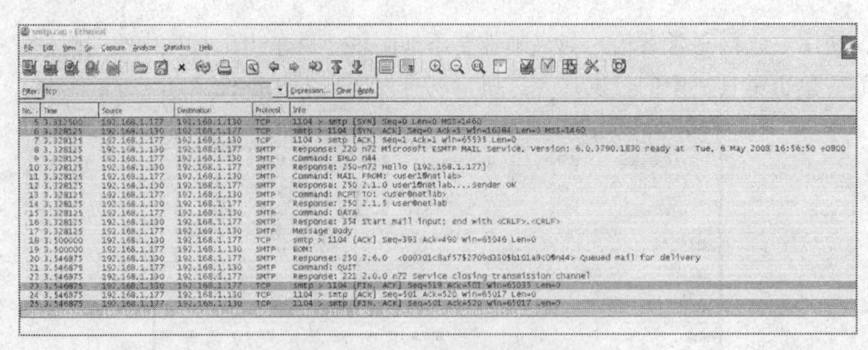

图 5-45　发送邮件数据包

通过上述捕获数据（见图 5-46）分析，可以看到发送邮件的过程：

① 客户端通过 TCP 25 端口连接服务器（标准的 TCP 三次握手），邮件服务器返回连接成功信息，并返回服务器操作系统类型、版本和当前时间。

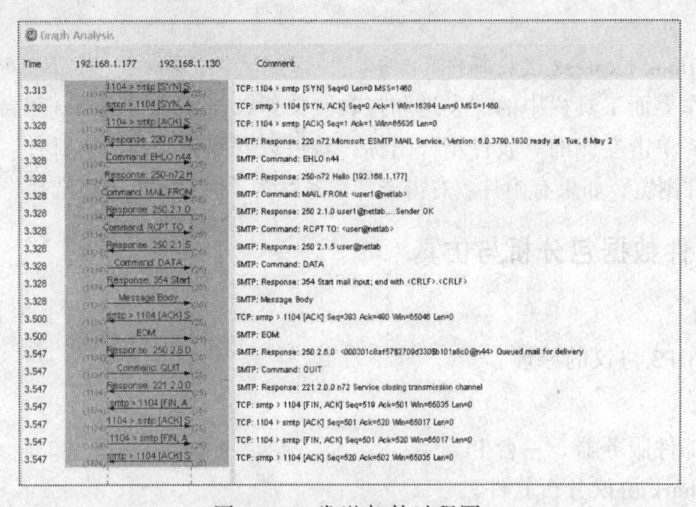

图 5-46　发送邮件过程图

② 客户端通过 HELO 命令跟服务器开始通信，服务器以 250 回应表示服务器做好了进行通信的准备。

③ 客户端通过 MAIL FROM 命令提供发信人地址。

④ 客户端通过 RCPT TO 命令提供收信人地址。

⑤ 客户端输入 DATA 命令，准备输入邮件正文，服务器回应开始邮件输入，并以 CRLF. CRLF（回车换行）结束邮件输入。此时可根据需要开始输入邮件正文。

⑥ 发送结束后，使用 QUIT 命令结束本次会话，断开连接（标准的 TCP 分手）。

（2）通过 Telnet 发送邮件，模拟客户端、服务器之间的交互过程

在 PC 命令行方式下，输入 Telnet 168.192.1.130 25，然后以客户机方式与邮件服务器进行信息交互，演示最简单的 SMTP 邮件发送过程。

图 5-47 所示为发送邮件（邮件内容：this is smtp test!）与发送邮件服务器实现交互的过程截图。

从图 5-47 可以看到，客户端通过 Telnet 跟邮件服务器通信的过程与上述通过 Outlook Express 通信的过程一致。

（3）使用 Outlook Express 接收邮件，并用 Wireshark 捕获数据包，并对数据包进行分析

```
220 n72 Microsoft ESMTP MAIL Service, Version: 6.0.3790.1830 ready at  Tue, 6 Ma
y 2008 17:20:39 +0800
helo
250 n72 Hello [192.168.1.177]
mail from:user1@netlab
250 2.1.0 user1@netlab....Sender OK
rcpt to:user@netlab
250 2.1.5 user@netlab
data
354 Start mail input; end with <CRLF>.<CRLF>
this is smtp test!

250 2.6.0 <n72n9sSsmXsb4xJdDRu00000004@n72> Queued mail for delivery
quit
221 2.0.0 n72 Service closing transmission channel


失去了跟主机的连接。

C:\Documents and Settings\Administrator>_
```

图 5-47　人工演示邮件发送过程

POP3 协议分析：

图 5-48 所示为 Wireshark 捕获的接收邮件数据包。

No.	Time	Source	Destination	Protocol	Info
46	10.822191	192.168.1.116	192.168.1.133	TCP	2371 > pop3 [SYN] Seq=0 Len=0 MSS=1460
47	10.822309	192.168.1.133	192.168.1.116	TCP	pop3 > 2371 [SYN, ACK] Seq=0 Ack=1 Win=16384 Len=0 MSS=1460
48	10.822323	192.168.1.116	192.168.1.133	TCP	2371 > pop3 [ACK] Seq=1 Ack=1 Win=65535 Len=0
49	10.822476	192.168.1.133	192.168.1.116	POP	Response: +OK Microsoft Windows POP3 Service Version 1.0 <1367640[illegible]
50	10.822801	192.168.1.116	192.168.1.133	POP	Request: USER netlab1@netlab
51	10.822913	192.168.1.133	192.168.1.116	POP	Response: +OK
52	10.822993	192.168.1.116	192.168.1.133	POP	Request: PASS 123
53	10.823847	192.168.1.133	192.168.1.116	POP	Response: +OK User successfully logged on
54	10.824033	192.168.1.116	192.168.1.133	POP	Request: STAT
55	10.824142	192.168.1.133	192.168.1.116	POP	Response: +OK 4 3397
56	10.824847	192.168.1.116	192.168.1.133	POP	Request: LIST
57	10.824957	192.168.1.133	192.168.1.116	POP	Response: +OK 4 messages (3397 octets)
58	10.825449	192.168.1.116	192.168.1.133	POP	Request: UIDL 1
59	10.825551	192.168.1.133	192.168.1.116	POP	Response: +OK 1 20080603171241064000000048
60	10.825595	192.168.1.116	192.168.1.133	POP	Request: UIDL
61	10.825722	192.168.1.133	192.168.1.116	POP	Response: +OK 4 messages (3397 octets)
62	10.827833	192.168.1.116	192.168.1.133	POP	Request: RETR 4
63	10.828118	192.168.1.133	192.168.1.116	POP	Response: +OK 687 octects
64	10.829111	192.168.1.116	192.168.1.133	POP	Request: QUIT
65	10.829253	192.168.1.133	192.168.1.116	POP	Response: +OK Microsoft Windows POP3 Service Version 1.0 <1367640[illegible]
66	10.829268	192.168.1.133	192.168.1.116	TCP	pop3 > 2371 [FIN, ACK] Seq=1155 Ack=72 Win=65464 Len=0
67	10.829278	192.168.1.116	192.168.1.133	TCP	2371 > pop3 [ACK] Seq=72 Ack=1156 Win=64381 Len=0
68	10.829359	192.168.1.116	192.168.1.133	TCP	2371 > pop3 [FIN, ACK] Seq=72 Ack=1156 Win=64381 Len=0
69	10.829445	192.168.1.133	192.168.1.116	TCP	pop3 > 2371 [ACK] Seq=1156 Ack=73 Win=65464 Len=0

图 5-48　接受邮件数据包

通过上述捕获数据（见图 5-49）分析，可以看到接收邮件的过程：

① 客户端通过 TCP 110 端口连接服务器（标准的 TCP 三次握手），邮件服务器返回连接成功信息。

② 客户端通过 USER、PASS 命令通过身份验证。

③ 客户端通过 STAT 命令查看邮件清单。

④ 客户端通过 LIST、UIDL n、RETR n 命令处理邮件。

⑤ 接收完毕后，使用 QUIT 命令结束本次会话，断开连接（标准的 TCP 分手）。

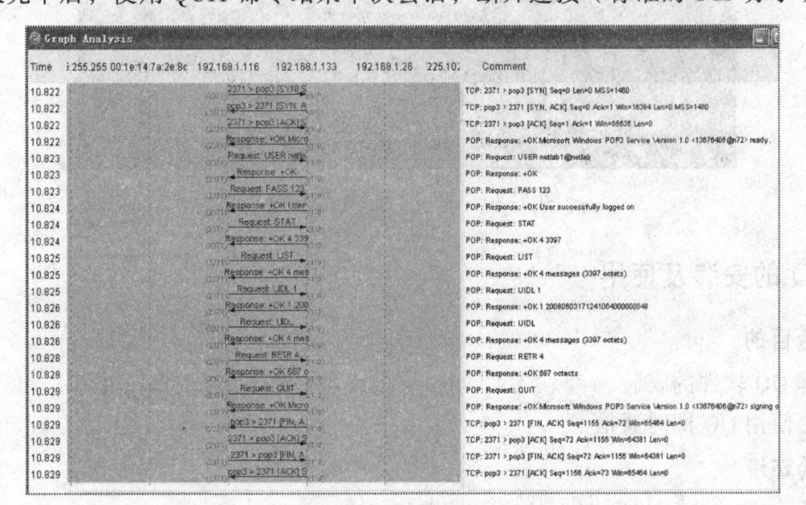

图 5-49　接收邮件过程

（4）通过 Telnet 接收邮件，模拟客户端、服务器之间的交互过程

在命令行方式下，输入 Telnet 192.168.1.133 110，然后以客户机方式与邮件服务器进行信息交互，演示最简单的邮件接收过程。

图 5-50 所示为接收邮件时与邮件服务器实现交互的过程截图。

从图 5-50 可以看到，邮件服务器内有 6 封邮件，成功下载了第 4 封邮件。

```
命令提示符
+OK Microsoft Windows POP3 Service Version 1.0 <14010703@n72> ready.
user netlab1@netlab
+OK
pass 123
+OK User successfully logged on
stat
+OK 6 4717
list
+OK 6 messages (4717 octets)
1 692
2 673
3 1345
4 687
5 663
6 657
.
uidl 1
+OK 1 20080603171241064000000048
uidl
+OK 6 messages (4717 octets)
1 20080603171241064000000048
2 20080603171752023400000049
3 2008060317182105310000004a
4 2008060317215401710000004b
5 2008060317221406090000004c
6 2008060317240200150000004e
.
retr 4
+OK 687 octects
Received: from n56 ([192.168.1.116]) by n72 with Microsoft SMTPSVC(6.0.3790.1830
);
         Tue, 3 Jun 2008 17:21:53 +0800
Message-ID: <001101c8c55b$49702040$7401a8c0@n56>
From: "zxy" <netlab1@netlab>
To: <netlab1@netlab>
Subject: smtp pop3 test
Date: Tue, 3 Jun 2008 17:22:04 +0800
MIME-Version: 1.0
Content-Type: text/plain;
        charset="gb2312"
Content-Transfer-Encoding: base64
X-Priority: 3
X-MSMail-Priority: Normal
X-Mailer: Microsoft Outlook Express 6.00.3790.1830
X-MimeOLE: Produced By Microsoft MimeOLE V6.00.3790.1830
Return-Path: netlab1@netlab
X-OriginalArrivalTime: 03 Jun 2008 09:21:53.0953 (UTC) FILETIME=[43293910:01C8C5
5B]

VGhpcyBpcyBzbXRwL3BvcDMgdGVzdCE=


.
quit
+OK Microsoft Windows POP3 Service Version 1.0 <14010703@n72> signing off.


失去了跟主机的连接。

C:\Documents and Settings\Administrator>
```

图 5-50　命令行邮件接收过程

5.4.5　QQ 的安装及使用

1．实验目的

① 了解 QQ 软件的安装。

② 学会使用 QQ 即时通信。

2．实验环境

① 硬件：Internet 网络环境中的一台计算机。

② 软件：腾讯 QQ 安装软件。

3. 实验内容

① 安装 QQ。

② QQ 软件的使用。

4. 实验过程

（1）安装 QQ

① 双击 QQ2011_5064.exe 安装程序，系统会自动检查安装环境后进入安装许可协议窗口，如图 5-51 所示，仔细阅读后选中“我已阅读并同意软件许可协议和青少年上网安全指引”复选框。

② 单击“下一步”按钮后进入自定义安装选项与快捷方式选项界面，如图 5-52 所示。

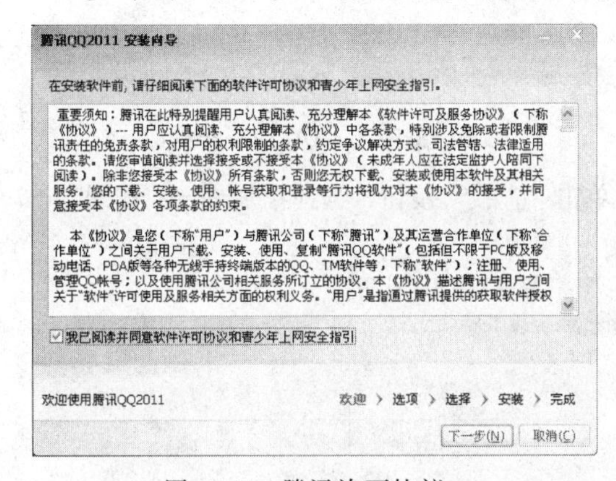

图 5-51 腾讯许可协议

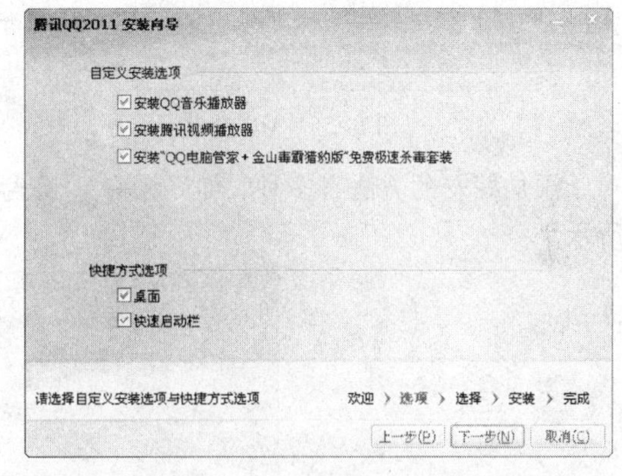

图 5-52 自定义安装选项与快捷方式选项

③ 单击“下一步”按钮指定程序的安装目录，如图 5-53 所示。

④ 开始安装，完成后显示如图 5-54 所示。

（2）QQ 软件的使用

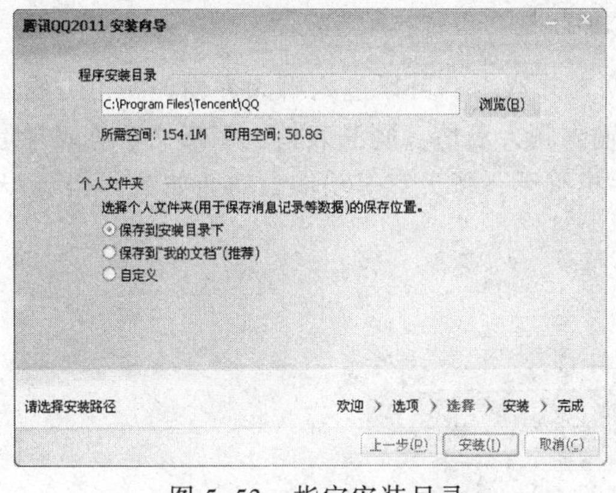

图 5-53 指定安装目录

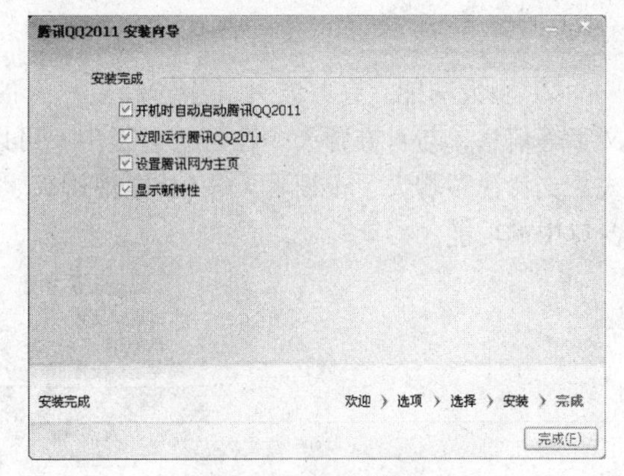

图 5-54 QQ 安装完成

QQ 安装完成后，到腾讯网上申请一个 QQ 号码，双击腾讯 QQ 程序，进入 QQ 登录界面，如图 5-55 所示，输入注册账号和密码，就可以使用了。

① 好友添加与管理：进入 QQ 界面，如图 5-56 所示，其主要功能包括视频会话，给对方播放视频文件、语音会话，多人语音会话、发送在线或离线文件、发送短信、创建讨论组、远程协助、发送邮件、财付通、网络电视等功能。

图 5-55　QQ 登录

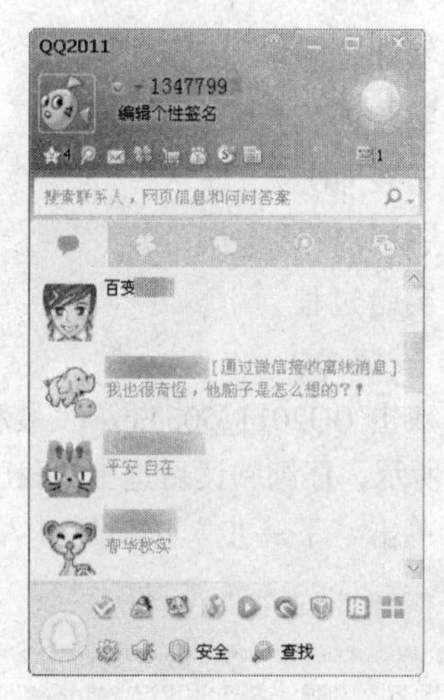

图 5-56　QQ 的工作界面

添加好友的方法有多种，如"昵称"、账号，单击"查找"按钮，选择添加好友，如图 5-57 所示。

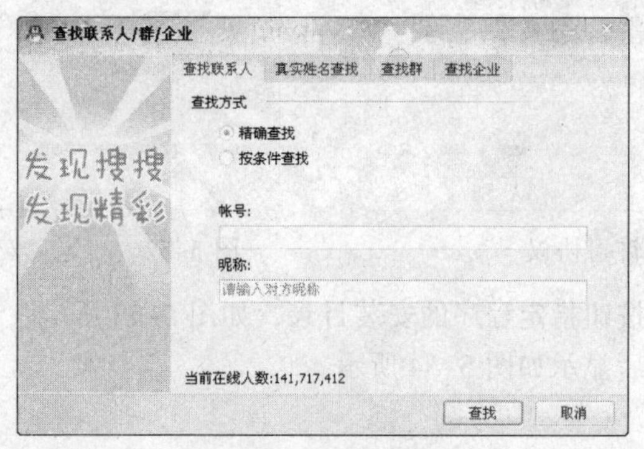

图 5-57　添加好友

② 聊天功能：在好友列表中选择要聊天的好友并双击，可以进入聊天界面，在下方输入文字等信息，与对方聊天。在聊天过程中，可以输入聊天表情、魔法表情、多彩文字等表现形式，支持视频聊天、音频聊天、QQ 电话聊天、手机聊天、聊天室等功能。功能如图 5-58 聊天窗口中的功能。

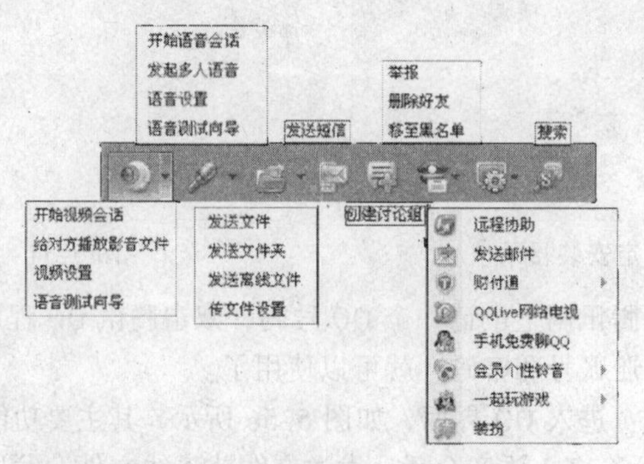

图 5-58　聊天窗口中的功能

③ 文件传输功能：在聊天窗口中单击按钮，在弹出的菜单中选择“发送文件”选项，如图 5-59 所示。选中要传送的文件，就可以将文件传送到对方，如图 5-60 所示。如果对方不在线，可选择发送离线文件，将文件传至服务器，等对方上线后就可以下载。

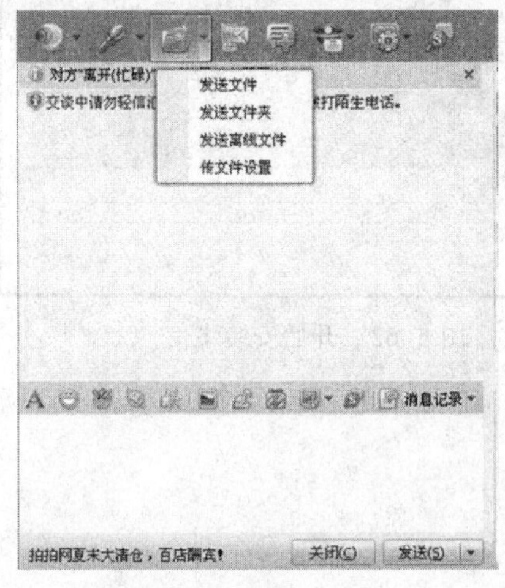

图 5-59　传送文件

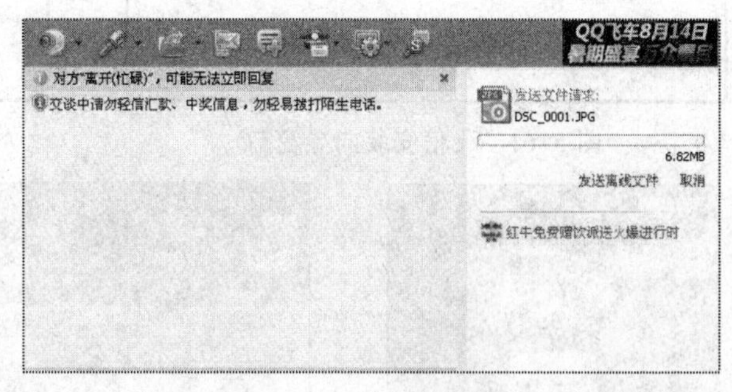

图 5-60　传送成功等待对方下载

5.4.6　飞信的注册与使用

1．实验目的

① 了解飞信软件的安装。

② 学会使用飞信即时通信。

2．实验环境

① 硬件：Internet 网络环境中的一台计算机。

② 软件：飞信安装软件。

3．实验内容

① 安装飞信。

② 飞信软件的使用。

4．实验过程

（1）安装飞信

① 双击飞信安装程序 Fetion 2011 May.exe，弹出如图 5-61 所示窗口。

② 单击“快速安装”按钮，进入程序安装界面，如图 5-62 所示。

③ 安装完成后，就可以进入飞信登录界面，如图 5-63 所示。

（2）使用飞信

① 添加好友：进入飞信使用界面，如图 5-64 所示，可以添加好友，具体添加方法是单击界面的下方的“添加好友”，进入添加好友的界面，如图 5-65 所示，如果知道对方的号码就可以直接输入，如果对方不是飞信的会员，可以通过手机等方式发送一条加入他为好友的短信，对方同意后即可为你的飞信好友。

② 发送即时信息：飞信发送即时信息和 QQ 差不多，右击好友列表中的好友，选择发送消息就可以。

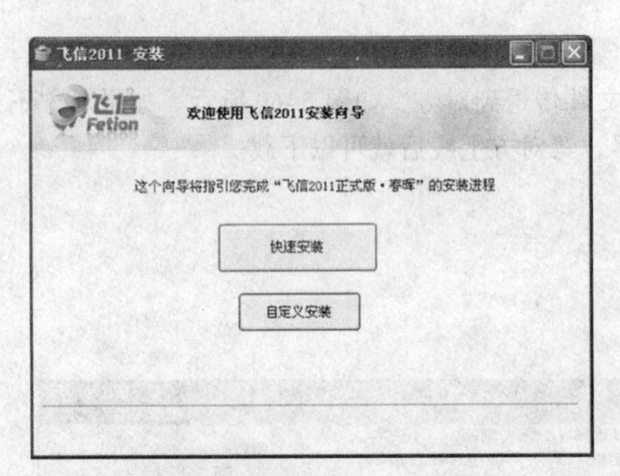

图 5-61 飞信安装向导窗口

图 5-62 开始安装飞信

图 5-63 飞信登录界面

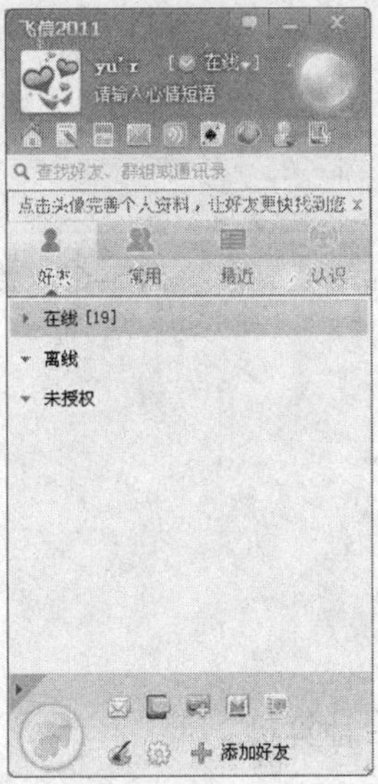

图 5-64 添加好友的进入界面

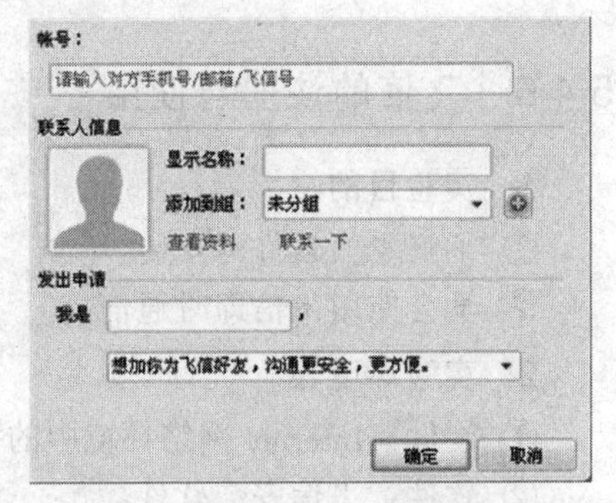

图 5-65 添加好友的界面

习 题

一、选择题

1. ADSL 接入技术采用的是（　　）。

   A. 频分复用，电话、上网两不误

   B. 时分复用，电话、上网不能同时进行

   C. 频分复用，电话、上网不能同时进行

   D. 时分复用，电话、上网两不误

2. HTML 中的<title></title> 中内容显示在 IE 浏览器的（　　）位置。

   A. 地址栏　　B. 预览区　　C. 状态栏　　D. 标题栏

3. FTP 的 PASV 命令用于（　　）。

   A. 列出指定目录内容　　B. 请求服务器等待数据连接

   C. 改变服务器上的工作目录　　D. 从服务器上找回文件

4. FTP 中服务器端返回 200 状态码表示（　　）。

A. 无效命令　　B. 要求密码

C. 成功　　D. 要求账号

5. 发送电子邮件的协议是（　　）。

A. SMTP　　B. POP

C. IMAP　　D. DHCP

6. 邮件服务器在（　　）端口监听用户发送邮件的连接请求。

A. 23　　B. 25

C. 53　　D. 110

7. 不属于即时通信的传输协议是（　　）。

A. CPIM　　B. jabber

C. XMPP　　D. HDLC

二、填空题

1. Internet 的接入方式大致分为两类，一类是________和________接入。
2. ADSL 的接入方式有两种，一种是________入网，另一种是________入网。
3. 电子邮件中的用户代理是用户与电子邮件系统的接口，又称________。
4. 邮件服务器在________端口监听来自 POP3 客户端的连接请求。
5. FTP 的 20 号端口和 21 号端口分别是用于________和________。

三、简答题

1. 如何设置弹出窗口阻止？
2. 简述 FTP 的工作过程。
3. 叙述电子邮件的工作过程
4. 当你用 QQ 上网的时候，如何理解你的主机既是服务端又是客户端？
5. 简述既时通信的工作原理。

四、实验题

1. 完成 FTP 协议分析及仿真。
2. 学会使用 TurboFTP 实现文件的上传和下载。
3. 完成电子邮件的分析、在 DOS 模式下仿真邮件发送和接收的过程。
4. 学会使用 Outlook Express。
5. 为班级建立一个 QQ 群。

第 6 章 搭建网络服务器

本章重点介绍了 Internet 应用层中的相关服务器，包括 DNS、WWW、FTP、DHCP、E-mail，讲述了各种服务器的工作原理和使用方法，着重描述了各种服务器的配置。

学习目标：

- 了解 Internet 的域名结构；
- 掌握 DNS 服务器的架设；
- 了解网站的设计与制作；
- 掌握 WWW 服务器的搭建；
- 掌握 FTP 服务器的配置和管理；
- 理解 DHCP 的工作原理；
- 学会配置 DHCP 服务器；
- 掌握邮件服务器的搭建。

6.1 DNS 服务器

6.1.1 域名系统概述

因特网用 IP 地址来标识网络中的每台主机，使用 IP 地址就可以访问到网络中的主机，但是大多数人是很难记住 32 位二进制数或 4 组十进制数。所以因特网很快采用了一个标识设备的名字系统，在一个名字系统的名字空间中，最重要的是名字体系结构，DNS 的体系结构是基于一个称为域的抽象概念。

域是指由地理位置或业务范围而联系在一起的一组计算机构成的集合，在一个域中可以拥有多台主机，这些主机隶属于一个域。这个域有自己的名字称之为域名，域名是由字符、数字和点组成的。

随着 Internet 规模的增大，域和域中的主机数目也在增加，管理一个庞大的域名集合就变得非常复杂，为此出现了一种分级的基于域的命名机制，这就是分级结构的域名空间。域名系统就是利用分布式数据库来管理全球域名的系统，它将计算机名字解析成 IP 地址，也就是说通过定义属于某个域中的主机名来友好地定位网络中的主机，通过 DNS 转换成主机或路由器识别的 IP 地址。

域名系统的特点是允许区域自治。在域名系统的设计过程中允许每个域的管理单位设计和定义本域下的子域、子域名和主机名，而不必通知上级管理结构，由本域的 DNS 服务器进行管理和解析。大多数连接因特网的接入组织都有一个域名服务器，DNS 服务器除了本地域名服务信息外，还包括连接其他域名服务器的信息，这些服务器形成了一个大的协同工作的域名数据库，所以从本质上讲整个域名系统是以一个大型的分布式数据库的方式工作。

6.1.2　因特网的域名结构

因特网的域名结构是分级的，如图 6-1 所示。在根域名空间下有几百个顶级域名（Top Level Domain，TLD），顶级域名下可以划分多个子域，被称为二级域名，二级域名再划分为三级域名，每个域都对其下面的子域拥有控制权，要创建一个新的子域，必须征得其所属域的授权，加入到上层域的资源记录中，以便进行管理和维护。

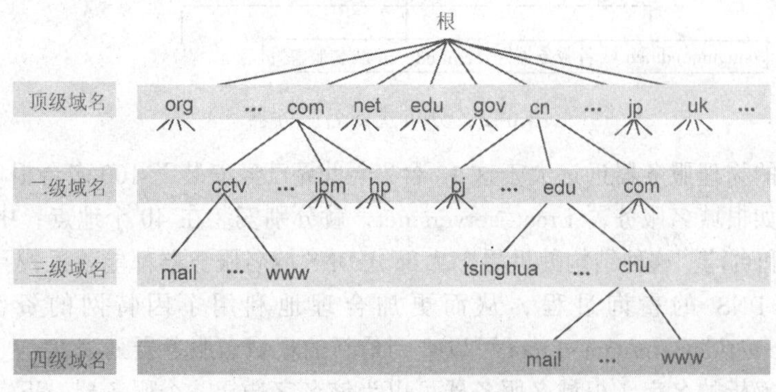

图 6-1　域名的层次结构

目前互联网上的域名体系中共有三类顶级域名：一类是地理顶级域名，共有 243 个国家和地区的代码，如.cn 代表中国，.jp 代表日本等；一类是类别顶级域名，共有 7 个：.com（公司）、.org（组织机构）、.edu（美国教育）、.net（网络机构）、.gov（美国政府部门）、.arpa（美国军方）、.int（国际组织），由于互联网最初是在美国发展起来的，所以.gov、.edu、.arpa 顶级域名被美国使用，.com、.net、.org 为全球使用的顶级域名；最后一类是随着互联网的不断发展而产生的，新的顶级域名根据实际需要不断被扩充到现有的域名体系中来，包括.biz（商业），.coop（合作公司），.info（信息行业）、.pro（专业人士）、.museum（博物馆行业）、.aero（航空业）、.name（个人）。

6.1.3　域名服务器和域名解析

1. 域名服务器

在 Internet 中向主机提供域名解析服务的计算机被称为域名服务器（DNS 服务器）。每个域名服务器都是一种数据库服务器，数据库中含有该服务器负责维护的域或地区子域和单个设备的各种信息，在 DNS 中，含有这种名字信息的数据库记录被称为资源记录（RR）。

域名解析服务器的实现是采用层次化分布式的模型，每个域名服务器只管理本域下的域名解析工作，如图 6-2 所示。

根域名服务器存储了根地区有关的信息，并为根地区内的所有结点提供 TLD 中每个权威服务器的名字和地址的解析服务，从理论上讲，这台域名服务器非常重要，如果出现问题导致其停止运转，则整个 DNS 系统基本上就瘫痪了，由于这个原因，在因特网上共有 13 个不同 IP 地址的根域名服务器，它们的名字是用一个英文字母命名，从 a 一直到 m（前 13 个字母），这些根域名服务器相应的域名分别是：

```
a.rootservers.net
b.rootservers.net
…
m.rootservers.net
```

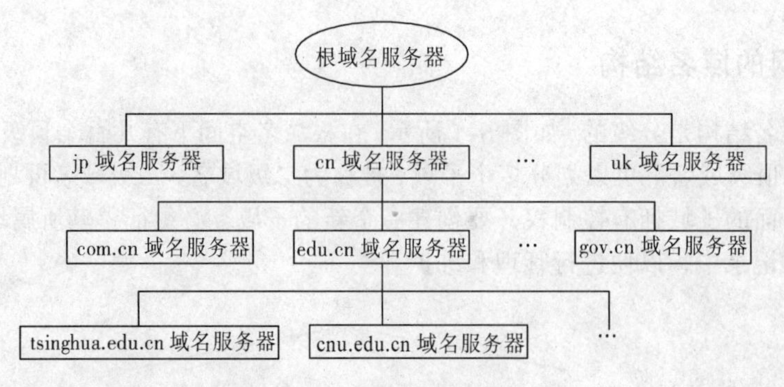

图 6-2　分布式域名服务器

而实际存在的物理服务器远远大于这 13 台，全世界已经安装了 100 多台根域名服务器，分布在世界各地。如根域名服务器 f.root-servers.net，就分别安装在 40 个地点，中国有 3 个，分别在北京、香港和台湾。这种结构使世界上大部分 DNS 域名服务器都能就近找到一个根域名服务器，加快了 DNS 的查询过程，从而更加合理地利用了因特网的资源。通过网络 ftp://ftp.rs.internic.net/domain/named.root 可以查到最新的根域名服务器列表。

给定一个要解析的名字，根域名服务器可以为该名字选择一个服务器，下一级的服务器可以为上一级的服务器提供回答，为了保证一个域名服务器能和其他服务器取得联系，域名系统要求每个服务器知道至少一个根服务器的 IP 地址和它上一级的服务器地址，除此之外，还要存储本子域的所有服务器的地址。对于该域来讲，此服务器称本地域名解析服务器。

域名服务器完成的大部分工作是相应名字的解析请求，每个请求都需花费时间和网络资源，并且占用本来可以用于传输数据的互联网带宽，因此 DNS 服务器采用高速缓存的方式存储之前曾经访问并解析过的名字和 IP 地址信息，当下次再有访问该地址的查询报文到达时，直接从该高速缓存中获取，以减轻网络的负担。随着时间的推移，高速缓存中的信息有可能变得陈旧，而导致查询错误，解决这个问题的方法是为每个资源记录（RR）设定一个称为寿命（TTL）的时间间隔，来指定该条记录在缓存中的保留时间，时间的设定和 RR 的类型相关。

2. 域名解析服务

网络中的一台主机可以用主机名表示，也可以用 IP 地址来表示，人们更愿意用主机名来表示，而网络通信只能用固定长度的 IP 地址来表示，所以需要能将主机名转换成 IP 地址的解析服务，这就是域名解析服务。完成域名解析服务的计算机是域名服务器，负责解析的程序是应用层的 DNS 协议，DNS 使用传输层的 TCP 和 UDP 提供的服务，实际的应用一般使用 UDP 协议，通过 UDP 的 53 号端口来监听客户端的 DNS 请求。

DNS 除了完成从主机到 IP 地址的解析外，还提供主机别名、邮件服务器别名、负载均衡等服务。

① 主机别名：有的主机可以有一个或多个别名，因为有的主机别名比正规的主机名更容易记忆。

② 邮件服务器别名：通常情况下通过设定一个或多个邮件服务器的别名让用户容易记住邮件地址，DNS 允许一个机构拥有相同的 Web 服务器和邮件服务器的别名。

③ 负载均衡：对于任务繁重的域，允许一组 DNS 服务器来共同分担解析任务。

在实际应用中，一个组织不止有一个域名服务器，可能会有两个或多个域名服务器，以增加域名服务器的可靠性，其中一个是主域名服务器，其他的为备用域名服务器，主域名服务器定期将数据复制到备用域名服务器，如果主域名服务器出现问题，备用域名服务器可以保障 DNS 查询工作能够继续。

3．域名解析技术

典型的域名解析类型有：标准的名字解析、反向名字解析、电子邮件解析。

① 标准的名字解析：接收一个 DNS 名字作为输入并确定对应的 IP 地址。

② 反向名字解析：接收一个 IP 地址确定与其关联的名字。

③ 电子邮件解析：根据报文中使用的电子邮件地址来确定应该把电子邮件报文发送到哪里。

尽管有多种解析活动，大多数还是名字解析请求，所以在这里我们重点讨论标准的名字解析。

由于 DNS 的名字信息是以分布式数据库的形式分散在很多服务器上，因此 DNS 标准定义了两种解析方法，一种是迭代解析，另一种是递归解析。

（1）迭代解析

迭代的方法是：当主机向本地的 DNS 服务器发出 DNS 请求，本地 DNS 服务器不知道该域名的 IP 地址，就以 DNS 客户的方式向根域名服务器发出请求，根域名服务器向请求端推荐下一个可查询的域名服务器，本地域名服务器向推荐的域名服务器再次发送 DNS 请求，回答的域名服务器要么回答这个请求要么提供另一台服务器名字，重复（迭代）上述过程，直到找出正确的服务器为止，图 6-3 说明了迭代解析过程。

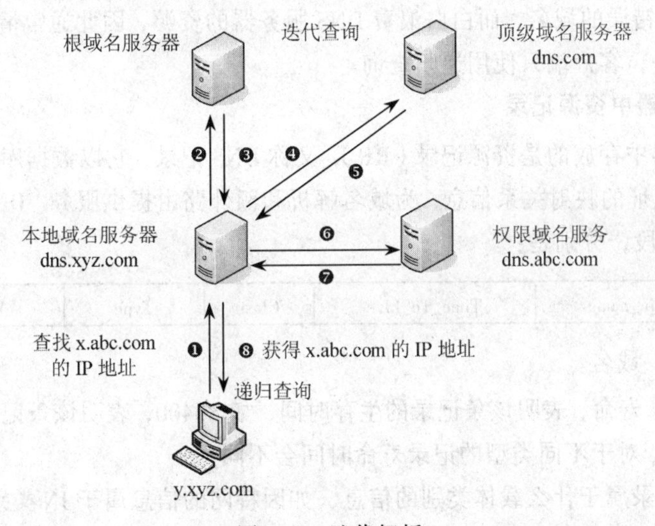

图 6-3　迭代解析

（2）递归解析

递归的方法是：主机向本地的 DNS 服务器发出 DNS 请求，如果在本地域名服务器中有其 IP 地址，就做出正确的回答，如果服务器不知道该域名的 IP 地址，就以 DNS 客户的方式向其他服务器发出请求，其他域名服务器要么知道该域名的 IP 地址给出正确回答，要么再以客户身份发出 DNS 请求，重复（递归）上述过程，直到找到正确的服务器为止，将域名对应的 IP 地址再反向回传给开始发出 DNS 请求的主机，图 6-4 说明了递归解析过程。

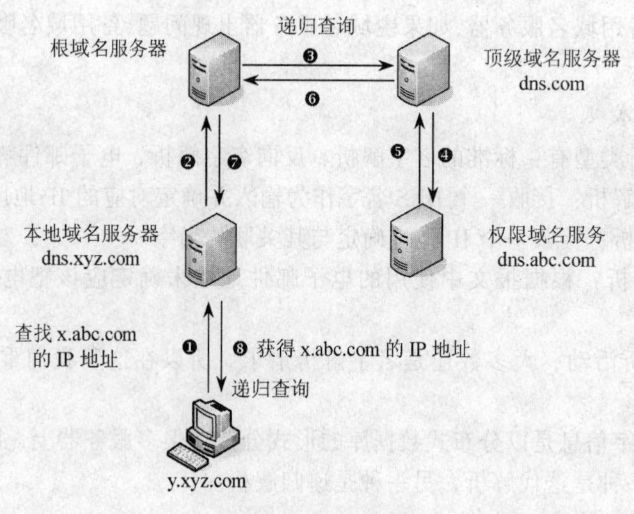

图 6-4 递归解析

使用递归查询的好处是：名字解析速度快，服务器会很快反馈客户端正确的信息或无法找到对应信息的提示。但使用递归查询存在一个问题，即使客户端提供了一个正确的域名，由于服务器中不存在对应的数据而无法正确解析。而迭代查询，只要 DNS 域名正确，一定可以通过迭代的方法找到相应的 IP 地址，但迭代查询的过程比较慢，消耗 DNS 服务器的资源。有时会因为客户端提供了错误的域名，而白白浪费 DNS 服务器的资源，因此通常情况下，不采用客户端的 DNS 迭代服务，客户端只使用递归查询。

4. DNS 服务器中资源记录

在 DNS 服务器中存放的是资源记录（RR），又称 DNS 记录，它以数据库的形式存放着主机名、主机名与 IP 地址的映射关系信息，为域名解析和额外路由提供服务。DNS 数据库中的每一条记录包括五个字段，分别是：

Domain_name	Time_To_Live	Class	Type	Value

Domain_name：域名。

Time_To_Live：寿命，表明该条记录的生存时间，如 86400，表明该条记录可存活的时间为一天中的 86 400 s，对于不同类型的记录寿命时间会不同。

Class：指明记录属于什么载体类别的信息，如因特网的信息属于 IN 类别。

Type：类型字段，指明该条记录是什么类型的记录，目前 DNS 有几十种类型。常用的有 A、NS、CNAME、SOA、PTR、MX、TXT 等，如表 6-1 所示。

Value：域名对应的 IP 地址。

表 6-1 常用的 DNS 记录类型和描述

RR 类型值	文本编码	类型	描述
1	A	地址	最常用的，关联主机和 IP 地址
2	NS	名字服务器	用来记录管辖区域的名称服务器。每个地区都必须有一条 NS 记录指向其主名字服务器，而且这个名字必须有一条有效的地址（A）记录

续表

RR 类型值	文本编码	类型	描述
5	CNAME	规范名	用来定义某个主机真实名字的别名，一台主机可以设置多个别名。CNAME 记录在别名和规范名字之间提供一种映射，目的是对外部用户隐藏内部结构的变化
6	SOA	起始授权	用于记录区域的授权信息，包含主要名称服务器与管辖区域负责人的电子邮件账号、修改的版次、每条记录在高速缓存中存放的时间等
12	PTR	指针	执行 DNS 的反向搜索
15	MX	邮件交换	用于设置此区域的邮件服务器，可以是多台邮件服务器，用数字表示多台邮件服务器的优先顺序，数字越小顺序越高，0 为最高
16	TXT	文本字符	为某个主机或域名设置的说明

图 6-5 所示为一个实际的 DNS 资源记录中的部分信息。

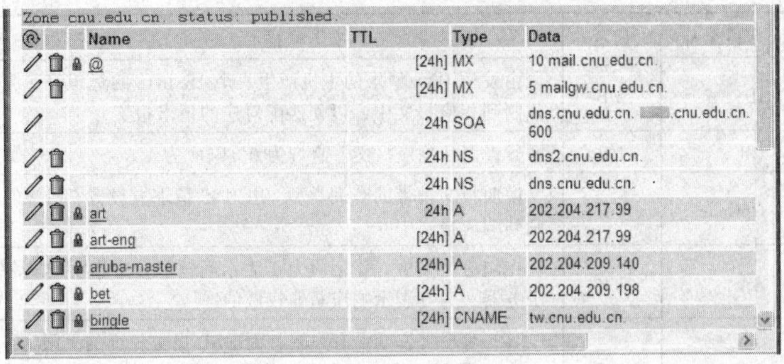

Zone cnu.edu.cn. status: published.

Name	TTL	Type	Data
@	[24h]	MX	10 mail.cnu.edu.cn.
	[24h]	MX	5 mailgw.cnu.edu.cn.
	24h	SOA	dns.cnu.edu.cn. ███.cnu.edu.cn. 600
	24h	NS	dns2.cnu.edu.cn.
	24h	NS	dns.cnu.edu.cn.
art	24h	A	202.204.217.99
art-eng	[24h]	A	202.204.217.99
aruba-master	[24h]	A	202.204.209.140
bet	[24h]	A	202.204.209.198
bingle	[24h]	CNAME	tw.cnu.edu.cn.

图 6-5 RR 中的部分信息

5. DNS 报文格式

DNS 报文交换都是基于客户机和服务器的，客户机向服务器发送 DNS 查询请求报文，作为服务器的主机通过回答做出响应，这种查询响应是 DNS 不可分割的组成部分，在 DNS 报文使用的格式上就能体现出来。

DNS 的通用报文格式如图 6-6 所示，共包含 5 个部分。

① 12 个字节的首部信息，包含了描述报文类型并提供有关报文重要信息的字段，除此之外还包含了说明报文其他部分区域记录数的字段。

② 问题部分：携带一个或多个问题，也就是发送给 DNS 服务器的信息查询。

首部（12 个字节）
问题（可变长）
回答（可变长）
权威机构（可变长）
附加信息（可变长）

图 6-6 DNS 通用报文格式

③ 回答部分：携带一个或多个 RR 回答问题部分提出的问题。

④ 权威机构部分：包括一个或多个向权威名字服务器的 RR，这些服务器可以用来继续解析过程。

⑤ 附加信息部分：传达一条或多条含有与查询相关的附加信息的 RR，这些信息对于回答报文中的查询来说不是必需的。

在 DNS 首部带有多个重要的控制信息，其首部格式如图 6-7 所示。

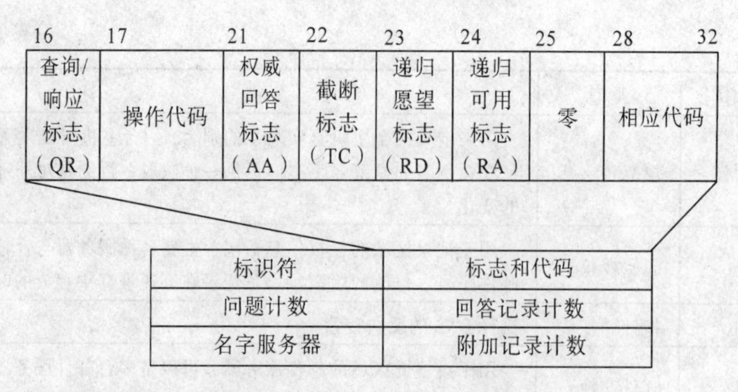

图 6-7 DNS 报文首部格式

DNS 报文首部各字段的描述如表 6-2 所示。

表 6-2 DNA 报文首部各字段描述

字段	字段名称	长度	描述
标识符	ID	2 B	由发送 DNS 请求的主机产生一个 16 byte 的标识符，服务器会将该标识符复制到相应报文中，以便匹配对应的请求报文
查询/响应标志	QR	1 B	区分查询和响应报文。查询为 0，响应为 1
操作代码	OpCode	4 B	说明报文携带的查询类型。由 DNS 请求方设置，回答的时候不做修改地复制到响应报文中
权威回答标志	AA	1 B	在响应报文中，该字段为 1 表示问题部分中指明的域名所在的地区的权威服务器；为 0 表示响应是非权威的
截断标志	TC	1 B	TCP 对报文长度没有限制，而 UDP 报文长度的上限为 512 B，如果该字段为 1 表明 DNS 报文长度大于传送机制规定的最大报文长度，而被截断。所以大多数情况下该字段为表明下面使用的是 UDP 发送
递归愿望标志	RD	1 B	在查询报文中，该字段为 1 表明发送方希望采用递归查询。如果服务器支持递归查询，该值在响应报文中不变
递归可用标志	RA	1 B	在响应报文中该字段置 1 或清零以表示创建响应的服务器是否支持递归查询。收到这个响应报文的设备就知道以后该服务器是否可以进行递归查询
零	Z	3 B	保留
响应代码	RCode	4 B	查询报文该字段为 0，响应报文利用该字段表明处理的结果
问题计数	QDCount	2 B	报文中问题部分的问题数
回答记录计数	ANCount	2 B	回答部分中的 RR 数量
名字服务器计数	NSCount	2 B	权威机构部分的 RR 数量
附加记录计数	ARCount	2 B	附加信息部分的 RR 数量

说明：

① 首部的操作代码：0 表示标准查询，1 是反向查询，2 表示服务器状态请求。

② 首部的响应代码：0 是无差错，1 是格式错误，2 是服务器故障，3 是名字错误，4 是没有实现，5 是拒绝。

6.1.4 DNS 服务器的架设

Windows Server 2003 提供了 DNS 组件，可以实现 DNS 服务器的架设，下面我们用普通交换机一台、安装 Windows 2003 Server SP2 操作系统的 PC 一台、安装 Windows XP SP3 操作系统的 PC 一台搭建一个局域网的平台，演示 DNS 服务器的架设过程。

1. DNS 服务器的安装

选择“控制面板”→“添加或删除 Windows 组件”→“网络服务”→“详细信息”→“域名系统（DNS）”选项，弹出“网络服务”对话框即可安装 DNS 系统，如图 6-8 所示。

2. DNS 服务器的配置

（1）创建正向查找区域

正向查找区域用于正向查找，它将域名解析为 IP 地址。一台 DNS 服务器至少要有一个正向查找区域才能正常工作。

① 选择“开始”→“程序”→“管理工具”→DNS 选项，打开 DNS 窗口，如图 6-9 所示。

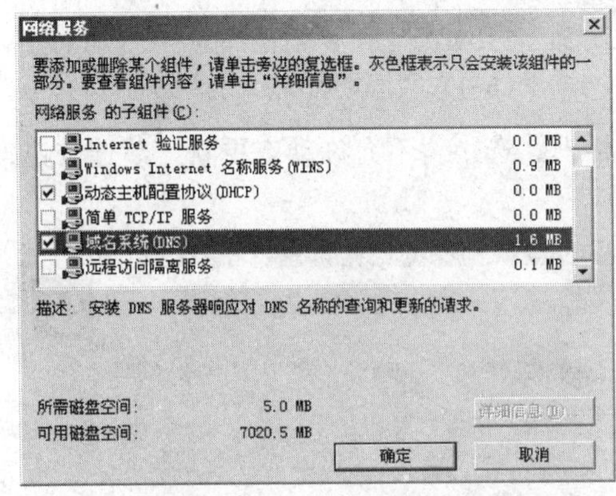

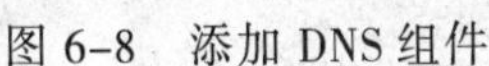
图 6-8　添加 DNS 组件

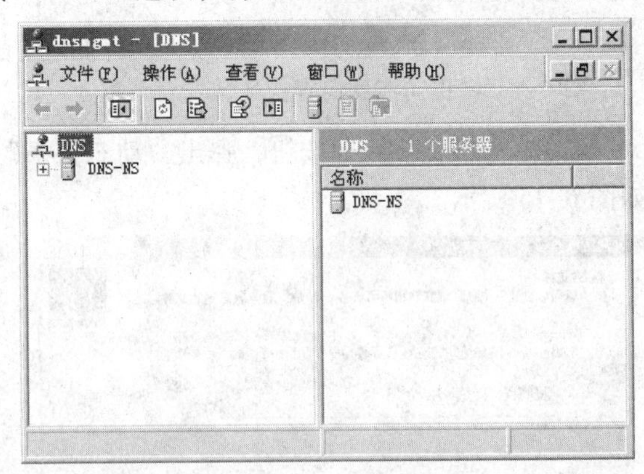

图 6-9　DNS 窗口

② 右击 DNS 服务器，选择“新建区域”命令，弹出“新建区域向导”对话框，如图 6-10 所示。

③ 单击“下一步”按钮，弹出“区域类型”对话框，选中“主要区域”单选按钮，如图 6-11 所示。

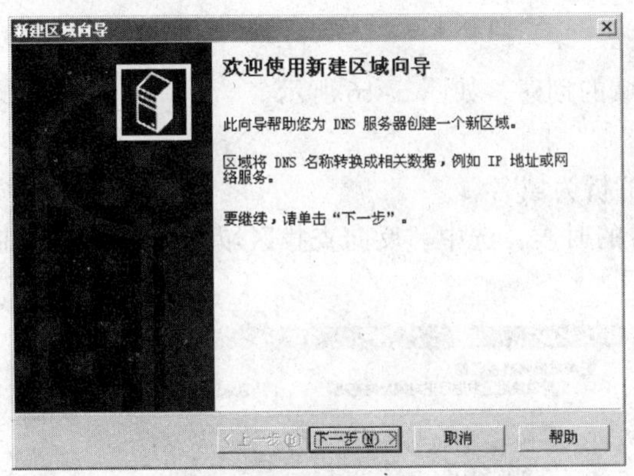

图 6-10　“新建区域向导”对话框

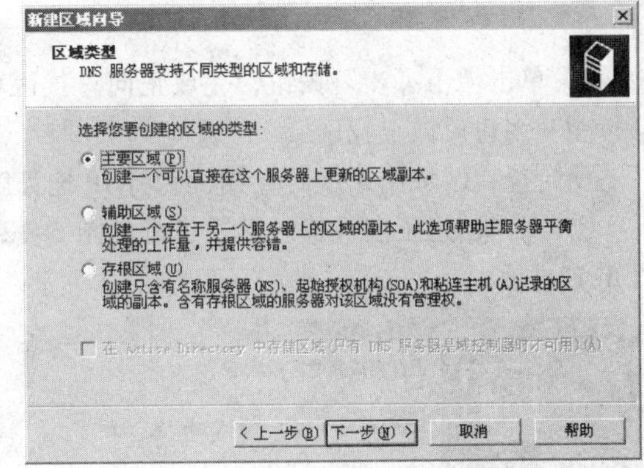

图 6-11　“区域类型”对话框

④ 单击“下一步”按钮，弹出“正向或反向查找区域”对话框，选中“正向查找区域”单选按钮，如图 6-12 所示。

⑤ 单击“下一步”按钮，弹出“区域名称”对话框，在“区域名称”文本框输入域名（test.com），如图 6-13 所示。

⑥ 单击“下一步”按钮，弹出“区域文件”对话框，这时默认会产生一个文件名，保持默认即可，如图 6-14 所示。

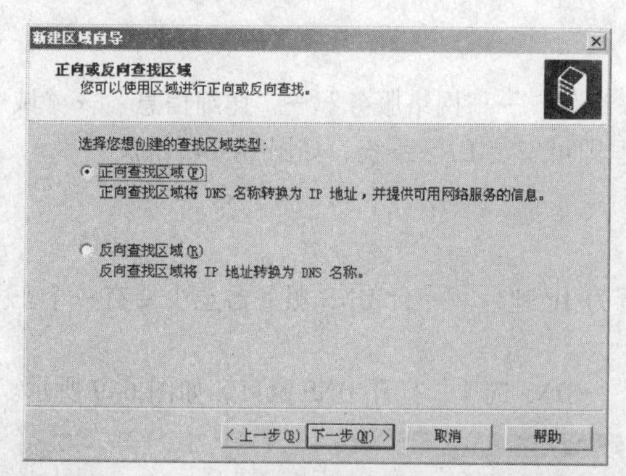

图 6-12 “正向或反向查找区域”对话框 1

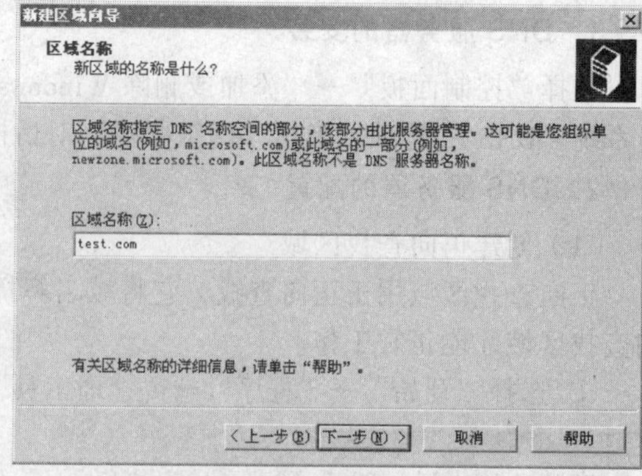

图 6-13 “区域名称”对话框

⑦ 单击“下一步”按钮，弹出“动态更新”对话框，选中“不允许动态更新”单选按钮，如图 6-15 所示。

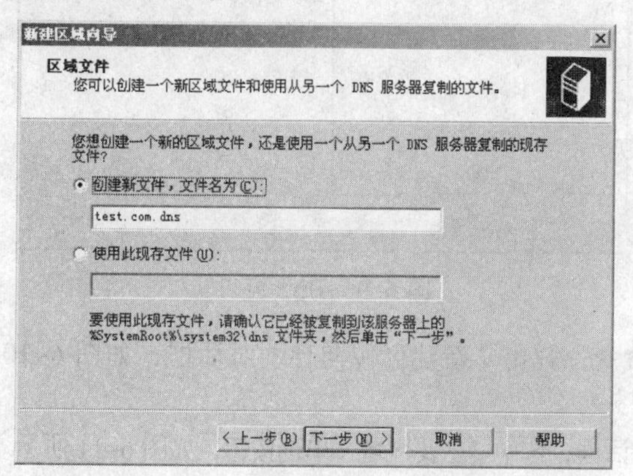

图 6-14 “区域文件”对话框 1

图 6-15 “动态更新”对话框 1

⑧ 单击“下一步”按钮，完成正向查找区域的创建，如图 6-16 所示。

（2）创建反向查找区域

反向查找区域用于反向查找，它将 IP 地址解析为域名。

① 在“创建正向查找区域”进行到图 6-12 的时候，选中“反向查找区域”单选按钮，如图 6-17 所示。

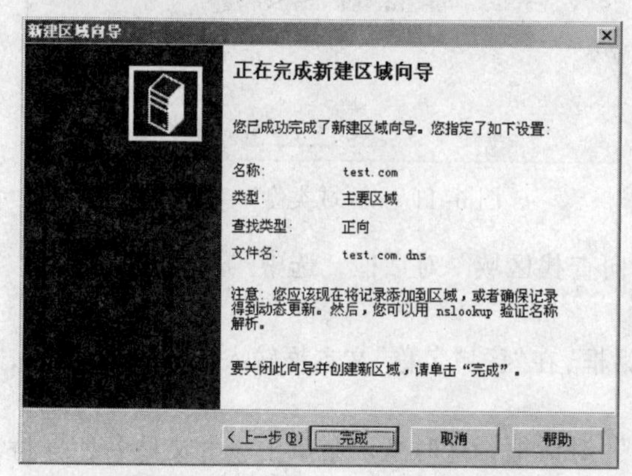

图 6-16 正向查找区域创建完成

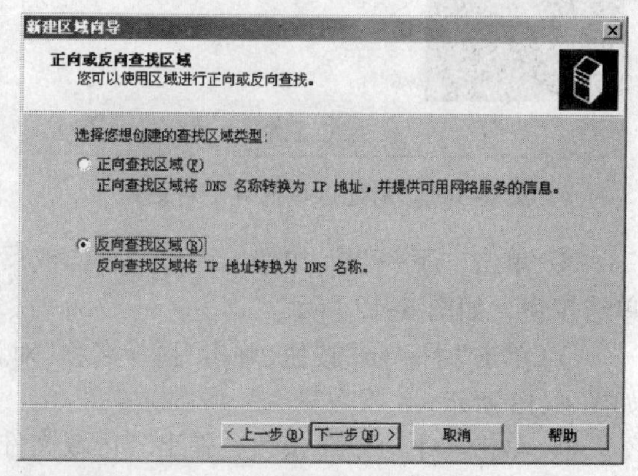

图 6-17 “正向或反向查找区域”对话框 2

② 单击“下一步”按钮，弹出“反向查找区域名称”对话框，在“网络 ID”文本框输入 IP 地址的前三个字节（192.168.1.x），如图 6-18 所示。

③ 单击“下一步”按钮，弹出“区域文件”对话框，保持默认产生的文件名即可，如图 6-19 所示。

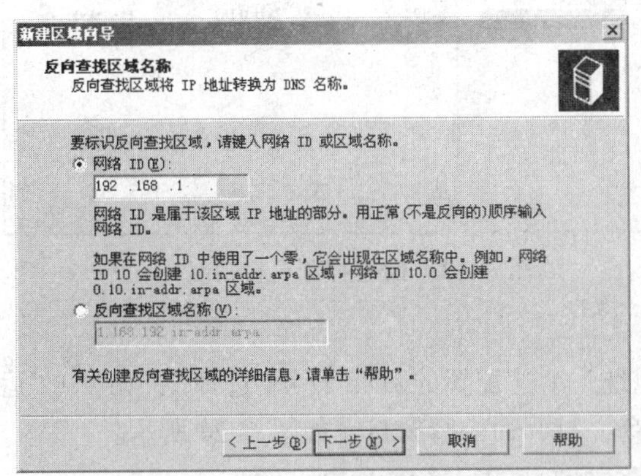

图 6-18　“反向查找区域名称”对话框

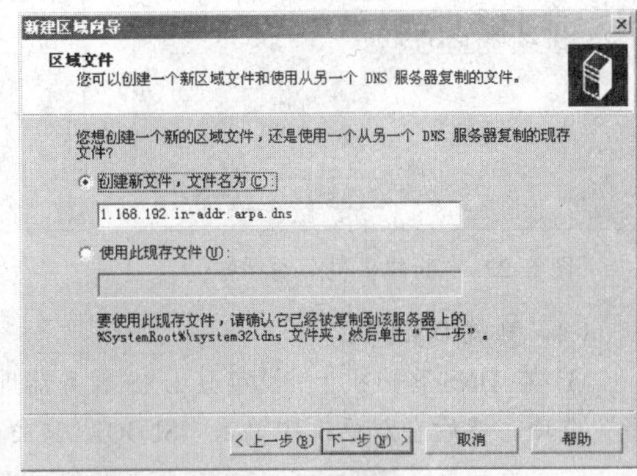

图 6-19　“区域文件”对话框 2

④ 单击“下一步”按钮，弹出“动态更新”对话框，选中“不允许动态更新”单选按钮，如图 6-20 所示。

⑤ 单击“下一步”按钮，完成反向查找区域的创建，如图 6-21 所示。

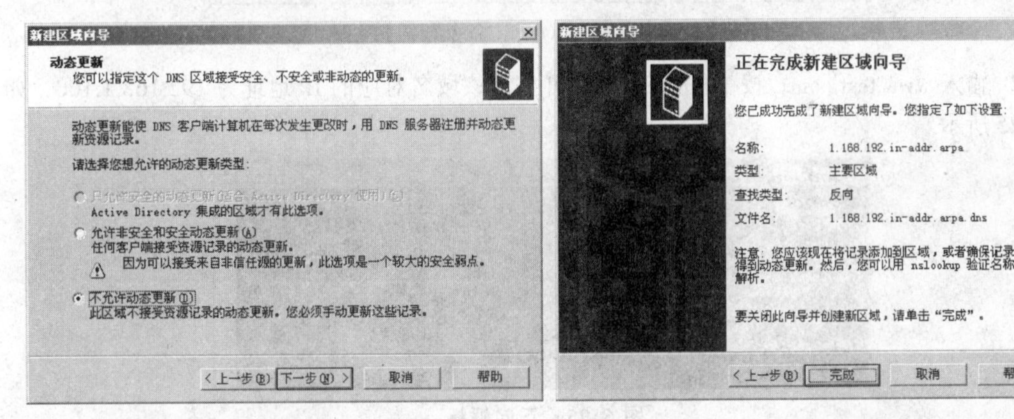

图 6-20　“动态更新”对话框 2　　　　图 6-21　反向查找区域创建完成

（3）新建主机和指针

① 在正向查找区域，右击 test.com，选择“新建主机”，弹出“新建主机”对话框，在“名称”文本框输入主机名称 www，在“IP 地址”文本框输入对应主机的 IP 地址（192.168.1.100），并选中“创建相关指针（PTR）记录”复选框，如图 6-22 所示。

② 在①中，可重复添加多个记录，并且因为在“新建主机”时，选中“创建相关指针（PTR）记录”复选框，所以在反向查找区域（192.168.1.x.Subnet）中会产生相应的指针，如果没有，刷新一下即可，为后面测试 DNS 用，我们再创建一个 ftp.test.com，对应 192.168.1.101，如图 6-23 所示。

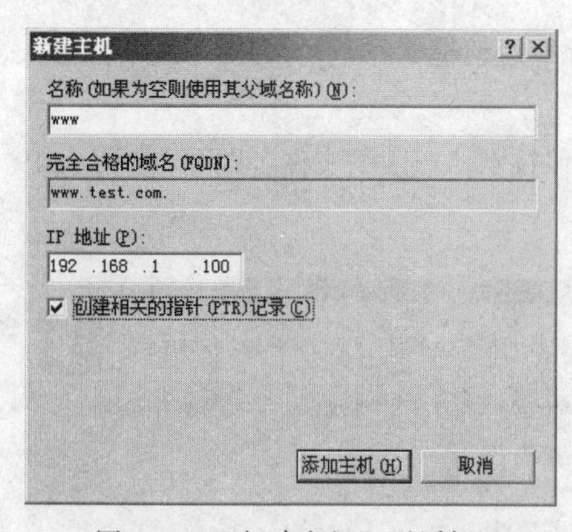

图 6-22 “新建主机”对话框

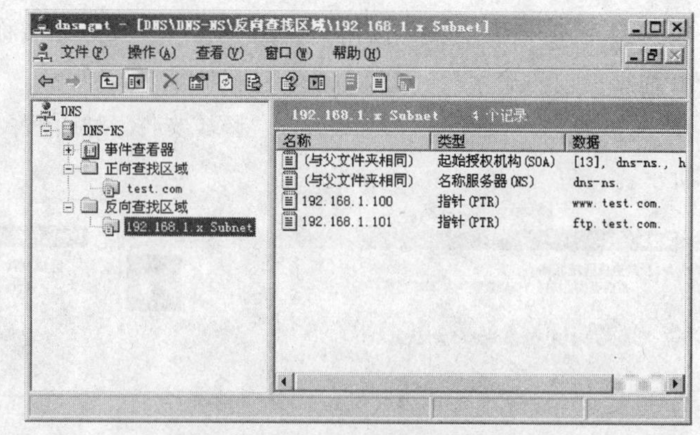

图 6-23 DNS 控制台窗口

（4）测试 DNS

① 在 DNS 客户机上，设定其 DNS 服务器地址为上述配置的 DNS 服务，选择“开始”→“运行”选项，然后在对话框中输入 NSLOOKUP 命令，打开命令行窗口，如图 6-24 所示。

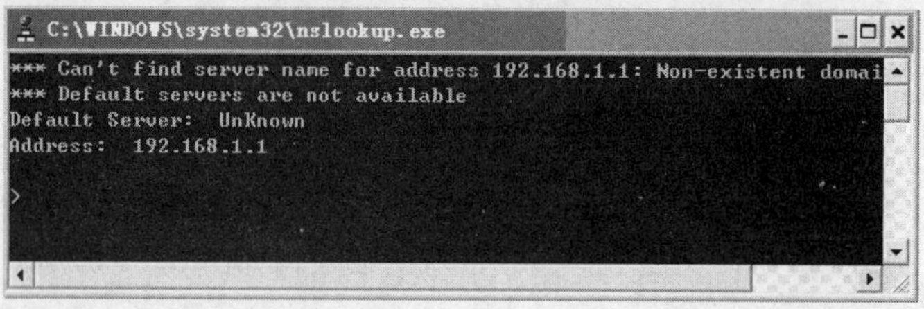

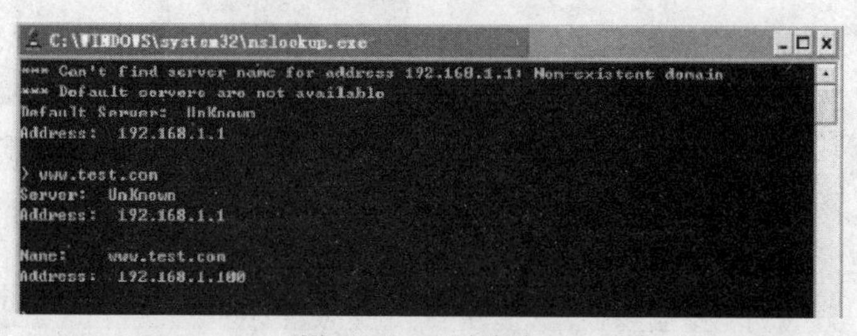

图 6-24 NSLOOKUP 命令行窗口

② 输入 www.test.com，按【Entetr】键，可显示该域名对应的 IP 地址为 192.168.1.100，如图 6-25 所示。

图 6-25 正向解析

③ 输入 192.168.1.101，按【Enter】键，可显示该 IP 地址对应的域名为 ftp.test.com，结果如图 6-26 所示。

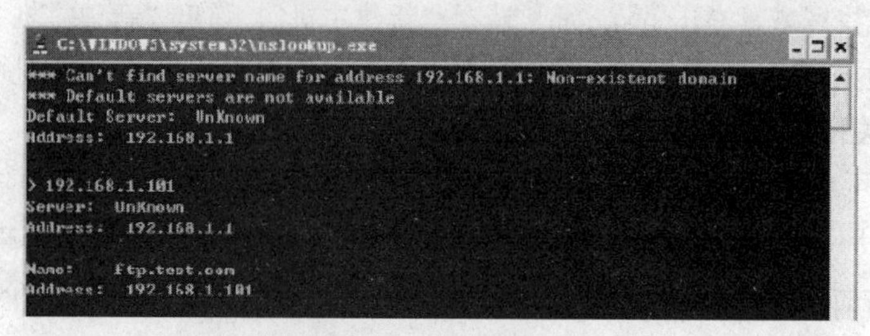

图 6-26 反向解析

6.2　WWW 服务器

6.2.1　WWW 概述

WWW（World Wide Web，万维网，简称 Web）。始于 1989 年，是为描述文档之间相互关系和研究者之间信息共享而设计的。使 Web 功能如此强大的主要特征是超文本，它允许建立从一个文档到其他文档的链接。1993 年，第一个图形界面的浏览器开发成功，命名为 Mosaic，1994 年 Netscape 公司开发了基于 Web 的客户端浏览器软件，这就是有名的 Netscape Navigator 浏览器。同年，CERT 和美国麻省理工学院（MIT）共同建立了 WWW 协会，制定了 Web 协议和标准。在短短几年的时间里 Web 从一个小小的应用程序发展为互联网领域最大、最重要的应用服务，从超文本发展到超媒体，是因特网成为当今人们很难割舍的主要原因。

WWW 是一个分布式的超媒体信息查询系统，它让用户很容易地访问网络中的各种信息，包括文本信息、图形图像信息、声音视频信息等，并能非常方便地从一个站点访问到另外一个站点。

万维网系统主要是基于客户机/服务器模式，客户机通过浏览器访问服务器提供的资源。

1. Web 的主要功能组件

① 超文本标记语言（HTML）：是定义超文本文档的文本语言，是万维网文档发布和浏览的基本格式。

② 超文本传输协议（HTTP）：是 TCP/IP 应用层协议，提供客户机与服务器之间的媒体信息传输服务，HTTP 是 Web 的核心。

③ 统一资源标识符（URL）：用于定义互联网上资源的标签。指明了网络信息资源存储在哪台主机的哪个路径，以及通过何种方式访问它。

2. Web 服务器和 Web 浏览器

Web 服务器是运行特殊服务器软件的计算机，HTML 编写的信息资源存放在服务器中，全世界所有的 Web 服务器就构成了规模庞大的分布式知识库体系，为人们提供了大量的信息。Web 服务器默认情况下在 80 端口监听客户端对其提出的 HTTP 请求，通过该端口为客户机提供信息服务。

Web 浏览器是运行在客户机上的软件程序，用于访问 WWW 服务器上的 Web 文档，也实现接收 HTML 文档并显示其内容。

图 6-27 描述了 WWW 系统的工作过程。

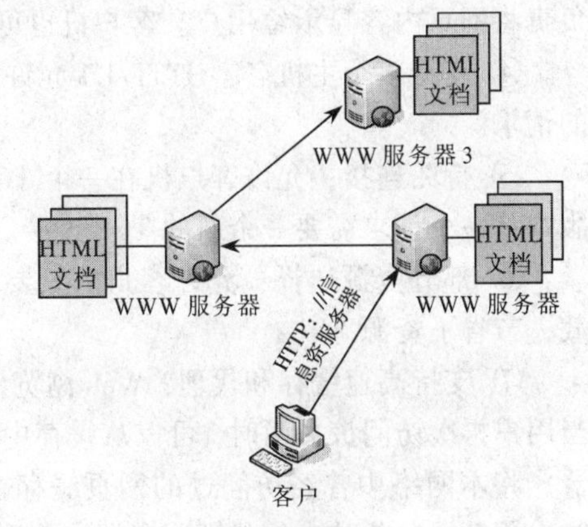

图 6-27　WWW 系统的工作过程

6.2.2　统一资源定位符 URL

文件、文件目录、文档、图像、声音等和因特网相连的任何形式的数据都属于因特网上的资源，电子邮件的地址和新闻组等也属于网络资源。只要能够对这些网络资源定位，系统就可以对资源进行访问、存储、更新、替换等诸多操作。统一资源定位符 URL 是用来表示因特网上资源的位置和访问这些资源的方法。

也可以将 URL 理解为与因特网相连的机器上的任何可访问对象的一个指针，URL 的一般格式为：

协议://主机[:端口][/路径]

协议指明了使用什么协议来获取 WWW 的文档，如超文本传输协议 HTTP，文件传输协议 FTP，协议后面的://是不能省略的。

主机：指明 WWW 文档在哪个主机上，可以是 IP 地址，也可以是主机在因特网中的域名。

端口：表明从哪个端口读取数据，如 HTTP 默认是 80 端口，FTP 默认是 21 端口，默认端口可以省略不写。

如 http://www.tsinghua.edu.cn 为清华大学的主页，http://www.sina.com.cn 为新浪的主页。

主页是该网站的第一个页面，一般为 index.htm 或 default.htm 或 index.jsp 等。默认主页的名称不用在 URL 中指明，在设置 WWW 服务器时定义。

6.2.3 超文本传输协议 HTTP

超文本传输协议 HTTP 是一个应用层协议，它的一个版本是 HTTP/0.9，后续版本是 HTTP/1.0 和 HTTP/1.1。最初的版本只是为了传输超文本文件，非常简单，不支持传送超文本之外的任何其他数据类型，甚至没有一个正式的版本号，HTTP/0.9 只是表明它比第一个正式的版本小一号。1996 年超文本传送协议 HTTP/1.0 正式发布，该版本已经可以支持不同类型的媒体，将 HTTP 从一个很小的请求和相应的应用程序转换为一个报文传送协议，定义了一个完整的报文格式。随着 Web 的普及，HTTP 占据了因特网的大多数流量，而且这些流量中一些负载是 HTTP 自身带来的，所以显得 HTTP/1.0 效率很低。我们现在广泛使用的是 HTTP/1.1 协议标准。

HTTP/1.1 的特性如下：

① 应用层协议：HTTP 工作在应用层，使用可靠的面向连接的 TCP 协议，HTTP 使用的默认端口号是 80。

② 基于客户机/服务器模式：客户端通过浏览器向服务器发出请求，服务器向客户端返回对请求的应答。

③ 双向传输：客户端向服务器发送请求，服务器向客户端浏览器回应网页信息，浏览器负责将网页内容显示给用户。客户机也可以将诸如表单一类的信息发送给服务器。

④ 支持多个主机名：HTTP/1.1 允许一个 Web 服务器可以处理几十个甚至几百个虚拟主机的请求。

⑤ 持久连接：允许客户机在一个 TCP 会话中发送多个相关文档的请求。HTTP/1.0 以前的版本是一个请求需要一个新的 TCP 连接。

⑥ 部分资源选择：允许客户机只要求文档的部分资源的请求。这样可以减少服务器的负载，节省了资源。

⑦ 支持高速缓存和代理：Web 浏览器可以将用户浏览过的网页内容缓存在本机高速缓存，当用户再次访问该页面时，可以从缓存中提取；允许在浏览器和 Web 服务器之间建立代理服务器，将本网络中曾经访问过的网页缓存在本地代理服务器中，当某个客户机的浏览器要访问 Web 服务器时先从本地代理服务器中读取信息，减少 Internet 访问的流量。和 1.0 版本比较，高速缓存和代理使 Web 浏览器的效率及效果更好。

⑧ 内容协商：通过内容协商特性完成客户机和服务器的信息交换，确定传输的细节。

⑨ 安全性好：使用鉴别方法（RFC2617）提高安全性能。

1. HTTP 的工作过程

HTTP 的工作过程如图 6-28 所示。

Web 服务器运行一个服务器进程，通过 TCP 的熟知端口 80（也可以是指定的其他端口）监听客户端浏览器发出的连接请求，当有客户端浏览器通过 URL 向 Web 服务器发出连接请求时，Web 服务器和客户机就建立 TCP 连接，客户机遵循 HTTP 标准向服务器发送浏览某个页面的请求，服务器也遵循 HTTP 标准回应请求页面，最后释放 TCP 连接。

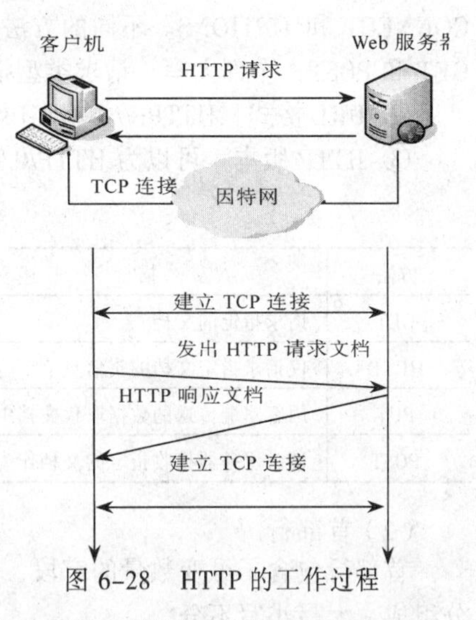

图 6-28 HTTP 的工作过程

2. HTTP 的连接

在 HTTP/1.1 版本中，采用了持久连接（persistent connection）机制，即在客户端与服务器之间建立起 TCP 连接后，允许传送多个请求与响应，直到其中一方提出关闭 TCP 连接为止。这种连接方式优于早期版本的每发出一对请求/响应就建立和释放一次 TCP 的连接。由于消除了不必要的 TCP 握手和分手部分，减少了网络拥塞，服务器的负载也减少了。

默认情况下 Web 服务器在 80 端口监听到客户机的连接请求后，建立起客户机和服务器的 TCP 连接，客户机发送一个请求报文，指出客户机使用了哪个版本的 HTTP，如果是 HTTP/0.9 或 HTTP/1.0 版本，服务器自动使用短时间连接模式，如果是 HTTP/1.1，就可以使用持久连接，通过请求报文中的 connection：keep-alive 设定为持久连接。之后客户机可以开始流水线操作后续请求，如一个网页中的多个图像请求等，同时接收来自服务器的响应报文，在浏览器中显示收到的数据。服务器用缓存存储客户机的流水请求，并逐一响应请求。

客户机通过最后一个请求报文中的 connection：close 来关闭 TCP 的连接。从理论上讲服务器也可以终止与客户机的连接。

3. HTTP 请求报文

请求报文由请求行、首部行、空行、正文组成，如图 6-29 所示。

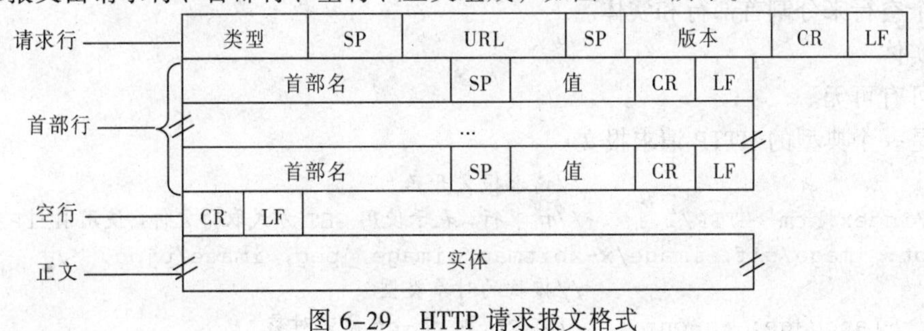

图 6-29 HTTP 请求报文格式

（1）请求行

请求行由请求类型、统一资源定位符（URL）和 HTTP 版本组成，以回车（CR）、换行（LF）结束。

语法格式：请求类型 资源路径 HTTP 版本号<CR><LF>。

① 请求类型：根据 HTTP 的请求方法有 GET、HEAD、PUT、POST、DELETE、TRACE、CONNECT 和 OPTIONS。不同的方法规定了对服务器上的资源所要执行的动作，常用的方法为 GET 和 POST，全部大写，请求类型描述如表 6-3 所示。

② URL 格式：HTTP: //主机名[:端口]/路径 [参数][查询]。

③ HTTP 版本：可以为 HTTP/0.9、HTTP/1.0、HTTP/1.1。

表 6-3 请求类型

方法	描 述	方法	描 述
GET	请求指定的文档	DELETE	请求服务器删除指定的资源
HEAD	仅请求指定文档的头信息	TRACE	用于测试，收回发给服务器的请求副本
PUT	用客户端传送的数据取代文档中的内容	CONNECT	保留
POST	请求服务器接收指定的文档作为执行的信息	OPTIONS	允许客户端查看服务器的性能

（2）首部行

首部行包含了可变数量的字段，每个首部字段由字段名、冒号、一个空格和字段值四个部分组成，大写小写不分。

其格式为：字段名：字段值<CR><LF>。

表 6-4 所示为常用的请求报文首部行的字段描述。

表 6-4 常用的请求报文首部行的字段描述

首部字段	描 述	首部字段	描 述
Accept	客户端所能接受的对象类型	User-Agent	用户代理（浏览器）
Accept-language	客户端能处理的自然语言	Host	服务器的 DNS 名字
UA-CPU	客户端的处理器类型	Connection	连接方法
Accept-Encoding	客户端能处理的页面编码方法	Content-Length	指定正文（实体）长度

这些字段主要用来说明请求、响应、内容的一些属性，服务器将根据客户端发来的首部字段进行不同的处理。

（3）空行

用一个空行来分割首部行和实体。

（4）实体

实体可有可无。

下面是一个典型的 HTTP 请求报文：

```
                                  //请求报文开始
GET /index.htm  HTTP/1.1         //请求行，表示使用 GET 方式取得文件，使用 HTTP/1.1 协议
Accept: image/gif, image/x-xbitmap, image/jpeg, image/pjpg, */*
                                  //接收的对象类型
Accept-Language: zh-cn           //希望得到 zh-cn 语言对象
UA-CPU: X86                       //处理器类型
Accept-Encoding: gzip, deflate  //编码方式
User-Agent: Mozilla/4.0 (compatible; MSIE 6.0; Windows NT 5.2; SV1; WPS; .NET
CLR 1.1.4322)
```

```
                              //用户代理（浏览器）
Host:www.singhua.edu.cn       //目的主机名称
Connection: Keep-Alive        //表示持续性连接空行
                              //请求报文结束
```

4．HTTP 响应报文

响应报文由状态行、首部行、空行、正文组成，如图 6-30 所示。

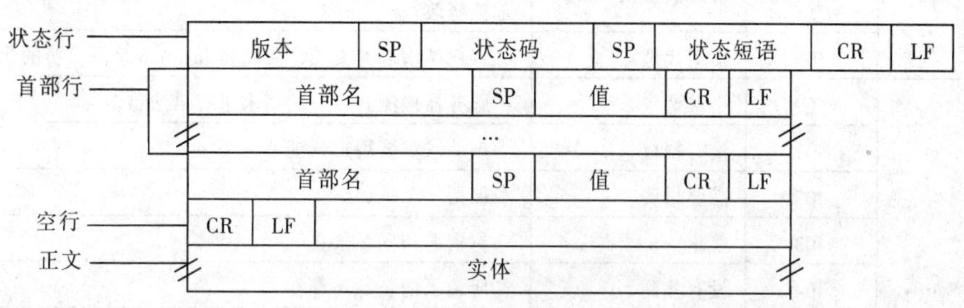

图 6-30　HTTP 请求报文格式

（1）状态行

状态行由 HTTP 版本、状态码和状态短语组成，每个部分之间用空格分割，以回车（CR）、换行（LF）结束。

语法格式为：HTTP 版本号 状态码 状态短语<CR><LF>。

① HTTP 版本：可以为 HTTP/0.9、HTTP/1.0、HTTP/1.1。

② 状态码：表示成功或错误的三位十进制整数代码表示，响应状态码分信息状态码、用户请求成功码、请求重定向代码、用户请求未完成代码和服务器错误码 5 类，由最高位 1～5 来区分，表 6-5 列出了常用的状态码。

表 6-5　常用的状态码

类型	响应代码	短语内容	描　　述
信息状态	100	继续	服务器准备好，客户机可以继续发送请求
	101	交换协议	服务器允许将当前使用的协议转换到客户机请求指定的协议
用户请求成功	200	OK	请求报文成功响应
	201	创建	请求成功，并创建了一个资源，对 PUT 方法的典型响应
	202	接收	服务器接受了请求，但还未处理完毕
	203	非权威信息	请求成功了，但服务器返回的某些信息来自第三方
	204	没有内容	请求成功，但服务器没有新的信息需要输出
	205	复位内容	请求成功，客户端需要复位当前文件，以便不再发送重复的请求，主要用于表单
	206	部分内容	服务器成功地满足了部分 GET 请求
请求重定向	300	多种选择	所请求的内容对应多个文件。服务器发送表示多个文件信息供客户端选择
	301	永久移动	被请求的资源已经永久地移到一个新的 URL。用户端修改 Location 来重新定向新的 URL
	302	找到了	被请求的资源暂时移到一个新的 URL

续表

类型	响应代码	短语内容	描述
请求重定向	303	见其他	被请求的资源可以在其他位置找到。用户可以使用 GET 方法重新获得此资源
	304	没有被修改	客户端发送条件 GET 请求，但自指定的时间内，该资源一直未被修改
	305	使用代理	客户端请求的文档需要通过 location 字段指明的代理来提取
用户请求未完成	400	错误请求	服务器检测到客户的请求里有语法错误
	401	没有授权	该请求需要用户认证
	402	需要付费	保留
	403	禁止	对资源访问被禁止
	404	没有找到	所请求的资源不存在
	405	方法不允许	客户请求的方法不被接收。服务器响应中首部 allow 字段表示待访问的资源能够接受的访问方式
	406	不可接受	所请求的资源的格式与客户端可以接受的方式不符
	408	请求超时	服务器期待客户机在特定的时间内发送请求，而客户机未发送
服务器错误	500	内部服务器错误	由于服务器的原因请求不能实现
	501	没有实现	服务器不知道如何执行请求
	503	服务不可用	由于服务器的原因暂时无法实现请求，服务器发出 Retry After 字段告之何时继续服务
	505	HTTP 版本不支持	服务器不支持客户使用的 HTTP 版本

(2) 首部行

首部行字段用于服务器在响应报文中向客户端传递的附加信息，包括服务程序名、被请求资源需要认证的方式、被请求资源被移动到的新地址等信息。每个首部字段由字段名、冒号、一个空格和字段值四个部分组成。

其格式为：

字段名: 字段值<CR><LF>

表 6-6 所示为常用的响应报文首部行的字段描述。

表 6-6 常用的响应报文首部行的字段描述

首部字段	描述	首部字段	描述
Content-length	以字节计算的页面长度	Content-language	页面所使用的自然语言
Content-type	页面的 MIME 类型	Last-modified	页面最后被修改的时间和日期
server	服务器的信息	location	指明客户将请求重定向的位置
data	报文被发送的日期和时间，用格林威治时间表示	Accept-range	接收了指定范围的请求
upgrade	发送方希望切换到的格式	Set-cookie	服务器希望客户保存一个 cookie
Content-encoding	内容的编码方式		

这些字段主要用来说明请求、响应、内容的一些属性，服务器将根据客户端发来的首部字

段进行不同的处理。

（3）空行

用一个空行来分割首部行和实体。

（4）实体

返回的响应信息。

下面是一个典型的响应报文：

```
//响应报文开始
HTTP/1.1 200 OK//响应行，服务器使用 HTTP/1.1 协议，状态值为 200 OK，表示文件可以读取
Content-Length: 1162          //被发送对象的长度
Content-Type: text/html       //实体对象（数据）类型
Server: Microsoft-IIS/6.0 //服务器类型
X-Powered-By: ASP.NET
Data: Mon, 04 Apr 2011 08:30:12 GMT//发送响应报文的时间，用格林威治时间表示空行
//响应报文首部结束
//实体对象（数据）部分开始
<html>
<head>
<title>
<META http-equiv="Content-Type" content="text/html; charset=UTF-8">
</title>
</head>
<body><H1>file.ie.cnu.edu.cn-/......网页内容...
</body>                             //实体对象（数据）部分结束
</html>
//响应报文结束
```

6.2.4　通过 cookie 实现用户与服务器的交互

一个 Web 站点常常希望能够实现对用户的识别，有可能是服务器想限制用户的访问，也有可能是想把一些信息与用户身份关联起来，HTTP 的 cookie 就可以实现这个目的。

cookie 定义是允许站点使用 cookie 跟踪用户，现在很多网站（如电子商务网站、门户网站等）都使用 cookie。

cookie 技术由四个部分组成：在 HTTP 的响应报文中有一个 cookie 的首部行；在 HTTP 的请求报文中有一个 cookie 的首部行；在用户端主机中保留有一个 cookie 文件，由用户的浏览器管理；在 Web 站点后台有一个数据库来维护用户信息。

cookie 的工作过程是：当某用户第一次访问有 cookie 的网站时，其请求报文到达 Web 服务器时，网站的服务器为该用户产生一个唯一的识别码，并且以此为索引在服务器的后台数据库中产生一个项目，在其给客户端的响应报文中增加一个包含 set-cookie：的首部行（例如 set-cookie：识别码），当客户端浏览器收到该响应报文后，在它管理的 cookie 文件中添加一个包括该服务器的主机名和 cookie 识别码的信息，如果该用户继续访问该网站，那么它的每个请求报文的首部行就会带有 cookie 识别码的信息。

下面通过一个典型的例子来说明 cookie 的使用，假设用户 SSJ 到一个电子商务网站浏览购物，当请求报文到达该电子商务网站服务器时，服务器为他生成一个识别码（如 1519088），并且在后台建立起 SSJ 的一个项目，在给 SSJ 的响应报文中添加一个 set-cookie：1519088 的首部行信息，SSJ 的浏览器收到该响应报文后，在 cookie 文件中添加一条信息，包括服务器的名称

和识别码，当 SSJ 继续浏览该网站时，每个请求报文都会带有 cookie：1519088 的首部行信息，此时 Web 网站可以跟踪 SSJ 在该网站的所有活动了，该站点可以为 SSJ 维护全部购买商品的购物车列表，在 SSJ 结束会话前可以一起付费。如果若干天之后，SSJ 再次到该电子商务网站浏览或购物时，浏览器会继续使用 cookie：1519088 的首部行，网站会根据以前的购物记录为其推荐商品，如果以前 SSJ 在该网站注册过，即提供过名字，邮件地址、信用卡账户等信息，就会在数据库中进行了保存，当 SSJ 继续购物时，不必再次输入这些信息，从而达到了 one-click shopping（一键式购物），简化了购物活动。

对于 Windows XP 的用户可以在 C:\Documents and Settings 中自己用户名的文件夹下看到 cookie 文件夹，里面存放着 cookie 文件。如果想拒绝或接受 cookie，在 IE 浏览器的“Internet 选项”中选择“隐私”选项卡，推动左边的滑动标尺，最高为拒绝所有的 cookie，最低为接受所有的 cookie，中间为不同程度的接收 cookie，用户可以根据需要设定。

6.2.5 Web 代理服务器和条件 GET 方法

1. 代理服务器

代理服务器（proxy server）又称 Web 缓存器，是建立在本地网络，代表起始服务器满足 HTTP 请求的网络实体。代理服务器有自己的磁盘空间，保存最近请求过的对象的副本，本地网络中的主机可以在浏览器中配置代理服务器，方法是在“Internet 选项”对话框中选择“连接”选项卡，单击“局域网设置”来配置代理服务器，使得用户的所有请求首先指向代理服务器，代理服务器的应用如图 6-31 所示，其工作过程是：

① 浏览器建立一个到该代理服务器的 TCP 连接，并且向该代理服务器发出 HTTP 请求。

② 代理服务器检查本地是否存储了该对象的副本，如果有，代理服务器就向客户浏览器转发该对象的响应报文。

③ 如果没有存储该对象的副本，代理服务器就与该对象的起始服务器打开一个 TCP 的连接，并且发送获得该对象的请求，收到请求后，起始服务器就向代理服务器发送该对象的响应报文。

④ 当代理服务器收到来自起始服务器的响应报文后，在本地存储空间保存该对象的副本，并向客户浏览器发送响应报文。

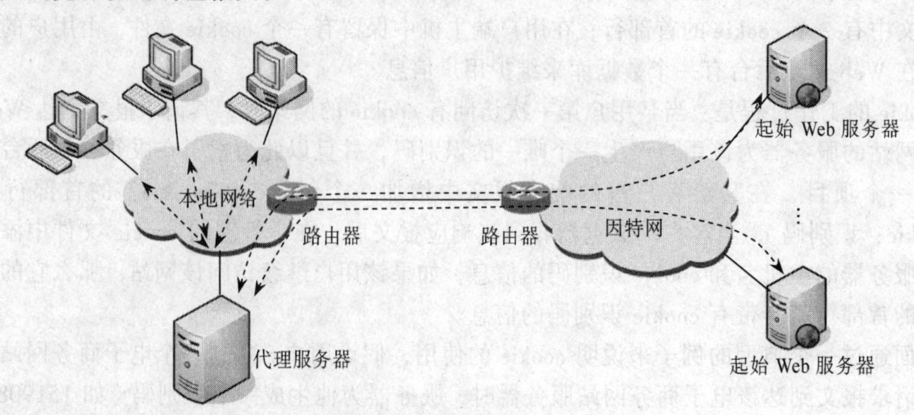

图 6-31 代理服务器的应用

在整个工作过程中代理服务器既是服务器，又是客户机，当接收浏览器的请求和发回响应时，它是服务器，当它向起始服务器发出请求时它又是客户机，代理服务器一般由 ISP 购买、安装和维护。

使用代理服务器的好处是：代理服务器可以减少客户机请求的响应时间，特别是当客户机和起始服务器之间的瓶颈带宽远远低于客户机与代理服务器之间的瓶颈带宽时显得更加明显；代理服务器还可以大大减少本地网络与因特网接入链路上的通信量；如果大多数本地网络都使用代理服务器，可以用较少的投资，降低因特网上 Web 流量，从而改善因特网的性能。

2. 条件 GET 方法

使用代理服务器之后，大大减小了用户得到响应的时间，但是却不能保证在代理服务器中的对象副本总是最新的，当一个用户在一段时间内再次访问的时候，网页的内容已经被更新了。为了解决这个问题，HTTP 协议提供了一种条件 GET 方法，就是在请求报文的首部行中增加一个 If-Modified-Since 项，表明该报文是一个条件 GET 请求报文。

下面用一个实例来说明条件请求报文的工作过程：

① 客户机向代理服务器发送请求第一个访问 www.pku.edu.cn 的请求。

② 代理服务器向一个原始 Web 服务器发出一个请求报文：

```
GET / HTTP/1.1
Host: www.pku.edu.cn
```

③ 原始服务器向代理服务器发送响应报文：

```
HTTP/1.1 200 OK
Date: sun,29 Jan 2012 06:58:33 GMT
Server:Apache/1.3.0(UNIX)
Last-Modified:Thu,24 Nov 2011 08:00:31 GMT
(data ...)
```

④ 代理服务器向请求的客户机发送响应报文的时候，在代理服务器中也保存该响应报文的副本。

⑤ 一个星期之后又有一个客户机发出对 www.pku.edu.cn 的访问，在这一个星期中该网站的页面有可能被更新，所以代理服务器通过发送一个条件 GET，执行更新检查。

```
GET / HTTP/1.1
Host: www.pku.edu.cn
If-Modified-Since:Sun,29 Jan 2012 06:58:33
```

条件 GET 语句告诉服务器，只有在上次修改日期之后网页被修改了，才传回被修改了的网页报文。

⑥ 如果网页没有被修改，Web 服务器发送一个响应报文。

```
HTTP/1.1 304 Not Modified
Date:Mon,06 Feb 2012 7:33.23 GMT
Server: Apache
(实体的内容为空)
```

由于网页没有更新，所以也没有传回网页的内容，实体内容为空。状态行中 304 Not Modified 表明代理服务器网页没有更新，可以将代理服务器中该网页的内容转发给请求的主机浏览器。

6.2.6 HTML 与网站设计

1. 超文本标记语言 HTML

HTML 是一种用于编写超文本文档的标记语言，自从 1990 年开始应用于网页编辑后，HTML 迅速崛起成为网页编辑的主流语言。几乎所有的网页都是由 HTML 和其他程序设计语言嵌套在 HTML 中编写的。HTML 并不是一种程序设计语言而是一种结构语言，具有与平台无关性，无论用户使用何种操作系统，只要有浏览器程序就可以运行 HTML 文件。

HTML 文档的编写一般可以采用文本文档的编辑器如 Windows 记事本，也可以利用网页制作工具如 Dreamweaver，保存为以 htm 和 html 为扩展名的文件。

下面是一个简单的网页例子，用来说明 HTML 文档是由代表一定意义的独立标签和成对出现的标签组成，HTML 文档不区分大小写。

```
<html>
    <head>
        <title>
        This is my first homepage
        </title>
    </head>
    <body>
        <center>
        <font size=5 face="楷体">
        大家好!!!
        </font>
        <br>
        <hr>
        </center>
    </body>
</html>
```

将以上文档存为 default.htm 的文件，放在服务器指定的位置，服务器或客户机用浏览器显示如图 6-32 所示。This is my first homepage 作为标题显示在蓝色的标题栏部分，楷体 5 号字“大家好!!!”居中显示在网页的第一行，换行显示了一条横线。

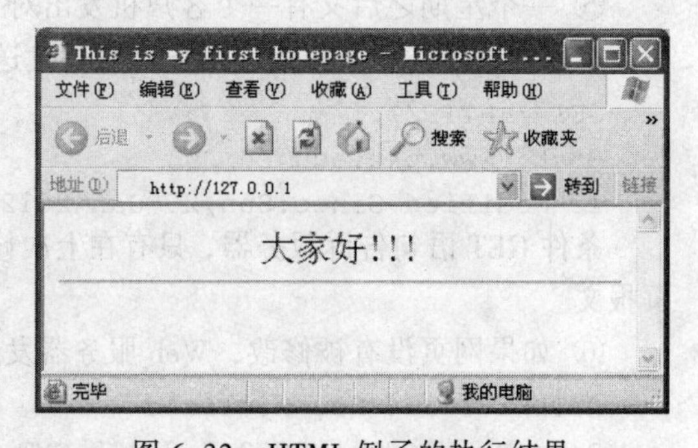

图 6-32 HTML 例子的执行结果

上面设计的网页属于静态文档，静态文档是指存放在服务器中，可被用户浏览，但文档内容不会改变。其特点是简单，但灵活性差，信息的变化需要信息员手工对其进行修改，所以对于信息变化较频繁的文档不宜采用静态文档方式。动态文档的数据存放在后台数据库中，浏览器运行前端程序，用户可以根据需要填写相关的表单信息改变后台数据库中的数据。具体实现过程是，当浏览器访问 Web 服务器时，服务器的应用程序才创建动态文档，返回到客户机的浏览器；对于浏览器发来的数据应用程序进行处理。由于后台信息不断变化，所以用户浏览到的动态文档数据是变化的，如最新的股票行情，产品的销售情况。

图 6-33 所示为客户机访问动态文档的过程，服务器增加了通用网关接口（Common Gateway Interface，CGI），CGI 是一种标准，它定义了动态文档应该如何建立，输入数据应如何提供给应用程序等。万维网服务器中遵循 CGI 标准编写的 CGI 程序，实现接收和处理前台用户提交的数据、后台数据库数据的增删改操作和生成动态文档的工作。

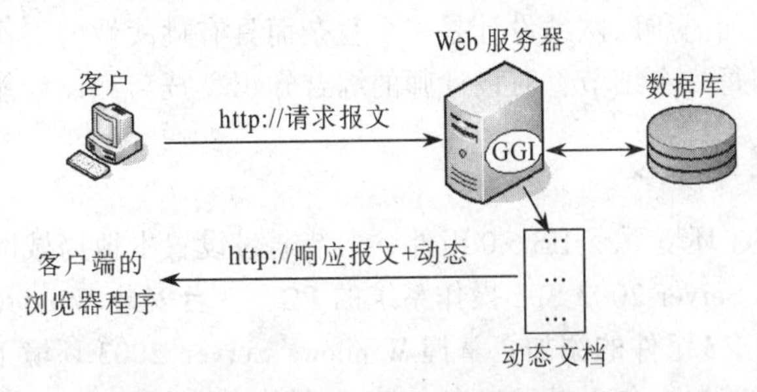

图 6-33　客户机访问动态文档的过程

随着 HTTP 和 Web 浏览器的发展，在服务器端生成的动态文档传送给客户机浏览器显示已经不能满足发展的需要，因为动态文档一经建立，它所包含的信息内容也就固定了，无法及时刷新屏幕。解决问题的方法有两种，一种是使用服务器推送技术，服务器不断运行与动态文档相关的应用程序，定期更新信息，并发送更新过的文档。这种技术不能断开客户机和服务器的 TCP 连接，而且如果多个客户机向服务器发送请求，在服务器端要运行多个推送程序，会给服务器带来过多的负担。另一种是活动文档技术，当浏览器请求一个活动文档时，服务器就返回一个活动文档程序的副本给浏览器，客户端浏览器来执行活动文档的程序，用户可以参与交互过程，可以连续刷新屏幕显示信息，其工作过程如图 6-34 所示。

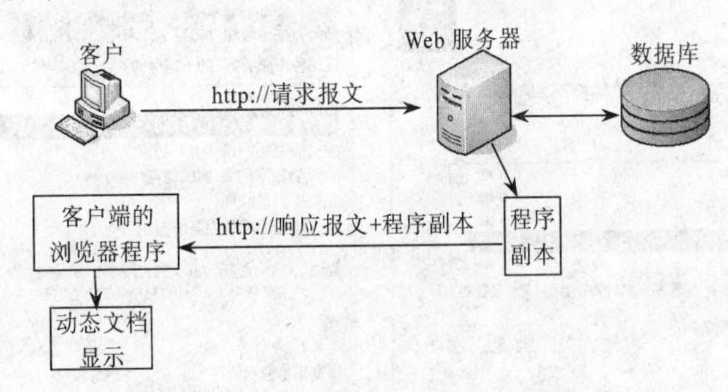

图 6-34　动态文档在客户端产生

2．Web 站点设计

Web 服务应该是目前应用最为广泛的网络服务之一。用户上网最普遍的活动是浏览信息、查询资料，而这些活动都要通过访问 Web 服务器来完成，因为我们设计的网页都存放在 Web 服务器里。通过在局域网内部搭建 Web 服务器，就可以向因特网发布 Web 站点。

用户可采用不同方式在局域网中搭建 Web 服务器，其中使用 Windows Server 2003 操作系统自带的 IIS 6.0 是最常用也是最简便的方式。Internet 信息服务（Internet Information Services，IIS）是一个功能完善的服务器平台，可以提供 Web 服务、FTP 服务等常用网络服务。借助 IIS 6.0，可以轻松实现要求不是很高的 Web 服务器。IIS 6.0 集成在 Windows Server 2003 操作系统中，通过 IIS 构建 Web 服务器平台的具体操作见 6.2.7 节。

另外，Apache 是全世界使用范围最广的 Web 服务软件，据统计超过 50%的网站都在使用 Apache,它以高效、稳定、安全、免费而成为了最受欢迎的服务器软件,可以访问 http://www.apache.org 下载。

搭建 Web 站点除了 Web 服务器的配置，还要考虑网站的网页设计，包括界面设计、色彩、文字、图像、导航等方面。所以网站设计是一个复杂而具有挑战性的工作，需要设计师采用系统的方法来规划网站的每一个细节，对设计师的综合知识、技巧和设计能力要求较高。

6.2.7 Web 服务器的架设

Windows Server 2003 环境下有 IIS 6.0 组件，本节通过设置本地局域网环境（一台普通交换机、一台安装 Windows Server 2003 SP2 操作系统的 PC、一台安装 Windows XP Professional SP3 操作系统的 PC），介绍 IIS 组件的添加，掌握 Windows Server 2003 环境下 Web 站点和 Web 虚拟目录的创建、配置，掌握一台主机发布多个 Web 站点的方法。

1. 添加 IIS 组件

在“控制面板”窗口中，依次选择“添加或删除程序”→“添加/删除 Windows 组件”→“应用程序服务器”选项，选中“应用程序服务器”复选框，并单击下面的“详细信息”按钮，如图 6-35 所示。在弹出的“应用程序服务器”对话框中选中“Internet 信息服务（IIS）”复选框，单击“确定”按钮，如图 6-36 所示。

单击“下一步”按钮，完成 IIS 安装（安装过程可能会提示需要插入 Windows Sever 2003 安装盘）。

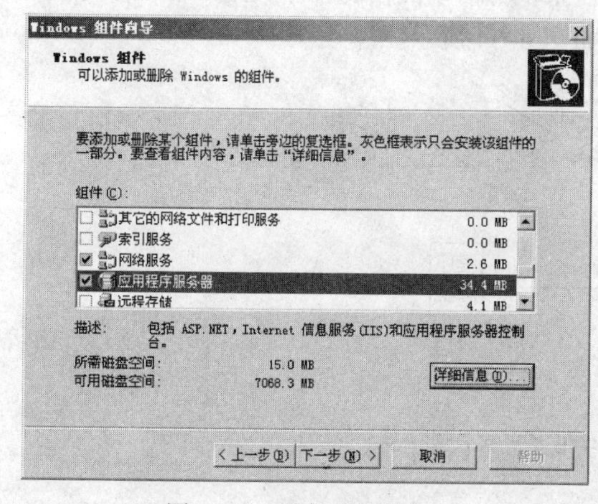

图 6-35 添加 IIS 组件 1

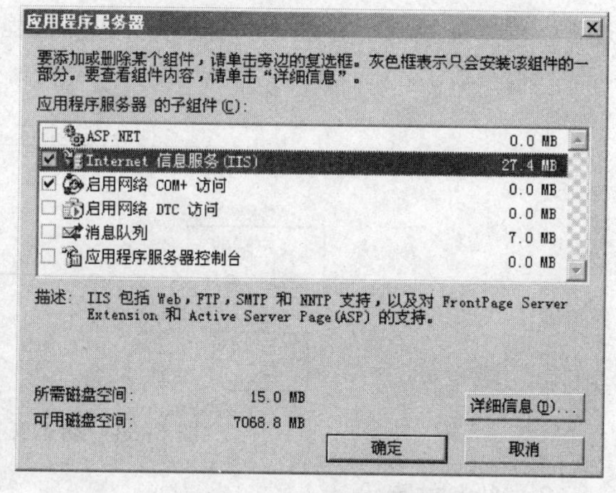

图 6-36 添加 IIS 组件 2

2. 配置 Web 服务器

（1）新建 Web 网站

① 选择“开始”→“程序”→“管理工具”→“Internet 信息服务（IIS）管理器”命令，打开“Internet 信息服务（IIS）管理器”窗口，如图 6-37 所示。

② 右击“网站”，选择“新建”→“网站”命令，如图 6-38 所示。

③ 利用操作系统提供的“网站创建向导”逐步进行设置，如图 6-39 所示。

④ 在“网站描述”对话框中的文本框内输入内容，输入的内容将会显示在你的管理服务器上，如图 6-40 所示。

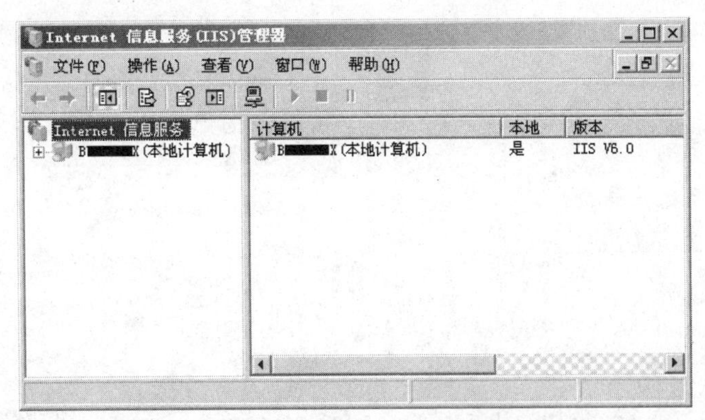

图 6-37 “Internet 信息服务（IIS）管理器”窗口（1）

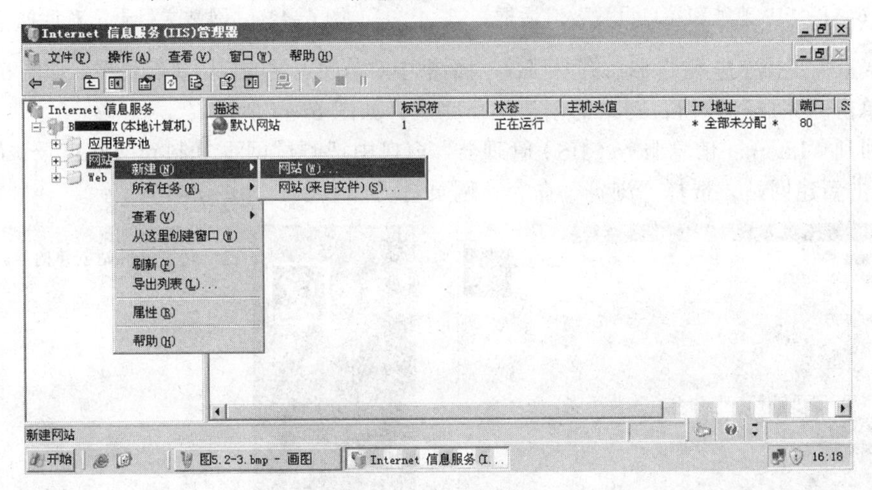

图 6-38 新建网站

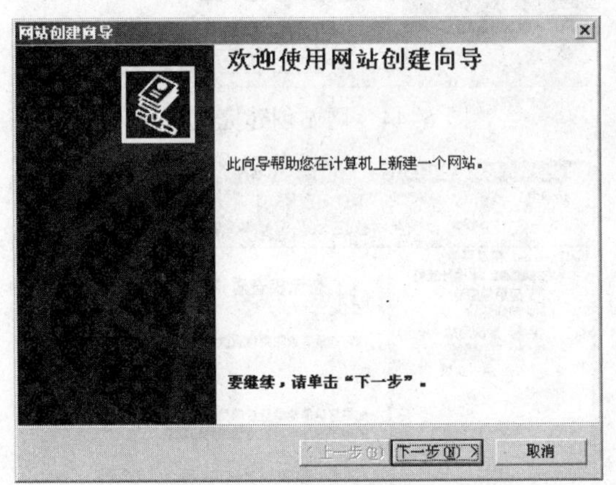

图 6-39 “网站创建向导”对话框

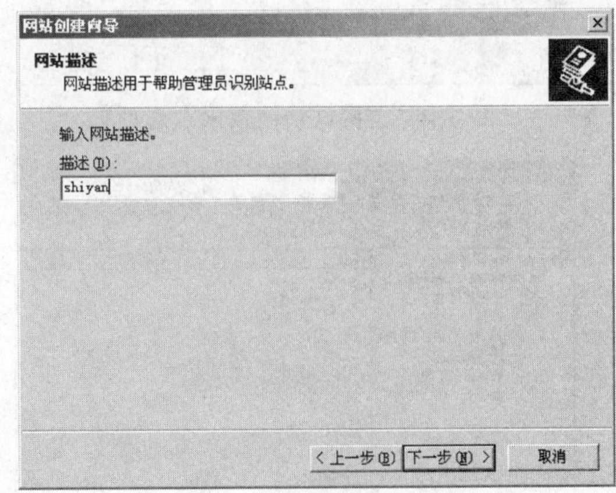

图 6-40 “网站描述”对话框

⑤ 在“IP 地址和端口设置”对话框中默认选择“全部未分配”或者给网站分配一个 IP 地址，默认打开 80 端口，如图 6-41 所示。

⑥ 在“网站主目录”对话框的“路径”文本框中选择网站文件存放的目录，如图 6-42 所示。

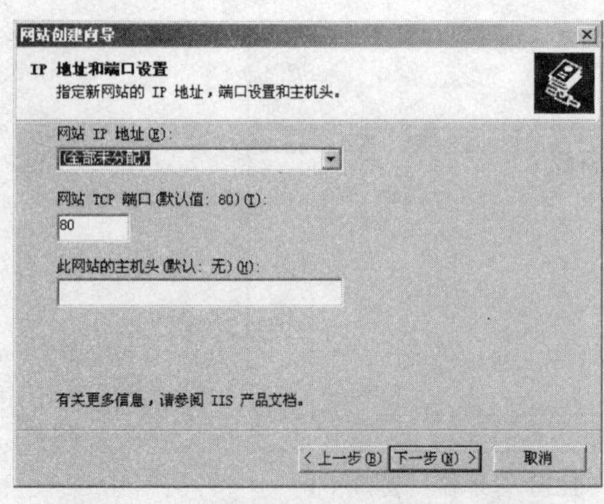

图 6-41 “IP 地址和端口设置”对话框

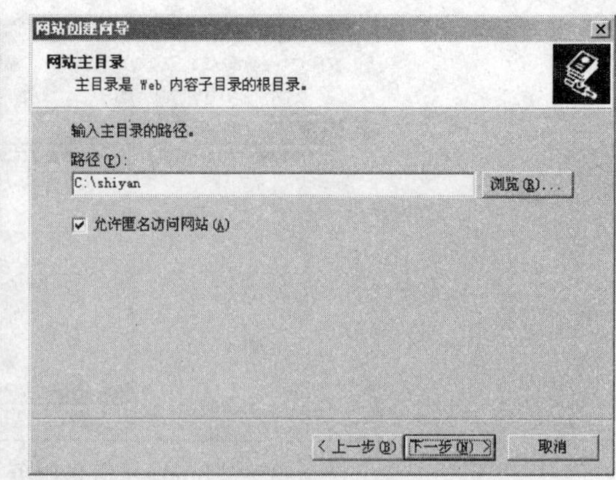

图 6-42 “网站主目录”对话框

⑦ 接上一步操作进入“网站访问权限”对话框中对访问网站的权限进行设置，如图 6-43 所示。

⑧ 单击“完成”按钮，网站的创建工作完成，如图 6-44 所示。

⑨ 回到“Internet 信息服务（IIS）管理器”窗口中把测试网页复制到网站目录，如图 6-45 所示。右击新建网站，选择“浏览”命令，网页会无法显示，如图 6-46 所示。

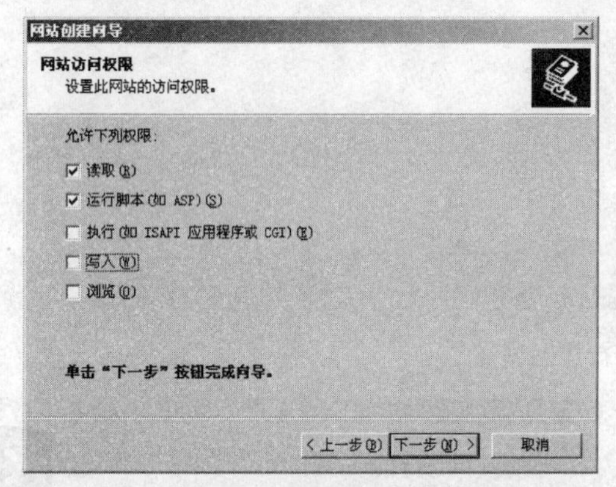

图 6-43 “网站访问权限”对话框

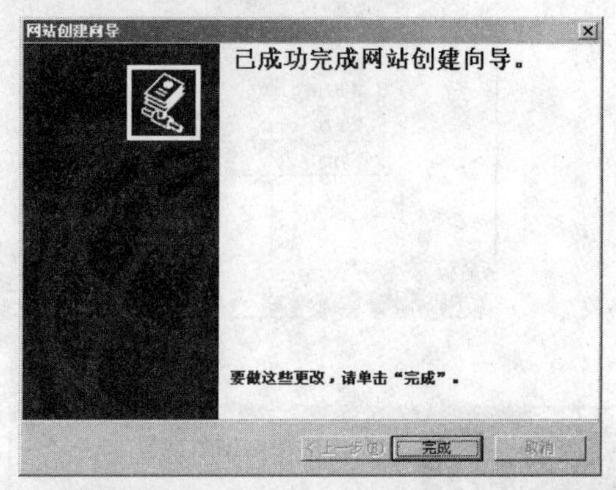

图 6-44 网站创建完成

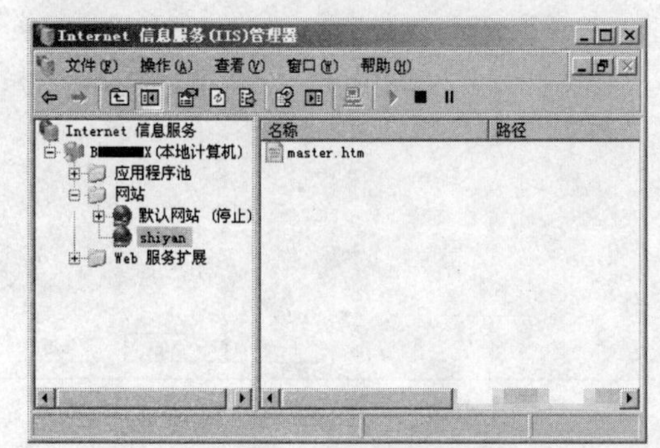

图 6-45 “Internet 信息服务（IIS）管理器”窗口（2）

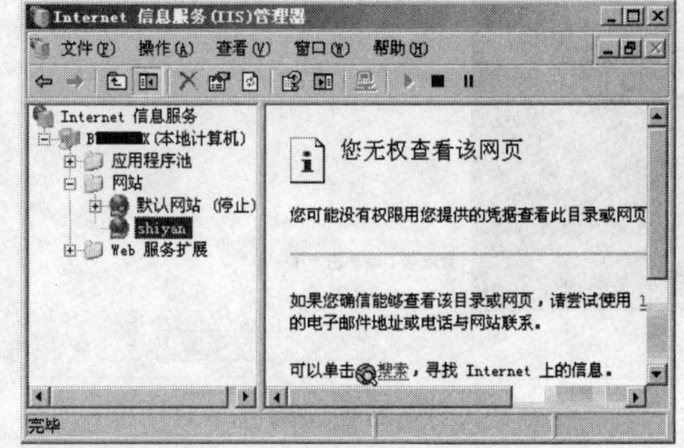

图 6-46 “Internet 信息服务（IIS）管理器”窗口（3）

⑩ 进行相应地设置：右击“网站”，选择“属性”→“文档”→“添加”命令，把自己网站的主页名称加入文档中，并移至最上面，如图 6-47 所示。

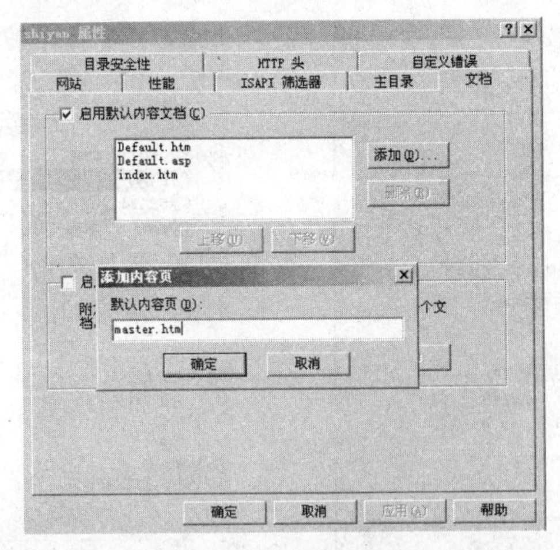

图 6-47　网站属性设置

⑪ 重启网站，打开 IE 浏览器，输入 IP 地址就可以直接访问了，如图 6-48 所示。

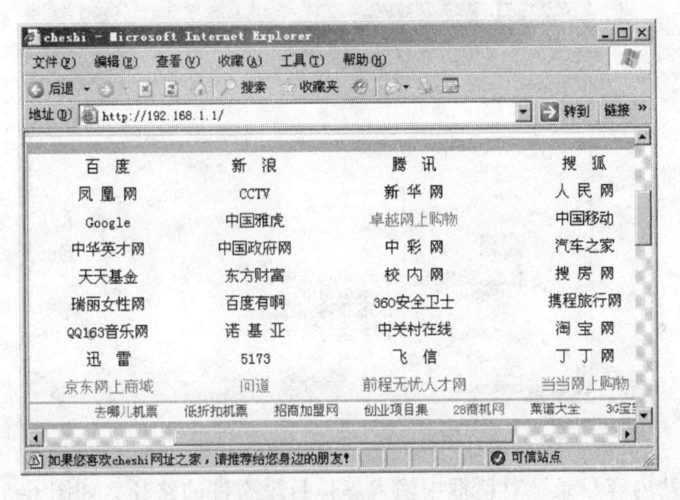

图 6-48　浏览网页

提示：如果还是打不开网站，右击新建网站，选择“属性”命令，在属性的“目录安全性”选项卡中单击“编辑”按钮，弹出“身份验证方法”对话框，选中“启用匿名访问”复选框，取消选中“用户访问需经过身份认证”选项组中的所有复选框，单击“确定”按钮，如图 6-49 所示，并且修改网站所在文件夹的相应属性，右击网站所在的文件夹，选择“属性”→“安全”→“添加”选项，弹出“选择用户或组”对话框，选择“高级”→“立即查找”选项，在“搜索结果”中选择 IIS_WPG，单击“确定”按钮，如图 6-50 所示，再单击“确定”按钮，重启网站，打开 IE 浏览器，输入 IP 地址就可以访问了。

（2）添加虚拟目录

① 打开 IIS 服务器管理界面，右击新建网站，选择“新建”→“虚拟目录”命令，如图 6-51 所示。

② 单击“下一步”按钮，弹出“虚拟目录创建向导”对话框，输入虚拟目录的别名，如图 6-52 所示。

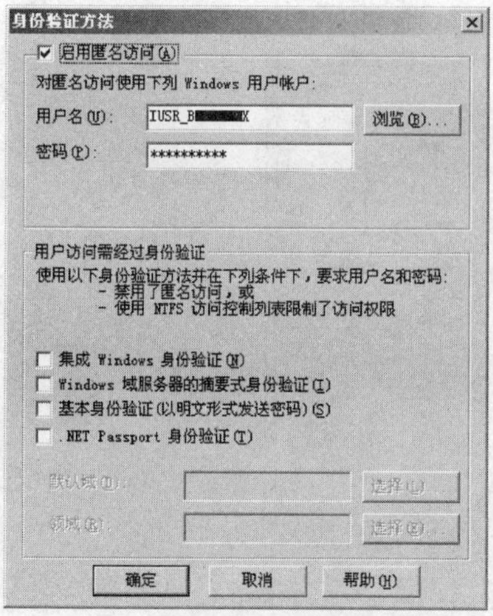

图 6-49 “身份验证方法”对话框

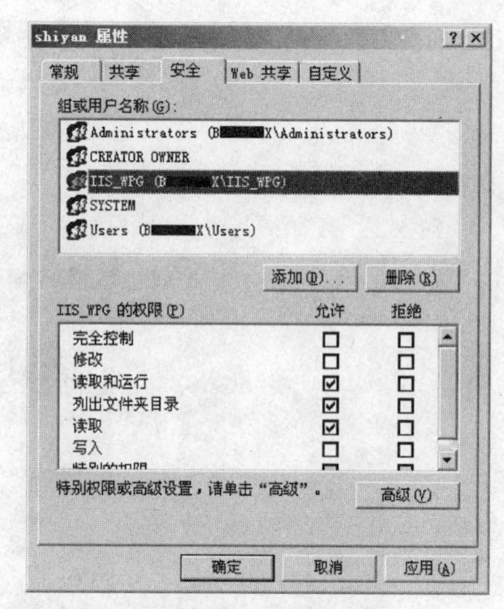

图 6-50 文件夹属性

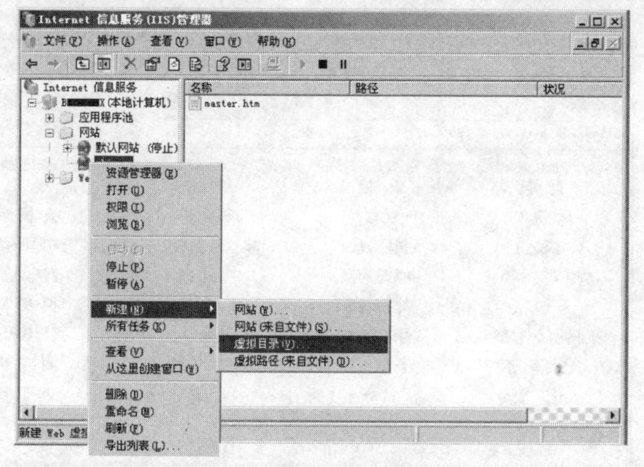

图 6-51 添加“虚拟目录”

③ 在“网站内容目录”对话框中输入虚拟目录文件的路径，如图 6-53 所示。

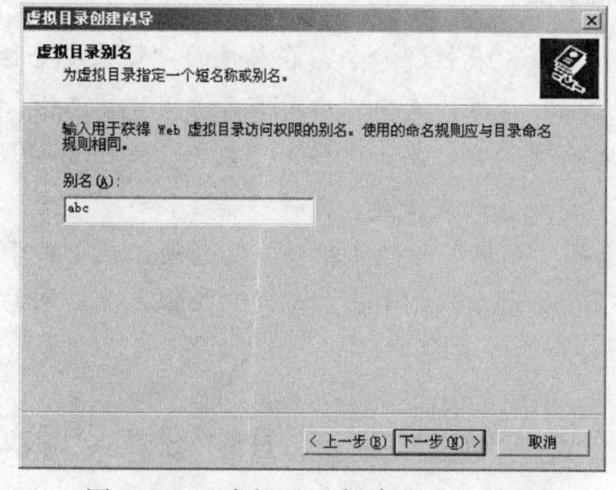

图 6-52 “虚拟目录创建向导”对话框

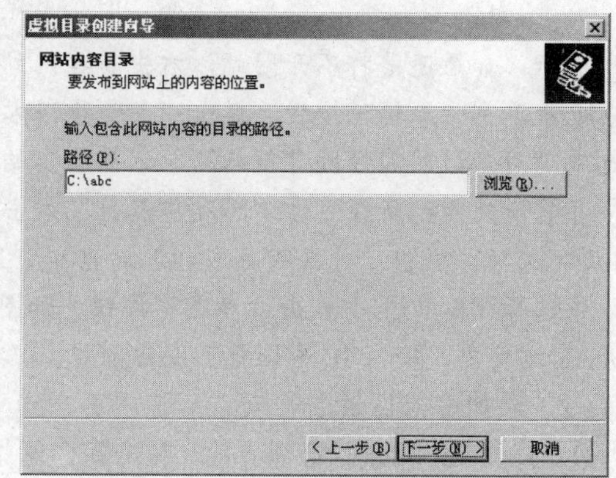

图 6-53 “网站内容目录”对话框

④ 单击“下一步”按钮，在“虚拟目录访问权限”对话框中对权限进行设置，如图 6-54 所示。

⑤ 完成后，右击新建的虚拟目录，选择“浏览”命令，无法正常显示网页，所以还要进行相应的设置，右击“虚拟目录”，选择“属性”→“文档”→“添加”选项，把自己虚拟目录主页名加入文档中，并移至最上面，如图 6-55 所示。

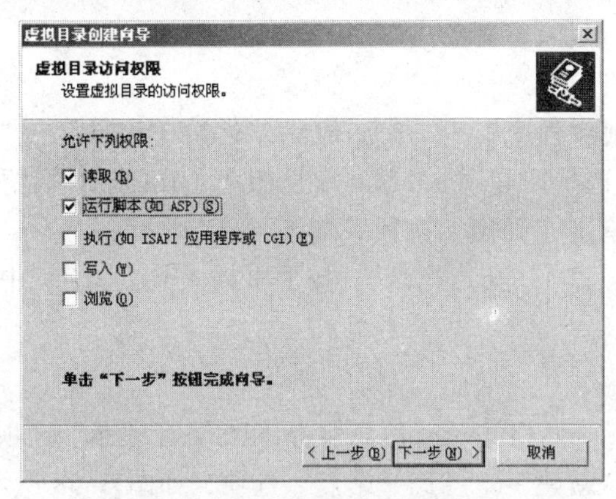

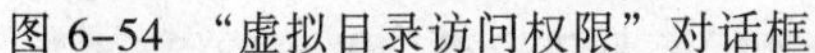

图 6-54　“虚拟目录访问权限”对话框

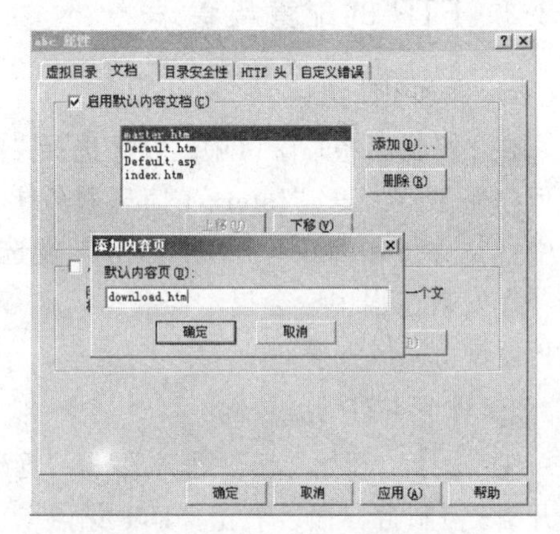

图 6-55　虚拟目录属性对话框

⑥ 重启网站，打开 IE 浏览器，输入 IP 地址和虚拟目录名就可以直接访问了，如图 6-56 所示。

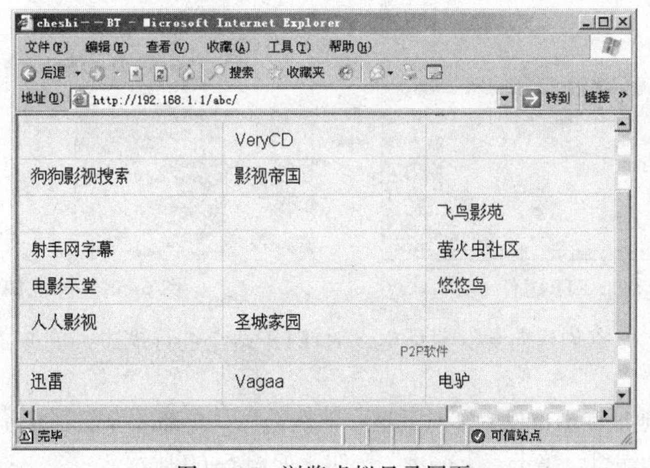

图 6-56　浏览虚拟目录网页

6.3　FTP 服务器

6.3.1　FTP 概述

文件传输协议（File Transfer Protocol，FTP）。用于 Internet 上的控制文件的双向传输。同时，它也是一个应用程序（Application）。用户可以通过它把自己的 PC 与世界各地所有运行 FTP 协议的服务器相连，访问服务器上的大量程序和信息。FTP 要用到两个 TCP 连接，一是命令链路，用来在 FTP 的客户瑞与服务器之间传递命令；另一个是数据链路，用来上传或下载数据。

FTP 有两种工作方式：PORT 方式（主动方式）和 PASV 方式（被动方式）。

在前面的章节中我们已经对 FTP 的工作过程、FTP 的命令与工作模式、FTP 协议分析有一个全面的了解，下面就如何架设 FTP 服务器进行叙述。

6.3.2 FTP 的配置与管理

1. 添加 IIS 组件

在“控制面板”窗口中，依次选择“添加/删除程序”→“添加/删除 Windows 组件”→“应用程序服务器”→“Internet 信息服务（IIS）”选项，在“Internet 信息服务（IIS）”对话框中选中“文件传输协议（FTP）服务”复选框，单击“确定”按钮，如图 6-57 所示。

在安装过程中，会提示需要插入“Windows 2003 安装光盘”，按要求插入光盘，IIS 中的 FTP 会自动完成安装。

2. 建立 FTP 站点

① 选择“开始”→“程序”→“管理工具”→“Internet 信息服务（IIS）管理器”选项，打开 IIS 控制台界面，右击“FTP 站点”，选择“新建”→“FTP 站点”选项，如图 6-58 所示。

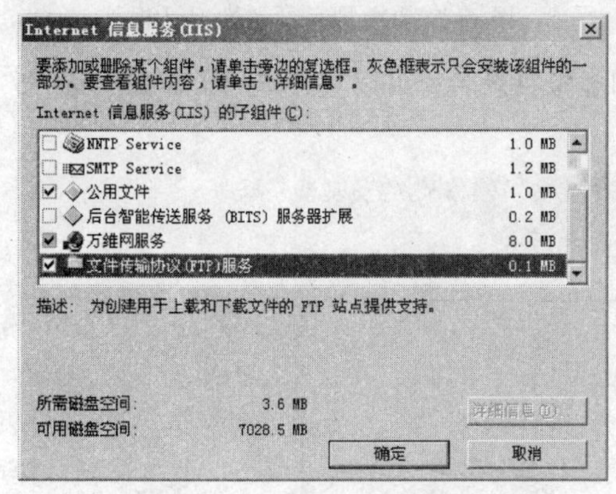

图 6-57 添加 FTP 组件

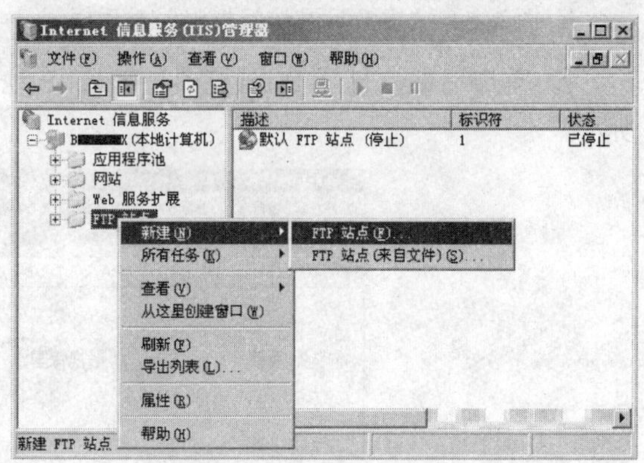

图 6-58 新建 FTP 站点

② 弹出“FTP 站点创建向导”对话框，对 FTP 站点进行描述，单击“下一步”按钮，如图 6-59 所示。

③ 弹出“IP 地址和端口设置”对话框，默认选择“全部未分配”或者给站点分配一个 IP 地址，默认打开 21 端口，单击“下一步”按钮，如图 6-60 所示。

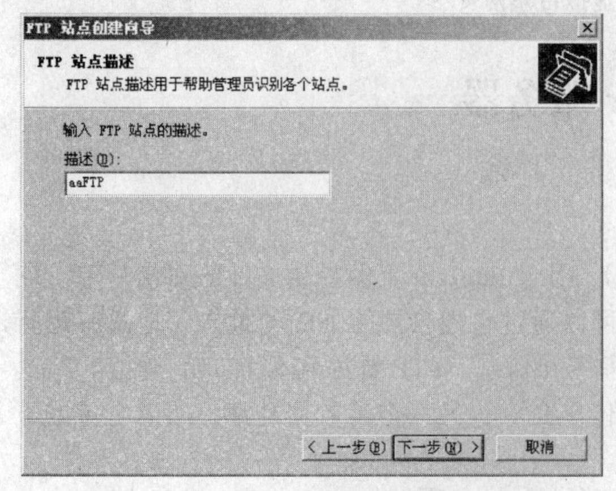

图 6-59 “FTP 站点创建向导”对话框

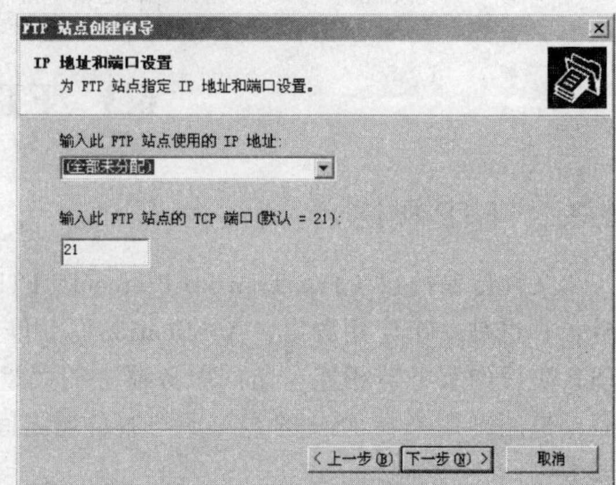

图 6-60 “IP 地址和端口设置”对话框

④ 弹出“FTP用户隔离”对话框，默认选中“不隔离用户”单选按钮，单击“下一步”按钮，如图6-61所示。

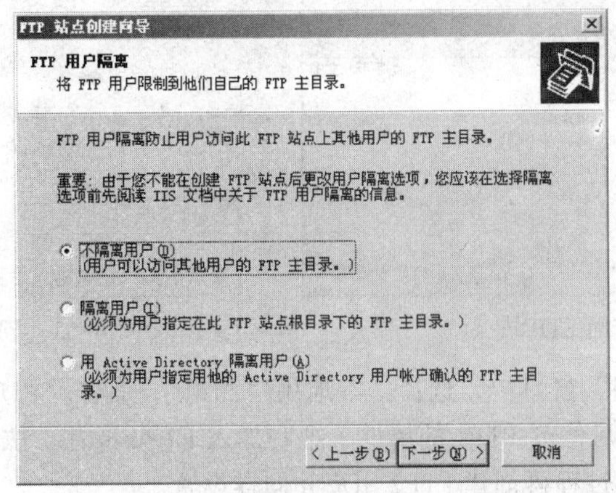

图6-61 “FTP用户隔离”对话框

⑤ 弹出“FTP站点主目录”对话框，输入FTP站点所在目录，单击“下一步”按钮，如图6-62所示。

⑥ 弹出“FTP站点访问权限”对话框，设置相应权限，单击“下一步”按钮，如图6-63所示。

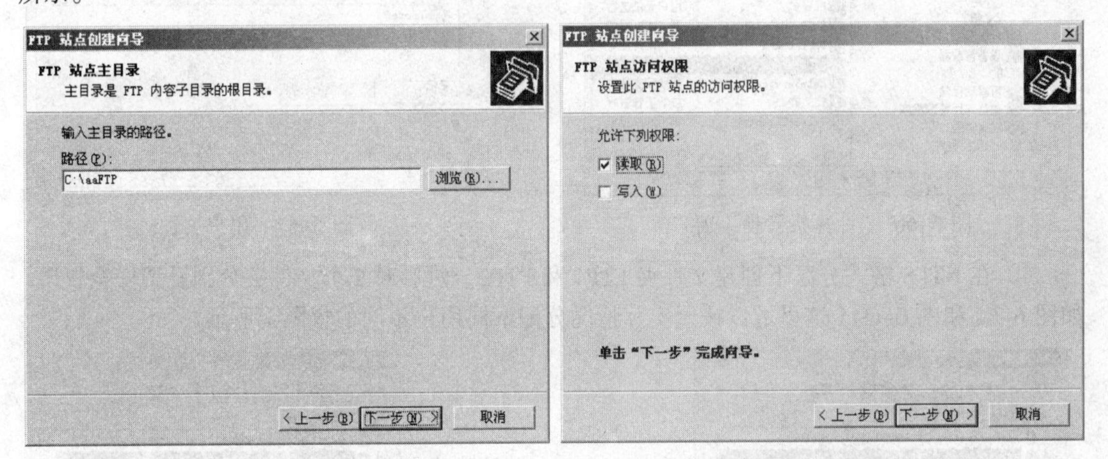

图6-62 “FTP站点主目录”对话框　　图6-63 “FTP站点访问权限”对话框

⑦ 完成FTP站点的创建。打开IE窗口，在地址栏输入“ftp://IP地址”，就可以访问FTP资源了，如图6-64所示。

3. FTP服务器高级配置

利用IIS中的FTP服务可以实现多用户管理。

① 打开IIS控制台界面，右击创建完成的FTP站点，选择“属性”→“安全账户”选项，取消选中“允许匿名连接”复选框，单击“确定”按钮，如图6-65所示。

② 选择“开始”→“程序”→“管理工具”→“计算机管理”选项，打开“计算机管理”窗口，选择“本地用户和组”，右击“组”，选择“新建组”选项，创建FTPuser用户组，如图6-66所示。

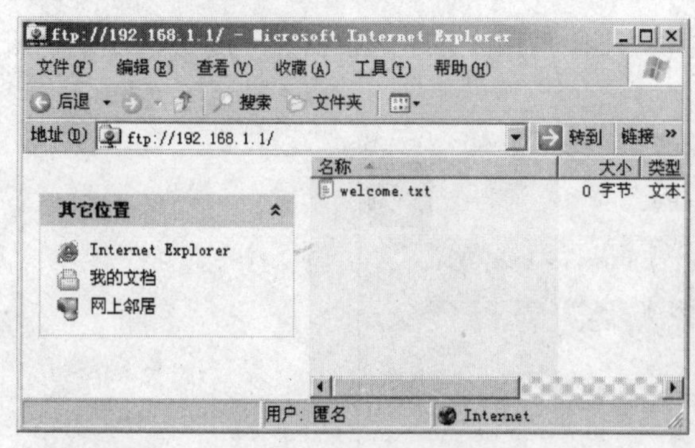

图 6-64 访问 FTP 站点

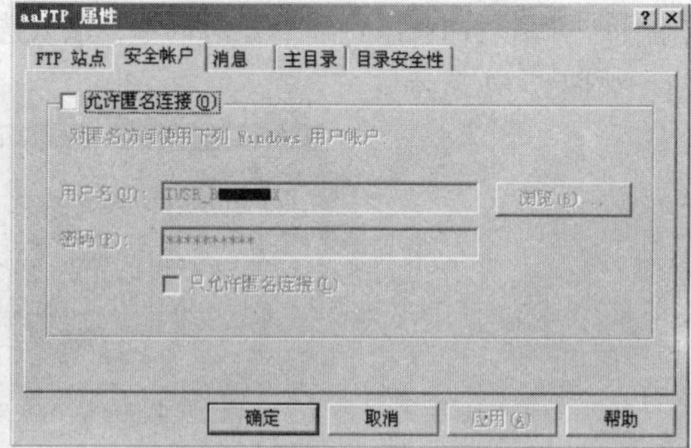

图 6-65 FTP 站点属性

③ 在“计算机管理”窗口中，选择“本地用户和组”，右击“用户”，选择“新用户”选项，创建用户 FTP1，然后修改 FTP1 的属性，把它加入 FTPuser 组，去掉系统默认的 users 组，如图 6-67 所示，按同样过程再创建 FTP2 用户并同样设置。

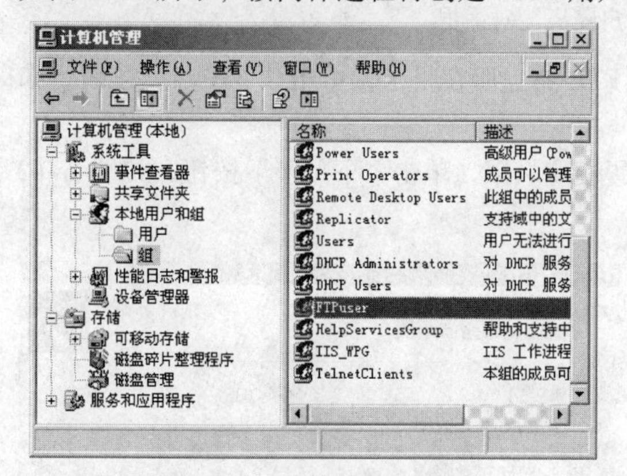

图 6-66 “计算机管理”窗口

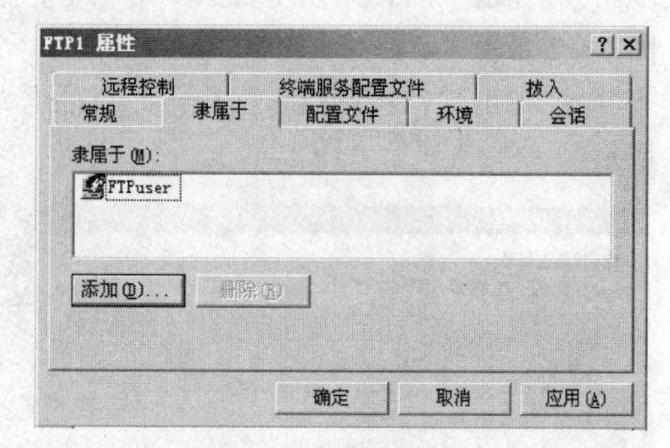

图 6-67 用户属性

④ 在 NTFS 格式分区下创建文件夹 FTP1 和 FTP2，然后对 2 个文件夹分别设置安全权限，如图 6-68 和图 6-69（这里可以按照实际情况分配不同用户不同的权限）所示。

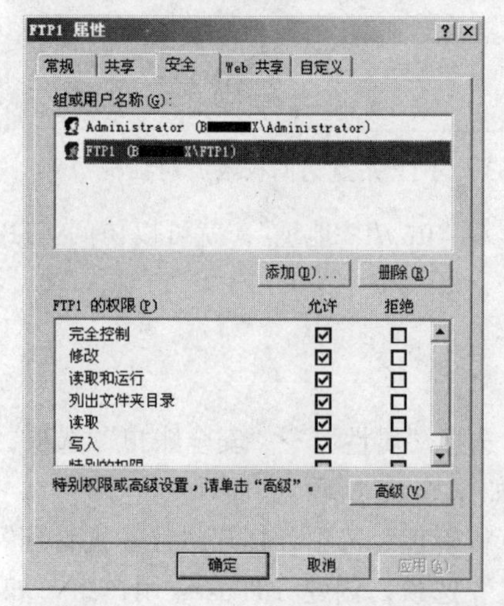

图 6-68 文件夹安全属性（1）

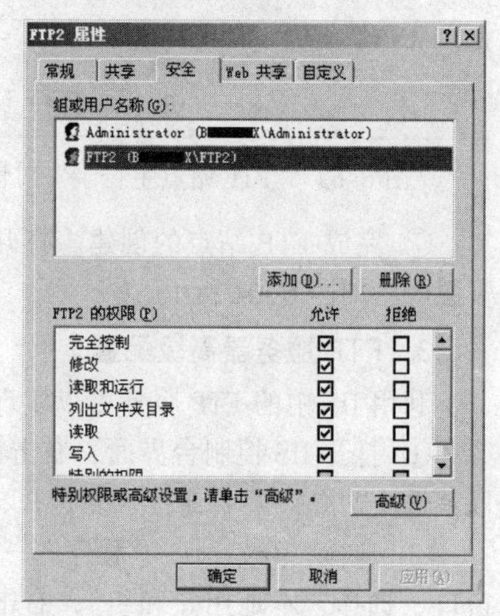

图 6-69 文件夹安全属性（2）

⑤ 打开 IIS 管理界面，右击 FTP 站点，单击“新建”→“虚拟目录”→“下一步”按钮，在“别名”文本框中输入 FTP1，如图 6-70 所示，单击“下一步”按钮，路径选择刚刚创建的 FTP1 目录，如图 6-71 所示，单击“下一步”按钮，直至创建完成。同样新建一个虚拟目录 FTP2，路径指向 FTP2 目录。

注意：别名和目录名以及用户名三个必须完全一致。

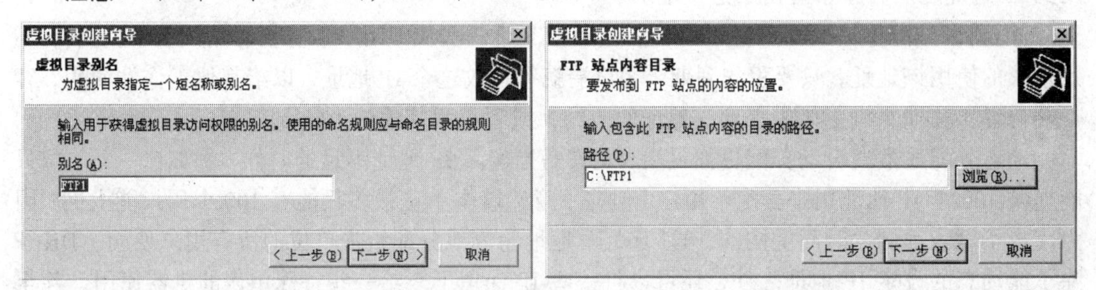

图 6-70 “虚拟目录别名”对话框　　图 6-71 “FTP 站点内容目录”对话框

⑥ 进行相关测试，在 FTP1 文件夹下创建文本文件 FTP1.txt，在 FTP2 文件夹下创建文本文件 FTP2.txt，打开 IE 浏览器，在地址栏输入 ftp://IP 地址，会提示输入“用户名”和“密码”，如图 6-72 所示，输入 FTP1 及其密码，顺利进入，可以看见刚才创建的 FTP1.txt 文件，证明进入的是 FTP1 虚拟目录，如图 6-73 所示；同理，输入 FTP2 及其密码，会看见 FTP2.txt 文件，证明进入的是 FTP2 虚拟目录，这样用户被限制在自己的目录内不能进入他人目录，安全性有保障。

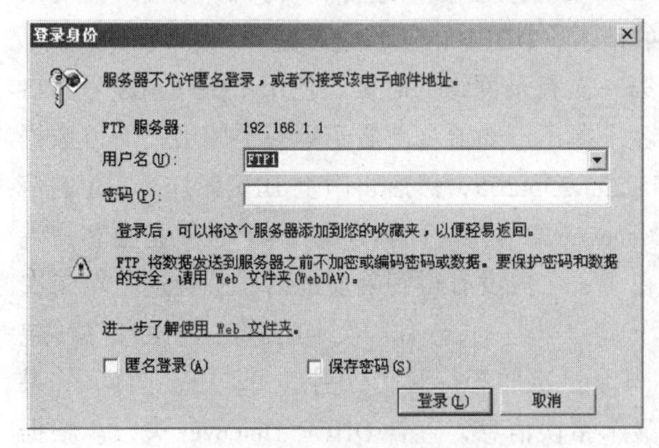

图 6-72　身份验证对话框

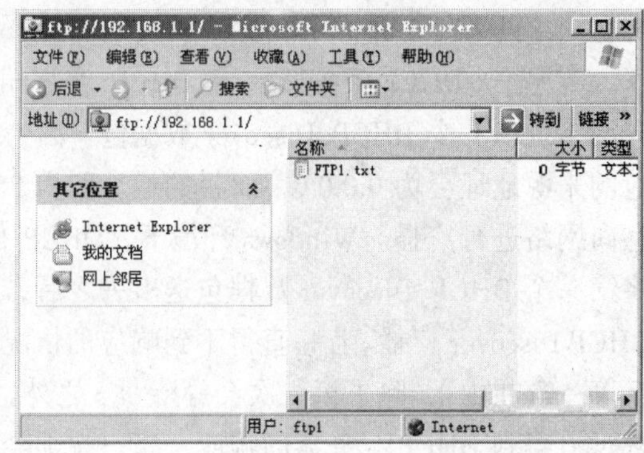

图 6-73　登录 FTP 虚拟目录

6.4 DHCP 服务器

6.4.1 DHCP 概述

动态主机配置协议（Dynamic Host Configuration Protocol，DHCP），它的前身是 BOOTP（引导程序协议），DHCP 可以说是 BOOTP 的增强版本，它分为两个部份：一个是服务器端，另一个是客户端，所有的 IP 网络设定数据都由 DHCP 服务器集中管理，并负责处理客户端的 DHCP 要求；而客户端则会使用从服务器配置的 IP 环境数据。DHCP 的分配方式是：在网络中至少有一台 DHCP 服务器在工作，它会通过端口 67 监听网络的 DHCP 请求，并与客户端协商配置客户机的 TCP/IP 环境。

IP 分配方式有三种：

① 人工分配（Manual Allocation）：网络管理员为某些少数特定的 Host 绑定固定 IP 地址，且地址不会过期。

② 自动分配（Automatic Allocation）：一旦 DHCP 客户端第一次成功的从 DHCP 服务器端租用到 IP 地址之后，就永远使用这个地址。

③ 动态分配（Dynamic Allocation）：当 DHCP 第一次从 DHCP 服务器租用到 IP 地址后，不是永久的使用该地址，只要租约到期，客户端就得释放这个 IP 地址，以给其他工作站使用，客户端可以比其他主机更优先得到该地址的租约，或者租用其他的 IP 地址。

动态分配显然比自动分配更加灵活，尤其是当实际 IP 地址不足的时候，例如：一个单位只能提供 100 个 IP 地址用来分配给用户，但并不意味着本单位最多只能有 100 个用户能上网；因为用户不可能都同一时间上网的，这 100 个地址轮流地分配给本单位的所有用户使用。DHCP 除了能动态的设定 IP 地址之外，还可以将一些 IP 保留下来给一些特殊用途的机器使用，甚至可以按照硬件地址固定地分配 IP 地址。另外 DHCP 还可以帮客户端指定网关、掩码、DNS 服务器等配置。客户端只要选中 TCP/IP 协议的自动获得 IP 地址选项就可以获得 IP 环境设定。

6.4.2 DHCP 的工作过程

1. DHCP 的工作过程

DHCP 的工作过程如图 6-74 所示，运行 DHCP 的服务器被动地打开 UDP67 号端口监听来自客户端的 DHCP 请求，由客户机发起 DHCP 的请求，DHCP 的工作过程是：

① 发现 DHCP 服务器：当 DHCP 客户端第一次登录网络的时候，使用 UDP 的 68 号端口向网络发出一个 DHCP Discover 数据包。因为客户端还不知道自己属于哪一个网络，所以数据包的来源地址会为 0.0.0.0，而目的地址则为 255.255.255.255，然后再附上 DHCP Discover 的信息向网络进行广播。Windows 环境下，DHCP Discover 的等待时间预设为 1 s，也就是当客户端将第一个 DHCP Discover 数据包送出去之后，在 1 s 之内没有得到响应的话，就会进行第二次 DHCP Discover 广播。若一直得不到响应的情况下，客户端一共会有四次 DHCP Discover 广播（包括第一次在内），除了第一次会等待 1 s 之外，其余三次的等待时间分别是 9、13、16 s。如果都没有得到 DHCP 服务器的响应，客户端则会显示错误信息，宣告 DHCP Discover 失败。根据使用者的选择，系统会继续在 5 min 之后再重复一次 DHCP Discover 的过程。

② 提供 IP 租用地址：当 DHCP 服务器监听到客户端发出的 DHCP Discover 广播后，从还没有租出的地址范围内，选择最前面的空置 IP，连同其他 TCP/IP 设定，回复给客户端一个 DHCP Offer 数据包。由于客户端在开始的时候还没有 IP 地址，所以在其 DHCP Discover 封包内会带有其 MAC 地址信息，并且有一个标识号（TID）来辨别该数据包，DHCP 服务器响应的 DHCP Offer 数据包则会根据这些信息传递给要求租约的客户。根据服务器端的设定，DHCP Offer 数据包会包含一个租约期限的信息。

③ 接受 IP 租约：如果客户端收到网络上多台 DHCP 服务器的响应，只会挑选其中一个 DHCP Offer，通常是最先到达的那个，并且会向网络发送一个 DHCP Request 广播包，告诉所有 DHCP 服务器它将接受某一台服务器提供的 IP 地址。同时客户端还会向网络发送一个 ARP 数据包，查询网络上有没有其他机器使用该 IP 地址，如果发现该 IP 已经被占用，客户端则会送出一个 DHCP Decline 数据包给 DHCP 服务器，拒绝接受其 DHCP Offer，并重新发送 DHCP

Discover 信息。并不是所有 DHCP 客户端都会无条件接受 DHCP 服务器的 Offer，客户端也可以用 DHCP Request 向服务器提出 DHCP 选择，而这些选择会填写在 DHCP Option Field 字段中，也就是说，在 DHCP 服务器上面的设定，未必是客户端全都接受，客户端可以保留自己的一些 TCP/IP 设定，主动权永远在客户端这边。

④ 租约确认。当 DHCP 服务器接收到客户端的 DHCP Request 之后，会向客户端发出一个 DHCP Ack 响应，以确认 IP 租约的正式生效，也就结束了一个完整的 DHCP 工作过程。

⑤ 客户机根据服务器提供的租用期 T，设置两个计时器 T1 和 T2，分别为 0.5T 和 0.875T，当租用期到 T1 时，发送 DHCP Request 要求更新租用期，如果服务器同意，就发送 DHCP Ack 数据包，客户机就得到新的租用期；如果服务器不同意，就发送 DHCP Nak 数据包，这时客户机必须停止使用原来的 IP 地址，必须重新申请新的 IP 地址；如果 DHCP 服务器不响应 DHCP 的请求报文，则在 T2 的计时器到时，重新申请新的 IP 地址。

⑥ DHCP 客户机可以向服务器发送 DHCP Release 报文，随时提前结束租用。

DHCP 工作过程示意图如图 6-74 所示。

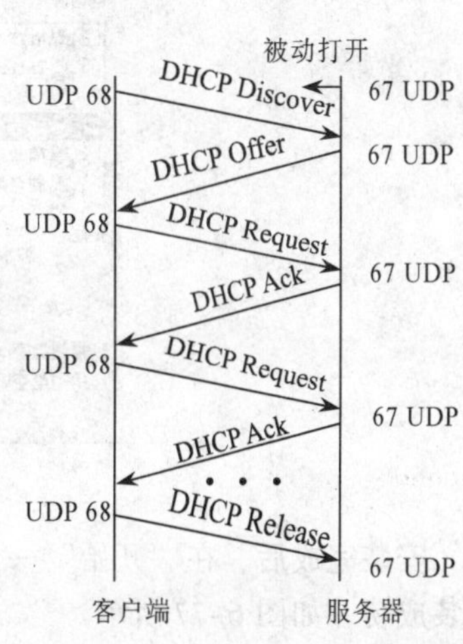

图 6-74　DHCP 的工作过程

2. DHCP 中继代理

DHCP Discover 是以广播方式发送的，因为 Router 是不会将广播报文传送出去的，所以只能在同一网络之内发布。如果 DHCP 服务器在其他的网络上，由于 DHCP 客户端还没有 IP 环境设定，所以也不知道 Router 地址，而且大多数 Router 不会将 DHCP 广播封包传递出去，因此 DHCP Discover 永远没办法抵达 DHCP 服务器，当然也不会发生 Offer 及其他动作了。要解决这个问题，我们可以用 DHCP Agent 主机来接管客户的 DHCP 请求，将此请求传递给真正的 DHCP 服务器，然后将服务器的回复传给客户。Agent 主机必须自己具有路由能力，且能将双方的封包互传对方。若不使用 Agent，也可以在每一个网络之中安装 DHCP 服务器，但这样设备成本会增加，而且，管理上面也比较分散。如果在一个大型的网络中，这样的均衡式架构还是可取的，DHCP 代理的示意图如图 6-75 所示。

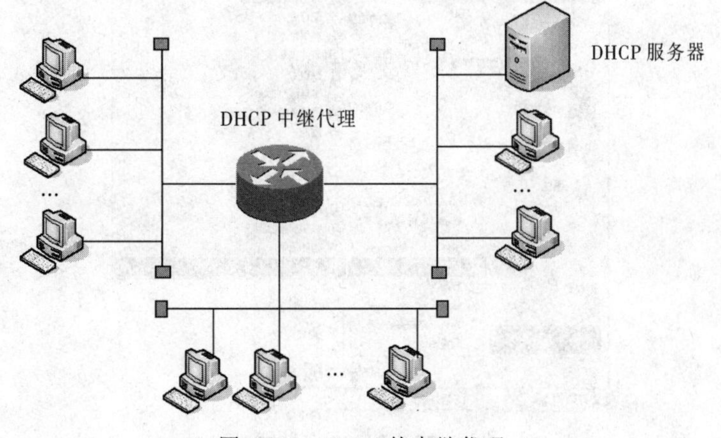

图 6-75　DHCP 的中继代理

6.4.3 DHCP 的配置与管理

利用 Windows Server 2003 中的 DHCP 组件，可以架设 DHCP 服务器，在本节中使用普通交换机一台、安装 Windows Server 2003 SP2 的 PC 一台、安装 Windows XP Professional SP3 的 PC 一台搭建本地局域网，在本局域网中架设 DHCP 服务器。通过搭建 DHCP 服务器掌握 DHCP 服务器的安装和授权，掌握创建和配置 DHCP 作用域的方法和掌握 DHCP 客户端的设置方法。

1. 服务器端配置

（1）安装 DHCP 服务器

选择“控制面板”→“添加或删除程序”→“添加/删除 Windows 组件”→“网络服务”→“网络服务的子组件”→“动态主机配置协议（DHCP）”，即可安装 DHCP 组件，如图 6-76 所示。

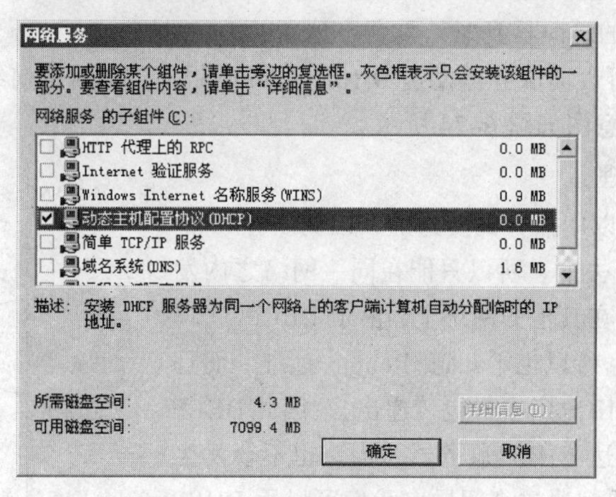

图 6-76 添加 DHCP 组件

安装完成后，在“开始”→“程序”→“管理工具”下出现 DHCP 项，说明 DHCP 服务器安装成功，如图 6-77 所示。

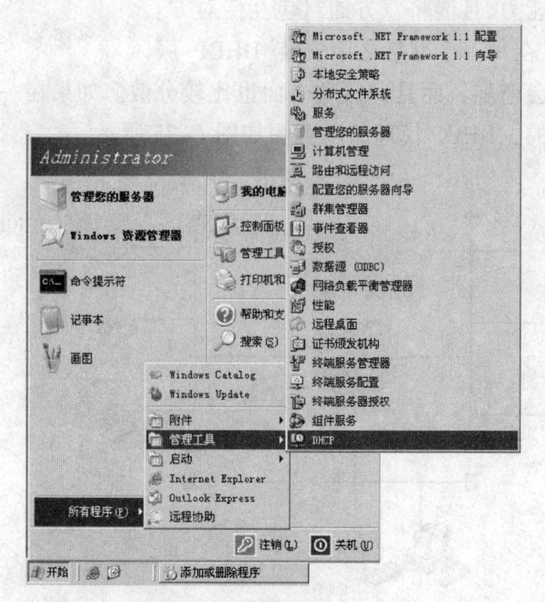

图 6-77 DHCP 安装成功

（2）添加 DHCP 服务器

① 选择"开始"→"程序"→"管理工具"→DHCP 选项，打开 DHCP 窗口，如图 6-78 所示。

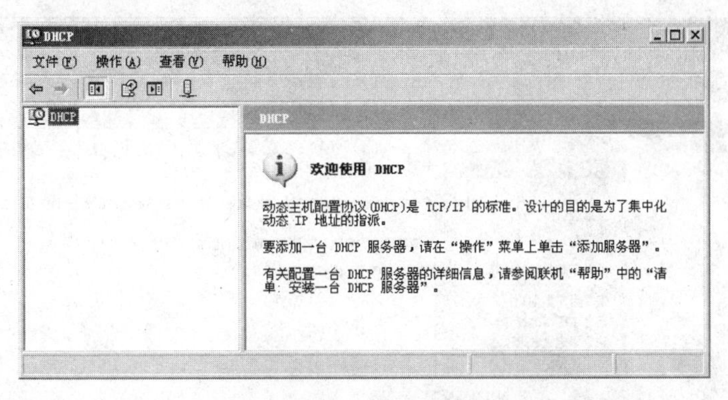

图 6-78　DHPC 窗口

② 右击 DHCP 图标，选择"添加服务器"命令，弹出"添加服务器"对话框，如图 6-79 所示。

③ 输入服务器计算机名或 IP 地址并单击"确定"按钮，如图 6-80 所示。

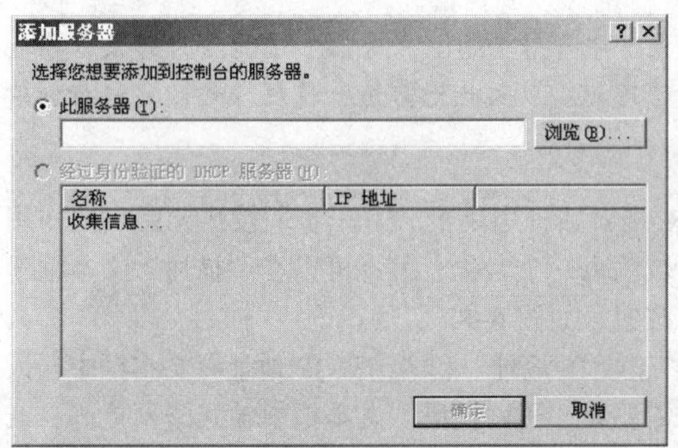

图 6-79　"添加服务器"对话框

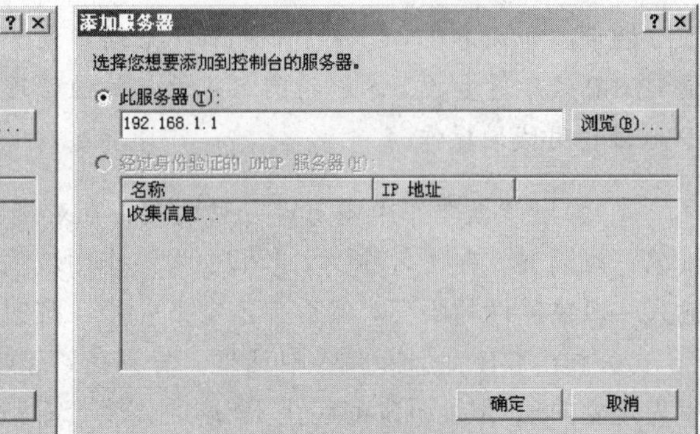

图 6-80　输入主机名或 IP 地址

④ 如果添加成功，服务器图标会出现在 DHCP 控制台窗口，如图 6-81 所示。

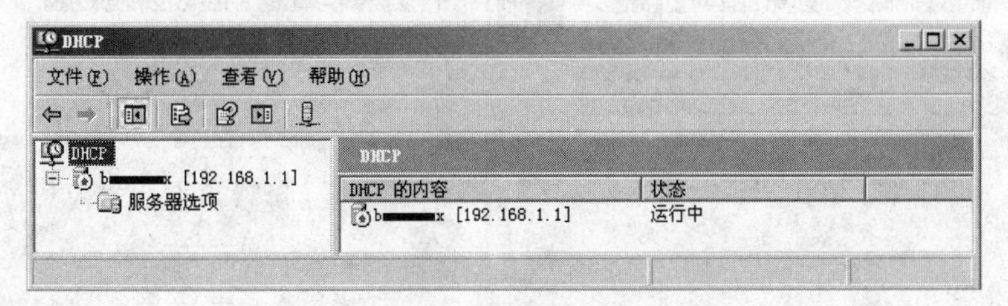

图 6-81 完成添加服务器

提示： 在 Windows Sever 2003 系统下，通常会选择将本机指定给 DHCP，如果系统已经指定 DHCP 服务器，可跳过本阶段。

（3）配置 DHCP 服务器

安装好 DHCP 服务并启动后，必须创建一个作用域，该作用域是可供网络中的 DHCP 客户端租用的有效 IP 地址的范围。

① 选择“开始”→“程序”→“管理工具”→DHCP 选项，打开 DHCP 窗口。在左窗格中右击 DHCP 服务器名称，选择“新建作用域”命令，如图 6-82 所示。

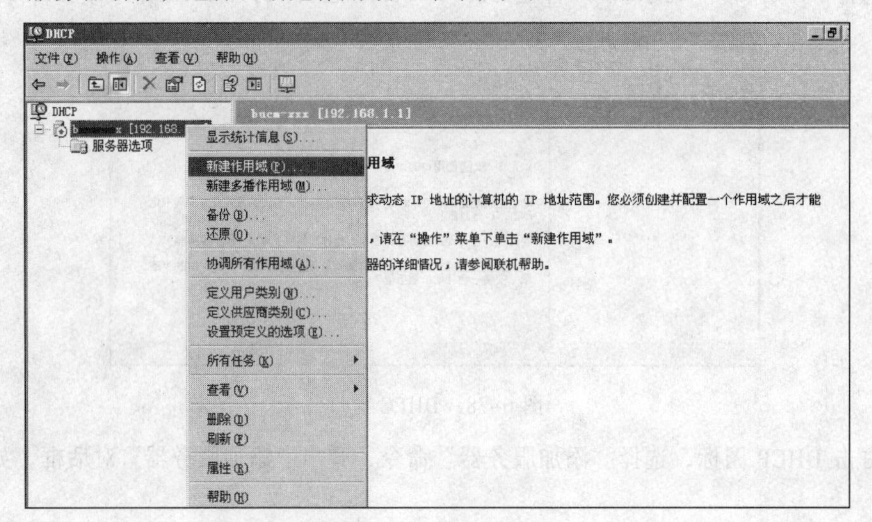

图 6-82 新建作用域

提示：如果是在 Active Directory（活动目录）中部署 DHCP 服务器，还需要进行授权才能使 DHCP 服务器生效。本例的网络基于工作组管理模式，因此无需进行授权操作即可进行创建 IP 地址作用域的操作。

② 弹出“新建作用域向导”对话框，在欢迎对话框中单击“下一步”按钮，弹出“作用域名”对话框。在“名称”文本框中为该作用域输入一个名称，另外可以在“描述”文本框中输入一段描述性的语言。然后单击“下一步”按钮，如图 6-83 所示。

③ 弹出“IP 地址范围”对话框，分别在“起始 IP 地址”和“结束 IP 地址”文本框中输入事先规划的 IP 地址范围的起止 IP 地址。接着需要在“子网掩码”文本框中输入子网掩码，或者调整“长度”微调框的值。设置完毕单击“下一步”按钮，如图 6-84 所示。

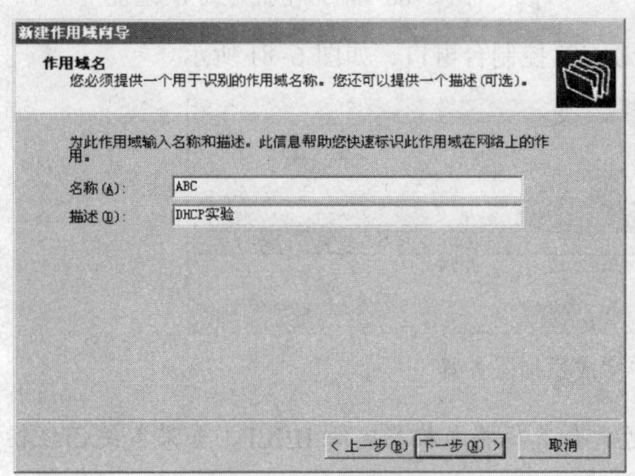

图 6-83 配置向导

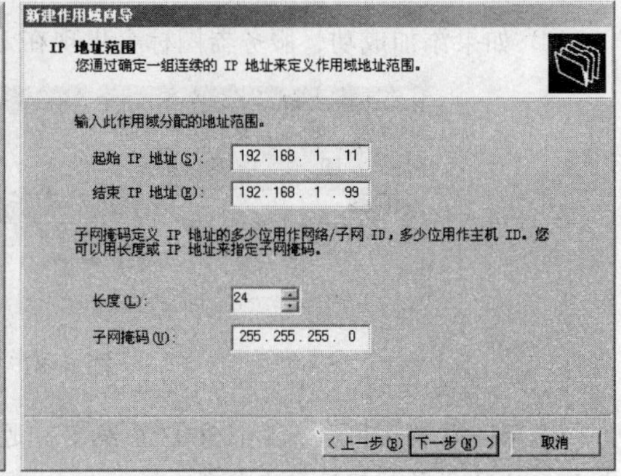

图 6-84 配置 IP 地址范围

④ 在弹出的“添加排除”对话框中可以指定排除的 IP 地址或 IP 地址范围，例如已经指定给服务器的静态 IP 地址需要在此排除。在“起始 IP 地址”文本框中输入准备排除的 IP 地址并

单击“添加”按钮，这样可以排除一个单独的 IP 地址，当然也可以排除某个范围内的 IP 地址。单击“下一步”按钮，如图 6-85 所示。

⑤ 在弹出的“租约期限”对话框中，默认将客户端获取的 IP 地址使用期限设置为 8 天。根据实际需要修改租约期限，单击“下一步”按钮，如图 6-86 所示。

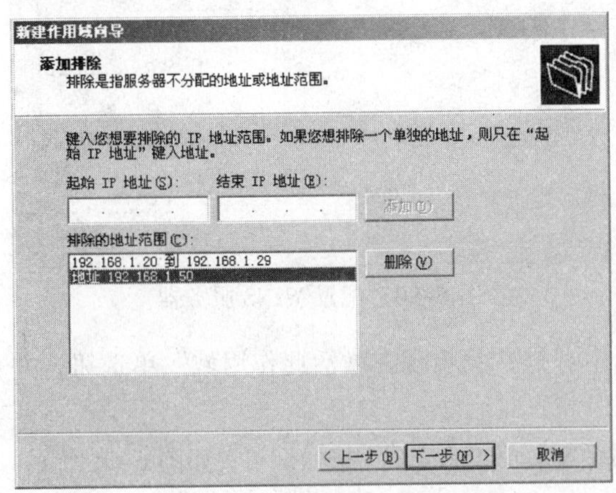

图 6-85　配置排除地址范围

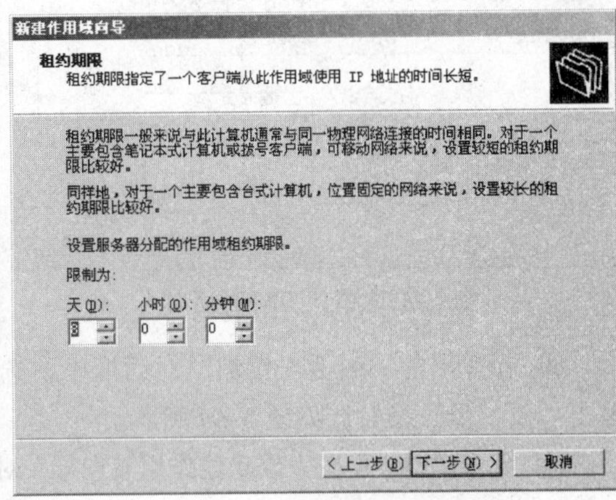

图 6-86　配置租约期限

⑥ 弹出“配置 DHCP 选项”对话框，选中“是，我想现在配置这些选项”单选按钮，并单击“下一步”按钮，如图 6-87 所示。

⑦ 在弹出的“路由器（默认网关）”对话框中根据实际情况输入网关地址，并依次单击“添加”→“下一步”按钮，如图 6-88 所示。

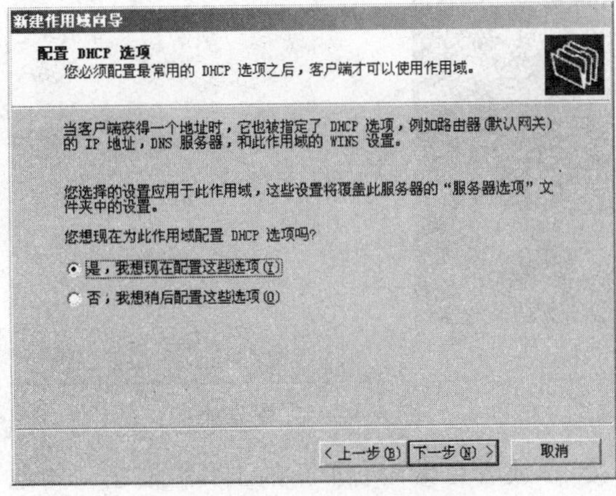

图 6-87　配置 DHCP 选项

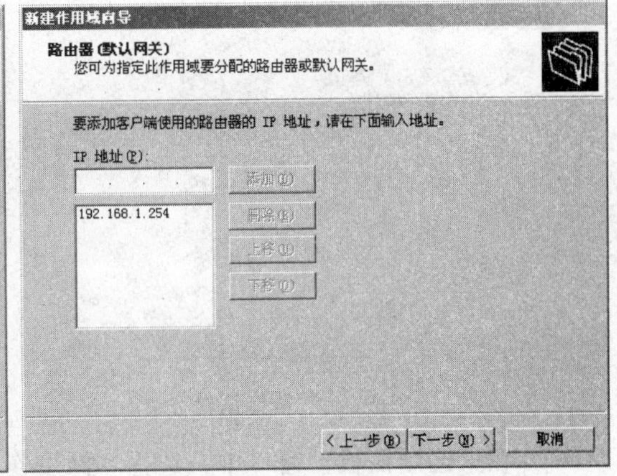

图 6-88　添加默认网关

⑧ 在弹出的“域名称和 DNS 服务器”对话框中可以根据实际情况设置 DNS 服务器地址。DNS 服务器地址可以设置为多个，既可以是局域网内部的 DNS 服务器地址，也可以是 Internet 上的 DNS 服务器地址。设置完毕单击“下一步”按钮，如图 6-89 所示。

⑨ 弹出“WINS 服务器”对话框，一般无需进行设置，直接单击“下一步”按钮，如图 6-90 所示。

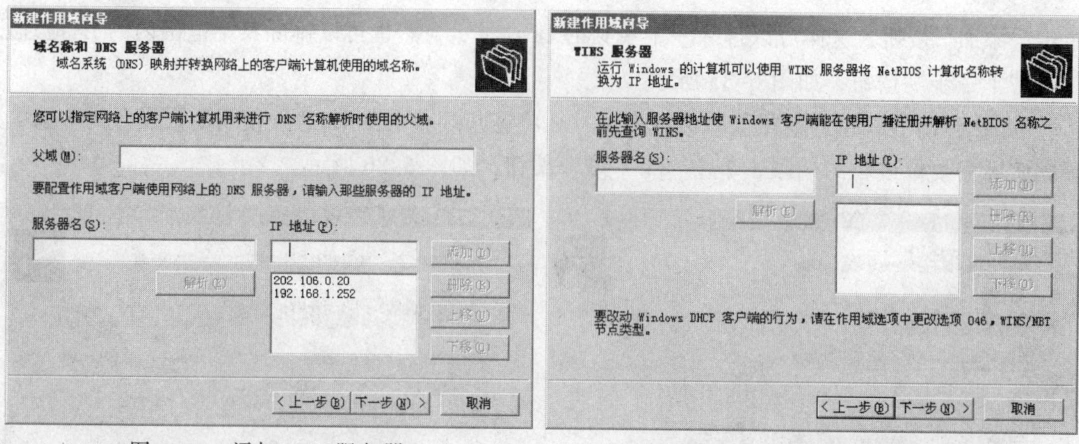

图 6-89　添加 DNS 服务器　　　　图 6-90　配置 WINS 服务器

⑩ 在弹出的“激活作用域”对话框中，选中“是，我想现在激活此作用域”单选钮，并单击“下一步”按钮，如图 6-91 所示。

⑪ 最后弹出“正在完成新建作用域向导”对话框，单击“完成”按钮即可，如图 6-92 所示。

2. 客户端配置

要想使局域网中的计算机通过 DHCP 服务器自动获取 IP 地址，则必须对客户端计算机进行相应的设置。以运行 Windows XP（SP2）系统的客户端计算机为例，设置 DHCP 客户端的步骤如下所述：

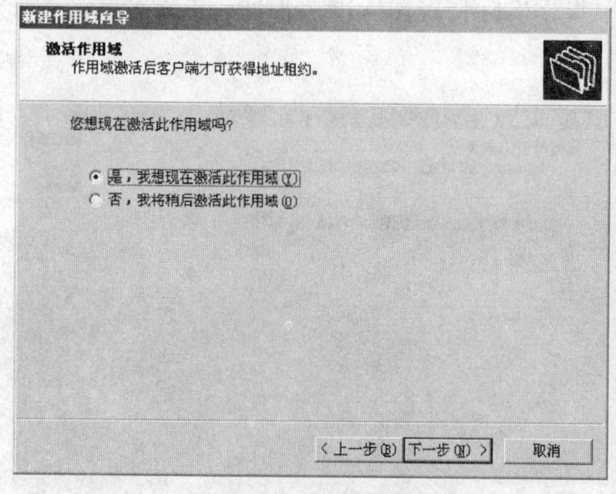

图 6-91　激活作用域

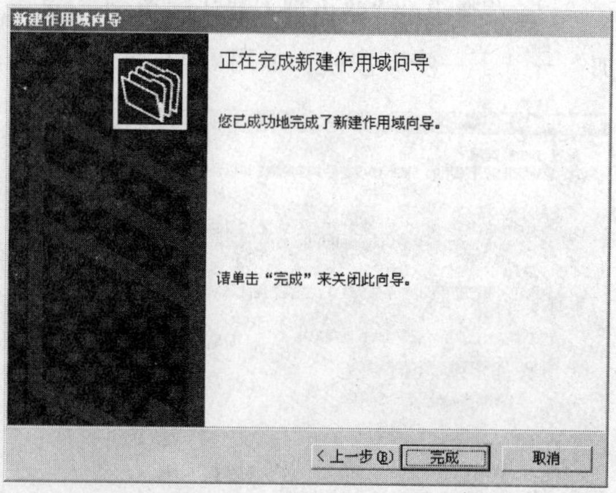

新建作用域向导
正在完成新建作用域向导
您已成功地完成了新建作用域向导。
请单击“完成”来关闭此向导。
< 上一步(B)　完成　取消

图 6-92　配置完成

① 在“控制面板”窗口中，选择“网络连接”，或者在桌面右下角的工具栏右击“本地连接”，选择“打开网络连接”，如图 6-93 所示。在弹出的“网络连接”窗口中右击“本地连接”图标，并选择“属性”命令，弹出“本地连接 属性”对话框。然后双击“Internet 协议（TCP/IP）”选项，如图 6-94 所示。

图 6-93　打开网络连接

② 在弹出的“Internet 协议（TCP/IP）属性”对话框中选中“自动获得 IP 地址”和“自动获得 DNS 服务器地址”单选按钮，并依次单击“确定”按钮使设置生效，如图 6-95 所示。

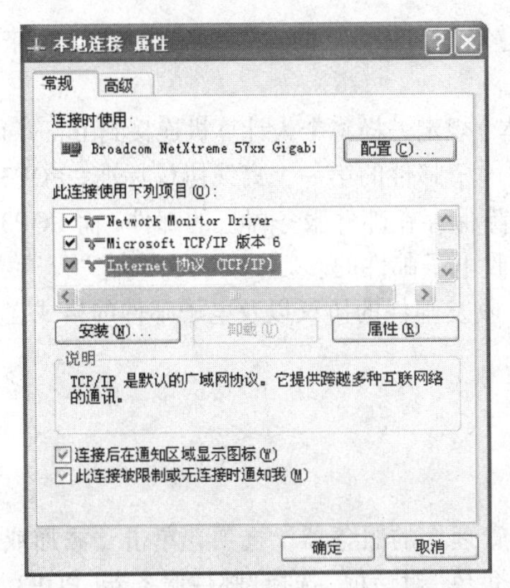

图 6-94　“本地连接 属性”对话框

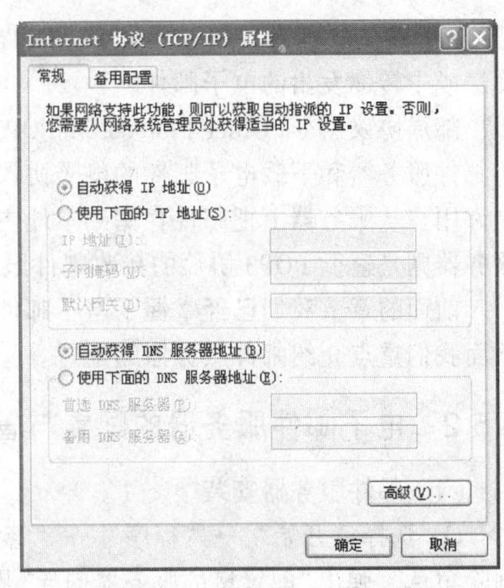

图 6-95　配置 IP 地址和 DNS

③ 选择“开始”→“运行”选项，输入 cmd，打开“命令提示符”窗口，再输入 ipconfig /all 命令，查看本机 IP 地址、网关、DHCP 服务器、DNS 服务器等信息，如图 6-96 所示。

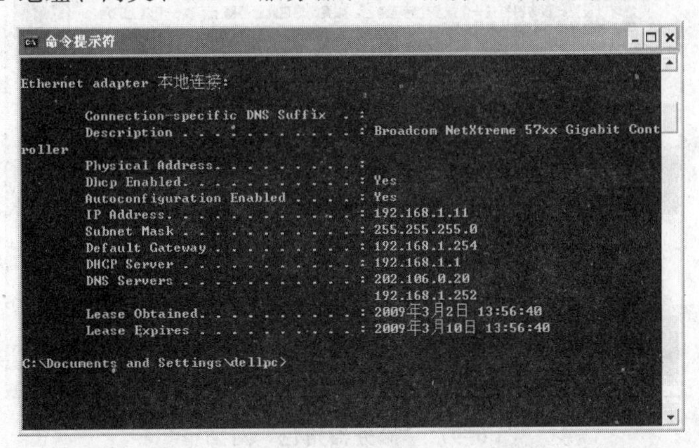

图 6-96　查看客户机获取的地址信息

至此，DHCP 服务器端和客户端计算机已经全部设置完成，在 DHCP 服务器正常运行的情况下，首次开机的客户端计算机会自动获取一个 IP 地址并拥有一定时间的使用期限。

6.5　电 子 邮 件

6.5.1　电子邮件协议概述

电子邮件是因特网上最为流行的应用之一。电子邮件系统由电子邮件客户端、简单邮件传输协议（SMTP）服务以及 POP3 服务三个组件组成。

简单邮件传输协议（Simple Mail Transfer Protocol，SMTP）是一组用于由源地址到目的地址传送邮件的规则，由它来控制信件的中转方式。SMTP 协议属于 TCP / IP 协议族，它帮助每台计算机在发送或中转信件时找到下一个目的地。通过 SMTP 协议所指定的服务器，我们就可以把 Email 寄到收信人的服务器上了。SMTP 服务器则是遵循 SMTP 协议的发送邮件服务器，用来发送或中转你发出的电子邮件。

邮局协议（Post Office Protocol 3，POP3 的第 3 个版本）规定怎样将个人计算机连接到 Internet 的邮件服务器和下载电子邮件的电子协议。它是因特网电子邮件的第一个离线协议标准，POP3 允许用户从服务器上把邮件存储到本地主机上，同时删除保存在邮件服务器上的邮件，而 POP3 服务器则是遵循 POP3 协议的接收邮件服务器，用来接收电子邮件的。

前面的章节我们已经掌握了电子邮件的工作过程，收发邮件的协议以及电子邮件的格式，下面我们重点介绍邮件服务器的配置。

6.5.2 电子邮件服务器的配置与管理

（1）邮件服务器安装

① 选择“开始”→“程序”→“管理工具”→“管理您的服务器”选项，单击“添加或删除角色”，弹出“配置您的服务器向导”界面的“服务器角色”对话框，选择“邮件服务器（POP3，SMTP）”，单击“下一步”按钮，如图 6-97 所示。

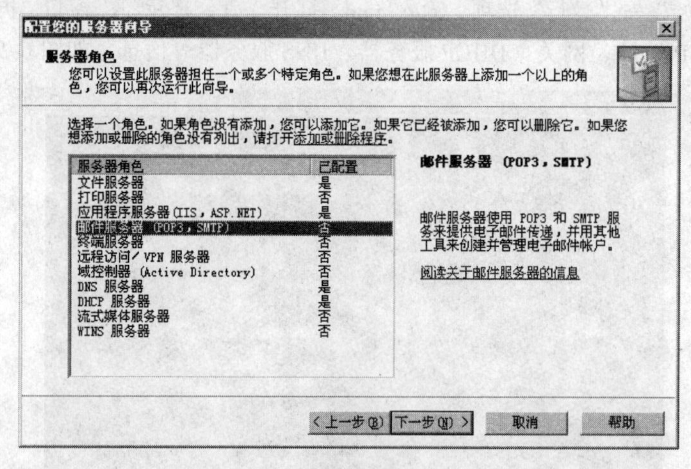

图 6-97 “服务器角色”对话框

② 弹出“配置 POP3 服务”对话框，选择“身份验证方法”（这里我们选择“本地 Windows 账户”）和“输入电子邮件域名”（如：abc.com），单击“下一步”按钮，如图 6-98 所示。

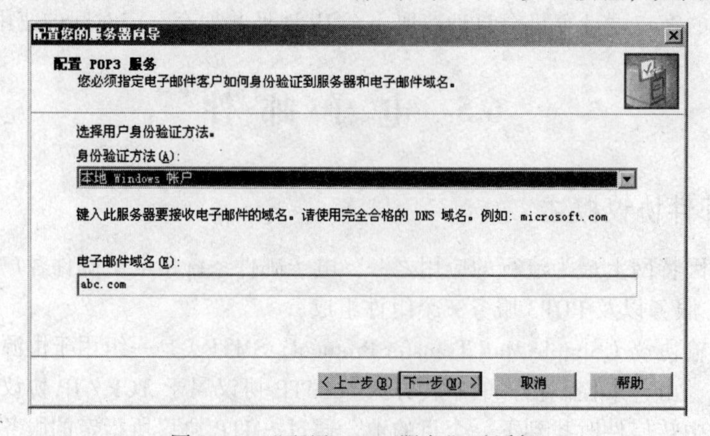

图 6-98 “配置 POP3 服务”对话框

③ 弹出“选择总结”对话框，可以看到总结说明：“安装 POP3 和简单邮件传输协议（SMTP）以使 POP3 邮件客户端能发送和接收邮件”，单击“下一步”按钮系统会自动安装，如图 6–99 和图 6–100 所示。

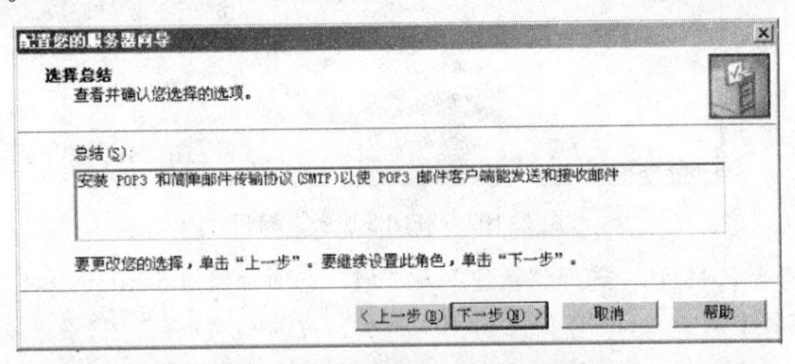

图 6–99　“选择总结”对话框

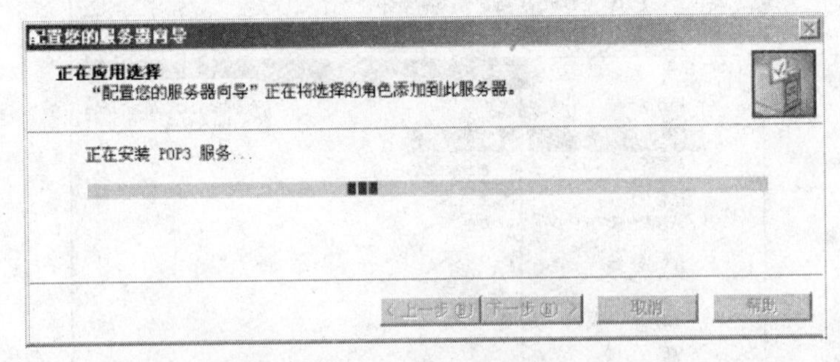

图 6–100　“正在应用选择”对话框

④ 安装完成，如图 6–101 所示。

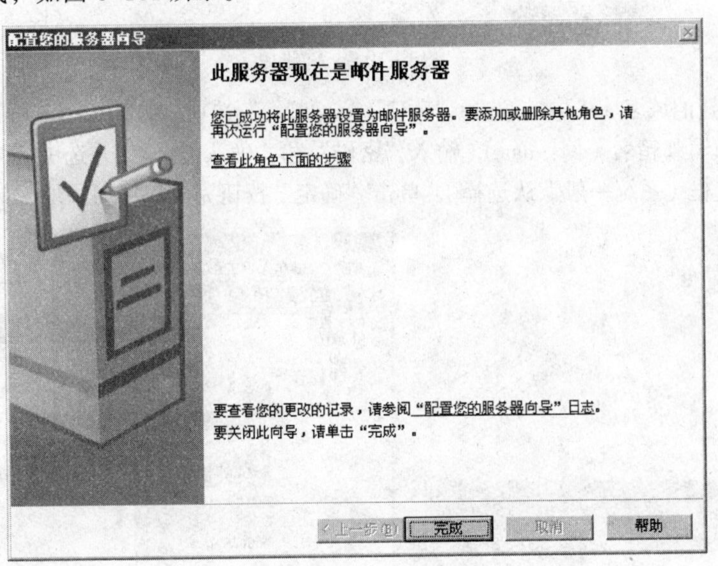

图 6–101　完成安装

（2）邮件服务器配置

① 选择“开始”→“程序”→“管理工具”→“POP3 服务”选项，打开“POP3 服务”窗口，如图 6–102 所示。

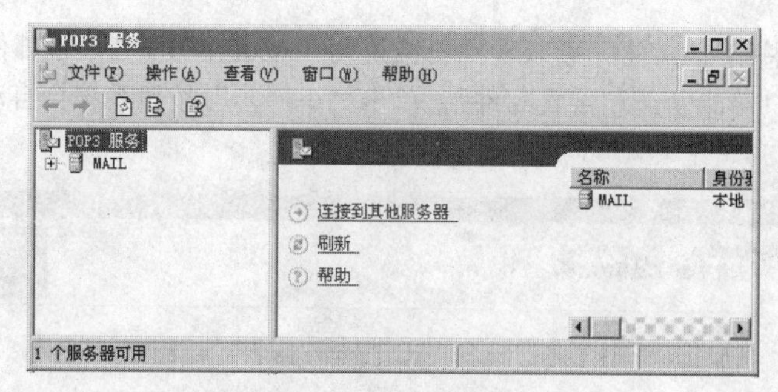

图 6-102 “POP3 服务”窗口

② 右击服务器名 MAIL，选择“新建”→“域”选项，如图 6-103 所示，弹出“添加域”对话框，输入域名（如 asd.com），如图 6-104 所示。

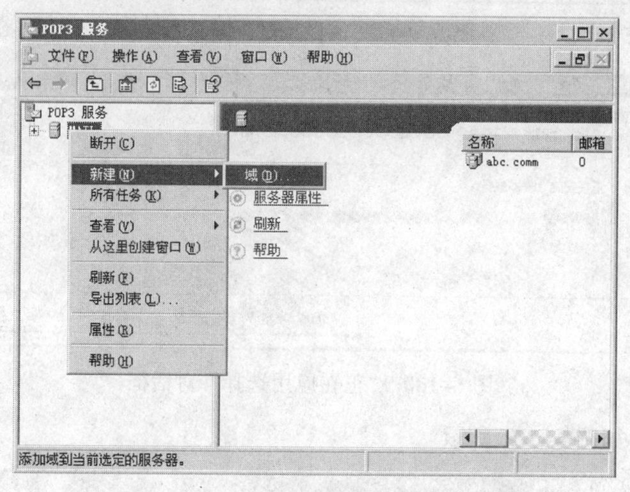

图 6-103 新建域

③ 右击新建的域名 asd.com，选择“新建”→“邮箱”选项，如图 6-105 所示，弹出“添加邮箱”对话框，填写邮箱名（例：aaa），输入“密码”和“确认密码”，并选中“为此邮箱创建相关联的用户”复选框（系统一般默认选择），单击“确定”按钮完成邮箱的添加，如图 6-106 所示。

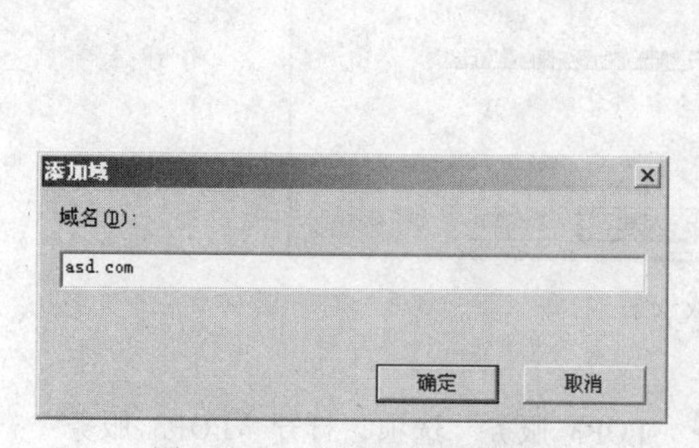

图 6-104 “添加域”对话框

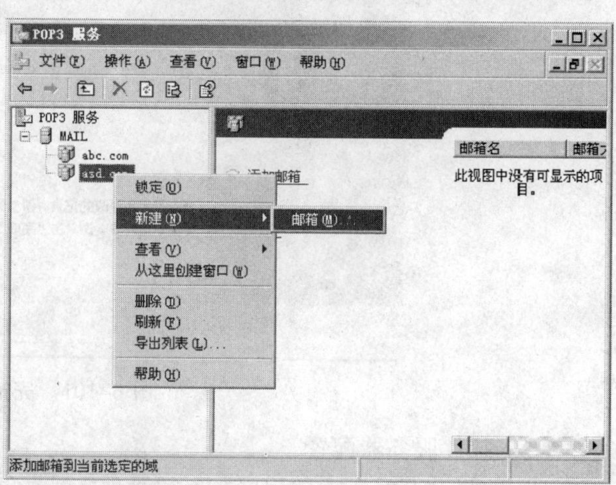

图 6-105 新建邮箱

④ 为方便后面接收和发送邮件做测试，再新建一邮箱 bbb@abc.com。

（3）配置邮件客户端（以 Outlook Express 为例）

① 选择“开始”→“程序”→Outlook Express 选项，打开 Outlook Express 窗口，如图 6-107 所示。

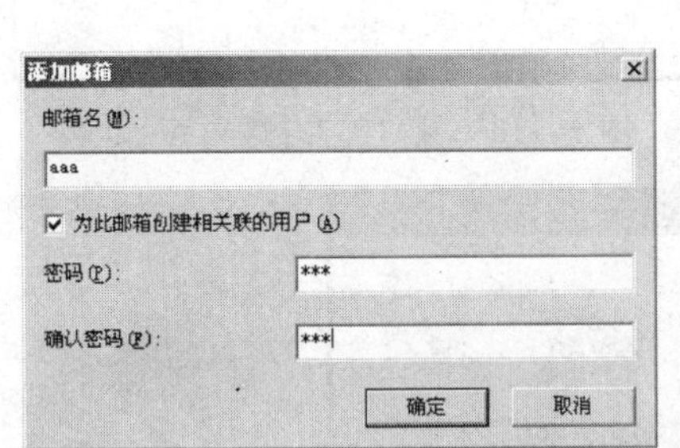

图 6-106 “添加邮箱”对话框

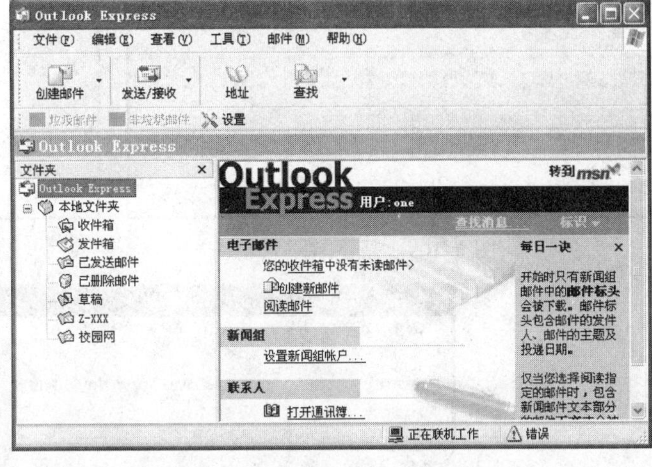

图 6-107　Outlook Express 窗口

② 在 Outlook Express 窗口中，选择“工具”→“账户”选项，弹出“Internet 账户”对话框，选择“邮件”选项卡，如图 6-108 所示。

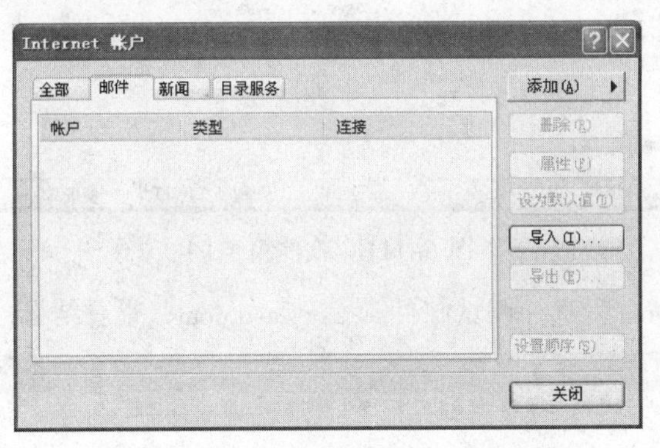

图 6-108 “Internet 账户”对话框

③ 在“Internet 账户”对话框右上角单击“添加”→“邮件”，弹出“Internet 连接向导”对话框，在 Outlook 中新建用户 aaa@asd.com 和 bbb@abc.com（方法见第 5 章）。

（4）发送和接收邮件测试

① 打开 Outlook Express 软件，单击“创建”按钮，打开“新邮件”窗口，在“发件人”框中下拉列表选择 aaa@asd.com，在“收件人”文本框中输入 bbb@abc.com，在“主题”文本框和邮件正文中输入相应内容，然后单击“发送”按钮，如图 6-109 所示。

② 打开 Outlook Express 软件，进入 bbb 账户，单击“发送/接收”按钮，可以看见邮件的接收过程，如图 6-110 所示，接收完成以后，可以在“收件箱”处看一封新邮件，如图 6-111 所示。

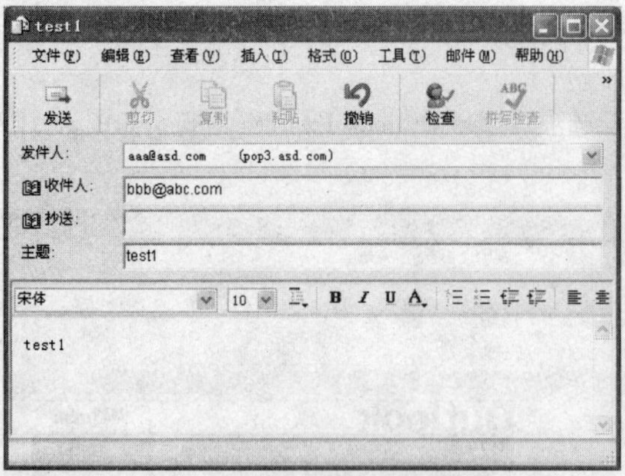

图 6-109　新建邮件

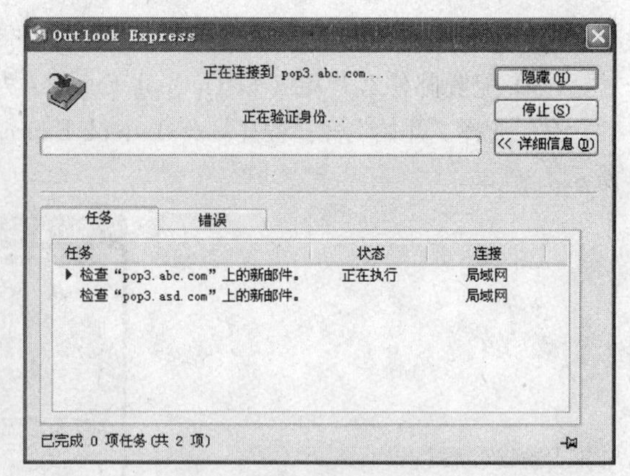

图 6-110　接收邮件过程

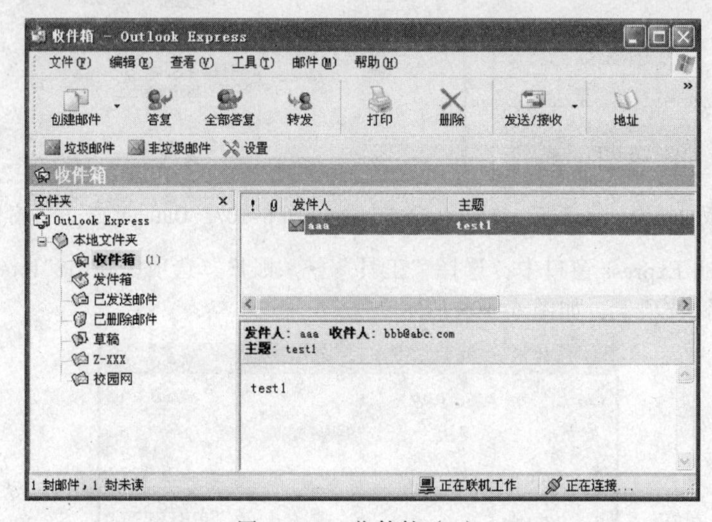

图 6-111　收件箱（1）

③ 再从 bbb@abc.com 发送一测试邮件到 aaa@asd.com，查看结果，如图 6-112 所示。

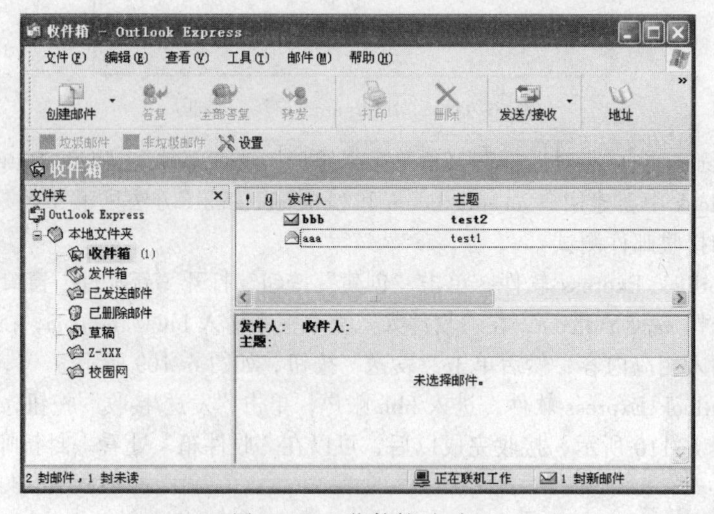

图 6-112　收件箱（2）

习　题

一、选择题

1. 服务器监听客户端 DNS 请求的端口是（　　）。

A. 23　　B. 53　　C. 68　　D. 110

2. 不是 Web 的功能组件的是（　　）。

A. HTML　　B. HTTP　　C. URL　　D. ROUTER

3. WWW 服务的默认端口是（　　）。

A. 80　　B. 110　　C. 8088　　D. 8080

4. FTP 的两种工作方式是（　　）。

A. GET 和 PORT　　B. POST 和 PORT

C. PORT 和 PASV　　D. PASV 和 GET

5. DHCP 服务器在给定的租期 T 内设定了两个计时器 T1 和 T2 用来发送请求更新租用期报文，T1 和 T 的关系是（　　）。

A. 0.25T　　B. 0.5T　　C. 0.75T　　D. 0.875T

二、填空题

1. 三大类顶级域名是________、________和________。

2. DNS 定义的两种解析方法是________和________。

3. 配置 DNS 服务器时至少要有一个正向查找区域，它作用是________。

4. HTTP 的请求报文中 Keep-Alive 的连接方式表示________。

5. 如果在 Active Directory（活动目录）中部署 DHCP 服务器，还需要________才能使 DHCP 服务器生效。

三、简答题

1. 简述 DNS 的工作过程。

2. 描述 HTTP 的工作过程。

3. cookie 是如何实现用户和服务器的交互？

4. 客户机是如何通过 Web 服务器访问后台数据库的？

5. 简述 DHCP 的工作过程。

四、实验题

将全班学生分成 6 个组，分别完成以下实验内容。

（1）组建本地局域网。

（2）在本地局域网中，设置三台计算机分别作为 dns.c、dns.b.c、dns.a.b.c，完成局域网的域名解析。

（3）在局域网中，设置一台 WWW 服务器，制作网页，提供 Web 服务。

（4）在局域网中，设置一台 FTP 服务器，给 6 个组分别设置相关 FTP 服务。

（5）在局域网中，设置一台 DHCP 服务器，为本局域网中的客户机提供 DHCP 服务。

（6）在局域网中，设置一台电子邮件服务器，为所有的用户提供邮件服务。

第7章　网络安全与管理

本章重点介绍网络安全和管理方面的基础知识，通过对网络安全基本内容、安全威胁和安全策略的分析，诠释网络防火墙技术、加密技术、数字签名技术、反病毒技术；叙述了网络管理体系结构、SNMP和信息库；最后介绍了当前流行的网络安全和管理方面的产品及其使用。

学习目标：

- 了解网络安全威胁和安全策略；
- 掌握防火墙技术；
- 理解加密和数字签名技术；
- 了解网络管理模型和SNMP的基本体系结构；
- 掌握管理信息结构；
- 学会使用Windows防火墙的配置和使用；
- 学会架设VPN;
- 能够安装配置和使用IPSec;
- 会使用Nessus扫描网络漏洞；
- 学会安装和配置SNMP;
- 能使用MRTG进行网络流量监控。

7.1　网络安全

7.1.1　网络安全概述

计算机网络已经深入社会生活的各个方面，人们已经越来越离不开网络，然而网络给人们带来方便的同时，也带来了安全问题。病毒传播、黑客攻击、重要信息的泄露、数据被篡改和破坏等，都将极大地影响着人们的正常生活。

1．网络安全的基本概念

网络安全是一门涉及计算机科学、网络技术、通信技术、密码技术、信息安全技术、应用数学、数论、信息论等多种学科的综合性学科。

网络安全是指保护网络系统中的软件、硬件及信息资源，使之免受偶然或恶意的破坏、篡改和泄露，保证网络系统的正常运行、网络服务不中断。

网络安全应具有以下五个方面的特征：

① 保密性：确保信息不暴露给未授权的人或实体。在网络系统中每个层次上都有不同的防范措施来保证其机密性，如物理保密、信息加密、防窃听、防辐射等。

② 完整性：只有得到授权的人能修改数据，并且能够判别出数据是否已被篡改。即网络

信息在存储、传输过程中保持不被删除、修改、伪造、乱序、重放、插入等的特性。影响网络完整性的主要因素有设备故障，传输、处理、存储过程中受到的网络攻击，计算机病毒等，主要防范技术有校验和认证。

③ 可用性：得到授权的人在任何时候都可以访问数据，保证合法用户对信息和资源的使用不会被拒绝。在网络环境下拒绝服务、破坏网络和破坏有关系统的正常运行都属于对可用性的攻击。

④ 可控性：可以控制信息流向及行为的方式，保障系统依据授权提供相应的服务。对黑客入侵、口令攻击、用户权限提升、资源非法使用采取防范措施。

⑤ 可审查性：提供历史事件的记录，对出现的安全问题提供调查的依据和手段。

2. 影响网络安全的因素

计算机网络由于系统本身存在不同程度的脆弱性，为各种动机的攻击提供了入侵或破坏系统的途径和方法。网络系统的脆弱性体现在以下几个方面：

（1）硬件系统

体现在硬件的物理安全方面，由于人为或自然的原因造成设备的损坏，从而导致信息的泄露或失效。

（2）软件系统

由于软件设计中的疏漏可能留下安全漏洞，这种漏洞可能存在于操作系统、数据库系统和应用软件系统。

（3）网络及其通信协议

因特网是人们普遍使用的网络，由于最初的 TCP/IP 是在可信任环境中开发出来的，所以它的协议族在总体设计中基本上没有考虑安全问题，相当多的安全问题是在后来的使用过程中发现，并在原协议中添加安全策略的。主要体现在：

① 缺乏用户身份鉴别机制：在因特网中，数据报在路由器之间传递，对所有人都是开放的，路由器只看数据报的目的地址进行转发，不保证其内容不被其他人窥视，所以源 IP 地址和目的 IP 地址很容易被别有用心的人进行源地址欺骗（Source Address Spoofing）或 IP 欺骗（IP Spoofing）等。

② 缺乏路由协议鉴别认证机制：在 IP 层之上缺乏对路由协议的安全认证机制，对路由信息缺乏鉴别和保护，容易造成源路由选择欺骗（Source Routing Spoofing）和路由选择信息协议攻击（RIP Attacks）等。

③ 缺乏保密性：TCP/IP 采用明文传输，用户账号、口令等重要信息被一览无余。攻击者可以截获含有账号、口令的数据报，实现鉴别攻击（Authentication Attacks），TCP 序列号欺骗（TCP Sequence Number Spoofing），TCP 序列号轰炸攻击（TCP SYN Flooding Attack），等等。

④ TCP/IP 服务的脆弱性：由于应用层协议位于 TCP/IP 体系结构的最高层，下层的安全缺陷必然导致应用层的安全出现问题，更何况应用层协议（如 DNS、FTP、SNMP）本身也存在安全隐患。

综合上面所述的各方面情况，网络安全性的风险主要有四种基本安全威胁：信息泄露、完整性破坏、拒绝服务和非授权访问，而造成这些安全威胁的主要原因有内部操作不当、内部管理漏洞、外部威胁和犯罪。如系统管理员和安全管理员出现管理配置的操作失误，会导致事故的发生，又如 UNIX 操作系统的核心代码是公开的，这是最易受攻击的目标。当攻击者发起攻击时可能先设法通过 UNIX 操作系统的漏洞登录到一台主机上，然后再以此为据点访问其余主机，攻击者在到达目的主机之前往往会先经过几个主机，这样，即使被攻击网络发现了攻击者从何处发起攻击，管理人员也很难顺次找到他们的最初据点，而且他们在窃取某台主机的系统特权后，在退出时会删掉系统日志。所以，如何检测系统自身的漏洞，保障网络的安全，已成为一个日益紧迫的问题。

健全内部网络的管理机制，加强职工的安全教育，设置防火墙，建立监控系统是保障内部网络安全的重要举措。同时，多了解网络攻击的类型和常见形式，对网络安全也是大有益处的。

（1）网络攻击的类型

网络攻击的分类很多，下面从安全属性和攻击方式讨论分类。

① 从安全属性分类：网络攻击的类型可以分为阻断攻击、截获攻击、篡改攻击和伪造攻击，如图 7-1 所示。

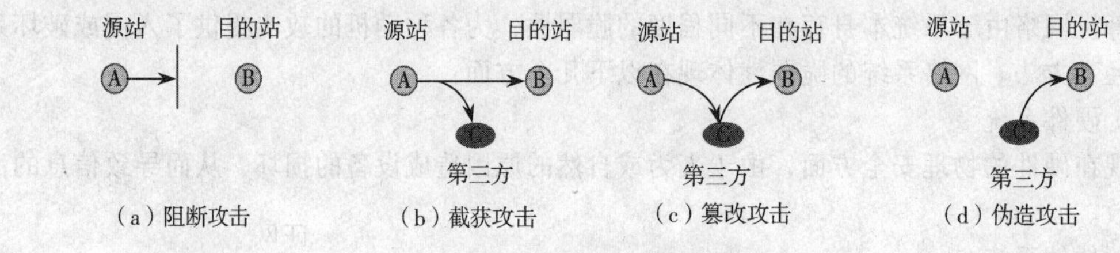

图 7-1　网络攻击的类型

② 从攻击方式分类：按攻击方式来分有主动攻击和被动攻击。主动攻击是指攻击者对数据流进行某些修改或生成一个假的数据流，以达到伪装、回答、修改报文、拒绝服务 4 种效果。被动攻击是指攻击者使用窃听、监听正在传输的信息，获得传输报文的内容，或者对通信流量进行分析。被动攻击不修改通信信息，所以检测比较困难，对于被动攻击的主要手段是阻止。

（2）网络攻击的常见形式

目前，计算机互联网络面临的安全性威胁表现形式主要有以下几个方面。

① 非授权访问：没有经过同意就使用网络，如有意避开系统访问控制机制，对网络设备及资源进行非正常使用，或擅自扩大权限，越权访问信息。主要有以下几种形式：假冒、身份攻击、非法用户进入网络系统进行违法操作、合法用户以未授权方式进行操作等。因为操作系统总不免存在这样或那样的漏洞，有些人就利用系统的漏洞进行网络攻击，其主要目标就是对系统数据的非法访问和破坏。

② 拒绝服务攻击：DoS 的英文全称是 Denial of Service，就是“拒绝服务”的意思，属于一种简单有效的破坏性攻击，它不断对网络服务系统进行干扰，执行与正常运行无关的程序，使系统响应减慢甚至瘫痪，影响正常用户的使用，甚至使合法用户被排斥，而不能进入计算机网络系统或不能得到相应的服务。如早期的“电子邮件炸弹”，它能使用户在很短的时间内收到大量电子邮件，使用户系统不能处理正常业务，严重时会使系统崩溃、网络瘫痪。

③ 计算机病毒：计算机病毒程序有着巨大的破坏性，通过网络传播的病毒，无论是在传播速度、破坏性，还是在传播范围等方面都是可怕的。

④ 破坏数据的完整性：用非法手段窃得对数据的使用权，删除、修改、插入或重发某些重要信息，修改销毁网络上传输的数据，改变网络上传输的数据包的先后次序，以干扰用户的正常使用，使攻击者获益。

⑤ 陷门：为攻击者提供“后门”的一段非法的操作系统程序。一般是指一些内部程序人员为了特殊的目的，在所编制的程序中潜伏代码或保留漏洞。

⑥ IP欺骗：攻击者通过修改IP地址，冒充可信结点的IP地址，伪造合法用户与目标主机建立连接关系。

7.1.2 网络安全的策略

安全策略是指在一个特定的环境里，提供一定级别的安全保护所必须遵守的规则。网络安全策略包括对企业的各种网络服务的安全和用户的权限控制，确定管理员的安全职责，如何实施安全故障处理、入侵及攻击的防御和检测、备份和灾难恢复等内容。系统安全策略主要涉及以下几个方面：物理安全策略、访问控制策略、防火墙控制策略、入侵防范策略、信息加密策略和网络安全管理策略。

（1）物理安全策略

物理安全策略的目的是保护计算机网络设备、设施以及其他硬件媒体和通信链路免受自然灾害、人为破坏和搭线攻击，从而保障环境安全、设备安全和媒体安全。其主要的防范措施有：对主机及重要信息的存储、收发部门进行屏蔽处理；对本地网传输线路上的辐射进行抑制，对终端设备的辐射进行防范。

（2）访问控制策略

访问控制是网络安全防范和保护的主要策略，它的主要任务是保证网络资源不被非法使用和非法访问，是维护网络系统安全、保护网络资源的重要手段。各种安全策略必须相互配合才能真正起到保护作用，但访问控制可以说是保证网络安全最重要的核心策略之一。

① 入网访问控制为网络访问提供了第一层访问控制，它控制哪些用户能够登录到服务器并获取网络资源，控制准许用户入网的时间和准许他们在哪台工作站入网。

② 网络的权限控制是针对网络非法操作所提出的一种安全保护措施。用户和用户组被赋予一定的权限。网络控制用户和用户组可以访问哪些目录、子目录、文件和其他资源；目录级安全控制允许网络控制用户对目录、文件、设备的访问。

③ 目录级安全控制：用户在目录一级指定的权限，对所有文件和子目录有效，用户还可进一步指定对目录下的子目录和文件的权限。

④ 属性安全控制：属性安全控制是网络系统管理员给文件、目录等指定的访问属性权限，而且可将这些属性与网络服务器的文件、目录和网络设备联系起来。其属性设置可以覆盖已经指定的任何委托者指派和有效权限，主要涉及以下几个方面的权限控制：向某个文件写数据、复制一个文件、删除目录或文件、查看目录和文件、执行文件、隐含文件、共享、系统属性等。属性安全在权限安全的基础上提供了更进一步的安全性，它可以保护重要的目录和文件，防止用户对目录和文件的误删除、修改、显示等。

⑤ 网络服务器安全控制：网络允许在服务器控制台上执行一系列操作。用户使用控制台可以装载和卸载模块，可以安装和删除软件等。网络服务器的安全控制包括：设置口令锁定服务器控制台，以防止非法用户修改、删除重要信息或破坏数据；设定服务器登录时间限制、非法访问者检测和关闭的时间间隔。

⑥ 网络监测和锁定控制：网络管理员应对网络实施监控，服务器应记录用户对网络资源的访问，对非法的网络访问，服务器报警提示网络管理员。如果不法之徒试图进入网络，网络服务器应会自动记录其尝试进入网络的次数，如果非法访问的次数达到设定数值，那么该账户将被自动锁定。

⑦ 网络端口和结点的安全控制：网络中的服务器端口往往使用自动回呼设备、静默调制解

调器加以保护，并以加密的形式来识别结点的身份。自动回呼设备用于防止假冒合法用户，静默调制解调器用以防范黑客的自动拨号程序对计算机进行攻击。此外网络还常对服务器端和用户端采取安全控制，如用户登录某服务器时必须携带证实身份的验证器（如智能卡、磁卡、安全密码发生器），经身份进行验证后，才允许进入用户端，然后用户端和服务器端再进行相互验证。

（3）防火墙控制策略

防火墙是一个用以阻止网络中的黑客访问某个机构网络的屏障，又称控制进/出两个方向通信的门槛。防火墙控制策略是指在网络边界上通过建立的相应网络通信监控系统来隔离内部和外部网络，以阻止外部网络的侵入。

（4）入侵防范策略

入侵防范策略是通过一个网络的入侵检测系统（IDS），提供 24 小时的网络监控，通过分析网络中的数据流搜索未经授权的访问，向管理台发送含有黑客攻击的活动信息，阻断非法访问的会话。

（5）信息加密策略

信息加密策略的目的是保护网内的数据、文件、口令和控制信息，保护网上传输的数据。网络加密常用的方法有链路加密和端点加密。用户可根据网络情况酌情选择加密方式。链路加密的目的是保护网络结点之间的链路信息安全；端点加密的目的是对源端用户到目的端用户的数据提供保护。信息加密过程是通过多样的加密算法来具体实现的，它以很小的代价提供很大的安全保护，加密算法分为常规密码算法和公钥密码算法。密码技术是网络安全最有效的技术之一，一个加密网络不但可以防止非授权用户的搭线窃听和入网，而且也是对付恶意软件的有效方法之一。

（6）网络安全管理策略

加强网络的安全管理，制定有关规章制度，对于确保网络安全、可靠地运行，也将起到十分有效的作用。安全管理策略是指在一个特定的环境里，为提供一定级别的安全保护所必须遵守的规则，如法律、法规和制度。网络的安全管理策略包括确定安全管理等级和安全管理范围；制定有关网络操作使用规程和人员出入机房的管理制度；制定网络系统的维护制度和应急措施等。

7.2 网络安全技术

7.2.1 数据加密

因特网把全世界连在了一起，走向因特网就意味着走向了世界，特别是因特网给众多的商家带来了无限的商机，但是基于 TCP/IP 服务的不安全性，阻碍了电子商务的发展。为了使因特网变得安全和充分利用其价值，人们选择了数据加密和基于加密技术的身份认证。对网络传输的报文进行数据加密是一种很有效的反窃听手段，通常采用一定算法对原文进行加密，然后将密文进行传输，到达目的结点后再进行解密。

为方便数据加密原理的描述，下面介绍和数据加密相关的一些术语：

明文 M：加密前的原始信息，可以是文本、图形、图像、数据化的音频或视频信息。

密文 C：经过加密后的信息。

密钥 K：能有效控制加密和解密算法的实现，在处理过程中的通信双方所掌握的专门信息。

加密 E：将明文转变成密文的过程，通常采用一定的加密算法完成，$C = f(M,K_e)$，其中 K_e

为加密端的密钥，$f()$是加密函数。

解密 D：由密文还原成明文的过程，采用解密算法来实现，$M = f^{-1}(M,K_d)$，其中 K_d 为解密端的密钥，$f^{-1}()$是解密函数。

一个好的密码体制至少满足两个条件：

① 在已知明文 M 和加密密钥 K_e 的情况下，计算密文 $C = E_{K_e}(M)$ 要容易；已知密文 C 和解密密钥 K_d，还原明文 $M = D_{K_d}(C)$ 要容易。

② 当不知道解密密钥时，不能由密文推出明文。

数据加密和解密的一般模型如图 7-2 所示。

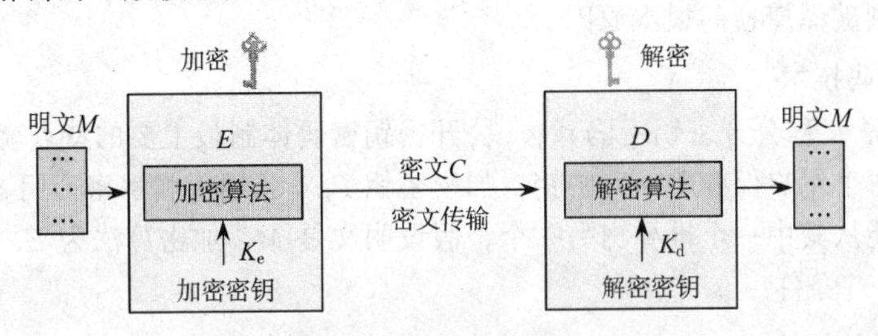

图 7-2　数据加密/解密的一般模型

密码技术的分类有很多种标准，按执行的操作方式可以分为替换密码技术和换位密码技术，按收发双方使用的密钥是否相同，又可以分为对称密码技术和非对称密码技术。

1．对称密码技术

对称加密是指加密和解密过程均采用同一把密钥，这个密钥是通信双方在通信前协商好的，协商过程称为分发密钥，发送方使用这把密钥，采用合适的算法将要发送的明文转换成密文，通过网络传输到接收方，接收方利用约定的密钥和解密算法完成解密。具体的模型如图 7-3 所示。

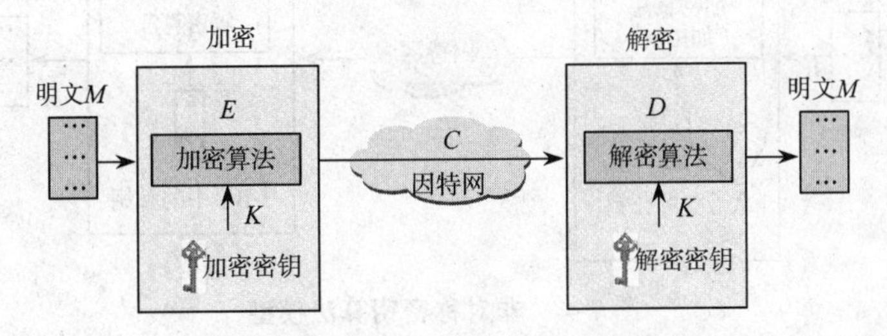

图 7-3　对称密钥算法的模型

比较著名的对称密钥算法为：美国的 DES、AES 以及欧洲的 IDEA 等算法。

DES（Data Encryption Standard）是由 IBM 公司在 20 世纪 70 年代发展起来的，并经美国政府的加密标准筛选后，于 1976 年 11 月被美国政府采用，DES 随后被美国国家标准局和美国国家标准协会（American National Standard Institute，ANSI）承认。

DES 使用 64 位密钥进行加密，64 位中的 8 位为奇偶校验位（每 8 个字节有 1 位校验位），所以实际上是 56 位密钥对 64 位的数据块进行加密，并对 64 位的数据块进行 16 轮编码。DES 用软件进行解码需用很长时间，而用硬件解码的速度非常快，但是当时大多数黑客并没有足够的设备制造出这种硬件设备。在 1977 年，人们估计要耗资两千万美元才能建成一个专门计算机用于 DES 的解密的设备，而且需要 12 个小时的破解才能得到结果，当时 DES 被认为是一种十分强壮的加密方法。随着计算机速度越来越快，制造一台这样特殊的机器的花费已经降到了 10

万美元左右，又由于确定一种新的加密法是否真的安全是极为困难的，而DES的密码学缺点只是密钥长度相对比较短，所以人们并没有放弃使用DES，而是想出了一个解决其长度的方法，即采用三重DES。这种方法是用两个密钥对明文进行三次加密，假设两个密钥是 K_1 和 K_2。

① 用密钥 K_1 进行DES加密。

② 用 K_2 对步骤1的结果进行DES加密。

③ 使用密钥 K_1 对步骤2的结果进行DES加密。

这种方法的缺点是，花费是原来的3倍，但从另一方面来看，三重DES的112位密钥长度是很“强壮”的，DES的保密性仅取决于对密钥的保密，而算法是公开的，DES内部的复杂结构是至今没有找到破译捷径的根本原因。

2．非对称密码技术

非对称密码算法又称公开密钥密码算法，公开密钥密码体制最主要的特点就是加密和解密使用不同的密钥，每个用户保存着一对密钥，加密密钥 P_K（公钥）和解密密钥 S_K（私钥），这两个密钥不同，不能从其中一个推导出另一个，假设明文是 M，加密算法为 E，解密算法为 D，它们满足下面的三个条件：

① $D_{K_d}(E_{K_e}(M))=M$。

② 从 E 推导 D 极为困难。

③ E 不能通过部分明文来破解。

加密算法中，公钥是公开的，任何人可以用公钥加密信息，再将密文发送给私钥拥有者；私钥是保密的，用于解密公钥加密过的信息。

非对称密钥算法模型如图7-4所示。

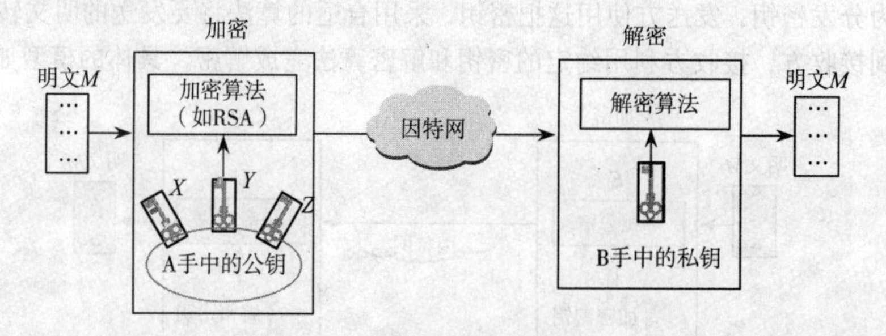

图7-4 非对称密钥算法模型

典型的公钥加密算法是RSA，由美国麻省理工学院的Ron Rivest、Adi Shamir和Len Adleman 3位教授1978年首次发表的一种算法，因此这种算法取名来自3位教授的名字，是至今使用最为广泛的加密算法之一，也可以说是公共密钥学的代名词。在互联网上通过浏览器进行的数据安全传输，如Netscape Navigator和Microsoft Internet Explorer都使用了该算法。RSA算法主要由两个部分组成，一个是公共密钥和私密密钥的选取，另一个是加密和解密算法。

（1）选取公共密钥和私密密钥的过程

① 选取两个大的素数 p 和 q（一般可以为1 024位）。

② 计算它们的积 $n=p\times q$ 和 $z=(p-1)\times(q-1)$。

③ 选择小于 n 的数 d，并且和 z 互为素数。

④ 找到数 e，使其满足 $(e\times d)\bmod z=1$（mod为取余运算）。

⑤ 加密方公开自己的公共密钥（e，n），保存私密密钥（d，n）。

（2）加密和解密的过程

① 假设发送的数据是 M，其中 $M<n$，为了加密，对 M 做指数运算 M^e，接着计算 M^e 模 n 的余数。明文 M 的加密值为 C，发送方发送 C，表示如下

$$C = M^e \bmod n$$

② 为了解密接收到的密文，计算 $M = C^d \bmod n$，显然解密的时候就需要私密密钥（n，d）。

下面举一个简单的例子说明 RSA 算法中密钥生成以及加密解密过程：

① 用户 A 选择了两个大素数（为了计算方便假设选择 3 和 11）。

② 计算 $n = p\times q = 3\times 11 = 33$，$z = (p-1)\times(q-1) = 20$。

③ 选择 d=7，满足 d 和 z 互为素数。

④ 找到满足 $7\times e \bmod 20 = 1$ 条件，e=3。

结果用户 A 得到公开密钥（3，33）和私密密钥（7，33），然后 A 将公开密钥告诉 B 用户，B 用公开密钥对要发送的信息加密，然后发送给用户 A，用户 A 再用私密密钥解密。

假设要发送的信息是 OK，用数字 1～26 给 A～Z 这 26 个英文字母编码，对应的加密解密过程如表 7-1 所示。

表 7-1 RSA 加密解密示例

加密			密文（M^3 mod 33）	解密		
明文		运算		运算	运算	明文
字母	编码	（M^3）		（C^7）	（C^7mod33）	
O	15	3375	9	4782969	15	O
K	11	1331	11	19487171	11	K

RSA 算法之所以具有安全性，是因为数论理论中将两个大的素数合成一个数很容易，而相反的过程则非常困难，尤其是两个上百位或上千位素数相乘后的大数简直不可思议。RSA 的优点是保密性强度随着密钥长度的增加而加大，但是密钥越长，加密和解密的时间越长。RSA 的缺点是密钥产生的过程复杂，难以做到一次一密；其次是代价高，和 DES 比速度太慢，因此很多情况下都使用混合密码机制，即将 RSA 算法和 DES 算法结合起来完成数据的加密和身份认证等工作。

7.2.2 认证技术

密码主要用于信息加密，以防止他人从截获的报文中破译信息，网络信息安全不仅仅局限在信息加密方面，它还要防止他人的主动进攻，随着 Internet 上各类应用的发展，尤其是电子商务应用的发展，使得保证商务、交易及支付活动的真实可靠越来越重要，为鉴别收到信息的真实性、验证活动中各方的真实身份，网络信息安全系统中产生了各种各样的认证技术。安全认证是维持电子商务活动正常进行的保证。

PKI 公开密钥体系就是一种基于加密技术的安全认证机制。

公钥基础设施（Public Key Infrastructure，PKI）是一种遵循标准的、利用公钥理论和技术建立的可提供安全服务的基础设施，公钥基础设施的设计思想是从技术上解决网上身份认证、电子信息的完整性和不可抵赖性等安全问题，为网络应用提供可靠的安全服务。

PKI 的内容包括认证机构（Certificate Authority，CA）、注册机构（Registration Authority，

RA）、密钥（Key）与证书（Certificate）管理、密钥备份与恢复、撤销系统和PKI应用接口。

下面从几个方面来描述PKI的应用。

1. 数字签名

数字签名实际上是附加在数据单元上的一些数据或是对数据单元所做的密码变换，这种数据或变换能使数据单元的接收者确认数据单元的来源和数据的完整性，并保护数据，防止被人伪造。

签名机制的本质特征是该签名只有通过签名者的私有信息才能产生，因为除了发送者，A没有人持有A的私密密钥 K_{d_A}，所以除A外没有别人能产生密文 S_A，这样接受方B就相信报文 M 是A签名发送的，这就是报文鉴别的功能。如果其他人篡改过报文，而他没有A的私密密钥，无法实现对报文的加密，接收方对篡改过的报文解密后，得出无法理解的明文，就知道报文被篡改了，这样就保证了报文完整性的功能。另外当收发双方发生争议时，第三方（仲裁机构）就能够根据消息上的数字签名来裁定这条消息是否确实由发送方发出，从而实现抗抵赖服务。

数字签名的实现方法：

① 使用对称加密和仲裁者实现数字签名。

② 使用公开密钥体制进行数字签名。

③ 使用报文摘要完成数字签名。

下面着重介绍利用公开密钥获得数字签名技术。

公开密钥体制的发明，使数字签名变得更简单，如图7–5所示。

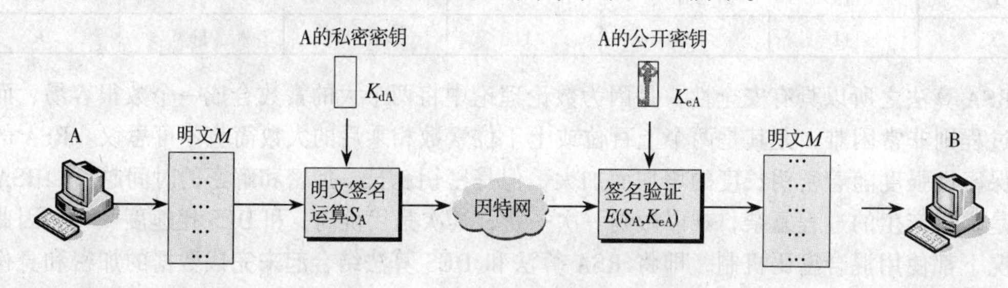

图7–5　数字签名的实现原理图

签名的实现过程如下：

① A和B将自己的公开密钥 K_{eA}、K_{eB} 公开登记，作为对方及仲裁验证数字签名之一。

② A用私密密钥 K_{dA} 对明文签名 $S_A = D(M, K_{dA})$，如果不需要保密，则A将签名的消息发送给B；若要保密，则对签名 S_A 再进行加密处理，即从公钥库中查到B的公钥 K_{eB}，用 K_{eB} 对 S_A 加密 $C = E(S_A, K_{eB})$，最后A把 C 发送给B，A将留存 S_A 或C。

③ B收到报文后，若非保密通信，则用A的公开密钥 K_{eA} 对签名进行验证。

$$E(S_A, K_{eA}) = E(D(M, K_{dA}), K_{eA}) = M$$

如果是保密通信，先解密再验证签名：

$$D(C, K_{dB}) = D(E(S_A, K_{eB}), K_{dB}) = S_A$$

$$E(S_A, K_{eA}) = E(D(M, K_{dA}), K_{eA}) = M$$

④ B将收到的 S_A 或C保存。

签名操作只能是由A、B完成，因此 K_{eA}、K_{eB} 相当于是A、B的印章或指纹，S_A、S_B 相当于 A、B 的签名，事后如果 A 或 B 对于签名的真伪发生争执，则可以向仲裁者提供留底签名数据，当众验证签名。如果能够恢复出争执的 M 这说明是 A 的签名，否则不是，从而有效地阻止 A 的抵赖和 B 的伪造行为，具有保密性的数字签名的实现如图 7-6 所示。

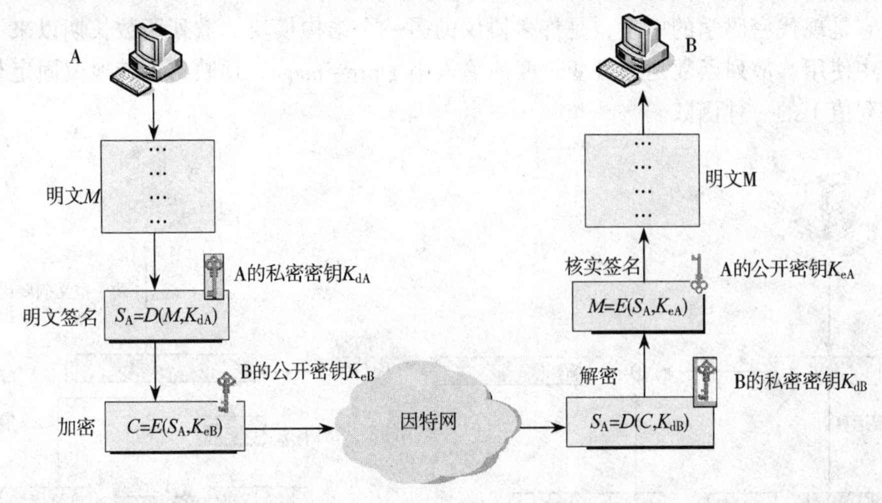

图 7-6　具有保密性的数字签名过程

2. CA 认证技术

证书机构（Certificate Authority，CA）是保证公钥的完整性的机构，是网络上电子交易安全的关键环节，认证中心的功能有：证书发放、证书更新、证书撤销和证书验证。在网上进行电子商务活动时，交易双方需要用来表明自己的身份，并使用数字证书来进行交易操作。数字证书中包括证书持有人的身份标识、公钥等信息，并由证书颁发者对证书签字。

证书的类型与作用如表 7-2 所示。

表 7-2　证书的类型与作用

证书名称	证书类型	主要功能描述
个人证书	—	用于个人网上交易、网上支付、电子邮件等
单位证书	单位身份证书	用于企事业单位网上交易、网上支付等
	E-mail 证书	用于企事业单位内安全电子邮件通信
	部门证书	用于企事业单位内某个部门的身份认证
服务器证书		用于服务器、安全站点认证等
代码签名证书	个人证书	用于个人软件开发者对其软件的签名
	企业证书	用于软件开发企业对其软件的签名

3. 数据完整性验证

许多报文并不需要加密但要数字签名，以便让报文的接收者能够鉴别报文的真伪，然而对很长的报文进行数字签名会使计算机增加很大的负担，所以当传送不需要加密的报文时，可以使用简单的报文摘要进行报文真伪鉴别。报文的发送者用要发送的报文和一定的算法生成一个报文摘要，并将报文摘要与报文一起发送出去；接收者收到报文和报文摘要后，用同样的算法与接收到的报文生成一个新的报文摘要；将新的报文摘要与接收到的报文摘要进行比较，如果相同，则说明收到的报文是正确的，否则说明报文在传送中出现了错误，用报文摘要鉴别报文的过程如图 7-7 所示。

在算法中用到的数学函数称为单向散列函数（one-way hash function），又称压缩函数、收缩函数，它是现代密码学的中心，是许多协议的另一个结构模块。散列函数长期以来一直在计算机科学中使用，散列函数是把可变长度的输入串（pre-image，预映射）转换成固定长度的输出串（散列值）的一种函数。

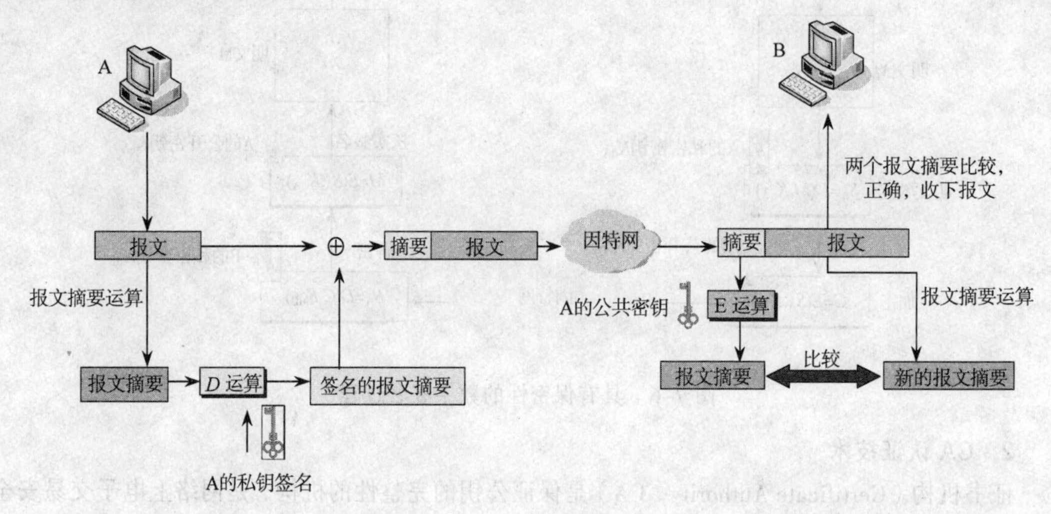

图 7-7　用报文摘要鉴别

利用单向散列函数生成报文摘要可以分成两种情况。一种是不带密钥的单向散列函数，在这种情况下，任何人都能验证消息的散列值；另一种是带密钥的散列函数，散列值是预映射和密钥的函数，这样只有拥有密钥的人才能验证散列值。单向散列函数的算法实现有很多种，如 Snefru、N-Hash、MD2、MD4、MD5 和 SHA-1 算法等。

报文摘要算法 MD5 目前应用非常广泛，可以对任意长的报文进行运算，然后得出 128 位的 MD5 报文摘要，具体算法大致如下：

① 先把任意长的报文按模 2^{64} 计算其余数（64 位），追加在报文的后面。

② 在报文和余数之间填充 1～512 位，使得填充后的总长度是 512 的整数倍。填充的首位是 1，后面都是 0。

③ 把追加和填充后的报文分隔为一个个 512 位的数据块，每个 512 位的报文数据再分成 4 个 128 位的数据块一次送到不同的散列函数进行 4 轮计算。每一轮又都按 32 位的小数据块进行复杂的运算。一直到最后计算出 MD5 报文摘要代码。

这样得出的 MD5 报文摘要代码中的每一位都与原来报文中的每一位有关。

7.2.3　防火墙技术

1. 防火墙技术概述

路由器作为网络连接设备，是企业内部网络和因特网信息出入的必经之路，对网络的安全具有举足轻重的作用。目前大多数路由器都提供了诸如源地址、目的地址、端口、协议状态等标准的包过滤的能力，有效地防止外部用户对局域网的安全访问，同时可以限制网络流量，限制局域网内的用户或设备使用网络资源。

基于路由器的防火墙，设置在被保护网络和外部网络之间，是保护企业内部网络的一道屏障，从而实现网络的安全保护，防止发生不可预测的、潜在破坏性的侵入。防火墙本身具有较强的抗攻击能力，它是提供信息安全服务、实现网络和信息安全的基础设施。

常见防火墙的类型主要有包过滤和代理防火墙两种，且各有优缺点。

（1）包过滤防火墙

路由器在其端口能够区分包和限制包的能力称为包过滤（packet filtering）。包过滤路由器可以通过检查数据流中每个数据包的源地址、目的地址、所有的端口号、协议状态等因素，或它们的组合来确定是否允许该数据包通过。当然，利用路由器实现的数据包过滤安全机制不需要增加任何额外的费用。例如 Cisco 路由器是通过访问列表 access-list 命令来完成包过滤规则的设置，故包过滤器又被称为访问控制列表（Access Control List，ACL）。

（2）代理防火墙

代理（Proxy）防火墙又称应用层网关（Application Gateway）防火墙。它的核心技术就是代理服务器技术，内部发出的数据包经过这样的防火墙处理后，就好像是数据包是从代理发出一样，从而可以达到隐藏内部网络结构的作用。这种类型的防火墙被网络安全专家和媒体公认为最安全的防火墙。

由于每一个内外网络之间的连接都要通过 Proxy 的介入和转换，通过专门为特定的服务如 HTTP 编写的安全的应用程序进行处理，然后由防火墙本身提交请求和应答，没有给内外网络的计算机以任何直接会话的机会，从而避免了入侵者使用数据驱动类型的攻击方式入侵内部网。

代理防火墙的最大缺点就是速度相对比较慢，当用户对内外网络网关的吞吐量要求比较高时，代理防火墙就会成为内外网络之间的瓶颈。所幸的是，目前用户接入 Internet 的速度一般都远低于代理防火墙。

2. 防火墙配置案例分析的处理进度

下面以 Cisco 路由器为例，讨论如何利用路由器来提高网络的安全性。

Cisco 路由器中的 ACL 往往被看做是一种流量过滤工具，ACL 是应用于路由器接口的指令列表，它告诉路由器哪些数据包可以进入或离开、哪些数据包要被拒绝。ACL 语句有两个部分：条件和操作。条件用于匹配数据包内容，如在数据包源地址中查找匹配，或者在源地址、目的地址、协议类型和协议信息中查找匹配。当 ACL 语句条件与比较的数据包内容相匹配时，则会采取一个操作——允许或拒绝数据包。

ACL 的基本工作过程是：路由器自上而下地处理列表，从第一条语句开始，如果数据包内容与当前语句条件不匹配，则处理列表中的下一条语句，以此类推；如果数据包内容与当前语句条件匹配，则不再处理后面的语句；如果数据包内容与列表中任何显式语句条件都不匹配，则丢弃该数据包，这是因为在每个访问控制列表的最后都跟随着一条看不见的语句，称为“隐式的拒绝”语句，致使所有没有找到显式匹配的数据包都被拒绝。

Cisco 访问列表提供了标准访问列表和扩展访问列表。标准访问列表的语法如下：

```
access-list ACL_num permit|deny {address } {wildcard_mask}
```

扩展访问列表的语法如下：

```
access-list ACL_num permit|deny {protocol} {source} {source_mask}{destination}
{destination_mask} {operator} {port } est (short for establish if applicable)
```

其中，ACL_num 是 ACL 编号，标准访问列表范围可以是 1～99，或者是 1 300～1 999，用于组合同一列表中的语句；扩展 ACL 的编号范围是 100～199，以及 2 000～2 699。ACL 编号后

面的 permit | deny 是语句条件匹配时所要采取的操作，只有允许或者拒绝两种。permit | deny 后面跟着的是条件，使用标准 ACL 时，只能指定 source_IP_address （源地址）和 wildcard_mask（通配符掩码）。wildcard_mask 是可选项，如果忽略不写，则默认是 0.0.0.0，即精确匹配。如果想要匹配所有地址，可以用关键字 any 来替换源地址和通配符掩码两项。Protocol 为协议，如 TCP、IP、UDP、ICMP 等；因为 IP 封装 TCP、UDP 和 ICMP 包，所以它可以用来与其中任一种协议匹配。Operator 有效操作符为：lt（小于），gt（大于），eq（等于），neq（不等于）。est 参数表示将检测数据包中 TCP 标志，防止不可信主机对建立 TCP 会话的要求，允许已建立 TCP 会话的数据包通过。

下面以图 7-8 实例网络模型为例简述在路由器 Cisco 7206 上建立访问控制列表，对进入的包进行过滤，并将其应用于 Cisco 7206 的 S0 接口上。

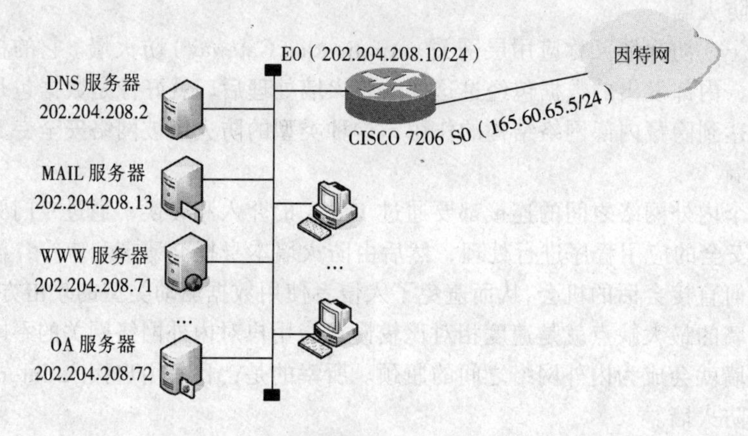

图 7-8　实例网络模型

（1）防地址欺骗

对进入的包进行过滤可以阻止一类称为地址欺骗的攻击，防止外部网络的主机假冒内部网络地址访问内部网络资源，即从外部端口进入的包是不可能使用内部网络地址，设置 ACL 命令如下：

```
access-list 101 deny ip 202.204.208.0 0.0.0.255 any
```

（2）建立网络连接

如果没有限制内部主机和服务器对外部的访问，就必须让外部服务器返回的数据答复包进入，相应的返回数据包的目的端口号都将大于 1023。

```
access-list 101 permit tcp any eq 20 202.204.208.0 0.0.0.255 gt 1023
access-list 101 permit tcp any 202.204.208.0 0.0.0.255 gt 1023 establish
```

上面两条语句位置不能颠倒，原因是内部主机使用外部 FTP-server 时，返回的数据没有置 ack 位。

（3）对访问 DNS 服务器的控制

为了允许外部主机向 DNS-server 发出 DNS 查询，必须让目标地址指向服务器，且 UDP 端口为 53 的数据包通过。

```
access-list 101 permit tcp any host 202.204.208.2 eq 53
access-list 101 permit udp any host 202.204.208.2 eq 53
```

或者　`access-list 101 permit ip any host 202.204.208.2 eq 53`

（4）对访问MAIL服务器的控制

```
access-list 101 permit tcp any host 202.204.208.13 eq smtp
access-list 101 permit tcp any host 202.204.208.13 eq pop3
access-list 101 permit tcp any host 202.204.208.13 eq 80
```

（5）对WWW服务器的访问控制

```
access-list 101 permit tcp any host 202.204.208.71 eq www
```

（6）对OA服务器的访问控制

因为OA服务器是仅为局域网内部使用的办公自动化系统，所以不允许外部访问。

```
access-list 101 deny ip any host 202.204.208.72
```

（7）保护路由器

不允许外部网络通过telnet 和 snmp 来访问路由器本身。

```
access-list 101 deny ip any host 165.60.65.5 eq 23
access-list 101 deny ip any host 165.60.65.5 eq 161
```

（8）阻止探测

要阻止向内部网络的探测，最常见的命令是Ping，过滤设置如下：

```
access-list 101 deny icmp any any echo
```

（9）拒绝一切不必要的UDP通信流

```
access-list 101 deny udp any any
```

（10）拒绝所有的IP通信流

```
access-list 101 deny ip any any
```

Cisco 访问表的处理过程是从上到下进行匹配检测，并且在访问表的最后总有一个隐含的deny all表项，那么所有不能和显式表项匹配的数据包都会自动被拒绝。

7.3 网络管理概述

网络中有许多复杂的硬件和软件实体，它们包括连接网络的物理链路、交换机、路由器、主机和其他设备，也包括控制和协调这些设备的众多协议。在这样分布广泛、构造复杂的网络中出现网络故障是很正常的事情，所以必须建立一种有效的机制来对网络的运行状况进行检测和控制，使其能够有效、安全、可靠、经济地提供服务。

虽然网络管理还没有确切的定义，但它的内容归纳为："包括了硬件、软件和用户的设置、综合与协调，以监视、测试、配置、分析、评价和控制网络及网络资源，用合理的成本满足实时性、运营性能和服务质量"，网络管理简称为网管。

7.3.1 网络管理的功能

网络管理的功能大致分为5类：

（1）配置管理

配置管理主要完成对配置数据的采集、录入、监测、处理等，必要时还需要完成对被管对象进行动态配置和更新等操作。具体地讲，就是在网络建立、扩充、改造以及业务的开展过程中，对网络的拓扑结构、资源配置、使用状态等配置信息进行定义、监测和修改。配置、管理、建立和维护配置管理信息库（Management Information Base，MIB），配置MIB不仅为配置管理功能使用，还为其他的管理功能使用。

为了让网络管理员对被管网络有一个明确的认识，首先要获取被管网络的配置数据，配置数据的获取方式有网络主动上报、网管系统自动采集、手工采集和手工录入。获得网络的配置数据后，就需要对这些配置数据进行实时监测，随时发现配置数据的变化，并对配置数据进行查询、统计、同步、存储等处理。除此之外，网管员通过网管系统可以完成对配置数据的增、删、改及响应状态变化的监测，及时对网络的配置进行调整。

（2）故障管理

故障管理的作用是发现和纠正网络故障，动态维护网络的有效性。故障管理的主要任务有报警监测、故障定位、测试、业务恢复以及修复等，同时维护故障日志。为保障网络的正常运行，故障管理非常重要，当网络发生故障后要及时进行诊断，给故障定位，以便尽快修复故障，恢复业务。故障管理的策略有事后策略和预防策略，事后策略是一旦发现故障迅速修复故障的策略；预防策略是事先配备备用资源，在故障时用备用资源替代故障资源。

（3）性能管理

性能管理的目的是维护网络服务质量和网络运营效率。提供性能监测功能、性能分析功能以及性能管理控制功能。当发现性能严重下降的时候启动故障管理系统。

网络的主要性能指标可以分为面向服务质量和面向网络效率的两类，其主要指标有：

① 面向服务质量的指标：有效性（可用性）、响应时间和差错率。

② 面向网络效率的指标：吞吐量和利用率。

（4）计费管理

计费管理的作用是正确地计算和收取用户使用网络服务的费用，进行网络资源利用率的统计和网络成本效益核算，计费管理主要提供数据流量的测量、资费管理、账单和收费管理。

（5）安全管理

安全管理的功能是提供信息的保密、认证和完整性保护机制，使网络中的服务、数据以及网络系统免受侵害。目前采用的网络安全措施有通信伙伴认证、访问控制、数据保密和数据完整性保护等，一般的安全管理系统包含风险分析功能、安全服务功能、告警、日志和报告功能、网络管理系统保护功能等。

7.3.2 网络管理的一般模型

1. 一般模型

目前有两种主要的网络管理体系结构，一种是基于OSI模型的公共管理信息协议（Common Management Information Protocol，CMIP）体系结构，另一种是基于TCP/IP模型的简单网络管理协议（Simple Network Management Protocol，SNMP）体系结构。CMIP体系结构是一种通用的模型，它能够对应各种开放系统之间的管理通信和操作，开放系统之间可以是平等的关系也可以是主从关系，所以既能够进行分布式管理，也能够进行集中式管理，其优点是通用完备。SNMP体系结构开始是一个集中式管理模型，从SNMP v2开始采用分布式模型，其顶层管理站可以有多个被管理服务器，其优点是简单实用。

在实际应用中，CMIP在电信网络管理标准中得到使用，而SNMP多用于计算机网络管理，尤其是在因特网管理中广泛使用，目前SNMP历经了版本1到版本3的改进，SNMP v3是Internet的正式标准，在SNMP v3中加入了安全性的功能，只有被授权的用户才能有权进行网络管理和获取有关网络管理方面的信息，本书重点介绍SNMP的网络管理技术。

图 7-9 所示为网络管理的一般模型。

网络管理主要由管理站、被管设备以及网络管理协议构成。管理站是整个网络管理的系统核心，主要负责执行管理应用程序以及监视和控制网络设备，并将监测结果显示给网管员。管理站的关键构件是管理程序，管理程序在运行时产生管理进程，通常管理程序有较好的图形工作界面，网络管理员直接操作。被管设备是主机、网桥、路由器、交换机、服务器、网关等网络设备，其上必须安装并运行代理程序，管理站就是借助被管设备上的代理程序完成设备管理的，一个管理者可以和多个代理进行信息交换，一个代理也可以接受来自多个管理者的管理操作。在每个被管设备上建立一个管理信息库（MIB），包含被管设备的信息，由代理进程（即 SNMP 代理）负责 MIB 的维护，管理站通过应用层管理协议对这些信息库进行管理。

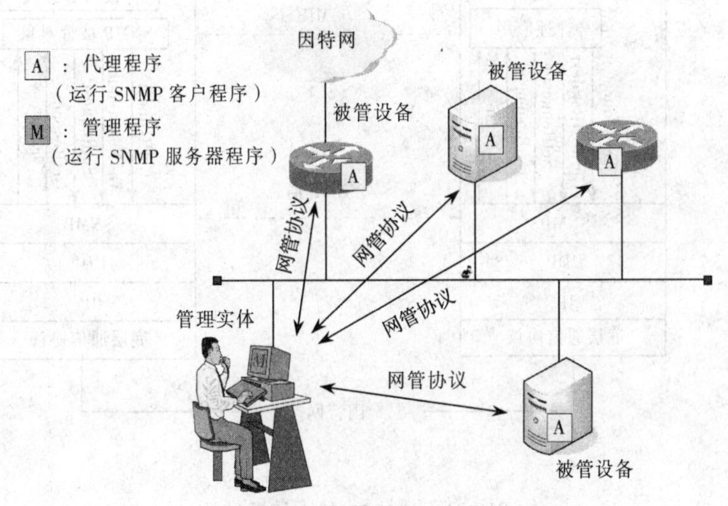

图 7-9　网络管理模型

图 7-10 所示为 SNMP 管理进程/代理进程模型。

网络管理的第三部分是网络管理协议，该协议运行在管理站和被管设备之间，允许管理站查询被管设备的状态，并经过其代理程序间接地在这些设备上工作，管理站通过网络管理协议获得被管设备的异常状态。网络管理协议本身不能管理网络，它为网络管理员提供了一种工具，网管员用它来管理网络。

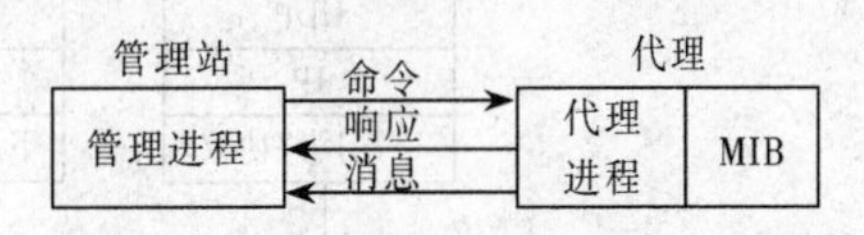

图 7-10　SNMP 管理进程/代理进程模型

2. SNMP 体系结构

（1）非对称的二级结构

SNMP 的体系结构一般是非对称的，管理站和代理被分别配置，管理站可以向代理下达操作命令访问代理所在系统的管理信息，但是代理不能访问管理站所在系统的管理信息，管理站和代理都是应用层的实体，都是通过 UDP 协议对其提供支持，图 7-11 所示为 SNMP 的基本体系结构。

管理站和代理之间共享的管理信息由代理系统中的 MIB 给出，在管理站中要配置一个管理数据库（MDB），用来存放从各个代理获得的管理信息的值，管理信息的交换是通过 GetRequest、GetNextRequest、SetRequest、GetResponse、Trap 共 5 条 SNMP 消息进行，其中前面 3 条消息是管理站发给代理的，用于请求读取或修改管理信息的；后 2 条为代理发给管理站的，GetResponse

为响应请求读取和修改的应答，Trap 为代理主动向管理站报告发生的事件。也就是说当代理设备发生异常时，代理即向管理者发送 Trap 报文。

（2）三级体系结构

如果被管设备使用的不是 SNMP 协议，而是其他的网络管理协议，管理站就无法对该被管设备进行管理，SNMP 提出了代管（Proxy）的概念，如图 7-12 所示，代管一方面配备了 SNMP 代理，与 SNMP 管理站通信，另一方面要配备一个或多个托管设备支持的协议，与托管设备通信，代管充当了管理站和被管设备的翻译器。通过代管可以将 SNMP 网络管理站的控制范围扩展到其他网络设备或管理系统中。

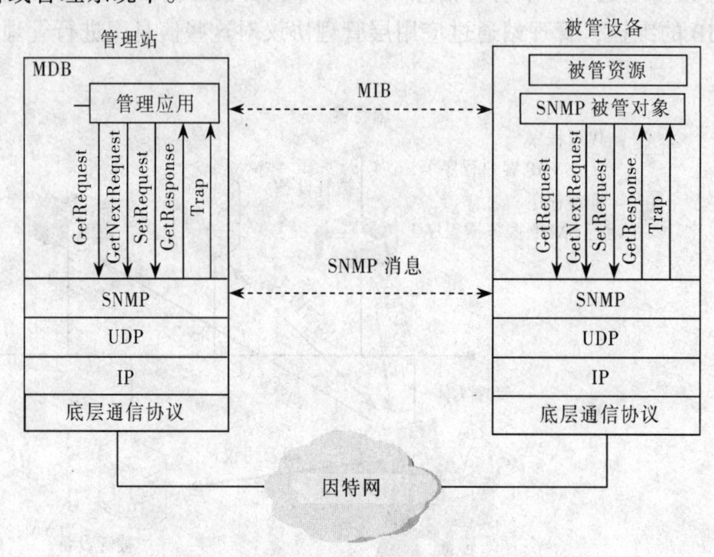

图 7-11 SNMP 基本体系结构

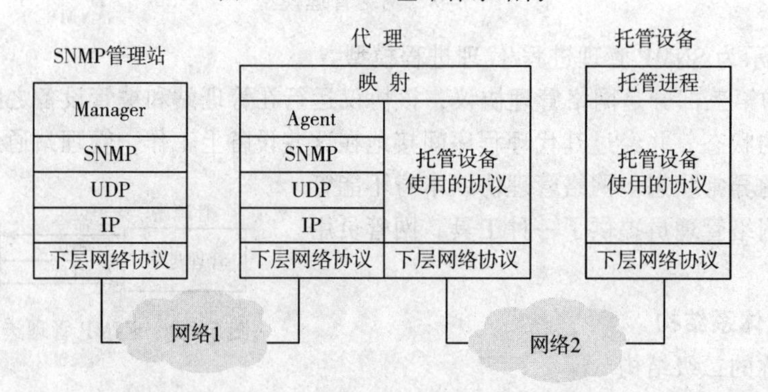

图 7-12 SNMP 代管体系结构

7.3.3 网络管理的体系结构

SNMP 的前身是简单网关监视协议（SGMP），用来对通信线路进行管理。随后，人们对 SGMP 进行了很大的修改，特别是加入了符合 Internet 定义的 SMI 和 MIB 体系结构，改进后的协议就是著名的 SNMP。SNMP 的目标是管理 Internet 上众多厂家生产的软、硬件平台，因此 SNMP 受 Internet 标准网络管理框架的影响也很大。

因特网网络管理框架由4个部分组成，如图7-13所示TCP/IP因特网标准管理框架。

（1）管理信息库（MIB）

每个被管设备都包含一套用于管理它的变量，这些变量表示发送给网络管理站的有关设备操作的信息或发给被管设备以控制它的参数；MIB是描述特定设备类型管理特征的一整套变量，MIB中的每个变量称为MIB对象，管理信息表现为管理对象的集合，这些对象形成了一个虚拟的信息存储库，称之为管理信息库（MIB）。MIB对象定义了由被管设备维护的管理信息。

（2）管理信息结构（SMI）

为了确保不同设备之间的互操作，希望有一个一致的方法来描述使用了SNMP管理的设备的特点，通过SNMP的数据描述语言来实现SNMP中管理信息的结构、语法和特性的定义；SMI定义了数据类型、对象模型以及写入和修改管理信息的规则。

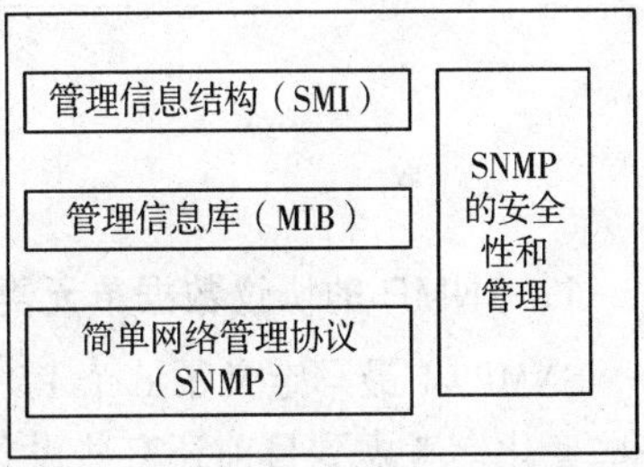

管理信息结构（SMI）
管理信息库（MIB）
简单网络管理协议（SNMP）
SNMP的安全性和管理

图7-13 TCP/IP因特网标准管理框架

（3）SNMP协议

用于管理站和代理之间传递信息，所以SNMP定义了管理站和代理之间所交换的分组格式，所交换的分组包含各代理中的对象（变量）名及其状态（值），SNMP负责读取和改变这些数值，代理在被管设备的实体中执行操作。

（4）安全性和管理

这是SNMP v3在SNMP v2上新加的功能，使得SNMP报文不仅能用于监视，也能用于控制网络元素。因为如果一个入侵者能够截获SNMP报文或者产生自己的SNMP报文并且向被管设备发送，就可能对网络造成危害。SNMP v3的安全性被称为基于用户的安全性（RFC3414），用户采用用户名来标识，还有相关的口令、密码或者权限等安全信息，SNMP v3提供了加密、鉴别、对重放攻击的防护和访问控制功能。

7.4 网络管理协议

在TCP/IP中，网络管理的信息通信通过SNMP报文进行交换，这些报文又称协议数据单元（Protocol Data Unit，PDU）。实际上PDU和报文还是有一些差别的，PDU是SNMP封装的更高层的数据，SNMP的报文格式是把PDU和首部字段封装在一起的包装。

SNMP的通信方式可以有轮询和中断两种方式。轮询就是管理站对被管设备发出访问请求，被管设备响应请求的方式；中断是指被管设备给管理站发送信息，而不需要被请求。

SNMP使用无连接的UDP，所以在网络中传输SNMP报文的开销比较小。在传输过程中，运行代理程序的服务器端使用熟知端口161，运行管理程序的客户端使用162端口，客户端的162端口和服务器端的161端口都是被动地打开，如图7-14（a）所示；服务器端的161端口接收Get或者Set报文以及发送响应报文，和161端口通信的客户使用临时端口，如图7-14（b）所示；客户端的162端口用来接收来自各代理的Trap报文，如图7-14（c）所示，和162端口通信的代理端使用临时端口。

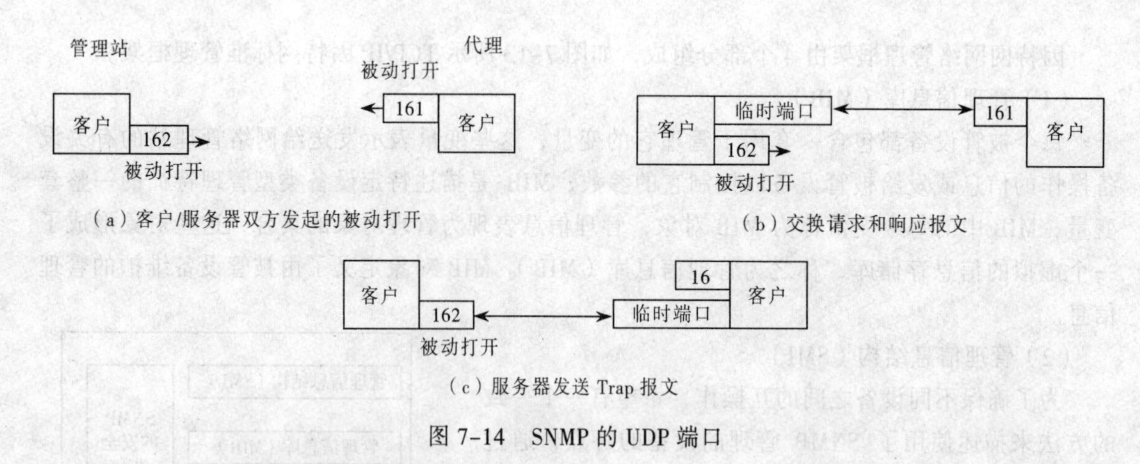

图 7-14 SNMP 的 UDP 端口

1. SNMP 的协议数据单元类别

SNMP v1 最早定义了 6 个 PDU，SNMP v2 和 SNMP v3 增加了 PDU 的类型，名字和用法也有一些变化，考虑到目前还有些设备在使用 SNMP v1，所以在表 7-3 中列出了包括 SNMP v1、SNMPv2/SNMPv3 PDU 的主要类别。

表 7-3 SNMP PDU 的类别

类 别	描 述	SNMPv1 PDU	SNMPv2/SNMPv3 PDU
读	使用轮询从一个被管设备读取管理信息的报文	GetRequest-PDU GetNextRequest-PDU	GetRequest-PDU GetNextRequest-PDU GetBulkRequest-PDU
写	改变一个被管设备的管理信息的报文	SetRequest-PDU	SetRequest-PDU
响应	为响应前一个请求而发送的报文	GetResponse-PDU	Response-PDU
通知	用来给 SNMP 管理者发送中断的通知的报文	Trap-PDU	Trapv2-PDU InformRequest-PDU

(1)使用 GetRequest 和 Response 报文完成信息轮询

网管员有时希望检查一下设备的状态或者了解一下设备的信息，这些信息都以 MIB 对象的形式存储在设备中，SNMP 的轮询过程是：

① SNMP 管理站创建 GetRequest-PDU，基于应用程序和网管员所请求的信息，指明要获得的 MIB 对象名，由管理站上的 SNMP 软件创建一个 GetRequest-PDU 报文。

② SNMP 管理站发送 GetRequest-PDU。

③ SNMP 代理接收并处理 GetRequest-PDU。代理接收到这个请求后，查看报文中的 MIB 对象名，检查其有效性，然后找到该 MIB 对象的相关信息。

④ SNMP 代理创建 Response-PDU，返回给 SNMP 管理站。

⑤ SNMP 管理站处理 Response-PDU。

(2)使用 SetRequest 报文修改对象

通过 GetRequest-PDU、GetNextRequest-PDU、GetBulkRequest-PDU 三种不同的方式都可以从被管设备处得到 MIB 对象的信息，SetRequest-PDU 可以让网管员修改 MIB 对象的变量值。具体过程是：

① SNMP 管理站创建 SetRequest-PDU，由管理站的 SNMP 软件创建 SetRequest-PDU 报文，它含有一组 MIB 对象名和要被设置的数值。

② SNMP 管理站发送 SetRequest-PDU 报文。

③ SNMP 代理接收并处理 SetRequest-PDU 报文，如果请求中的信息正确并满足安全性规定，SNMP 代理改变它内部的变量值，然后创建一个 Response-PDU 返回给管理站。否则返回处理过程中的错误代码。

④ SNMP 管理站接收和处理 Response-PDU。

（3）使用 Trap 和 InformRequest 报文进行信息通知

在 SNMP 中，当通信链路发生故障、设备重新启动或者鉴别出现问题时，被管设备就会用中断的方式向管理站发送 Trap 报文，通知事件的发生，这种报文是不需要确认的。很多情况下把被管设备出现的问题称为陷阱，在设计 MIB 的时候，就已经对一组特定的对象创建了陷阱，并且指定了陷阱的触发条件，以及被触发后 Trap-PDU 报文发送的目的地址。被管设备可以通过 Trap-PDU 或者 Trapv2-PDU 报文给管理者报告重要的事件，InformRequest-PDU 报文可以用于在管理站之间传播事件信息。

2. SNMP 的通用报文格式

（1）SNMP v1 的通用报文格式

SNMP v1 的通用报文格式由一个小的首部和一个被封装的 PDU 组成，如图 7-15 所示。

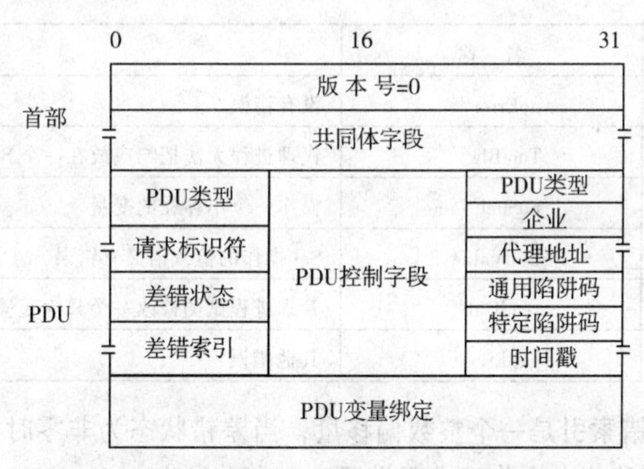

图 7-15　SNMPV1 的通用报文格式

版本字段：占 4 字节长，整数类型，版本号描述了该报文的 SNMP 的版本号，SNMP v1 的版本号的实际数值是 0。

共同体字段：长度可变的 8 位组字符串，用于实现简单的基于共同体的 SNMP 安全机制，发送方和接受方都在一个共同体中。

PDU 的控制字段：对于 GetRequest-PDU、GetNextRequest-PDU、SetRequest-PDU 和 GetResponse-PDU 报文，该字段包括 PDU 类型、请求标识符、差错状态、差错索引字段。

① PDU 的类型：占 4 个字节，共有 9 种类型如表 7-4 所示。

表 7-4　SNMP 报文的协议数据单元类型

PDU 编号（T 字段）	PDU 名称	说　明
0(A0)	GetRequest	从代理读取一个或者一组变量的值
1(A1)	GetNextRequest	从代理读取 MIB 树上的下一个变量的值，可以在不知道变量名的前提下，按顺序读取表中的值

续表

PDU 编号（T 字段）	PDU 名称	说　明
2(A2)	GetResponse	代理向管理站发送对 Request 报文的响应，并提供差错码，差错状态等信息
3(A3)	SetRequest	管理站设置代理的一个或者多个变量值
4(A4)	Trap	代理的陷阱通告
5(A5)	GetBulkRequest	管理站从代理读取大的数据块的值
6(A6)	InformRequest	管理站从一个远程管理站读取该管理站控制的代理中的变量值
7(A7)	SNMPv2Trap	代理向管理站报告代理中发生的异常事件
8(A8)	Report	在管理站之间报告某些类型的差错，暂时未用

② 请求标识符：占 4 个字节，用来匹配请求和回答的编号，由发送请求的设备产生，由 SNMP 响应实体复制到 SetRequest-PDU 的相应字段。

③ 差错状态：占 4 个字节，告诉发送请求的实体它的请求结果，差错状态如表 7-5 所示。

表 7-5　SNMP 报文的差错状态

差错状态	名　称	说　明
0	noError	没有错误
1	Too Big	代理进程无法把响应放在一个 SNMP 报文中发送
2	noSuchName	操作一个不存在的变量
3	BadValue	Set 操作的值或语义有错误
4	readOnly	管理进程试图修改一个只读变量
5	genErr	其他错误

④ 差错索引：差错索引是一个整数偏移量，当差错状态为非零时，本字段指明有差错的变量在变量列表中的偏移值，由代理进程设置，只有在发生 noSuchName、BadValue、readOnly 差错时才被设置，在请求报文中其值为 0。

对于 Trap-PDU 报文该控制字段包括企业（组的对象标识符）、代理地址、通用陷阱码、特定陷阱码、时间戳字段。

⑤ 企业：为可变字节长，填入 Trap 报文的网络设备的对象标识。

⑥ 代理地址：长度可变，产生陷阱的 SNMP 代理的 IP 地址。

⑦ 通用陷阱码：占 4 字节，指定预定义的通用陷阱类型的一个代码值，表 7-6 所示为 Trap 报文的通用陷阱码。

⑧ 特定陷阱码：指示一种自定义的陷阱类型的一个代码值。

⑨ 时间戳：占 4 个字节，自发送报文的 SNMP 实体最后一次初始化或重新初始化以来的时间量。

⑩ PDU 变量绑定：长度可变，指定 PDU 中一个或多个的 MIB 对象的名字和对应值。在 SNMP 中采用 BER（基本编码规则）来对变量的值进行编码，其格式为 TLV，如图 7-16 所示。

表 7-6　Trap 报文的通用陷阱码

Trap 类型	名　称	说　明
0	coldStart	代理进程自己初始化
1	warmStart	代理进程对自己重新初始化
2	linkDown	一个接口已经从工作状态改为故障状态
3	linkup	一个接口已经从故障状态改为工作状态
4	authenticationFailure	从 SNMP 管理进程接收到具有一个无效共同体的报文
5	egpNeighborLoss	一个 EGP 相邻路由器变为故障状态
6	enterpriseSpecifc	代理自定义事件，需要用后面的特定代码来指明

（2）SNMP v3 的通用报文格式

因为有好几种版本的 SNMP v2，所以 SNMP v2 也有多种格式，最初是从 SNMP v1 演变而来的 SNMP v2p，然后是基于共同体的 SNMP v2c、基于用户的 SNMP v2u，以及 SNMP v2*。由于篇幅的关系，在此就不一一列举，详细信息请查阅相关书籍。

SNMP v3 不仅解决了多种 SNMP v2 格式的问题，而且使用了一种更加灵活的方式定义安全性问题的方法和参数。SNMP v3 报文格式如图 7-17 所示。

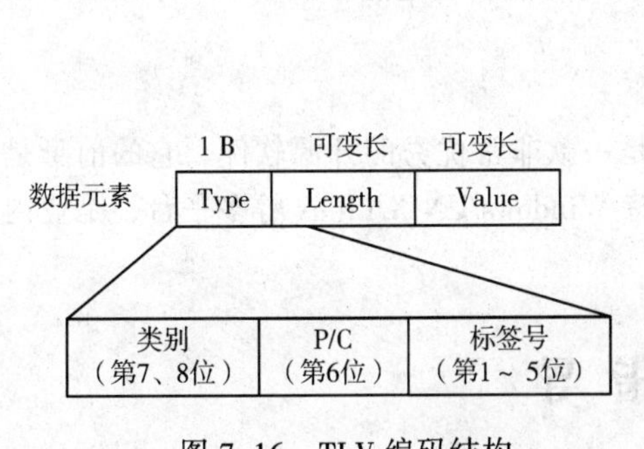

图 7-16　TLV 编码结构

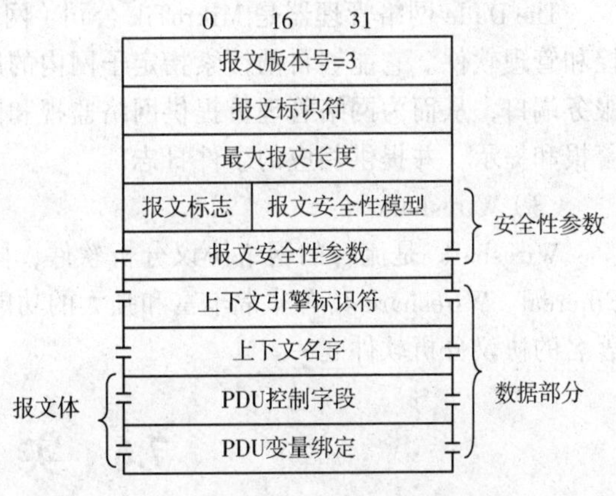

图 7-17　SNMPV3 报文格式

版本号：占 4 个字节，SNMP v3 的版本号为 3。

报文标识符：占 4 个字节，用于标识一个 SNMP v3 报文，也用于匹配请求报文和响应报文的一个编号。

最大报文长度：占 4 个字节，报文发送方能够接收的最大报文长度。

报文标志：占 8 位的字符串，第 1～5 位为保留位，第 6 位为可报告标志，如果为 1，收到此报文的设备必须返回一个 Report-PDU；第 7 位为保密标志，置 1 为使用加密来保护这个报文；第 8 位为鉴别标志，置 1 为使用鉴别来保护报文。

报文安全性模型：占 4 个字节，指出报文使用哪种安全性模型，基于用户的安全性模型该字段的值为 3。

报文安全性参数：长度可变，指明特定的安全性模型中的一组参数值。

上下文引擎标识符：可变长度，用于标识 PDU 将发给哪个应用进程来处理。

上下文名字：长度可变，指定与此 PDU 相关联的特定的上下文的一个对象标识符。

PDU 变量绑定：指定 PDU 中一个或多个的 MIB 对象的名字和对应值。

7.5 常用的网络管理软件

在网络管理领域有众多的商业软件，例如 CiscoWorks、HP Open View、IBM Tivoli 及 Sun NetManager 等著名厂商开发的软件，这些软件功能全面但价格不菲，一般个人或小型企业难以有足够预算购买并部署。

除此之外，还有众多优秀的免费网管软件可供网络管理员使用，它们的开发多由一些开源项目支持，其中多数软件可免费下载应用，如进行流量监控的 MRTG、进行网络发现和拓扑管理的 The Dude、进行协议分析的 Wireshark 等，结合本章实验本节从众多的免费开源网管软件中选择部分进行介绍。

（1）MRTG

MRTG（Multi Router Traffic Grapher，多路由器通信图形工具）是一个监控网络链路流量负载的开源软件，它可以从运行 SNMP 协议的路由器、交换机、服务器等设备上抓取信息，并且能够自动生成包含 PNG 格式图形的 HTML 文档，通过网页方式将网络流量信息图形化地显示给用户。

（2）The Dude

The Dude 网络管理器是 MikroTik 公司（网址为 http://www.mikrotik.com）开发的免费网络监控和管理软件。它能够自动搜索指定子网内的所有设备、绘制和生成网络拓扑图、监视设备的服务端口，从而为网络管理员提供网络监视和网络分析的功能，它还能在服务端口中断后发出警报和提示，并提供相应的事件日志。

（3）Wireshark

Wireshark 是流行的网络协议分析软件，同时也是一款非常优秀的开源软件。它的前身是 Ethereal。Wireshark 具有非常丰富和强大的功能，支持 Windows/UNIX/Linux 等多平台，是业内著名的协议分析软件之一。

7.6 实 验 指 导

7.6.1 Windows 防火墙的配置和使用

1. 实验目的

通过本实验掌握 Windows XP 操作系统防火墙的安全配置和基本原理。

2. 实验环境

一台装有 Windows XP SP2 操作系统的主机（许多功能在 Windows 2003 下也可实验）。

3. 实验说明

Windows XP SP2 防火墙又称 ICF（Internet Connection Firewall），已经具备个人防火墙的基本功能，它是一种能够阻截所有未经请求传入的流量的防火墙。这些流量既不是响应计算机请求而发送的流量（请求流量），也不是事先指定允许传入的未经请求的流量（异常流量）。这有助于使计算机更加安全，可以更好地控制计算机上的数据。Windows 的防火墙只是一个单向的防火墙，如果将某个程序设置成阻止，只能防止信息流入，而不能阻止其信息的流出。

4. 实验步骤

（1）启用防火墙

选择"开始"→"设置"→"控制面板"选项，然后在"控制面板"窗口中双击"Windows 防火墙"图标，即可弹出"Windows 防火墙"对话框。

（2）"常规"选项卡的设置

在"常规"选项卡中选中"启用（推荐）"单选按钮，如图 7-18 所示。

注：如果选中"不允许例外"复选框，Windows 防火墙将阻止所有的连接到用户计算机的请求，即使请求来自"例外"选项卡下列出的程序或服务也是如此，而且防火墙还会阻止发现网络设备、文件共享和打印机共享。当计算机连接到公用网络时，"不允许例外"设置则可以阻止所有的连接到计算机的尝试，因而有助于保护计算机。

（3）"例外"选项卡的设置

① 在"例外"选项卡中的"程序和服务"列表框中选中防火墙允许与外界进行连接的程序，如图 7-19 所示。

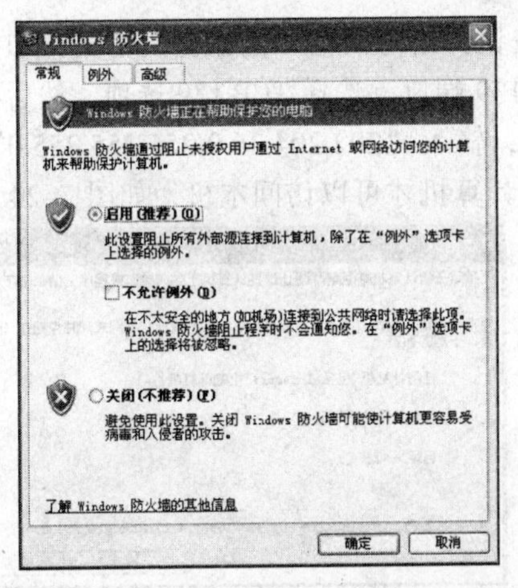

图 7-18 "常规"选项卡

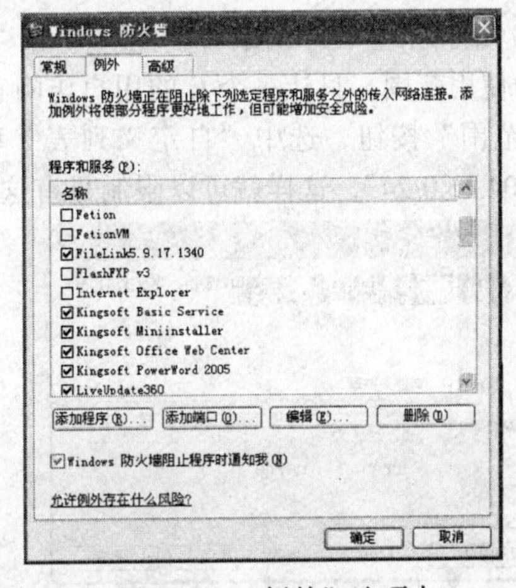

图 7-19 "例外"选项卡

而其他的应用程序在运行并且要通过 Internet 服务连接的时候就会弹出"Windows 安全警报"对话框，如图 7-20 所示。

单击"保持阻止"按钮，则继续阻断其与外界的连接；单击"解除阻止"按钮，即可允许其与外界进行连接。

② 添加例外的程序，则可单击"添加程序"按钮打开对话框，在"添加程序"列表框中单击"浏览"按钮，弹出"浏览"对话框，然后在其中选择添加程序的运行文件就可以让其能够通过"Windows 防火墙"。例如要允许 360 安全浏览器通信，则单击"添加程序"按钮，选择应用程序"C:\Program Files\ 360\360se3\360SE.exe"，然后单击"确定"按钮把它加入列表，如图 7-21 所示。

单击"添加程序"对话框中的"更改范围"按钮，与"编辑"对话框中的"更改范围"设置原理一样，操作参考"编辑"对话框中的即可。

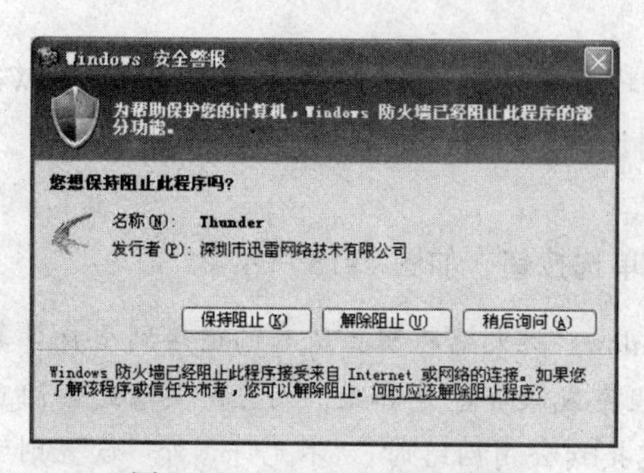

图 7-20 Windows 安全警报

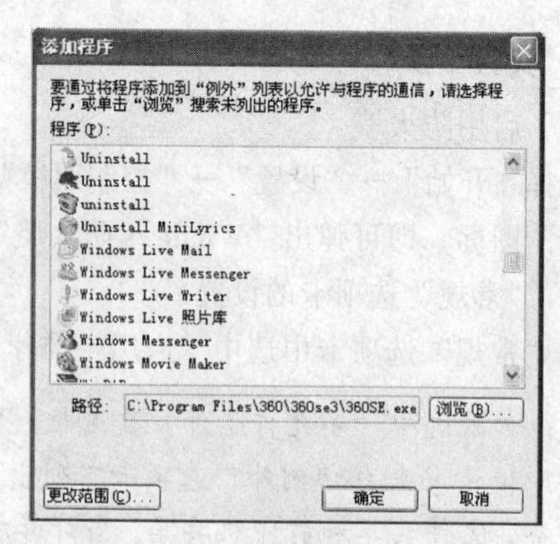

图 7-21 “添加程序”对话框

③ 添加新的端口，则可单击“添加端口”按钮打开对话框，但是一定要对端口号以及 TCP/UDP 比较熟悉，例如添加一个局域网中文件和打印机共享常用的 TCP 445 端口，如图 7-22 所示。

再单击“更改范围”按钮打开对话框选择让某些计算机或者子网内的计算机可以进行连接，如图 7-23 所示。

④ 编辑某些程序的端口，则可单击“编辑”按钮弹出对话框，例如更改“文件和打印共享”的使用范围，只让一个 C 的用户访问它的 TCP 139 端口，选择 TCP 139 选项，然后再单击“更改范围”按钮，选中“自定义列表”单选按钮，输入“202.204.36.0/255.255.255.0”或者“202.204.36.0/24”，这样就可以限制只有这个网段的计算机才可以访问本机，如图 7-24 所示。

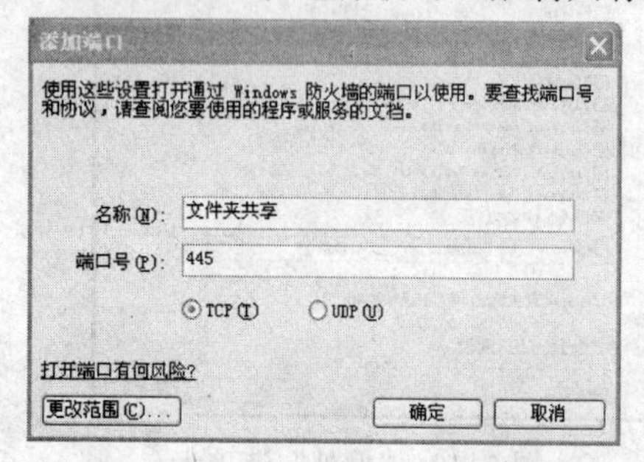

图 7-22 “添加端口”对话框

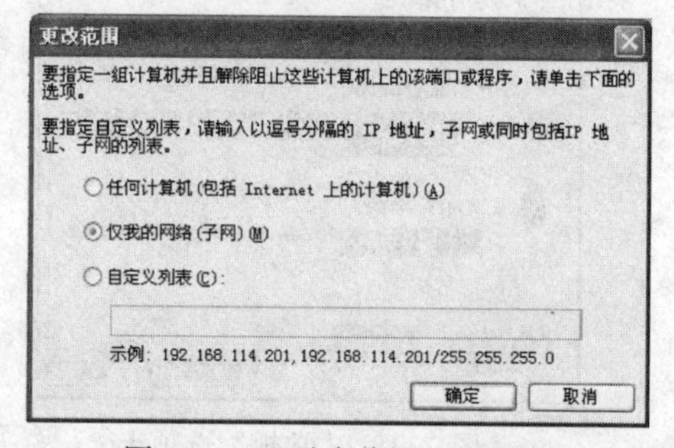

图 7-23 “更改范围”对话框

可以设置单个主机访问本机，也可以设置一个或者多个网段的主机访问本机或者设置这些规则同时存在使这些主机均能访问本机。

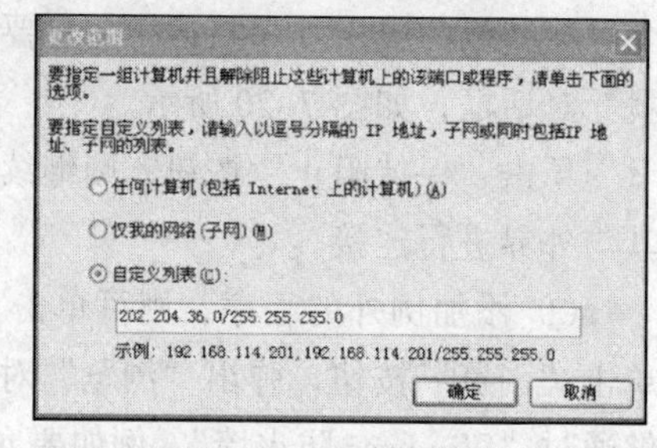

图 7-24 更改范围

（4）“高级”选项卡的设置

① 安全日志记录可以帮助确定入站通信的来源，并提供有关被阻止的通信的详细信息和成功连接的记录信息，然而系统默认的选项是不记录任何拦截或成功的事项。单击“安全日志记录”中的“设置”按钮，可以选择记录丢失的连接还是成功的连接，安全日志的文件默认存放在 C:\WINDOWS\pfirewall.log 这个目录下，可以打开这个文件来查看信息，如图 7-25 所示。

② 在 ICMP 当中通常会用到 Ping 命令工具，Ping 一个 IP 以确认该计算机是否存在，当发送 Ping 的时候，发送的是 ICMP Echo message 信号，获得的回应是 ICMP Echo Reply message 信

号。在默认情况下，所有的 ICMP 都没有打开，所以也就不会回复 ICMP Echo Reply message 数据报文了。如果启用了 TCP 端口 445（如在“例外”中启用了“文件和打印机共享”），那么别人是可以 Ping 到你的 IP。另外，选择了“允许传入回显请求”也可以使别人能够 Ping 到你的 IP，如图 7–26 所示。

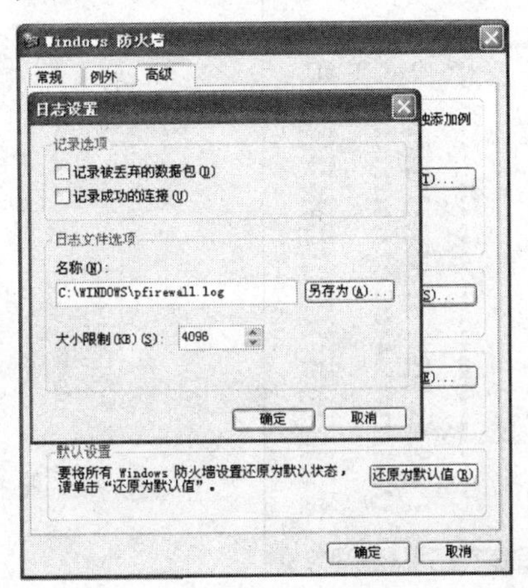

图 7–25　日志设置

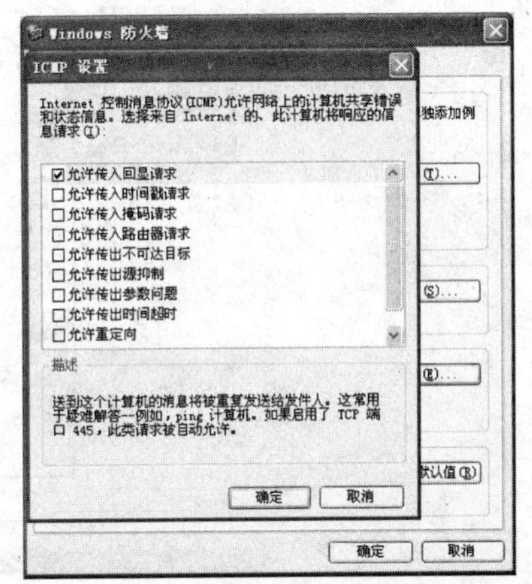

图 7–26　ICMP 设置

③ 如果要将所有 Windows 防火墙设置恢复为默认状态，则可以单击右侧的“还原为默认值”按钮。

7.6.2　虚拟专用网络（VPN）的实现

1. 实验目的

通过本实验掌握在 Windows XP 操作系统下如何配置 VPN 服务器接收客户端的远程访问，学会使用 VPN 客户端的拨号访问。

2. 实验环境

一台有 Windows 2003 Server 的主机。

一台装有 Windows XP SP2 操作系统的主机。

3. 实验说明

虚拟专用网络（Virtual Private Network，VPN）是通过一个公用网络（通常是因特网）建立一个临时的、安全的连接，是一条穿过复杂混乱的公用网络的安全、稳定的隧道。VPN 是对企业内部网的扩展。VPN 可以帮助远程用户、公司分支机构、商业伙伴及供应商同公司的内部网建立可信的安全连接，并保证数据的安全传输。VPN 可用于不断增长的移动用户的全球因特网的接入，以实现安全连接；可用于实现企业网站之间安全通信的虚拟专用线路；可用于经济有效地连接到商业伙伴和用户的安全外联网的虚拟专用网。

VPN 可以通过特殊加密的通讯协议在连接到 Internet 上的位于不同地方的两个或多个企业内部网之间建立一条专有的通讯线路，相当于架设了一条专线一样，但是它并不需要真正地去铺设光缆之类的物理线路。VPN 的核心就是在利用公共网络建立虚拟私有网络。

4. 实验过程

（1）服务器端设置

启用计算机的远程访问组件，该组件默认是不启用的。选择“控制面板”→“管理工具”→

“计算机管理”→“服务和应用程序”→“服务”或者按【WIN+R】组合键打开运行窗口，输入 services.msc 打开服务，找到 Routing and Remote Access 服务，设置启动类型为自动，并启动服务，如图 7-27 所示。

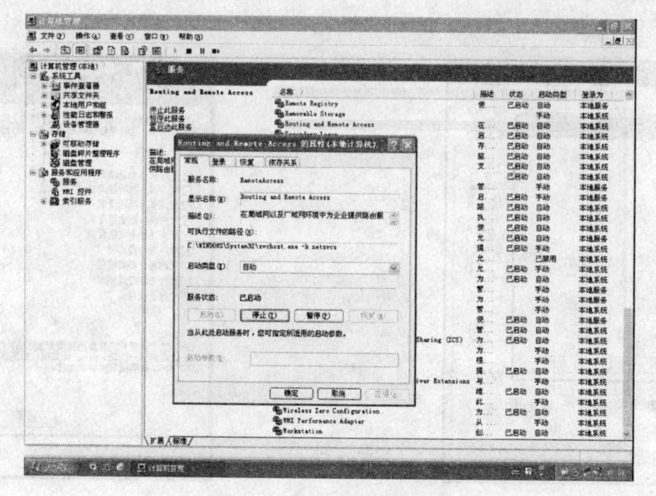

图 7-27　计算机管理

当启动这个服务后右击“网上邻居”，选择“属性”，就会看到新增加的“传入的连接”，如图 7-28 所示。

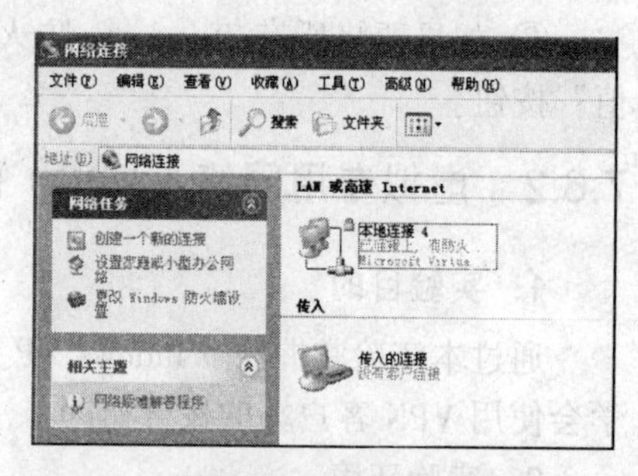

图 7-28　网络连接

右击弹出“传入的连接 属性”对话框，选中“虚拟专用网”下的复选框，使他人能够通过虚拟专用网建立与本机的连接，如图 7-29 所示。

选择“用户”选项卡，选择允许远程拨入的用户，或者新建一个拨入用户，如图 7-30 所示。

选择“网络”选项卡，以确定已安装“Internet 协议（TCP/IP）”，如图 7-31 所示。

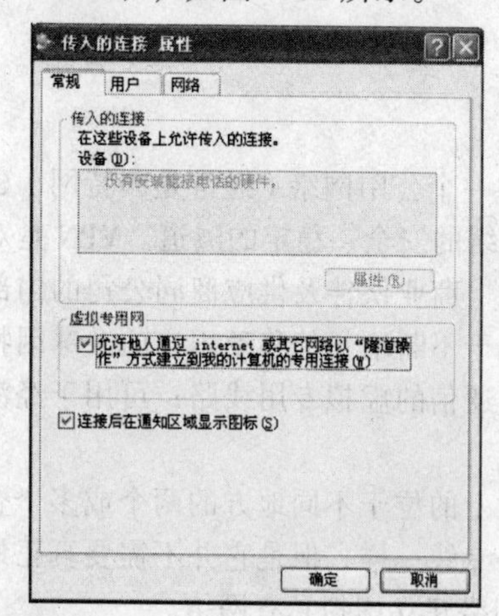

图 7-29　常规属性

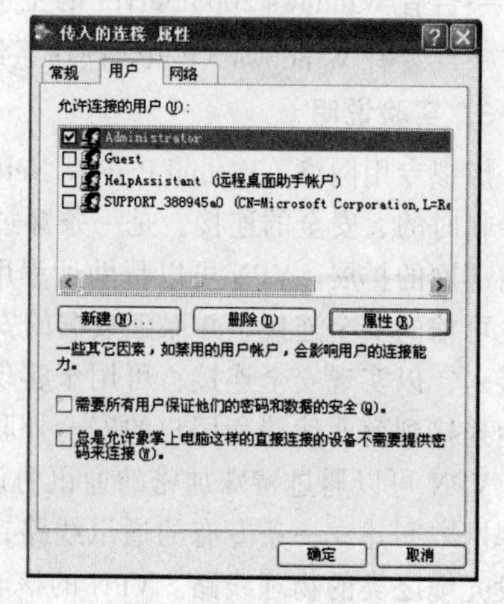

图 7-30　用户属性

下面开始建立一个 VPN 服务器，单击“网络连接”中的“创建一个新的连接”，如图 7-32 所示。

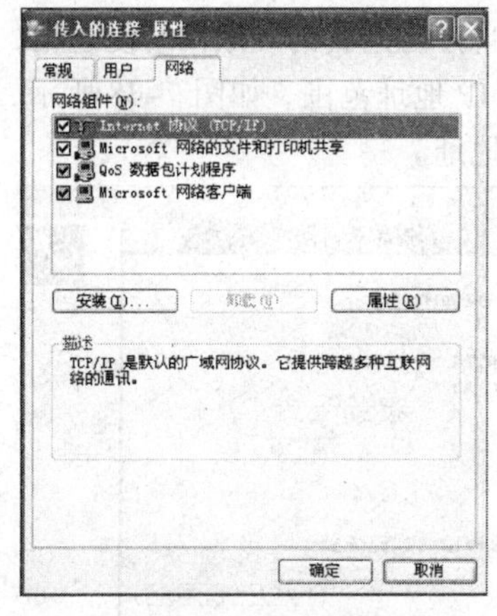

图 7-31　网络属性

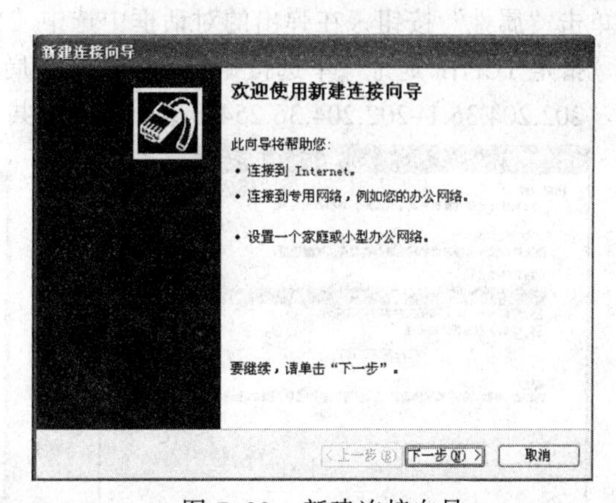

图 7-32　新建连接向导

单击“下一步”按钮，进入“新建连接向导”，选中“设置高级连接”单选按钮，如图 7-33 所示。

单击“下一步”按钮，选中“接受传入的连接”单选按钮，如图 7-34 所示。

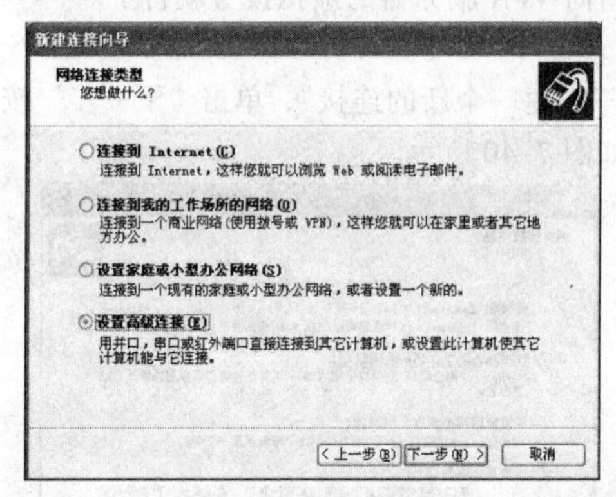

图 7-33　网络连接类型

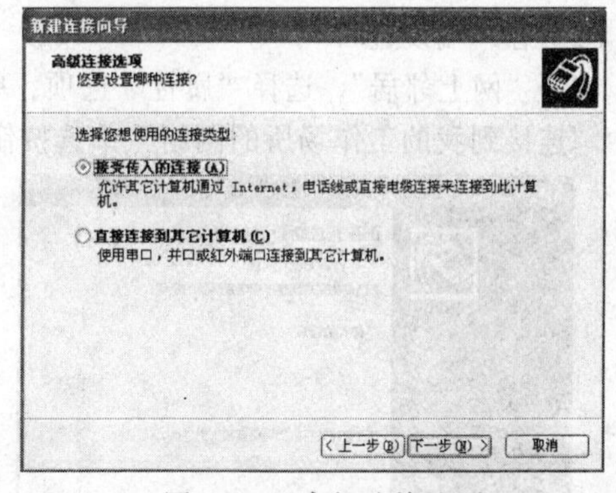

图 7-34　高级连接选项

单击“下一步”按钮，如果有“拨入连接的设备”选项，那么不做选择，直接单击“下一步”按钮，接着选中“允许虚拟专用连接”单选按钮，如图 7-35 所示。

单击“下一步”按钮，接着选一个账户，如图 7-36 所示。

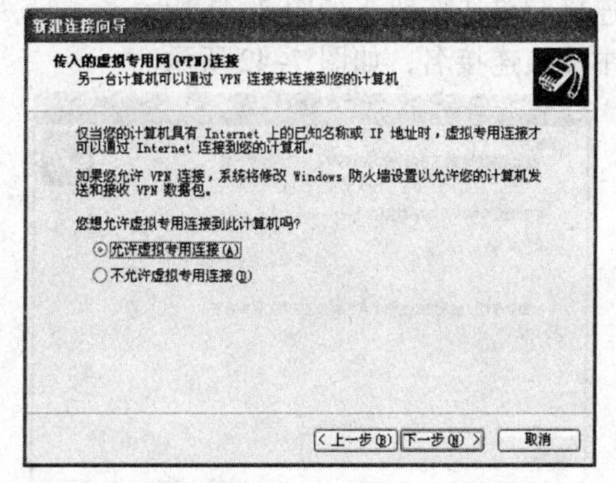

图 7-35　传入的虚拟专用网（VPN）连接

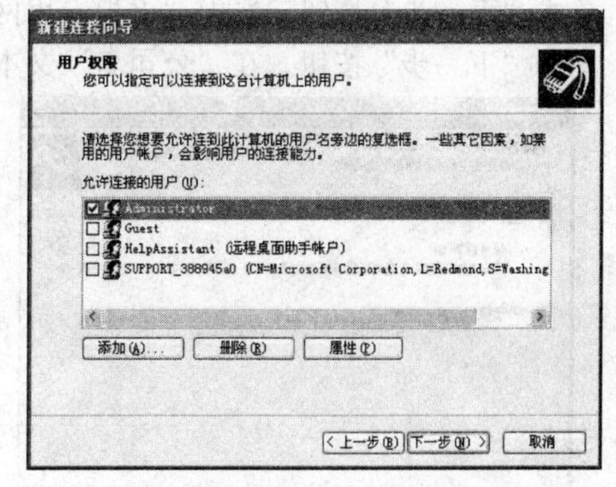

图 7-36　用户权限

单击“下一步”按钮，选择“Internet 协议（TCP/IP）”，如图 7-37 所示。

单击“属性”按钮，在弹出的对话框中选中“允许呼叫方访问我的局域网”复选框，并且选中“指定 TCP/IP 地址”单选按钮，且添加一个局域网的 IP 地址范围，如图 7-38 所示，例如添加“202.204.36.1–202.204.36.254”这个段中总共 254 个地址。

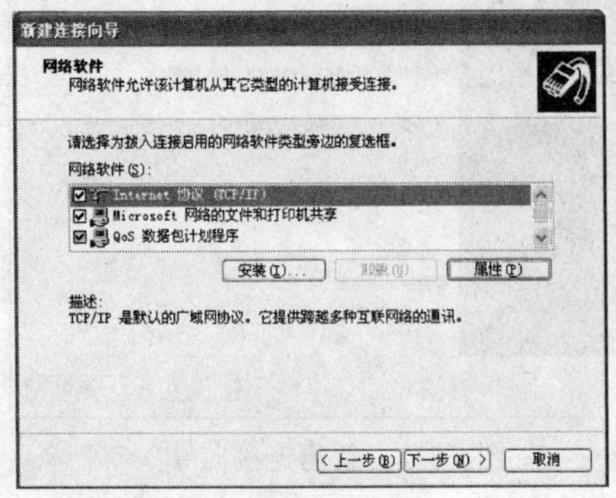

图 7-37 网络软件

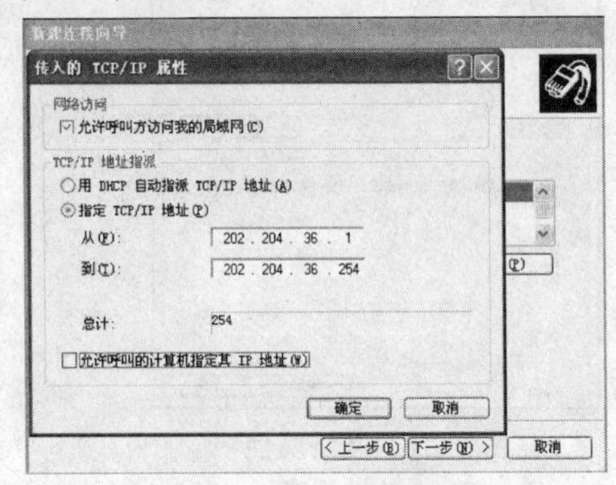

图 7-38 TCP/IP 属性

单击“下一步”按钮，再单击“完成”按钮来完成此设置，如图 7-39 所示。

现在服务器端已完成，只要在客户端建一个指向 VPN 服务器的虚拟拨号就行了。

（2）客户端设置

右击“网上邻居”，选择“属性”选项，单击“创建一个新的连接”，单击“下一步”按钮，选中“连接到我的工作场所的网络”单选按钮，如图 7-40 所示。

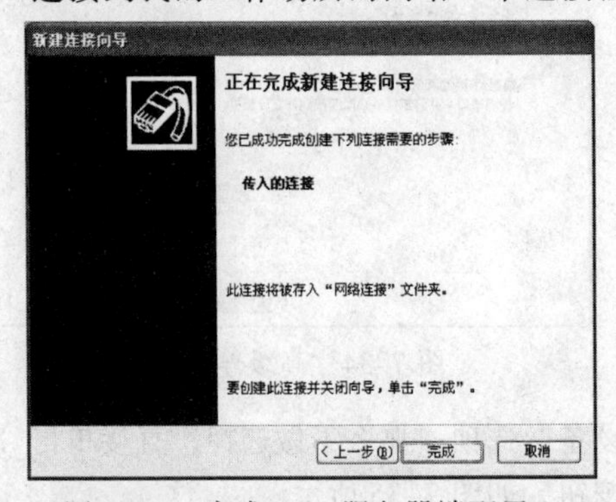

图 7-39 完成 VPN 服务器端配置

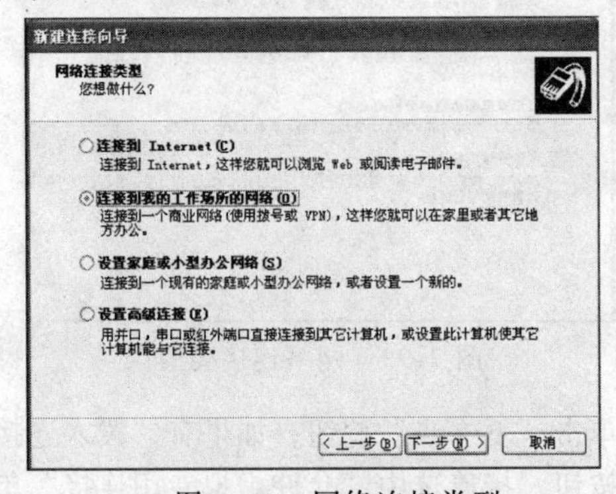

图 7-40 网络连接类型

单击“下一步”按钮，选中“虚拟专用网络连接”单选按钮，如图 7-41 所示。

单击“下一步”按钮，在“公司名”文本框中输入连接名，如图 7-42 所示。

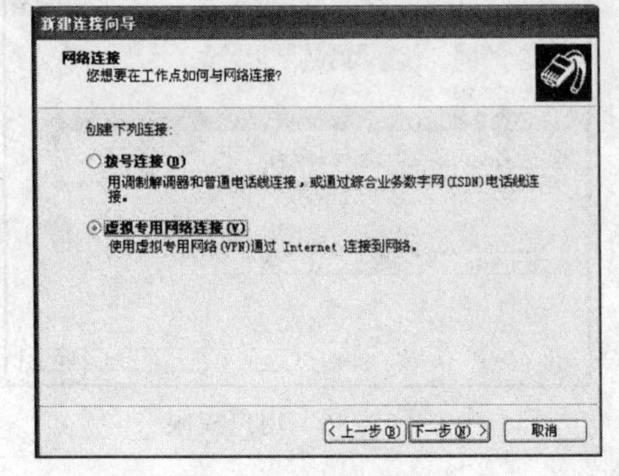

图 7-41 网络连接

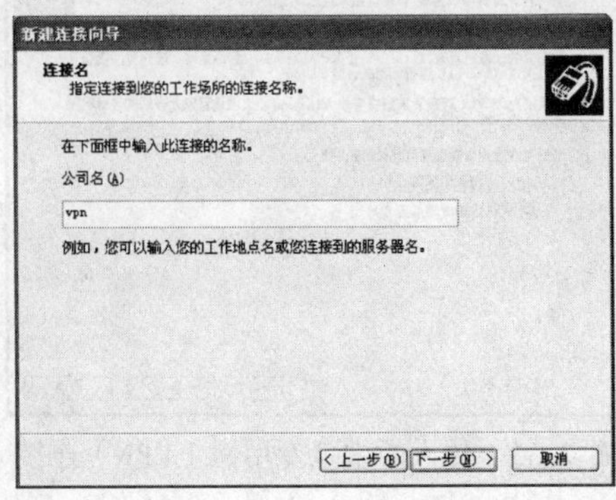

图 7-42 连接名

单击“下一步”按钮，输入刚刚建立的那个服务器端的IP地址或者主机名，如图7-43所示。

单击“下一步”按钮，为了方便用户的连接，选中“在我的桌面上添加一个到此连接的快捷方式”复选框，如图7-44所示，然后完成此设置。

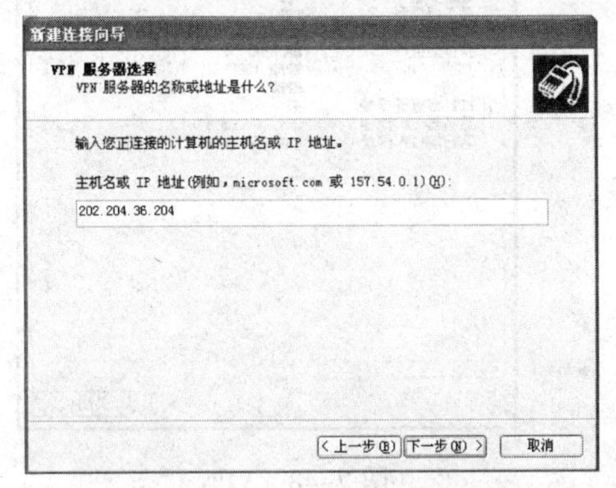

图7-43 VPN服务器选择

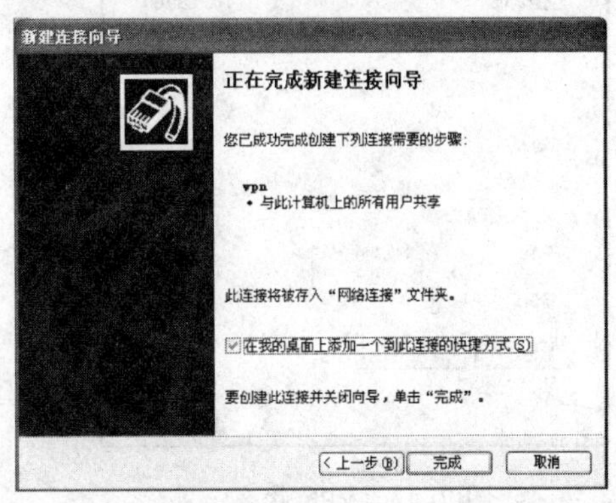

图7-44 完成VPN客户端配置

（3）VPN拨号连接

打开刚建好的连接，输入允许连接的用户名和密码，单击“连接”按钮，如图7-45所示。

系统会显示“vpn现在已连接”，表明已经成功连接到了VPN的服务器，如图7-46所示。

图7-45 VPN连接

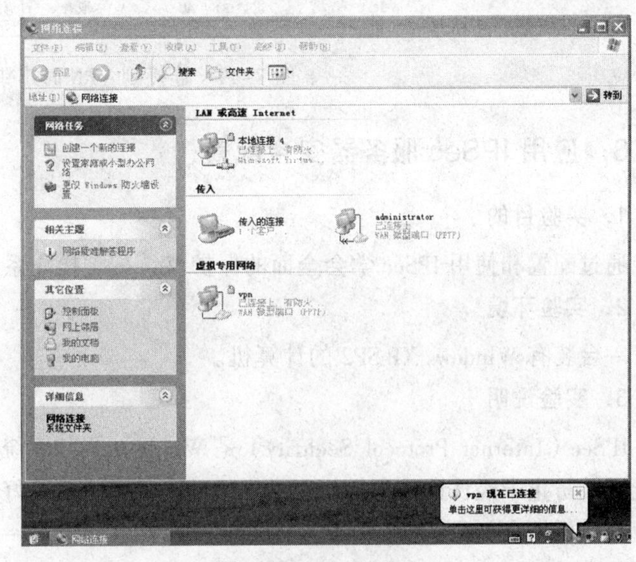

图7-46 用户连接

查看客户机的属性，“常规”选项卡中可显示连接的时间和流量，如图7-47所示。

在“详细信息”中可看出服务器自动生成一个202.204.36.0/24网段的地址，客户机被分配了一个36网段的地址，这样就可以进行正常的通信，如图7-48所示。

Windows XP系统的“传入的连接”是Windows 2003 VPN功能的精简版，例如客户端IP分配无法设置，客户端不能进行时间等拨入限制，而且同时只能有一个用户接入，如图7-49所示。

但是作为个人操作系统来说，由于操作简单不需要任何第三方软件和复杂的设置，对于小型办公环境或家庭网络其VPN功能已经足够使用了。

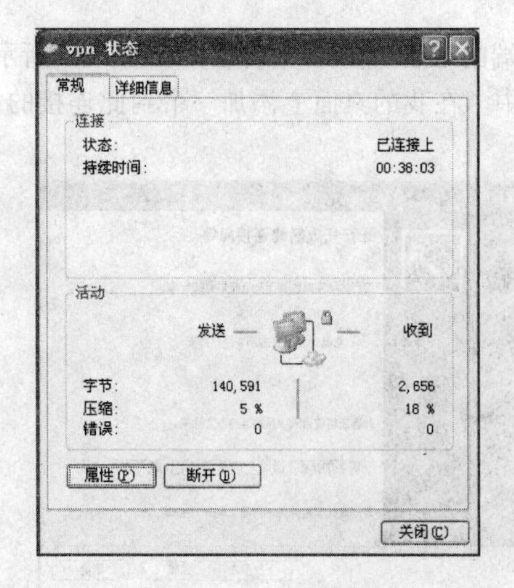

图 7-47　VPN 状态

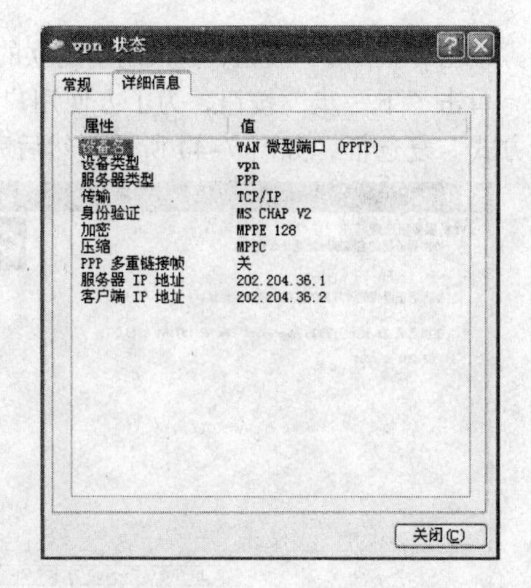

图 7-48　VPN 状态

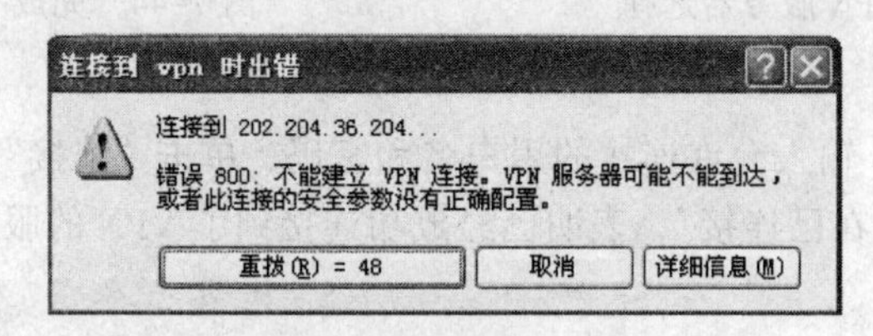

图 7-49　连接到 VPN 时出错

7.6.3　应用 IPSec 服务器安全配置

1. 实验目的

通过配置和使用 IPSec 学会全面的保护 Windows 操作系统。

2. 实验环境

一台装有 Windows XP SP2 的计算机。

3. 实验说明

IPSec（Internet Protocol Security）是 Windows 操作系统自身带有强大功能的防火墙系统，它能有效防止未经认证的主机与正常主机的通信，从而更好地管理 Windows 主机，并在网络安全性与实用性之间取得平衡。IPSec 协议是由 IETF 制定的一种基于 IP 协议的安全标准，用于保证 IP 数据包传输时的安全性。IPSec 协议由安全协议（包括 AH 协议和 ESP 协议）、管理协议（如 IKE）以及认证和加密算法组成。

为了增强网络通信安全或对客户机器的管理，网络管理员可以通过在 Windows 系统中定义 IPSec 安全策略来实现。一个 IPSec 安全策略由 IP 筛选器和筛选器操作两部分构成，其中 IP 筛选器决定哪些报文应当引起 IPSec 安全策略的关注，筛选器操作是指“允许”还是“拒绝”报文的通过。要新建一个 IPSec 安全策略，一般需要新建 IP 筛选器和筛选器操作。

4. 实验过程

本实验实现阻止局域网中 IP 为“192.168.1.100”的机器访问 Windows XP 的终端服务器。

① 先确定 IPSec Services 服务是否开启，选择“开始”→“运行”选项，输入 services.msc

进入“服务”设置窗口。在服务设置窗口中找到名为 IPSec Services 的服务，保证它是启动的。如果该服务没有启动，我们需要双击其名称，单击“启动”按钮手动启动该服务，然后还需要把其启动方式设置为“自动”，这样才能保证下面设置好的过滤信息可以随系统启动而启动，如图 7-50 所示。

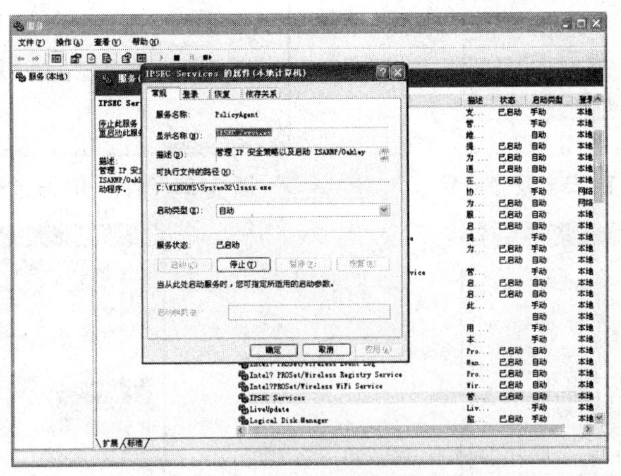

图 7-50　IPSEc 服务

② 进入“控制面板”，切换到经典分类视图，选择“管理工具”选项，运行“本地安全策略”选项，在“本地安全设置”窗口中展开“安全设置”选项，就可以找到“IP 安全策略，在本地计算机”，如图 7-51 所示。

③ 新建一个 IP 安全策略，在“本地安全设置”窗口中，右击“IP 安全策略，在本地计算机”，选择“创建 IP 安全策略”选项，如图 7-52 所示，进入“IP 安全策略向导”，单击“下一步”按钮。

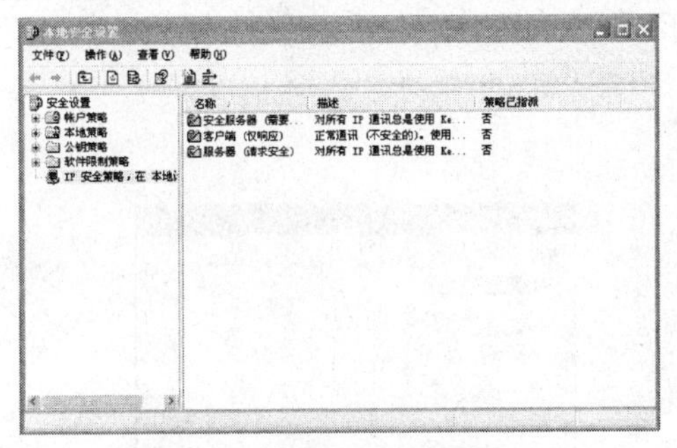

图 7-51　本地安全设置

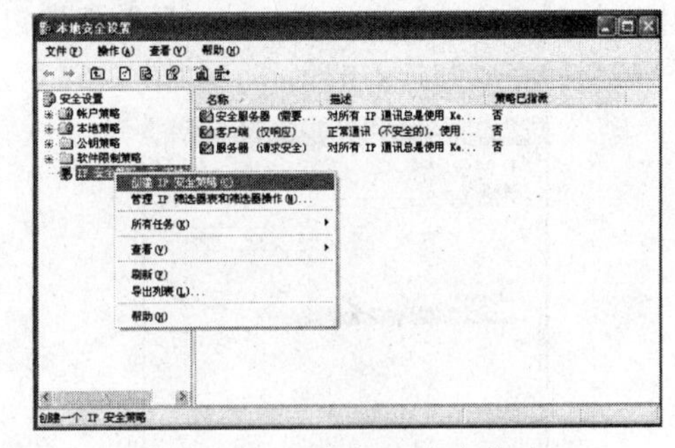

图 7-52　创建 IP 安全策略

在“IP 安全策略向导”对话框中输入该策略的名字，如“终端服务”，如图 7-53 所示，单击“下一步”按钮，下面弹出的对话框都选择默认值，最后完成之前不选择“编辑属性”，单击“完成”按钮。

④ 为该策略创建一个 IP 筛选器表，右击“IP 安全策略，在本地计算机”，选择“管理 IP 筛选器表和筛选器操作”，如图 7-54 所示。

弹出“管理 IP 筛选器表和筛选器操作”对话框，如图 7-55 所示，单击左下方的“添加”按钮。

弹出“IP 筛选器列表”对话框，在“名称”文本框中输入“终端服务过滤”，并且取消选中“使用‘添加向导’”复选框，如图 7-56 所示，单击“添加”按钮。

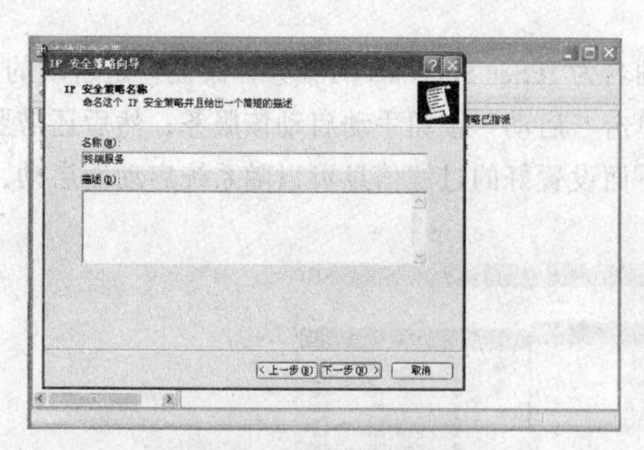

图 7-53 IP 安全策略向导

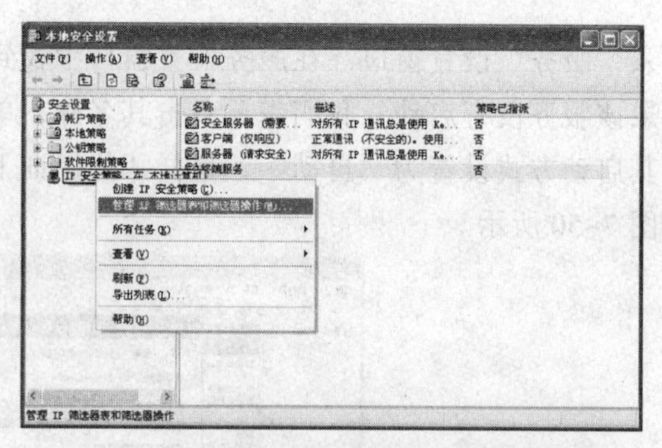

图 7-54 管理 IP 筛选器表和筛选器操作

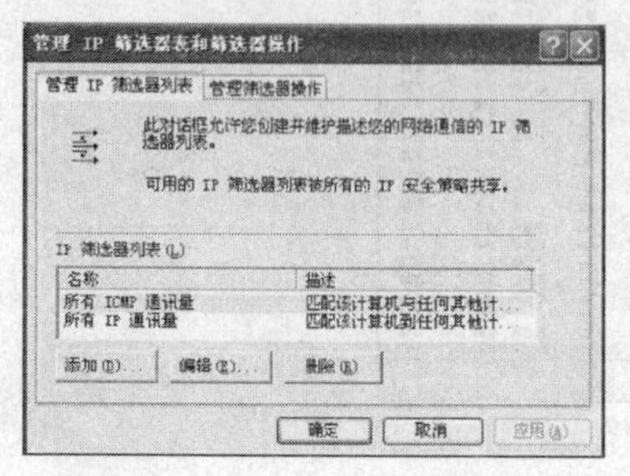

图 7-55 管理 IP 筛选器列表

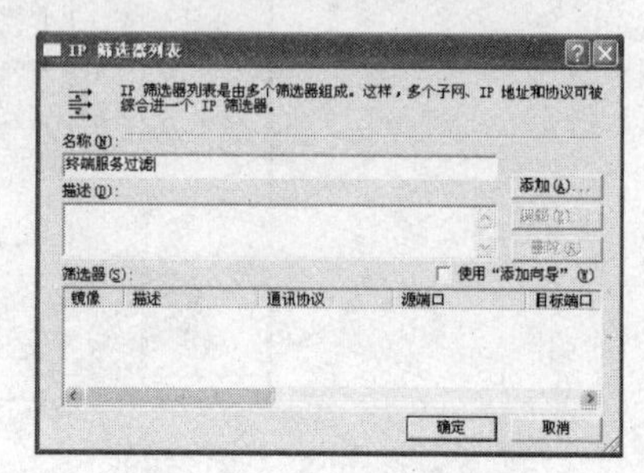

图 7-56 IP 筛选器列表

弹出“筛选器 属性”对话框，在“寻址”选项卡的“源地址”下拉列表框中选择“一个特定 IP 地址”，然后输入该客户机的 IP 地址，如“192.168.1.100”；在“目标地址”下拉列表框中选择“我的 IP 地址”，如图 7-57 所示。

在“协议”选项卡的“选择协议类型”中选择 TCP 协议，接着在“设置 IP 协议端口”中选中“从任意端口”和“到此端口”单选按钮，在“到此端口”文本框中输入 3389，单击“确定”按钮后完成筛选器的创建，如图 7-58 所示。

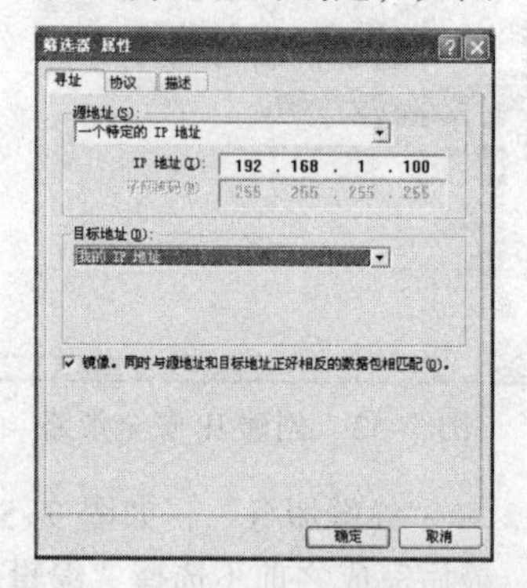

图 7-57 “筛选器 属性”对话框

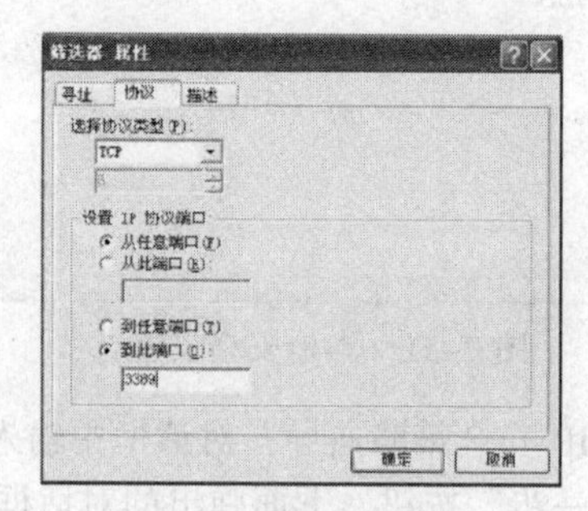

图 7-58 筛选器属性

回到“IP 筛选器列表”对话框后，可以看到该筛选器已经创建成功，如图 7-59 所示，单击“确定”按钮。

⑤ 为该策略创建一个筛选器操作，在“管理 IP 筛选器表和筛选器操作”对话框中选择“管理筛选器操作”选项卡，取消选中“使用‘添加向导’”复选框，如图 7-60 所示，单击“添加”按钮。

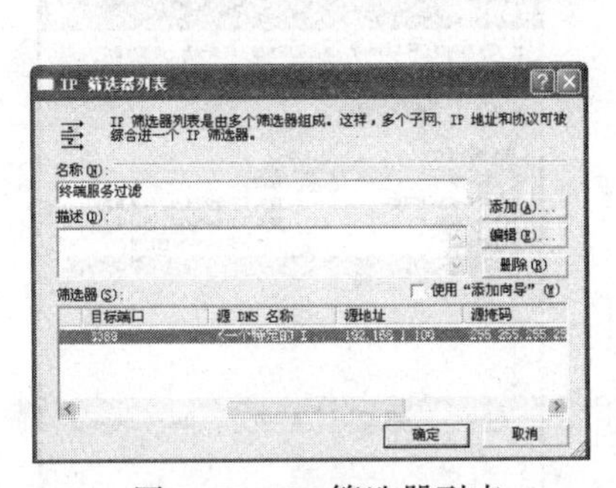

图 7-59　IP 筛选器列表

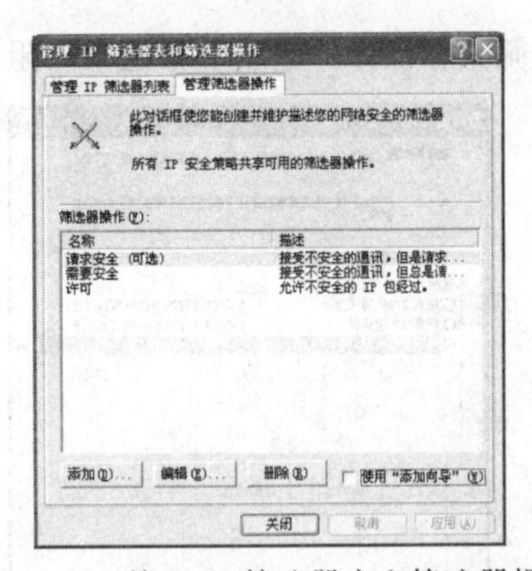

图 7-60　管理 IP 筛选器表和筛选器操作

在“安全措施”选项卡中选中“阻止”单选按钮，如图 7-61 所示。

在“新筛选器操作 属性”对话框中选择“常规”选项卡，在“名称”文本框中输入“阻止”，如图 7-62 所示，单击“确定”按钮完成操作的创建。

回到“管理 IP 筛选器表和筛选器操作”对话框后，可以看到该操作已经创建成功，如图 7-63 所示，单击“关闭”按钮。

⑥ 回到“本地安全设置”窗口中，在“IP 安全策略，在本地计算机”里，双击在第三步中建立的“终端服务”安全策略，在“规则”窗口中取消选中“使用‘添加向导’”复选框，如图 7-64 所示，单击“添加”按钮。

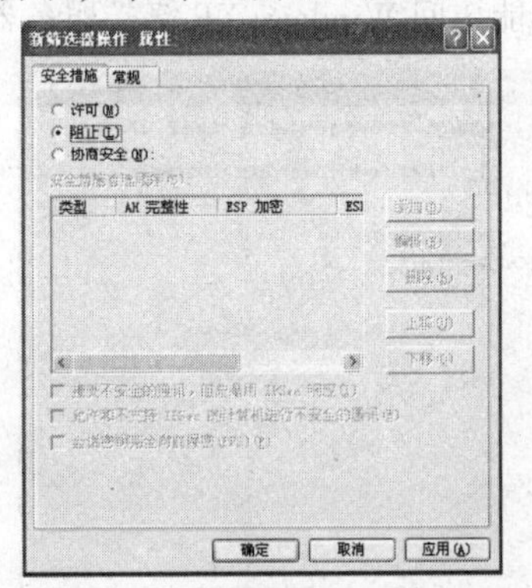

图 7-61　新筛选器安全措施操作

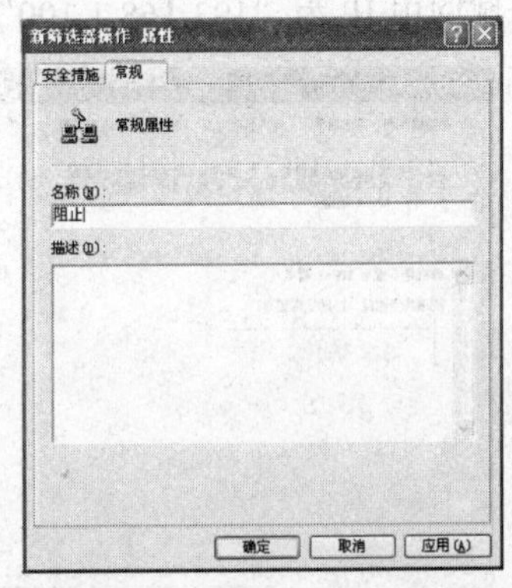

图 7-62　新筛选器常规操作

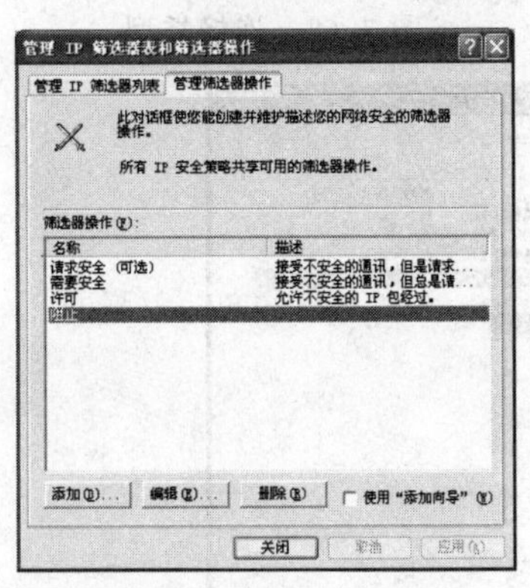

图 7-63　管理 IP 筛选器表

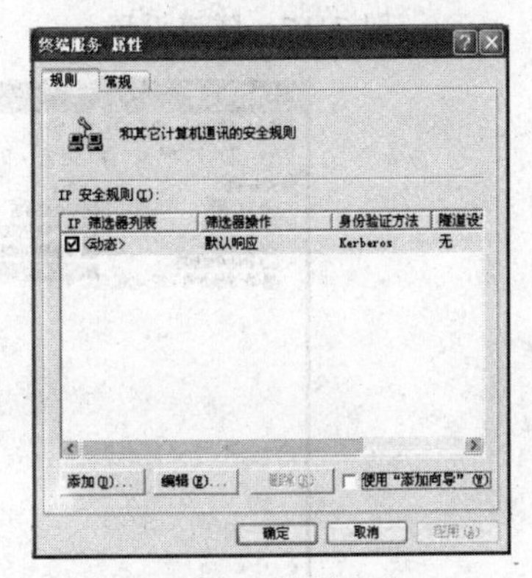

图 7-64　终端服务

在“IP 筛选器列表”选项卡中选中“终端服务过滤”单选按钮，如图 7-65 所示。

在“筛选器操作”选项卡中选中“阻止”单选按钮，如图 7-66 所示。

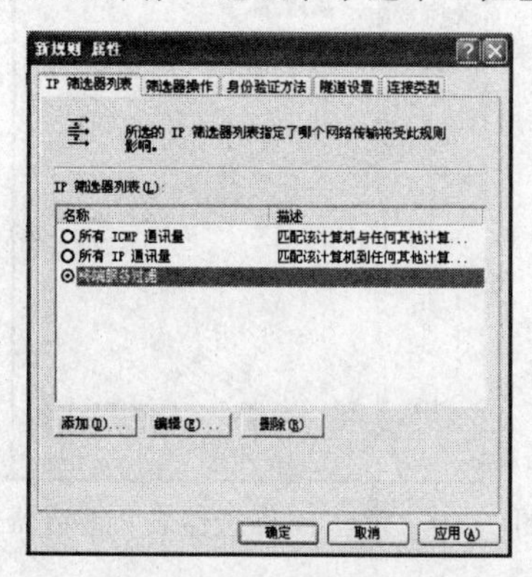

图 7-65　IP 筛选器列表

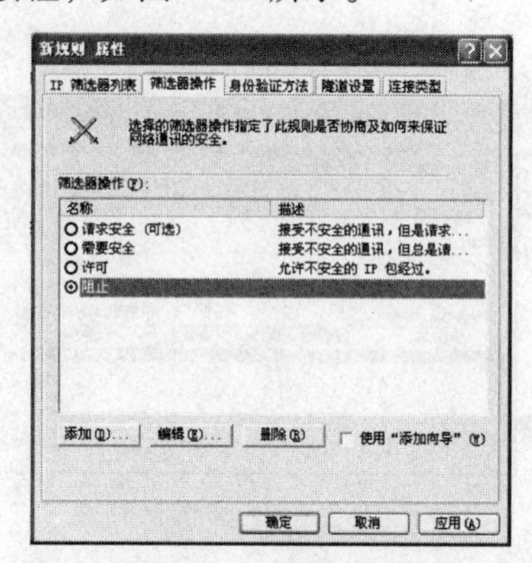

图 7-66　筛选器操作

在“隧道设置”选项卡中选中“此规则不指定 IPSec 隧道”单选按钮，如图 7-67 所示。

在“连接类型”选项卡中选中“局域网（LAN）”单选按钮，如图 7-68 所示，单击“确定”按钮。

⑦ 策略指派，现在已经完成了“终端服务”安全策略的设置，只要将其进行指派后就可以启用了该 IPSec 安全策略。在“IP 安全策略，在本地计算机”里，右击“终端服务”安全策略，选择“所有任务”→“指派”命令，如图 7-69 所示。

这样局域网中 IP 为“192.168.1.100”的机器就不能访问 Windows XP 终端服务器了。

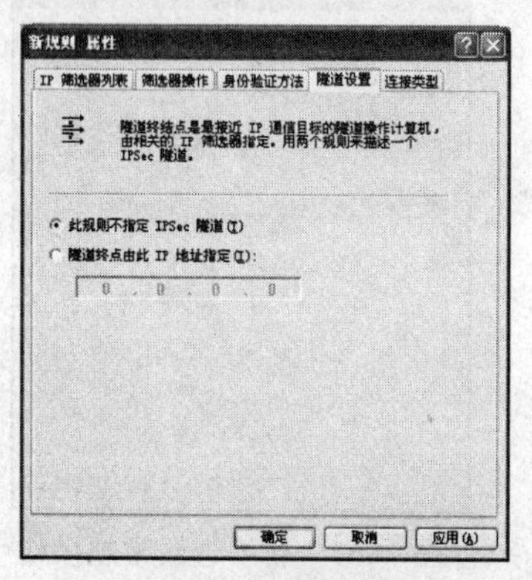

图 7-67　隧道设置

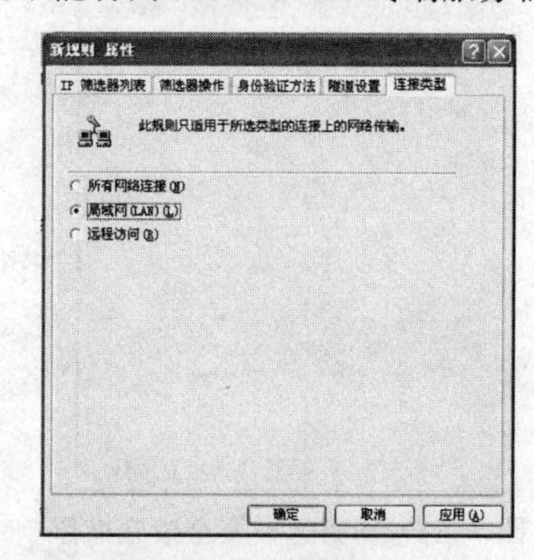

图 7-68　连接类型

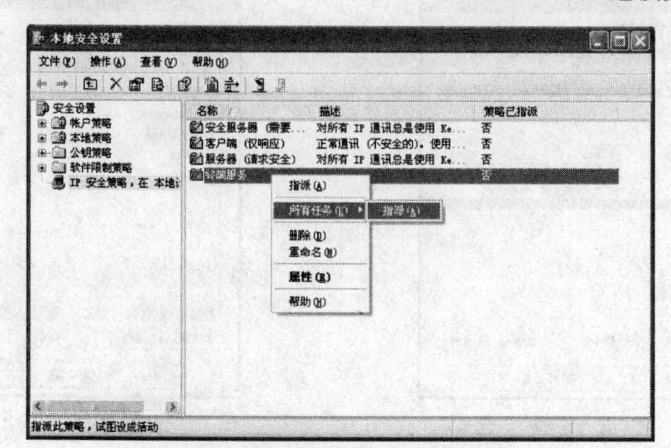

图 7-69　本地安全设置

7.6.4　使用 PGP 加密邮件

1．实验目的

通过使用 PGP 了解如何加密和解密电子邮件。

2．实验环境

一台装有 Windows XP 或者 Windows 2003 的计算机，以及 PGP 10.0.0 软件。

3．实验说明

PGP（Pretty Good Privacy）的创始人是美国的 Phil Zimmermann。他的创造性在于他把 RSA 公钥体系的方便和传统加密体系的高速度结合起来，并且在数字签名和密钥认证管理机制上有巧妙的设计。因此使得 PGP 成为几乎最流行的公钥加密软件包。

PGP 是一个基于 RSA 公钥加密体系的邮件加密软件，它可以用来对邮件加密以防止非授权者阅读，还能对邮件加上数字签名而使收信人可以确信邮件是由对方发来的。它让用户可以安全地和对方进行通信，事先并不需要任何的保密渠道用来传递密钥。它采用了缜密的密钥管理，一种 RSA 和传统加密的杂合算法，用于数字签名的邮件文摘算法，加密前压缩等，还有一个良好的人机工程设计，使得它的功能强大而且有很快的速度。

4．实验过程

（1）PGP 的安装与配置

① PGP 的安装：首先去官方网站 http://www.pgp.com/downloads/desktoptrial2.php 里面进行 30 天试用的注册（一定要记住注册的那个授权号即 license number）。注册完成以后会给出一个下载安装程序的一个链接，然后下载适用于 Windows 的安装程序。下载完成以后进行解压并且安装，安装的时候选择的是 32 位操作系统的文件进行的安装，下面进行安装。

选择语言 English 后，单击 OK 按钮，如图 7–70 所示。

选中 I accept the license agreement 单选按钮后，单击 Next 按钮，如图 7–71 所示。

图 7–70　选择程序安装语言

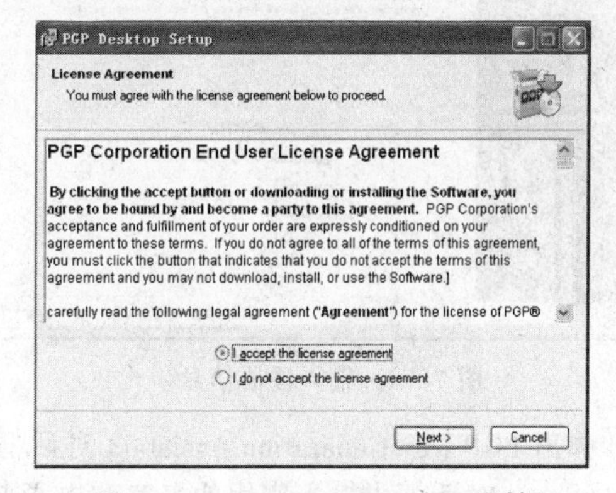

图 7–71　License Agreement 对话框

选择是否显示发布的说明，选择是或者否均可，然后单击 Next 按钮，如图 7–72 所示。

安装完毕以后会提示是否现在重新启动计算机，选中 Yes 单选按钮，然后进行重启。重启以后会弹出 PGP Setup Assistant 对话框，表示已经安装成功。

② PGP 的注册：弹出 PGP Setup Assistant 对话框以后，提示是否进行 PGP 授权的注册，选中 Yes 单选按钮，如图 7–73 所示。

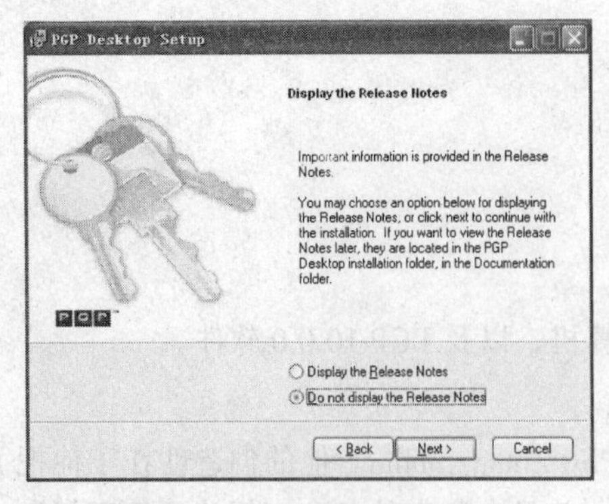

图 7-72　显示发布信息

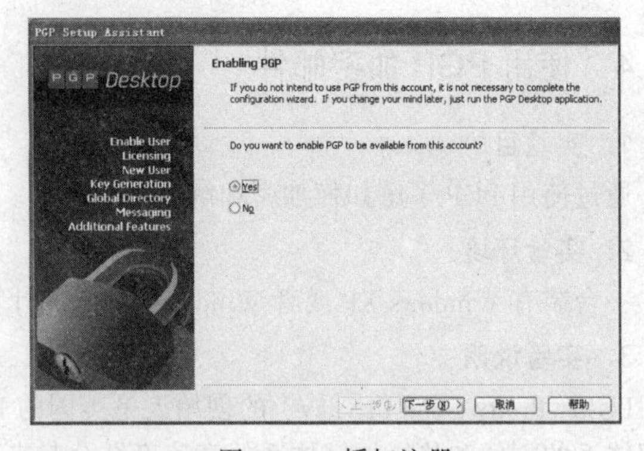

图 7-73　授权注册

在输入姓名和组织的时候一定要小心，在官方网站注册的时候它进行过提示，规定 Name 一定要输入 Trial User 而 Organization 一定要输入 30 Day Product Trial，而且在 EmailAddress 文本框中不要输入，否则会提示注册不成功，如图 7-74 所示，单击“下一步”按钮。

在弹出的对话框中选中 Enter your license number 单选按钮，然后输入注册时给的授权号，如图 7-75 所示，单击“下一步”按钮。

提示授权成功，PGP 的五大功能均可使用，如图 7-76 所示，单击“下一步”按钮。

到这里其实注册授权已经结束，下面就是生成密钥阶段。

③ PGP 的使用：在此版本里从授权成功以后可以按顺序来操作生成密钥的过程等，当然平时在软件的操作里也有密钥的生成，为了方便新用户的使用，就按照此版本向导的顺序继续操作。

在用户类型处选中 I am a new user 单选按钮建立一个新用户，如图 7-77 所示，单击“下一步”按钮。

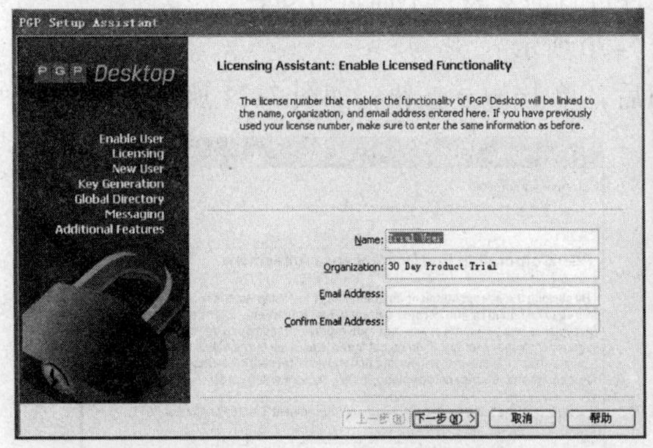

图 7-74　输入注册信息

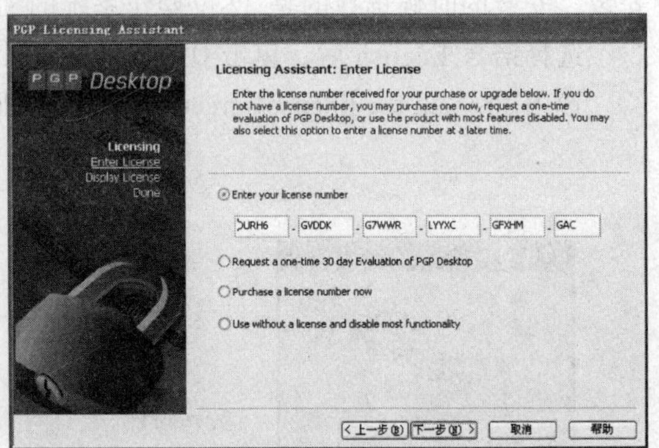

图 7-75　输入授权序列号

弹出 PGP Key Generation Assistant 对话框后，单击“下一步”按钮。在 Name and Email Assignment 对话框中输入密钥的名字和电子邮件的地址，如图 7-78 所示，单击“下一步”按钮。

在 Create Passphrase 对话框中输入密钥的密码，如图 7-79 所示，其中密码越复杂越安全，因为理论上每增加一位密码，需要的破解时间就多出了一倍，然后单击“下一步”按钮。

在 Key Generation Progress 对话框里提示生成密钥成功，如图 7-80 所示，然后单击“下一步”按钮。

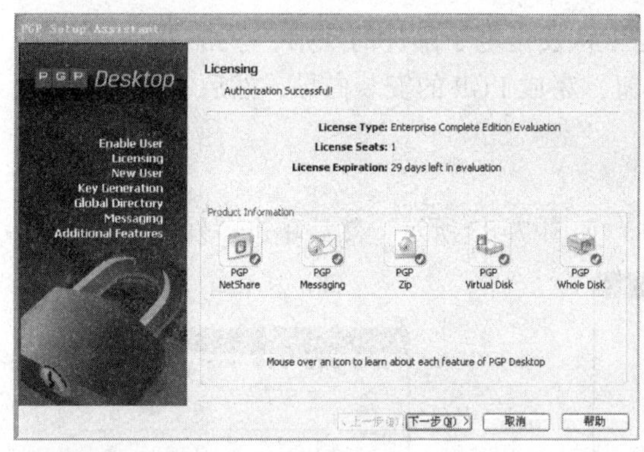

图 7-76　授权成功界面

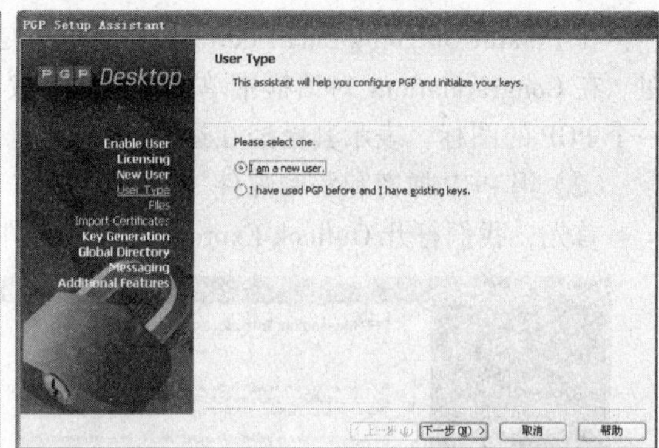

图 7-77　创建新用户

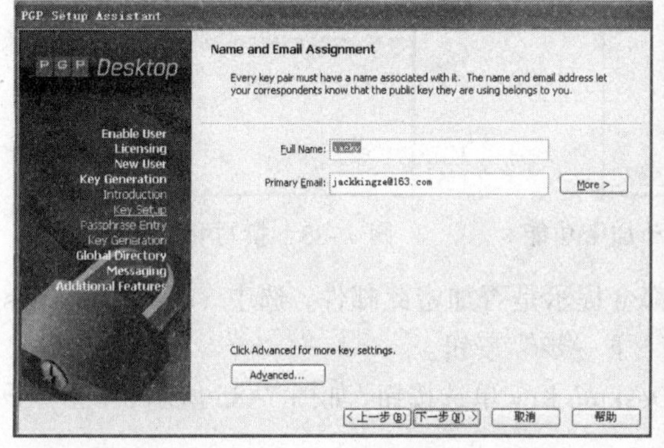

图 7-78　输入用户名及邮件信息

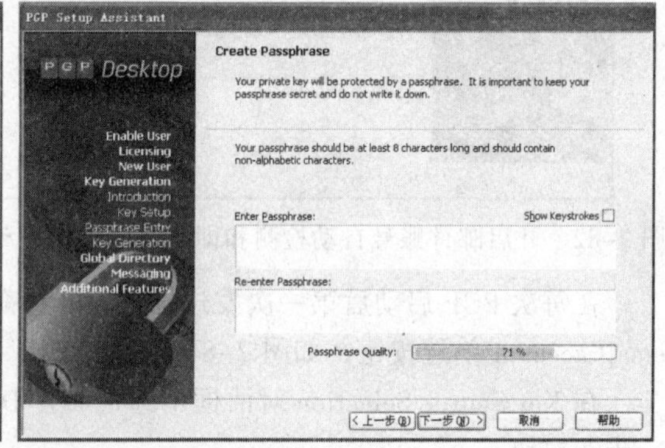

图 7-79　输入加密字串

到这里生成密钥已经结束，下面就是上传密钥阶段。

发布通过验证的主要对应于每个电子邮件地址的公共密钥，在 PGP Global Directory Assistant 对话框中单击“下一步”按钮。在 Progress 对话框中提示密钥已经成功上传到 keyserver.pgp.com，如图 7-81 所示，这样就可以防止我们由于某些原因丢失密钥而打不开文件，单击“下一步”按钮。

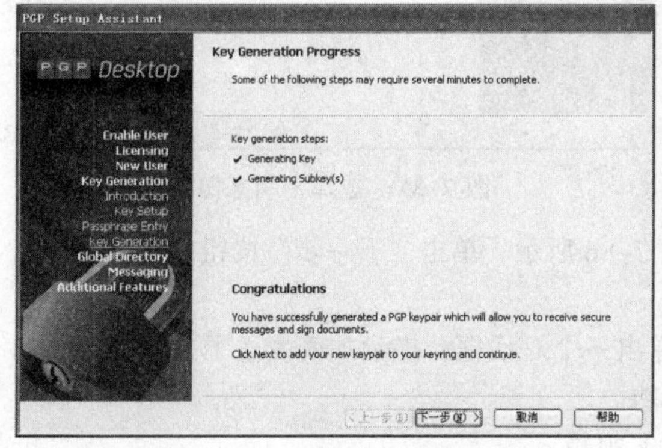

图 7-80　密钥创建成功

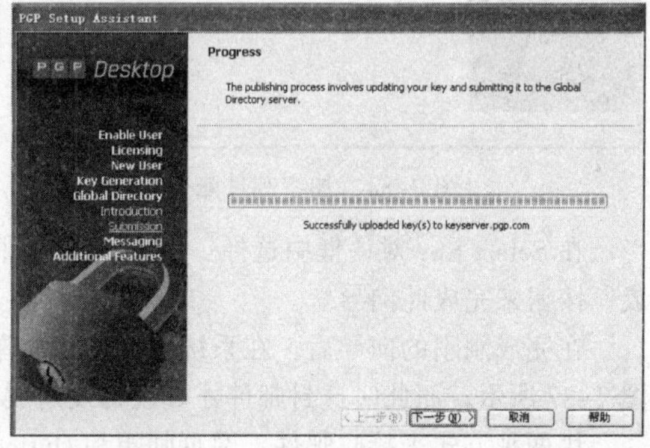

图 7-81　上传密钥

在 PGP Messaging：Introduction 对话框中有两个复选框，第一个是“电子邮件账号的自动检测”，第二个是“即时信使自动加密通信”，为了方便用户的使用和电子邮件的安全，把这两个都开启，如图 7-82 所示，单击“下一步”按钮。

在 Default Outgoing Email Policies 对话框，是默认发送电子邮件的规则，单击“下一步”按钮。在 Congratulations 对话框中单击“完成”按钮，完成 PGP 的安装向导，然后右下角会出现一个 PGP 的图标，表示其已经在运行。

（2）用 PGP 加密和解密邮件

首先，我们打开 Outlook Express 写一封邮件，如图 7-83 所示，然后单击“发送”按钮。

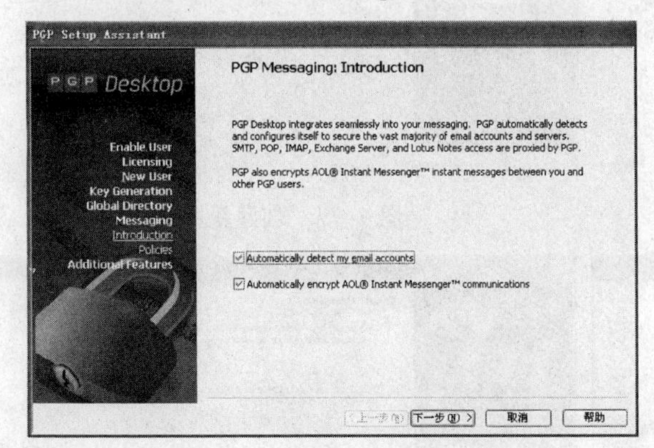

图 7-82　开启邮件账号自动检测和即时通信账号自动加密功能

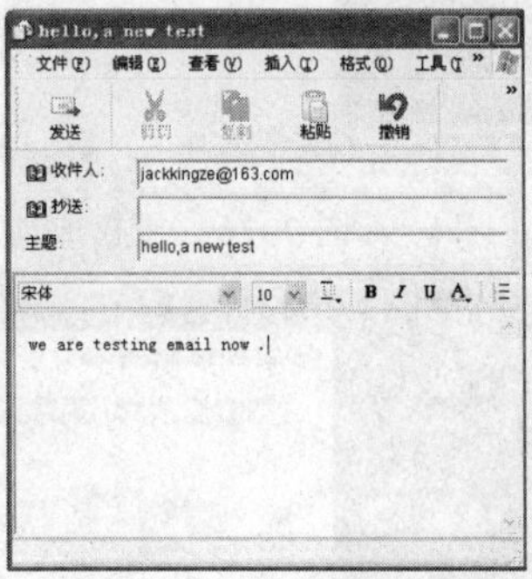

图 7-83　撰写和发送邮件

在每次 PGP 启动后第一次发送邮件，PGP 都会提示是否加密此邮件，选中 Yes，secure this email account 单选按钮，如图 7-84 所示，单击“下一步”按钮。

在 Key Source Selection 对话框中选中 PGP Desktop Key 单选按钮，如图 7-85 所示，单击“下一步”按钮。

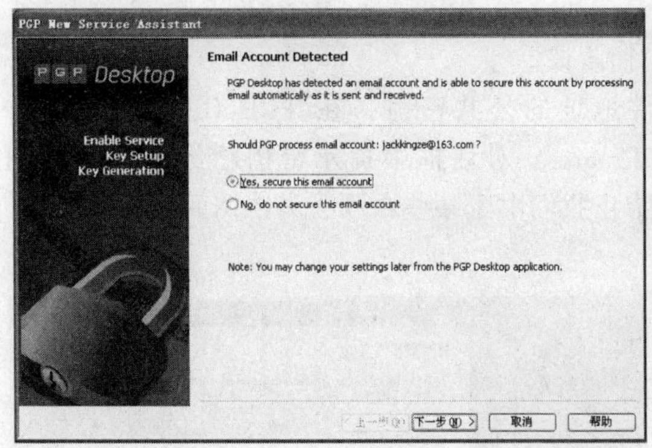

图 7-84　加密邮件账号

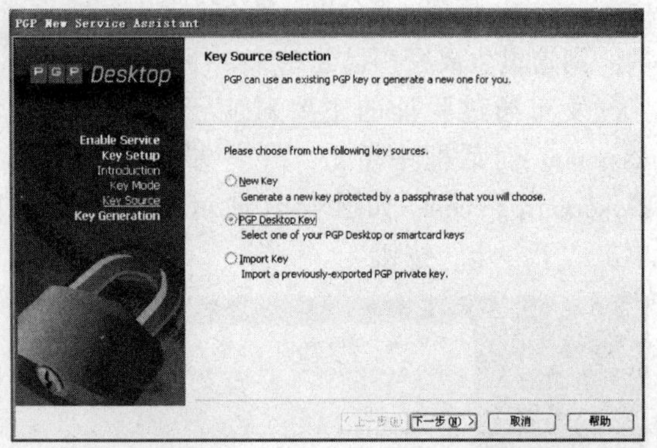

图 7-85　选择密钥来源类别

在 Select Key 对话框中选择一个密钥，如图 7-86 所示，单击“下一步”按钮。再单击“完成”按钮来完成此向导。

在完成刚刚的向导后，在系统右下角就会弹出一个对话框，提示加密发送了一封邮件，如图 7-87 所示，而此时这封邮件才真正的发送成功。

用两种方式来接收邮件：网页邮箱和 Outlook 邮箱。

登录网页邮箱后会看见，PGP 把邮件的内容以附件的形式发送到了邮箱里面，而 Message.pgp 就是加密邮件内容以后的文件，如图 7-88 所示，把这个文件下载到计算机。

退出 PGP 软件，用“记事本”方式打开 Message.pgp，会发现邮件内容已经被加密，如图 7-89 所示。

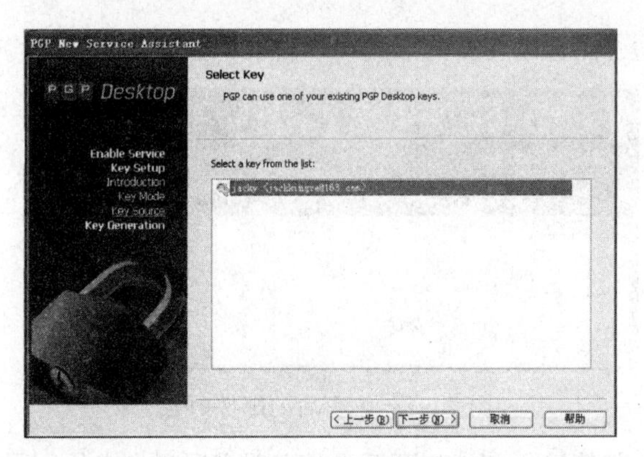

图 7-86　选择密钥

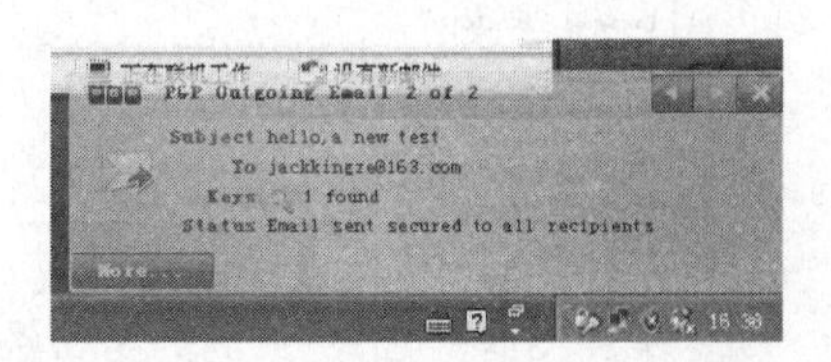

图 7-87　系统提示邮件加密发送成功

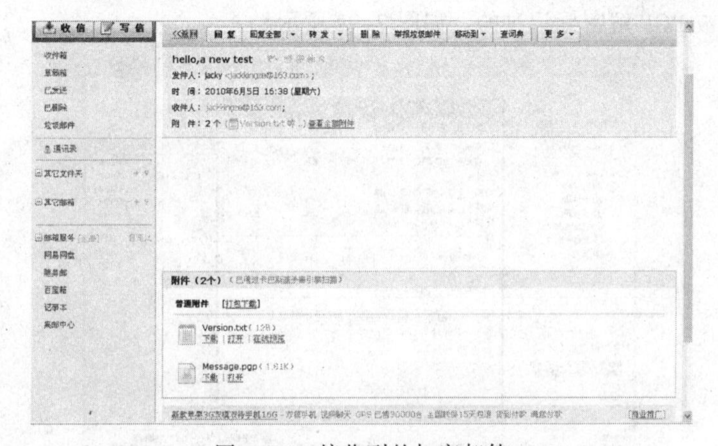

图 7-88　接收到的加密邮件

双击 Message.pgp 文件后会以 PGP 软件打开此文件，由于刚刚关闭了 PGP 软件，故要求输入密钥密码，如图 7-90 所示，输入密码，单击 OK 按钮。

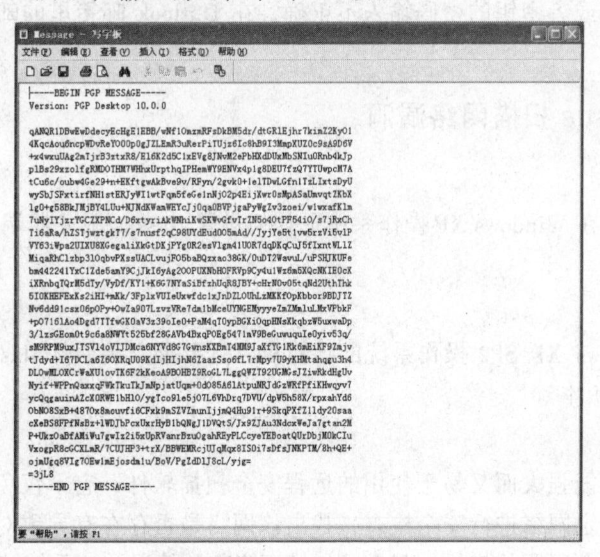

图 7-89　邮件内容已被加密

在输入的密码正确后，邮件也就解密成功，而且以明文的形式展现出来，如图 7-91 所示。

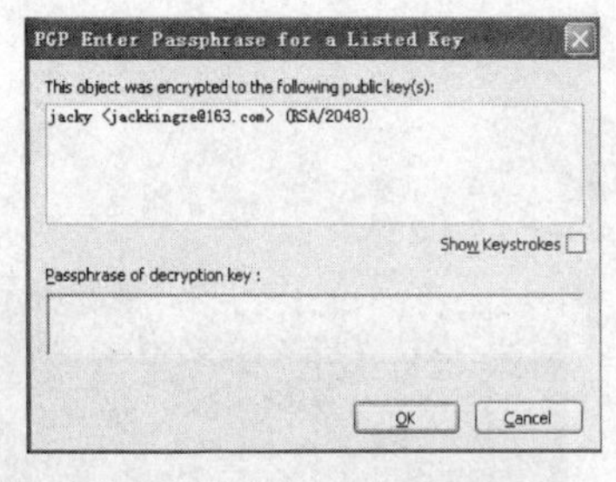

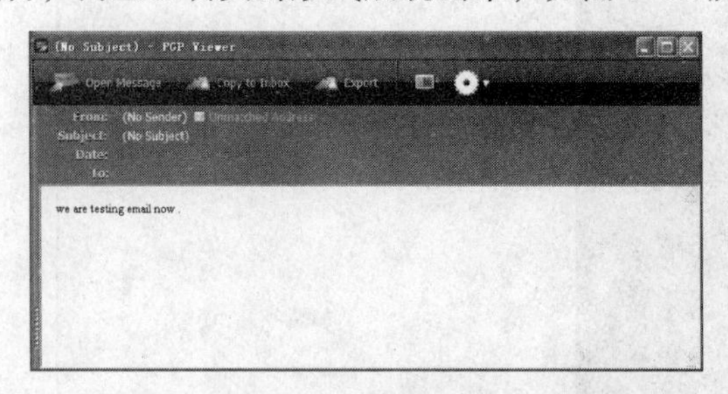

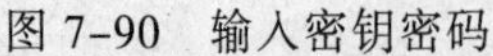
图 7-90　输入密钥密码

图 7-91　解密后的邮件内容

由于已经输入过密钥密码，现在 Outlook 邮箱里的邮件打开后也是以明文展现出来的，同时也可以看出是被 PGP 解密标记过的，如图 7-92 所示。

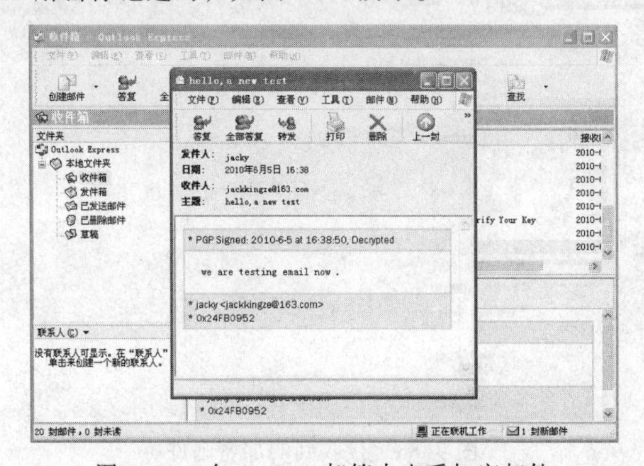

图 7-92　在 Outlook 邮箱中查看加密邮件

由此可见，PGP 加密前后的邮件内容是一样的，而且两种方式接收邮件的内容也是一样的。如果没有启动 PGP，或者密钥的密码输入不正确，在 Outlook 邮箱里的邮件也是以附件的形式出现的。

7.6.5　使用 Nessus 扫描网络漏洞

1. 实验目的

通过本实验掌握在 Windows XP 操作系统下如何设置 Nessus 服务器端和使用 Nessus 客户端扫描网络漏洞。

2. 实验环境

一台装有 Windows XP SP2 操作系统的计算机，且要求安装插件 flash_player_10 版本或者 flash_player_10 以上版本。

3. 实验说明

Nessus 是一个功能强大而又易于使用的远程安全扫描软件，它不仅免费而且更新极快。安全扫描的功能是对指定网络进行安全检查，找出该网络是否存在有导致对手攻击的安全漏洞，其采用了基于多种安全漏洞的扫描，避免了扫描不完整的情况。该系统被设计为 client/sever 模式，服务器端负责进行安全检查，客户端用来配置管理服务器端。在服务端采用了 plug-in 的体系，允许用户加入执行特定功能的插件，这插件可以进行更快速和更复杂的安全检查。在 Nessus 中还采用了一个共享的信息接口，称为知识库，其中保存了前面进行检查的结果。检查的结果可以 HTML、纯文本、LaTeX（一种文本文件格式）等几种格式保存。

4．实验过程

（1）Nessus 的安装

在 Nessus 官方网站下载 Nessus 4.2.2 软件，然后对其进行安装，如图 7-93 所示，单击 Next 按钮。

在阅读许可条款后选中 I accept the terms in the license agreement 单选按钮，如图 7-94 所示，单击 Next 按钮。

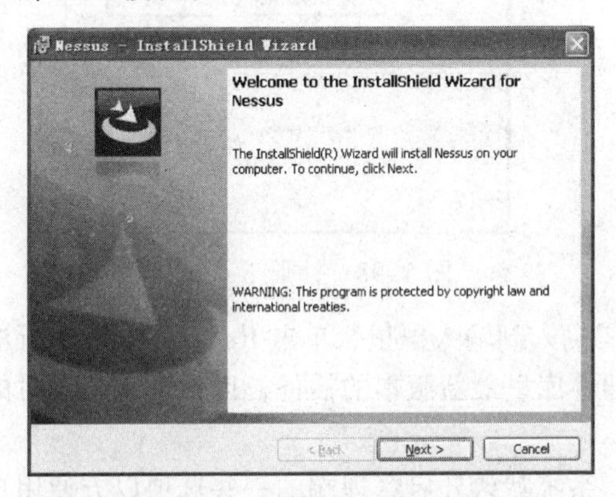

图 7-93　Nessus 安装欢迎界面

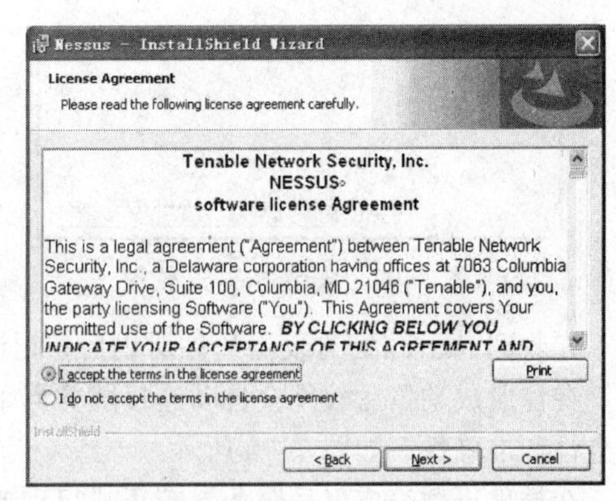

图 7-94　License Agreement 对话框

在弹出的对话框中选择安装路径，如图 7-95 所示，选择完成后单击 Next 按钮。

在弹出的对话框中选中 Complete 单选按钮以确定完全安装软件，如图 7-96 所示，单击 Next 按钮。

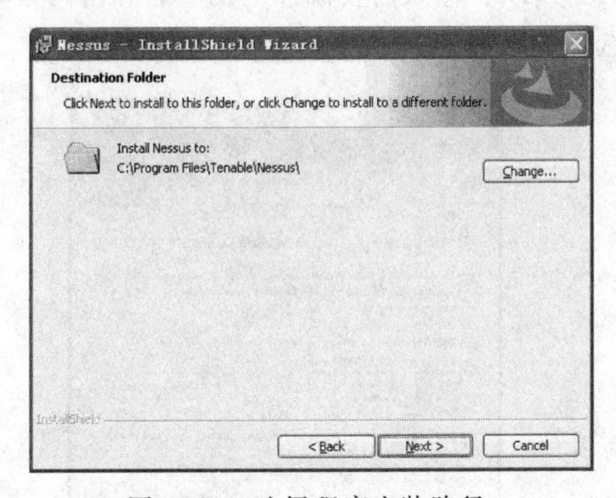

图 7-95　选择程序安装路径

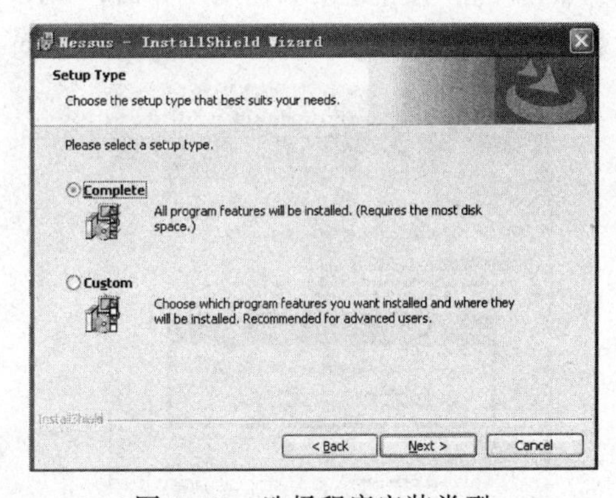

图 7-96　选择程序安装类型

在弹出的对话框中确定以上几步选项正确无误后单击 Install 按钮，如图 7-97 所示。

单击“完成”按钮以完成安装。

（2）Nessus 服务器端的配置和使用

在完成了程序的安装后，桌面会出现两个图标，一个是服务器端的图标，一个是客户端的图标，双击 Nessus 的服务器端 Nessus Server Manager 进入服务器端的配置。进入到服务器端后，首先要对 Nessus 软件进行注册，单击 Obtain an activation code 按钮，如图 7-98 所示，会弹出

Nessus 官方网站的注册页面，HOME 版本是免费的，故选择 HOME 版本进行注册，按照要求添写后服务器会把注册码发到用户注册时填写的邮箱。

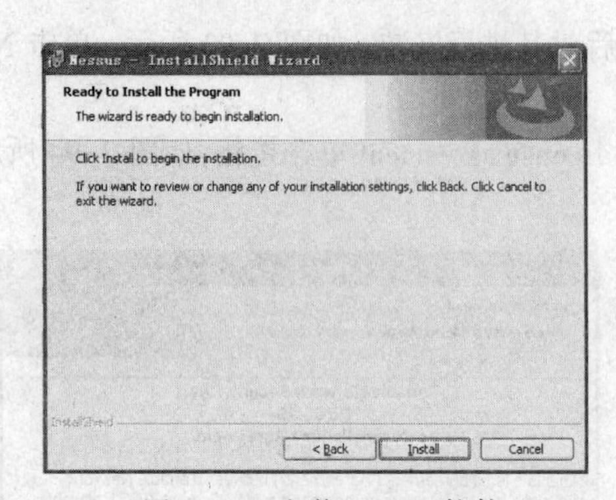

图 7-97 安装 Nessus 软件

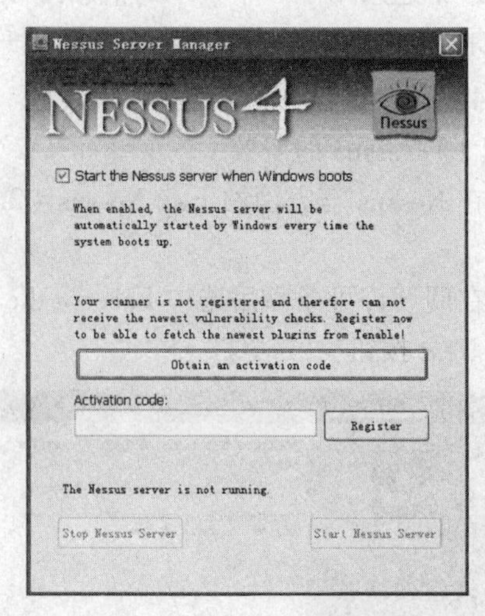

图 7-98 注册 Nessus 软件

在收到 Nessus 官方发送的注册码后，把注册码输入到输入框里，单击 Register 按钮进行注册，在注册成功以后软件会自动连接服务器下载插件库里最新版本的插件，以保证在扫描时的安全性和准确性，如图 7-99 所示。

在插件下载完成以后服务器端正式启动成功，系统默认开启管理端的一些选项以方便用户使用，如图 7-100 所示。

单击 Manage Users 按钮，弹出 Nessus Users Management 选项中可以管理用户，以便添加和编辑用户，如图 7-101 所示。

单击“+”按钮进入添加用户界面，如图 7-102 所示，输入需要添加的用户名和密码，如果想给其管理员权限，那么选中 Administrator 复选框，单击 Save 按钮添加成功。

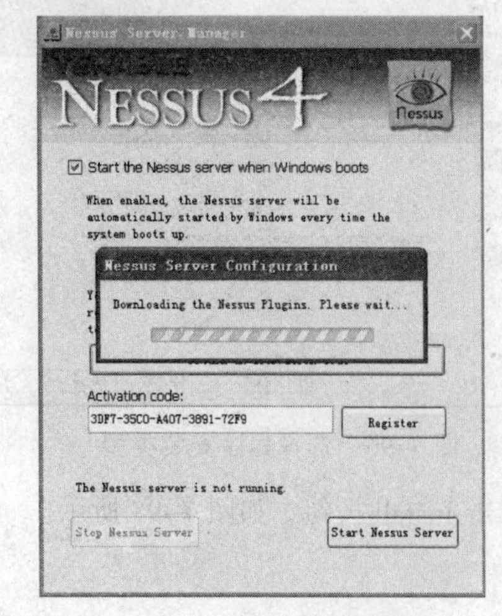

图 7-99 下载程序插件

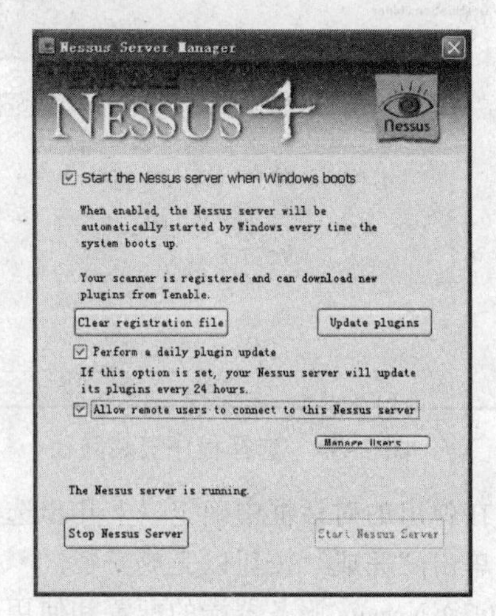

图 7-100 Nessus Server 启动成功

以上是管理服务器端的基本设置。

（3）Nessus 客户端的设置和使用

首先单击桌面上的 Nessus Client 图标，进入客户端页面，由于在服务器端设置页面是 https 模式登录，所以在登录时会提示安全警报，以确定是否登录，单击“是”按钮进入登录页面，如图 7-103 所示。

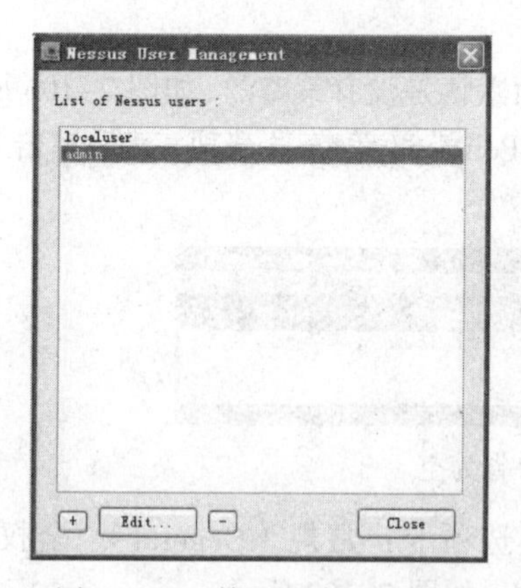

图 7-101　管理 Nessus 用户

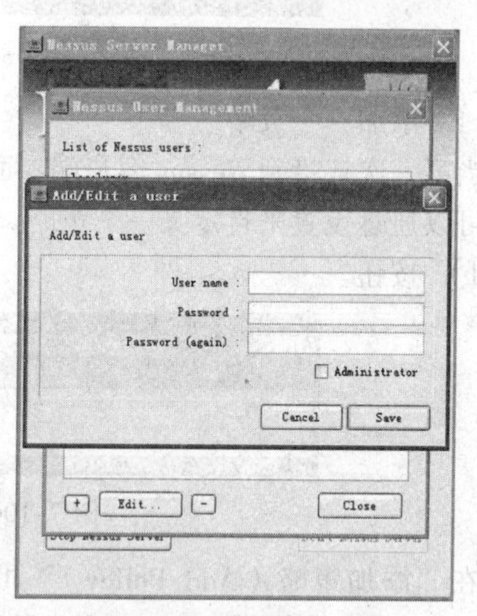

图 7-102　添加用户账户

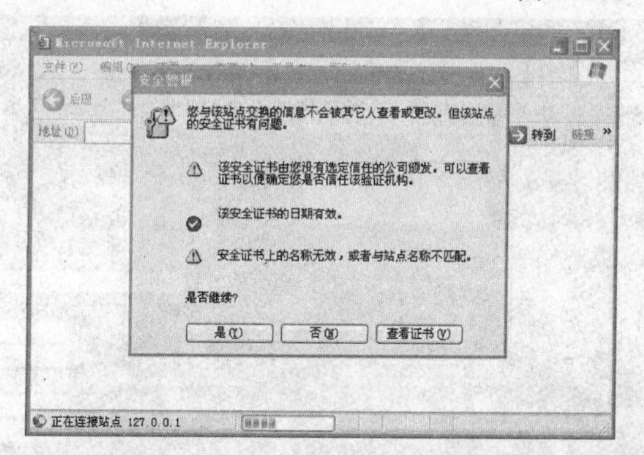

图 7-103　连接服务端时的证书提示

进入登录页面后输入正确的用户名和密码，如图 7-104 所示，然后单击 Log in 按钮进入。

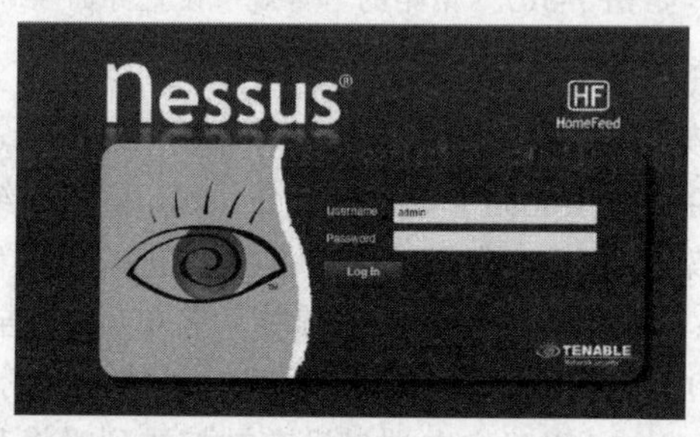

图 7-104　Nessus 登录界面

进入客户端后可看出客户端分为 4 个框架：报告（Reports）、扫描（Scans）、策略（Policies）和用户（Users），如图 7-105 所示。要完成一次扫描要经过“添加策略→添加扫描→查看报告”三步。下面来举例说明：扫描一个 C 网段的计算机。

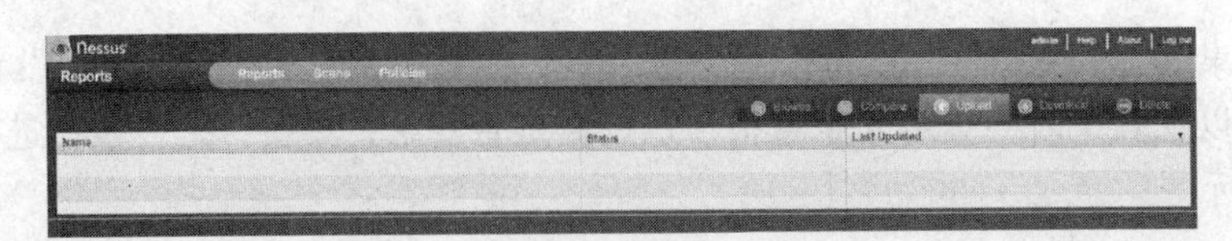

图 7-105 Nessus 客户端界面

（1）添加一个策略

当第一次连接到 Nessus 客户端界面后，策略选项里面默认是没有策略的，如图 7-106 所示，用户可以通过设置来自定义一个策略。单击在顶部栏的“Policies（策略）”选项，然后单击“Add（添加）”按钮。

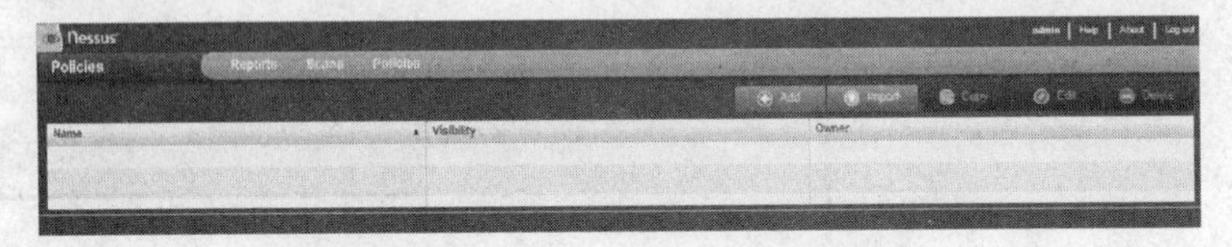

图 7-106 Policies 选项卡缺省为空

在“添加策略（Add Policy）”页面里有 4 个配置选项卡：常规（General）、全权证书（Credentials）、插件（Plugins）和参数选择（Preferences），如图 7-107 所示。

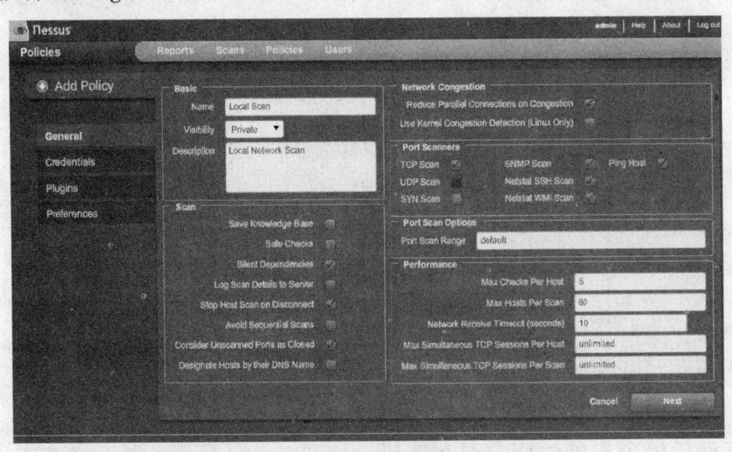

图 7-107 策略的“常规”设置界面

在“常规（General）”选项里配置扫描的相关操作。

①“基本（Basic）”框架：在 Name 里给策略起个名称，输入 Local Scan；在 Visibility 里选择 Private 保持个人使用；在 Description 里输入 Local Network Scan 给策略写个描述。

②“扫描（Scan）”框架：在“扫描（Scan）”框架里进一步明确相关的行为应如何进行扫描。选择 Silent Dependencies 以取消报告中的不依赖关系名单，使报告更简单；选择 Stop Host Scan on Disconnect 以便在扫描中检测到扫描主机已断开，能够及时停止扫描断开的主机；选择 Consider Unscanned Ports as Closed 以确定在端口没有被扫描到时将其默认为此端口已关闭。

③“网络拥挤（Network Congestion）”框架：选择 Reduce Parallel Connections on Congestion 以便其能自动检测网络是否拥挤，自动决定发送平行检测连接数量。

④“端口扫描（Port Scanners）”框架：设置端口扫描的选项，选择 TCP Scan 以检查打开 TCP 端口的主机；选择 SNMP Scan 以扫描开启了 SNMP 服务的主机，如检查路由器的安全漏洞；选择 Netstat SSH Scan 来使用 NETSTAT 命令通过一个 SSH 连接到基于 UNIX 系统的目标；选择

Netstat WMI Scan 来使用 NETSTAT 命令通过一个 WMI 连接到基于 Windows 系统的目标；选择 Ping Host 以确定远程主机是否断开。

⑤“端口扫描选项（Port Scan Options）”框架：输入 default 以确定扫描端口的范围，默认的范围是 4 790 个常用端口。

⑥“表现（Performance）”框架：表现框架中的选项决定了扫描的时间，在“每台主机最大检查数（Max Checks Per Host）”文本框中输入 5，以确定在同一时间每一台主机的最大检查数；在“每次扫描最大主机数（Max Hosts Per Scan）”文本框中输入 80，以确定在同一时间每一次扫描的最大主机数；在“网络接收超时（Network Receive Timeout　）”文本框中输入 10，以便在扫描时获得准确的信息；在“每台主机最大 TCP 会话（Max Simultaneous TCP Sessions Per Host）”文本框中输入 unlimited，以便每台主机得到最大限制的连接；在“每次扫描时最大 TCP 会话（Max Simultaneous TCP Sessions Per Scan）”文本框中输入 unlimited，以便每次扫描得到最大限制的连接。

在以上选项都输入完毕后单击 Next 按钮。

进入“全权证书（Credentials）”配置选项，其证书配置是在配置 Nessus 扫描过程中使用的身份验证凭据。通过配置的凭据，使扫描的结果更准确更多元化。在证书配置中共有 4 个选项卡的证书操作，分别是：Windows 证书（Windows credentials）、SSH 设置（SSH setting）、Kerberos 配置（Kerberos configuration）和 Cleartext 协议设置（Cleartext protocols settings），如图 7-108 所示。在此选项均使用默认设置即可，单击 Next 按钮。

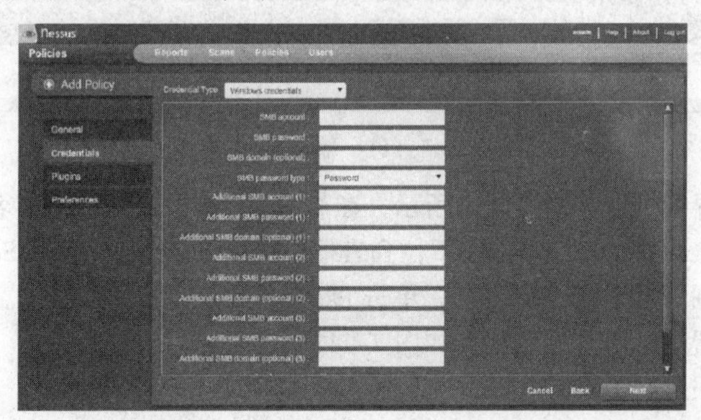

图 7-108　策略的“证书”设置界面

进入“插件（Plugins）”配置选项，可查看所有的插件，也可开启或者关闭某些插件，如图 7-109 所示，在此选项均使用默认设置使所有插件保持开启状态即可，单击 Next 按钮。

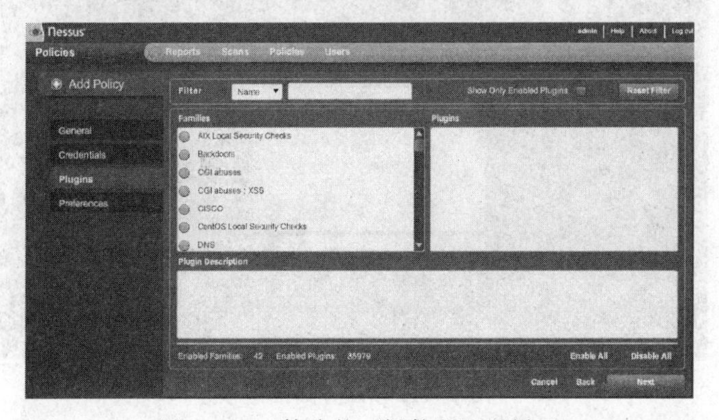

图 7-109　策略的“插件”配置界面

进入“参数选择（Preferences）”配置选项，如图 7-110 所示，此插件与审计策略是相互关联的，从下拉菜单中可显示更多配置项，在此选项均使用默认设置即可。

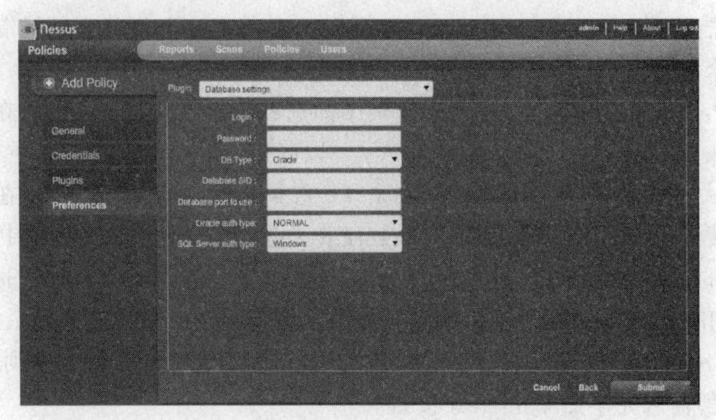

图 7-110　策略的“参数选择”配置界面

在以上选项都输入完毕后单击 Submit 按钮以完成策略的添加。

（2）添加一个“扫描”，对网络进行扫描

单击在顶部栏的“扫描（Scans）”选项，然后单击“添加（Add）”按钮，如图 7-111 所示。

图 7-111　添加扫描

进入添加策略界面后，如图 7-112 所示，在 Name 文本中输入扫描的名称 36scan；在 Type 下拉列表框中选择 Run Now；在 Policy 下拉列表框中选择 Local Scan；在 Scan Targets 文本框中输入扫描的网段范围“202.204.36.0/24”，单击 Launch Scan 按钮开始扫描。

在完成扫描设置后系统开始扫描，如图 7-113 所示。

（3）查看扫描报告，分析扫描结果

系统扫描完成后在“报告（Reports）”选项里出现一个扫描结果，如图 7-114 所示，双击这个扫描结果 36scan。

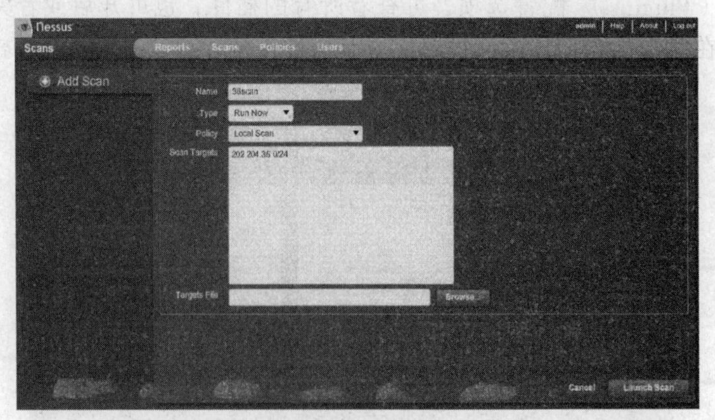

图 7-112　设置扫描选项

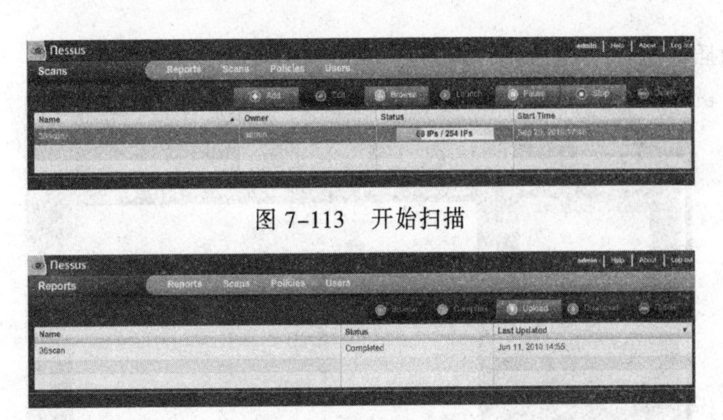

图 7-113　开始扫描

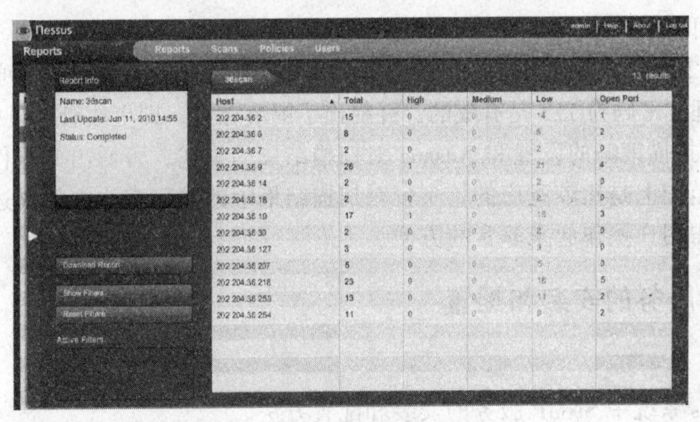

图 7-114　扫描完成

在弹出的 36 scan 扫描报告对话框里可查看被扫描主机的信息，如 IP 地址、总共开放端口数、高中低三种级别的端口信息和开放端口数，如图 7-115 所示。

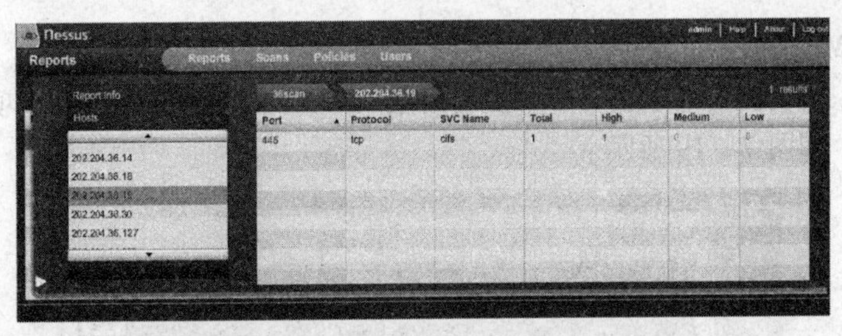

图 7-115　扫描结果一览表

双击扫描报告里主机“202.204.36.19”中的 High 选项，查看其最高级端口的开放情况，如图 7-116 所示，如端口类型，端口，服务名称等。

双击显示的开放端口，可查看插件 ID，名称和安全级别等，如图 7-117 所示。

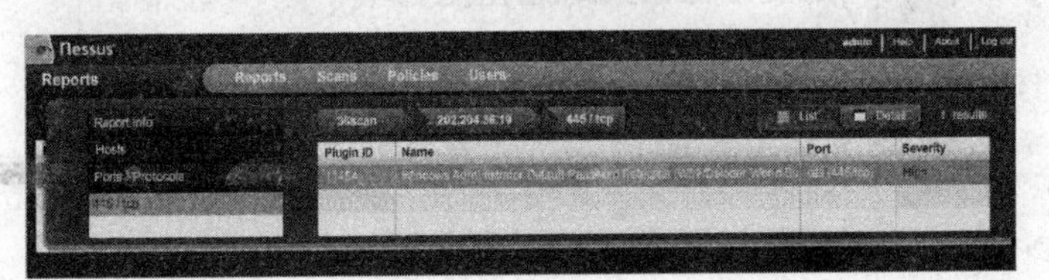

图 7-116　端口开放情况

图 7-117　查看插件信息

双击显示的插件 ID，可查看其详细信息，如图 7-118 所示。

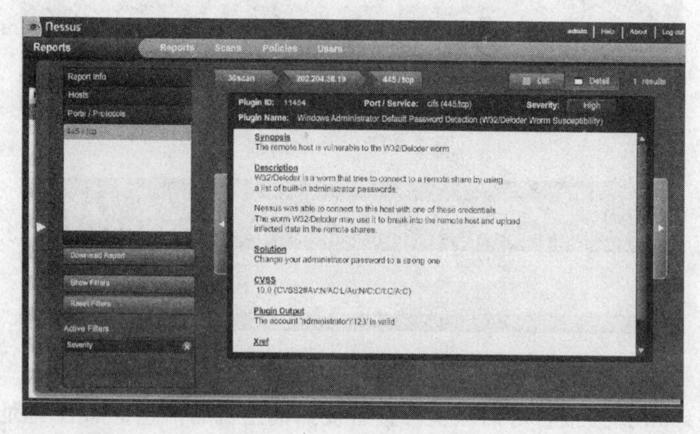

图 7-118　查看详细信息

由详细信息可看出：202.204.36.19 这台主机开放了 TCP/445 端口，由于开放此端口使得主机容易受到病毒 W32/Deloder 的攻击，攻击是通过使用连接到远程文件共享内置列表的管理员密码。其还探测出了管理员密码为 123 是有效的，并提出了解决方案，即更改管理员密码为强度的。

根据 Nessus 扫描策略的设置和 Nessus 对扫描结果的描述，可看出此软件在操作上是比较简单的，在扫描范围上是比较宽广的，不仅对扫描结果中的端口有详细的描述，而且还有具体的解决方案，使得用户操作起来非常的方便。

7.6.6　SNMP 服务的安装和配置

1. 实验目的

掌握 Windows 系统中 SNMP 服务的安装和配置方法。

2. 实验环境

① 硬件：台式计算机 1 台。

② 软件：计算机中已经安装好 Windows Server 2003 操作系统。

3. 实验步骤

（1）安装 SNMP 协议

① 在计算机 A 中选择“开始”→“控制面板”→“添加/删除程序”选项，打开“添加或删除程序”窗口，如图 7-119 所示。

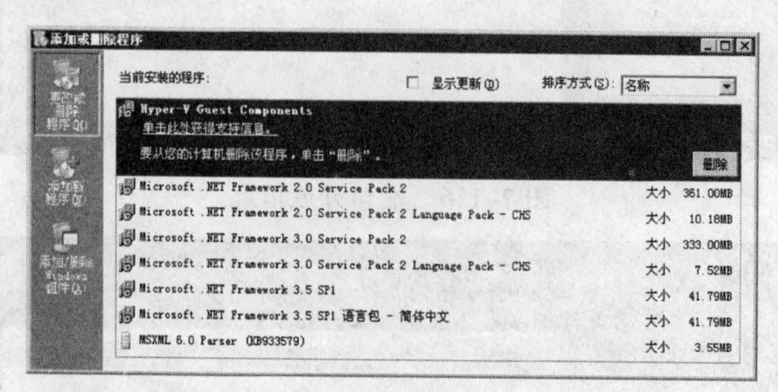

图 7-119　“添加或删除程序”窗口

② 单击左侧的“添加/删除 Windows 组件”，在弹出的“Windows 组件向导”对话框中选中“管理和监视工具”复选框，单击右下方的“详细信息”按钮继续，如图 7-120 所示。

③ 在弹出的“管理和监视工具”对话框中选中“简单网络管理协议（SNMP）”复选框，单击“确定”按钮继续，如图 7-121 所示。

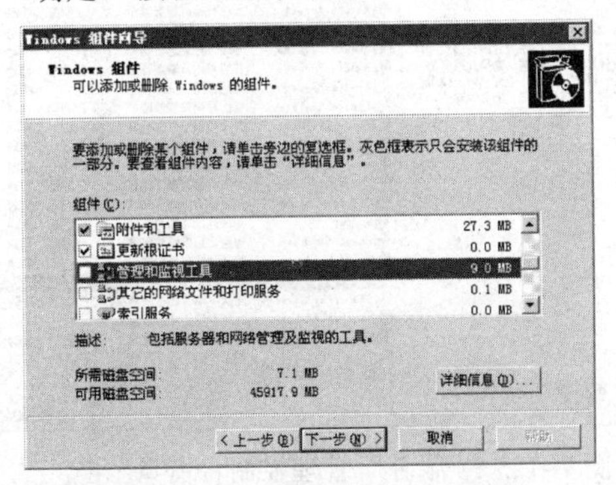

图 7-120　添加 Windows 组件

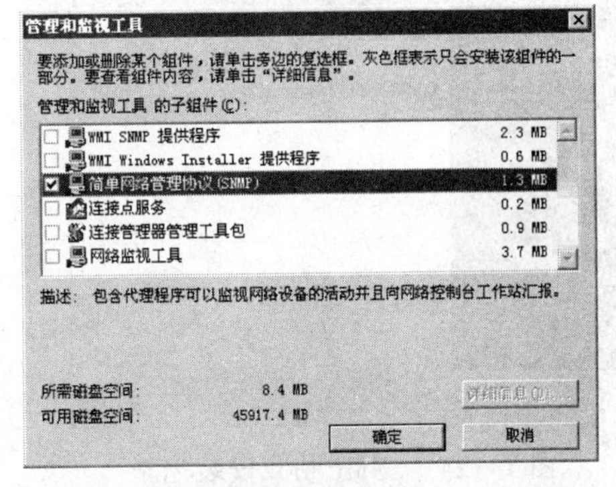

图 7-121　“管理和监视工具”对话框

④ 系统返回“Windows 组件向导”对话框，相应组件已经标识被选中，如图 7-122 所示。

⑤ 单击“下一步”按钮，如果出现了“插入磁盘”提示，则插入相应的 Windows 系统安装光盘继续，Windows 会进行相应组件的安装，如图 7-123 所示。

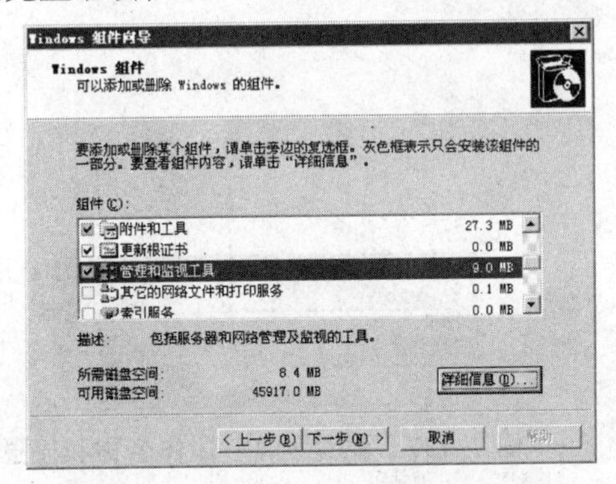

图 7-122　“Windows 组件向导”对话框

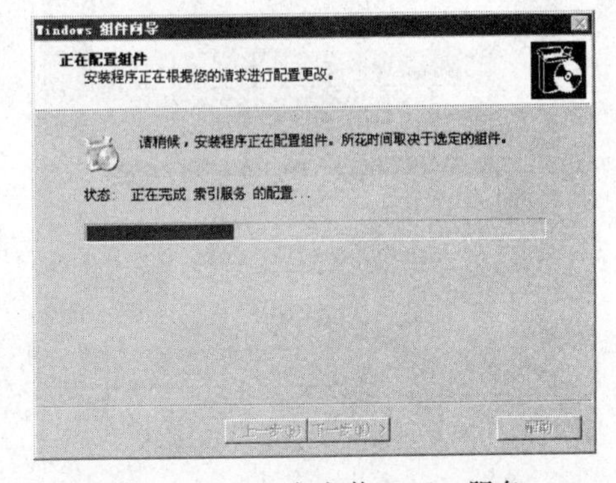

图 7-123　正在安装 SNMP 服务

⑥ 安装完毕后，“Windows 组件向导”对话框会显示安装完成信息，单击“完成”按钮结束安装，如图 7-124 所示。

（2）配置 SNMP 协议

① 选择“开始”→“管理工具”→“服务”选项，弹出“服务”窗口，如图 7-125 所示，在窗口中双击 SNMP Service 服务。

② 系统弹出“SNMP Service 的属性（本地计算机）”对话框，选择“安全”选项卡，如图 7-126 所示。安装 SNMP 后，Windows Server 2003 默认没有启用任何团体名称，需要进一步进行配置。

③ 在“接受团体名称”选项组中单击“添加”按钮，在弹出的“SNMP 服务配置”对话框（见图 7-127）中输入自己希望的团体名，在此我们输入 public。并在“团体权限”下拉列表框中选择一种权限（权限包括无、通知、只读、读写、读创建），在此我们选择“只读”，然后单击“确定”按钮，回到上一级窗口。

图 7-124　SNMP 协议安装完毕

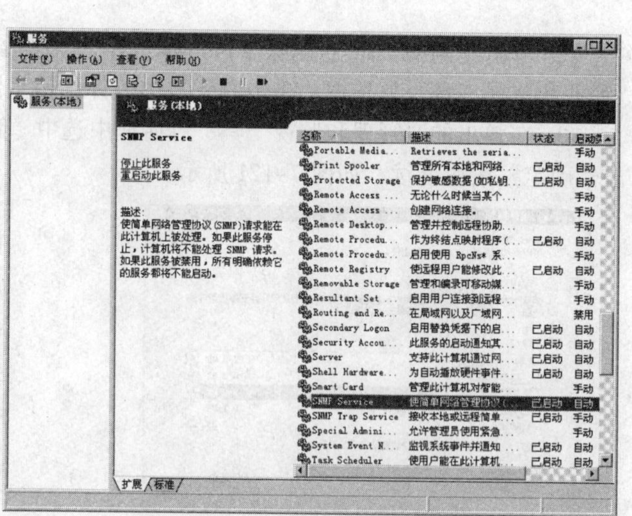

图 7-125　“服务”管理控制台窗口

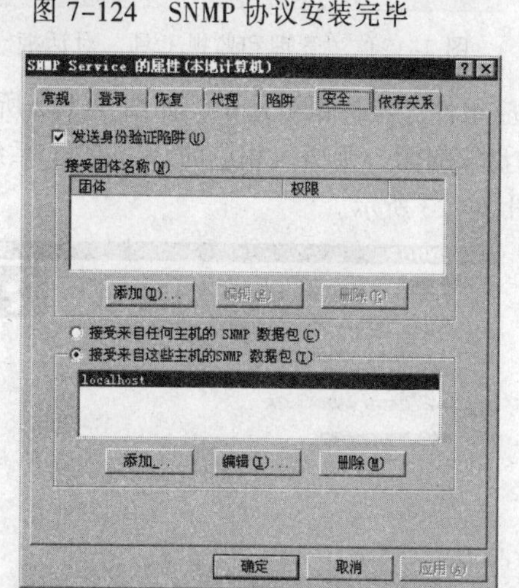

图 7-126　“安全”选项卡

图 7-127　配置 SNMP 团体名称和权限

④ 在“SNMP Service 的属性（本地计算机）”对话框的“安全”选项卡中继续设置，确保选中“发送身份验证陷阱”复选框，同时确保选中“接受来自这些主机的 SNMP 数据包”复选框下方已经选中 localhost，如图 7-128 所示。单击“确定”按钮关闭对话框，保存上述更改。

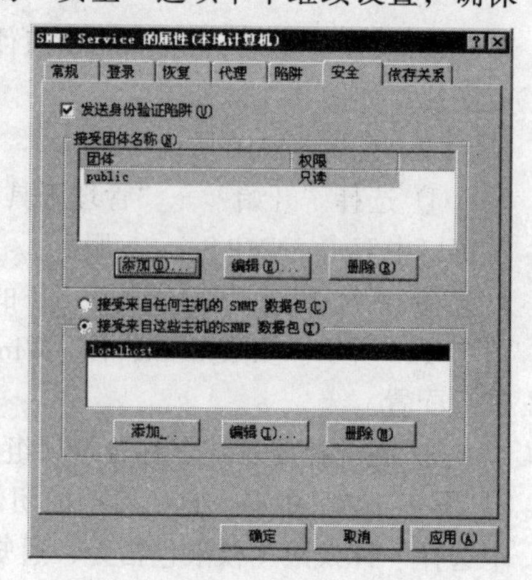

图 7-128　配置 SNMP 属性

4．注意事项

（1）SNMP 的安全设置

如果被监控的设备也是运行 Windows 系统的服务器，在该计算机 SNMP 服务的安全属性中也需要进行相应设置。

为保证网络信息的安全，在实际网络管理中“团体权限”应设为“只读”，且团体名不建议使用缺省的 public，最好对网络内所有启用 SNMP 服务的设备之团体名进行统一规划。为了进一步限制访问权限，可在“安全”选项卡下半部分选择只“接受来自这些主机的 SNMP 数据包”选项，并设置可信任的主机名或 IP 地址。

（2）修改防火墙设置

如果系统启用了 Windows 防火墙或者安装了第三方防火墙软件，一定要打开相应的端口。其中被管理设备需要开放 UDP 162 监听端口，而管理主机需要开放 UDP 161 监听端口，否则 SNMP 数据包将无法被捕捉和发送。

7.6.7　使用 MRTG 进行网络流量监控

1. 实验目的

掌握 MRGT 软件进行网络流量监控的方法。

2. 实验环境

① 硬件：台式计算机 1 台。

② 软件：计算机中已经安装好 Windows Server 2003 操作系统，并按前面的实验分别进行了 SNMP 和 MRTG 的安装和设置。

3. 实验步骤

（1）配置 MRTG

① 首先在 C:\下建立 C:\web\mrtg 的目录结构。

② 在 IIS 中将默认网站目录指向 C:\web\mrtg。

③ 打开 DOS 窗口，进入 C:\mrtg-2.16.4\bin 目录，然后输入以下命令：

```
perl cfgmaker public@localhost --global "WorkDir: C:\web\mrtg" --output mrtg.cfg
```

注意在“WorkDir:”和具体路径“C:\web\mrtg”之间一定要有空格，如图 7-129 所示。这条命令是给 MRTG 建立一个监控配置文件，其中的参数 localhost 是要监控对象，这里监控的是本地计算机。也可以使用其他设备的 IP 地址来代替 localhost，实现监控任意网络设备。另一个参数 public 是监控对象的团体名，需要根据不同的监控对象的配置进行更改。如果有多台设备要监控，可以在这里分别输入，如：

```
perl cfgmaker public@10.1.0.1 public@10.1.0.2 --global "WorkDir: C:\web\mrtg
" --output mrtg.cfg
```

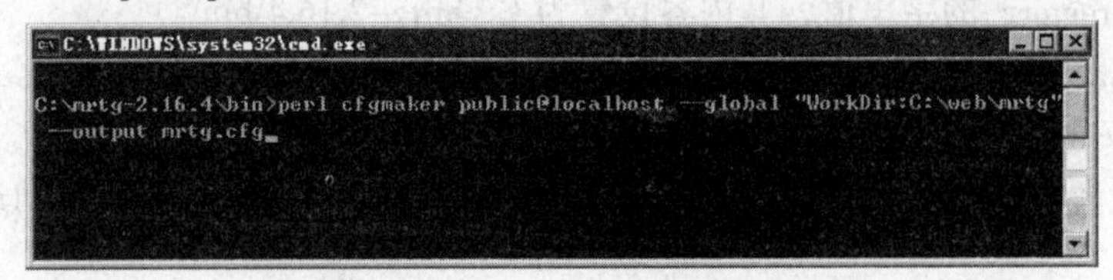

图 7-129　建立监控配置文件

④ 输入命令：

```
perl  mrtg  mrtg.cfg
```

这条命令会在 C:\web\ mrtg 目录下建立一些 HTML 和 PNG 文件，这些文件就是用户通常看到的流量报表，如图 7-130 所示。

如果需要将相关信息写入到日志文件中以便于日后查询，可输入如下命令：

```
perl  mrtg  --logging=mrtg.log  mrtg.cfg
```

图 7-130　生成流量监控报表

⑤ 生成网站首页文件 index.htm 输入命令：

```
Perl indexmaker mrtg.cfg -output=C:\web\mrtg\index.htm。
```

⑥ 输入 http://localhost 即可访问本机主页，查看相应流量监控内容。

（2）配置 MRTG 的高级属性

① 实现 MRTG 定期运行。

打开 mrtg.cfg 文件，在文件最后加入以下两行参数：

```
RunAsDaemon:yes
Interval:5
```

上述语句可使 MRTG 每隔 5 min 采集一次数据。

② 实现 MRTG 中文显示。

在 mrtg.cfg 文件中加入下面的参数：

```
language:chinese
```

（3）使 MRTG 成为 Windows 的服务

SERANY.exe 和 INSTSRV.exe 这两个程序是 Windows Server 2003 Resource Kit Tools 中的工具软件，它们可以把任何一个 Windows 的应用程序安装成为 Windows 的一个服务。

① 添加 MRTG 服务，把 SERANY.exe 和 INSTSRV.exe 两个文件复制在 MRTG 的安装目录（C:\mrtg-2.16.4\bin）下，输入以下命令：

```
instsrv  MRTG C:\mrtg-2.16.4\bin\srvany.exe
```

② 配置 MRTG 服务，选择"开始"→"按钮"→"运行"命令，在命令行内输入 regedit 命令，在打开的注册表中找到 HKEY_LOCAL_MACHINE/SYSTEM/CurrentControlSet/services/MRTG 项，在此注册表项下添加一个 parameters 子键。再在 parameters 子键中添加以下项目：

名为 Application 的字串值，其内容设置为 C:\Perl\perl.exe。

名为 AppDirectory 的字串值，其内容设置为 C:\ mrtg-2.16.4\bin\。

名为 AppParameters 的字串值，其内容设置为 mrtg --logging=mrtg.log mrtg.cfg。

重新启动 Windows。

通过上述设置，MRTG 已经成为 Windows 系统的一项服务，可以开机自动运行。

习　　题

一、选择题

1. 常用的对称加密算法不包括（　　）。

   A. DES　　B. AES　　C. IDEA　　D. RSA

2. 数字签名的功能不包括（　　）。

   A. 发送方身份确认　　B. 防止发送方的抵赖行为

   C. 保证数据的完整性　　D. 接收方身份的确认

3. 有一种攻击 TCP SYN FLooding，产生大量的 TCP 半连接的状态，其攻击网络的（　　）。

A. 可用性　　B. 保密性
C. 完整性　　D. 可控性

4. 不用修改宿主程序就能通过网络从一台主机传到另一台主机造成网络拒绝服务，这种攻击方式属于（　　）。

A. 陷门　　B. 蠕虫
C. 特洛伊木马　　D. IP 欺骗

5. 如果每次打开的 Word 文档编辑时，都会将你的文件复制到 FTP 服务器上，那么可能是你的机器被黑客植入了（　　）。

A. 病毒　　B. FTP 匿名访问
C. 陷门　　D. 特洛伊木马

6. 下面属于被动攻击的是（　　）。

A. 拒绝服务攻击　　B. 重放攻击
C. 假冒攻击　　D. 通信量分析攻击

7. 在公钥密码体系中，公开的是（　　）。

A. 公钥和私钥　　B. 公钥和算法
C. 明文和密文　　D. 加密密钥和解密密钥

8. 一个人从 CA 拿到第二个人的数字证书，第一个人得到的是第二个人的（　　）。

A. 报文摘要　　B. 私钥
C. 公钥　　D. 数字签名

9. 在因特网中，一般采用的网络管理模型是（　　）。

A. 浏览器/服务器　　B. 客户机/服务器
C. 管理者/代理　　D. 服务器/防火墙

10. 下面的协议数据单元，接收端不对其做出响应的是（　　）。

A. Get-Request　　B. Get-Next-Request
C. Set-Request　　D. Trap

二、填空题

1. TCP/IP 在多个层次引入了安全机制，SSL 协议位于________层。

2. PKI 公开密钥体系是一种基于________的安全认证机制。

3. 常见的防火墙类型有两种：________和代理防火墙。

4. 在一个内部网络（202.204.220.0/24）中阻止外部网络假冒内部网络地址访问内部网络资源的 Cisco ACL 命令是________。

5. IPSec 协议族主要由三个协议构成：头认证协议、________和互联网密匙管理协议。

6. 网络管理主要由管理站、被管设备以及________构成。

7. SNMP 使用________传送报文。

8. SNMP 的通信方式有两种，分别是________和________。

三、简答题

1. 简述影响网络安全的因素。

2. 简述网络攻击的常见形式。

3．什么是对称密码技术？
4．什么是非对称密码技术？
5．简述数字签名的原理。
6．简述实现报文鉴别的方法
7．电子邮件的安全协议 PGP 主要包括哪些措施？
8．简述防火墙的工作原理。
9．因特网的网络管理框架是什么？

四、实验题

1．配置 Windows 防火墙。
2．配置 VPN 服务器接收客户端的远程访问。
3．应用 IPSec 服务器安全配置。
4．配置 PGP 邮件加密。
5．安装和使用 Nessus 扫描本地局域网的漏洞。
6．安装和使用 MRTG 进行网络流量监控。